叶创兴 主编

天然无咖啡因可可茶引种与驯化
——开发野生茶树资源的研究

Introduction and Domestication of Natural Non-caffeinated Cocoa Tea
——Research of Wild Tea Tree Resources

清华大学出版社

北 京

内 容 简 介

本书首先简要介绍了茶叶的起源，栽茶、制茶、饮茶的历史，以及茶文化的形成与传播，继而从系统分类学的角度介绍了茶树植物家族，包括已经得到利用和尚未得到利用的 36 种茶，接着对天然不含咖啡因可可茶的发现、可可茶含可可碱的稳定性、可可茶复杂生化成分的检测、可可茶的引种与驯化路径、可可茶的加工与饮用、可可茶的生物活性作用等进行了全面的阐述，并从分子遗传学的角度阐明可可茶嘌呤生物碱的体内合成与代谢机制。可可茶是野生茶树资源成功引种和驯化的一个范例。本书对其研究路线和研究方法亦有全面论述。可可茶的发现、引种和栽培是茶叶发展史上重要的历史事件。

图书在版编目（CIP）数据

天然无咖啡因可可茶引种与驯化：开发野生茶树资源的研究 / 叶创兴主编 . — 北京：清华大学出版社，2019.10

　　ISBN 978-7-302-53896-7

　　Ⅰ . ①天… 　Ⅱ . ①叶… 　Ⅲ . ①茶树－植物资源－引种－研究②茶树－植物资源－驯化－研究 Ⅳ . ① S571.102.2

中国版本图书馆 CIP 数据核字（2019）第 209667 号

责任编辑：罗　健　周婷婷
封面设计：刘艳芝
责任校对：王淑云
责任印制：李红英

出版发行：清华大学出版社
　　　　　网　　　址：http: //www.tup.com.cn, http: //www. wqbook. com
　　　　　地　　　址：北京清华大学学研大厦 A 座　　　邮　　编：100084
　　　　　社　总　机：010-62770175　　　　　　　　邮　　购：010-62786544
　　　　　投稿与读者服务：010-62776969, c-service@tup.tsinghua.edu.cn
　　　　　质量反馈：010-62772015, zhiliang@tup.tsinghua.edu.cn
印　装　者：三河市龙大印装有限公司
经　　　销：全国新华书店
开　　　本：185mm×260mm　　印　　张：29.75　　插　页：24　　字　　数：737 千字
版　　　次：2019 年 10 月第 1 版　　　　　　印　　次：2019 年 10 月第 1 次印刷
定　　　价：198.00 元

产品编号：083602-01

谨以此书纪念著名植物分类学家、植物系统学家、
植物生态学家张宏达教授诞辰 105 周年！

可可茶野生茶树的引种和驯化得到以下基金资助

国家自然科学基金：含可可碱野生茶树的研究（39570081），8.5 万元，1995。

广东省科学技术委员会科学基金项目：关于开发毛叶茶资源的研究，0.8 万元，1987。

广东省重点科技攻关项目：可可茶技术攻关的研究，6.4 万元，1989。

广东省科技计划项目：可可茶产业化配套技术的研究（2005B20801001），10 万元，2005。

广州市科学技术局科技计划项目：开发野生无咖啡因茶的研究（95-Z-70），10 万元，1996。

广州市科学技术局科技计划项目：可可茶产业化开发（2001-T-012-01），10 万元，2002。

日本三得利（Suntory）株式会社基础研究所：将可可茶推向市场前期的研究，100 万日元（2003）；100 万日元（2004）。

龙门县南昆山中恒生态旅游开发有限公司：鉴定和纯化可可茶，10 万元，2005。

英德市科学技术局：可可茶研究与开发，10 万元，2011。

清远市科学技术局科研成果转化专项资金项目（1207）：可可茶规模化开发与推进研究，50 万元，2012。

叶创兴，男，理学博士，中山大学生命科学学院教授，博士生导师，长期从事山茶科植物分类和植物资源利用的研究，主持国家自然科学基金项目、广东省自然科学基金、广州市科技局重点项目等10余项，发表学术论文150余篇，合作培育出两个可可茶植物新品种。从事植物学教学20余年，是植物学国家精品课程的创建者和主持人，先后出版了《植物学》《植物学实验指导》《大学植物学图库》《现代生命科学基础教程》《植物拉丁文教程》等教材。

郑新强，女，博士，浙江大学茶叶研究所副教授，硕士生导师，从事茶树生物技术与资源利用的研究与教学工作，现为国家茶叶产业技术体系遗传改良研究室主任，参与野生茶可可茶和苦茶研究，获得国家自然科学基金、浙江省自然科学基金、浙江省钱江人才等项目资助。参与编写《中国无性系茶树品种志》《现代茶业全书》《茶资源综合利用》《茶学综合实验》等著作或教材。

苗爱清，男，广东省农业科学院茶叶研究所研究员。1989年毕业于华南农业大学茶叶专业，一直从事茶叶加工、育种、品质化学研究，是广东省茶叶产业创新团队采后与加工岗位专家。参与了可可茶新品种选育、可可茶分子生物学分析、可可茶加工等工作。主持或参与多项国家、省科技项目，获得省级科技成果5项、发明专利10余项，发表各级学术论文40余篇。

杨晓绒，女，博士，新疆伊犁师范大学副教授，硕士生导师，参与可可茶化学成分和生物活性研究，从事植物资源研究和教学工作。参加国家自然科学基金项目2项，主持新疆科学技术厅重点项目1项。发表学术论文30篇；参与已授权的国家发明专利6项；获得2014年新疆优秀学术论文三等奖，获得2015年新疆伊犁州优秀学术论文一等奖；获2010年教育部科技成果《野生茶树资源可可茶和苦茶应用基础研究》完成者证书（第九完成者），成果登记号：360-10-11710387-09。

李凯凯，男，博士，华中农业大学讲师。2008年河南师范大学本科毕业，2013年获中山大学理学博士学位；2013—2016年在香港中文大学从事可可茶生理作用和药理学研究工作；2016年起任华中农业大学讲师。主要从事膳食多酚及营养健康方面的研究工作，目前主持多项国家及省级课题，发表学术论文10余篇。

可可茶 不含咖啡因
又影响睡眠的真茶

张宏达

张宏达教授题词

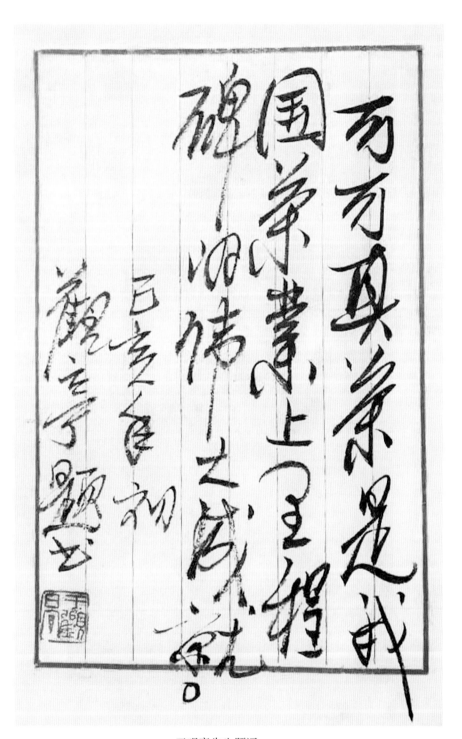

为万吏真荣兼见成
围华业隆上王相
碑油伟之成就
己亥食初
观亭于题

于观亭先生题词

可可茶研发照片集

野外调查与采种

2000 年 9 月 8 日，广州市科学技术局科技计划项目"开发野生无咖啡因茶的研究"中山大学鉴定会合影
上图：鉴定会后合影；鉴定专家：前排右 1 陈国本，前排右 2 李家贤，后排右 2 张宏达，后排左 1 伍锡岳，后排右 1 潘建国；领导同志：后排左二广州市科学技术局李汉祥处长，前排左三广州市科学技术局郭洁珍副处长，前排左四广州市科学技术局甘慧玲科长，后排左三中山大学科学技术处李子和副处长；与会人员：前排左二项目主持人叶创兴，左一研究生高昆，右三研究生郑新强。下图：鉴定会后参观可可茶种苗繁育基地。

可可茶种质资源圃（左为种植 6 年，右为种植 18 年的可可茶纯种）

张宏达教授等在广州市流溪河林场检查可可茶扦插苗生长情况，合影从左至右：陈锻成（广东省科学技术委员会），张润梅（中山大学生命科学学院），温寿能（广州市流溪河林场），叶创兴、张宏达（中山大学生命科学学院）

可可茶大棚育种（扦插繁殖）

生长良好的可可茶扦插苗

剪下的砧冠覆盖于嫁接后的可可茶上方支架遮阳

嫁接可可茶（2013 年冬）

除去尼龙薄膜保护袋后的嫁接可可茶

察看嫁接 1 年后的可可茶

嫁接 2 年后的可可茶（2007 年）

2007 年的可可茶园（左为可可茶 1 号，右为可可茶 2 号）

可可茶 1 号和可可茶 2 号移植（左迁出，右移植）

可可茶加工试验

2012 年 1 月 11 日，中山大学、广东省农业科学院茶叶研究所、广东德高信种植有限公司三方代表
签订可可茶 1 号和可可茶 2 号转让协议后合影

可可茶 1 号和可可茶 2 号转让后，张宏达教授题写
"可可茶"

转让后建成的可可茶 1 号茶园（2019 年 3 月）

彩图 2-3　原生地的可可茶

Fig. 2-3　A *Camellia ptilophylla* in primitive distributed area

气孔　角质层　含晶细胞　上表皮层　栅栏组织　海绵组织　下表皮层　韧皮纤维　导管　含淀粉粒细胞　石细胞

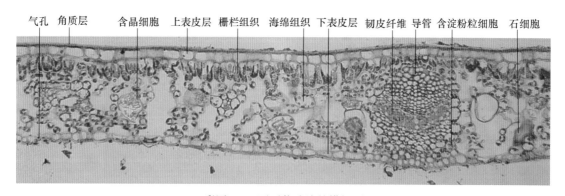

彩图 2-6　可可茶叶片的横切面

Fig. 2-6　Cross segment of lamina of *C. ptilophylla*

含晶细胞　上表皮层　栅栏组织
海绵组织　中脉维管束

石细胞

石细胞

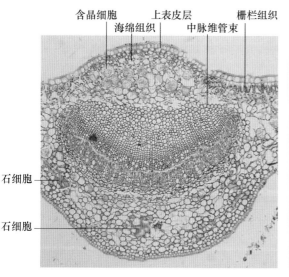

彩图 2-7　可可茶过中脉近基部横切面

Fig. 2-7　Cross segment of mid vein of *C. ptilophylla*

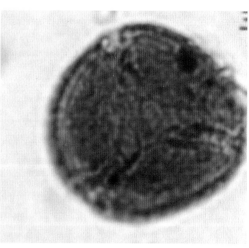

彩图 2-8　40 倍光学显微镜下的可可茶花粉粒

Fig. 2-8　Pollen grain of *C. ptilophylla* under microscope（40×）

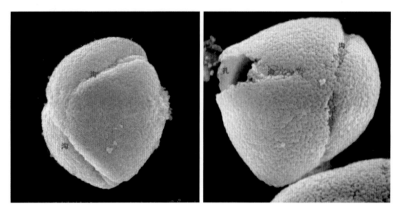

彩图 2-9　2500 倍扫描电镜下的可可茶花粉粒

Fig. 2-9　Pollen grain of *C. ptilophylla* under scanning electron microscope（2500×）

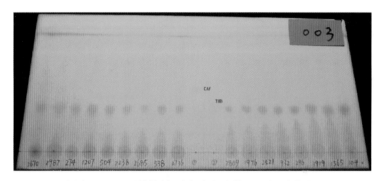

彩图 3-1　可可茶植株嘌呤碱硅胶薄层层析图谱选 1

Fig. 3-1　Silica gel thin-layer chromatogram of purine bases of cocoa tea individualities 1

003 号层析图谱中 1 为咖啡碱标准品（CAF），2 为可可碱标准品（TB），以它们在层析中被分离的位置来比较样品中含何种嘌呤碱。003 号硅胶层析板中全部被检测样品：2670、2987、274、1207、504、2238、2685、538、2736、2809、1976、2521、932、296、3919、1565、104 号样品均含可可碱

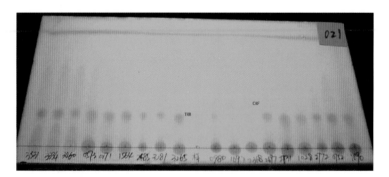

彩图 3-2　可可茶植株嘌呤碱硅胶薄层层析图谱选 2

Fig. 3-2　Silica gel thin-layer chromatogram of purine bases of cocoa tea individualities 2

021 号层析图谱中标样即可可碱标准品，其层析分离迁移位置（TB）比标准品咖啡碱低（003 号层析板），据此予以判断，分离迁移距离与可可碱标准品一致的即为可可碱成分，比可可碱标准品迁移距离远的即为咖啡碱成分。编号 021 号硅胶板中有两个样品含咖啡碱，即 1697、2368 两个样品；其余样品：3531、3334、3460、0573、0171、1564、2485、3181、3265、0980、2697、3731、1028、2772、0752、1090 均含可可碱

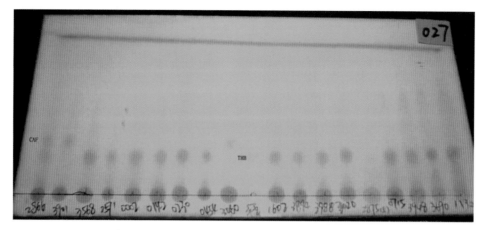

彩图 3-3　可可茶植株嘌呤碱硅胶薄层层析图谱选 3

Fig. 3-3　Silica gel thin-layer chromatogram of purine bases of cocoa tea individualities 3

027 号层析图谱中"样"即标样可可碱标准品。与可可碱标准品分离迁移距离相比对（TB），同样分离迁移距离的 3568、2571、0142、0230、0454、1602、3894、3988、3020、2075、0715、3948、3690、1132 号样品含可可碱，而 2866、3901、3060 号样品含咖啡碱

彩图 6-1　可可茶扦插试验

（左侧照片是 2007 年 5 月 9 日拍摄的照片，右侧照片是 2008 年 8 月 30 日拍摄的）

Fig. 6-1　Cutting experiment of cocoa tea

彩图 6-2　嫁接到栽培茶树上的可可茶

Fig. 6-2　Cocoa tea grafted to *Camellia assamica*

可可茶嫁接到栽培茶砧木上（拆去保护薄膜袋）

彩图 6-3　可可茶嫁接到栽培茶砧木上（嫁接后半年）

Fig. 6-3　Grafting cocoa tea to stock of *Camellia assamica*-3 grafting cocoa tea to stock of *Camellia assamica*

彩图 6-4　嫁接一年后的可可茶 53 号（砧木为 *Camellia assamica*）

Fig. 6-4　Cocoa tea grafted one year later（the stock is *Camellia assamica*）

彩图 6-5　嫁接封行后的可可茶 53 号（砧木为 *Camellia assamica*）

Fig. 6-5　Cocoa tea grafted two years later（the stock is *Camellia assamica*）

| 可可茶 2-1# | 可可茶 26# | 可可茶 6# | 可可茶 8# | 可可茶 53# |

彩图 6-8　经过初步筛选获得的五个可可茶品种

Fig. 6-8　There were five cultivated varieties in *Camellia ptilophylla* after primary breeding

彩图 6-9　可可茶 1 号新品种栽培茶园

Fig. 6-9　The plantation of new cultivate variety of cocoa tea No. 1

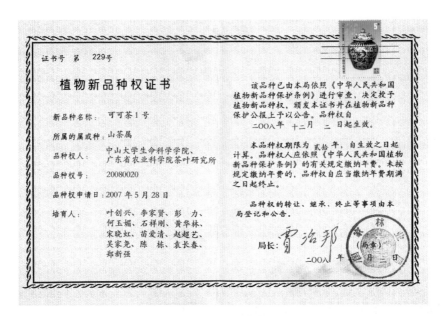

彩图 6-10　可可茶 1 号植物新品种权证书

Fig 6-10　Certification of cocoa tea No.1—new plant cultivate

彩图 6-11　可可茶 2 号新品种栽培茶园

Fig. 6-11　The plantation of new cultivate variety of cocoa tea No. 2

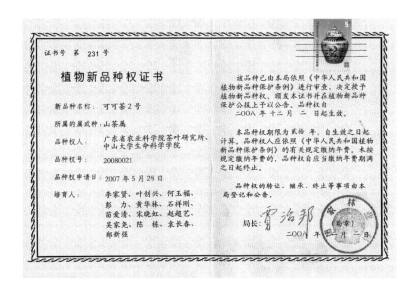

彩图 6-12　可可茶 2 号植物新品种权证书

Fig 6-12　Certification of cocoa tea No.2，-- new plant cultivate

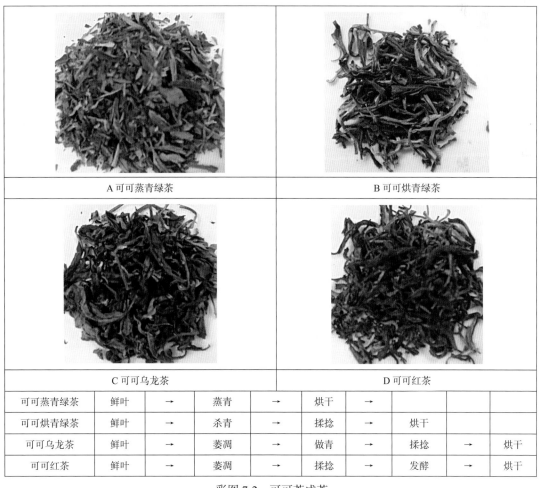

可可蒸青绿茶	鲜叶	→	蒸青	→	烘干	→			
可可烘青绿茶	鲜叶	→	杀青	→	揉捻	→	烘干		
可可乌龙茶	鲜叶	→	萎凋	→	做青	→	揉捻	→	烘干
可可红茶	鲜叶	→	萎凋	→	揉捻	→	发酵	→	烘干

彩图 7-2　可可茶成茶

Fig. 7-2　Cocoa teas made from *C. ptilophylla*

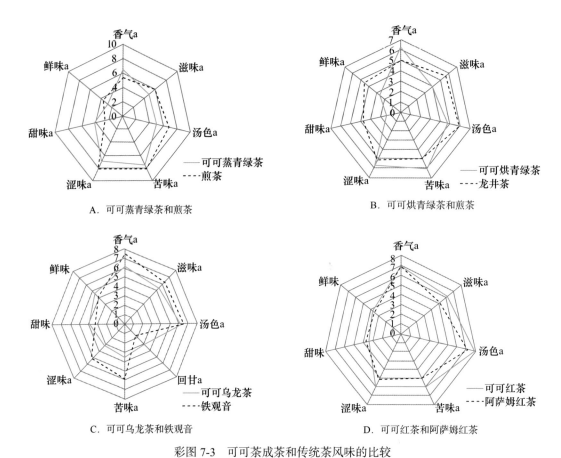

A. 可可蒸青绿茶和煎茶

B. 可可烘青绿茶和煎茶

C. 可可乌龙茶和铁观音

D. 可可红茶和阿萨姆红茶

彩图 7-3　可可茶成茶和传统茶风味的比较

Fig. 7-3　Difference between cocoa teas and traditional teas

a 表示该指标更有意义

彩图 7-4　可可茶感官评价时的样品

Fig. 7-4　The sensory evaluation sample of cocoa tea infusions

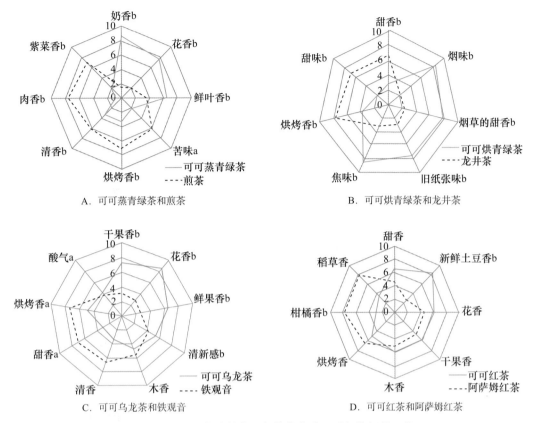

A. 可可蒸青绿茶和煎茶

B. 可可烘青绿茶和龙井茶

C. 可可乌龙茶和铁观音

D. 可可红茶和阿萨姆红茶

彩图 7-5　可可茶成茶茶汤与传统茶茶汤香气特征的比较

Fig. 7-5　Odor profiles of cocoa tea infusions and traditional tea infusions.

由 11 名感官评审员评审分值平均得分（0，表示弱；10，表示强）。不同的字母（A 和 B）表示通过多重比较测试，（Turkey's multiple-comparision test），差异有统计学意义，a：$p<0.05$，b：$p<0.01$

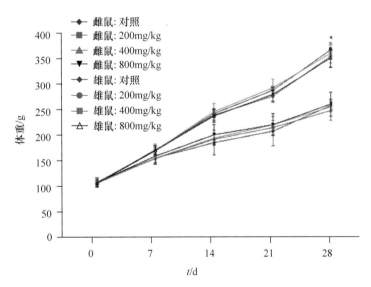

彩图 8-1　给予不同剂量可可茶水提物的 SD 大鼠体重的变化

Fig. 8-1　Effects of CWE on the body weight of male or female rats

* 表示该处理的第 28 天高剂量雄性 SD 大鼠在 $p<0.05$ 水平与空白对照差异有统计学意义

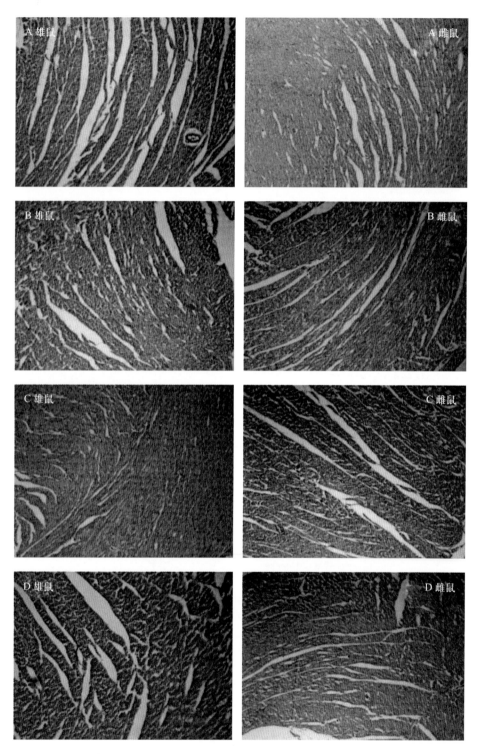

彩图 8-2　大鼠心脏病理切片

Fig. 8-2　The HE stains of the heart of SD rats

A 空白对照组；B 200 mg/kg；C 400 mg/kg；D 800 mg/kg

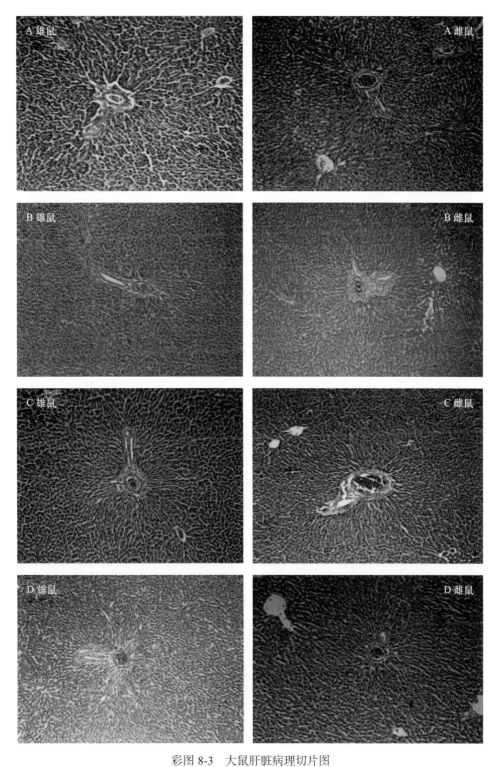

彩图 8-3　大鼠肝脏病理切片图

Fig. 8-3　The HE stains of the liver of SD rats

A 空白对照组；B 200mg/kg；C 400mg/kg；D 800mg/kg

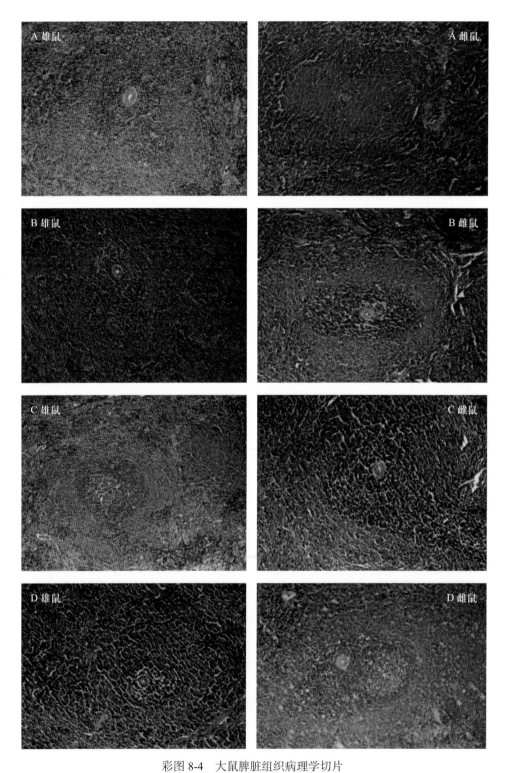

彩图 8-4　大鼠脾脏组织病理学切片

Fig. 8-4　The HE stain of the spleen of SD rats

A 空白对照组；B 200 mg/kg；C 400 mg/kg；D 800 mg/kg

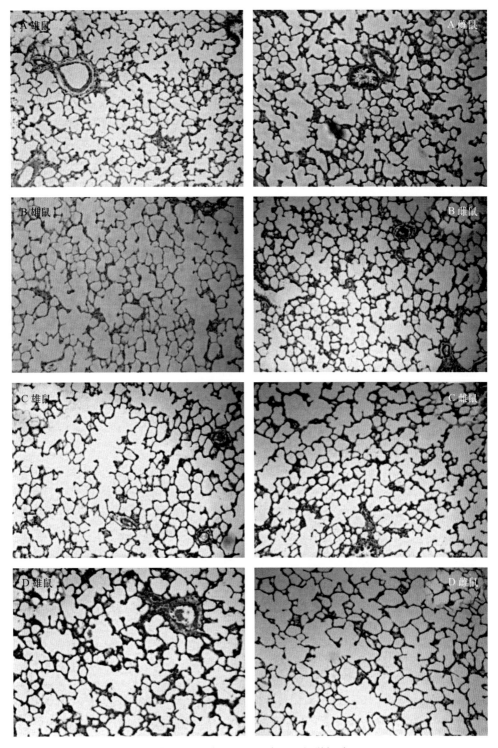

彩图 8-5　大鼠肺组织病理组织学切片

Fig. 8-5　The HE stain of the lung of SD rats

A 空白对照组；B 200 mg/kg；C 400 mg/kg；D 800 mg/kg

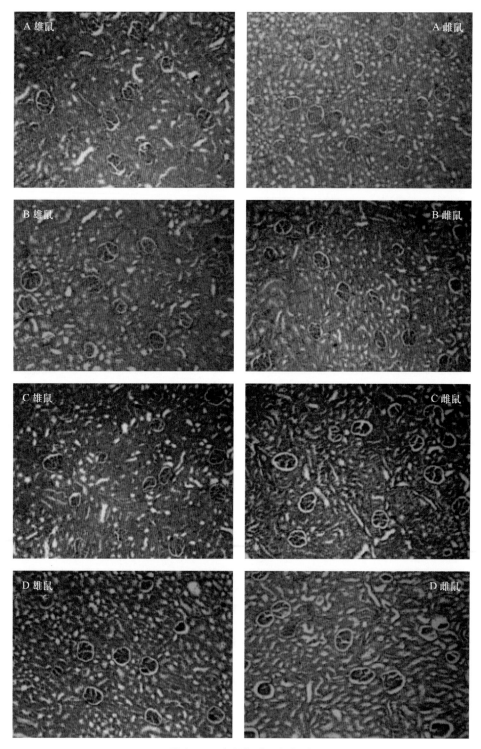

彩图 8-6 大鼠肾脏组织切片

Fig. 8-6 The HE stain of the kidney of SD rats with different CWE concentration

A 空白对照组；B 200 mg/kg；C 400 mg/kg；D 800 mg/kg

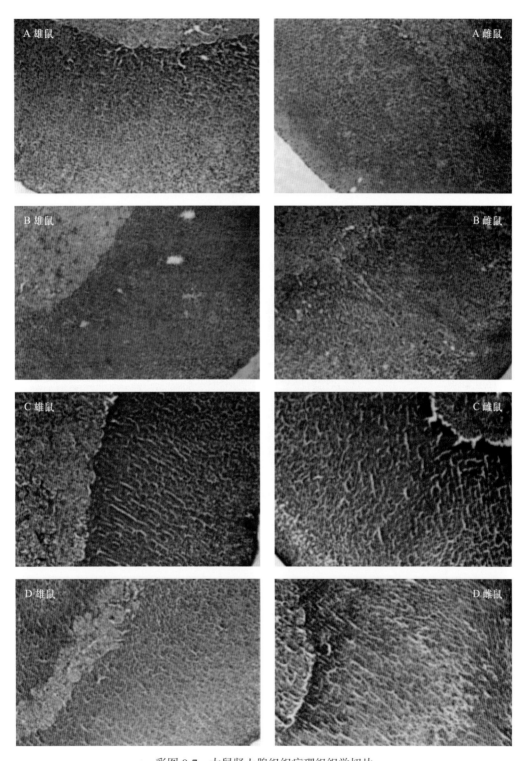

彩图 8-7　大鼠肾上腺组织病理组织学切片

Fig. 8-7　The HE stain of the adrenal of SD rats

A 空白对照组；B 200 mg/kg；C 400 mg/kg；D 800 mg/kg

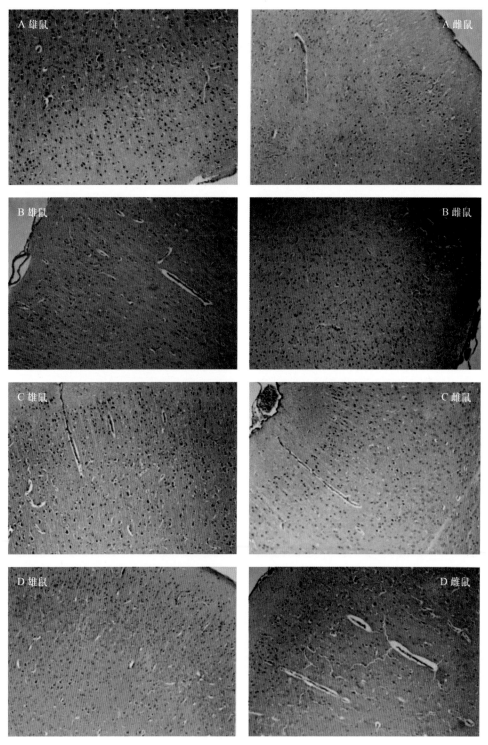

彩图 8-8　大鼠大脑组织病理组织学检查

Fig. 8-8　The HE stain of the brain of SD rats

A空白对照组；B 200mg/kg；C 400mg/kg；D 800mg/kg

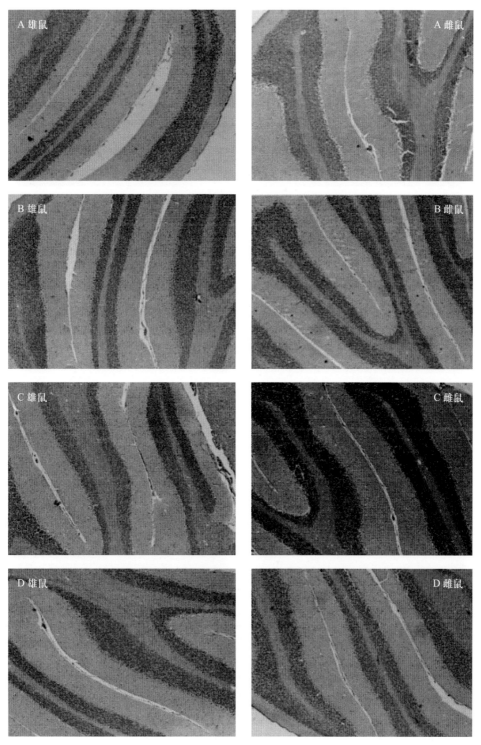

彩图 8-9　大鼠小脑组织病理组织学切片图

Fig. 8-9　The HE stain of the cerebellar of SD rats

A 空白对照组；B 200 mg/kg；C 400 mg/kg；D 800 mg/kg.

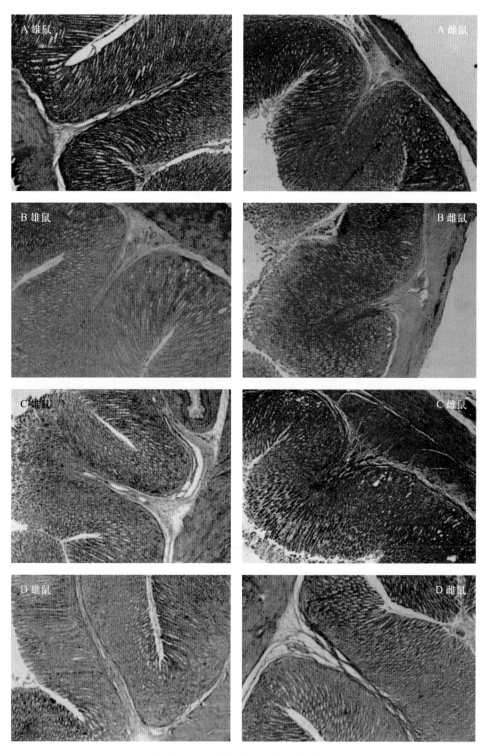

彩图 8-10　大鼠胃组织病理学检查

Fig. 8-10　The HE stain of the stomach of SD rats

A 空白对照组；B 200 mg/kg；C 400 mg/kg；D 800 mg/kg

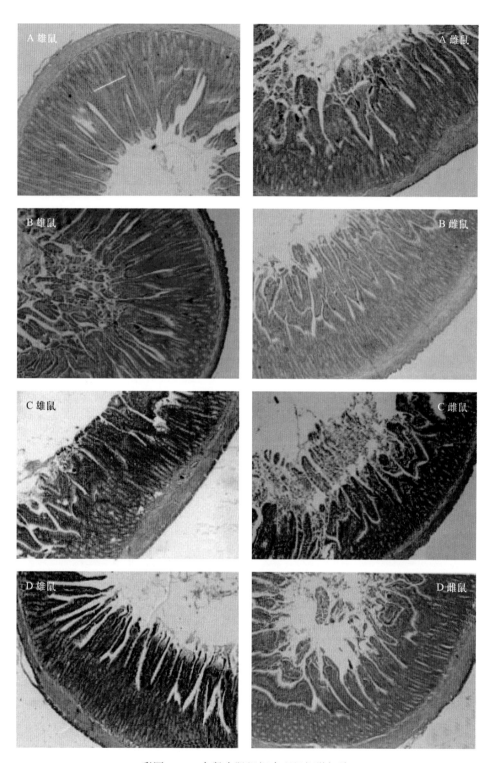

彩图 8-11　大鼠小肠组织病理组织学切片

Fig. 8-11　The HE stain of the intestinal of SD rats

A 空白对照组；B 200 mg/kg；C 400 mg/kg；D 800 mg/kg

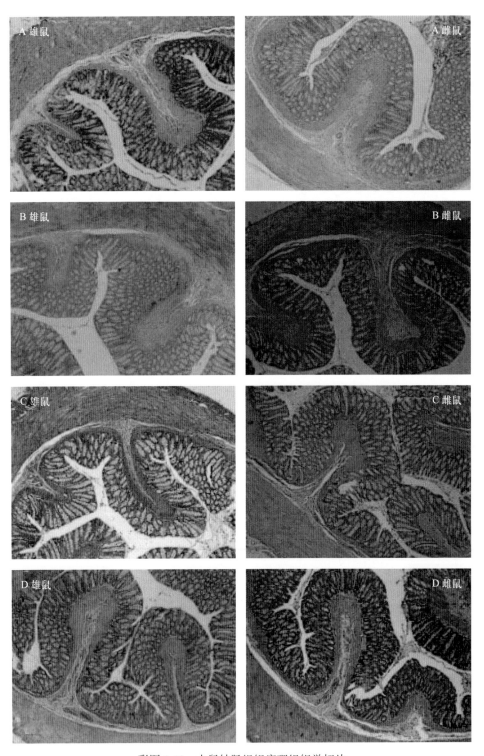

彩图 8-12　大鼠结肠组织病理组织学切片

Fig. 8-12　The HE stain of the colon of SD rats

A 空白对照组；B 200 mg/kg；C 400 mg/kg；D 800 mg/kg

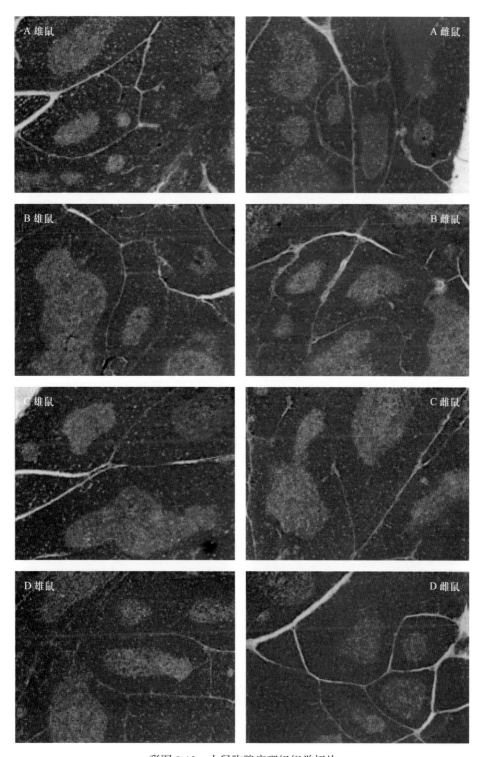

彩图 8-13　大鼠胸腺病理组织学切片

Fig. 8-13　The HE stain of the thymus of SD rats

A 对照；B 200 mg/kg；C 400 mg/kg；D 800 mg/kg

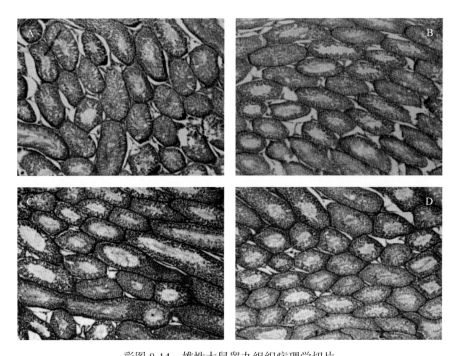

彩图 8-14　雄性大鼠睾丸组织病理学切片

Fig. 8-14　The HE stain of the testis of male SD rats

A 对照；B 200 mg/kg；C 400 mg/kg；D 800 mg/kg

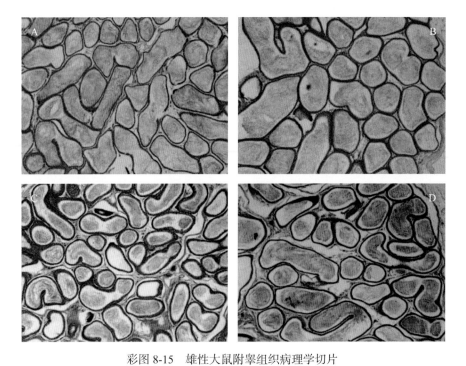

彩图 8-15　雄性大鼠附睾组织病理学切片

Fig. 8-15　The HE stain of the epididymis of male SD rats

A 对照；B 200 mg/kg；C 400 mg/kg；D 800 mg/kg

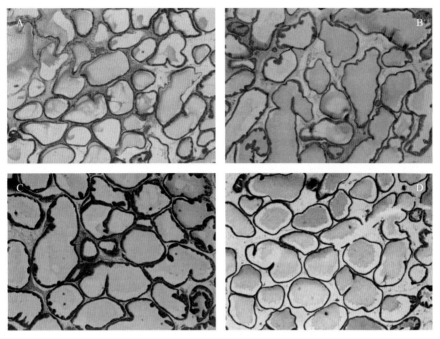

彩图 8-16　雄性大鼠前列腺组织病理组织学切片图

Fig.8-16　The HE stain of the prostate of male SD rats

A 对照；B 200 mg/kg；C 400 mg/kg；D 800 mg/kg

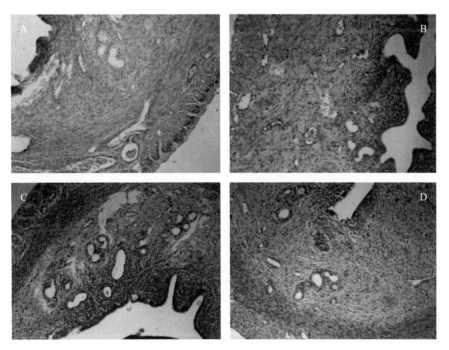

彩图 8-17　雌性大鼠子宫组织病理学切片

Fig. 8-17　The HE stain of the uterus of female SD rats

A 对照；B 200 mg/kg；C 400 mg/kg；D 800 mg/kg

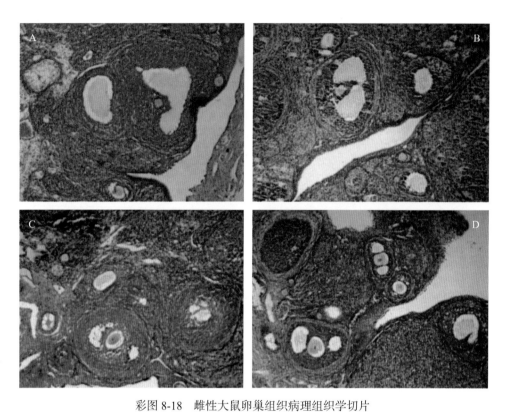

彩图 8-18 雌性大鼠卵巢组织病理组织学切片

Fig.8-18 The HE stain of the ovarian of female SD rats

A 对照；B 200 mg/kg；C 400 mg/kg；D 800 mg/kg

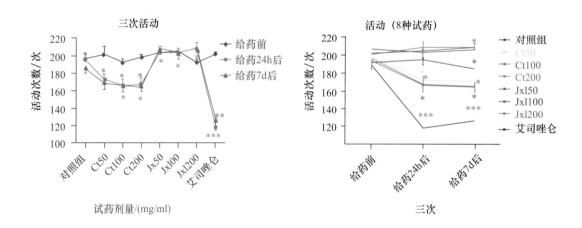

彩图 8-22 两种茶三次自主活动

Fig.8-22 Effects of two green teas on automatic activities of three times

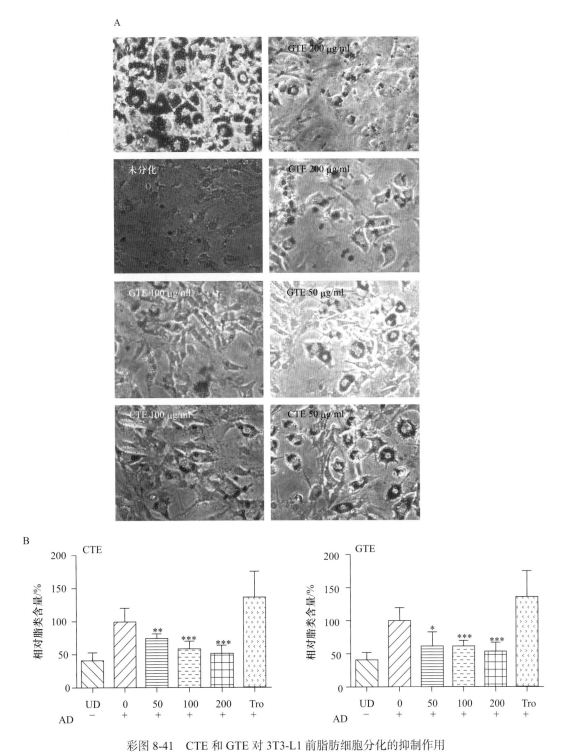

彩图 8-41　CTE 和 GTE 对 3T3-L1 前脂肪细胞分化的抑制作用

Fig. 8-41　Anti-adipogenic effects of CTE and GTE on 3T3-L1 cells

ACTE 和 GTE 对 3T3-L1 细胞分化的影响；B 不同处理组中的相对脂质含量。CTE：可可茶提取物；GTE：绿茶提取物。Tro：曲格列酮。* $p < 0.05$，** $p < 0.01$，*** $p < 0.001$

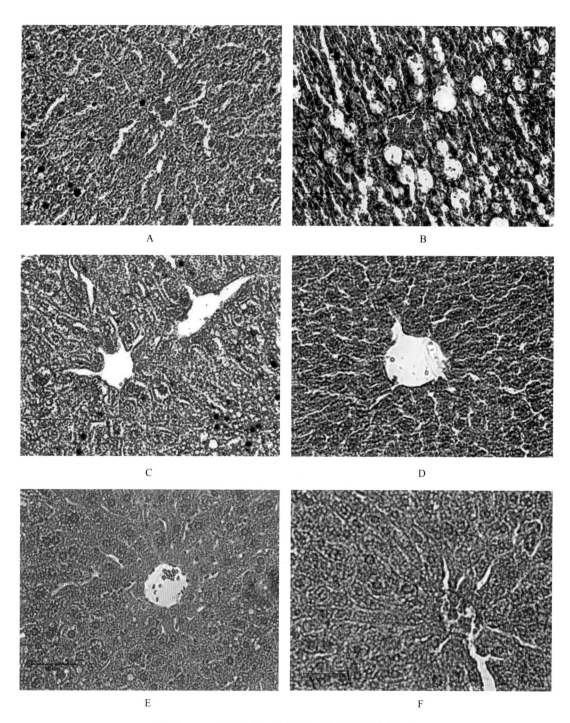

彩图 8-49　各组食物喂养大鼠 8 周后的肝组织切片

Fig. 8-49　Histological appearance of liver sections

A 普通食物；B 高脂食物；C 高脂食物＋2% 绿茶提取物；D　高脂食物＋4% 绿茶提取物；E 高脂食物＋2% 可可茶提取物；
F 高脂食物＋4% 可可茶提取物

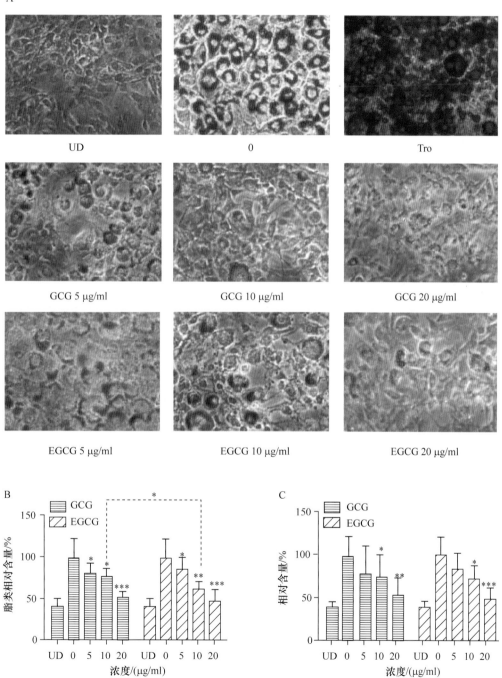

彩图 8-65　不同浓度 GCG 和 EGCG 对 3T3-L1 细胞内脂质积累的影响

Fig. 8-65　Effects of GCG and EGCG on intracellular lipid accumulation in 3T3-L1 cells

A 油红染色成熟脂肪细胞；B 用异丙醇溶解染色剂并测量 OD 值；C GCG 和 EGCG 对分化的 3T3-L1 细胞中三酰甘油沉积的影响，相关数据是重复三次试验结果的 mean±SD；* $p < 0.05$；** $p < 0.01$；*** $p < 0.001$

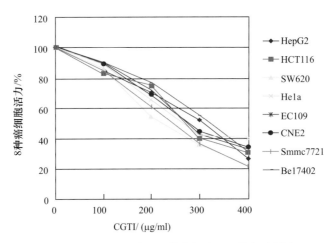

彩图 8-71　CGTI 处理八种癌细胞 72h 的细胞活力

Fig. 8-71　Viability determined by MTT of eight species cancer cells treated with CGTI for 72h

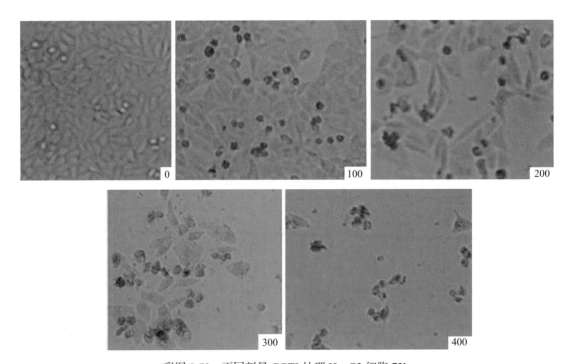

彩图 8-73　不同剂量 CGTI 处理 HepG2 细胞 72h

Fig. 8-73　Photomicrographs showing the concentration-dependent destruction of HepG2 cells by CGTI with indicated concentrations

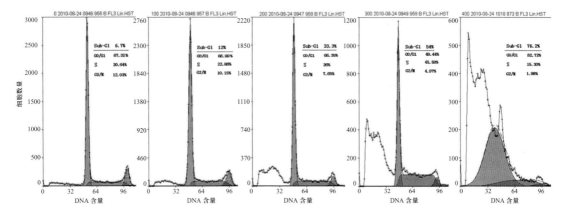

彩图 8-75　不同浓度可可茶处理 HepG2 细胞 48h 后的细胞周期

Fig. 8-75　Cell cycle distribution in HepG2 treated 48h by cocoa tea with four concentrations

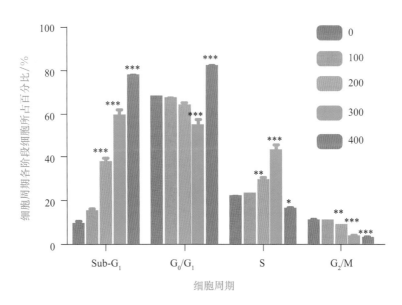

彩图 8-76　不同浓度可可茶（0～400mg/ml）处理 HepG2 细胞 48h 细胞周期各阶段细胞所占的百分比（%）

Fig. 8-76　Each phase distribution of HepG2 cell cycle after treated by cocoa tea（%）

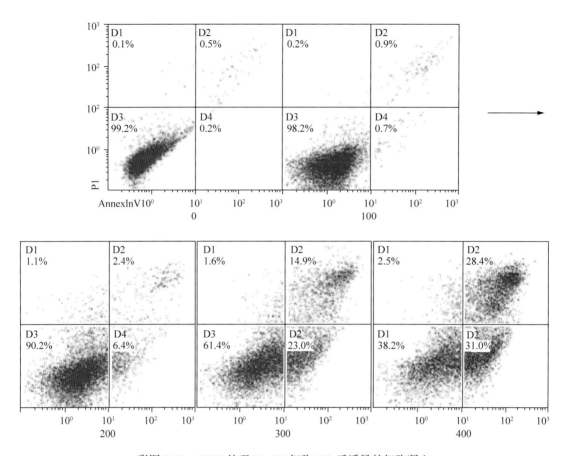

彩图 8-77　CGTI 处理 HepG2 细胞 48h 后诱导的细胞凋亡

Fig. 8-77　Apoptosis in HepG2 cell induced by CGTI treated for 48h

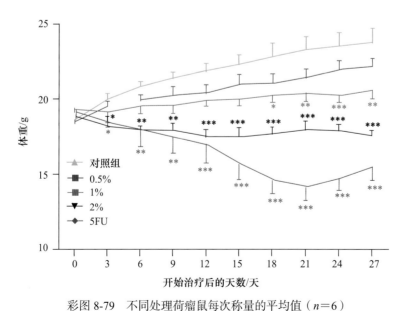

彩图 8-79　不同处理荷瘤鼠每次称量的平均值（$n=6$）

Fig.8-79　Average of body weight of each group treated differently（$n=6$）

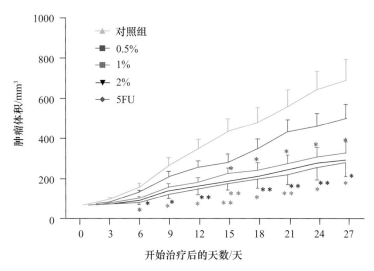

彩图 8-81　每 3 天记录的不同处理荷瘤鼠肿瘤体积平均值（$n=6$）

Fig. 8-81　Average of tumor volume of each group every three days treated differently（$n=6$）

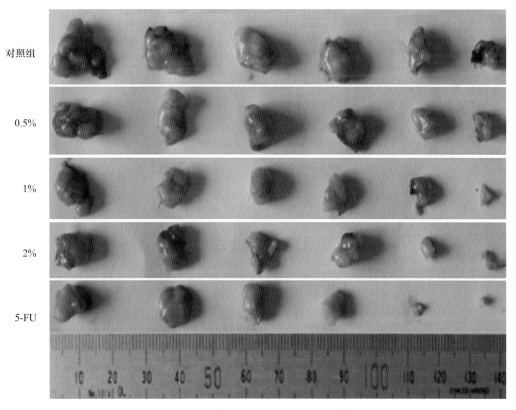

彩图 8-82　每只裸鼠处死后剥离的瘤体

Fig.8-82　Each HepG2 tumor taken off from sacrificed BALB/c nude mice

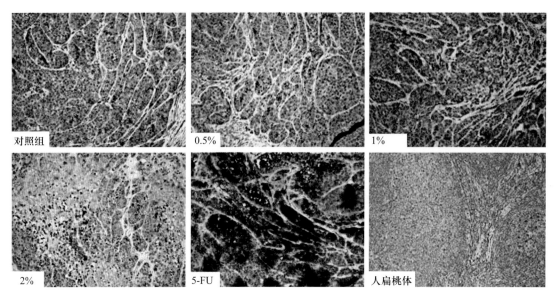

彩图 8-84　Caspase-3 免疫组织化学表达

Fig. 8-84　The expression of Caspase-3 by immunohistochemistry

对照组（水）、低剂量组（0.5% 的可可茶）、中剂量组（1% 的可可茶）、高剂量组（2% 的可可茶）、阳性对照组（5-FU）和人扁桃体

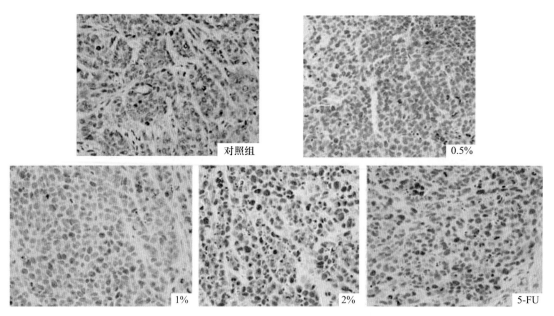

彩图 8-86　用 TUNEL 法检测 HepG2 瘤体的细胞凋亡图

Fig. 8-86　The apoptosis expression of tumor by TUNEL

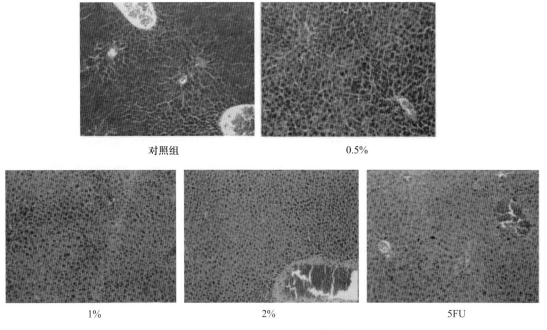

对照组　　　　　　　　　　　　　　　　0.5%

1%　　　　　　　　　　　　2%　　　　　　　　　　　5FU

彩图 8-88　肝组织 HE 染色

Fig. 8-88　Liver tissue by HE dyeing

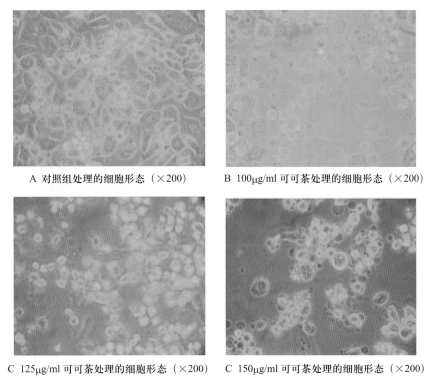

A 对照组处理的细胞形态（×200）　　　B 100μg/ml 可可茶处理的细胞形态（×200）

C 125μg/ml 可可茶处理的细胞形态（×200）　　C 150μg/ml 可可茶处理的细胞形态（×200）

彩图 8-89　倒置显微镜下前列腺癌 PC-3 细胞的形态学变化

Fig. 8-89　Cell morphology of PC-3 in microscope after treated with cocoa tea extracts

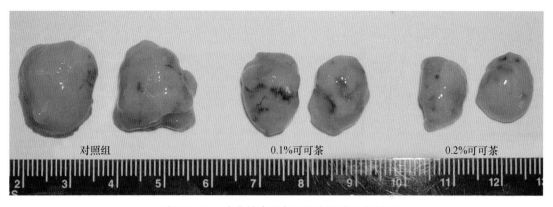

彩图 8-96　治疗结束时各组裸鼠肿瘤生长情况

Fig. 8-96　Photographs of excised tumors from each group

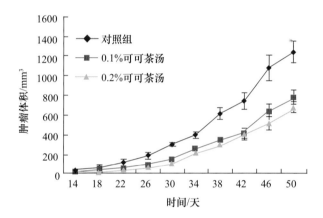

彩图 8-97　肿瘤生长曲线

Fig. 8-97　Average tumor volume plotted over days after tumor cell inoculation

编委会名单

主　　编：叶创兴

副 主 编：郑新强　苗爱清　杨晓绒　李凯凯

审　　校：熊传文

编　　委（按拼音字母顺序排列）

敖成齐　冯公侃　高　昆　韩德聪　何玉媚　黄华林　加藤美砂子（日）

金立培　久保田纪久枝（日）李成仁　李汉西　李家贤　李　晶

李凯凯　栗　原·博（日）林永成　刘蔚秋　刘宗潮　芦　原·坦（日）

马应丹　苗爱清　潘启超　彭　力　石祥刚　宋晓虹　汤　婷　王　锦

王秀娟　王园园　夏　锋　冼劢坚　谢冰芬　许实波　仰晓莉　杨晓绒

杨中艺　姚新生　叶创兴　袁长春　张润梅　赵　婧　赵艳萍　郑新强

朱念德　朱孝峰

中国人饮了几千年的茶，茶含咖啡碱，喝茶可提神，帮助消化。张宏达教授1981年发表了可可茶（*Camellia ptilophylla* Chang）这个新种，在分类学上和茶［*C. sinensis*（L.）O. Kuntze］同属（Genus）同组，但可可茶不含咖啡碱，却含有丰富的可可碱，而且茶叶中的所有儿茶素，在可可茶中都可以找到，这些成分对人体有很好的保健功能。自从可可茶这个新种发表后，中山大学叶创兴教授团队一直对可可茶进行跟踪研究，希望把我国这一珍稀的茶树资源开发成新的栽培茶树和可供选择的饮料。

对可可茶生化成分进行了全面的研究，发现可可茶含丰富的可可碱，并且是一种稳定遗传的经济性状，在其所含的儿茶素中，它有高含量的GCG，而不是EGCG，这决定了可可茶具有特殊的功能。科学研究证明可可茶和传统茶一样是安全的；饮可可茶非但不影响睡眠，还具有减肥、降低胆固醇、提高高密度脂蛋白、抗疲劳和提高动态耐力等作用。由此可见，可可茶是一种很有价值的新茶树植物。

叶创兴教授研究团队对野生可可茶种质资源进行了广泛调查，还结合形态分类学特征共采集了4700余株野生可可茶芽叶样品，并对其进行茶叶生化成分分析，从中筛选出380余株植株进行无性繁殖，最后得到了152个株系1200余株无性苗。从2001年起，中山大学与广东省农业科学院茶叶研究所合作，解决了可可茶繁殖、栽培、加工、饮用等方面的问题，从理论和实践上实现了可可茶的引种驯化。还从这些株系中选育出"可可茶1号"和"可可茶2号"两个新品种。2011年，这两个新品种已转让给广东德高信种植有限公司，现在这种新可可茶品上市在即。

还需要着重指出的是，过去科学界主要根据氨基酸、茶多酚和咖啡碱来对茶进行鉴定，但可可茶含可可碱，不含咖啡碱，那它是否是"茶"呢？可可茶含的可可碱，原来称为可可豆碱（theobromine），是可可（*Theobroma cacao*）种子中的主要成分，含量约为其干重的1.5%。可可碱和咖啡碱、茶碱并称为嘌呤生物碱。在茶叶嘌呤碱中，以咖啡碱为主，同时也有少量的可可碱和微量的茶碱。茶、咖啡、可可是世界三大饮料，可可茶含可可碱和少量的咖啡碱。有关茶叶咖啡碱体内生物合成与代谢途径的研究表明，茶叶中含有咖啡碱、可可碱、茶碱，而可可茶由于缺乏特异的甲基转移酶，其中的可可碱不再进一步合成咖啡碱，所以可可茶含有较多的可可碱而不是咖啡碱，但可可茶还含有多种儿茶素类和氨基酸，因此可可茶是一种含可可碱为主的茶种。在2005年出版的高继银等著的《山茶属植物主要原种彩色图集》中，在茶组中记载了15种植物，其中茶、普洱茶、毛叶茶（可可茶）、大理茶、大厂茶、汝城毛叶茶、细萼茶、马关茶、膜叶茶、广西茶、滇缅茶、秃房茶、防城茶 13 种植物均可作饮料用。张宏达教授认为："可可茶是不含咖啡因、不影响睡眠的真茶。"我同意这个看法。

可可茶的发现和引种驯化成功，进一步推广和扩大可可茶的生产，使之走向市场，使茶饮品中增加了一个新品种，也为爱茶者尤其对咖啡碱敏感的人献上佳茗。

是为序。

陈宗懋

2019 年 6 月于杭州

（陈宗懋：中国工程院院士，著名茶学家。曾任中国农业科学院茶叶研究所所长、中国茶叶学会理事长。现任中国农业科学院茶叶研究所研究员、博士生导师、中国茶叶学会名誉理事长。）

　　传统茶叶（*Camellia sinensis*）富含咖啡碱，因而具有兴奋中枢神经和增强思维、增进记忆以及消除疲劳的功能，这也是传统茶叶吸引众多消费者的重要原因之一。然而，也正是由于传统茶叶中含咖啡碱，使对咖啡碱敏感人群饮后睡眠困难，以致他们对富有文化和健康作用的传统茶叶望而却步，不敢饮用。鉴于此，国内外茶叶加工者开发了特异性脱除茶叶咖啡碱的技术，通过加工手段部分去除茶叶咖啡碱，以获得脱咖啡碱茶叶或者低咖啡碱茶叶，以飨饮者。然而脱咖啡碱茶叶毕竟是人为加工的产品，与崇尚自然的当今消费者需求相悖。因此，开发无咖啡碱的天然茶饮是消费者的迫切需求，也是茶产业发展的重要方向之一。中山大学张宏达、叶创兴教授等人经过广泛调查和深入研究，发现了不含咖啡碱或者咖啡碱含量很低的可可茶（*Camellia ptilophylla*），为人类献上了不影响睡眠的天然低咖啡碱真茶，这是 5000 年饮茶历史中的重大突破。

　　叶创兴教授研究团队经过 30 余年的研究，在可可茶的分布、生物学特性、栽培环境要求、化学成分组成以及生理功能等领域取得了重大成果。研究发现可可茶主要分布在广东龙门、从化和增城三县交汇的南昆山。可可茶之所以缺乏咖啡碱，是因为在其嘌呤碱生物合成和代谢过程中，N- 甲基转移酶以甲基蛋氨酸为甲基供体，将可可碱的前体物单甲基黄嘌呤甲基化，进而合成可可碱，而缺乏将可可碱进一步甲基化合成咖啡碱的特异性甲基转移酶，使可可碱向咖啡碱的转化途径受阻，造成了可可碱累积且缺乏咖啡碱的化学组成特性，这也是不影响睡眠的真茶的重要化学基础之一。

　　叶创兴教授研究团队在可可碱生理功能研究领域取得了突破性进展。可可茶含有传统茶叶的抗氧化活性成分——儿茶素类，因而具有传统茶叶的主要生理调节功能，如降血脂、降血糖、抗氧化、抑制肝癌、前列腺癌等癌细胞生长以及抗炎、抗过敏等功能；而且在儿茶素类组成上，可可茶的优势儿茶素类化合物是 GCG，而非传统茶的优势儿茶素类化合物 EGCG。可可茶儿茶素类组成的这种特性是其不影响睡眠的真茶的另一个重要化学基础，也是叶教授团队在茶的生理功能研究领域的重大发现。

　　叶创兴教授研究团队在可可茶产业化方面取得了开创性成果。他们从收集的众多可可茶资源中重重筛选，率先培育出产量、品质和抗逆性表现优良的"可可茶 1 号"和"可可茶 2 号"两个新品种，并获得植物新品种权证书。茶叶的形态特征和化学组成是茶树品种适制性的基础，针对可可茶形态特征和化学组成的特异性，叶创兴教授研究团队分别探索了利用可可茶原料加工绿茶、红茶、乌龙茶、黄茶、白茶和普洱茶的工艺参数，鉴定了产品的品质特征。针对可可茶扦插繁殖困难的问题，叶创兴教授团队开展了广泛的调研和田间试验，开发了生根促进剂，建立了可可茶无性繁育技术体系，使无性繁殖可可茶得以实现，为规模化生产和产业化经营奠定了基础。

本书既是叶教授团队 30 多年关于可可茶研究成果的集成，也是可可茶深入研究和产业化开发的指南。本书的出版发行，不但有助于可可茶的开发利用，也将成为茶业发展史上的一个重要里程碑，对促进我国由茶叶大国向茶业强国转变发挥积极作用。

2019 年 6 月于浙江大学

（梁月荣，广西容县人，博士，浙江大学农业与生物技术学院教授，博士生导师；兼任中国茶叶学会副理事长、中国国际茶文化研究会副会长、浙江省茶叶学会理事长。从事生物技术与茶资源利用研究，出版《中国无性系茶树品种志》等专著 8 本；发表学术论文 240 余篇，其中 SCI 收录论文 92 篇；获国家发明专利 26 项、省部级科技进步二等奖 3 项；与合作者育成国家级、省级茶树品种各 3 个，获植物新品种权 9 项；获国务院授予的“全国对口支援三峡库区建设先进个人”、浙江省人民政府授予的“浙江省先进科技工作者”和中国茶叶学会授予的“全国先进茶叶科技工作者”等荣誉称号。）

序　二

中国是茶的故乡，茶的发现和利用在中国已有四五千年的历史，且长盛不衰。近年来，我国茶叶产业的发展得到各级政府的高度关注和大力推动，茶叶在生产、质量、消费、文化方面都取得了长足进步。中国茶叶流通协会统计结果显示：2018 年中国茶叶生产平稳发展，茶类结构持续优化，质量水平稳步提升，绿色效益初步显现，优势品牌正在形成，产业融合效果明显；国内茶叶市场量稳增，出口额再创新高。这些成绩的取得令人鼓舞。

随着茶与健康研究的不断深入，近年来，科技已成为我国茶产业做大做强的助推器。近期市场上出现了无咖啡因的可可茶，我有幸亲眼见到由广东德高信种植有限公司生产的可可茶，并且品饮了这个产品。对于我这个茶行业的从业人员来说，是一件令人欢欣鼓舞的好事。可可茶最为独特的一点是不含咖啡因，富含可可碱，不会造成神经兴奋，这就为不适宜饮用含咖啡因饮料的人群提供了新的选择。使人们在享受饮茶乐趣的同时，免受茶叶中的咖啡因对睡眠造成的困扰。

茶产业的蓬勃发展源于行业同仁以市场诉求为出发点的大胆创新与技术升级。我认为：本书的出版对茶叶行业了解可可茶的相关知识和研究茶叶产品创新均具有重要的参考价值和学术意义。本书内容翔实全面，既可以作为行业了解可可茶的权威资料，也可以在实际生产中起到工具书的作用，兼具阅读、查询和收藏价值。同时，可可茶作为我国茶树品种创新不容忽视的成果，不仅丰富了我国茶叶产品的品种，更增强了我国在茶世界的科技话语权！

目前，我国茶产业正处在转型升级的关键时期，创新意识和匠心精神是支撑产业不断向前的力量源泉。本书向我们展示了可可茶一路走到今天不断进取、精益求精的历程。我相信，这些宝贵的精神将继续闪耀，照亮前路。

为表欣喜之情，特作此序为贺。

中国茶叶流通协会会长 王庆
2019 年 6 月 10 日于北京

（王庆，中国茶叶流通协会会长，国家茶叶标准技术委员会副主任委员，中国社会组织促进会副会长。）

序 三

以"香、滑、甘、醇"来评价一个茶叶产品，自然是对这种茶的极高评价。饮茶时所闻到的香气源自茶叶中的挥发性香气物质；滑，指茶汤滑顺；甘，指口感回味甘甜；醇，是滋味醇和、醇厚之意。这些品质特征的描述只是从感官审评的角度对茶叶品质的定性评价，如果结合茶叶品质成分分析，则可以更准确、客观地评价茶叶的品质水平。茶叶中已分离鉴定的化学成分有 700 多种，嘌呤碱（咖啡碱、可可碱、茶碱）、儿茶素、茶氨酸被认为是茶叶的特征性品质成分与功能成分，并被作为鉴定茶叶真假的化学依据。除了栽培茶树，我国还存在众多的茶组植物，可可茶就是一种含可可碱不含咖啡碱的珍稀茶树资源，经过中山大学和广东省农业科学院茶叶研究所研究团队长期的艰苦努力，已经将其引种驯化为栽培品种。可可茶的生物化学成分除了含可可碱不含咖啡碱外，所含的其他化学成分与茶是高度一致的，如都含有氨基酸，都含有茶多酚里各种儿茶素组分，但是氨基酸各组分、茶多酚各组分的含量有差异。这表明可可茶在植物分类上是山茶属的一个特殊的茶组成员，与它在茶叶生物化学成分的表现是匹配的。把可可茶从野生状态中挖掘出来成为新的栽培茶树是张宏达教授的卓越功勋。

化学结构上的差异，不同镜相体的物质，如咖啡碱称为 1,3,7- 三甲基黄嘌呤，与可可碱 1,3- 二甲基黄嘌呤相比，咖啡碱只在 7 的位置上多了一个甲基，在功效上两者却有天壤之别，在戊巴比妥钠作用下，咖啡碱延长了小鼠入睡时间，而可可碱却协同戊巴比妥钠缩短了小鼠的入睡时间；同样茶叶碱 1,7- 二甲基黄嘌呤，与可可碱是同分异构体，茶叶碱是高效的利尿剂，还可制成茶氨碱，用于治疗心脏方面的疾病。中山大学和广东省农业科学院茶叶研究所研究团队对可可茶开展了全面系统的研究，包括对它的感官品质特点、特征性品质成分分析、主要功能成分及其生物活性比较，发现了可可茶不仅不影响睡眠，而且兼有传统茶类似的健康功效，可满足咖啡碱敏感人群对茶性的诉求。因而，可可茶的引种驯化成功、规模化种植并走向市场具有重大的社会意义和经济意义。

谨此祝贺可可茶全面上市与消费者分享，祝贺本书早日与读者见面！

刘仲华

2019 年 6 月 1 日

（刘仲华教授，湖南农业大学茶学学科带头人、国家植物功能成分利用工程技术研究中心主任、国家茶叶产业技术体系加工研究室主任，兼任国务院学位委员会园艺学科评议组成员、教育部科技委农林学部委员、中国国际茶文化研究会副会长、中国茶叶流通协会副会长、国家茶叶标准化技术委员会副主任等职。）

关于饮茶的功用，最为明显的就是提神和帮助消化。饮茶能提神，是因为茶叶中含有咖啡因。但是现在有一种叫可可茶的野生茶树，它的芽叶不含咖啡因，因而饮可可茶不会影响睡眠，这真是闻所未闻的新奇事，而这又是千真万确的。中山大学张宏达教授是著名的植物分类学家，他发现了可可茶新种，随后的研究表明这是一种不同于传统栽培而又能加以利用的茶。人们喜欢饮茶，是因为饮茶能克服疲劳，提高工作效率；有一些人不喜欢喝茶，是因为喝茶会引起精神亢奋，影响睡眠，饮浓茶还有可能伤胃，引起胃溃疡，严重的甚至引起胎儿流产。几千年来，中国人栽的茶、制的茶、喝的茶都是含咖啡因的，突然之间出现了不含咖啡因的茶，这怎么能不让人感到惊喜呢！其实，很早就有人对茶、咖啡（含咖啡因）敏感，于是人们想了许多办法来去除茶叶和咖啡中的咖啡因，市场上也就出现了脱咖啡因的茶和咖啡，它们的售价远高于正常生产的茶叶和咖啡。究其原因，就是因为市场对无咖啡因的饮料有需求。这使我想起了美国茶叶商卓孚来，他曾经给中国土产畜产进出口总公司写求购可可茶的信，这是他看到张宏达教授发表在中国香港特别行政区《明报》的文章后写来的，茶叶处负责人当时看了这封信后立即给张宏达教授去函，函件是这样写的：

"中国土产畜产进出口总公司

（85）九红 便字第 389/100 号

张宏达教授，

　　您好！

　　美国综合茶叶公司卓孚来先生 11 月 22 日来函告诉我们他在香港 9 月份的《明报》上看到您写的文章《增广茶经》。您提到，在广东、云南都找到不含咖啡因的茶树。

　　我们认为，这是一个很好的消息。据悉，目前的美国消费者对不含咖啡因的饮料需求很高，且有日益扩大的趋势。如果能在我国发展无咖啡碱茶树的种植，进而逐步扩大无咖啡因茶的生产，这对扩大国内外市场，多创外汇，支援"四化"建设，无疑将会产生积极作用。

　　希望您能提供找到无咖啡碱茶树的有关线索（如有可能，请附寄有关资料），帮助我们了解此种资源情况。等候您的答复。

　　　　　　　　祝

　　好！

　　　　　　　　　　茶叶处

　　　　　　中国土产畜产进出口总公司九处（公章）

　　　　　　　　1985 年 12 月 21 日"

为了给本书写序，我重新看到了这封信函，让我甚为感动。虽然已经过去34年了，我从本书了解到，研究团队付出了艰苦卓绝的努力，为可可茶的引种驯化作出了贡献。他们对可可茶的形态、分类、地理分布、茶叶生化成分的组成、含可可碱的遗传稳定性进行了研究；亦从可可茶的生物活性，确认饮用可可茶不会影响睡眠；还对可可茶的栽培和成茶加工制作等进行了研究；最终以稳定性、一致性为标准，选育出了栽培品种。在神农发现茶几千年后，张宏达、叶创兴教授团队发现和成功地开发了可可茶，这不能不说是茶叶栽培史上的重大事件。

　　最为可喜的是，拥有可可茶植物新品种权的广东德高信种植有限公司，正大力发展和生产可可茶，含咖啡因的茶和不含咖啡因的可可茶同时出现在货架上任由人们选择已经成为现实。

　　我同中山大学教授张宏达20世纪80年代初就认识，并积极支持他的科研开发。改革开放后，在广州茶人黄建璋的组织下，我们成立了张天福、张宏达茶学思想研究中心，我任副主任，对他的可可真茶的研究有了更多了解，前几年就品尝过这种不含咖啡碱的可可真茶，品质不错：芽叶肥壮，多毫，香高味浓，有蔗糖香和花香，略带苦味。

　　可可茶研究成果是我国茶业史上的里程碑，特别是茶树品种上的一大突破。

于观亭

2019 年 6 月 7 日

　　（于观亭，茶叶加工高级工程师，茶文化研究员。现为中华全国供销合作总社杭州茶叶研究院名誉院长、吴觉农茶学思想研究会副会长、国际茶业科学文化研究会副会长。曾任：商业部茶畜局加工处处长、商业部农副土特产品管理办公室副主任；中健茶业公司经理、中国农副土特产品开发公司常务副总经理、中国茶业产销集团董事长；商业部全国茶叶加工检验高级职称评委会评委、全国茶叶标准委员会委员、全国商业机械标准委员会副主任兼茶叶机械标准委员会主任等。在中国茶叶流通协会、中国国际茶文化研究会、中华茶人联谊会、中国华侨茶业发展研究基金会任常务理事或副会长。出版《茶叶加工技术手册》等著作。）

编著者自序

1981 年，张宏达教授发现可可茶 *Camellia ptilophylla* Chang 新种。1984 年，张宏达教授又发现了苦茶 *C. sinensis* var. *kucha* Chang et Wang 的新变种。可可茶是含可可碱为主的茶树，饮用可可茶不影响睡眠；苦茶主要含苦茶碱（1,3,7,9- 四甲基尿酸），苦茶碱具有抑制神经兴奋的作用。一个是不影响睡眠的茶，一个是促进睡眠的茶。这就是张宏达教授从野生茶树资源中挖掘出来的宝藏，她们洗去铅尘，袅袅婷婷走到世人面前。我们感叹中华民族的人文始祖、农耕始祖神农氏从万千的植物中把茶 *C. sinensis*（L.）O. Kuntze 找出来，使她成为万世不绝、中外皆说好的茶。我们又感谢造物主，在把茶这一甘露撒播人间的同时，又把可可茶和苦茶也撒播在中华大地上。三种茶，有兴奋神经的茶，又有不兴奋神经的茶，更有促进睡眠的茶，都降临在中华大地上，不能不说这是大自然的钟情和偏爱！你看银杏、水杉、珙桐、人参、三七、月季、牡丹、茶花、弥猴桃……不都是遍布在中华这片广袤的大地吗？生长着如此多珍宝的地方，除了地灵还要加上人杰。茶在"发乎神农氏，闻于周鲁公"几千年后，又发现了可可茶和苦茶。我们敬佩张宏达教授睿智和犀利的眼光及他在山茶植物分类系统研究中所做的贡献。神农尝百草，日遇七十二毒，发现了可以解毒祛病的茶，张宏达教授凭着他对山茶属植物系统的理解，经过近半个世纪的探索，发现了包括可可茶和苦茶在内众多的类群。

自 1984 年发现可可茶含优势嘌呤碱可可碱，1998 年发现苦茶中含苦茶碱，我们围绕着这两种茶开展了一系列的基础研究和引种驯化的工作。得到了国家自然科学基金、广东省自然科学基金、广州市科技局研究基金等支持。野生可可茶和苦茶的引种驯化难度比想象的要大得多，即研究周期过长、研究经费不足的问题始终困扰着我们，前后经过 3 次失败，最困难的时候，背水一战，自掏腰包，在校园竹园里把从野外筛选的纯株保存下来，坚持 4 年，共保留 155 个纯株株系，这些保留下来的纯株株系加快了可可茶和苦茶引种驯化的进程。

茶叶界对可可茶的出现在思想上是没有准备的，我曾经将可可茶的研究论文投到国内著名的《茶叶》杂志，他们起初不相信有纯含可可碱的茶存在，要求我把 1 芽 2 叶的茶样寄过去，等他们分析茶样后才决定是否录用我的论文。等到他们分析完茶样，发现可可茶真的是含很高可可碱，几乎不含咖啡碱的茶之后，又回信给我说，他们的杂志不发表不是茶的文章。时至今日，茶叶界对可可茶的认识已经改变了，现在他们也在组织力量研究可可茶。说这些故事并非诟病茶叶界，是说明新生事物的出现，要让人们一下子接受是不容易的，同时也说明不入主流的可可茶引种驯化研究会碰到意想不到的困难。

2008 年是一个值得纪念的特殊年份，"可可茶 1 号"和"可可茶 2 号"双双获得国家植物新品种权，这是茶叶发展史上的又一个里程碑。到了 2011 年底，"可可茶 1 号"和"可可茶 2 号"这两个新品种已经成功转让。敬爱的张宏达先生见证了可可茶引种驯化过程，他曾亲自到广州市流溪河林场可可茶扦插基地进行指导，也亲自领着国家林业局吴中伦院士到中山大学竹园参观可可茶保种基地，最令人欣慰的是，张宏达先生还见证了"可可茶 1 号"和"可可茶 2 号"这两个新品种权的有价转让！张宏达先生喝上了栽培的可可茶，他很高兴地说：可可茶喝一斤下去，也不会影响睡眠！他认为可可茶是不含咖啡因、不影响睡眠的真茶。遗憾的是，2016 年 1 月 20 日下午 4 时，张宏达先生永远离开了我们。先生如风逝去，但他的哲人风尚，道德文章永存，并一如既往地影响着后世。先生关于山茶属分类的框架，关于茶组植物的论述绝非泛泛之谈。当年中国农业科学院茶叶研究所虞富莲、陈炳环等调查了云南等全国各地的野生茶树资源，张先生与他们合作发现了众多的茶组植物新种，他曾豪气干云地说："给我十年时间，我要育出十个茶树新种！"

自可可茶发现至可可茶栽培新品种转让，刚好经过三十年。现在一缕曙光初现，但是要使可可茶和苦茶与茶一样出现在茶叶市场，任由人们选择，这一时刻尚未到来。岁月催人老，我把人生最美好的三十年投入到这两个野生茶树资源的引种驯化工作中，只为实现一个愿望：愿可可茶和苦茶早日满足人们的需要。

叶创兴

2019 年 8 月 8 日于中山大学

前　言

　　1981年，张宏达发现了毛叶茶这一茶组植物新种；1984年，马应丹、张润梅首次发现毛叶茶含可可碱；1988年，张宏达、叶创兴、张润梅等发表了《中国发现新的茶叶资源——可可茶》，从此毛叶茶这一名称就由可可茶代替。因为可可茶含可可碱，且是很高含量的可可碱，和传统茶含咖啡碱是不一样的。饮可可茶不会引起神经兴奋，不会影响睡眠。华夏民族已经饮了几千年能提神、帮助消化的茶，现在发现一种另类茶，饮了不兴奋神经，不影响睡眠，还一样能帮助消化，这吸引了我们对可可茶的关注。

　　发现可可茶含可可碱、几乎不含咖啡碱后，我们与许实波、谢冰芬等从可可茶应用的前景出发，进行了可可茶生理效应和药理作用的研究，最先发现可可茶具有不影响入睡和其他的一些药理作用。在国家自然科学基金、广东省自然科学基金和广州市科技局重点项目基金的资助下，我们带领研究生围绕可可茶引种驯化开展研究。第一步楔入可可茶物种遗传性的研究，与日本御茶水女子大学芦原·坦和加藤合作，揭示了可可茶叶中嘌呤碱生物合成和代谢的规律，可可碱的前体单甲基黄嘌呤在N-甲基转移酶作用下，由蛋氨酸提供的甲基合成了可可碱，而缺少甲基转移酶则不能把合成咖啡碱的前体可可碱进一步合成为咖啡碱。这开创了国内研究嘌呤碱生物合成和代谢过程研究的先河。这个研究证明了可可茶中只含可可碱，可可碱是由它的遗传性决定的，不是一个偶然性的因素，开发可可茶的信心由此更加坚定。

　　为了对可可茶芽叶含可可碱的稳定性进行探究，针对引种的数十株可可茶进行连续十年以上的单株跟踪，结果发现原始分布区的可可茶种群居群的分化，即大部分个体芽叶含可可碱，不含咖啡碱，但也有部分个体芽叶既含可可碱，也含咖啡碱，尽管两者之间在叶、花、果的形态上无任何区别。

　　由于这一发现，加上对可可茶实生苗植株芽叶嘌呤生物碱进行的检测，我们发现它们的芽叶多含咖啡碱，可可茶和家茶的种间杂交子一代全部植株的芽叶，以咖啡碱为主，也含可可碱。当然在原始分布区，也有可可茶与茶的自然杂交，为何不引起大规模的种间变异？由于时间紧迫，我们放弃了以有性繁殖的方式进行引种驯化，转而采用无性繁殖手段进行可可茶的引种驯化。

　　在宋晓虹博士的帮助下，彭力、王园园、杨晓绒、李凯凯等对可可茶的化学成分进行详尽的研究，建立了可可茶18个化学成分可以在高效液相色谱仪上一次性分析的新技术。筛选的纯可可茶只含可可碱，茶多酚里儿茶素组成也具有特殊性，GCG的含量可以占到茶叶干重的10%。后来的研究发现，GCG具有特殊的生理效应和治疗作用，杨晓绒的研究证明：可可茶不影响睡眠既和可可茶含可可碱有关，也与可可茶含有很高比例的 GCG 有关。

引种驯化是通过无性繁殖进行的，在对 4700 余株野生可可茶化学检测的基础上，选择 380 余株含可可碱不含咖啡碱的植株进行扦插繁殖，得到 155 个株系 4000 余株扦插苗。中山大学可可茶研究团队与广东省农业科学院茶叶研究所合作，研究可可茶的栽培和育种，取得育种的重大成果，选育出两个国家植物新品种。2012 年春，新品种成功转让给广东德高信种植有限公司进行开发。

我 1982 年攻读博士学位时就开始参与可可茶的研究和开发工作。我第一次获得对可可茶项目的资助是在 1987 年，这个来自广东省科委基金的资助只有 8000 元，即使按照当时的情况，这一数目也不算多，但它使我鼓起勇气，增强了可可茶引种驯化的信心。以后我们又获得广东省可可茶研究重点攻关项目、面上项目，国家自然科学基金，广州市科技局重点项目多次的资助，这些资助项目有力地促成了可可茶引种驯化的成功。经过 30 多年，经过多少艰难困苦、挫折和迷茫，终于这些资助项目到达了胜利的彼岸。此刻我们对国家和政府充满了感激之情，这些项目资助项目让我们更加明白：个人力量是渺小的，只有把个人的努力维系在国家整体利益中，才能实现个人的理想。

感谢英德市政府从人力、物力方面大力扶持和资助可可茶发展，我们对此表示衷心的感谢！

本书出版得到广东德高信种植有限公司的资助，我们对此表示衷心的感谢。广东德高信种植有限公司陈维靖董事长深感可可茶问世意义重大，果断地将可可茶 1 号和可可茶 2 号收归广东德高信种植有限公司麾下，倾力发展可可茶，这种勇于探索、倾力转化农业科技成果的魄力体现了新时代的担当精神，值得赞赏！

叶创兴

2019 年 8 月 8 日于中山大学

目　录

第1章　茶的源与流

第1节　茶是大众化的饮料

茶是世界性的饮料，也是最为大众化的饮料，当今世界，无论咖啡、可可，还是形形色色的软饮料，可以说都不如饮茶普遍。茶叶一撮，沸水冲泡，即成香气馥郁、解渴提神的茶汤；有朋自远方来，品茶叙旧，喜庆婚嫁，各式茶话会，清茶一杯，点心数样，何其高洁清雅！更有南方如广州、珠江三角洲的群众，饮早茶成为每日的"必修功课"，无论识与不识，几人可同饮一壶茶，发布街巷新闻、里弄消息，纵论家事、国事、天下事。也可借饮茶方式治谈生意、商量工作，多少事在细斟慢啜中解决。

茶，有人称为原子时代的饮料。第二次世界大战临近结束时，第一次用于杀伤人类的原子弹在日本长崎、广岛上空引爆，数十万居民悲惨地死去。幸存者也受到了不同程度的辐射伤害，然而据当时统计，其中饮茶者的放射病一般较轻，死亡率也较不饮茶者低。后来医学专家的试验表明，茶叶成分能够加速放射性元素"锶^{90}"从体内排出。进一步的试验表明，饮茶具有一定的抗辐射效果。茶叶降低辐射伤害的原发性机制尚未阐明，但国内外的研究证实茶叶的脂多糖物质具有保护造血功能的作用，茶多酚以及茶中的维生素 C，对辐射病有一定的防治效果。最近还有报道说茶叶中的儿茶素具有抗癌的作用。或许宇航员在飞往太空时，茶应成为首选饮料。

神农以来的饮茶实践表明，饮茶具有七大好处：一曰提神益智，利尿强心；二曰清热降火，止渴生津；三曰去除油腻，帮助消化；四曰解毒醒酒，杀菌消炎；五曰降低血压，预防动脉硬化；六曰预防龋齿，去除口臭；七曰防止和减轻核辐射的伤害。古人有云："宁可一日无食，不可一日无茶"。

饮茶之所以有如此卓著之功，主要是茶叶中所含的化学成分具有各种特殊的药理作用。

茶叶中含有丰富的人体所需要的维生素，如胡萝卜素，维生素 D 原、E、K_1、B_1、B_2、B_3、B_{12}、C 等。缺乏维生素 A 会导致干眼症和夜盲症。维生素 D、E、K 有助于骨骼发育和骨骼的创伤恢复，维生素 B_1 用于抗脚气病和神经炎，维生素 B_6 用于放射性呕吐和妊娠呕吐，维生素 B_3 用于治疗皮炎、毛发脱落、肾上腺病变，维生素 C 可防治坏血病，增强机体抵抗力，促进伤口愈合，它在茶叶中的含量可达 0.18%。

茶叶中的总糖达到 1.74%～3.36%，蛋白质 18%～20%，氨基酸的总量达到 1.7%～3.1%，这些物质都是人体所需要的，也都具有药理上的功能。

茶叶中的氨基酸以茶氨酸为主，含量占氨基酸总量的 50%～60%。茶氨酸和咖啡碱、茶多酚同为决定茶叶品质的主要化学成分，它们对茶叶的品质起着决定性的作用。

茶叶中最主要的物质之一是嘌呤类生物碱，其中咖啡碱含量最高，其他则含量极少。咖啡碱与茶叶碱是同系物，前者的兴奋作用强度大，而后者较小。茶叶碱和可可碱是异构体，茶叶碱对中枢神经作用明显，而可可碱对中枢神经几乎没有兴奋作用。

咖啡碱对大脑皮质的兴奋作用和酒精及其他麻醉药物有本质的不同，它不是由于减弱抑制过程所致，而是由于加强兴奋过程的结果。因此，咖啡碱的这种特性可以缓解酒精、烟碱、吗啡等药物的麻醉和毒害作用，消除催眠药物所引起的瞌睡。

嘌呤生物碱具有舒张血管和强心的作用，在作用强度上，由黄嘌呤衍生的二甲基化合物茶叶碱和可可碱比它的三甲基的衍生物咖啡碱强。研究表明，茶叶碱增强心脏的作用和增加心血的输出量分别约为咖啡碱、可可碱的 3 倍和 2 倍。由于茶叶碱具有对血液循环有利的直接作用，对于治疗急性心力衰竭有一定的效果。

氨茶碱就是茶叶碱的制剂，对支气管平滑肌具有直接舒张的作用，能缓解呼吸困难，具有止咳效果；且对冠状动脉也具有舒张作用，可用于治疗心绞痛。

嘌呤生物碱具有显著的利尿作用。茶叶碱的利尿作用最强，咖啡碱次之，可可碱最弱，但可可碱的利尿作用却比较持久。

茶叶中的咖啡碱、可可碱、茶叶碱等是否会在人体中积累，从而对人体造成损害？经过反复的实验证明，可以肯定地说，上述生物碱安全范围很大，在机体内分解很快，即使长期饮用茶也没有蓄积作用。这些化合物吸收入人体后，脱去一部分甲基并被氧化，大部分以甲基尿酸的形式排出，并且排泄迅速，约 24 小时即告结束。

茶叶中含有约占茶叶干重 22%的多酚类衍生物，其中的儿茶素又占 70%左右。多酚类物质可用于烧伤治疗，并对大肠埃希菌、志贺菌、链球菌、肺炎菌、伤寒菌和霍乱菌的发育、生长有抑制甚至杀灭的作用。茶多酚可作为铜等重金属盐和某些生物碱（如脱水吗啡、金鸡钠生物碱、番木鳖碱、洋地黄）中毒的拮抗剂，在缓和、镇静胃肠紧张和蠕动、防炎止泻、保护肠胃等方面都起着重要作用。儿茶素对治疗高血压和糖尿病有作用，而且还可用于治疗偏头痛；对抗核辐射物质有一定的效果，能有效地提高进行放疗的肿瘤患者的白细胞数量。儿茶素还可防止血液和肝脏中胆固醇、烯醇类和中性脂肪的积累，预防动脉硬化和肝硬化。

茶叶中的芳香物质具有显著的药理功能，它能刺激胃黏膜，反射性地增加支气管的分泌，因而能稀释痰液，起镇静祛痰的作用。

第 2 节　中国是茶的故乡

一、印度不是茶的发源地

茶叶、饮茶和茶树栽培是从中国起源的，有丰富的史料可以证明。但是自从 1834 年在印度东北部阿萨姆发现了野生茶树，就有人认为中国的茶是从印度传入的。1892 年德国布列斯奈德（Breschneider）武断地认为茶树起源于印度阿萨姆，并于公元 6～7 世纪始传入中国。更早则有塞缪尔·贝尔登（Samuel Baildon）1877 年提出印度是茶树的原产地，认为中国与日本约在 1200 余年之前由印度输入茶树。不幸的是，这两个人几乎一模一样的错误结论，竟在 1973 年由英国植物学家哈钦森（Hutchinson）所重复。

实际上，18 世纪之前，西方人对于茶树是否存在于中国以外的地方几乎一无所知，英国由于垄断了中国的茶叶市场而获得巨大的利益。当这种垄断由其他后来发展起来的资本主义国家的争夺而被打破时，英国殖民机构东印度公司才决定在印度栽植茶树。

从 1780 年起，英国东印度公司从我国云南等地收集大量的茶籽，在印度进行栽种，由于栽种不得法，试种失败。1834 年戈登（G.J.Gondon）被派来中国收集茶树和茶籽，1835 年从中国运去的茶籽播种在印度加尔各答，以后培育出来的茶苗被送到印度的古马安区和德哈雷坦区，在这里成功地建立了第一批茶园，而在阿萨姆和马得雷斯，栽茶很少成功。1848—1851 年罗伯特·福琼（Robert Fortune）来到中国收集最好的茶树品种，罗致栽茶、制茶工匠。1853 年罗伯特·福琼再次来到中国，带了更多的种子回到印度，印度在此后建立了具有商业规模的茶叶生产基地。可见从 1780—1860 年这 80 年间，英国曾作出了巨大的努力，在印度种茶，其间从中国收集了大量的种子，聘请了中国的技术工人，这些历史都一一记载在 20 世纪前英国许多文献上。由此可见印度的茶树栽培源于中国，而不是其他地方。回头再看印度阿萨姆茶树的分布情况，我们就可以看到某些英国人那一叶障目、盲目自信的态度是多么可笑！

1826 年，英国东印度公司派驻阿萨姆的专员戴维·斯科特（David Scott）报告说，在阿萨姆发现了茶树，但由于只采了无花果的标本而不能最后鉴定，瓦利兹（Wallich）对它是否属于山茶属还有怀疑，他在这份标本上只编上号码 "3668 Camellia? Scottiana Wall."。直至 1834 年 11 月，当列维特·查尔坦（Lieut Charlton）采到了有花果的标本，阿萨姆有茶树的存在才得到证明。为了弄清茶树在阿萨姆分布的情况，东印度公司"茶叶栽培委员会"于 1835 年派出了由威廉姆·格利菲思（William Griffith）、约翰·麦克列兰（John M'clelland）和瓦利兹组成的调查组，去上阿萨姆调查茶树，调查情况由瓦利兹通过书信向茶叶委员会的行政秘书格兰特（J.W.Grant）随时报告，麦克列兰和格利菲思事后都写出了调查报告。调查还未结束，瓦利兹就建议东比佛朗提州代理州长詹金斯（F.Jenkins）从少数民族的部落首领手中购买或租用发现有茶树的地方，并把它们围起来，栽培茶树，要求指派布鲁斯（C.A.Bruce）指导茶树栽培，负责茶地管理。1839 年，调查始告结束，布鲁斯确定了在阿萨姆的 120 个点有茶树的分布。对这些茶树是原生的还是外来的，调查组当时就有两种意见，格利菲思认为是原生的。而麦克列兰则认为茶树是由土族人引进栽培的，因为它们处于孤立状态，与当地乡土植物并不融和，因而可能是当地人栽种然后又迁徙他处而遗留下来的。布鲁斯当时就记载了一位"掸族"老人的谈话，说他的父亲带他到遥远的东方买茶，并在阿萨姆种茶。布列斯奈德选择了格利菲思的观点当作自己的观点并加以阐发，当时就受到任职于清朝川、鄂、滇海关的亨利（A.Henry）的驳斥。1886 年

9月7日，亨利自云南蒙自海关写给英国皇家植物园的信中，证明蒙自原始森林中确实存在野生茶树，他说："中国人自遥远的阿萨姆引入茶树恐怕极少可能"，他以嘲笑的口吻说到布列斯奈德关于茶在公元6或7世纪才被引入中国的观点时说，在现今华南一带还未纳入华夏版图时，那里就存在着野生茶。其实在中国的南部山地，尤其是云南、四川、贵州、广西、广东、海南广泛分布着野生茶树。国外的博物学家马泽蒂在湖南、贵州、云南采集了许多野生茶的标本；福雷斯特（J. Forrest）在云南瑞丽至怒江流域和腾冲西北部的高黎贡山上（海拔 2000～3000 m）采到了被认为是"真正野生茶"的标本；亨利（B.C. Henry）也在海南森林里采到过野生茶。这样，中国是否存在野生茶似乎无须再说了。

事实上目前广泛栽培用于采摘茶叶的种只有两个：一是茶（俗称小叶茶），学名是 *Camellia sinensis*；二是普洱茶（俗称大叶茶），学名是 *Camellia assamica*。茶毫无疑义仅分布于中国，它呈灌木型，在秦岭以南的山地可以发现其原生的种类，是典型的亚热带植物；而普洱茶则是乔木型的茶，其原生种类在中国南部包括云南、贵州、广西、广东、海南、四川南部均可以找到，它是较为嗜热的茶树，因此它的分布区也就由中国西南稍稍向南扩大，到达泰国北部，向西分布于缅甸，可能也分布于上阿萨姆。阿萨姆的茶树位于该邦的东北部与缅甸接壤的锡布萨加尔，我国雅鲁藏布江（流入印度后称为布拉马普特河）流过这里。从缅甸的克钦高原至我国云南西南部居住着景颇族，在缅甸和印度则称为掸族，他们有采摘野生普洱茶做饮料的习惯。普洱茶从云南西部经过高黎贡山到缅甸克钦高原，最后到达阿萨姆东北部，是完全可能的，因为毕竟植物是没有国界的。无论阿萨姆的茶树是原生的还是外来的，值得注意的是，野生茶的分布西限到此为止，由此向西和向南均不再出现野生茶。

过去普遍认为茶是栽培种，而普洱茶是茶的野生种，根据栽培种由野生种而来的推理，那么茶就是由普洱茶发展而来的。而过去一些学者并不了解普洱茶也在中国大量分布并被栽培，只知道印度阿萨姆有普洱茶的分布，据上述推理，就作出茶树由印度传入中国的错误结论也是有可能的。但是迟至1973年哈钦森仍持这种结论就是无视历史和现实的谬论了。

关于茶和普洱茶所属的茶组有许多血缘关系非常亲近的茶树植物，它们的存在对于解释为什么茶叶和饮茶独独起源于中国，而不是在其他地方是会有帮助的，以及为什么茶树不管茶还是普洱茶，起源于中国西南及其邻近地区的论断是有根据的。还是让我们顺着中华民族的历史，追踪茶叶的发现和饮茶的历史。

二、中国是茶树的原产地和饮茶起源的地方

茶的饮用，其历史可以追溯到具有神话色彩的神农时代。据考证，《神农本草》《神农食经》可能成书于战国时代，至少在秦汉以前已经存在此书了。《神农本草》记载"神农尝百草，日遇七十二毒，得茶而解之"。说明神农遇到的有毒植物很多，最后发现了茶（就是现在的茶）具有解毒的功能。《神农食经》说"荼茗久服，令人有力悦志"，由"荼"

能解毒到"茶"能兴奋神经,清醒头脑,提高工作效率,显然又进了一步,本书可能稍迟于《神农本草》。

《礼记·地官》记载"掌荼"和"聚荼"以供丧事之用。《尚书·顾命》记述公元前11世纪西周成王"王三宿、三祭、三诧","荼"与"诧"同音,均指茶,说明距今三千年以前,我们的先人已以"荼""诧"作为祭祀物品。

《尔雅》是一部字书,成书于公元前2世纪前后的秦、汉间,其中"释木·第十四·槚,苦荼",东晋郭璞(公元4世纪前期)注道"树小如栀子,冬生叶,可作羹饮,今呼早采者为荼,晚取者为茗,一名荈,蜀人名之苦荼"。这个注解形象、生动、准确,说的是茶,树不高大,即使冬天也不落叶,采叶煮为汤,供饮用,早采的嫩叶称为荼,迟采的老叶称为茗。《僮约》是西汉时王褒所撰(公元前59年)的一份契约,规定家奴应做之事:"晨起早扫,食了洗涤,……烹茶尽具,铺已盖藏,……武阳买茶",说明当时茶叶已进入市场交易,官宦人家已经饮茶的确凿历史。《雨山墨谈》说到赵飞燕别传,说汉成帝死后,赵飞燕在黄昏睡觉梦见汉皇,汉皇赐赵飞燕座,并命侍臣进茶,侍臣对成帝说,赵飞燕对皇上向来不够恭敬,不该赐给她茶饮。这反映了在汉时,茶已作为四川的贡品,进奉于朝廷。一些方志和古籍也记载了"阳羡买茶"和汉王到茗岭"课童艺茶",课的意思是督促,艺茶则是栽茶、制茶,阳羡、茗岭是江苏宜兴古时两个著名的茶叶产地,说明在西汉以后,茶树和饮茶已经不限于四川一带,在《三国志·吴志》记载韦曜以茗荈代酒的故事。

自晋朝以后,栽植茶树逐年增多,茶叶在南方也逐渐变为一种普通之物。在晋朝,江南一带客来敬茶已成为一种普通的待客礼仪,"坐客竟下饮"。晋朝杜毓的《荈赋》:"灵山惟岳,奇产所钟;厥生荈草,弥谷被岗;承丰壤之滋润,受甘灵之霄降;月惟初秋,农功少休;结偶同旅,是采是求;水则岷方之注,挹彼清流;器择陶简,出自东隅;酌之以匏,取式公刘;惟之初成,沫沈华浮;焕如积雪,晔若春敷"。具有"调神和内,倦解慵除"之功效(宋·《太平御览》)。"荈草"就是茶树,"弥谷被岗"——漫山遍野皆是茶树;农闲时结伴同行,上山采茶,择水、选器、烹茶的情形均在这篇不完整的赋里作了生动的描述。过去茶叶只是达官贵人的奢侈品,后却成了显示他们俭朴生活的象征,如《南齐书·武帝本纪》记载,武帝下诏在他死后"灵上慎勿以牲为祭,唯设饼、茶饮、干饭、酒脯而已,天下贵贱,咸同此制。"

茶由神农自鄂西、川东发现,兴起于四川,普及于南方,并不是不可理解的。以秦岭为界,野生茶树遍及四川、湖北、藏南、安徽及江苏南部以南,秦汉以前的土著民族、部落或秦朝以后居民由此向南的大迁徙,或者原来就已利用茶叶,或者由于民族迁徙而传播了茶叶的知识。如东晋裴渊撰《广州记》"西平县出皋卢,茗之别名,叶大而涩,南人以为饮。"南北朝·宋·沈怀远撰《南越志》亦记述南越有"茗,苦涩,亦谓之过罗",又曰"物罗"。"皋卢""过罗"音近。《吴兴记》由南北朝山谦之撰,记述了当时的江苏长兴啄木岭产茶,"每岁吴兴、昆陵二郡太守采茶宴会于此。有境会亭"。《桐君录》记道:"西阳、武昌、晋陵皆出好茗,巴东别有真香茗。"上述文献均是公元4世纪前后的著作,这些零星资料说明整个中国南部均有栽茶饮茶之习。

（一）对茶树形态的认识

从东晋郭璞注疏《尔雅》"槚，苦荼"开始，对它的描述逐渐趋于准确。《桐君录》"茶花状似栀子，其色稍白"，稍后的《魏王花木志》也说"茶，叶似栀子"。至唐朝，即公元758年左右，陆羽撰写划时代的著作《茶经》又进了一大步，这是陆羽亲自到产茶地区包括栽培和野生地调查的结果，他写道："茶者，南方之嘉木也，一尺，二尺乃至数十尺，其巴山、峡川有两人合抱者，伐而掇之。其树如瓜芦，叶如栀子，花如白蔷薇，实如栟榈，蒂如丁香，根如胡桃。"说明茶树有灌木型和乔木型两类，灌木型的茶高一尺、二尺，乔木型的茶高数十尺，树干粗至两人合抱。根据作者的调查，茶通常是灌木型，最多也只是4～5 m的小乔木，而普洱茶则可长成高二十余米，胸径六七十厘米的大树。陆羽谓茶花白似蔷薇花，果实外形类似于某些棕榈蒲葵，茶树的茎干通常比较光滑，常带浅黄到浅红的颜色，大概与丁香一致，它的根常为深根系，与胡桃树一致，所谓"瓜芦"，就是现今所指的普洱茶，其叶比较长大、乔木型的茶树。这些利用类比来说明的描述，已是陆羽时代所能做的最好描述了。

这些我国唐代以前的历史文献说明，中国茶不是如某些外国人所说，在公元5或6世纪才从印度传入，而是在公元前两千多年，中国人就已经认识了茶，开始用茶治病，进而将茶当作日常饮料，从采摘野生茶到栽培茶树的事实。

（二）对饮茶功效的认识

从神农时代认识到茶叶能解毒，令人有力悦志，然后随着时代的发展而逐步具体化。《广雅》说茶"其饮醒酒，令人不眠"，认识到茶能解酒，令人不睡。华佗《食论》亦说"苦荼久食益思意"，常饮茶有益于思考。《桐君录》记述南方分布的大叶茶（瓜芦木）和茶一致，但其味极苦涩，把它研碎成屑煮饮，亦可彻夜不眠，当时沿海的煮盐役夫就喝这种茶通宵干活。《唐本草》记载茶的性质时说"茗，苦荼，味甘苦，微寒无毒，主瘘疮，利小便，去痰渴热，令人少睡，秋采之茗，主下气消食"。《茶经》中说："茶之为用，味至寒，为饮最宜""若热渴凝闷，脑疼目涩，四肢烦，百节不舒，聊四五啜，与醍醐甘露抗衡也"。"醍醐"为牛乳的精华，这里说的是解困消乏的作用。唐《本草拾遗》说茶性"寒，破热气，除瘴气，利大小肠""久食令人瘦，去人脂，使不睡"，已认识到饮茶具有减肥的效果。明代王阳明诗曰："正如醋睡后，醒酒却须茶"，大文豪苏东坡有在饭后用浓茶漱口可以除蠹固齿之说，其"漱茶说"："每食已，辄取浓茶漱口""凡肉在齿间者，得茶浸漱之，乃消缩不觉脱去，不烦挑剔也，而齿便漱濯，缘此渐坚密，蠹病自已"。研究表明浓茶漱口是有道理的，因为茶叶中所含的氟，具有固齿作用。总结、归纳千百年来对茶叶的咏赞和历代科学家的阐述，茶叶具有解毒、止渴、提神、强心、利尿、消食、醒酒、固齿的作用，和现代科学对茶叶分析的结果是一致的。

（三）茶称谓的变迁

在陆羽之前，代表茶的词很多，槚、茗、荼、蔎、槚、榒、荈、诧、榎、瓜芦、皋芦、过罗、物罗等，自陆羽之后统一为"茶"。从"荼"到"茶"有着有趣的演变。根据考证，古荼字读"涂"音，从"余"声，荼具有一字多义，既可指苦菜，也可以指茶，《诗·邶·谷风》"谁谓荼苦，其甘如荠"，《诗·豳·七月》"采荼、薪樗，饿农夫"，这里的"荼"有人认为是苦菜，有人认为是茶，其实苦菜和茶均有先苦而后甘的感觉，从这点来说是相通的。究竟是茶还是苦菜，南北朝时陶弘景在整理《神农本草》时提出"苦荼"可能就是当时称为"茗"的茶，后来陶弘景的"荼"即"茗"的说法被否定。长沙马王堆汉墓 1 号墓（公元前 160 年）和 3 号墓（公元前 168 年）的出土文物中，均有"槚-笥"或"槚笥"的简文和木牍文。现已考证出"槚"就是槚的异体字，"槚"的右上偏旁为"古"，表示它的读音，与槚相同，读成"gu"，"笥"为箱或匣，那么"槚笥"就是茶叶箱了。司马相如《凡将篇》（公元前 130 年）所记载的二十多种药品里有"荈诧""诧"（音"du"），"荼""槚""槚""诧"韵母相同，均为"u"。值得一提的是，至今藏族仍称茶为"槚"。

"茶"字的演变，最早以三国魏人张揖《埤仓》一书将"荼"加木旁成"榒"，其用意是将苦菜和茶树加以区别。隋·陆法言等撰《广韵》下平声中"麻第九"有"榒"字，《唐本草》有"茗、苦榒"的记载，汉《地理志》"长沙有荼陵"，"荼"音仍读"涂"，长沙魏家大堆 4 号西汉墓出土文物有石质"荼陵"官印一把，汉魏以后，"荼"音变成"宅加反"，成"茶"音，但字体仍未变。这种情况一直到中唐陆羽，才将"荼"字减去一笔，成为"茶"。碑题如"荼药""荼毗"至唐贞元以后皆改作"茶药""茶毗"。"茶陵者，所谓山谷生茶茗也"，自此之后，只知道有茶陵，而不知有"荼陵"了。茶陵自古以来就是产茶的地方，茶陵东有茶山，相传炎帝葬于茶山之野。

（四）茶叶加工的演变

神农发现茶，当时说不上精细的加工，只是摘取新鲜茶叶，煮汤而饮，唐代诗人皮日休说："称茗饮者，必浑而烹之，与瀹蔬而啜者无异"，喝茶与喝菜汤差不多。关于茶叶加工的历史记载，在唐之前，仅有汉魏时期张揖撰《广雅》记载："荆巴间采荼作饼，成以米膏出之"，这是制成饼茶的最早记载。但是在此之前，除采饮鲜茶叶外，可能还有将茶叶晒干，不经其他方法加工的散茶。一直到唐宋之前，上层社会的饮茶均以团饼为主，民间的饮茶除了团饼茶之外，理应还有散茶。陆羽在《茶经》中说"饮有觕茶、散茶、末茶、饼茶者"，觕茶是粗茶，叶老的茶。至唐朝，茶叶的加工方面显然已非常考究，陆羽总结出茶叶加工的全过程"晴，采之，蒸之，捣之，拍之，焙之，穿之，封之"，这是完整的制饼茶的加工方法。蒸青方法是何时出现的已无可考，张揖记述采茶作饼可能是采取煮熟、舂烂，然后和以米汤，做成一定形状的饼茶。而蒸是将茶叶放在笼箅上，水蒸气通过茶叶而将茶叶"杀青"以去除茶叶的青草气，从茶叶加工来说，这是一大改进。当然与此同时，民间制茶也有随摘、随炒、随饮的，如刘禹锡"自傍芳丛摘鹰嘴，斯须炒成满室香……自摘至煎俄顷余"。炒青的方法一直到了明朝才基本上代替了蒸青，因为炒青更有利于茶叶的色、香味，"生茶必借火力，收发其香。"

团饼茶在宋朝发展到了登峰造极的地步，它在唐朝制法的基础上向精巧繁琐的方向发展，在茶饼的饰面花纹上极下功夫，制出的茶饼往往图文并茂，阴阳相错。如有一种贡茶叫"龙团凤饼"的，饼面龙腾凤翔，栩栩如生，致使耗工糜费，茶饼价倍于金。北宋时文学大家欧阳修，曾任枢密副使，参知政事。建安贡茶，当时称为上品龙团的，十分稀罕和珍贵。宋仁宗赐给包括欧阳修在内的中书枢密院每四人一饼茶，宫人剪龙凤花草金箔贴在茶饼上，四府八家分割以归。欧阳修回家还不敢碾碎饮用，藏之以为宝，有贵客登门，只出示展玩。一直到嘉祐七年，宋仁宗才每人赐给一饼小团茶。欧阳修说，他任谏官二十余年，才获得过这一赏赐。小团茶二十饼重一斤，其价值金二两，"然金有价，而茶不可得"。当时采制贡茶的老百姓亦不堪其苦，从欧阳修的诗中可见点滴，采茶时"夜闻击鼓满山谷，千人助叫声喊呀"，"终朝采摘不盈掬"，制茶时"可怜俗夫把金锭，猛火炙背如虾蟆"，由于制作的贡茶茶芽要求细小，芽未伸长，更不用说舒展的叶了，所谓"雀舌，麦颗"，这种刻意求精，一味提前季节采茶，难怪会"终朝采摘不盈掬"，而且在制作时，将茶蒸青后反复碾磨，反复榨水榨汁，工序极繁琐，与当初追求的目的相反，这样制出来的茶反而失去了真味，降低了茶叶的质量。这种茶只能供奉于帝王之家，平民百姓是不可能获得的。这种穷极精巧的制茶法在宋朝末期也就走到了尽头，而存在于民间的制造散茶、冲泡茶的饮法却兴盛起来，这是事物发展的两个方面，一盛一衰。

到了明朝朱元璋时期，他下诏停止进贡大小龙凤团饼，只采茶芽进贡。由于皇帝提倡，茶叶生产大都改为散茶生产。明代沈德符《野获编补遗》记述："至洪武二十四年九月（1391年），上以重劳民力，罢造龙团，惟采茶芽以进。""汲泉置鼎、一瀹便饮，遂开千古茗饮之宗"。事实上这种饮茶方式并不自朱元璋时始，但由于他的提倡，才终止自宋朝起刻意求精的团饼茶制法，促进了茶叶加工方法的革命和饮茶方式的转变。

加工方式对于茶叶香气的形成关系极大。过去虽然注意到茶有香气，但不知香气从哪里来，如晋朝张载诗："芳茶冠六清，溢味播九区"，东汉《桐君录》："巴东别有真香茗"，提到茶香，但均未涉及加工。最早把加工和茶叶的香气相联系的是与陆羽同时代的诗人刘禹锡，他的《试茶歌》记录了采茶、炒茶、煮饮的过程，明白指出炒茶引出了香气，"自傍芳丛摘鹰嘴，斯须炒成满室香""悠扬喷鼻宿醒散，清峭彻骨烦襟开""木兰沾露香微似，瑶草临波色不如"。陆羽注意到茶叶加工过程中茶叶色泽的变化，在《茶经》也提到茶叶烹煮中的香气，"其色缃（浅黄），其馨欤（音备，完全）"，但未进一步谈及茶叶香气与加工的关系。至宋徽宗赵佶《大观茶论》提出"茶有真香，非龙麝可拟""香、甘、重、滑，为味之全"，加工时"蒸芽欲及熟而香"，强调"蒸压过生"与"过熟""焙火太烈"均影响茶叶的味、香、色，但是他也依然说得比较抽象。现在认为"蒸青""杀青"对于茶叶香气的形成是不利的，而在饮茶时炙茶对于用这种方法制成的团饼茶茶香的形成有一定的好处。所以宋朝制作团饼茶尽管花样翻新，但在加工方面依旧沿袭唐朝制法，其制茶的路子也越走越窄。这种情况一直到明初才扭转过来。首先是茶叶加工时由蒸青"杀青"改变为锅炒"杀青"，加工过程变得较为简单，免去了"蒸压""碾膏""依规拍制成饼""穿绳"等工艺，采茶时以"1 芽 1 叶"或"1 芽 2 叶"为主，摒弃了"雀舌、麦颗"的采摘标准，使采制茶的成本大大降低。其次是在茶叶"杀青"后，加进了"揉捻"这一工序，使制出的成茶具有条索。关于茶叶加工与香气的关系，在明代许次纾《茶疏》里说："炒茶：生茶初摘，香气未透，必借火力，以发其香"。还叙述了炒茶过程和具体做法，均与茶叶的香气形成有关。茶叶加工过程是物理、化学的变化过程，茶叶中所含的各种成分，如脂类和挥发性芳香物质产生复杂的反应和变化，从而影响成茶的品质。而炒青比蒸青好，正是因为它容易发挥茶叶的香气，同时高温的锅能快速破坏茶叶中酶的活力，保持了成茶的色、香、味。许次纾等人强调炒青时锅要先热，高温炒制，现采现炒，炒的鲜叶量要少，炒不宜久，翻炒要快，去热要速。这些理论和实践，都超过了前人的知识，从而为明代茶叶加工的全新发展打下了基础。在明代，除完善了绿茶制作，还发展了乌龙茶、红茶、黑茶、熏花茶。红茶的制作迟于乌龙茶，它们均由福建所创制。红茶属于发酵茶，而乌龙茶属于半发酵茶。

（五）饮茶方式拾趣

初时饮茶并不讲究，只是采叶而煮，啜其汤，嚼其叶，所谓"炎帝虽尝未解煎，桐君有箓那知味"。由煮饮鲜茶叶，到将茶叶采下晒干备饮，这必然是饮茶成为日常必需，跳出了药饮式的喝茶方式后形成的，这时候的茶可能仍然是没有多少加工的散茶。此后，将茶叶加工成团饼，汉魏张揖《广雅》记述了饼的饮法，"若饮先炙令色赤，捣末煮瓷器中，以汤浇复之，用葱、姜芼之"。张揖还记述这是巴蜀流行的一种饮法。把茶加工成团饼，自张揖的记载算起，沿用了近千年，直至明朝初才被扬弃。而饮茶的方式随着时代的不同而有所变化，但在宋朝以前的文献、诗词所记录的饮茶几乎都离不开炙茶、碾茶、煮饮这几道工序，因为这一时期使用的均是团饼茶，饮茶器具有二十四件，茶具讲究，有的用金、银、玉石做成，有诗"黄金碾畔绿尘飞"为证。陆羽说："城邑之中，王公之门，二十四器阙一，则茶废矣。"当然这种饮茶方式不可能普及。应该说在老百姓中还存在着另外一种比较简单的饮茶方法，如唐封演《封氏闻见记》记述唐朝开元中，"大兴禅教。参禅务于不寐，又不夕食，皆许其饮茶，人自怀挟，到处煮饮。从此转相仿效，遂成风俗。自邹、齐、沧、棣，渐至京邑城市，多开店铺，煎茶卖之，不问道俗，投钱取饮。其茶自江淮而来，舟车相继，所在山积，色额甚多"。看来民间自古以来就流行着大众化的饮茶方式，是不管二十四器那一套的。冲泡茶叶的饮茶方式自明朝起已成为官宦人家、平民百姓一致的做法。一撮茶叶，投之壶中，沸水冲泡，香浓味足的茶汤就在眼前，与"二十四器"相比，这是何等的简单！宋朝以前饮茶有许多是加佐料的，或盐，或辛辣、芳香材料，如花椒、姜、桂花、菊花、茉莉花及葱、橘皮、枣、茱萸、薄荷等。虽然陆羽在《茶经》中已抨击了茶汤加佐料的做法，认为这样煮出来的茶无异于沟渠间的弃水。但至宋朝苏东坡仍在煮茶时加姜盐，他的《和蒋夔寄茶诗》有两句："老妻稚子不知爱，一半已入姜盐煎"，他当然不是可惜姜与盐，而是可惜"紫金百饼值万钱"的茶饼。其兄苏辙也有诗"又不见，北方俚人茗饮无不有，盐酪椒姜夸满口"，似乎他饮茶是不加佐料的。可是苏东坡在他晚年说："唐人煎茶用姜，故薛能诗云，'盐损添常戒，姜宜煮更夸'。据此，又有用盐者矣，近世有用此二物者，辄大笑之。"因此，可能在北宋的末期也渐渐扬弃了饮茶加佐料的方式。在现代，在一些地区还保留着有趣的习惯，如缅甸有的地区把茶叶经水煮晾晒，再堆压在地洞里，下面垫有芭蕉叶，然后封闭镇压，经过一段时间，做成像"泡菜"一样的食品。老挝、泰国有些地区把茶块当作像槟榔一样的嗜好品，用油处理后就着鱼干、大蒜食用。我国西北边疆蒙、藏、维吾尔族由于以肉食为主，因此茶叶成为他们日常生活中不可缺少的生活必需品，但他们是将茶放进牛奶里煮，做成所谓酥油茶。瑶族的"打油茶"，茶汤里放有花生、芝麻等。粤北农村流行擂茶粥，即将茶叶与稀饭同煮，再用棍棒将茶叶擂烂、加盐，讲究的还要加上磨成碎末的花生、芝麻，据说夏天吃它可以清暑解热。西南地区少数民族以及汉族盛行焙茶，即将茶叶放在陶罐里焙至焦黄，然后加上沸水。广东一些地方习惯煮茶而不是泡茶。另外，有些地方饮茶时不但喝其汤，而且吃其叶，如湖南城步、江西萍乡等。也曾有电视剧记载毛泽东喝茶最后连茶叶也吃掉了。

闽南和潮汕地区流行的"工夫茶"是我国现今饮茶方式中最为讲究的，茶具小巧玲珑，泡茶、筛茶、饮茶都有许多规矩。对此，清末张心泰《粤游小识》中有简单记载，"潮郡尤嗜茶，其茶有大焙、小焙、小种、名种、奇种、乌龙诸名色，大抵色、香、味兼备。以鼎臣制宜兴壶，大若胡桃，满贮茶叶。用坚炭煎汤，乍沸泡如蟹眼时，瀹于壶内。乃取若深所制茶杯，高寸余，约三四器，匀斟之。每杯得茶少许，再瀹再斟数杯，茶满而香味出矣，其名曰工夫茶，甚有酷耆破产者"。"工夫茶"是否脱胎于古代的斗茶，我们无法考证，但它的确是在清代才发展起来的。宋代的"斗茶"是古代品茶艺术发展的顶峰，北宋时曾盛极一时，官绅百姓对斗茶莫不如痴如醉，从范仲淹《和章岷从事斗茶歌》可知其盛况："年年春自东南来，建溪先暖水微开；溪边奇茗冠天下，武夷仙人从古载。新雷昨夜发何处，家家嬉笑穿云去；露芽错落一番荣，缀玉含珠散嘉树。终朝采撷未盈襜，唯求精粹不敢贪；研膏焙乳有谁制，方中圭兮圆中蟾。北苑将期献天子，林下雄豪先斗美；鼎磨云外首山铜，瓶携江上中零水。黄金碾畔绿尘飞，碧玉瓯中翠涛起；斗茶味兮轻醍醐，斗茶香兮薄兰芷。其间品第谁能欺，十目视而十手指；胜若登仙不可攀，输同降将无穷耻。吁嗟天产石上英，论功不愧阶前蓂；众人之浊我可清，千日之醉我可醒。屈原试与招魂魄，刘伶却得闻雷霆；卢仝敢不歌，陆羽须作经；森然万象中，焉知无茶星？商山丈人休茹之，首阳先生休采薇；长安酒价减千万，成都药市无光辉；不如仙山一啜好，冷然便欲乘风飞。君莫羡花间女郎只斗草，赢得珠玑满斗归。"诗写得生动，真实而又语带诙谐，斗茶情形跃然纸上。宋朝的"斗茶"尽管在当时鼎极而盛，但在南宋的战乱中逐渐消亡了，而起源于唐、宋时的日本茶道却至今仍然保留着它的繁琐和精细。有人认为这是由于中华民族文化中对于自然本身的忽视，而注重了人际关系和礼仪。

（六）茶和饮茶的传播

茶，始于中华民族的祖先神农，盛于唐朝，并由此走向世界。茶叶在走向世界的时候，在中国南部和西南部边界毗邻的国家最早受到影响，如缅甸、老挝、越南，可能也有印度，这些地区或先或后都利用和中国产茶地区靠近的优越条件，或直接进行茶叶贸易，或引种茶树，或者在老挝、越南、柬埔寨及泰国北部也有野生茶分布，乃至直接利用野生茶叶，但在考察这些地区饮茶风俗和方式时，依然可以发现它们和中国饮茶的历史有着紧密的联系。如制茶的"杀青"采取或煮或蒸，然后沥干水，堆进地坑，再加镇压发酵，待发酵结束后直接在市场出售，当作蔬食，吃时就着鱼干、大蒜，或用猪油煎过再吃，这已经不是当作饮料而是当作食物，这和我国云南边境少数民族饮茶方式类似。其实"杀青"，堆沤发酵茶叶是制造黑茶的必要阶段，不过我国制黑茶时是在地上堆沤发酵，而不是在地下堆沤发酵。再有我国古时婚嫁聘礼中有茶，所取的寓意是永相恩爱、不见异思迁的意思，而在缅甸等国新婚夫妇要共饮一杯用油浸渍过的茶叶泡茶喝，以表示婚姻美满幸福。它们实际上来源于古代对栽茶的认识，认为茶籽播下后，任其长成，不能移植，移植即死，所以又称茶籽为"不迁"，于是在婚嫁中用茶作聘礼表示对美满爱情的憧憬。

与我国西北边境接壤的国家如阿富汗、印度克什米尔、俄罗斯远东地区通过茶叶贸易取得茶叶，而中东的伊朗、阿拉伯等国家也通过土耳其商人贩运的中国茶叶形成饮茶风气，不过饮茶的方式有所改变，在茶汤里加糖，或牛奶，或酥油。

随着茶叶贸易发展，欧洲和世界其他地方也形成了饮茶的风气。1660 年，英国政府开始向卖茶者征税，每加仑茶缴税 8 便士。塞缪尔·佩皮斯（Samuel Pepys）1660 年 9 月 28 日第一次使用"Tee"来称呼茶。"Tee"是中国厦门—潮汕方言的转译，其他国家茶的发音或据此转译，或由广州方言转译，或采用普通话"茶"的发音。1700 年 10 月 1 日，英国东印度公司雇佣的外科医生詹姆斯·孔宁汉（James Cunningham）由我国厦门登陆，到达舟山群岛，并在那里逗留了两年，从事标本采集。就在舟山，孔宁汉采到包括茶在内的三种茶属植物标本，这些标本至今保存在大英博物馆，这也是中国植物标本第一次在欧洲出现。1712 年，德国外科医生恩格尔贝特·坎佛（Engelbert Kaempfer）第一次对茶作了详细的描述，并附有茶树的精美插图，坎佛用 Thea 作为茶的属名，林奈尊重坎佛的选择。Thea 可能是 Tee 经拉丁化加上属名词尾形成，而英文现在使用 Tea 作茶名可能再由 Thea 转变而来。1762 年 5 月 29 日，大植物学家林奈终于见到了他梦寐以求的活茶树。为了得到活的茶树，林奈做了 22 年的努力，在他正在感叹恐怕在他有生之年再也看不到活的茶树时，携带着中国茶苗的轮船终于在瑞典哥德堡泊岸了，船长埃克伯（C.R.Ekberg）一上岸便雇了一辆马车，让他的妻子用衣兜包着装着茶苗的盒子坐上马车，驱驰 332 公里，将茶苗送到住在厄普塞尔（Uppsale）的林奈手中。

在亚洲最早从中国传入饮茶、种茶的是日本，日本茶道是在中国茶文化影响下和其独特文化背景下形成的。按照茶道宗师千利休（1521—1591 年）的说法，"茶道的根本精神是和、敬、清、寂"，它是日本人用以修身养性、学习礼仪和进行交际的特有饮茶方式。茶道开始在寺院中举行，后来传入城乡民间，特设的茶室布置高雅，墙上挂有字画，并有插花装饰，整个茶室显得古朴幽雅。茶道仪式庄重，并且严格按照一定的程序进行。茶道开始时，茶室中央放置烧水用的陶制炭炉、茶具、丝做的染成茶色的抹布，各种用具如茶筌等。按照日本人的习惯，每次邀请的客人不超过 4 人，其中一人是主要客人、通常精于茶道。客人进茶室时推门、坐跪和寒暄都有一定的礼节，在主人与客人互致敬意后，礼仪正式开始。主人先把各物抹拭一遍，然后自绢袋中取出茶罐，按照一定程序将"末茶"用竹制的小匙舀入茶碗中，待水煮沸后，用木勺舀出开水倾注于茶碗，一般水只冲到半碗左右。冲沏后，用搅茶竹帚（茶筅）急搅，茶表面起泡沫，主人用双手捧给主要客人品尝。客人饮茶时可询问主人茶产何处，并盛赞主人的好茶。主要客人饮毕，茶碗依次传给以下客人，每人饮一口，或每人饮一碗，最后才轮到主人饮。主人饮毕，自谦茶劣，向客人致歉意。最后，众客人展玩空碗，欣赏碗的质地、花纹（或饮前欣赏茶碗），于是仪式结束。茶道十分严格，点茶、冲沏、递接、擦碗、接物、拜观茶具均有细致的规定，茶碗也多为珍品。

从 16 世纪千利休创造茶道开始，茶道有了师徒秘传和嫡系相承的茶师制度。嫡系相承的，只有长子才能承受袭封，无子继承的，女儿也可继承，这就是茶道的所谓家元制度。日本的茶道流派很多，目前有近二十家，它们或父子相传，或师徒相传，至今不衰。

英国的午后茶对西欧国家的影响较大。午后茶起源于 18 世纪，贝德福七世公爵夫人安娜感到午餐与晚餐间隔的时间太长，便提议在下午 5 时饮茶、进食点心，并说这样做可以避免独处沉思，从此午后茶逐渐风行。至今，英国是世界上人均消费茶叶最多的国家，每人每年消费 3.5 kg 以上的茶叶。英国人多饮红茶，饮时加糖或牛奶。

荷兰是欧洲最早输入中国茶的国家，在 17 世纪后期，由贵族妇女开始，后至平民妇女，形成茶会热。从午后 2 时起，在女主人热情礼貌的接待中，女宾客们自选喜好的茶，饮茶时有糖果饼干佐食，饮茶后还有白兰地酒、葡萄干等。茶会的热潮令贵妇人疏于家务管理，令男士们大为光火，家中时常争吵，饮茶因而受到社会的攻击。时至今日，荷兰虽不再有耗时破费的茶会，但饮茶还是很普遍的，其饮茶方式后来受到英国影响，也饮午后茶。

早年世界的茶叶产量每年约 200 万吨，以世界 50 亿人口平均计，每人每年可有茶 200 g。以 1971—1973 年平均每人年消费量来看：爱尔兰 4 kg、英国 3.65 kg、新西兰 2.6 kg、加拿大 0.94 kg、澳大利亚 2.2 kg、伊拉克 2.1 kg、约旦 1 kg、突尼斯 0.95 kg、摩洛哥 0.76 kg、荷兰 0.65 kg、美国 0.38 kg、丹麦 0.37 kg、波兰 0.33 kg、瑞典 0.26 kg、瑞士 0.25 kg、西德 0.16 kg、法国 90 g、意大利 55 g、中国 0.25 kg。

2016 年世界茶叶产量达到 570 万吨，其中中国茶叶产量从十年前的 117 万吨增加到 244 万吨，印度 127 万吨，肯尼亚 47.5 万吨，斯里兰卡 29.5 万吨。目前人均茶叶消费量在英国等传统欧洲市场正在减少，而在中国和印度等新兴市场有所增加。

（七）六大茶类——茶叶家系

现代茶如果按照茶叶加工后的外形，可笼统地划分为紧压茶和散茶，如云南下关和四川的沱茶，形状像碓臼，就是紧压茶的一种，还有其他形状的紧压茶，但是这种分类是不科学的，因为任何茶类均可以制成紧压茶。对茶叶的科学分类是依据茶叶加工过程，结合成茶的外形、汤色、品质，把难以胜数的茶叶种类划分为六大类。

1. 绿茶

制造过程分为三道工序：杀青、揉捻、干燥。绿茶要求茶汤绿和叶底绿。杀青要及时，制止酶的活性，防止茶叶变红，揉捻后立即进行干燥。其中最有名的绿茶是龙井、旗枪、碧螺春、屯绿。

2. 黄茶

按绿茶的制法，在杀青后有个闷黄的过程，闷黄后揉捻或闷黄前揉捻，有的在杀青后初揉几分钟后闷黄，经毛火干燥至六七成干再揉捻。闷黄可堆积或摊放，摊放闷黄时间较长。最后干燥。黄茶的品质要求黄叶、黄汤，茶汤无绿色。最著名的黄茶是君山银针、北港毛尖、沩山毛尖、霍山黄芽等。

3. 黑茶

它是由毛绿茶经湿坯渥堆 20 余天，颜色逐渐变深，再经干燥或者在杀青后揉捻并渥堆 20 余小时，使叶色变为油黑，最后干燥而成。黑茶的采摘标准为一芽五六叶，叶粗梗长，其成茶品质要求是叶色油黑或褐绿色，汤色橙黄或棕红色。黑茶以边销为主，大部分需要再加工，如四川的茯砖茶、康砖茶等。

4. 白茶

利用茶芽白色柔毛多，不炒不揉，制成的茶柔毛不脱，白毫满身，意态自然。白茶的加工可分为萎凋和干燥两道工序。干燥可晒干和风干，也可烘干。它的制造特点是不破坏酶的活性，听凭茶青自然缓慢氧化，造成茶汤色淡黄，香气清新，滋味甜爽。白茶是福建省的传统特产，最有名的是白毫银针、白牡丹、寿眉、贡眉。

5. 青茶

其品质特点是叶色青绿或边红中青，茶汤橙红色。青茶的制法介于红茶和绿茶，香气兼具绿茶的鲜浓和红茶的甜醇，既无红茶的涩味，又无绿茶的苦味。青茶制造过程要经过萎凋、做青、炒青、揉捻、干燥五道工序。所谓做青是在茶青相互碰撞擦破边缘细胞，促进酶的活性，叶边黄烷醇氧化、形成中青边红的茶类。最著名的青茶是武夷岩茶、冻顶乌龙、铁观音、单枞茶。

6. 红茶

红茶品质特点是红叶红汤，它起源于绿茶制造过程杀青不及时，或杀青过生、揉捻后来不及干燥，结果叶变红的现象而形成了红茶的独特制法。制造红茶的工序可分为萎凋、揉捻、渥红、干燥四道工序。渥红就是让茶叶发酵，使黄烷醇充分氧化，使茶具有红叶红汤的品质，形成红茶特有的色、香、味。红茶可分为红条茶和红碎茶，前者又分为小种红茶和工夫红茶。祁门工夫红茶、滇红茶、英德红茶、英红九号、金骏眉等均很有名。

第 3 节　茶树植物及其分类

一、茶树植物分类梗概

在张宏达教授的山茶属分类系统中，山茶属茶亚属茶组 *Camellia* Sect. *Thea*（L.）Dyer

现有36种，它们被称为茶组植物或茶树植物，在这些种中，茶 *C. sinensis*（L.）O. Kuntze 和普洱茶 *C. assamica*（Mast.）Chang 被广泛栽培，除此之外均为野生的种类。茶树植物具有特殊的形态特征，即具有明显的花梗，花梗上有2至多枚早落的小苞片；花萼宿存，常为5~6枚；花瓣7~8枚；雄蕊多轮，花丝基本分离；花柱基部连生，上部分离。茶树植物的芽、叶主要含茶多酚、氨基酸和嘌呤生物碱，而在山茶属中的其他类群不含此类物质。为了种类识别上的方便，张宏达教授按照系统亲缘关系，把山茶属划分为4个亚属和20个组，茶组植物再进一步划分为几个较小的群。茶组植物包括子房5室和子房3室两个分类群，在子房5室和3室的群中，再以子房秃净和子房被毛划分两个更小的分类群，子房5室的有五柱茶系和五室茶系，子房3室的有秃房茶系和茶系。下面是山茶属系统发育树状图（图1-1）和茶组植物的分类系统（图1-2）：

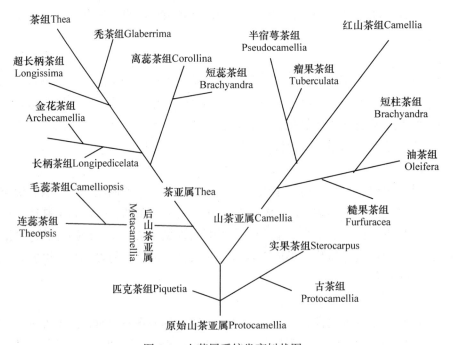

图1-1　山茶属系统发育树状图

Fig. 1-1　Phylogenetic tree of *Camellia*

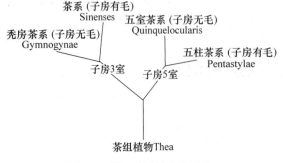

图1-2　茶组植物的分类系统

Fig. 1-2　The phylogenetic tree of *Camellia* Section *Thea*（L.）Dyer

在茶组植物中，茶和普洱茶属于茶系，也就是子房有毛、3室的种类，可可茶和苦茶亦属于茶系植物。如果按照嘌呤碱的种类，茶和普洱茶属于含咖啡碱的种类，可可茶属于含可可碱的种类，苦茶则属含苦茶碱也含咖啡碱的种类。嘌呤环上甲基数目和甲基的位置决定嘌呤碱的性质。茶叶碱、可可碱、咖啡碱的化学结构如图1-3所示。

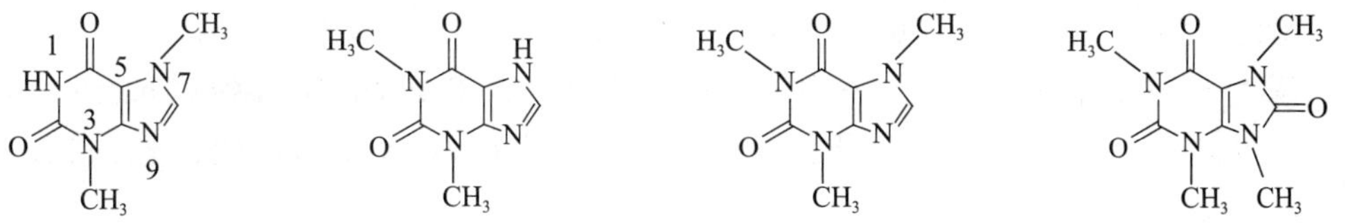

茶叶碱　　　　　　可可碱　　　　　　咖啡碱　　　　　　苦茶碱

图 1-3　四种嘌呤碱的化学结构图

Fig. 1-3　Four chemical structural formulas of purine alkaloids

目前我们在茶树植物中发现有咖啡碱占优势的茶和普洱茶，可可碱占优势的可可茶，苦茶碱占优势的苦茶，尚未发现茶叶碱占优势的茶树植物，通过调查，我们将来可能发现茶叶碱占优势的茶组植物。因为从理论上看，这种茶叶碱占优势的茶树植物在自然界是有可能存在的。

二、茶组植物分类

茶组 Camellia Section *Thea* (L.)Dyer in Hook. f. Fl. Brit. India, I: 292. 1872; Sealy Rev. Gen. Camellia, 111. 1958. Chang Tax. Gen. Camellia, 108. 1984; Fl. Sini. T. 49(3): 115. 1998.

花 1~3 朵，腋生，白色，中等大或较小，有梗。苞片常 2 片，早落；萼 5~6 片，宿存；花瓣 6~11 片，近离生；雄蕊 2~3 轮，外轮近离生；子房 3 或 5 室，花柱下部连生，上部分离，3~5（~7）条。蒴果 3~5 个，球形，中轴宿存。

茶组模式种：*Camellia sinensis*（L.）O. Kuntze。

茶组植物有 36 种，我国有 34 种。

（一）茶组分种检索表

Camellia

⋯⋯

苞片及萼明显分化，苞片宿存或脱落，萼片宿存，花较小，直径 2~5 cm，有花梗，雄蕊离
　　生或稍连生，子房及蒴果 3（~5）室 ⋯⋯⋯⋯⋯⋯茶亚属 *Camellia* Subgen. *Thea*（L.）Chang
　　苞片常 2 片，早落。花丝近离生，花梗常长 5~10 mm⋯⋯茶组 *Camellia* Sect. *Thea*（L.）Dyer
1. 子房 5 室，花柱 5 裂或 5 条。
　　2. 子房无毛 ⋯⋯⋯⋯⋯⋯⋯⋯⋯⋯⋯⋯ 系 1 五室茶系 Ser. I. *Quinquelocularis* Chang
　　　3. 花梗长 1~1.5 cm，萼片长 5~10 mm，叶长圆形。
　　　　4. 叶边缘具疏锯齿，先端长尾尖，萼片长 6~7 mm，花瓣 8~11 片⋯⋯⋯⋯⋯⋯⋯⋯⋯
　　　　⋯⋯⋯⋯⋯⋯⋯⋯⋯⋯⋯⋯⋯⋯⋯ 1. 疏齿茶 *C. remotiserrata* Chang et Wang H. S.
　　　　4. 叶边缘具密锯齿，先端短尖，萼片长 8~10 mm，苞片小，果皮厚 8~10 mm⋯
　　　　⋯⋯⋯⋯⋯⋯⋯⋯⋯⋯⋯⋯⋯⋯⋯⋯⋯⋯⋯ 2. 广西茶 *C. kwangsiensis* Chang
　　　3. 花梗短于 1 cm，萼片有毛或无毛，长 5~8 mm，叶片椭圆形。

5．果皮厚 5 mm，叶椭圆形或长圆形。

  6．萼片 5～6 片，外面无毛，苞片长 4 mm ‥3. 大苞茶 *C. grandibracteata* Chang et Yu F. L.

  6．萼片 6～8 片，有灰白毛，苞片短小……4. 广南茶 *C. kwangnanica* Chang et Chen B. H.

5．果皮厚 2～3 mm。

  7．叶革质，蒴果圆形…………………… 5. 五室茶 *C. quinquelocularis* Chang et Liang S. Y.

  7．叶膜质或薄革质，蒴果扁球形。

    8．叶脉 8～9 对，果梗长 2 cm，果皮硬木质。

     9．花瓣 11～14 片…………………………6. 大厂茶 *C. tachangensis* Zhang F. S.

     9．花瓣 7～8 片……………………………7. 南川茶 *C. nanchuanica* Chang et Xiong

    8．叶脉 10～12 对，果梗长不及 1 厘米，果皮软木栓质…8. 四球茶 *C. tetracocca* Chang

2．子房被茸毛……………………………… 系 2 五柱茶系 Ser. II. *Pentastylae* Chang

  10．蒴果圆球形或卵圆形，花柱 5 条或 5 深裂。

    11．果卵球形，中轴粗厚，果皮厚 6～7 mm，花直径 6 cm，花瓣 9 片………………

     ………………………………………………9. 厚轴茶 *C. crassicolumna* Chang

    11．果皮圆球形，果皮厚 3～4 mm，花直径 3～4 cm，花瓣 12～13 片………………

     ………………………………………………10. 五柱茶 *C. pentastyla* Chang

  10．蒴果扁球形，花柱 5 浅裂。

    12．叶长 10～18 cm，先端长尖。

     13．叶片薄革质，暗晦无光泽，萼片被柔毛………………………………………

      …………………………………………11. 老黑茶 *C. atrothea* Chang et Wang H. S.

     13．叶片厚革质，发亮，萼片无毛。

      14．萼片长 2～4 mm，花梗长 12～14 mm，花瓣长 3 cm ………………………

       ………………………………………12. 大理茶 *C. taliensis* Melchior

      14．萼片长 5～7 mm，花梗长 7～8 mm，花瓣长 2 cm ………………………

       ………………………………………13. 滇缅茶 *C. irrawadiensis* Barua

    12．叶长 7～11 cm，先端钝或锐尖。

     15．嫩枝有柔毛，叶基部圆形，叶背有柔毛……………………………………

      …………………………………………14. 圆基茶 *C. rotundata* Chang et Yu F. L.

     15．嫩枝无毛，叶基部楔形，叶背无毛。

      16．萼片有柔毛，花梗长 1～1.3 cm，果皮厚 4～7 mm ………………………

       ………………………………………15. 皱叶茶 *C. crispula* Chang

      16．萼片无毛，花梗长 3～6 mm，果皮厚 4～8 mm。

       17．叶厚革质，发亮，先端钝或略尖…16. 马关茶 *C. makuanica* Chang et Tang Y. J.

       17．叶薄革质，无光泽，先端尖锐。

        18．叶背有柔毛，花瓣 10～11 片，果皮厚 7～8 毫米………………………

         ………………………………………17. 哈尼茶 *C. haaniensis* Chang et Yu F. L.

18. 叶背无毛，花瓣 13～16 片·········18. 多瓣茶 *C. multiplex* Chang et Tang Y. J.

1. 子房 3 室，花柱 3 裂。

19. 子房无毛····························系 3 秃房茶系 Ser. III. *Gymnogynae* Chang

20. 嫩枝被柔毛。

21. 叶革质，宽 4～7 cm，背面有柔毛···19. 德宏茶 *C. dehungensis* Chang et Chen B. H.

21. 叶膜质，狭窄，宽 3～4 cm，背面无毛······20. 膜叶茶 *C. leptophylla* Liang S. Y.

20. 嫩枝无毛。

22. 萼片长 5～6 mm，果皮厚 1.5～7 mm。

23. 叶椭圆形，革质，花瓣 7 片，果皮厚 6～7 mm ·····························

·····························21. 秃房茶 *C. gymnogyna* Chang

23. 叶长圆形，革质或薄革质，花瓣 6～7 片，果皮薄。

24. 叶革质，发亮，边缘上半部有细锯齿···22. 突肋茶 *C. costata* Hu et Liang S. Y.

24. 叶薄革质，不发亮，边缘全部有疏锯齿·····························

·····························23. 缙云山茶 *C. jingyunshanica* Chang et Xiong

22. 萼片长 2～3.5 mm，果皮厚 1～3 mm，蒴果小，直径 2 厘米。

25. 叶倒卵状长圆形，花梗长 2～5 mm ·····························

·····························24. 拟细萼茶 *C. parvisepaloides* Chang et Wang H. S.

25. 叶片倒披针形，花梗长 1～1.4 cm·····25. 榕江茶 *C. yungkiangensis* Chang

19. 子房有毛·····························系 4 茶系 Ser. IV. *Sinensis* Chang

26. 嫩枝及叶背均无毛。

27. 叶披针形，萼长 6～9 mm，果皮厚 4～5 mm·····26. 狭叶茶 *C. angustifolia* Chang

27. 叶长圆形或椭圆形，侧脉 11～16 条，萼长 4～5 mm，果皮厚 2 mm。

28. 花瓣 7～11 片，萼片长 4～5 mm。

29. 叶长 9～11 cm，侧脉 10～12 对，花瓣 11 片·····························

·····························27. 紫果茶 *C. purpurea* Chang et Chen B. H.

29. 叶长 11～17 cm，侧脉 13～16 对，花瓣 7～8 片·····························

·····························33a. 多脉茶 *C. assamica* var. *polyneura* Chang

28. 花瓣 5～6 片，萼片长 3～5 mm，叶椭圆形或长圆形。

30. 叶片长圆形，萼片长 3 mm ·····························28. 茶 *C. sinensis*（L.）O. Kuntze

30. 叶片椭圆形，宽 6 cm，萼片长达 6 mm ·····29. 苦茶 *C. kucha*（Chang et Wang）Chang

26. 嫩枝或叶背被柔毛。

31. 嫩枝及叶背均被柔毛。

32. 叶长圆形或椭圆形，长于 10 cm，萼片 5～7 片，长 4～7 mm，有柔毛。

33. 叶长圆形，长于 10 cm，干后灰绿或浅绿色。

34. 叶革质，基部楔形，短于 15 cm。

35. 萼片长 4～5 mm，花瓣 5 片，叶薄革质 ·····30. 可可茶 *C. ptilophylla* Chang

35. 萼片长 5～7 mm，花瓣 7～8 片，叶厚革质························

····················31. 汝城毛叶茶 *C. pubescens* Chang et Ye

34. 叶膜质，基部近圆形，长于 25 cm············32. 防城茶 *C. fengchengensis* Liang S. Y.

33. 叶椭圆形，干后褐色，花瓣 6～7 片，萼长 3～4 mm，无毛·············

·····················33. 普洱茶 *C. assamica*（Mast.）Chang

32. 叶小，长圆形，通常短于 10 cm，萼片 5～8 片。

36. 萼片 5 片，叶长圆形，或椭圆形。

37. 叶长圆形，被灰褐毛·············28. 茶 *C. sinensis*（L.）O. Kuntze

37. 叶椭圆形，被灰白色柔毛··········28a. 白毛茶 *C. sinensis* var. *pubilimba* Chang

36. 萼片 8 片，叶倒卵形·········34. 多萼茶 *C. multisepala* Chang et Tang Y. J.

31. 嫩枝有毛但叶背无毛，或嫩枝无毛而叶背有毛，萼片长 2～3 mm.

38. 嫩枝无毛，叶背有毛，叶狭长圆形，侧脉干后下陷···35. 毛肋茶 *C. pubicosta* Merr.

38. 嫩枝有毛，叶背无毛，叶倒卵形或狭披针形，侧脉不下陷。

39. 叶披针形，宽 2～3 cm···········28b. 长叶茶 *C. sinensis* var. *waldensae*（Hu）Chang

39. 叶倒卵形，宽 5～8 cm·············36. 细萼茶 *C. parvisepala* Chang

系 1. 五室茶系 Ser. I. Quinquelocularis Chang

Tax. Gen. Camellia, 110. 1981; Chang et Bartholomew Camellias, 138. 1984.

子房 5 室，无毛，花柱合生，上部分离。

模式种：广西茶 C. kwangsiensis Chang。

含 8 种，分布于我国西南各省。

1. 疏齿茶

Camellia remotiserrata Chang et Wang H. S. in Acta Sci. Nat. Univ. Sunyatseni 29(2): 88. 1990; Chang l.c. 35(3): 14. 1996

小乔木，嫩枝被茸毛。叶革质，长圆形至椭圆形，长 12～15 cm，宽 4～6 cm；先端渐尖或长尾状，基部楔形；上面干后深绿色，无毛；侧脉 10～12 对，在上面明显，在下面突起；边缘有疏锯齿，齿间相隔 5～7 mm，叶柄长约 1 cm。花白色，直径 4.5～6 cm，生枝顶叶腋，花梗长 8～15 mm；苞片 2～3 片，早落；萼片 5 片，近圆形，长 6～7 mm，外侧无毛，内侧有贴生绢毛；花瓣 8～11 片，倒卵圆形，长 2.6～3.3 cm；雄蕊长 2～2.5 cm；子房 4～5 室，无毛，花柱长约 1.5 cm，先端 4～5 裂，有时 3 裂。花期：10 月。

模式标本采自云南省威信县海拔 1 100 m 疏林中。

2. 广西茶

Camellia kwangsiensis Chang in Acta Sci. Nat. Univ. Sunyatseni 20(1): 89. 1981; Tax. Gen. Camellia 111. 1981.

灌木或小乔木，嫩枝无毛。叶革质，长圆形，长 10～17 cm，宽 4～7 cm，先端渐尖或急短尖，尖头钝，基部阔楔形，上面干后灰褐色，不发亮，或略有光泽，无毛，下面浅灰褐色，无毛；侧脉 8～13 对，在上下两面均稍突起，以 50°～60° 交角斜行，近边缘 3.5 mm 处相结合；网脉不明显；边缘有锯齿，齿刻相隔 2～2.5 mm；叶柄长 8～12 mm，无毛。花腋生，花梗长 7～8 mm，粗大，苞片 2 片，早落；萼片 5 片，近圆形，长 6～7 mm，宽 8～12 mm，背面无毛，内侧有短绢毛；花瓣及雄蕊已脱落；子房无毛，5 室。蒴果圆球形，直径 2.8 cm（未成熟），果皮厚 7～8 mm。宿存花萼直径 2.5 cm。

模式标本采自广西壮族自治区冷家坪。

3. 大苞茶

Camellia grandibracteata Chang et Yu F. L. in Acta Sci. Nat. Univ. Sunyatseni 23(1): 3. 1984.

乔木，高 12 m，胸径 60 cm，嫩枝有微毛，顶芽被毛。叶薄革质，椭圆形，长 10～14 cm，宽 4～5.5 cm；先端急锐尖，基部楔形，上面深绿色，发亮，下面初时在中脉上有微毛，后变秃净；侧脉 8～10 对，在上下两面均不明显；边缘有锯齿，齿间相隔 2～4 mm；叶柄长 4～6 mm，有微毛。花白色，直径 4～5 cm，生枝顶叶腋，花梗长 6～7 mm，有微毛；苞片 2 片，卵圆形，长 4 mm，革质，多少宿存；萼片 5～6 片，卵形，长 5～6 mm，外侧无毛；花瓣 7～9 片，倒卵形，长 2～2.5 mm；雄蕊长 1.5 cm，无毛；子房 5 室，无毛；花柱长 1.5 cm，先端 5 裂。蒴果近球形，直径 3～4 cm，4～5 片裂开，果爿厚 4～5 mm，种子每室 1 个。

模式标本采自云南省云县海拔 1 050 m 山地疏林中。

4. 广南茶

Camellia kwangnanica Chang et Chen B. H. in Acta Sci. Nat. Univ. Sunyatseni 23(1): 4. 1984; Chang l.c. 35(3): 12. 1996.

小乔木，高 5～6 m，胸径 31 cm，嫩枝无毛，顶芽被柔毛。叶革质，长圆形，长 10～14 cm，宽 3.5～5 cm，先端渐尖，基部楔形；上面干后深绿色，发亮，下面橄榄绿色，无毛；中脉在上面突起，侧脉每边 8～10 条，在上下两面均明显，边缘有细锯齿；叶柄长 1～1.5 cm。花白色，生枝顶叶腋，直径 5 cm，花梗长 6～7 mm，被柔毛；苞片 2 片，早落；萼片 6～8 片，卵圆形，长 5～7 mm，外侧有灰白色柔毛；花瓣 11～14 片，倒卵圆形，长 1.8～2.5 cm；雄蕊长 1.8 cm；子房 5 室，无毛；花柱长 1.5 cm，先端 5 裂。蒴果扁球形，直径 3～4 cm，果皮厚 5 mm。

模式标本采自云南省广南县黑支乡果牧宜村花箐，海拔 1 800 m 的常绿林中。

5. 五室茶

Camellia quinquelocularis Chang et Liang S. Y. in Acta Sci. Nat. Univ. Sunyatseni 20(1): 90. 1981; Chang, Tax. Gen. Camellia 111. 1981.

小乔木，高 4 m，嫩枝无毛。叶革质，长圆形，长 9～12 cm，宽 3～4.5 cm；先端急短尖，基部楔形，两面无毛；侧脉 7～9 对，边缘有锯齿；叶柄长 6～10 mm。花单生于枝顶，白色，直径 3～3.5 cm；花梗长 7～9 mm，无毛；苞片 2 片，生于花梗中部，早落；萼片 5 片，近圆形，长 5 mm，宽 7～9 mm，无毛；花瓣 12～14 片，倒卵圆形，长 2～2.5 cm，基部连生，无毛；雄蕊长 1.2～1.4 cm，外轮花丝下半部连合成短管；子房 5 室，无毛，每室有胚珠 1～4 个；花柱长 1.3 cm，先端 5 裂。蒴果圆球形，直径 2.5 cm，4～5 爿裂开，果爿厚 2～3 mm；种子球形，直径 1 cm。花期 11 月。

模式标本采自广西隆林县金钟山，海拔 1700 m。

6. 大厂茶

Camellia tachangensis Zhang F. Z. in Acta Bot. Yunnan. 2: 341. 1980.

乔木，高 4 m，嫩枝无毛。叶革质，长圆形，长 9～12 cm，宽 4～6 cm，先端急短尖，基部楔形，无毛；侧脉 7～9 对，边缘有锯齿；叶柄长 6～10 mm。花单生于枝顶叶腋，白色，直径 3～3.5 cm，花梗长 7～10 mm，无毛；苞片 2 片，生于花梗中部，早落；萼片 5 片，肾状圆形，长 5 mm，长 7～9 mm，无毛；花瓣 11～14 片，倒卵圆形，长 2 cm，基部连生，无毛；雄蕊长 1.2～1.4 cm，外轮花丝下半部连生成花丝管；子房 3～5 室，无毛，每室胚珠 1～4 个；花柱长 1.3 cm，先端 3～5 裂。蒴果圆球形，宽 2.5～4 cm，3～5 爿裂开，果爿厚 2～3 mm；种子球形，直径 1 cm。

模式标本采自云南省师宗县大厂。

7. 南川茶

Camellia nanchuanica Chang et Xiong in Acta Sci. Nat. Univ. Sunyatseni 29(2): 85. 1990; Chang l.c. 35(3): 14. 1996.

小乔木，高 5～8 m，嫩枝无毛，芽体被柔毛。叶革质，椭圆形，长 5～13 cm，宽 4～6.5 cm，先端急短尖，基部楔形或略圆，上面干后深绿色，稍发亮，下面灰绿色，无毛；侧脉每边 7～8 条，上下两面均能见，网脉不明显，边缘密生细锯齿；叶柄长 8～10 mm。花生于枝顶叶腋，白色，直径 6 cm，花梗长 7～9 mm，无毛；苞片 2 片，早落；萼片 5 片，近圆形，长 6～7 mm，无毛；花瓣 7～8 片，倒卵圆形，长 2.5～3 cm，无毛；雄蕊离生，长 2.3 cm，无毛；子房 4～5 室，无毛；花柱长 1.5～1.8 cm，先端 4～5 裂。蒴果扁球形，直径 4～5 cm，高 2.5～3 cm，有沟，4～5 爿裂开，果爿厚 1～2 mm，木质。

模式标本采自四川省南充市海拔 1 300 m 的阔叶林中。

8. 四球茶

Camellia tetracocca Chang in Acta Sci. Nat. Univ. Sunyatseni 20(1): 90. 1981; Chang, Tax. Gen. Camellia, 112.1981; Chang et Bartholomew, Camellias, 141. 1984.

小乔木，嫩枝及顶芽均无毛。叶薄，近膜质，椭圆形，长 12～16 cm，宽 4～5 cm，先端锐尖，基部楔形，上面暗晦，下面无毛，侧脉 10～12 对，以 70°～80° 角斜行，边缘有细锯齿，叶柄长 4～6 mm。花 1～2 朵腋生，直径 3～5 cm；花梗长 6～10 mm，粗壮无毛；萼片 5 片，半圆形，长 5～6 mm，无毛；花瓣 10～11，基部稍合生，最外 1～2 片近分离，无毛；雄蕊长 1.7 cm，离生，无毛；子房无毛，4～5 室；花柱长 1.3～1.6 cm，5 深裂或近离生，无毛。蒴果压扁四球形，宽 3～3.5 cm，高 1.5～1.7 cm，4 室，每室有种子 1 个，果皮无毛，4 爿裂开，果爿木栓质或软木质，厚 2～3 mm；种子近球形，直径 1.4～1.7 cm，种皮浅褐色；宿存萼片长 5～6 mm，外面无毛。

模式标本采自贵州省普安县普白林场。

系 2. 五柱茶系 Ser. II. Pentastylae Chang

Tax. Gen. Camellia, 113. 1981; Chang et Bartholomew, Camellias, 141. 1984.

子房 4~5 室，被茸毛，花柱 5 条，离生或先端 4~5 裂。

系模式种：五柱茶 *C. pentastyla* Chang

含 10 种，分布于我国西南各省区。

9. 厚轴茶

Camellia crassicolumna Chang in Acta Sci. Nat. Univ. Sunyatseni 20(1): 91. 1981; Chang, Tax. Gen. Camellia 113. 1981.

小乔木，高 10 m，嫩枝无毛，顶芽有毛。叶革质，长圆形或椭圆形，长 10~12 cm，宽 4~5.5 cm，先端渐尖，基部阔楔形，上面稍发亮，下面带灰色，无毛，侧脉 7~9 对，边缘有锯齿，叶柄长 6~10 mm。花单生于枝顶，直径 6 cm，白色，花梗长 5 mm，粗大，有柔毛；苞片 2 片，早落；萼片 5 片，圆形，长 6~8 mm，革质，被柔毛；花瓣 9 片，外面 3 片卵圆形，长 1.5 cm，有毛，其余 6 片卵状椭圆形，长 3 cm，宽 1.5~2 cm，多少有毛，基部连生；雄蕊长约 2 cm，近离生，无毛；子房有毛，5 室；花柱与雄蕊等长，有毛，先端 5 深裂。蒴果卵圆形，长 4 cm，4~5 片裂开，每室有种子 1 个。果片厚 8~10 mm，中轴粗大，长 3 cm，4~5 角。花期：3 月至 4 月。

模式标本采自云南省西畴县。

10. 五柱茶

Camellia pentastyla Chang in Acta Sci. Nat. Univ. Sunyatseni 20(1): 92. 1981; Chang, Tax. Gen. Camellia 114. 1981. Fl. Sin. T49(3): 123. 1998.

乔木，高 10 m。叶革质，椭圆形，长 8~12 cm，先端短尖，尖头钝，基部阔楔形，上面干后发亮，下面无毛，侧脉 7~8 对，边缘有小齿，有时近全缘，叶柄长 5~10 mm。花腋生，白色，直径 3~4 cm，花柄长 4~6 cm，花梗长 4~6 mm；苞片 2 片，早落；萼片半圆形，长 4~6 mm，外面无毛。花瓣 10~13 片，基部连生，无毛。雄蕊长 8~10 mm，基部稍连合。子房有茸毛；花柱 5 条，离生，长 8~9 mm。蒴果球形，直径 2.5 cm，4~5 片裂开，果片厚 4~8 mm，每室种子 1 个。花期：2 月。

模式标本采自云南省凤庆县马街、岩房、梅林，海拔 2 050 m。

11. 老黑茶

Camellia atrothea Chang et Wang H. S. in Acta Sci. Nat. Univ. Sunyatseni 23(1): 5. 1984; Chang l.c. 35(3):13. 1996; Fl. Sin. T49(3): 12-13. 1998.

乔木，高 13 m，胸径 56 cm，嫩枝无毛，干后灰白色，顶芽被柔毛。叶薄革质，长圆形，长 13~18 cm，宽 4~6 cm，先端尾状渐尖，尾长 1.5~2.5 cm，基部楔形，上面干后灰绿色，暗晦，下面绿色，无毛；侧脉每边 10~12 条，在上下两面均明显，边缘有锯齿；叶柄长 3~5 mm，无毛。花近顶腋生，白色，直径 6 cm，花梗长 7 mm，有微毛；

苞片 2 片，早落，萼片 5 片，卵圆形，长 5～6 mm，被灰白色柔毛；花瓣 11～14 片，倒卵圆形，长 2.5～3 cm，被微毛；雄蕊长 1.4～1.6 cm，花丝离生；子房 5 室，被茸毛；花柱与雄蕊齐平，有柔毛，先端 5 裂。蒴果扁球形，直径 4 cm，4～5 片裂开，果片厚 2～3 mm。花期：10 月至 11 月。

模式标本采自云南省屏边县玉屏、姑姐碑、刺竹林、大谷地，海拔 1 900 m。

12. 大理茶

Camellia taliensis (W.W.Sm.) Melchior in Engler Nat. Pflanzenfam. 2 Aufl. 21: 131. 1925; Chang, Tax. Gen. Camellia 114. 1981; Chang in Acta Sci. Nat. Univ. Sunyatseni 35(3): 13. 1996.

Syn. *Thea taliensis* W. W. Smith in Nat. Roy. Bot. Gard. Edinb. 10: 73. 1917.

灌木至小乔木，高 2～7 m，嫩枝无毛。叶革质，椭圆形或倒卵状椭圆形，长 9～15 cm，宽 4～6.5 cm，先端略尖或急短尖，尖头钝，基部阔楔形，上面干后不发亮，无毛，下面同色，无毛；侧脉约 6 对，上面能见，下面稍突起，网脉稍明显，边缘疏生锯齿，齿刻相隔 3～5 mm；叶柄长 1～1.5 cm，无毛。花 1～3 朵枝顶腋生，花梗长 1.2～1.4～（1.7）cm，无毛；小苞片 2（3）片，位于花梗中部，细小，无毛，早落；萼片 5 片，不等大，半圆形至近圆形，长 2～4 mm，宽 4～6 mm，背面多少有短柔毛或光裸，腹面有微柔毛，边缘有睫毛，宿存；花瓣多至 11 片，长 2.5～3.4 cm，白色，基部与花丝连生 3～4 mm，卵圆形或倒卵形，长短不一，外侧 3～4 片背面有毛，其余各片无毛；雄蕊长约 2 cm，基部 5～6 mm 相连，无毛；子房有白毛，5 室，花柱长 1.4～2.5 cm，先端 5 裂，裂片长 4～10 mm。花期：11 月至 12 月。

模式标本采自云南省大理市洱海东面鸡山（Ghi Shan），北纬 25º48′。

13. 滇缅茶

Camellia irrawadiensis P. K. Barua in Camellia, Nov. 1956, P. 18-20, C. tab., et fig. 1-3; J. R. Sealy, Rev. Gen. Camellia, 125,1958; Chang, Tax. Gen. Camellia, 115, 1981.

近地面帚状分枝的大灌木，高 6～7 m，嫩枝灰褐色。叶薄革质，椭圆形或偶为倒披针状椭圆形，长 8～11 cm，宽 3～4 cm，先端短渐尖，基部楔形，上面深绿色，下面浅绿色，中脉和侧脉稍突起，下面浅绿色，中脉显著突起，侧脉稍明显，两面无毛；侧脉 6～7 对；叶柄长 5～8 mm。花单生或 2～3 朵腋生，花梗粗壮，长 7～8 mm；小苞片早落；萼片半圆形或扁圆形，长 5.5 mm，宽 5.5 mm，或径至 7 mm，边缘薄，外面无毛，内面有微毛，宿存；花白色，花瓣 7～8 片或更多，基部与花丝连生约 3 mm，最外面的花瓣分离，花瓣圆盘形至宽倒卵形、圆形；外面 2～3 片，长 1.1～1.5 cm，宽 1.5 cm，凹形，略革质，上部花瓣状；其余花瓣长 1.8～2 cm，宽 1.8～2.4 cm，花瓣状。雄蕊长约 1.6 cm，外面基部贴生于花瓣 1.5～3 mm，花丝粗壮。子房密被白色茸毛，花柱 4 或 5 条，长 1.4～1.6 cm，基部连生 5～7 mm，其余分离。蒴果扁球形，高 2～2.5 cm，径 3.1～3.7（～4.3）cm；每室种子 1～（2）个，种子长和宽各 1.5～1.8 cm。花期：12 月至 3 月。

模式标本采自缅甸陶克莱（Tocklai），芽叶含 0.5% 可可碱。

14．圆基茶

Camellia rotundata Chang et Yu F. L. in Acta Sci. Nat. Sunyatseni 23(1): 6. 1984; Chang l.c. 35(3): 13. 1996; Fl. Sin. T49(3): 121-122, 1998.

乔木，高 8 m，胸径 40 cm，嫩枝被柔毛。叶薄革质，椭圆形，长 8～10 cm，宽 4～5 cm，先端略尖，尖头钝，基部圆形，上面干后深绿色，稍发亮，下面褐色，被柔毛；侧脉 8～10 对，两面均能见，全缘或靠近先端有细锯齿，叶柄长约 5 mm，被柔毛。花白色，近顶生，直径 5 cm，花梗长约 1 cm，被柔毛；苞片早落；萼片 5 片，卵圆形，长 4～5 mm，被柔毛；花瓣 8～10 片，倒卵圆形，长 2～2.5 cm，有微毛；雄蕊长 1.3～1.5 cm；子房 4～5 室，被茸毛；花柱长 1.3 cm，有柔毛，先端 4～5 裂。蒴果扁球形，直径 5～6 cm，4～5 片裂开，果片厚 4～5 mm。

模式标本采自云南省红河县浪提乡下寨村孙万海家，海拔 1 850 m。

15．皱叶茶

Camellia crispula Chang in Acta Sci, Nat. Univ. Sunyatseni 20(1): 93. 1981; Tax. Gen. Camellia, 115. 1981; Chang et Bartholomew Camellia 143. 1984; Chang in l.c. 35(3): 13. 1996.

小乔木，嫩枝无毛。叶薄革质，干后皱缩，披针形或长圆形，长 8～10 cm，宽 2～3 cm；先端渐尖，基部楔形下延；上面干后暗晦，下面无毛，侧脉 7～9 对，在上下两面均明显；边缘有疏锯齿，齿刻相隔 2～3 mm，叶柄长 5～7 mm。花腋生，白色，花梗长 1 cm，无毛，小苞片 2 片，早落；萼片 5 片，肾圆形，长 5～6 mm，宽 7～8 mm，有柔毛；花瓣 6～7 片，基部连生；雄蕊长 1.5 cm，近离生；子房有毛，5 室；花柱长 1 cm，有白毛，5 深裂。蒴果扁球形，直径 2.5 cm，5 室，有 5 条浅沟；果片厚 4～5 mm；种子每室 1 个。

模式标本采自云南省文山县老君山。

16．马关茶

Camellia makuanica Chang et Tang Y. J. in Acta Sci, Nat. Univ. Sunyatseni 23(1): 6. 1984; in l.c. 35(3): 14. 1996.

乔木，高 7 m，胸径 64 cm，嫩枝无毛，芽被柔毛。叶革质，长圆形或椭圆形，长 8～11 cm，宽 3～4 cm，先端锐尖，基部楔形；上面干后褐绿色，不发亮，下面褐色，无毛；侧脉每边 8～11 条，在上下两面均明显；边缘有不规则锯齿，靠近基部无锯齿；叶柄长 5～8 mm。花腋生，白色，直径 5～6 cm，花梗长 5～6 mm，无毛；小苞片 2 片，早落；萼片 5 片，卵圆形，长 4～6 mm，无毛；花瓣 11～14 片，倒卵圆形，长 2.5～3 cm，无毛；雄蕊离生，长 1.7 cm；子房 4～5 室，被茸毛；花柱长 1.2 cm，先端 4～5 裂，有柔毛；蒴果扁球形，果片厚 4～7 mm。

模式标本采自云南省马关县古林箐乡卡上村海拔 1 720 m 的山地疏林。

17．哈尼茶

Camellia haaniensis Chang et Yu F. L. in Acta Sci. Nat. Univ. Sunyatseni 23(1): 7. 1984.

乔木，高 17 m，直径 77 cm；嫩枝无毛或有微毛，芽有短柔毛。叶薄革质，狭长圆形，长 8～11 cm，宽 2.5～3.5 cm，先端渐尖，基部楔形，上面干后淡绿色发亮，下面褐绿色，无毛，中脉干时凸起，纤细，侧脉 7～8 对，纤细，两面可见；边缘有微小锯齿；叶柄长 4～6 mm。花腋生，白色，直径 5～6 cm，花梗长 5～7 mm；萼片 5 片，长 4～5 mm，无毛；花瓣 10～11 片，倒卵形，外面有微柔毛，基部连生 3～4 mm；雄蕊长 1.5 cm，离生，无毛；子房有长柔毛，5 室，花柱 5 裂；蒴果扁，径 5～6 cm，果皮厚 7～8 mm。

模式标本采自云南省金平县哈尼田乡永平村，离寨 10 km 老林，野生茶树，海拔 2 220 m。

18. 多瓣茶

Camellia multiplex Chang et Chen B. H. in Acta Sci. Nat. Univ. Sunyatseni 23(1): 7-8. 1984.

乔木，胸径 24 cm；嫩枝无毛，芽有短柔毛。叶革质，长圆形或椭圆形，长 8～11 cm，宽 3～4 cm，先端急尖，基部楔形，上面干时褐绿色，暗晦，下面褐色，中脉突起，侧脉 8～9 对，两面明显，边缘具不规则锯齿，向基部近全缘，叶柄长 5～8 mm。花白色，腋生，直径 5～6 cm；花梗长 5～6 mm，无毛；萼 5 片，长 4～6 mm，无毛；花瓣 13～16，不等大，无毛；雄蕊长 1.7 cm，离生；子房 4～5 室，有长柔毛，花柱长 1.2 cm，顶端 4～5 裂，具短柔毛。花期：10 月至 12 月。

模式标本采自云南省文山县小街乡老君山、三河沟、多依树山地。

系 3. 秃房茶系 Ser. III. Gymnogynae Chang

Tax. Gen. Camellia, 116. 1981; Chang et Bartholomew, Camellias, 143. 1984

子房 3 室，无毛，花柱 3 裂或 3 条。

模式种：C. gymnogyna Chang。

7 种。分布于我国南部和西南部。

19. 德宏茶

Camellia dehungensis Chang in Acta Sci. Nat. Univ. Sunyatseni 23(1): 8. 1984; l.c. 35(3): 16. 1996.

乔木，高 11 m，胸径 30 cm。嫩枝被柔毛，干后褐色，顶芽有柔毛。叶薄革质，椭圆形，长 11～17 cm，宽 4～7 cm，先端急锐尖，基部阔楔形，上面干后深绿色，稍发亮，下面橄榄绿色，有柔毛；叶脉每边 11～14 条，在上下两面均明显，边缘有锯齿，叶柄长 5～6 mm，有柔毛。花白色，腋生，直径 3～3.5 cm，花梗长 5 mm，有柔毛；小苞片 2 片，早落；萼片 5 片，长 3～4 mm，卵圆形，近秃净；花瓣 5～8 片，倒卵形，长 1.5～2.2 cm，无毛；雄蕊长 1.1～1.3 cm，离生，无毛；子房 3 室，无毛，花柱与雄蕊平齐，先端 3 裂。蒴果三角球形，直径 2 cm，高 1.5 cm，果爿厚 1 mm。

模式标本采自云南省勐腊县易武、曼落、落水洞，海拔 1 430 m。

20. 膜叶茶

Camellia leptophylla Liang in Acta Sci. Nat. Univ. Sunyatseni 20(1): 95. 1981; Chang, Tax. Gen. Camellia, 118. 1981.

灌木，嫩枝有毛，很快变秃。叶薄革质，长圆形或狭椭圆形，长 8～9.5 cm，宽 3～4 cm，先端短小，尖头钝，基部楔形，上面干后暗褐色，无光泽，下面浅绿色，无毛；侧脉 7～8 对，在上下两面均明显；边缘有疏锯齿，齿刻相隔 4～7 mm；叶柄长约 1 cm，多少有毛或变秃。花 1～2 朵，顶生或腋生，白色，花梗长 4～6 mm，无毛；小苞片 2 片，位于花梗中部，早落；萼片 5 片，近圆形，长 6～7 mm，无毛，边缘有睫毛，宿存；花瓣 9 片，倒卵形，长 9～11 mm，背面无毛，基部略连生，无毛。子房无毛，花柱长 8 mm，无毛，先端 3 裂。

模式标本产于广西龙州大青山顶。

21．秃房茶

Camellia gymnogyna Chang in Acta Sci. Nat.Univ. Sunyatseni 20(1): 94. 1981; Chang, Tax. Gen. Camellia 116. 1981; Chang et Bartholomew, Camellias, 144. 1984.

灌木，嫩枝无毛，芽体有毛。叶革质，椭圆形，长 9～13.5 cm，宽 4～4.5 cm，先端急尖，尖头长 1.5 cm，末端钝，基部阔楔形，上面干后暗绿色，无光泽，下面灰色，无毛；侧脉 8～9 对，在上下两面均隐约可见；边缘有疏锯齿，齿刻相隔 3～5 mm；叶柄长 7～10 mm，完全无毛。花 2 朵腋生，花梗长 1 cm，粗壮，无毛；小苞片 2 片，位于花梗中部，早落；萼片 5 片，阔卵形，长 6 mm，无毛；花瓣 7 片，倒卵圆形，长 2 cm，白色，背面无毛，基部连生；雄蕊多数，3～4 轮，花丝离生，长 1～1.2 cm，无毛；子房无毛，花柱长 1.2 cm，无毛，先端 3 裂，裂片长 2 mm。蒴果 3 片裂开，果片阔椭圆形，厚 7 mm；种子 1 个，中轴长 1.4 cm。花期：12 月至翌年 1 月。

模式标本产于广西凌乐老山，海拔 1 400 m。

22．突肋茶

Camellia costata Hu et Liang S. Y. ex Chang in Acta Sci. Nat. Univ. Sunyatseni 20(1): 94. 1981; Chang, Tax. Gen. Camellia, 117. 1981; Chang et Bartholomew, Camellias, 144. 1984; Fl. Sini. T 49 (3): 126, 128. 1998.

小乔木，嫩枝无毛。叶革质，长圆形或披针形，长 9～12 cm，宽 2.5～3.5 cm，先端渐尖，基部楔形，上面稍发亮，下面草绿色，无毛，侧脉 7～9 对，与中脉在上面突起，在下面不明显，边缘在上半部有疏锯齿，叶柄长 5～8 mm。花 1～2 朵腋生，花梗长 6～7 mm，无毛；小苞片 2 片，生于花梗中部，早落；萼片 5 片，近圆形，长 5～6 mm，基部略连生，无毛；花瓣 6～7 片，无毛；雄蕊近离生；子房无毛，花柱无毛，先端 3 裂，蒴果球形，直径 1.4 cm，果皮厚 1.5 mm，1 室，种子 1 个。

模式标本采自广西昭平县南荣乡石柱山，海拔 850 m。

23．缙云山茶

Camellia jingyunshanica Chang et Xiong J. H. in Acta Sci. Nat. Univ. Sunyatseni 29(2): 86. 1990; Chang in l.c. 35(3): 15. 1996; Fl. Sini. T 49 (3): 128. 1998.

小乔木，高 3 m，嫩枝无毛。叶薄革质，长圆形，长 8～13 cm，宽 3～4.5 cm，先端渐尖至尾状渐尖，基部楔形；上面干后暗晦，下面无毛，侧脉 6～7 对，在上面不明显，在下面能见；网脉在上下两面均不明显；边缘有不规则锯齿，齿间相隔 3～5 mm。花顶生及腋生，白色，直径 5～6 cm，花梗长 6～7 mm。小苞片 2 片，早落；萼片 5～6 片，近圆形，长 5～6 mm，革质，无毛；花瓣 7 片，阔倒卵形，长 2.5～3 cm，先端圆；雄蕊长 1.6～2 cm，离生，花药黄色；子房 3～4 室，无毛；花柱长 2 cm，先端 3～4 裂。蒴果扁球形，直径 4.5～5.5 cm，3～4 爿裂开，果爿厚 1 mm；种子每室 1-2 个，中轴长 2 cm。

模式标本采自重庆缙云山。

24. 拟细萼茶

Camellia parvisepaloides Chang et Wang H. S. in Acta Sci. Nat. Univ. Sunyatseni 23(1): 9. 1984; Chang in l.c. 35(3): 117. 1996; Fl. Sini. T 49 (3): 128-129. 1998.

乔木，高 9 m，嫩枝无毛，干后褐色，顶芽有柔毛。叶薄革质，倒卵状长圆形，长 10～13 cm，宽 3.5～5 cm，先端急渐尖，基部楔形，上面干后灰绿色，暗晦，下面褐绿色，初时有微毛，后变秃；侧脉每边 9～11 条，在上下两面均能见；边缘有钝齿；叶柄长 3～5 mm，有微毛。花白色，3～5 朵簇生，直径 2 cm，花梗长 2～5 mm，无毛，小苞片 2 片，早落；萼片 5 片，近圆形，长 2～3 mm，无毛；花瓣 9～11 片，倒卵形，长 1 cm；雄蕊长 8 mm；子房 3 室，无毛；花柱长 8～10 mm，纤细，先端 3 裂。蒴果扁三角球形，直径 1.5 cm。果皮厚 1～3 mm。花期：12 月。

模式标本采自云南省潞西县勐戛、三角岩。

25. 榕江茶

Camellia yungkiangensis Chang in Acta Sci. Nat. Univ. Sunyatseni 35 (3): 15. 1996; Fl. Sini. T 49 (3): 129. 1998.

灌木，高 1.5 m，嫩枝及顶芽无毛，老枝灰白色。叶革质，倒披针形，长 8～10 cm，宽 2.5～3.5 cm，先端急尖或渐尖，基部楔形，上面暗晦，下面无毛，侧脉 7～8 对，网脉不明显，边缘有疏锯齿，齿刻相隔 4～5 mm，叶柄长 5～8 mm。花 1～2 朵腋生，花梗长 1～1.5 cm；小苞片 2 片，早落；萼片长 3.5 mm，有疏毛；花瓣 8～9 片，长 1.5～2.2 cm，基部连合，无毛；雄蕊长 1 cm；子房无毛；花柱长 1 cm，纤细，先端 3 浅裂。蒴果腋生，球形或双球形，宽 2 cm，无毛，2 室，每室有种子 1 个。花期：9 月至 10 月。

模式标本采自贵州省榕江县月亮山海拔 970 m 处。

系 4. 茶系 Ser. IV. Sinenses Chang

Chang Tax. Gen. Camellia 119. 1981; Chang et Bartholomew Camellias 146. 1981;
Fl. Sini. T 49 (3): 129. 1998.

子房 3 室，被茸毛，花柱 3 裂或 3 条离生。

系模式种：茶 C. sinensis（L.）O. Kuntze。

14 种，其中 13 种分布于我国南部，余 1 种分布到越南北部地区。

26. 狭叶茶

Camellia angustifolia Chang in Tax. Gen. Camellia 119. 1981; Fl. Sini. T 49 (3): 129. 1998.

灌木，嫩枝极秃净，老枝灰褐色。叶革质，披针形，长 7～11 cm，宽 1.8～2.8 cm，先端渐尖，尖头略钝，基部楔形，上面干后灰褐色，暗晦，无毛，下面浅褐色，无毛；侧脉 6～8 对，在上下两面均隐约可见，网脉不明显，边缘有细锯齿，齿刻相隔 1.5～2 mm；叶柄长 5～8 mm，无毛。花未见。蒴果圆球形，直径 2.5 cm（未成熟），被长粗毛，3 室，果皮厚 4～5 mm。宿存萼片 5 片，近圆形，长 6～9 mm，宽 6～11 mm，先端圆，背面无毛。果梗长 1 cm，中部有 2 个小苞片留下的环痕。

模式标本采自广西大瑶山。

27. 紫果茶

Camellia purpuea Chang et Chen B. H. in Acta Sci. Nat. Univ. Sunyatseni 23 (1): 9. 1984; Fl. Sini. T 49 (3): 130. 1998.

小乔木，胸径 7 cm，嫩枝褐色，无毛，顶芽有柔毛。叶革质，狭椭圆形，长 9～11 cm，宽 3～4.5 cm，嫩叶最大的长 17 cm，宽 7.3 cm，先端尖锐，基部楔形，上面干后橄榄绿色，稍发亮或暗晦，下面与上面同色，无毛；中脉平坦，侧脉 10～12 对，在上下两面均明显，边缘有锯齿，叶柄长 2～4 mm，无毛。花顶生及腋生，白色，直径 5 cm；苞片 2 片，早落；萼片 5 片，卵圆形，革质，长 4～5 mm，外面有柔毛；花瓣 11 片，外面有柔毛，长 2.5～3 cm；雄蕊长 1.8 cm，花丝离生；子房 3 室，被茸毛；花柱长 1.2 cm，被柔毛，先端 3 裂。蒴果扁球形，紫色，3 片裂开，果片厚 3～4 mm。

模式标本采自云南省屏边县玉屏镇红旗水库上方海拔 1 500 m 的岸边原始林中。

28. 茶（图经本草）檟，茗，荈（尔雅）

Camellia sinensis (L.) O. Kuntze in Acta Horti Petrop. X. 195 (1887) in obs., et Um die Erde, 500 (1888) erroe C. chinensis; Burkill, Dict. Econ. Prod. Malay Penins. I. 417-20 (1935); Sealy in Journ. R.H.S.LXII. 354, (1937); Hume, Camellias in America, 66, 67, 68, Cum fig. (1940), ed. Rev. 66, 68-9,405-6, et al., cum fig. p. 67(1955); Sealy in Camellias and Magnolias Rep. Conf. R.H.S. 83, 84, 85, 86 (1950); Hume, Camellias Kinds and Culture, 9, 15, 18, 30, 36-37,39, 108, 125-126, 210, 224, fig. p. 39,224 (1951); Sealy in Rev. Gen. Camellia 112-119 (1958); Chang in Tax. Gen. Camellia 120-121 (1981); Fl. Sini. T 49 (3): 130-131(1998).

Syn.:

Thea sinensis L. Sp. Pl. I: 515 (1735); O. Kuntze, Rev. Gen. Pl. I: 64 (1891); Wilson, Naturalist in W. China, II: 89 et Seq. (1913); Rehder & Wilson in Sargent, Pl. Wils: II: 391. 394 (1915); Handel-Mazzetti, Symb. Sin. VII: 395 (1931); Merill, Comm. Loureiro's Fl. Cochinch. In Trans. Amer. Phil. Soc. N. ser. XXIV. Ii: 267 (1935); Lhwi, Fl. Jap. 773 (1953) japonica.

Thea bohea L. Sp. Pl. ed. 2: 734 (1762); Hayne, Getreue Darst. Arzn. Gew. VII. T. 28 (1821); Masters in Journ. Agric. & Hort. Soc. India, III. 63 (1844).

Thea viridis L. Sp. Pl. ed. 2: 735 (1762); Hyne, Getreue Darst. Arzn. Gew. VII. T. 29 (1821).

Thea cantonensis Lour., F. Cochinch. 339 (1790), ed. Wilds. I. 414 (1793).

Thea cochinensis Lour., Fl. Cochinch. 338 (1790), ed Wilds. I: 413 (1793).

Thea oleosa Lour., Fl. Cochinch. I. 339 (1790).

Thea grandifolia Saisb. Prodr. 370 (1796).

Thea parvifolia Saisb. Prodr. 370 (1796)

Thea chinensis Sims in Bot. Mag. T. 998 (1807).

Thea macrophylla (Sieblod) Makino in Journ. Jap. Bot. I. 39 (1918).

Camellia thea Link. Enum. Hort. Berol. 2: 73 (1822).

Camellia sinensis var. *sinensis* f. *macrophylla* (Sieb.) Kitamura in Acta Phytotax. Ex Geobot. Kyoto 14: 59 (1930).

Camellia sinensis var. *sinensis* f. *parvifloia* (Miq.) Sealy Rev. Gen. Camellia 116 (1958).

28a．茶（原变种）

Camellia sinensis (L.) O. Kuntze var. sinensis

灌木或小乔木，嫩枝无毛。叶革质，长圆形或椭圆形，长 4～12 cm，宽 2～5 cm，先端钝，基部楔形，上面发亮，下面无毛或初时有柔毛，侧脉 5～7 对，边缘有锯齿，叶柄长 3～8 mm，无毛。花 1～3 朵，腋生，白色，花梗长 4～6 mm，有时稍长；小苞片 2 片，早落；萼片 5 片，阔卵形至圆形，长 3～4 mm，无毛，宿存；花瓣 5～6 片，阔卵形，长 1～1.6 cm，基部略连合，背面无毛，有时有短柔毛；雄蕊长 8～13 mm，基部连生 1～2 mm；子房密生白毛；花柱无毛，先端 3 裂，裂片长 2～4 mm。蒴果 3 球形或 1～2 球形，高 1.1～1.5 cm，每球有种子 1～2 粒。花期：10 月至翌年 2 月。

野生种遍见于长江以南各省的山区，为小乔木状，多分枝，叶片较大，长度常超过 10 cm，长期以来，经广泛栽培，毛被和叶型变化很大。叶肉栅栏组织多层。

28b．白毛茶（变种）

Camellia sinensis (L.) O. Kuntze var. pubilimba Chang in Acta Sci. Nat. Univ. Sunyatseni 20 (1): 98. 1981; Chang, Tax. Gen. Camellia 122. 1981.

嫩枝和叶片下面均被有密柔毛，花小，萼片被灰白色柔毛。

模式标本采自广西凌云县。

28c．香花茶

Camellia sinedsis (L.) O. Kuntze var. waldensae (Hu S. Y.) Chang in Acta Sci. Nat. Univ. Sunyatseni 20 (1): 98. 1981; Chang, Tax. Gen. Camellia 122. 1981.

Syn. *Camellia waldenae* Hu. S. Y. Wild Flower of Hong Kong 61. 1977.

叶片狭窄倒披针形，花有香气。

29．苦茶

Camellia kucha (Chang et Wang H. S.) Chang in Acta Sci. Nat. Univ. Sunyatseni 47 (6): 129-130. 2008.

Syn.：

Camellia assamica var. *kucha* Chang et Wang H. S. in Fl. Sini. T 49 (3): 136.1998;

Camellia sinensis var. *assamica* Ming in Sensu Ming's Mono. Gen. Camellia, 133. 2000.

Camellia sinensis var. *kucha* Chang et Wang H. S. in Acta Sci. Nat. Univ. Sunyatseni 23(1):

10. 1984.

乔木，高 8 m，嫩枝有微柔毛，顶芽有白柔毛。叶薄革质，椭圆形，长 8～14（～27）cm，宽 3.5～6（～9）cm，先端短尖，小头钝，基部阔楔形，上面干后深绿色，略有光泽，下面浅绿色，有疏毛，中脉上有柔毛，老变秃；侧脉 8～12 对，两面皆明显突起，网脉上下两面均不明显，边缘有锯齿，齿距 1～2.5 mm；叶柄长 5～7 mm，被疏毛，老时秃净。花白色，1～3 朵腋生，花梗长 8～12 mm，无毛，小苞片 2～3 片，有时 4 片，早落；萼片 5 片，半圆形或宽卵形，长 4～6 mm，外面无毛，有睫毛，内面有白色短柔毛；花瓣 7～8 片，外面 2 枚中部革质，边缘膜质，宽倒卵形或近圆形，长 8～11 mm，外面无毛，内面有向顶柔毛，其余花瓣膜质，宽倒卵形或长圆形，长 2～2.6 cm，两面无毛；雄蕊长 10～15 mm，外轮花丝基部连生约 2 mm，无毛。蒴果扁三角球形，直径 2～4 cm，3～4 室，果皮厚 1～1.5 mm，每室种子 1～3 个，近球形或平凸。

模式标本采自云南省金平县铜厂乡瑶山村海拔 1 370 m 的同地疏林中。树高 8 m，芽叶含较高的苦茶碱（theacrine），不同于茶组其余的种，茶叶极苦。

30．可可茶（《中山大学学报》，1988），毛叶茶（张宏达，山茶属植物的系统研究，1981），毛茶（广东省龙门县）

Camellia ptilophylla Chang in Tax. Gen. Camellia, 122. 1981; Chang et Bartholomew in Camellias, 151. 1984.

小乔木，高 5～6 m，嫩枝有灰褐色柔毛。叶革质，长圆形，长 12～21 cm，宽 4～6.8 cm，先端渐尖，尖头钝，基部阔楔形，上面深绿色，干后暗晦，稍粗糙，中脉基部有毛，下面干后灰褐色，有短柔毛；侧脉 8～10 对，在上面能见，在下面稍突起，边缘有细锯齿，齿刻相隔 2～4 mm；叶柄长 8～10 mm，有褐色柔毛。花单生于枝顶，花梗长 5～6 mm，有毛；苞片 3 片，散生花梗上，卵形，长 1.5 mm，有毛，早落；萼片 7 片，近圆形，长 4～5 mm，背面有柔毛；花瓣 5 片，倒卵圆形，长 1～1.2 cm，分离，外轮花瓣背面有微毛；雄蕊 2～3 轮，近离生，长 8～10 mm，无毛；子房 3 室，有柔毛；花柱长约 1 cm，顶端 3 裂，无毛。蒴果圆球形，直径 2 cm，被毛，1～3 室，每室有种子 1～2 粒，3 片裂开，果片厚 1 mm；种子半球形或圆球形，直径 1.7 cm，褐色。宿存萼片 5 片，共宽 1.2 cm；果柄长 1 cm。花期：9 月至 11 月。

模式标本采自广东省龙门县南昆山。

芽叶含较高可可碱，不含或含较少咖啡碱。

31．汝城毛叶茶

Camellia pubescens Chang et Ye in Acta Sci. Nat. Univ. Sunyatseni 26 (1): 18. 1987; Chang in l.c. 35 (3): 15. 1996; Fl. Sini. T 49 (3): 133, fig. 32: 2-3. 1998

乔木，嫩枝被柔毛，顶芽被灰褐柔毛。叶厚革质，长圆形或椭圆形，长 8～16 cm，宽 3～6 cm，先端渐小基部楔形，上面干后深绿色，发亮，下面黄绿色，初时有柔毛，后变秃净；侧脉每边 7～8 条，干后上面能见，下面突起，侧脉不明显；边缘反卷，有细锯齿，叶柄长 5～7 mm，被微毛。花白色，腋生，直径 3～4 cm；花梗长 4～5 mm，粗壮，被柔毛；

小苞片 2 片，早落；萼片 5 片，革质，卵圆形，长 5～7 mm，外侧有微毛； 花瓣 7～8 片，倒卵形，长 0.5～2 cm，基部连生；雄蕊长约 1 cm，基部离生；子房 3 室，被茸毛；花柱长 8～11 mm，先端 3 裂隙。蒴果三角球形，直径 1.5～2 cm，3 爿裂开，果爿厚 1 mm。

模式标本采自湖南省汝城县大坪镇八丘田，海拔 270 m 疏林下。

32.　防城茶

Camellia fengchengensis Liang S. Y. et Zhong Y. C. in Acta Sci. Nat. Univ. Sunyatseni 20 (3): 118. 1981; Chang et Bartholomew, Camellias, 150. 1984.

小乔木，高 3～5 m，嫩枝被茸毛，顶芽被柔毛。叶薄革质，椭圆形，长 13～29 cm，宽 5.5～13.5 cm，先端短急尖或钝，基部阔楔形或略圆，上面深褐色，干后黄绿色，下面浅绿色，密被柔毛；侧脉 11～17 对，在上下两面均突起，边缘有细锯齿。叶柄长 3～10 mm，被柔毛。花白色，直径 2～3.5 cm，生叶腋，花梗长 5～10 mm，被柔毛；小苞片 2 片，早落；萼片 5 片，近圆形，长 3～3.5 mm，被灰褐色柔毛；花瓣 5 片，卵圆形，长 10～15 mm，先端圆形，基部稍合生，外面被柔毛；雄蕊 3～4 轮，外轮花丝长约 1 cm，基部稍合生。子房 3 室，被灰白色茸毛；花柱长 6～10 mm，先端 3 裂。蒴果三角状扁球形，宽 1.8～3.2 cm，果爿厚 1.5 mm。种子每室 1 个。花期：11 月至翌年 2 月。

模式标本采自广西防城华石镇那湾村海拔 320 m 的山谷次生林。

33.　普洱茶

Camellia assamica (Mast.) Chang in Acta Sci. Nat. Univ. Sunyatseni 23 (1): 11. 1984.

Syn.：

Thea assamica Masters in Journ. Agric. & Hort. Soc. India 3: 63. 1844. et 13: 30-47. 1863.

Camellis sinensis var. *assamica* (Mast.) Kitamura in Acta Phytotax. & Geobot. Kyoto 14: 59. 1950; Sealy Rev. Gen. Camellia 119. 1958

Thea viridis L. var. *assamica* (Mast.) Choisy Mem. Ternstroemia & Camellia 67. 1865.

Thea chinensis Sims var. *assamica* (Mast.) Pierre Fl. For. Cochinch. 2. T. 114. 1877.

Camellia dishiensis Zhang et al. in Acta Bot. Yunnan. 12 (1); 31. 1990.

33a.　普洱茶（原变种）

var. assamica

大乔木，高达 16 m，胸径 90 cm，嫩枝有微毛，顶芽有白柔毛。叶薄革质，椭圆形，长 8～14 cm，宽 3.5～7.5 cm，先端锐尖，基部楔形，上面干后褐绿色，略有光泽，下面浅绿色，中脉上有柔毛，其余被短柔毛，老叶变秃；侧脉 8～9 对，在上面明显，在下面有突起，网脉在上下两面均能见，边缘有细锯齿；叶柄长 5～7 mm，被柔毛。花腋生，直径达 2.5～3 cm，花梗长 6～8 mm，被柔毛。小苞片 2 片，早落；萼片 5 片，近圆形，长 3～4 mm，外面无毛；花瓣 6～7 片，倒卵形，长 1～1.8 cm，无毛；雄蕊长 8～10 mm，离生，无毛。子房 3 室，被茸毛；花柱长 8 mm，先端 3 裂。蒴果扁三角球形，直径约 2 cm，3 爿裂开，果爿厚 1～1.5 mm。种子每室 1 个，近圆形，直径 1 cm。

产云南省及西南部各省林中。原生长在勐海县南糯山 1 株野生普洱茶树，高约 9 m，胸径 90 cm。后因保护过度死去。

33b. 多脉普洱茶（变种）

var. polyneura Chang in Fl. Sini. T 49 (3): 135-136. 1998.

Syn.:

Camellia polyneura Chang et Tang Y. J. in Acta Sci. Nat. Univ. Sunyatseni 23 (1): 10. 1984.

乔木，高 6 m，嫩枝无毛，干后褐色，顶芽被柔毛。叶薄革质，长圆形，长 11～17 cm，宽 4～6 cm，先端急锐尖，基部阔楔形，上面干后褐绿色，发亮，下面褐色无毛，中脉干后突起；侧脉每边 13～16 条，上下两面均明显，边缘有锯齿；叶柄长 4～5 mm；花白色，腋生，直径 4.5～5 cm，花梗长 8～12 mm；小苞片 2 片，卵形，长 2 mm，无毛；萼片 5 片，阔卵形，长 4.5～5 mm，近秃净；花瓣 7～8 片，倒卵形，长 2～2.5 cm，先端圆形，无毛；雄蕊长 1.3～1.5 cm，离生无毛；子房 3 室，被茸毛；花柱长 1.2 cm，有微毛，先端 3 裂。蒴果扁球形，直径 2.5～3 cm，高 1.5 cm，有 3 沟；果皮厚 2 mm；梗长 1.6 cm。花期：11 月至 12 月。

模式标本采自云南省绿春县骑马坝乡蚂蚁村海拔 1 400 m 的山地疏林中。

34. 多萼茶

Camellia multisepala Chang et Tang Y. J. in Acta Sci. Nat. Univ. Sunyatseni 23 (1): 11-12. 1984; Chang in l.c. 35 93): 16. 1996; Fl. Sini. T 49 (3): 136. 1998.

乔木，嫩枝被柔毛，干后褐色，顶芽被柔毛。叶薄革质，倒披针形，长 8～11 cm，宽 2～3 cm，先端锐尖，基部楔形，上面干后深绿色，略有光泽，下褐绿色，有柔毛；侧脉 8～11 对，上下两面均能见，边缘有锯齿，靠基部近全缘；叶柄长 3～7 mm，有柔毛。花腋生，直径 3 cm；花梗长 6～8 mm，无毛；小苞片 2 片，早落；萼片 8 片，卵形，长 3～4 mm，外侧无毛；花瓣 6 片，倒卵圆形，长 1.2～1.5 cm，无毛；雄蕊长 1～1.2 cm，离生；子房 3 室，有茸毛；花柱长 1 cm，先端 3 裂。蒴果三角球形，宽 2 cm，高 1.6 cm，种子每室 1 个，果皮厚 1～1.5 mm。花期：12 月。

模式标本采自云南省勐腊县象湖乡曼庄村海拔 1 050 m 山地。

35. 毛肋茶

Camellia pubicosta Merr. in Journ. Arn. Arb. 23L 138. 1942; Sealy in Rev. Gen. Camellia 129-130. 1958; Chang in Acta Sci. Nat. Univ. Sunyatseni 20 (3): 119 et in l.c. 23 (1): 12. 1984.

灌木，高 4～5 m，嫩枝深红褐色，有披散柔毛或短毛；老枝灰或褐色。叶薄革质，近长圆形、长圆状卵形、倒披针状卵形或稍披针状长圆形，长 9～16 cm，宽 2.8～4 cm，先端渐尖或尾状渐小，基部钝或圆形；上面深绿色，下面浅绿，沿中脉有柔毛，小脉上有稀疏毛；中脉和小脉两面清楚可见，两面有微栓质点；边缘有钝锯齿，齿隔 2～6 mm；叶柄长 3～7 mm，有柔毛，初时较密。花 1～2 朵腋生，花梗纤细，长 7～8 mm，无毛；小苞片 2～3 片，生于萼下或分散在花梗上，三角形，长 1～2 mm，有睫毛，宿存；萼 5 片，直立，覆瓦状，下部连生，分离部分钝三角形，高 1.5～2 mm，或圆形，高 3 mm，壳质，较内的具膜质边缘，有睫毛，宿存。花白色，花瓣 6～7 片，基部与雄蕊合生 1～2 mm；

花瓣倒卵形或宽卵状倒卵形，圆形，长 1～1.2 cm，宽 7～8 mm，革质较内面的边缘薄，凹形；雄蕊长约 1 cm，无毛，外轮花丝基部连生 2 mm，其余分离，丝状；子房密生黄茸毛，球形，高约 2 mm；花柱 3 条，分离到底，长 8～9.5 mm，毛被几至花柱顶部。蒴果球形或近球形，径 1.8～2.3 cm，果皮薄，壳质，有疣突，发亮或稍有金属光泽，有毛被，特别在花柱基有毛被，浅 3 沟，1 室，1 种子，种子在室的顶部；种子球形，径 1.7～2 cm。

模式标本采自越南 Tokin、Sontoy 省 Bavi 山。

36. 细萼茶

Camellia parvisepala Chang in Tax. Gen. Camellia 123. 1981 et Chang in Acta Sci. Nat. Univ. Sunyatseni 23 (1): 12. 1984; Fl. Sini. T 49 (3): 136-137. 1998.

灌木，嫩枝有柔毛。叶倒卵形，薄革质，长 11～19 cm，宽 5～8 cm，先端急尖，尖头长 1～1.5 cm，基部钝或略圆，侧脉 10～13 对，干后在两面均突起，无毛，边缘有细锯齿；叶柄长 4～7 mm。花腋生，细小，白色，花梗长 3～5 mm；小苞片 2 片，位于花梗中部，对生；萼片 5 片，圆卵形，长 3 mm，先端钝，有睫毛；花瓣 6 片，无毛，外面 3 片阔椭圆形，长 8～9 mm，稍带革质，内面 3 片倒卵形，长 1～1.2 cm，基部连生；雄蕊 3～4 轮，长 7～9 mm，花丝离生；子房被灰毛，3 室；花柱长 6 mm，纤细，无毛，先端 3 裂。

模式标本采自广西凌云县往玉洪县瑶族乡（凌云县至乐业县）途中。

第 2 章　可　可　茶

第 1 节　可可茶的发现

　　1981 年，根据曾沛 4011 植物标本（图 2-1），张宏达教授发表了茶组植物新种，这就是毛叶茶 *Camellia ptilophylla* Chang。可可茶的模式标本是曾沛在 1978 年 12 月 6 日采集的，采集地点是龙门县南昆山下坪村丹竹窿。南昆山是革命老区，东江游击队长期在此坚持革命斗争，那茂密的森林、纵横的沟壑、复杂的地形为游击队的活动提供了保障。南昆山为龙门县、从化县和增城县三地交汇山地，地处北回归线上。在中国，凡北回归线经过

曾沛 4011——可可茶主模式
（Holotypus 花模式标本）

曾沛 4011——可可茶同号模式
（Isotypus 果模式标本）

图 2-1　可可茶模式标本照片

Fig. 2-1　Typical photos of *Camellia ptilophylla*

的地方植被均十分丰富，复杂的植物多样性使其拥有许多特殊的动植物种类。曾沛工程师是一个功勋卓著的植物采集员，年少时在岭南大学跟随陈焕镛教授的采集员曾怀德采集标本，当 1953 年全国高校大学院系调整时，岭南大学合并到中山大学，曾沛就来到中山大学跟随并协助张宏达教授采集植物标本，还参与植物学教学。他采集了大量的珍稀标本，包括张宏达教授建立的七个新属数百个植物新种的模式标本。

张宏达教授的毛叶茶新种就发表在《山茶属植物的系统研究》上。

毛叶茶，新种

Camellia ptilophylla, sp. nov.

Subgen. Thea Chang, Sect. Thea Dyer, Ser. Sinenses Chang

A *C. sinensi* O. Ktze. ramulis et foliis pubescentibus, foliis majoribus 12-21 cm longis, bracteis 3, sepalis 7 differt.

Arbor parva circ. 5-6 m alta, ramulis griseo-brunneo-pubescentibus. Folia coriacea oblonga 12-21 cm longa 4-6.8 cm lata, apice acuminata, acumene obtuso, basi late cuneata, supra in sicco opaca scabrida ad costam puberula, subtus griseo-brunneolis pubescentibus, nerviss lateralibus 8-10-jugis supra visibilibus subtus prominentibus, margine serrulata, petiolis 8-10 mm longis pubescentibus. Flores solitarii subterminales albi; pedicellis 8-10 mm longis pubescentibus; bracteis 3 caducis; sepalis 7 suborbiculatibus 4-5 mm longis puberulis; petalis 5 obovatis liberis 1-1.2 cm longis puberulis; staminibus 8-10 mm longis liberis glabris; ovariis 3-locularibus pilosis, stylis 1 cm longis apice 3-fids glabris. Capsula globosa 2 cm diam. pubescentibus, 1-3-locularis, 3-valvata dehiscens, valvis 1 mm crassis; semina singular in quoque loculo 1.7 cm diam. brunnea.

（中文描述见第 1 章有关描述）

广东：龙门县，南昆山，曾沛 73，4011（花模式 Fl. Typus! In herb. Univ. Sunyatsenii），4012，4013；从化，吕田，狮丈，水尾，山谷疏林，小乔木，高 5～6 m，1958 年 11 月 9 日，邓良 8365。[①]

可可茶在系统分类上属于山茶科山茶属茶亚属茶组茶系，它和传统的栽培茶树——茶和普洱茶有密切的亲缘关系，均同属于茶系的种。

第 2 节　可可茶含可可碱

1984 年，利用高效液相色谱对毛叶茶提取液中嘌呤生物碱（purine alkaloid）进行分离鉴定和定量的研究，发现毛叶茶芽叶含 4.4% 的可可碱（theobromine），又用化学方法从毛叶茶的嫩芽与叶中提取分离与纯化，得到白色粉末状的结晶，熔点为 330℃，经红外光谱测定，其光谱图与高效液相色谱图一致，证明毛叶茶中存在嘌呤碱，以可可碱为主。这

---

① 张宏达. 山茶属植物的系统研究［J］. 中山大学学报（自然科学版）论丛，1981（4）：122-123.

是首次报道茶组植物存在不以咖啡碱（caffeine）为主，而以可可碱为主的茶树。①

1988 年，我们以茶 C. sinensis、普洱茶 C. assamica 和可可茶 C. ptilophylla 作为材料，对比分析了它们的化学成分。试样的制备采用茶叶常规分析方法，原料为 1 芽 2 叶，经隔水蒸青，在 80℃的烘箱中烘干。游离氨基酸、茶多酚和儿茶素用分光光度计检测，嘌呤碱应用高效液相色谱法分析。分析结果如表 2-1 和图 2-2 所示。

表 2-1　三种茶的主要化学成分比较
Tab. 2-1　Components comparison of *C. sinensis*, *C. assamica* and *C. ptilophylla*

茶样	产地	茶多酚 /%	游离氨基酸 /%	儿茶素 /‰	咖啡碱 /%	可可碱 /%
茶	广东龙门	27.20	1.70	78.57	5.31	0.19
普洱茶	云南梁河	31.31	2.57	82.44	5.10	0.25
可可茶	广东龙门	32.26	1.017	73.75	—	4.70

分析结果表明可可茶是一种不含咖啡碱的真茶，它含丰富的可可碱，因而称之为"可可茶"。传统饮用普洱茶（大叶茶）C. assamica（Mast.）Chang 和茶（小叶茶）C. sinensis（L.）O. Kuntze 所含的嘌呤碱主要以咖啡碱为主，并含微量的可可碱和茶碱，为人们所熟知，可可茶中嘌呤生物碱以可可碱为主，不含茶叶碱或微含咖啡碱，这是茶叶植物嘌呤生物碱分布的另一种模式。可可茶被分布区百姓长期饮用，称为毛茶、百岁茶。由于传统茶的茶多酚含量较多，具有多重药理作用，而咖啡碱的提神作用具有两面性，咖啡碱会影响部分人的睡眠状况，而使这类人不敢多喝甚至不喝茶；于是市面上出现了用化学方法处理的脱咖啡碱茶，也有试验生产转基因无咖啡碱茶，但都不受人们的欢迎；当我们发表了可可茶——这种天然无咖啡碱茶存在的文章，该成果受到了国内外学者和茶业人士的关注。

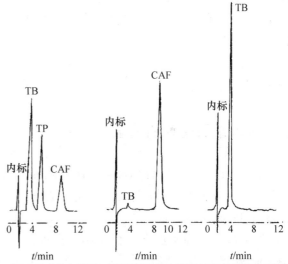

嘌呤碱标准品色谱图　中国茶提取液色谱图　毛叶茶提取液色谱图

图 2-2　茶和可可茶嘌呤生物碱高压液相色谱图
Fig. 2-2　HPLC chromatogram of purine alkaloids in *C. sinensis* and *C. ptilophylla*

① 马应丹，张润梅. 毛叶茶中的嘌呤碱的初步研究［J］. 中山大学学报（自然科学版），1984，2：122.

第3节　可可茶原始分布区及其生态环境

一、可可茶分布区地理环境

可可茶原始分布区在龙门、从化、增城三县市交汇处的南昆山，北回归线由此穿过。南昆山约处于北纬 23°27′，东经 114°38′，西南距广州市约 90 km，山地主要由花岗岩构成，有一部分为水成岩、沉积岩，海拔超过 600 m，800 m 以上的山峰亦不少，天堂山顶海拔 1210 m，为南昆山最高峰。南昆山现为省级自然保护区及国家级森林公园，属于南亚热带季风气候，由于西北有较高的山脉屏障，对寒潮有部分阻隔作用，而东南有较低海拔的谷地，有利于湿润的东南季风进入，故气候温暖而湿润，有利于植物生长。据南昆山海拔 410 m 处的气象资料，年平均气温 18.2℃，1 月平均气温 9.2℃，7 月平均气温 25.4℃；年降雨量 2716.6 mm^3，年均降水达 158 天，年内降水多集中在 4 月至 8 月，雨量占年总雨量的 76.9%，达 2089 mm^3，11 月至翌年 1 月降雨量较少，仅 122.1 mm^3。全年干湿季分明。

南昆山的地带性土壤为赤红壤，随着山体海拔升高，土壤也产生显著的变化。海拔 400 m 以下为赤红壤，海拔 400～800 m 为山地红壤，海拔 800 m 以上为黄壤。

二、可可茶原生地的植被

原生地自然保护区森林植被属南亚热带山地常绿阔叶林，具有从热带常绿阔叶林向亚热带常绿阔叶林过渡的特征，种类组成复杂，以壳斗科 Fagaceae、樟科 Lauraceae、金缕梅科 Hamamelidaceae、山茶科 Theaceae、木兰科 Magnoliaceae 等为优势科，尤以壳斗科种类最多。乔木层上层由米椎、白椎、南岭椎、狗牙椎、黄樟、红苞木 *Rhodoleia championii* 等组成，高达 15～20 m。第二层主要由樟科、山茶科柃属 *Eurya* 和山茶属、金缕梅科和木兰科等耐阴树种组成，高度为 9～14 m。可可茶就是下层乔木中一员，由于采摘茶叶砍树，现在所见多为树桩萌生以及灌木存在。第三层乔木主要由茜草科、紫金牛科、山龙眼科等耐阴树种组成，高度在 3～8 m。灌木层在 0.5～2 m，常见的有山茶科 Theaceae、桃金娘科 Myrtaceae、大戟科 Euphorbiaceae、卫矛科 Celastraceae 的一些种属，苦竹、箭竹在灌木层中占有一定的地位。毛竹以其细长型地下茎不断扩大其分布区，加之对毛竹的抚育，对乔木幼苗的生长有很大的制约。草本层不发达，一般高度在 50 cm 以下，只有数十种。其中蕨类、兰科 Orchidaceae、茜草科耳草属牛白藤数种，以莎草属割鸡芒，禾本科芒草、大密、白茅、类芦等较为普遍。

　　森林中层外的藤本植物虽较为普遍，但缺乏大型藤本植物。附生植物多为苔藓，也有蔓九节、瓜子金、巢蕨、崖姜、槲蕨，兰科的硬叶吊兰、石仙桃等。

　　南昆山森林板根现象不突出，板状根一般高只有 30～40 cm，最高为 70 cm，长 1.4 m。茎花植物仍有相当大数量。

　　原生地植被生长繁茂，森林郁闭度为 0.6～0.8，密度较大。常绿阔叶林枝下凋落物，每年可达 40 t/ha，生物归化作用强度与植物对营养元素的吸收强度都比较大，各种有机残体矿质化的速度很高，形成了生物与土壤间旺盛的物质循环。在有机质长期的形成、分解与腐殖化过程中，原生的土壤有机质处于较高的水平。

　　南昆山植被根据其外貌、结构和生境的差异，明显地可分为山地常绿阔叶林、山地常绿针阔叶混交林、山顶常绿阔叶苔藓矮林和山顶灌草丛 4 大类，在每一大类中，根据植物种类成分的组合特征，再分为若干群落。

　　山地常绿阔叶林：主要分布在海拔 700～950 m 的山坡和沟谷两侧，计有米椎＋白椎＋密花树—岗柃—细枝柃—扇叶铁线蕨群落，南岭椎＋密花树—黑柃—黑莎草群落，白椎＋少叶黄杞—赤楠蒲桃—苔草 Carex sp＋紫玉盘柯 Lithocarpus uvariifolius—赤楠蒲桃—多脉莎草 Cyperus diffusus 群落，黄樟＋薄叶润楠 Machilus leptophylla＋罗浮柿—黑柃—蕨群落，红苞木＋阿丁枫—总序山黄皮 Randia racemosa＋箭竹 Schizostachyum dumetorum—蕨群落，红苞木＋米椎—唐竹和藜蒴＋红苞木群落。

　　山地常绿针阔叶混交林：主要分布在海拔 700 m 以上山地。有长叶竹柏—毛竹—蕨类群落和福建柏＋大果马蹄荷—乌饭树群落。

　　山顶常阔叶苔藓矮林：主要分布在海拔 950 m 以上的山顶及近山顶的山脊，以天堂顶一带最为典型。由于海拔高，气温较低、云雾大、风大、光照强、乔木矮小，枝条弯曲，枝干附生苔藓。有短花序润楠＋赛山梅 Styrax confucus—杜鹃—蕨类群落和甜椎＋硬斗石栎—吊钟花—苔草群落。

　　山顶灌草丛：主要分布在海拔 1000 m 以上的山顶或山脊，以天堂顶一带比较典型。有映山红—吊钟花—五节芒群落等。

　　可可茶在南昆山从低海拔到高海拔都有分布，许多是由百姓有意保留下来的，早年仍可见基径 20～40 cm 的乔木，到 20 世纪 80 年代，有些则剩残桩，由残桩上萌生的枝干，到最高峰天堂山近顶处仍有分布。近年由于对可可茶的开发，百姓把分散的可可茶植株挖出迁移到另外的地方集中栽种建立茶园，更有些人把可可茶挖到山下栽种，由于迁移不得法，往往不能成活，这一行为导致原生地自然分布的可可茶锐减。

　　由于南昆山独特的自然环境，森林植被保存得比较完整，其动植物资源均十分丰富，单就植物资源来说，初步统计共计有高等植物 1107 种，隶属于 519 属，177 科，南昆山自然保护区各植物类群的物种组成如表 2-2 所示。

表 2-2　南昆山自然保护区各植物类群物种组成①
Tab. 2-2　Composition of vegetation in conservation of Nankuanshan

植物类别	科数	属数	种数	变种数	变型数	栽培种数
苔藓植物	7	7	7			
蕨类植物	26	45	64	2		
裸子植物	7	14	10			10
双子叶植物	119	376	830	30	1	45
单子叶植物	18	77	104	3		1
合计	177	519	1015	35	1	56

在南昆山 1107 种植物中，有 14 种珍稀濒危植物，其中属国家二级保护植物的有福建柏、观光木、伯乐树、黏木等 5 种；属国家三级保护植物的有穗花杉、长叶竹柏、白桂木、土沉香、银钟花、吊皮锥等 8 种，省重点保护植物有秀丽椎等。粗略统计，南昆山用材树种达 200 多种，其中格木、花榈木 *Ormosia henryi*、竹柏、长叶竹柏、紫楠 *Phoebe sheareri*、樟、海红豆、穗花杉、观光木、红苞木、福建柏、红椎和南岭椎均为珍贵用材树种；药用植物有 500 余种，如土沉香、巴戟、砂仁、益智、重楼、五味子；野生果树杨梅、桃金娘、猕猴桃、山竹子、野柿等 20 余种；观赏植物有山乌桕、幌伞枫、小罗伞、虎舌红、深山含笑、金叶笑、观光木、红苞木、黄樟、短花序润楠、桃金娘、绣球茜、墨兰、寒兰、秋兰、虾脊兰、百合等 100 余种；淀粉类植物有山毛榉科、薯蓣科植物、野葛、土茯苓、菝葜和观音座莲、黄狗头等；纤维植物很多，如构树、山黄麻、竹类尤其是大量分布的毛竹、五节芒、白茅等；油脂植物也很多，如油茶、南山茶、大果红山茶、山乌桕、千年桐、油桐等。其他植物资源如食用大型真菌如冬菇、木耳等也很多。

可可茶的分布区非常狭窄，离开龙门、增城、从化三县市交汇处的山地，就再难觅其芳踪。且现有的可可茶植株几乎没有大树，都是小树，其种群的更新存在很大的问题。

第 4 节　可可茶的形态特征

通过对可可茶宏观的形态特征、微观的形态特征以及扫描电镜下的形态特征进行研究，形态学上可可茶与普洱茶 *C. assamica* 极为相似，同属于乔木型常绿茶树，至今仍可见直径达 20 厘米以上的可可茶野生植株。树皮浅黄色、光滑，嫩枝红褐色，粗壮，被灰褐色柔毛。1 芽 2 叶平均长 10.62 cm。成熟叶革质，长圆状，长宽可达（12～27）×（4～6.8）cm。可可茶属于大叶到特大叶茶树（彩图 2-3），与乐昌大叶接近，叶最大面积达 128.52 cm²。可可茶和其茶树的不同在于黄褐色毛被一直留存到老叶不脱落，花的各部分也同样被灰褐色的柔毛。

① 莫强，余振旭，罗溥锛，等. 广东从化县野生茶树资源的调查研究［J］. 茶叶科学，1985，2：21-25.

一、可可茶叶的解剖特征①

叶是植物光合作用的器官，对野生的可可茶则更有必要研究它们的叶片解剖结构。了解它与栽培茶树的解剖结构有何异同，结合可可茶原生地的生境特点，能更好地指导可可茶的引种驯化。

（一）材料与方法

1. 材料
野生与栽培的可可茶成熟叶片的比较。

2. 方法
（1）可可茶的叶片以 FAA 固定液固定，制成厚 10 μm 的石蜡切片，以番红及固绿染色，在光学显微镜下观测。

（2）用氢氧化钠、碳酸钠热煮法观察叶的脉序。

（3）用火棉胶印模法观测气孔密度。

（4）可可茶叶片用 FAA 固定液固定，制成 80 μm 的石蜡切片，用扫描电镜样品制备法制片，观测叶片的特殊结构。

（5）以丙酮、酒精、蒸馏水（4.5∶4.5∶1）混合液作为叶绿素提取液，黑暗条件下浸提 48 h，用 72 型分光光度计在波长为 645 nm，663 nm 时测定光密度值，根据 Aron 公式计算叶绿素总量及叶绿素 a 和 b 的含量。

（二）结果与讨论

野生可可茶多生长在 60%～80% 郁闭度的林下，高 2～5 m，分枝部位高、角度小，树冠直立状。由于光照较弱，叶片数量少，总叶面积相对也小，平均 0.1 m²/ 株，而单叶面积相对较大，最大可达 71 cm²，叶片长大后，表面粗糙，深绿色，叶绿素总含量平均为 1.70 mg/g 鲜重，叶绿素 a/b 比值为 0.79，叶背绒毛密而长，叶下表面气孔数较少，平均为 76 个 /mm²。栽培可可茶由于修剪和摘除果实，一般为灌木状，无明显主干，树干通常高 0.8～1.2 m，分枝多出自地面根茎处，分枝稠密，树冠呈披散状，叶片数量明显多于野生可可茶，总叶面积一般在 1～3 m²/ 株，单叶面积小于野生可可茶，最大叶面积为 58 cm²，荫地（郁闭度 70% 左右）生长的可可茶叶片大而薄，深绿色，绒毛稀疏。鲜叶叶绿素总含量平均为 1.4 mg/g，叶绿素 a/b 比值为 0.32，叶下表皮气孔数也较少，平均 95 个 /mm²。旷地生长的可可茶叶片较荫地的小，叶厚，黄绿色，叶下表面绒毛较荫地的多，叶绿素总含量平均为 1.26 mg/g，叶绿素 a/b 比值为 0.94，叶表面气孔数增多，平均 113 个 /mm²，三种生境下可可茶叶片解剖特征如表 2-3 及图 2-4 所示。

① 王锦，韩德聪，叶创兴. 野生与栽培毛叶茶解剖特征的比较［J］. 中山大学学报（自然科学版），1993，32（4）：134-138.

表 2-3　野生与栽培可可茶叶片解剖特征

Tab. 2-3　**Morphological structure of leaves of *C. ptilophylla* in the wild and cultivated environments**

生境		厚度 /μm									下表皮气孔数 / 个
		叶厚	上表皮	下表皮	栅栏组织	海绵组织	栅栏系数	主脉直径	主脉木质部	主脉韧皮部	
栽培	旷地	332.5	26.6	13.3	53.2	239.4	0.22	1130.5	332.5	133.0	113
	荫地	297.3	24.3	12.1	39.9	220.0	0.18	1330.5	399.0	159.6	95
原生地：南昆山		266.0	23.4	11.5	33.1	200.0	0.16	704.9	172.0	66.5	76

　　野生可可茶的叶片厚度、栅栏组织系数与荫地生长的可可茶相比差别较小。野生可可茶叶片厚度为 226.0 μm，栅栏组织系数为 0.18；而旷地可可茶叶片厚度为 332.5 μm，栅栏组织系数为 0.22。叶的上下表皮的厚度为旷地可可茶＞荫地可可茶＞野生可可茶，三者之间的差异较小。野生可可茶主脉直径为 704.9 μm，明显小于栽培的可可茶。旷地的可可茶主脉为 1130.5 μm，荫地可可茶主脉直径为 1330 μm。从叶脉大小差异可看出生长环境对可可茶输导组织的影响是很大的。叶下表面的绒毛具有保护植物避免过强阳光及湿润空气的作用，以绒毛最密的野生可可茶叶片主脉最小，旷地可可茶绒毛比荫地的密，其主脉直径明显小于荫地的，可见形态与结构也是相互影响的。

　　从石蜡切片显微照片及扫描电镜照片，可观察到可可茶叶片的内部结构（图 2-4）。

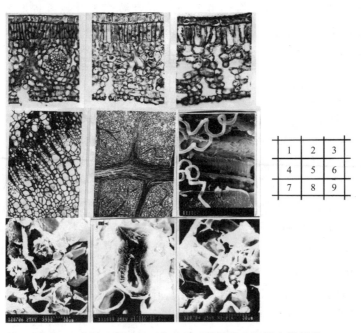

图 2-4　不同生境下可可茶叶片显微结构和扫描电镜结构

Fig. 2-4　The microstructure and scan-structure of lamina of *C. ptilophylla* under different ecological surroundings

1～3. 不同生境下可可茶叶片的横切面：1. 荫地可可茶；2. 旷地可可茶；3. 野生可可茶；4. 可可茶叶片的主脉维管束横切面（可见含晶细胞）；5. 叶片纵切，示维管束末梢；6-9. 可可茶叶的电镜扫描照片：6. 叶维管束的螺纹导管；7. 叶肉中的含晶细胞；8. 似骨状的石细胞；9. 含淀粉粒的细胞

1. 表皮层

可可茶表皮层的表皮细胞排列紧密，具有角质膜和气孔。野生可可茶的角质膜要稍厚于栽培可可茶，表明生长环境对角质膜的厚度是有影响的。气孔的分布主要在下表皮，保卫细胞呈新月形，气孔口与其他表皮细胞处于同一平面，可可茶下表皮有很密的由表皮细胞发育而来的表皮毛，毛被可能具有折射太阳光和隔热、不使叶肉组织过热的作用（图 2-5）。

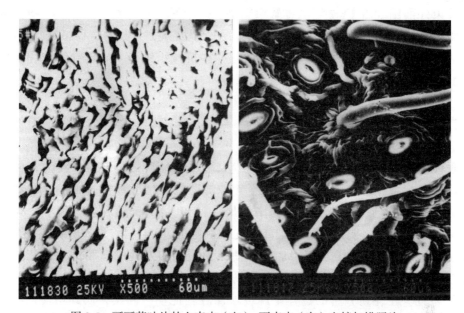

图 2-5　可可茶叶片的上表皮（左）、下表皮（右）电镜扫描照片

Fig. 2-5　The scanning electron photogram of up-and hypo-epidermis of *C. ptilophylla*

2. 叶肉组织

可可茶的叶肉组织是同形的，由栅栏和海绵组织构成，通常只有 1 层栅栏组织，位于叶片的腹面，和普洱茶 *C. assamica* 的叶一致，而与茶 *C. sinensis* 的叶具有 2～3 层栅栏组织不同，均属于中生生境的异面叶的叶肉组织结构（彩图 2-6）。野生可可茶的栅栏组织和海绵组织排列不如栽培可可茶的紧密，细胞间隙较大，细胞与细胞间空气有较大的接触面积，也是野生可可茶对林下环境的一种适应，野生可可茶叶肉组织中叶绿素颗粒明显大于栽培可可茶的，荫地可可茶叶肉细胞组织的叶绿体数目明显多于旷地的。可可茶的叶肉组织和基本组织的薄壁细胞中，有的细胞内含有淀粉粒或结晶（图 2-4）。

（1）淀粉粒：淀粉粒属复粒型，多集聚在分裂活动频繁的维管形成层周围的韧皮薄壁组织中（图 2-4：9）。

（2）结晶：可可茶中的结晶细胞主要分布于主脉维管束形成层周围的韧皮薄壁细胞中，少数分布在叶肉薄壁细胞中，棱状结晶聚成圆球状的晶簇，结晶与钙元素在组织内的沉积有关（图 2-4：4，7）。

（3）石细胞：可可茶叶肉组织中经常出现分散的石细胞。这些石细胞呈骨状、棒状、多角状，有明显的分枝，大小不等。这些细胞属厚角组织，具有支持作用，石细胞具有生态型，可随品种而异，具有分类上的意义（图2-4：8）。

3. 维管系统

可可茶的维管系统分布在整个叶片，属网状脉序（图2-4：5），粗的分枝连续发出较小的叶脉分枝式样。较小的叶脉包埋在叶肉组织里，中脉则包埋在基本组织内。叶肉组织的小维管束外面围绕着1～2层的维管束鞘细胞。小脉特别是在韧皮部中，有显著的维管薄壁组织细胞，大多数这些细胞具有浓厚的原生质体。主脉的直径超过叶片的厚度，近腹面为木质部，近背面为韧皮部，周围有一些机械组织，木质部导管多为螺纹导管（图2-4：6；彩图2-7）。

二、可可茶的花粉形态①

采收种植在中山大学茶园中可可茶含苞待放或刚刚开放的花朵，浸泡在盛有70%的乙醇广口瓶中备用。实验开始时用镊子钳取花药置于指形管中，加入少许70%的乙醇，用玻棒捣碎花药，使花粉从花药中散出；过80目的铜筛到离心管中，800 r/min离心后，倾去上清液。向离心管内加入预先配制好的9：1醋酸酐和浓硫酸混合液（约加入3 ml），将离心管置于水浴中加热，使花粉粒的萌发孔的孔膜蚀去，花粉的内容物析出。其目的是便于观察花粉的萌发孔等。加热的时间为2～3 min，加热的温度以90～95℃为宜。在花粉分解的过程中用玻璃棒轻轻搅动一两次，使其均匀，同时用玻棒随时取出少量花粉粒放置在载玻片上用光学显微镜镜检，看花粉的内壁和原生质是否已经被溶去，如果花里面的原生质尚未被完全溶解，则可以继续进行分解，直到完全溶解为止。

待花粉分解液冷却后，离心沉淀并倒去上层液。然后用蒸馏水水洗2～3次，每次均需离心沉淀。水洗离心后的花粉粒用于光学显微镜观察。

用40%、50%、70%、80%、90%、95%不同浓度的乙醇对水洗后花粉混合液进行逐级的脱水并离心沉淀。经系列脱水后的花粉粒便可用于制作扫描电镜观察的材料。

（一）光学显微镜观察结果

选取了可可茶30粒花粉，在40倍光学显微镜下，观察到可可茶花粉粒为三角状球形，极面观三裂近球状。三沟萌发孔，孔的位置在沟中央（彩图2-8）。可可茶花粉粒的大小如表2-4所示。

① 汤婷. 三种山茶科花粉形态研究［D］. 广州：中山大学，2005. 指导教师：叶创兴.

表 2-4　显微镜下可可茶花粉粒大小

Fig. 2-4　Seize of pollen grain of *C. ptilophylla* under microscope　　μm

花粉编号	1	2	3	4	5	6	7	8	9	10	11	12	13	14	15
花粉长径	35	31	32	29	32	28	30	40	34	29	28	30	29	26	34
花粉短径	28	27	23	24	25	35	28	31	25	24	25	21	27	22	30
花粉编号	16	17	18	19	20	21	22	23	24	25	26	27	28	29	30
花粉长径	30	31	29	31	30	35	30	30	34	32	32	30	26	30	28
花粉短径	26	23	34	26	27	30	25	21	26	22	20	27	24	27	24

（二）扫描电镜下可可茶花粉粒

在扫描电镜下，可可茶花粉粒接近圆形，具三沟孔。花粉纹饰为不规则的穴形——短脑纹状，与茶 *C. sinensis* 花粉皱波念珠状纹饰是不同的（彩图 2-9）。

三、可可茶的胚胎发育[①]

（一）材料与方法

供研究的可可茶植株是从原产地移植到中山大学茶园的，这些植株芽叶含可可碱，不含咖啡碱，当花芽长到一定大小时开始取样，这个时间为 2001 年 12 月 10 日。取样时间为上午 9～10 点，将不同发育期的花芽、开花后的子房投入 FAA（50%）固定液中固定。将收集的花芽材料均匀地分成两组，每组均包含不同发育时期的花芽；一组进行常规的石蜡切片，切片厚度为：花药 6 μm，胚珠 8 μm，经铁矾 - 苏木精染色，曙红 Y 水溶液对染；另一组用爱氏苏木精整染 2 月，同样方法制片，两组切片互相补充，在 Olympus BH-2 型光学显微镜下观察、照相。

（二）观察结果

1. 小孢子的发生及雄配子体的发育

可可茶分化完全的药室壁由表皮、药室内壁、中层和绒毡层组成。绒毡层为腺质型，初期的绒毡层为单核，发育至凝线期时为双核（图 2-10：3），小孢子孢原细胞起源于花药原基的下表皮细胞，孢原细胞经过多次分裂形成排列紧密的次生造孢细胞，随后直接发育成小孢子母细胞（图 2-10：1，2）。小孢子母细胞减数分裂过程中胞质分裂为同时型。四分体排列为四面体型，初形成的四分体被胼胝质所包围（图 2-10：6），胼胝质壁的积累始于小孢子母细胞，并一直保持到小孢子四分体时期。胼胝质壁解体后释放出小孢子。刚由四分体释放的小孢子有浓厚的细胞质和位于中央的核，其外围有在四分

[①] 敖成齐. 毛叶茶大小孢子的发生和雌雄配子体的发育［J］. 茶叶科学，2004，24（1）：37-40.

体时期就开始形成的壁（图 2-10：8）。随着小孢子体积增大，小孢子逐渐液泡化（图 2-10：7），然后形成中央大液泡，细胞核移到一侧（图 2-10：9），接着进行有丝分裂。分裂出来的两个细胞大小悬殊，形成营养细胞和透镜状的生殖细胞，两者之间形成弧形的细胞壁（图 2-10：10）。随着发育，生殖细胞逐渐游离至营养细胞中（图 2-10：11），此

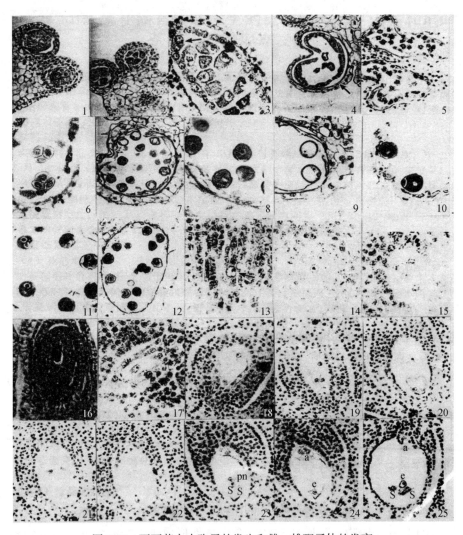

图 2-10　可可茶大小孢子的发生和雌、雄配子体的发育

Fig. 2-10　Occur of megaspore and microspore and growth of male gametophyte and female gametophyte in *C. ptilophylla*

e- 卵；sy- 助细胞；pn- 极核；a- 反足细胞；w- 细胞壁；er- 内质网

1. 小孢子母细胞；2. 小孢子母细胞；3. 凝线期小孢子母细胞，箭头所指为二核绒毡层细胞；4. 发达的绒毡层和退化的中层（箭头）；5. 整个花粉囊花粉全部败育；6. 四面体型四分体；7. 具发达液泡的花粉；8. 单核花粉；9. 二核靠近期花粉；10. 2- 细胞花粉，示营养细胞和透镜状的生殖细胞，两者之间形成弧形细胞壁；11. 生殖细胞逐渐融合到营养细胞中；12. 二核花粉和单核花粉共同存在于同一花粉囊中；13. 大孢子母细胞（箭头）；14. 二分体；15. "T" 型四分体；16. 线型四分体，珠孔端 3 个大孢子退化，合点端大孢子发育成单核胚囊；17. 单核胚囊；18. 二核胚囊；19. 菱形排列的四核胚囊，其中一个核在相邻切片上；一个成熟胚囊的三张连续切片；20. 两个助细胞和第 1 反足核；21. 卵细胞和第 2 反足核；22. 次生核和第 3 反足核；另一成熟胚囊的 2 张连续切片；23.2 助细胞和 2 极核；24. 卵和 3 个反足细胞；25. 山茶成熟胚囊

时中央液泡被小液泡取代，成熟花粉观察不到明显的液泡。成熟花粉为 2 细胞型，具有 3 个萌发孔，有时与单核花粉共同存在于同一花粉囊中（图 2-10：12）。生殖细胞分裂，2 精子形成是在花粉萌发后的花粉管中进行的。小孢子母细胞减数分裂在同一花朵的不同药室中间，甚至在同一药室中并不是同步的，同一药室中可相差 2～3 个时期，不同药室中可相差 4～5 个时期。

2. 大孢子发生和雌配子体

当雄蕊发育至小孢子母细胞时，雌蕊的胚珠原基上才分化出胚原细胞。胚原细胞体积明显较大，核大，细胞质浓，位于一层珠心表皮下，直接充当大孢子母细胞功能（图 2-10：13）。可可茶胚珠为薄珠心类型。大孢子母细胞经减数分裂，先形成二分体（图 2-10：14），二分体两个细胞之间有细胞壁，再形成"T"型排列的四分体（图 2-10：15）或线形排列的四分体（图 2-10：16）。线形排列的四分体中珠孔端 3 个大孢子退化，仅合点端的一个为功能大孢子（图 2-10：16），并由其发育成单核胚囊（图 2-10：17），单核胚囊的核经过三次有丝分裂，先后形成二核胚囊（图 2-10：18）、四核胚囊（图 2-10：19）和八核胚囊。可可茶成熟胚囊有 2 个助细胞，其合点端有大液泡，珠孔端有发达的丝状器；2 个极核尚未融合；卵细胞大，与助细胞容易区别（图 2-10：23）；合点端有 3 个反足细胞，在胚囊成熟后退化（图 2-10：24）。可可茶的胚囊为蓼型胚囊。

第 5 节　可可茶的生理、生态特征[①]

本文从生理生态学的角度对广东从化市流溪河林场茶园阴、旷地栽培可可茶的生理规律，所属植物典型进行研究，为引种栽培可可茶增产和维护山地平衡提供理论依据。

一、材料和方法

实验是在广东从化市流溪河林场茶园种植的可可茶和可可茶的原生地南昆山自然分布的野生可可茶以及中山大学校园荫棚盆栽可可茶苗中进行的，自 1989 年 4 月～1990 年 4 月进行以下方面的测定。

（一）小气候因子观测

在不同的季节选择晴天，从上午 8：00 至下午 4：00，每隔 2 h 分别用 ST-80 型照度计测定光照强度，用 DHM-2 型通风干湿表测定大气温度和相对湿度，用天平牌地表温度计及曲管地温表测定地面温度和最低、最高温度，土壤不同深度的温度。

---

① 王锦，叶创兴，韩德聪. 毛叶茶生理生态学特性的研究 [J]. 生态科学，1993，2：60-67.

荫蔽的计算：

$$荫蔽（\%）=\frac{旷地光照强度-林下光照强度}{旷地光照强度}\times100\%\qquad（2\text{-}1）$$

（二）水分测定

1. 蒸腾强度用精密扭力天平快速称量测定

$$蒸腾强度[mg/(g鲜重\cdot h)]=\frac{第1次鲜叶称重-3min后称重n(n-1)x^{2}}{第二次鲜叶称重}\times\frac{60}{3}\times10^{3}$$

$$（2\text{-}2）$$

10：换算成每克鲜叶的蒸腾强度；

60：换算成每小时的蒸腾强度；

3：两次称重的间隔时间（min）。

2. 叶片实际含水量用烘干法

$$实际含水量（\%）=\frac{鲜重-干重}{鲜重}\times100\%\qquad（2\text{-}3）$$

3. 萎蔫速度的测定用称重法

4. 实际水分亏缺计算

按 H.N. 鲍罗夫斯卡娅（王世绩，1986）的方法计算：

$$叶片水分亏缺=\frac{叶片饱和重-鲜重}{叶片饱和重-干重}\times100\%\qquad（2\text{-}4）$$

（三）光合作用与呼吸作用的测定

在人工气候室内用 FQ 型（座式）红外线 CO_2 气体分析仪在不离体条件下测定盆栽可可茶苗的净光合强度（P_n）和呼吸强度（R），叶面积用 Li-3000 叶面积测定仪测定，根系体积用排水法测定：

$$P_n=\frac{(C_1-C_2)\times F\times D\times K}{A}（单位：mg\cdot h^{-1}\cdot dm^{-2}）\qquad（2\text{-}5）$$

C_1：空气中 CO_2 含量；C_2：光合后气室中 CO_2 含量；F：气体流量；D：CO_2 密度；K：气体修正系数（P/760 可忽略不计）；A：所测植物叶面积。

采用 10% 三氯乙酸环割，改良半叶法测定栽培可可茶不同光强下的净光合速率。

（四）叶绿素含量的测定

用丙酮、酒精、蒸馏水（4.5∶4.5∶1）混合液作为叶绿素提取液，黑暗条件下浸提 48 h，用 72 型分光光度计在 645 nm、663 nm 处测定光密度值，根据 Aron 公式计算叶绿素总量，叶绿素 a 和 b 的含量。

（五）茶树生育观测

（1）新梢的观测　在生长季节随机选取 4～6 点，测定 10 cm×10 cm 内的新梢密度和长度（长度自新梢基部到芽尖），测定 30～50 个新梢求其平均值。芽叶重按 1 芽 3 叶采下 100 个，用扭力天平称其单芽及百芽重。

（2）叶面积测定　在茶园内对可可茶植株进行叶片数量统计，选取大、中、小三种典型叶片，用剪纸称量计算叶面积。

（六）相关分析

求相关系数

$$r=\frac{\sum xy-\sum x\sum y/n}{\left[\sum x-\left(\sum x\right)^2/n\right]\left[\sum y-\left(\sum y\right)^2/n\right]}\qquad(2\text{-}6)$$

对相关系数 r 进行 t 检验：

$$t=\frac{r\sqrt{n-2}}{\sqrt{1-r}}\qquad(2\text{-}7)$$

二、结果与讨论

（一）可可茶生长环境的小气候条件及水分状况

在从化流溪河林场茶园选择无遮荫的旷地和有树林遮荫的荫地进行对比研究。

1. 小气候条件的光照强度比较

旷地，4 月份光照强度最大值在中午 12 时左右，光强 30 000 lx，7 月份最大值出现在下午 2 时左右，光强达 40 000 lx，在上午 10 时亦有一峰值。10 月份光照强度降低，日最大值在下午 2 时左右，数值只有 25 000 lx。

荫地的遮荫树种为楹树 *Albizzia chinensis* 为冬季落叶的乔木，冬春的荫蔽度很小，在 17.5% 以下，夏季最大为 72.1%，秋季为 47.2%。4 月份光强度是最大值也在中午 12 时左右，数值小于旷地，为 22 000 lx，7 月份，光照强度的最大值出现在下午 4 时左右，数值只达 10 000 lx，10 月份光照强度的最大值出现在下午 2 时左右，光强与旷地的差异不大，为 20 000 lx。

原生地可可茶的生长环境，7 月份林下的荫蔽度达 82.1%，光照强度中午 1 时有一个峰值，日变化不显著，日变幅 3 000～8 000 lx。

气温、地温及空气相对湿度：太阳辐射是地球表面的热源，地面因吸收太阳辐射而增温，同时不断放出辐射，即地面辐射。地面辐射是近地面层大气的主要热源。随着光强度的增大，气温、地表温度不断上升，相对湿度下降，土壤温度随地层加深而逐渐减少。旷地、阴地、原生地的变化基本都遵守这一规律。

旷地由于一年四季都无遮荫，气温、地温的日平均值比阴地、原生地高，气温最大日平均值达 29.9℃，地表最高达 38℃。阴地气温的日较差大于旷地，四月份阴地气温日较差 7.9，旷地为 3.8，七月份阴地气温日较差 5.4，旷地为 4.3，而野生地最小，为 2.9。九月份阴地气温日较差为 7.6，旷地为 6.0，潮湿的地表增温较慢。四月、九月两地的土壤含水量均较高，七月份最低，七月份地表温度变幅达 9.8℃（表 2-5）。

　　空气的相对湿度随温度的升高而增大，随温度的降低而减小。阴地四季相对湿度日平均值都比旷地高。在湿度较大的四月份，阴地相对湿度的最大值为 92% 以上。七月份，阴地、旷地的相对湿度都减小，最大值不超过 85%。九月份阴、旷地的相对湿度日平均值与七月份差别不大，相对湿度比较小，阴地的相对湿度日平均值为 73.6%，旷地湿度日平均值为 72.4%。

2. 不同生态条件下对可可茶水分状况的影响

　　水分状况反映了植物的需水量，植物的需水量受植物的水分消耗和干物质积累能力两方面制约，植物水分状况又受环境因素的影响。

　　1）对蒸腾强度的影响

　　在不同的生境，可可茶蒸腾的共同特征是蒸腾的日进程随光照、温度、湿度等因子的变化而变化。在天气晴朗的日子，清晨与傍晚的蒸腾强度都比较低，随光照强度、空气湿度的降低而逐渐提高。可可茶蒸腾强度日变化总的规律是无论在荫地还是旷地，蒸腾强度的峰值基本都在下午 2 时左右，日光照强度达到最高峰，而日空气相对湿度都减少到较低水平，可可茶本身的实际含水量也减少，气孔开度却最大（扫描电镜照片）（图 2-11）。旷地四季日蒸腾强度平均值都比阴地的大，最大值可达 618.4 mg/（g 鲜重·h）。可可茶的气孔没有旱生植物气孔午间关闭的现象，这和可可茶所表现的形态，如叶下面密的毛被，生理特征密切相关，又由于它是林下植物，形成了本身的适应特征。在小气候条件差异最大

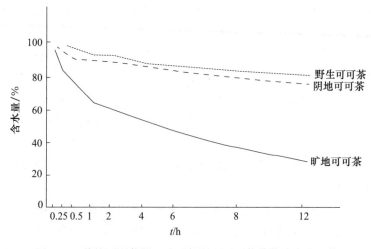

图 2-11　栽培可可茶阴、旷地与野生可可茶萎蔫速度的比较

Fig. 2-11　Comparison of wilting ratio in cultivated and wild cocoa tea

表 2-5 栽培可可茶阴地和旷地与可可茶原生地小气候因子及叶片水分状况比较

Tab. 2-5 Comparison of micro-climate factors among three ecological environments and water content of leaves in *C. ptilophylla*

地点	月份	光照强度 /klx 日变幅	平均值	相对湿度 日变幅	平均值	气温 /℃ 日较差	平均值	地温 /℃ 0 cm 日较差	平均值	5 cm 日较差	平均值	10 cm 日较差	平均值	15 cm 日较差	平均值	20 cm 日较差	平均值	最高温度	最低温度	土壤含水量 /%	日平均蒸腾强度 /[mg/(g·h)]	饱和水分亏缺 /%	实际含水量 /% 日较差	平均值
旷地	4	6.0~30.0	16.0	76.6~90.0	82.6	3.8	22.9	6.3	24.4	3.3	20.9	2.4	20.1	0.5	19.1	0.0	19.0	24.5	18.8	25.1	297.6	6.58	1.2	75.0
旷地	7	15.0~40.0	25.2	62.0~85.1	73.0	4.3	30.1	9.5	38.0	5.8	31.8	4.5	29.1	2.5	27.1	1.2	26.8	43.1	25.4	15.0	494.6	16.2	2.6	72.6
旷地	9	1.7~25.0	12.4	67.0~82.2	72.4	6.0	28.2	1.6	27.2	4.0	29.0	3.0	25.6	1.6	24.4	0.72	4.3	32.3	22.8	24.2	618.4	14.6	3.6	66.8
阴地	4	6.0~22.0	13.2	80.0~92.1	81.4	7.9	21.3	7.0	21.7	5.0	19.1	2.0	18.2	0.5	17.6	0.5	17.6	28.0	16.8	25.2	351.2	7.6	3.3	73.8
阴地	7	3.0~10.0	6.7	67.0~85.0	74.5	5.4	28.5	9.8	30.5	3.2	27.0	1.5	27.0	0.5	25.5	0.0	25.0	31.0	24.8	19.0	368.2	19.5	3.0	73.0
阴地	9	1.7~20.0	7.3	60.0~90.2	73.6	7.6	27.3	7.2	29.5	4.0	26.0	2.5	25.1	1.6	24.5	0.62	4.0	30.0	22.1	25.4	507.0	8.7	3.4	63.0
阴地	12	1.0~11.0	7.5	50.0~89.0	65.4	6.0	17.8	7.0	17.5	3.5	14.9	2.5	14.6	1.1	14.5	0.1	15.0	18.5	12.1	11.6	308.0	7.1	6.8	58.6
原生地	7	2.5~8.0	4.5	72.0~82.1	75.7	2.9	28.7	1.3	25.9	1.5	25.5	1.0	25.5	0.3	24.8	0.0	24.5	30.1	22.1	25.4	507.0	8.7	3.4	63.0

的夏季（七月），旷地可可茶的蒸腾强度的日平均值为494.7 mg/（g 鲜重·h），耗水量多，植株分枝多，但叶片少，叶色偏黄。而荫地可可茶的蒸腾强度与原生地可可茶的蒸腾强度情况相反，日平均蒸腾强度荫地为368.2 mg/（g 鲜重·h），原生地为314.7 mg/（g 鲜重·h），耗水量较少，植株叶片多，叶片深绿。

2）对叶片萎蔫速度的影响

在夏季（七月）测定可可茶叶片凋萎过程中水分丢失的速度，了解叶片的保水能力，在旷地叶片离体12 h叶片含水量为原重的82%，与原生地可可茶情况颇类似，原生地可可茶叶片离体12 h，叶片含水量只为原重的89%（图2-12）。

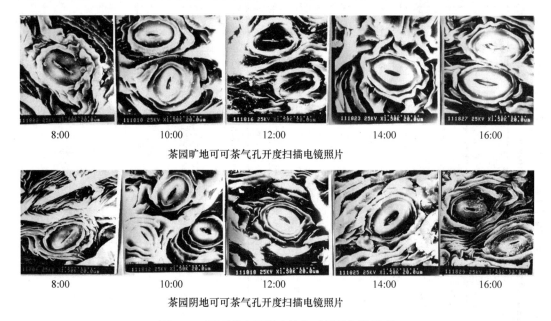

茶园旷地可可茶气孔开度扫描电镜照片

茶园阴地可可茶气孔开度扫描电镜照片

图2-12　可可茶在不同生境和时间的气孔开度

Fig. 2-12　Opening of stomata of *Camellia ptilophylla* under different surround and time

3）对叶片实际水分亏缺的影响

水分亏缺是评价植物水分状况应用比较广泛的指标之一。可可茶的水分亏缺的大小与生长环境荫蔽度呈负相关。夏季，原生地的荫蔽度为82.1%，水分亏缺最大值为14%，阴地的荫蔽度为72.03%，水分亏缺最大值为16%，旷地水分亏缺最大值可达20%，保水能力最小。阴地是可可茶生长的中生环境，叶片实际水分亏缺适中，水分平衡稳定。

（二）遮荫可可茶与不遮荫可可茶光合作用的比较

光照对可可茶光合作用的影响是通过光照强度，光质和光周期而起作用的。通常在适温条件和一般CO_2浓度下，光照强度比光质和光周期的作用大得多。

在栽培可可茶园用改良半叶法测定不同光强下阴、旷地可可茶树净光合速率（表2-6及图2-12）。在弱光（25 lx以下）的条件下，光合速率与光照强度成正相关趋势，阴地可可茶的光合能力高于旷地可可茶。在较高光强（28～35 lx）遮荫可可茶的光合能力低于旷地可可茶树。当光强超过 25 lx 时，旷地可可茶的光合速率也出现下降趋势。出现下降趋势说明，当光强达到一定值后，随着光强度的增大，可可茶的光合速率已不再增大，光合产物也增加得很少或者不再增加，反应在此点上达到饱和，由此大概可得出可可茶的光饱和点阴地为 25 lx，旷地为 37 lx。

表 2-6　在阴地和旷地栽培的可可茶光合作用的比较

Tab. 2-6　Comparison of photosynthesis between shade and non-shade *C. ptilophylla* plantation

mg(CO_2)/(dm^2 · h)

光强度 /lx		2.0	5.0	7.5	10	10	13	17	20	25	33	37	42
光合速率	旷地茶树	1.35	4.01	5.31	6.44	8.14	8.73	9.27	9.41	9.62	9.87	8.01	
	阴地茶树	1.91	5.23	6.02	7.20	8.93	9.01	9.54	9.77	8.75	8.23	/	

人工培植的可可茶，用 CO_2 远红外线分析法，使温度和湿度保持在适宜范围的较恒定条件下，测定轻度遮荫（荫蔽度为 15%）茶苗的光合速率（表 2-7 及图 2-11）。

表 2-7　不同荫蔽度的可可茶光合作用比较

Tab. 2-7　Comparison of photosynthesis in cocoa tea seedlings under different shade

	光强度 /lx	0.00	0.10	0.30	0.40	0.50	0.60	1.00	2.20	3.10	4.30	5.00	6.60
光合速率	75% 遮荫茶苗	−0.54	−0.23	−0.18	−0.09	0.00	0.59	1.21	1.88	2.42	4.03	4.92	6.31
	15% 遮荫茶苗	−0.90	−0.68	−0.47	−0.11	−0.05	0.00	0.45	1.14	2.05	3.58	4.56	5.24

在 600～1000 lx 光强范围内，光合速率随光强的增大而增大。轻度遮蔽的可可茶苗在 600 lx 以下有效速率出现负值。一般遮荫可可茶苗的光补偿点要比不遮荫或轻度遮荫的可可茶苗光补偿点低，能有效地利用光能。

由这些结果可以看出，可可茶的光合作用具有适应较强光照的特征，而遮荫可可茶具有适应弱光的特性，也反映在叶绿素的成分上，如表 2-8 所示。

表 2-8　不同荫蔽条件下可可茶叶绿素的比较

Tab. 2-8　Comparison of chlorophyll in *C. ptilophylla* under different shading condition

含量类型	叶绿素总量 /（mg/g）	叶绿素 a/（mg/g）	叶绿素 b/（mg/g）	叶绿素 a/b
遮荫可可茶树	1.49	0.67	0.82	0.82
不遮荫可可茶树	1.26	0.61	0.65	0.94
轻度遮荫栽培茶苗	1.80	0.86	0.93	0.92
重度遮荫栽培茶苗	2.30	1.03	1.26	0.81

遮荫可可茶叶绿素含量比不遮荫可可茶高，叶绿素 a 和叶绿素 b 的比值较小，叶绿素 b 的含量相对高，有助于漫射光的吸收。

（三）不同生境条件下可可茶产量的差异

可可茶叶产量是由单位面积内年周期可采的芽叶数和芽叶重量构成，是可可茶树光合作用的产物，受外界环境因素及茶树本身的叶面积、分枝数、芽梢密度的影响。

林下生长的原生地野生可可茶树，是株高平均为 2 m 的小树，平均每株分枝 10～12，株叶面积不足 1000 cm²，虽然新梢（1 芽 3 叶，芽长 4.5 cm）重达 2.1 g，但由于单株芽数不多，每株 20～30 个，因此单株产量不高，为 43～63 g/ 株，年产量以春茶为主，几乎没有秋茶。

栽培茶园生长的可可茶，阴、旷两地的可可茶单株产量差异明显。阴地可可茶、单株树冠覆盖面积较大，一般在 0.6～1.0 m²，每株分枝数 192～274，株叶面积 12 000～26 000 cm²，芽梢密度 15～20 个 /10 cm×10 cm，单株产量 320～400 g。旷地可可茶单株树冠覆盖面积为 0.4～0.8 m²，每株分枝数 188～282，株叶面积明显比阴地小，为 6 000～18 000 cm²，芽梢密度 10～15 个 /10 cm×10 cm，单株产量 150～280 g。栽培茶园可可茶产量以春、秋茶为主，春茶占全年产量 40%。

从这些结果表明，光因子是影响可可茶产量的主导因子。可可茶产量与叶面积及生理功能密切相关。对单株叶面积与单株产量的相关分析，相关系数 $r=0.7729$，$p<0.05$，相关性极高（表 2-9）。

表 2-9　可可茶叶面积与单株产量的关系
Tab. 2-9　Relation between total leaf area and production from every *C. ptilophylla* plant

植株序号	1	2	3	4	5	6	7	8
株叶面积 /cm²	9334.5	8436.4	5736.8	8144.3	15 679.4	6234.2	22 031.4	7355.2
单株产量 /g	250.2	255.1	192.3	284.2	324.4	162.6	356.5	291.3

株叶面积与单株产量的相关系数 $r=0.7729$，t 检验 $p<0.05$

可可茶群体产量的差异基于个体产量的变化，个体的产量亦随着个体占有的营养面积的增大而增大，只有每一个体有最大的产出，群体产量才能达到最大。但是由于可可茶的生境不同，其个体占有营养面积的差异，也就导致了产量的差异。

可可茶是作为种群而存在的，种群是由个体组成的，个体在外部形态上表现出细微的差异，这就表明遗传的多样性以基因型的个体出现。在原生地可可茶种群中，最容易为人所察觉的是 1 芽 2 叶时的芽叶颜色，当地百姓分为红芽和白芽两种，依我们的观察，有特红芽、红芽和白芽三类，特红芽芽叶紫红色，可可碱含量为 4.50%，红芽可可碱含量为 5.00%，白芽芽叶为浅黄绿色，可可碱含量为 6.17%[①]。由特红芽、红芽制成的可可茶绿茶，滋味逊于白芽，茶汤苦涩。而实际上芽叶色泽会随季节发生变化，即使是白芽品种，春芽为淡黄绿色，夏芽芽色浅红，秋季芽色偏红，与光照及气温有关。花、果实上的差异不易察觉，因为可可茶芽的利用是最主要的，作为饮料，人们关注的是茶汤的滋味、汤色等因素对口感的影响。但是，可可茶的种群个体中存在的最大差异并非是芽叶的颜色，而是个体所含的嘌呤生物碱。

第 1 节　可可茶野生种群的嘌呤碱

一、定性检测

采用薄层层析法检测可可茶。对原生地可可茶植株、引种到中山大学校园的可可茶植株进行单株取样，对由确定了含可可碱的可可茶植株经无性繁殖得到的可可茶苗木也进行群体混合采样，采样的标准为 1 芽 2 叶，样品采集后经隔水蒸青约 10 min，在 80℃的烘箱中烘干。

硅胶板（GF254，厚度 0.2～0.25 mm，青岛化工厂出品），标准品咖啡碱、可可碱和茶叶碱均为美国 Sigma 公司出品，其余所用试剂均为广州化学试剂厂出品。

称取茶样 1 g，加入 80 ml 水，在电炉上煮沸 20 min，过滤，残渣再加入少量热水洗涤，合并后定容至 75 ml 备用。

咖啡碱和可可碱用水各配成 0.4 mg/ml 的标准溶液；展开剂按乙酸乙酯：冰乙酸＝98.5：1.5（v：v）配成。点样用毛细管，分别将标准品咖啡碱、可可碱溶液和茶汤提取液点在离硅胶板底部 3 mm 划有水平线的位置上。

点好样的硅胶板垂直放入预先注有 10 ml 展开剂的展样槽中，等展开剂到达硅胶板

---

① 叶创兴，郑新强，袁长春，等. 无咖啡因茶树新资源可可茶研究综述［J］. 广东农业科学，2001，2：12-15.

的近顶部时立即取出硅胶板，并用电吹风吹干。干后的硅胶板在 254 nm 波长的紫外灯下照射显色，与标准品进行对照，记录检测样品嘌呤碱的结果（表 3-1、表 3-2）拍照存档（彩图 3-1、彩图 3-2、彩图 3-3）。

对总共 4134 株可可茶样进行了检测，含可可碱的植株为 3658 株，含咖啡碱为主的植株为 476 株，含可可碱的植株占全部可可茶种群个体 88.49%，而含咖啡碱的植株则占全部个体的 11.51%。这是野外大规模调查的结果，表明野生可可茶种群个体中并不是所有个体都以含可可碱为优势嘌呤碱。

表 3-1　可可茶植株嘌呤碱硅胶薄层层析结果记录（1）

Tab. 3-1　The record of silica gel thin-layer chromatogram of purine bases of *C. ptilophylla* individualities (1)

编号	1	2	3	4	5	6	7	8	9	10	11	12	13	14	15	16	17	18	19	20	21
CAF	√					√	√		√				√			√					
TB		√	√	√	√			√		√	√			√	√		√	√	√	√	√
编号	22	23	24	25	26	27	28	29	30	31	32	33	34	35	36	37	38	39	40	41	42
CAF										√				√	√						
TB	√	√	√	√	√	√	√	√	√		√	√	√			√	√	√	√	√	√
编号	43	44	45	46	47	48	49	50	51	52	53	54	55	56	57	58	59	60	61	62	63
CAF																					
TB	√	√	√	√	√	√	√	√	√	√	√	√	√	√	√	√	√	√	√	√	√
编号	64	65	66	67	68	69	70	71	72	73	74	75	76	77	78	79	80	81	82	83	84
CAF																		√			
TB	√	√	√	√	√	√	√	√	√	√	√	√	√	√	√	√	√		√	√	√
编号	85	86	87	88	89	90	91	92	93	94	95	96	97	98	99	100	101	102	103	104	105
CAF																					
TB	√	√	√	√	√	√	√	√	√	√	√	√	√	√	√	√	√	√	√	√	√
编号	106	107	108	109	110	111	112	113	114	115	116	117	118	119	120	121	122	123	124	125	126
CAF				√														√			√
TB	√	√	√		√	√	√	√	√	√	√	√	√	√	√	√	√		√	√	

图 3-1（1）中有 104 号样品，化学成分的迁移距离表明其为可可碱，在此表中 0104 样品记录其含可可碱

表 3-2　可可茶植株嘌呤碱硅胶薄层层析结果记录（2）

Tab. 3-2　The record of silica gel thin-layer chromatogram of purine bases of *C. ptilophylla* individualities (2)

编号	4028	4029	4030	4031	4032	4033	4034	4035	4036	4037	4038	4039	4040	4041	4042	4043	4044	4045
CAF									√									
TB	√	√	√	√	√	√	√	√		√	√	√	√	√	√	√	√	√
编号	4046	4047	4048	4049	4050	4051	4052	4053	4054	4055	4056	4057	4058	4059	4060	4061	4062	4063
CAF																		
TB	√	√	√	√	√	√	√	√	√	√	√	√	√	√	√	√	√	√

续表

编号	4064	4065	4066	4067	4068	4069	4070	4071	4072	4073	4074	4075	4076	4077	4078	4079	4080	4081
CAF																		
TB	√	√	√	√	√	√	√	√	√	√	√	√	√	√	√	√	√	√

编号	4082	4083	4084	4085	4086	4087	4088	4089	4090	4091	4092	4093	4094	4095	4096	4097	4098	4099
CAF	√	√			nd													
TB			√		nd	√												

编号	4100	4101	4102	4103	4104	4105	4106	4107	4108	4109	4110	4111	4112	4113	4114	4115	4116	4117
CAF								√										
TB	√	√						√		√							√	√

编号	4118	4119	4120	4121	4122	4123	4124	4125	4126	4127	4128	4129	4130	4131	4132	4133	4134	4135
CAF																		
TB																		

编号	4136	4137	4138	4140	4141	4142	4143	4144	4145	4146	4147	4148	4149	4150	4151	4158	4159	4160
CAF				√		√												√
TB	√	√	√		√		√	√	√	√	√	√	√	√	√		√	

仅选择部分记录层析结果两张表为例。咖啡碱 CAF，可可碱 TB，"√"表示检测到该成分。
nd＝not detected（未检出）。

二、定量检测

（一）群体调查[①]

群体调查是在 20 世纪广州市流溪河林场采取无性繁殖引种的可可茶种植园进行的，采取 1 芽 2 叶的混合样，分别制作蒸青样，绿茶和红茶。应用重量法单离出茶叶样品中嘌呤碱各组分，用硅胶薄层层析进行检验，同时应用磁共振技术测定分离产品的化学结构。

称取 10 g 茶样，加入 500 ml 水后，加热浸提 30 min，过滤后滤渣再加入 500 ml 水加热浸提 30 min，过滤后合并两次的滤液，加入碱式醋酸铅溶液以除去茶多酚，直至溶液不出现混浊为止（约需碱式醋酸铅 3 g），静置后过滤，将滤液浓缩到 80 ml，乘热过滤，用少量沸水洗涤滤渣，待浓缩滤液冷却后，析出粉状白色晶体，过滤，用少量冷水洗涤滤纸上的产品，经干燥得产品 A。浓缩滤液经真空干燥后，在分液漏斗中用 15 ml×3 氯仿萃取，将萃取液合并过滤，滤渣溶于热水，过滤液蒸干后，得到产品 C。氯仿溶液浓缩到 15 ml 后过滤，滤纸上得物即为产品 B，将最后的氯仿溶液蒸干，得到白色产品 D。

对四个单离产品用荧光硅胶薄层层析（德国 Whatman 公司出品）进行分离鉴定，并与咖啡碱、可可碱、茶叶碱标准品进行比较，展开剂为乙酸乙酯：石油醚＝30：70

① 叶创兴，林永成，周海云，等. 可可茶嘌呤生物碱的分离和分析 [J]. 中山大学学报（自然科学版），1997，36（6）：30-33.

（v∶v），以微量进样器吸取 2 μl 标准品液和样品液点样。层析结束后，置于紫外光下照射显影，记录并拍照。经薄层层析检测后和三个嘌呤碱的标准品进行对照，表明 A，B，C 三个产品的迁移率 R_f 值＝0.30，产品 D 的 R_f 值＝0.48，分别与标准品的咖啡碱和可可碱的迁移率完全一致。

之后再用磁共振 ¹HNMR 对四个产品进行检测。A，B，C 的 ¹HNMR（90FT，DMSO，TMS）δ 为 3.54、4.0，是 2 个甲基，δ 7.0 为烯质子；D 的 ¹HNMR（90FT，CDCl₃，TMS）δ 3.43、3.6、4.0 为 3 个甲基，δ 7.8 为烯质子，与标准品可可碱和咖啡碱的图谱完全一致，证明它们是可可碱和咖啡碱。

经过荧光硅胶薄层 TLC 与磁共振 ¹HNMR 检测，证明 A、B、C 三种产品为可可碱，最后将它们合并，D 为咖啡碱，这样采自群体的三个样品嘌呤碱含量如表 3-3 所示。

表 3-3　三个可可茶群体茶样嘌呤碱重量法分析结果

Tab. 3-3　Estimates of purine alkaloids from three cocoa tea mixed samples　%

样品	可可碱	咖啡碱	茶叶碱
Ⅲ 蒸青茶样	2.88	1.22	0
Ⅱ 炒青茶样	3.35	0.08	0
Ⅰ 红茶	2.65	1.65	0

采取重量法系基于茶叶中各嘌呤碱在冷、热水中及氯仿中溶解度不同，首先用较大量的沸水经两次浸提，无论咖啡碱、可可碱和茶叶碱均完全溶解于热水。可可碱在冷水和热水的溶解度差别很大，而咖啡碱和茶叶碱在冷、热水中的溶解度均很大，因此浓缩到 80 ml 再经冷却的滤液，大部分的可可碱首先析出，以蒸青样为例，A，B，C 三次分离的可可碱分别为 261 mg，9 mg 和 18 mg，由此可见，经 2 次浸提茶样后，在 A 可可碱占所获得的可可碱总量 288 mg 的 90.6%。咖啡碱易溶于氯仿，而可可碱和茶叶碱则难溶于氯仿，这样用水提取可可碱后的咖啡碱和茶叶碱溶液，再用氯仿萃取可单独分离出咖啡碱。TLC 和 ¹HNMR 检测表明用重量法分离茶叶嘌呤碱是可行的，误差亦较小。

以上述方法测定的由原生地引种的群体种，是直接从野外以无性繁殖引种的，虽然研究方法表明的是茶叶嘌呤碱的分离与测定，但结果显示野生种群并不是全部个体均含可可碱为主，不管哪一种茶叶制样形式，均反映了野生种群中存在含可可碱为主的植株，也有含咖啡碱为主的植株。

（二）单株检测

用高效液相色谱法对引种到中山大学校园的 22 株可可茶进行检测。制样时称取蒸青样 0.5 g，研磨成粉末后置于 250 ml 三角瓶中，加入 50 ml 沸水，在水浴中保持沸腾 30 min，然后趁热过滤，滤渣用 50 ml×2 沸水浸提，过滤后合并 3 次滤液，滴加 40 ml 碱式乙酸铅溶液（浓度为 20%），以除去茶多酚的干扰，过滤，在滤液中滴加数滴 70% 的硫酸除去多余的乙酸铅，过滤液用水稀释到 250 ml。

高效液相色谱仪是具有资料处理系统的 Varian 5060，进样量为 10 μl，由进样器加到反相 ODS 柱（250 mm×46 mm，粒径 5 μm），在 280 nm 波长处测量吸光度，流动相为甲醇：水＝80∶20，流速为 1.0 ml/min。

以可可碱浓度为 0.0152，0.0232，0.0440，0.0760，0.1160，0.1320 mg/l 时，所对应的峰面积，得出可可碱的线性回归方程为 $y=48.43\,x+0.11$，$\gamma=0.99$；以咖啡碱浓度为 0.020、0.052、0.084、0.100 mg/l 时，所对应的峰面积得出咖啡碱的线性回归方程为 $y=46.44\,x+0.08$，$\gamma=0.99$。

高效液相色谱检测了 22 株可可茶嘌呤碱含量，其结果见表 3-4。

表 3-4　22 株由原生地移植的可可茶嘌呤碱 HPLC 分析结果
Tab. 3-4　Survey of purine alkaloids in 22 transplanted *C. ptilophylla* trees　　mg/g

样品编号		可可碱	茶叶碱	咖啡碱	样品编号		可可碱	茶叶碱	咖啡碱
1	a	51.8	2.8	nd	12	a	60.0	4.1	nd
	b	59.9	3.6	nd		b	59.0	3.0	nd
2	a	65.1	2.3	nd	13	a	66.3	2.8	nd
	b	65.6	2.4	nd		b	62.4	2.3	nd
3	a	47.4	0.014	nd	14	a	55.4	2.4	nd
	b	45.3	nd	nd		b	54.6	1.8	nd
4	a	82	4.1	42.1	15	a	49.3	2.9	nd
	b	19.5	3.6	31.9		b	52.3	3.4	nd
5	a	11.7	3.5	49.4	16	a	55.7	3.7	nd
	b	20.3	3.1	43.9		b	55.5	4.3	nd
6	a	61.8	2.6	nd	17	a	9.9	1.4	35.6
	b	64.2	2.4	nd		b	5.7	nd	30.2
7	a	17.6	3.4	41.5	18	a	50.2	2.9	nd
	b	25.4	3.8	40.4		b	55.7	2.5	nd
8	a	51.5	3.8	nd	19	a	59.2	2.9	nd
	b	54.6	3.8	nd		b	68.4	5.1	nd
9	a	58.6	5.1	nd	20	a	55.9	3.7	nd
	b	63.0	3.3	nd		b	52.8	4.7	nd
10	a	63.8	3.2	nd	21	a	53.6	2.7	nd
	b	58.7	3.3	nd		b	58.4	3.6	nd
11	a	51.4	4.5	nd	22	a	49.7	3.2	nd
	b	61.4	3.2	nd		b	51.4	2.7	nd

采样时间：a 为 1995 年 7 月样品，b 为 1995 年 8 月样品；样品 3 a 为 1992 年 7 月采样，3b 为 1992 年 8 月采样。
nd＝not detected（未检出）。

三、讨论

（1）所分析的 22 株可可茶，是 1987 年从原生地移植到中山大学竹园内的，其中的 18 株可可茶芽叶含可可碱为主，不含咖啡碱，4 株含咖啡碱为主，也含可可碱。4 株含咖啡碱为主的可可茶，其中 3 株与含可可碱为主的植株，枝、叶、花、果在外形上是完全不可分的。这和原生地 4134 株定性检测得到的结果都同样说明，可可茶种群多数植株含可可碱为主，也有少数个体含咖啡碱为主，也含较多的可可碱，由此可以推断，这是两种基因型的可可茶。

（2）用重量法分析的三个样品，Ⅱ号炒青茶主要含可可碱，含微量的咖啡碱，说明该原生地的可可茶种群比较纯。Ⅰ号红茶和Ⅲ号蒸青茶系采自栽培茶园可可茶与普洱茶的混合群体种，采摘时是依一定的形态学标准进行，但不是纯的可可茶种群，其结果正是这种混合情况的反映，虽然样品测试结果表明可可碱的含量较高。

（3）22 株从野外引种至中山大学的可可茶经薄层层析与高压液相色谱分析的结果表明，其中 4 株其嘌呤生物碱以咖啡碱为主，占总株数的 18%，其余 18 株以可可碱为主。4 株含咖啡碱为主的茶树，其中 3 株在外形上与其他含可可碱的茶树几不可分。经连续 7 个月采集茶样分析结果表明，含可可碱为主的茶树在移植后其含可可碱的性质未改变。

第 2 节　可可茶的遗传多样性

遗传多样性不但存在于种间，也表现在种内。对于任何一个物种来说，它都是由个体组成的种群或种群系统（亚种、变种、变型等）在时间上连续不断的表现，这才是进化的基本单位。这些种群或种群系统在自然界有特定的分布格式，因此遗传多样性不仅包括遗传变异的高低，也包括遗传变异的分布格式，即种群的遗传结构（genetic structure）。一个物种变异愈丰富，对环境变化的适应性就愈大。反之遗传多样性贫乏的物种通常在进化上的适应性就弱，也就是说，群体内的遗传变异反映了物种的进化潜力。

从进化的角度看，个体必须组成种群或种群系统（地理宗、生态型、变型、变种、亚种等）才具有进化意义，遗传上有差别的个体再组成种群或种群系统时形成各种各样的群体遗传结构，产生新遗传多样性。高度的遗传多样性是维持物种长期生存的基础和发展的前提，这是因为由单一纯合个体组成的群体对不断变化莫测的环境压力不能有效地适应。物种的遗传多样性是探讨其适应性、生存力的基础，也是分析濒危物种致濒机制的基础，进而帮助制定科学有效的保护策略和措施。对遗传多样性的研究具有重要的理论价值和实际意义，有助于进一步探讨生物进化的历史和适应能力，有助于生物资源的开发、保存和利用。

目前在分子水平上检测遗传多样性的方法很多，包括等位酶（allozyme）分析，限制性片段长度多态性（RFLP）分析、随机扩增多态 DNA（RAPD）分析、扩增片段长度多态性（AFLP）分析、微卫星分析、简单重复区间序列（ISSR）分析和 DNA 序列分析等。

茶组植物有 36 种，目前被利用的茶 *C. sinensis* 和普洱茶 *C. assamica* 已久经栽培，其品种数以千计，充分表明茶组每一种都具有丰富的遗传多样性。作为新型的含可可碱为主的可可茶，就目前种群的表现来说，也已反映了可可茶种群具有多样性的个体。如特红芽、红芽、白芽，含可可碱为主的植株，含咖啡碱为主的植株，更不用说在叶的大小、形状上的，更准确地说种群中每一个个体，均有或多或少的不同。

一、利用简单重复间序列研究可可茶的遗传多样性[①]

利用简单重复间序列（ISSR）对栽培茶树不同品种和可可茶进行了它们之间亲缘关系的研究。栽培茶树样品采集于广东省茶叶研究所品种园，共采集了 10 个有性系群体品种，包括普洱茶 4 个品种：阿萨姆大叶种（ASM）、斯里兰卡大叶种（SLLK）、勐海大叶种（MH）和凤庆大叶种（FQ），及属于茶的 6 个品种：凤凰水仙（FH）、乐昌白毛茶（LC）、乳源白毛茶（RY）、仁化白毛茶（RH）、凌云白毛茶（LY）和祁门种（QM）。其中阿萨姆种与斯里兰卡种属于引进品种；国内品种均属优质茶树品种，为原产地引种到广东省茶叶研究所。

可可茶样品采自原生地南昆山，从原产地移植到中山大学茶园，还有从野生含可可碱为主植株经无性繁殖而来的可可茶。以广东毛蕊茶为外类群。

样品采集按照居群取样原则进行取样，取样时对于个体数较多的居群随机选取 20 株个体，对少于 20 株的居群进行全部个体取样，样品以硅胶干燥保存。共采集 16 个居群，297 个个体。采样情况见表 3-5。

表 3-5　茶树品种、可可茶种群及广东毛蕊茶采集情况
Tab. 3-5　Sampled locations and sample number of cultivated tea, *C. ptilophylla* and *C. melliana*

编号	种类	采样植株	地点	备注	编号	种类	采样植株	地点	备注
Camellia assamica					8	仁化白毛	18	广东省农业科学院茶叶研究所	
1	阿萨姆种	18	广东省农业科学院茶叶研究所		9	凌云白毛	20	广东省农业科学院茶叶研究所	
2	斯里兰卡	18	广东省农业科学院茶叶研究所		10	祁门种	18	广东省农业科学院茶叶研究所	
3	勐海大叶种	17	广东省农业科学院茶叶研究所		*Camellia ptilophylla*				
4	凤庆大叶种	18	广东省农业科学院茶叶研究所		11	ZS1	18	中山大学竹园	无咖啡碱
Camellia sinensis					12	NK1	19	广东省南昆山	
5	凤凰水仙	18	广东省农业科学院茶叶研究所		13	NK2	20	广东省南昆山	
6	乐昌白毛	16	广东省农业科学院茶叶研究所		14	ZS2	20	中山大学竹园	无咖啡碱
7	乳源白毛	19	广东省农业科学院茶叶研究所		15	YD	20	广东省农业科学院茶叶研究所	无咖啡碱
					Camellia melliana				
					16	GD	20	广东省南昆山	

---

① 赵艳萍. 茶树植物和可可茶的遗传多样性研究［D］. 广州：中山大学，2004. 指导教师：叶创兴.

（一）采用改进的 CTAB FastPrep 法（张志红等，2004）从植物的叶片中提取总 DNA

植物总 DNA 浓度测定系采用：

1. 简单估测法

将等量的总 DNA 样品进行琼脂糖凝胶电泳，通过 EB 染色，紫外光下拍照，根据电泳条带亮度粗略估算并比较各样品的总 DNA 浓度，同时可检测总 DNA 分子的带型及基因组是否降解。

2. 精确测定法

用 Hoefer（DyNA Quant 200）荧光仪检测。

（二）ISSR 引物筛选

ISSR 引物根据植物基因组中广泛存在的 SSR（简单重复序列）来设计，通常为 16～18 个碱基序列，由 1～4 个碱基组成的串联重复和几个非重复的锚定碱基组成。本实验选用加拿大不列颠哥伦比亚大学提供的一套（100 条）ISSR 引物试剂盒（UBC set no. 9）中的 50 条。对所选的每个种各选取 6 个样品，分别用 50 个引物进行 PCR 扩增预备实验。它们是：801、807、808、809、810、811、813、814、816、818、823、825、827、828、830、834、835、836、840、841、842、844、845、847、848、849、855、856、857、858、859、860、861、862、864、865、867、868、873、874、876、880、881、887、888、889、890、891、898、900，见表 3-6。

表 3-6　ISSR 引物及其序列

Tab. 3-6　The ISSR primers and their sequences

序号	序列	序号	序列
801	ATA ATA ATA ATA ATA TT	836	AGA GAG AGA GAG AGA GYA
807	AGA GAG AGA GAG AGA GT	840	GAG AGA GAG AGA GAG AYT
808	AGA GAG AGA GAG AGA GC	841	GAG AGA GAG AGA GAG AYC
809	AGA GAG AGA GAG AGA GG	842	GAG AGA GAG AGA GAG AYG
810	GAG AGA GAG AGA GAG AT	844	CTC TCT CTC TCT CTC TRC
811	GAG AGA GAG AGA GAG AC	845	CTC TCT CTC TCT CTC TRG
813	CTC TCT CTC TCT CTC TT	847	CAC ACA CAC ACA CAC ARC
814	CTC TCT CTC TCT CTC TA	848	CAC ACA CAC ACA CAC ARG
816	CAC ACA CAC ACA CAC AT	849	GAG TGT AGA TGT GTG TYA
818	CAC ACA CAC ACA CAC AG	855	ACA CAC ACA CAC ACA CYT
823	TCT CTC TCT CTC TCT CC	856	ACA CAC ACA CAC ACA CYA
825	ACA CAC ACA CAC ACA CT	857	ACA CAC ACA CAC ACA CYG
827	ACA CAC ACA CAC ACA CG	858	TGT GTG TGT GTG TGT GRT
828	TGT GTG TGT GTG TGT GA	859	TGT GTG TGT GTG TGT GRC
830	TGT GTG TGT GTG TGT GG	860	TGT GTG TGT GTG TGT GRA
834	AGA GAG AGA GAG AGA GYT	861	ACC ACC ACC ACC ACC ACC
835	AGA GAG AGA GAG AGA GYC	862	AGC AGC AGC AGC AGC AGC

续表

序号	序列	序号	序列
864	ATG ATG ATG ATG ATG ATG	881	GGGTG GGGTG GGGTG
865	CCG CCG CCG CCG CCG CCG	887	DVD TCT CTC TCT CTC TC
867	GGC GGC GGC GGC GGC GGC	888	BDB CAC ACA CAC ACA CA
868	GAA GAA GAA GAA GAA GAA	889	DBD ACA CAC ACA CAC AC
873	GAC AGA CAG ACA GAC A	890	VHV GTG TGT GTG TGT GT
874	CCC TCC CTC CCT CCC T	891	HVH TGT GTG TGT GTG TG
876	GATA GATA GACA GACA	898	GAT CAA GCT TNN NNN NAT GTG G
880	GGAGA GGAGA GGAGA	900	ACT TCC CCA CAG GTT AAC ACA

其中，823、827、836、844、845、848、855、857、876 共 9 条引物扩增出具较高多态性的清晰条带。因此，本实验就选择了这 9 条引物用于三个种的 ISSR-PCR 扩增，由上海生工公司合成，具体情况见表 3-7。

表 3-7　实验所用的 ISSR 引物及其序列
Tab. 3-7　ISSR primers and their sequence used in this experiment

引物序号	序列	退火温度 /℃
27	$(AC)_8G$	53.5
823	$(AG)_8(CT)C$	52
836	$(AG)_8(CT)A$	52
844	$(CT)_8(AG)C$	52
845	$(CT)_8(AG)G$	55
848	$(CA)_8(AG)G$	56
855	$(AC)_8(CT)T$	56
857	$(AC)_8(CT)G$	52
876	GATAGATAGACAGACA	50

（三）实验条件优化

由于模板 DNA 量、Mg^{2+}、dNTP 浓度、引物浓度、TaqDNA 聚合酶浓度及引物退火温度等均会影响 ISSR 扩增结果，为得到清晰、快捷和客观准确的实验结果，需要对实验条件进行优化后再进行大量样品的 ISSR 扩增分析。

1. DNA 模板量

DNA 模板质量浓度是影响 ISSR-PCR 扩增效果的一个重要的因子。模板质量浓度过低，扩增产物不稳定或无扩增产物；模板质量浓度过高，又会相应增加特异性产物或造成弥散型产物的出现。将 DNA 稀释成 4 个不同梯度进行 PCR 扩增比较，确定最佳 DNA 模板浓度为 20 ng/μl。

2. Mg^{2+} 浓度和 dNTP 浓度

Mg^{2+} 和 dNTP 在 PCR 过程中相互作用，游离的 Mg^{2+} 用来增强 TaqDNA 聚合酶的活性，对引物与模板双链杂交体的解链与退火温度亦有影响，而游离的 Mg^{2+} 也可以与 dNTP 中的磷酸基结合，只有 Mg^{2+} 浓度与 dNTP 浓度在一定的比例范围，才能得到高质量的 PCR 扩增结果。在确定了模板浓度后，本实验就 Mg^{2+} 浓度和 dNTP 浓度设计了互作组合浓度，即在 10 μl 反应体系中，Mg^{2+} 设置 1.25、1.5、2.0、3.0、4.0 mmol/L 5 个浓度梯度、dNTP 设置 0.1、0.15、0.2、0.25、0.3、0.4 μmol/L 6 个浓度梯度，共计 30 个处理。比较实验结果，确定 Mg^{2+} 的浓度为 1.5 mmol/L，dNTP 的浓度为 0.15 μmol/L。

3. 引物浓度和 TaqDNA 聚合酶浓度

引物浓度偏高会引起错配和非特异性产物扩增，且可增加引物之间形成二聚体的概率，浓度过低则无法测出所有 ISSR 位点。在确定了模板质量浓度、Mg^{2+} 浓度和 dNTP 浓度后，本实验对引物和 TaqDNA 聚合酶浓度设计了完全组合实验。引物设置了 0.1、0.2、0.3、0.4 μmol/L 4 个浓度梯度、TaqDNA 聚合酶设置了 0.5、0.75、1.0、1.25、1.5 U 5 个梯度，进行扩增比较，最后确定最适引物和 TaqDNA 聚合酶的浓度分别为 0.2 μmol/L、0.75 U。

4. 二甲基亚砜（DMSO）

采用类似方法，确定其最适量为 0.2 μl。

5. 引物退火温度

不同引物的最适退火温度通常不一致。在确定最适的 PCR 反应体系后，根据每条引物的不同 T_m 值，在其 T_m 值 ±5℃范围进行温度梯度实验，以获得最佳的条带。具体的 11 条引物的最佳退火温度见表 3-7。

（四）ISSR-PCR 扩增

1. ISSR-PCR 反应体系

ISSR-PCR 扩增前，将各样品 DNA 稀释成 20 ng/μl。反应液总体积为 10 μl，各组成成分如下：

10 倍缓冲液（无 Mg^{2+}）1.0 μl；$MgCl_2$（25 mmol/L）0.6 μl；dNTP（2 mmol/L）0.15 μl；引物（10 μmol/L）0.2 μl；Taq 酶（5 U/μl）0.15 μl；DMSO0.25 μl；模板 DNA1.0 μl；H_2O（无菌的 ddd）6.65 μl；总体积 10 μl。

2. PCR 扩增步骤及参数

取 1.5 ml 已灭菌 Eppendorf 管，依扩增的样品数计算各成分的量，依次加入 ddH_2O → 10 倍缓冲液（无 Mg^{2+}）→ $MgCl_2$ → dNTP → Primer → DMSO → Taq 酶，混匀后分装到各扩增薄壁管中，依次加入模板，按顺序放入 PCR 扩增仪中，执行下列程序进行扩增：

步骤 1：94℃，5 min；步骤 2：94℃，1 min；步骤 3：退火温度，1 min 5 s；步骤 4：72℃，1 min 30 s（步骤 2 重复 35 次）；步骤 5：72℃，7 min；步骤 6：10℃，30 min；PCR 扩增产物取出后置于 4℃冰箱保存，等待电泳。

（五）电泳和拍照

当 PCR 扩增结束后，以 GeneRuler^{TM} 100 bp DNA Ladder Plus（上海生物工程公司产品 SM0321）为分子量标记，用含有 0.1% EB 的 1.5% 琼脂糖凝胶电泳，电泳缓冲液为 0.5× TBE。电泳条件：电压，5 V/cm；时间，1.5～2 h。凝胶在紫外灯下用数码相机在凝胶成像系统上拍照记录结果。

（六）数据处理与分析

1. ISSR 数据分析方法

将 ISSR 电泳胶图记录后进行人工读带，以 100 bp DNA ladder 为分子标准，同一引物扩增的电泳迁移率一致的条带被认为具有同源性，属于同一位点的产物。按扩增阳性（记为 1）和扩增阴性（记为 0）格式输入构成的 ISSR 表型数据矩阵用于进一步分析。

利用 POPGENE1.31（Yeh *et al.*, 1999）软件对 ISSR 数据进行分析，具体如下：①每个种的所有种群数据不分组分析；②3 个种合并的数据按分类群分成 3 组进行分析，以上分析所得的遗传多样性见相关列表（表 3-9、表 3-14、表 3-19）。

AMOVA（analysis of molecular variance）分析：利用 AMOVA1.55（Excoffier *et al.*, 1992）的程序将 ISSR 表型数据进行等级分子方差分析（hierarchical AMOVA），等级剖分包括几个不同的层次：种间（between species）、每种的种群在地区间（among regions）、种群内（within population）。

聚类分析：用 NTSYSpc2.02（Rohlf, 1998）程序分别将 3 个种各自的数据及 3 个种合并数据按种群间的 Nei 遗传距离进行 UPGMA 聚类分析，并构建聚类图。

Mantel 相关性检验：用 NTSYSpc2.02 软件进行分析，对 AMOVA 分析所得的种群遗传距离（基于表型频率）与 POPGENE 1.31 的分析结果（基于基因频率）进行 Mantel 相关性检验，以检验这两种不同分析方法结果的一致性。

2. 遗传多样性及遗传结构分析指标

采用 POPGENE、NTSYS 和 AMOVA 软件对所得数据或数据矩阵进行运算，并得出结果。计算指标有：

有效等位基因数目（effective number of alleles, N_e）：结合每个位点上等位基因的平均数目及等位基因的频率，反映每个等位基因在遗传结构中的重要性（Hartl and Clark, 1989）。

$$N_e = 1/n \sum a_i \qquad (3\text{-}1)$$

其中，a_i 为第 i 个位点上的等位基因数；n 为检测的位点总数。

多态位点百分数（percentage of polymorphic loci, P）：当种群中某位点有二个或二个以上的等位基因且每个等位基因的频率在 0.01 以上时，该位点被称为多态的，否则即为单态（Nei, 1973）。所有多态性位点占总位点的百分数称为多态位点百分数。

期望杂合度（expected heterozygosity, H_e）：当在多位点上研究等位基因频率时，一个种群中的遗传变异范围通常由平均杂合度来度量，也称平均基因多样性（Nei, 1973），是根据 Hardy-Wenberg 平衡定律推算出来的理论杂合度，在随机交配的种群中 h 值就代表种群中杂合体的比例，而在非随机交配种群中 H 值只是杂合体的一个理想测度。

$$H_e = 1 - \sum P_i^2 \qquad (3\text{-}2)$$

其中，P_i 为种群中第 i 个等位基因的频率。

所有种群的遗传变异（total genetic diversity for the species，H_t），种群内的平均杂合度（the mean heterozygosity within populations，H_s）和种群间的杂合度（D_{st}）

$$H_t = 1 - \sum (P_i)^2 \tag{3-3}$$

$$H_s = \sum \left(1 - \sum P_{ij}^2\right) / n \tag{3-4}$$

这里，P_i 为所有种群 P_i 的平均值。

$$D_{st} = H_t - H_s \tag{3-5}$$

遗传分化系数（coefficient of gene differentiation，G_{st}）：用来估算种群之间遗传分化程度，即种群间的遗传多样性占总遗传多样性的比例。

$$G_{st} = (H_t - H_s) / H_t \tag{3-6}$$

基因流（gene flow，N_m）：用来估算种群之间基因交流的程度，即种群间每一个世代迁移的个体数（Slatkin，1989），是通过遗传分化系数（G_{st}）间接估算的数值。

$$N_m = (1 - G_{st}) / 2G_{st} \tag{3-7}$$

香农信息指数（Shannon's information index，I）：来源于信息论，表示多样性的一种测度（Shannon，1949）。

$$I = \sum P_i \log P_i \tag{3-8}$$

其中，P_i 为种群中第 i 个等位基因的频率。

遗传距离（genetic distance，D）和遗传一致度（genetic identity，I）：衡量两个种群之间的遗传分化程度。本文采用 Nei（1972）的遗传距离和遗传一致度。

$$I = \sum x_i y_i / \left(\sum x_i^2 y_i^2\right)^{0.5} \tag{3-9}$$
$$D = -\log_e I$$

其中，x_i 和 y_i 分别为 x 种群和 y 种群中第 i 个等位基因的频率。

聚类分析：采用非加权配对算术平均法（unweighted pair group with arithmetic average，UPGMA）。对种群间使用 N_{ei}（1972）的遗传距离进行聚类分析，使用软件为NTSYSpc2.02。

相关性分析：采用 Mantel 统计学检验，比较两组数据或两个矩阵之间的相关性，并作显著性检验。

$$Z = \sum X_{ij} Y_{ij} \tag{3-10}$$

其中，X_{ij} 和 Y_{ij} 分别为矩阵 X 和 Y、Z 为 Mantel 检验值，r 为两个矩阵之间的相关性系数。

（七）实验结果与分析

1. 普洱茶

1）ISSR-PCR 扩增结果

用 9 条 ISSR 引物对大叶茶 4 个茶树品种 71 个植物样品进行 PCR 扩增，共扩增出193 条带，其中多态带为 189 条，多态带百分率为 98.45%。每条引物可扩增的多态带数目不等，数目在 17～25 条之间，平均每条引物能扩增出 21.4 条带。引物 845 扩增的带数最多，为 25 条，引物 855 最少，为 17 条；多态百分率达到 100% 的引物有 827、836、844、845、848、857，最低的引物为 876（88.89%），具体见表 3-8。扩增片段长度为 300～3000 bp。引物 844 的 PCR 扩增结果如图 3-4 所示。

2）遗传变异分析

用 POPGENE 1.31 软件对大叶茶 4 个茶树品种的遗传多样性进行统计分析，结果如表 3-9 所示。分析指标包括等位基因数（N_a）、有效等位基因数（N_e）、期望杂合度（H_e）、香农指数（I）、多态带数和多态百分率（P）。

表 3-8　ISSR 引物扩增的条带数

Tab. 3-8　Number of band loci for ISSR primers

引物	条带数	多态带数	多态带百分率 /%
827	24	24	100.00
835	23	22	95.65
836	21	21	100.00
844	20	20	100.00
845	25	25	100.00
848	21	21	100.00
855	17	16	94.12
857	24	24	100.00
876	18	16	88.89
平均值	21.4	21	97.63
在种的水平上	193	189	97.93

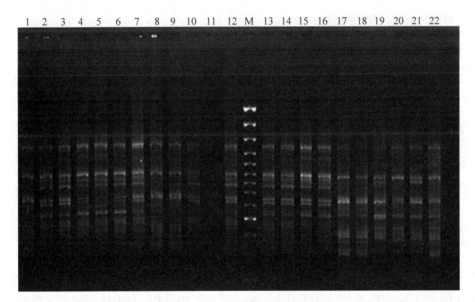

图 3-4　引物 844 对斯里兰卡大叶（1～18）和勐海大叶（19～22）基因组 DNA ISSR-PCR 扩增的电泳结果（M：100 bp Ladder）

Fig. 3-4　The ISSR-PCR amplification results with primer 844 from cultivar SLLK（from 1 to 18）and MH（from 19 to 22）

从表 3-9 可知，这 4 个茶树品种具有很高的遗传变异水平。在物种水平上，等位基因数（N_a）为 1.9793，有效等位基因数（N_e）为 1.5819，期望杂合度（H_e）为 0.3393，香农指数（I）为 0.5076，多态带百分率（P）为 97.93%。在种群水平上，多态带百分率从 75.65%（SLLK）至 84.46%（MH）不等，平均为 80.96%；等位基因数（N_a）、有效等位基因数（N_e）、期望杂合度（H_e）和香农指数（I）的平均值分别为 1.8096、1.4874、0.2835

和 0.4233。在供试的 4 个品种中，MH 表现出最高的遗传变异水平，其各项指标分别为：$N_a=1.8446$；$N_e=1.5121$；$H_e=0.2973$；$I=0.4434$；$P（\%）=84.46$。而 SLLK 品种表现出最低的遗传变异水平，其指标分别为：$N_a=1.7565$；$N_e=1.4781$；$H_e=0.2742$；$I=0.4066$；$P（\%）=75.65$。

表 3-9　4 个普洱茶品种的遗传多样性的统计

Tab. 3-9　**Genetic variation of *Camellia assamica***

种群	等位基因数 N_a	有效等位基因数 N_e	期望杂合度 H_e	香农指数 I	多态带数	多态带百分率 /%
ASM	1.8135 ± 0.3905	1.4770 ± 0.3504	0.2812 ± 0.1802	0.4218 ± 0.2494	157	81.35
SLLK	1.7565 ± 0.4303	1.4781 ± 0.3806	0.2742 ± 0.1950	0.4066 ± 0.2711	146	75.65
MH	1.8446 ± 0.3633	1.5121 ± 0.3571	0.2973 ± 0.1793	0.4434 ± 0.2446	163	84.46
FQ	1.8238 ± 0.3820	1.4824 ± 0.3658	0.2811 ± 0.1838	0.4214 ± 0.2512	159	82.38
平均值	1.8096 ± 0.3915	1.4874 ± 0.3635	0.2835 ± 0.1846	±0.2541	156	80.96
在种的水平上	1.9793 ± 0.1428	1.5819 ± 0.3168	0.3393 ± 0.1457	0.5076 ± 0.1831	189	97.93

表 3-10　普洱茶 4 个品种的遗传结构分析

Tab. 3-10　**Genetic diversity estimates in *C. assamica* at species level by ISSR markers**

参数	总和
多态带百分率（P）	97.93%
总遗传多样性（H_t）	0.3394 ± 0.0212
品种内（H_s）	0.2834 ± 0.0165
品种间（D_{st}）	0.0560 ± 0.0047
遗传分化系数（G_{st}）	0.1650
基因流（N_m）	2.5312

3）遗传结构分析

利用 POPGENE 1.31 分析软件，假设 Hardy-Weinberg 遗传平衡分析 4 个茶树品种的遗传结构，包括总遗传多样性（H_t）在种群内（H_s）和种群间（D_{st}）分布、遗传分化系数（G_{st}）和基因流（N_m），如表 3-10 所示。供试的 4 个品种的总遗传多样性（H_t）为 0.3394，而 D_{st} 为 0.056，表明总的遗传差异主要来自品种内。遗传分化系数（G_{st}）为 0.165，即总遗传多样性的 83.5% 存在于品种内，16.5% 存在于品种间，进一步说明了品种内部的遗传分化水平很高。4 个品种间的基因流（N_m）为 2.5312。

4）AMOVA 分析

基于 ISSR 条带表型，不须假设 Hardy-Weinberg 遗传平衡，利用 AMOVA-PREP version 1.01（Miller，1998）和 AMOVA version 1.55（Excoffier，1993）两个软件对茶树品种进行遗传变异的分子方差分析（AMOVA）。AMOVA 分析结果见表 3-11。可以看出，茶树品种有 81.82% 的遗传变异发生在品种内，18.18% 的遗传变异发生在品种间。AMOVA 分析得出所有茶树品种之间的 $\varPhi_{st}$ 值为 0.182，接近于 POPGENE 软件分析得出的遗传分化系数（$G_{st}=0.165$）。

5）遗传距离与聚类分析

用 POPGENE 1.31 软件（假设 Hardy-

表 3-11　4 个普洱茶茶树品种的分子方差分析

Tab. 3-11　**Analysis of Molecular Variance（AMOVA）for 4 tea cultivars from *C. assamica***

变异来源	自由度 d.f.	变异成分	变异百分率 /%	P 值[*]
品种间	3	6.5260	18.18%	<0.001
品种内	67	29.3774	81.82%	<0.001

*1000 种组合方式的显著性检验

Weinberg 遗传平衡）计算 4 个茶树品种间的 Nei 遗传距离和遗传一致度，结果见表 3-12。从中可以看出，MH 与 SLLK 两个品种之间的遗传距离最小，为 0.0887；而 FQ 同 ASM 两个品种之间的遗传距离最大，为 0.1272。遗传一致度与遗传距离

表 3-12　普洱茶种群间 Nei（1972）的遗传一致度及遗传距离
Table 3-12　Nei's genetic identity（above diagonal）and genetic distance（below diagonal）among *C. assamica* by ISSR markers

pop ID	ASM	SLLK	MH	FQ
ASM	—	0.9041	0.8830	0.8806
SLLK	0.1008	—	0.9152	0.8936
MH	0.1245	0.0887	—	0.8988
FQ	0.1272	0.1125	0.1067	—

正好相反，MH 与 SLLK 两个品种之间的遗传一致度最大，为 0.9152；FQ 与 ASM 两个品种之间的遗传一致度最小，为 0.8806。4 个品种间的平均遗传一致度为 0.8959。

基于所得到的 N_{ei} 遗传距离，利用 NTSYSpc2.0 软件对其使用 UPGMA 聚类，得到树状图（图 3-5）。从图中可以看出，SLLK 与 MH 两个品种先归并，再依次与 FQ 和 ASM 归并。

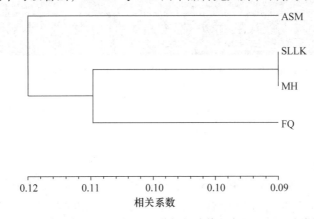

图 3-5　普洱茶 4 个品种 ISSR 分析的遗传距离 UPGMA 聚类图
Fig. 3-5　UPGMA dendrogram of 4 cultivars from *C. assamica* based on ISSR genetic distance

2. 小叶茶

1）ISSR-PCR 扩增结果

用 9 条 ISSR 引物对小叶茶 6 个茶树品种 109 个植物样品进行 PCR 扩增，共扩增出 193 条带，其中多态带为 187 条，多态带百分率为 96.89%。每条引物可扩增的多态带数目不等，数目在 17~25 条之间，平均每条引物能扩增出 21.4 条带。引物 845 扩增的带数最多，为 25 条，引物 855 最少，为 16 条；多态百分率达到 100% 的引物有 836、844、845、848、857，最低的引物为 855（87.50%），具体情况如表 3-13

表 3-13　ISSR 引物扩增的条带数
Tab. 3-13　Number of band loci for ISSR primers

引物	条带数	多态带数	多态百分率 /%
827	24	23	95.83
835	24	23	95.83
836	21	21	100.00
844	20	20	100.00
845	25	25	100.00
848	21	21	100.00
855	16	14	87.50
857	24	24	100.00
876	18	16	88.89
平均数	21.4	20.8	96.45
在种的水平上	193	187	96.89

所示。扩增片段长度为 300～3000 bp。引物 836 的 PCR 扩增结果如图 3-6 所示。

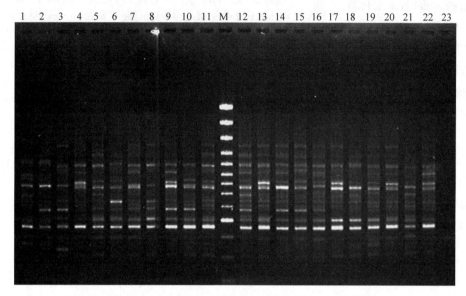

图 3-6　引物 836 对乳源白毛茶（1～2）和仁化白毛茶（3～22）基因组 DNA ISSR-
PCR 扩增的电泳结果（M：100 bp Ladder）

Fig. 3-6　The ISSR-PCR amplification results with primer 836 from cultivar RY（from 1 to 2）
and RH（from 3 to 22）

2）遗传变异分析

用 POPGENE 1.31 软件对小叶茶 6 个茶树品种的遗传多样性进行统计分析，结果如表
3-14 所示。分析指标包括等位基因数（N_a）、有效等位基因数（N_e）、期望杂合度（H_e）、
香农指数（I）、多态带数和多态百分率（P）。

表 3-14　6 个小叶茶品种的遗传多样性的统计
Tab. 3-14　Genetic variation of *Camellia sinensis*

种群	等位基因数 N_a	有效等位基因数 N_e	期望杂合度 H_e	香农指数 I	多态带数	多态带百分率 P/%
FH	1.8031±0.3987	1.5000±0.3615	0.2899±0.1841	0.4313±0.2546	155	80.31
LC	1.8135±0.3905	1.5151±0.3789	0.2935±0.1898	0.4347±0.2594	157	81.35
RY	1.8083±0.3947	1.4853±0.3674	0.2814±0.1871	0.4199±0.2578	156	80.93
RH	1.7927±0.4064	1.4672±0.3680	0.2720±0.1888	0.4071±0.2607	153	79.27
LY	1.7668±0.4239	1.4347±0.3696	0.2549±0.1903	0.3840±0.2637	148	76.68
QM	1.8342±0.3729	1.5281±0.3601	0.3033±0.1829	0.4491±0.2509	161	83.42
平均值	1.8031±0.3979	1.4884±0.3676	0.2825±0.1872	0.4210±0.2579	155	80.33
在种的水平上	1.9689±0.1740	1.6137±0.2976	0.3561±0.1345	0.5287±0.1697	187	96.89

从表 3-14 可知，这 6 个茶树品种具有很高的遗传变异水平。在物种水平上，等位基

因数（N_a）为 1.9689、有效等位基因数（N_e）为 1.6137、期望杂合度（H_e）为 0.3561、香农指数（I）为 0.5287 和多态带百分率（P）是 96.89%。在种群水平上，多态带百分率从 76.68%（LY）至 83.42%（QM）不等，平均为 80.33%；等位基因数（N_a）、有效等位基因数（N_e）、期望杂合度（H_e）和香农指数（I）的平均值分别为 1.8031、1.4884、0.2825 和 0.4210。在供试的 6 个品种中，QM 表现出最高的遗传变异水平，其各项指标分别为：$N_a=1.8342$；$N_e=1.5281$；$H_e=0.3033$；$I=0.4491$；$P(\%)=83.42$。而 LY 品种表现出最低的遗传变异水平，其指标分别为：$N_a=1.7668$；$N_e=1.4347$；$H_e=0.2549$；$I=0.3840$；$P(\%)=76.68$。

3）遗传结构分析

利用 POPGENE 1.31 分析软件，假设 Hardy-Weinberg 遗传平衡分析 6 个茶树品种的遗传结构，包括总遗传多样性（H_t）在种群内（H_s）和种群间（D_{st}）分布、遗传分化系数（G_{st}）和基因流（N_m），如表 3-15 所示。供试的 6 个品种的总遗传多样性（H_t）为 0.3552，而 D_{st} 为 0.0741，表明总的遗传差异主要来自品种内。遗传分化系数（G_{st}）为 0.2087，即总遗传多样性的 79.13% 存在于品种内，20.87% 存在于品种间，进一步说明了品种内部的遗传分化水平很高。6 个品种间的基因流（N_m）为 1.8955。

表 3-15 小叶茶 6 个品种的遗传结构分析
Tab. 3-15 Genetic diversity estimates in *C. sinensis* at species level by ISSR markers

参数	总值
多态带百分率（P）	96.89%
总遗传多样性（H_t）	0.3552 ± 0.0186
品种内（H_s）	0.2811 ± 0.0145
品种间（D_{st}）	0.0741 ± 0.0041
遗传分化系数（G_{st}）	0.2087
基因流（N_m）	1.8955

表 3-16 6 个小叶茶茶树品种的分子方差分析
Tab. 3-16 Analysis of Molecular Variance（AMOVA）for 6 tea cultivars from *C. sinensis*

变异来源	自由度 d.f.	变异成分	变异百分率 /%	P 值[*]
品种间	5	8.6386	22.96%	<0.001
品种内	103	28.9919	77.04%	<0.001

*1000 种组合方式的显著性检验

4）AMOVA 分析

基于 ISSR 条带表型，不须假设 Hardy-Weinberg 遗传平衡，利用 AMOVA-PREP version 1.01（Miller, 1998）和 AMOVA version 1.55（Excoffier, 1993）两个软件对茶树品种进行遗传变异的分子方差分析（AMOVA）。AMOVA 分析结果见表 3-16。可以看出，茶树品种有 77.04% 的遗传变异发生在品种内，22.96% 的遗传变异发生在品种间。AMOVA 分析得出所有茶树品种之间的 Φ_{st} 值为 0.230，接近于 POPGENE 软件分析得出的遗传分化系数（$G_{st}=0.2087$）。

5）遗传距离与聚类分析

用 POPGENE 1.31 软件（假设 Hardy-Weinberg 遗传平衡）计算 6 个茶树品种间的 Nei 遗传距离和遗传一致度，结果见表 3-17。从中可以看出，RY 与 RH 两个品种之间的遗传距离最小，为 0.0991；而 LY 同 FH 两个品种之间的遗传距离最大，为 0.1625。遗传一致度与遗传距离正好相反，RY 与 RH 两个品种之间的遗传一致度最大，为 0.9056；LY 与 RH 两个品种之间的遗传一致度最小，为 0.8500。6 个品种间的平均遗传一致度为 0.8754。

基于所得到的 Nei 遗传距离，利用 NTSYSpc2.0 软件对其使用 UPGMA 聚类，得到树状图（图 3-7）。从图中可以看出，原产地相近的 RY 和 RH 两个品种先归并，再与 LY 归并，然后依次与 QM、LC 和 FH 归并。

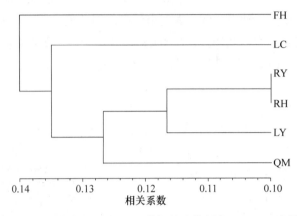

图 3-7　小叶茶 6 个品种 ISSR 分析的遗传距离 UPGMA 聚类图

Fig. 3-7　UPGMA dendrogram of 6 cultivars from *C. sinensis*（L.）O. Kuntze

based on ISSR genetic distance

表 3-17　小叶茶品种间 Nei（1972）的遗传一致度及遗传距离

Tab. 3-17　Nei's genetic identity（above diagonal）and genetic distance（below diagonal）among C. *sinensis* by ISSR markers

pop ID	FH	LC	RY	RH	LY	QM
FH	—	0.8590	0.8833	0.8807	0.8500	0.8557
LC	0.1520	—	0.8825	0.8724	0.8661	0.8613
RY	0.1241	0.1250	—	0.9056	0.8765	0.8885
RH	0.1270	0.1365	0.0991	—	0.9015	0.8799
LY	0.1625	0.1438	0.1218	0.1036	—	0.8680
QM	0.1558	0.1493	0.1182	0.1279	0.1416	—

3. 可可茶

1）ISSR-PCR 扩增结果

用 9 条 ISSR 引物对 5 个可可茶种群共 97 个植物样品进行 PCR 扩增，共扩增出 193 条带，其中多态带为 186 条，多态带百分率为 96.37%。每个引物可扩增的多态带数目不等，数目在 17～25 之间，平均每个引物能扩增出 21.4 条带。引物 845 扩增的带数最多，为 25 条，引物 855 最少，为 17 条；多态带百分率达到 100% 的引物有 827、835、836、845、857，最低的引物为 876（83.33%），具体见表 3-18。扩增片段长度为 300～3000 bp。

引物 836、844 的 PCR 扩增结果分别如图 3-8、图 3-9 所示。

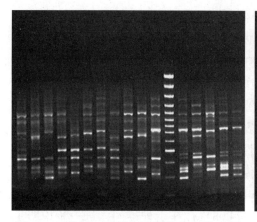
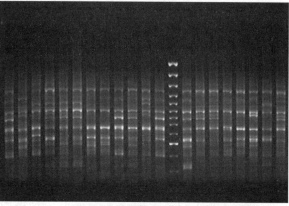

图 3-8　引物 836 对部分可可茶（ZS2）基因组 DNA ISSR-PCR 扩增的电泳结果

Fig. 3-8　The ISSR-PCR amplification results of cocoa tea with primer 836 from population ZS2

图 3-9　引物 844 对部分可可茶（YD）基因组 DNA ISSR-PCR 扩增的电泳结果

Fig. 3-9　The ISSR-PCR amplification results of cocoa tea with primer 844 from population YD

2）种群遗传变异

用 POPGENE 1.31 软件对所有 5 个可可茶种群的遗传多样性进行统计分析，结果如表 3-19 所示。分析指标包括等位基因数（N_a）、有效等位基因数（N_e）、期望杂合度（H_e）、香农指数（I）、多态带数和多态百分率（P）。

在物种水平上，总的期望杂合度（H_e）、香农指数（I）和多态带百分率（P）分别为 0.3407、0.5071 和 96.37%（表 3-19）。而在种群水平上，5 个种群的平均期望杂合度为 0.2917，平均香农指数为 0.4342，5 个种群的多态带百分率介于 78.76% 和 84.97% 之间，平均值为 81.45。

表 3-18　可可茶 ISSR 引物扩增的条带数
Tab. 3-18　Number of band loci for ISSR primers from cocoa tea

引物	条带数	多态带数	多态百分率 /%
827	24	24	100.00
835	23	23	100.00
836	21	21	100.00
844	20	18	90.00
845	25	25	100.00
848	21	20	95.24
855	17	16	94.12
857	24	24	100.00
876	18	15	83.33
平均值	21.4	20.7	95.85
在种的水平上	193	186	96.37

表 3-19　可可茶的遗传多样性的统计
Tab. 3-19　Genetic variation of *C. ptilophylla* populations

种群	等位基因数 N_a	有效等位基因数 N_e	期望杂合度 H_e	香农指数 I	多态带数	多态带百分率 /%
ZS1	1.8031±0.3987	1.5297±0.3780	0.3001±0.1906	0.4418±0.2625	155	80.31
NK1	1.7876±0.4101	1.4990±0.3728	0.2868±0.1890	0.4256±0.2613	152	78.76
NK2	1.8290±0.3775	1.4945±0.3509	0.2902±0.1773	0.4348±0.2432	160	82.90
ZS2	1.8497±0.3583	1.5112±0.3578	0.2970±0.1783	0.4437±0.2422	164	84.97
YD	1.8031±0.3987	1.4869±0.3560	0.2846±0.1828	0.4250±0.2534	155	80.31
平均值	1.8145±0.3887	1.5043±0.3631	0.2917±0.1836	0.4342±0.2525	157.2	81.45
在种的水平上	1.9637±0.1874	1.5888±0.3244	0.3407±0.1497	0.5071±0.1903	186	96.37

表 3-20　可可茶所有种群的遗传结构分析
Tab. 3-20　Genetic diversity estimates in cocoa tea at species level by ISSR markers

参数	总和
多态带百分率（P）	96.37%
总遗传多样性（H_t）	0.3405±0.0224
品种内（H_s）	0.2917±0.0186
品种间（D_{st}）	0.0488±0.0038
遗传分化系数（G_{st}）	0.1433
基因流（N_m）	2.9894

3）种群遗传结构分析

利用 POPGENE 1.31 分析软件，假设 Hardy-Weinberg 遗传平衡分析 5 个可可茶种群的遗传结构，包括总遗传多样性（H_t）在种群内（H_s）和种群间（D_{st}）分布、遗传分化系数（G_{st}）和基因流（N_m），如表 3-20 所示。所有供试的 5 个种群的总遗传多样性（H_t）为 0.3405，而 D_{st} 为 0.0488，表明总的遗传差异主要来自种群内。遗传分化系数（G_{st}）为 0.1433，即总遗传多样性的 85.67% 存在于种群内，24.08% 存在于种群间，进一步说明了种群内部的遗传分化水平很高。全部种群间的基因流（N_m）为 2.9894。

4）AMOVA 分析

基于 ISSR 条带表型，不须假设 Hardy-Weinberg 遗传平衡，利用 AMOVA-PREP version 1.01（Miller，1998）和 AMOVA version 1.55（Excoffier，1993）两个软件对 5 个可可茶种群进行遗传变异的分子方差分析（AMOVA），遗传变异 14.87% 存在于种群间，85.13% 存在于种群内，其结果于 G_{st} 分析（$G_{st}=0.1433$）的结论一致。将可可茶种群按采集地分为南昆山、中山大学和英德 3 组进行分析，遗传变异 11.78% 存在于组内不同种群间，84.51% 存在于种群内，但是与组间变异关系不明显（$P=0.0569$），见表 3-21。

表 3-21　全部 11 个茶树品种的分子方差分析
Tab. 3-21　Analysis of molecular variance（AMOVA）for 11 tea cultivars

变异来源	自由度 d.f.	变异成分	变异百分率 /%	P 值[*]
所有 5 个种群				
种群间	4	5.2550	14.87%	<0.0010
种群内	92	30.0862	85.13%	<0.0010
三组样本（南昆山、中山大学、英德）				
组间	2	1.3226	3.71%	0.0569
组内种群间	2	4.1926	11.78%	<0.0010
种群内	92	30.0862	84.51%	<0.0010

* 1000 种组合方式的显著性检验

5）种群间的遗传距离和聚类分析

用 POPGENE 软件计算 Nei 的遗传距离和遗传一致度，计算结果见表 3-22。同一地点的种群 NK1 和 NK2 之间的遗传距离最小，为 0.0515；种群 ZS2 与南昆山的 NK1、NK2 的遗传距离最大，分别为 0.1100、0.1102。遗传一致度与遗传距离正好相反。

基于所得到的 Nei 遗传距离，利用 NTSYSpc2.0 软件对其使用 UPGMA 聚类，得到树状图（图 3-10）。从图中我们可以看出，5 个种群分成两个主要的分支，野生种群 NK1 和

NK2 先聚为一小支，然后与移植种群 ZS1 聚为一大支；无咖啡碱的 ZS2 和 YD 两个种群聚为一支。

表 3-22　可可茶种群间 Nei（1972）的遗传一致度及遗传距离

Tab. 3-22　Nei's genetic identity（above diagonal）and genetic distance（below diagonal）
among cocoa tea by ISSR markers

pop ID	ZS1	NK1	NK2	ZS2	YD
ZS1	—	0.9382	0.9210	0.9146	0.9057
NK1	0.0638	—	0.9498	0.8958	0.9115
NK2	0.0823	0.0515	—	0.8957	0.9001
ZS2	0.0893	0.1100	0.1102	—	0.9067
YD	0.0991	0.0927	0.1052	0.0979	—

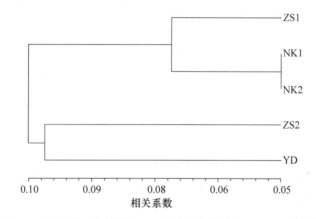

图 3-10　可可茶 5 个种群 ISSR 分析的遗传距离 UPGMA 聚类图

Fig. 3-10　UPGMA dendrogram of 5 populations from cocoa tea based on ISSR genetic distance

4. 茶树品种、可可茶及外类群广东毛蕊茶的亲缘关系分析

利用 POPGENE 软件（假设 Hardy-Weinberg 平衡）对 10 个茶树品种、5 个可可茶种群和 1 个外类群广东毛蕊茶的 ISSR 数据进行联合分析，计算出 Nei 遗传距离和遗传一致度（表 3-23），再利用上述数据用 NTSYSpc2.0 进行 UPGMA 聚类，得出树状图（图 3-11）。从图中可以看出，以广东毛蕊茶为外类群，所有的茶组植物聚在一起，但是茶组植物中的大叶茶、小叶茶和可可茶这三个种的种群并没有各自构成一个相应的独立分支，这与传统上的以形态特征为主进行的分类存在明显的差异。10 个茶树品种中，除了FH 与可可茶聚为一支之外，余下的 9 个品种聚在一起。这 9 个品种分属大叶茶和小叶茶两个种，但是它们之间没有明显的分界线，而是相互聚在一起，与其独立分析时得到的拓扑结构图不一致。以图中 L 线为基准，可将这 9 个品种明显地划归为三组。第一组包括大叶茶的 ASM 品种和小叶茶的 LC 品种；第二组包括两小支，一支中大叶茶的 MH 与小叶茶的 RY 首先归并，再与大叶茶的 SLLK 归并，另一支为大叶茶的 FQ 与小叶茶的 QM 两

表 3-23　10 个茶树品种、5 个可可茶种群及外类群广东毛蕊茶间 N_{ei}（1972）的遗传一致度及遗传距离

Tab. 3-23　Nei's genetic identity（above diagonal）and genetic distance（below diagonal）among ten tea cultivars, five populations of *C. ptilophylla* and *C. melliana* by ISSR markers

Pop ID	ASM	SLLK	MH	FQ	FH	LC	RY	RH	LY	QM	ZS1	NK1	NK2	ZS2	YD	GD
ASM	—	0.9048	0.8838	0.8814	0.8690	0.8994	0.8923	0.8610	0.8484	0.8657	0.8618	0.8620	0.8823	0.8769	0.8823	0.8296
SLLK	0.1001	—	0.9158	0.8943	0.8786	0.8633	0.8988	0.8855	0.8658	0.8617	0.8721	0.8854	0.8954	0.8624	0.8828	0.8260
MH	0.1235	0.0880	—	0.8995	0.8852	0.8745	0.9193	0.9063	0.8849	0.9039	0.8794	0.8940	0.9074	0.8803	0.8837	0.8587
FQ	0.1262	0.1117	0.1059	—	0.8560	0.8546	0.9056	0.8875	0.8963	0.9119	0.8643	0.8646	0.8631	0.8790	0.8729	0.8891
FH	0.1404	0.1295	0.1220	0.1555	—	0.8600	0.8842	0.8816	0.8511	0.8568	0.8976	0.9065	0.9296	0.8616	0.8857	0.8189
LC	0.1060	0.1470	0.1341	0.1571	0.1508	—	0.8833	0.8733	0.8670	0.8624	0.8624	0.8650	0.8742	0.8521	0.8723	0.8137
RY	0.1139	0.1067	0.0841	0.0991	0.1231	0.1241	—	0.9063	0.8774	0.8893	0.8713	0.8859	0.8940	0.8747	0.8951	0.8531
RH	0.1496	0.1216	0.0984	0.1193	0.1260	0.1355	0.0984	—	0.9022	0.8808	0.8668	0.8689	0.8810	0.8649	0.8833	0.8292
LY	0.1644	0.1441	0.1222	0.1095	0.1613	0.1427	0.1308	0.1029	—	0.8689	0.8346	0.8454	0.8543	0.8460	0.8488	0.8164
QM	0.1442	0.1488	0.1010	0.0923	0.1545	0.1481	0.1173	0.1269	0.1405	—	0.8699	0.8617	0.8682	0.8868	0.8633	0.8773
ZS1	0.1488	0.1369	0.1285	0.1458	0.1080	0.1481	0.1377	0.1430	0.1808	0.1394	—	0.9386	0.9216	0.9152	0.9063	0.8475
NK1	0.1485	0.1217	0.1121	0.1455	0.0981	0.1450	0.1211	0.1406	0.1680	0.1489	0.0633	—	0.9502	0.8966	0.9121	0.8545
NK2	0.1252	0.1105	0.0972	0.1472	0.0730	0.1344	0.1120	0.1267	0.1575	0.1413	0.0817	0.0511	—	0.8964	0.9008	0.8567
ZS2	0.1314	0.1480	0.1275	0.1289	0.1490	0.1601	0.1339	0.1452	0.1672	0.1202	0.0886	0.1091	0.1093	—	0.9074	0.8615
YD	0.1252	0.1246	0.1237	0.1359	0.1214	0.1366	0.1108	0.1241	0.1639	0.1470	0.0983	0.0920	0.1044	0.0972	—	0.8295
GD	0.1868	0.1911	0.1524	0.1176	0.1998	0.2062	0.1589	0.1873	0.2028	0.1309	0.1655	0.1572	0.1547	0.1491	0.1869	—

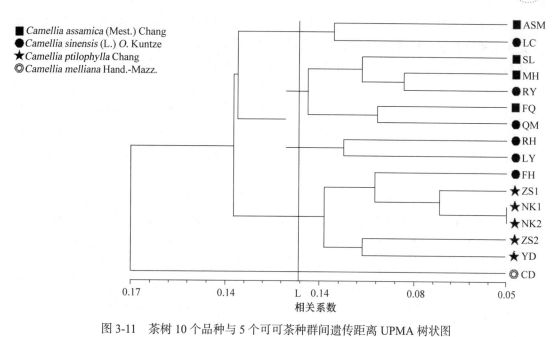

■ *Camellia assamica* (Mest.) Chang
● *Camellia sinensis* (L.) *O. Kuntze*
★ *Camellia ptilophylla* Chang
◎ *Camellia melliana* Hand.-Mazz.

图 3-11 茶树 10 个品种与 5 个可可茶种群间遗传距离 UPMA 树状图

Fig. 3-11 Dendrogram of Nei's genetic distances among ten tea cultivars and 5 populations of cocoa tea

个品种；第三组是小叶茶的两个品种 RY 和 LY。可可茶与小叶茶的 FH 品种聚在一起，说明可可茶与 FH 的亲缘关系较近。

（八）讨论

1. 遗传多态性指标比较

经 ISSR 分子标记检测得到，在物种水平上，可可茶总的等位基因数（N_a）、有效等位基因数（N_e）、期望杂合度（H_e）、香农指数（I）和多态百分率（P）分别为 1.9637、1.5888、0.3407、0.5071 和 96.37%；在种群水平上，5 个种群的平均等位基因数为 1.8145，平均有效等位基因数为 1.5043，平均期望杂合度为 0.2917，平均香农指数为 0.4342，多态带百分率为 78.76%～84.97%，平均值为 81.45%。在 5 个种群中，YD 是经无性系繁殖的，其多态带百分率为 80.31%，介于两个野生种群 NK1（$P=78.76\%$）和 NK2（$P=82.90\%$）的多态带百分率之间，并与母代 ZS1 的多态带百分率（$P=80.31\%$）一致，表明无性系繁殖基本上可以保存母代的遗传特异性。而 ZS2 是经种子繁殖的，表现了更高的多态性，多态带百分率达到 84.97%，表明实生苗繁殖可提高物种的遗传多态性。

2. 茶树植物的遗传结构与分化

种群遗传结构是一个物种最基本的特征之一，它受突变、基因流、选择和遗传漂变的共同作用，同时还和物种的进化历史和生物学特征有关。对普洱茶 4 个品种、茶 6 个品种及野生可可茶 5 个种群进行分析，表型数据分析（AMOVA）与基因频率数据分析（POPGENE）均表明，它们之间有着相似的遗传分化结构。大叶茶的基因分化系数 G_{ST}

值（0.165）与 AMOVA 的 Φ_{st} 值（0.182）比较接近，其较低的分化系数表明大叶茶的遗传变异大部分存在于种群内；小叶茶、可可茶的基因分化系数 G_{ST} 值和 AMOVA 的 Φ_{ST} 值分别为 0.2087 和 0.230、0.1433 和 0.149，同样也说明了遗传变异大部分存在于种群内。Harmrick（1990）认为异交、木本、多年生植物把大部分遗传多样性分布在种群内，种群间较少（一般为 10%～20%）。Kumar 等人 1998 年研究了 *Quercus gambelii* 及其同属其他植物后也认为异交、风媒、动物传播种子、寿命长的木本植物群体基因流大，种群间的遗传分化小。本研究中，茶树植物的遗传分化系数为 0.1433～0.2087，与以上的结果相一致。

遗传结构是通过物种种群内和种群间的遗传分化来体现的，基因流的大小也可以反映种群遗传分化的大小。在植物中，基因流是借助于花粉、种子、孢子、营养体等遗传物质携带者的迁移或运动来实现的。一般来说，基因流大的物种，种群间的遗传分化小，大的基因流可以阻止种群间的遗传分化；反之，种群间的遗传分化大。Wright（1931）认为，基因流大于 1，则能发挥匀质化作用；基因流小于 1 则表明基因流是种群间遗传结构分化的主要原因。本研究用 ISSR 分子标记分析的茶树植物三个种种群间基因流（N_m）分别为 2.5312（大叶茶）、1.8955（小叶茶）和 2.9894（可可茶），推测这三个种各自种群间有一定频率的基因交流。这种匀质化的原因可能是种群过小，没有较明显的距离界限所致。

3. 茶树植物亲缘关系比较

10 个茶树品种（分属两个种）和可可茶 5 个种群间遗传距离 UPGMA 聚类表明：以山茶属毛蕊茶组广东毛蕊茶和香港毛蕊茶为外类群，所有 3 种茶组植物的品种聚在一起，毛蕊茶组单独成组，这与传统的分类的看法是一致的。除凤凰水仙（FH）与可可茶聚为一支外，其余 9 个茶树品种相互聚为一支。这可能表明可可茶与凤凰水仙具有亲缘关系，因此推测可可茶含可可碱的现象是基因突变的结果，另一方面，可可茶与近缘种进行了自然杂交。但 ISSR 分析结果表明张宏达教授将可可茶作为一个独立的种是无可疑义的。

4. 茶树种质资源的合理保存和利用

遗传多样性的研究有助于正确制定植物遗传资源收集和原位保存策略，还可以用于调查种群的交配系统及彼此分化或亲近程度，构建核心样品（core collection）等。精确地估计其遗传多样性是建立优化模式和保存基因资源的先决条件。中国茶树优质资源具有十分丰富的遗传多样性，对其进行与茶树优良性状有关的各种基因的研究，可以促进开展有目的的育种工作，缩短育种年限，提供选育效果；同时也为选育出具有突破性的高产、优质、抗逆性强的新品种提供了理论与技术。遗传学的数据对于评估某一群体是否为进化显著单元，即是否具有显著不同的遗传特质的群体，采取针对性的保护措施具有重要意义。

所选取的 10 个茶树品种都是性状表现优良的国家良种，经 ISSR 分子标记检测都具有较高的遗传多样性，而且个体之间均存在不同程度的差异，为茶树品种的创新奠定了良好基础。多样性的种质资源是育种的源泉，只有建立在具有丰富遗传背景上，品种创新的路子才会越走越宽，如果育种只局限于少数品种的话，茶树品种将趋于单一化，可能导致遗传多样性日益萎缩，最后可能永远丧失。分子标记手段得到的遗传距离大小能不同程度反映品种间亲缘关系的远近，就是种群内的个体也会表现出彼此亲缘关系的微妙差异。可可茶是 20 世纪 80 年代发现含可可碱的野生茶树资源，和传统茶叶不同，对这一分布区狭窄的种进行遗传多样性的研究是亟待进行的工作，收集、保护和建立可可茶的种质资源库，为培养更好的优良可可茶品种，满足多元化社会人群的需要，为促进人类健康服务，也是应该提到议事日程上来的工作。

二、利用随机多态性 DNA（RAPD）分子技术研究可可茶种群的分化[①]

取茶、普洱茶和可可茶作为材料，其中可可茶既有含可可碱的植株，也有咖啡碱占绝对优势也含少量可可碱的植株，更有含可可碱也含咖啡碱的，可可碱与咖啡碱比例约为2∶3，可可碱含量超过 1% 的植株，材料来源及所含嘌呤碱见表 3-24。每个样品按 10 株取样，不足 10 株按实有株数采样。

表 3-24　样品编号及来源
Tab. 3-24　The number and source of samples

编号	样品	嘌呤碱	植株数	采集地点
1	*C. sinensis*	咖啡碱为主	10	中山大学茶园
2	*C. assamica*	咖啡碱为主	10	中山大学茶园
3	*C. ptilophylla* 1	可可碱为主	10	中山大学茶园
4	*C. ptilophylla* 2	可可碱＋咖啡碱	3	中山大学茶园
5	*C. ptilophylla* 3	咖啡碱为主	1	中山大学茶园

DNA 的提取采用 2×CTAB 法从 1.2～1.5 g 鲜叶中提取总 DNA，并经纯化。纯化后的 DNA 进行 PCR 扩增及产物鉴定，在对 100 条 10 个核苷酸长随机引物（Sangon 公司出品）进行筛选，共筛选出 16 条引物进行扩增，引物见表 3-25。

表 3-25　用于本研究的引物序列
Tab. 3-25　Primer sequences used in the study

引物名称	序列（5'-3'）	引物名称	序列（5'-3'）	引物名称	序列（5'-3'）
S17	AGGGAACGAG	S43	GTCGCCGTCA	S64	CCGCATCTAC
S21	CAGGCCCTTC	S48	GTGTGCCCCA	S71	AAAGCTCCGG
S28	GTGACGTAAG	S57	TTTCCCACGG	S85	CTGAGACGGA
S31	CAATCGCCGT	S59	CTGGGGACTT	S91	TGCCCGTCGT
S35	TTCCGAACCC	S60	ACCCGGTCAC	S216	GGTGAACGCT
S41	ACCGCGAAGG				

[①] 袁长春，施苏华，叶创兴. 可可茶种群分化及其与近缘种的亲缘关系［J］. 中山大学学报（自然科学版），1999，38（4）：72-76

采用 16 个引物对 5 个分类群总 DNA 进行扩增，共得到 401 条可区分的 DNA 带，最多的在引物 S41 共获得 32 条带，最少在引物 S17 共获得 17 条带，该 16 个引物在每个样品中扩增的片段总数平均为 80 条。

每一 DNA 片段被看作一个可区分的分子标记，采用 Jaccard 相似性公式计算遗传距离相似程度，遗传距离采用下列公式计算：

$$D=1-F, \quad F=\frac{2N_{xy}}{N_x+N_y} \tag{3-11}$$

其中 D 为遗传距离，F 为 Czekanowski 相似性系数，N_{xy} 为样品 x 和样品 y 两者共同的 RAPD 带数，N_x 为样品 x 的 RAPD 带总数，N_y 为样品 y 的 RAPD 带总数。计算结果见表 3-26。

表 3-26 五个分类群间 Jaccard 相似性系数（左下部）和遗传距离（右上部）
Tab. 3-26 Jaccard coefficience of similarity（below the diagonal）and genetic distance coefficient（above the diagonal）between any two taxa

序号	分类群	1	2	3	4	5
1	*C. sinesis*	—	0.4130	0.5232	0.6364	0.2581
2	*C. assamica*	0.4154	—	0.4970	0.6351	0.3960
3	*C. ptilophylla* 1	0.3130	0.3360	—	0.3391	0.4911
4	*C. ptilophylla* 2	0.2222	0.2231	0.4935	—	0.5467
5	*C. ptilophylla* 3	0.5897	0.4326	0.3413	0.2931	—

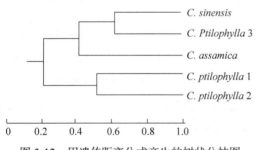

图 3-12 用遗传距离公式产生的树状分枝图
Fig. 3-12 Dendrongram generated by using UPGMA algorithm to cluster the genetic distances

用 UPGMA 法对所求得的遗传距离进行聚类分析，得到一树状图（图 3-12）。

由表 3-26 和图 3-12 可知，可可茶中含咖啡碱的类群与茶两者之间的 Jaccard 相似性系数高达 0.5897，遗传距离为 0.2581。参考相关报道，可可茶中含咖啡碱的茶（即 *C. ptilophylla* 3）除了花的各部分具有密的毛被外，其实它更接近于茶，而不是可可茶。

由图 3-12 可得出，可可茶种群可分为含可可碱（即 *C. ptilophylla* 1）和含可可碱＋咖啡碱（即 *C. ptilophylla* 2）两个种群，两者之间 Jaccard 相似性系数为 0.4935，遗传距离为 0.3391（表 3-26），亲缘关系较近，且从外形上难以区分，因而两个种群具有相同起源，结合可可茶可可碱的合成受遗传基因控制而非环境条件所致，因而引起种群分化的原因可能是其与近缘种杂交。

在形态特征上，可可茶和茶、普洱茶接近，子房 3 室被毛，但前者叶极长大，长宽最大可达 27 cm×6.8 cm，而且叶的毛被长而密，至老叶仍不脱落，花果均较茶和普洱茶大，因而将其作为一个独立的种归入到茶组茶系。可可茶分布区十分狭窄，在它的分布区也同时有茶的分布，从 RAPD 分析结果来看，可可茶两个种群与茶、普洱茶的亲缘关系较远，彼此间的 Jaccard 相似性系数在 0.22~0.34 之间，遗传距离 0.49~0.64 之间，根据对其他植物类群相关研究，及可可茶形态上的特征，可可茶就是一个独立的种。导致种群分化的原因可能是可可茶与近缘种杂交的结果，而且目前这种分化在外形上也难以区分，这就要在引种驯化时应先对野生可可茶植株进行嘌呤生物碱检测，选择含可可碱不含咖啡碱的可可茶植株作为无性繁殖的母株。

第 3 节　可可茶含可可碱的稳定性研究[①]

可可茶种群中一部分植株在外形上虽然和其他的植株相似，但它们的嘌呤碱不以可可碱为主，而以咖啡碱为优势嘌呤碱。为了查明可可茶含可可碱的稳定性，对从原生地移植到中山大学的含可可碱为主的可可茶，按单株采样分析，并选择含咖啡碱为主的可可茶植株作对照。

这是 1988 年夏季从原生地移植到中山大学茶园的 22 株可可茶，其中 18 株含可可碱为主，4 株含咖啡碱为主，对它们连续 3 年、每年采样 2 次；另外选择含可可碱为主的 1 株可可茶，在一年内从四月起，至九月份，每月采样，样品为 1 芽 2 叶。鲜叶经隔水蒸青 15 min 后，置于 80℃烘箱中烘干备用。

样品液制备：准确称取研磨成粉末的样品 0.5 g(±0.005 g)，置于 250 ml 的三角瓶中，加入 50 ml 沸水，在水浴中保持沸腾 30 min，然后趁热过滤，滤渣重复用 50 ml 沸水提取 2 次，合并 3 次的滤液，滴加 4 ml 20% 的乙酸铅溶液，以消除茶多酚对测定嘌呤生物碱的干扰。过滤后的滤液中滴加 70% 浓硫酸溶液，以除去多余的乙酸铅，滤液加水稀释到 250 ml。

应用 Varian 5060 型高压液相色谱仪进行分析，MEREC 公司生产 Lichrospher 100 RP-185 色谱柱（250 mm×4.6 mm，粒径为 5 μm），流动相为 MeOH：H_2O＝75：25（v：v），流速为 1.0 ml/min，进样 20 μl，检测波长为 254 nm。

标准曲线的制作：采用标准加入法，通过峰面积值作出标准曲线。称取一定量的可可碱标准品分别配制成每毫升含可可碱 0.0152，0.0232，0.0760，0.1160 和 0.1320 mg，以色谱峰面积对浓度得出线性回归方程：$y＝48.32x＋0.11$，$r＝0.99$。

称取一定量的咖啡碱标准品分别配制成每毫升含咖啡碱 0.020，0.052，0.084，0.100 mg，以色谱峰面积对浓度得出回归方程：$y＝46.44x＋0.088$，$r＝0.99$。

---

① 叶创兴，刘称心，张润梅. 可可茶异地移植后可可碱变化的研究［J］. 中山大学学报（自然科学版），1996，35（增刊 2）：58-60.

表 3-27　1992 年 4～9 月和 1993 年 10 月 1 株含可可碱为主的可可茶树嘌呤碱分析结果

Tab. 3-27　Purine alkaloids of one tree of *C. ptilophylla* from April to September, 1992　%

采样时间	可可碱	茶碱	咖啡碱
1992.4.23	5.62	nd	nd
1992.5.11	4.98	nd	nd
1992.6.25	5.18	nd	nd
1992.7.12	4.74	0.01	nd
1992.8.23	4.53	nd	nd
1992.9.13	4.93	nd	nd
1993.10.10	4.24	nd	nd

* 为从原生地移植到中山大学茶园内编号为竹 3# ；nd＝not detected（未检出）。

一、单株可可茶不同季节嘌呤碱的变化

1992 年 4～9 月以及 1993 年 10 月，每月采集的样品混合为一个样品，共得到 7 个样品，检测结果表明所有样品均以含可可碱为主，含量为 4.53%～5.62%（干重），平均为 5.01%（干重），未测得咖啡碱或偶尔检出微量的茶叶碱（表 3-27、图 3-13）。

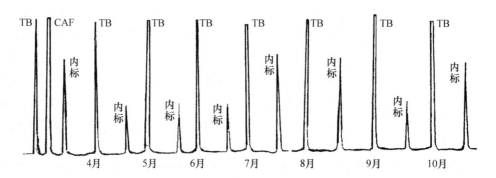

图 3-13　一株可可茶连续七个月的嘌呤生物碱高压液相色谱分离图谱

Fig. 3-13　HPLC chromatogram of purine alkaloids from one *Camellia ptilophylla*（samples were collected from April to October）

TB 表示可可碱，CAF 表示咖啡碱

二、连续三年对 22 株可可茶所含嘌呤碱的研究[①]

1995 年 7 月和 8 月样品分析的结果是 22 株可可茶中，有 18 株含可可碱，含量最高为 6.84%，最低为 4.53%；另有 4 株可可茶含咖啡碱为主，含量从 3.02%～4.94% 之间变化（表 3-28）。

1996 年 8 月和 9 月继续从 22 株可可茶树采样分析，测定结果与 1995 年所采样品的分析结果一致，以咖啡碱为主的 4 株可可茶和以可可碱为主的 18 株可可茶各自所含主要嘌呤碱的性质都没有改变。18 株以可可碱为主的植株，可可碱含量最高为 6.73%，最低为 2.01%；4 株以咖啡碱为主的植株含咖啡碱最高为 3.51%，最低为 2.48%（表 3-29）。

① 黄仲立，李晓燕，周海云，等. 可可茶种质稳定性研究［J］. 中国科学技术期刊文摘，1999，5（2）：209-212.

表 3-28　1995 年 7、8 月采自 22 株迁地移植可可茶树的嘌呤碱

Tab. 3-28　Purine alkaloids of 22 trees of *Camellia ptilophylla* in July and August，1995　%

样品编号	可可碱（7 月 /8 月）	茶叶碱（7 月 /8 月）	咖啡碱（7 月 /8 月）
竹 1[#]	5.19/5.96	0.28/0.36	nd/ nd
竹 2[#]	6.51/6.56	0.23/0.24	nd/ nd
竹 3[#]	4.74/**4.53**	0.014/nd	nd/ nd
竹 4[#]	0.82/1.95	0.41/0.36	4.21/3.19
竹 5[#]	1.17/2.03	0.50/0.31	**4.94**/4.39
竹 6[#]	6.18/6.42	0.26/0.24	nd/nd
竹 7[#]	1.76/2.54	0.34/0.38	4.15/4.04
竹 8[#]	5.15/5.46	0.38/0.38	nd/ nd
竹 9[#]	5.86/6.30	0.51/0.33	nd/ nd
竹 10[#]	6.38/5.87	0.32/0.33	nd/ nd
竹 11[#]	5.14/6.14	0.45/0.32	nd/ nd
竹 12[#]	6.00/5.90	0.41/0.30	nd/ nd
竹 13[#]	6.63/6.24	0.28/0.23	nd/ nd
竹 14[#]	5.54/5.46	0.24/0.18	nd/ nd
竹 15[#]	4.93/5.23	0.29/0.34	nd/ nd
竹 16[#]	5.57/5.55	0.37/0.43	nd/ nd
竹 17[#]	0.69/0.57	0.14/0.57	3.56/3.02
竹 18[#]	5.02/5.57	0.29/0.25	nd/ nd
竹 19[#]	5.92/6.84	0.29/0.51	nd/ nd
竹 20[#]	5.59/5.28	0.27/0.36	nd/ nd
竹 21[#]	5.36/5.84	0.27/0.35	nd/ nd
竹 22[#]	4.97/5.14	0.32/0.27	nd/ nd

表 3-29　1996 年 8、9 两月采自 22 株迁地移植可可茶树的嘌呤碱

Tab. 3-29　Purine alkaloids of 22 trees of *Camellia ptilophylla* in August and September，1996　%

样品编号	可可碱（8 月 /9 月）	茶碱（8 月 /9 月）	咖啡碱（8 月 /9 月）
竹 1[#]	4.54/5.76	nd/ nd	nd/ nd
竹 2[#]	4.50/5.56	nd/ nd	nd/ nd
竹 3[#]	5.05/4.96	nd/ 0.14	nd/ nd
竹 4[#]	1.59/0.48	0.3/ nd	2.76/3.12
竹 5[#]	1.51/1.66	nd/ nd	3.51/2.81
竹 6[#]	4.00/6.73	nd/ nd	nd/ nd
竹 7[#]	1.73/2.01	nd/ nd	**2.48**/2.55
竹 8[#]	4.90/5.85	nd/ nd	nd/ nd
竹 9[#]	5.46/3.05	nd/ nd	nd/ nd
竹 10[#]	4.10/2.99	nd/ nd	nd/ nd
竹 11[#]	4.23/3.83	nd/ nd	nd/ nd
竹 12[#]	4.44/6.40	nd/ nd	nd/ nd
竹 13[#]	4.33/4.98	nd/ nd	nd/ nd
竹 14[#]	**2.01**/3.69	nd/ nd	nd/ nd

续表

样品编号	可可碱（8 月 /9 月）	茶碱（8 月 /9 月）	咖啡碱（8 月 /9 月）
竹 15#	4.36/2.81	nd/ nd	nd/ nd
竹 16#	4.21/2.39	nd/ nd	nd/ nd
竹 17#	0.52/0.77	nd/ nd	2.52/2.72
竹 18#	3.20/3.60	nd/ nd	nd/ nd
竹 19#	3.77/4.57	nd/ nd	nd/ nd
竹 20#	4.01/3.58	nd/ nd	nd/ nd
竹 21#	4.23/4.70	nd/ nd	nd/ nd
竹 22#	4.63/4.09	nd/ nd	nd/ nd

1997 年 3～5 月采自 22 株可可茶树样品所含嘌呤碱的分析结果与前两年的一致，含咖啡碱为主的 4 株可可茶和含可可碱为主的 18 株可可茶各自所含的主要嘌呤碱的性质都没有改变。18 株以可可碱为主的可可茶，可可碱的最高含量为 5.80%，最低为 1.93%；4 株以咖啡碱为主的植株含咖啡碱最高为 4.95%，最低为 2.75%（表 3-30）。

表 3-30　1997 年 3～5 月采自 22 株迁地移植可可茶树的嘌呤碱　　　　　　　　%
Tab. 3-30　Purine alkaloids of 22 trees of *Camellia ptilophylla* in March, April and May, 1996

样品编号	可可碱（3 月 /4 月 /5 月）	茶叶碱（3 月 /4 月 /5 月）	咖啡碱（3 月 /4 月 /5 月）
竹 1#	4.05/3.84/3.82	nd/nd/nd	nd/nd/nd
竹 2#	3.92/3.86/3.38	nd/nd/nd	nd/nd/nd
竹 3#	4.96/4.06/5.28	0.14/nd/nd	nd/nd/nd
竹 4#	1.84/0.16/0.14	nd/nd/nd	**2.75**/4.70/4.92
竹 5#	0.53/1.28/1.53	nd/nd/nd	4.60/**4.95**/2.97
竹 6#	2.84/3.42/5.18	nd/nd/nd	nd/nd/nd
竹 7#	1.85/0.49/2.11	nd/nd/nd	2.87/4.03/3.52
竹 8#	3.99/2.84/5.39	nd/nd/nd	0.03/nd/ nd
竹 9#	3.89//4.23/5.65	nd/nd/nd	nd/nd/nd
竹 10#	2.13/4.04/3.67/	nd/nd/nd	nd/nd/nd
竹 11#	2.89/4.37/**5.80**	nd/0.09/0.11	nd/nd/nd
竹 12#	3.39/4.09/5.16	nd/0.12/0.08	nd/nd/nd
竹 13#	3.63/5.01/4.13	nd/0.06/0.09	nd/nd/nd
竹 14#	**1.93**/4.26/4.83	nd/0.09/0.17	nd/nd/nd
竹 15#	2.86/3.65/5.11	nd/0.06/0.09	nd/nd/nd
竹 16#	3.03/4.40/4.31	nd/0.08/nd	nd/nd/nd
竹 17#	0.93/0.46/0.24	nd/0.11/0.10	3.37/4.49/4.80
竹 18#	2.60/4.39/4.31	nd/0.06/0.04	nd/0.02/nd
竹 19#	3.70/5.26/4.83	nd/nd/nd	nd/nd/nd
竹 20#	2.72/3.83/4.25	nd/0.09/0.13	nd/nd/nd
竹 21#	2.94/4.8/4.69	nd/nd/nd	nd/nd/nd
竹 22#	2.75/5.12/3.11	nd/nd/nd	nd/nd/nd

2005 年对移植到中山大学茶园内的 24 株可可茶进行定量和定性分析，定性分析采用荧光硅胶 TLC（GF254）分析，样品液与标准品咖啡碱、可可碱和茶叶碱分开，用毛细管

吸取长 2 cm 标样与样品液点在硅胶下端的同一水平线上后，经电吹风吹干，置于层析缸中，内有按乙酸乙酯：冰乙酸＝98.5：1.5 的展开剂，当展开剂到达离硅胶板上端 0.5 cm 处取出硅胶板，再用电吹风烘干，在紫外灯光下观察，经拍照，并记录结果。

TLC 测定结果表明 24 株可可茶的嘌呤碱构成与过去的结果吻合，其中竹 4#、竹 7#、竹 17# 含咖啡碱为主，其余 21 株含可可碱为主（表 3-31）。

表 3-31　2005 年采自中山大学的 24 株可可茶 TLC 分析结果
Tab. 3-31　The TLC result from 24 trees of *Camellia ptilophylla* in 2005

样品编号	竹 1#	竹 2#	竹 3#	竹 4#	竹 5#	竹 6#	竹 7#	竹 8#	竹 9#
可可碱	1	1	1	1	1	1	1	1	1
咖啡碱	0	0	0	1	0	0	1	0	0
茶叶碱	0	0	0	0	0	0	0	0	0

样品编号	竹 10#	竹 11#	竹 12#	竹 13#	竹 14#	竹 15#	竹 16#	竹 17#	竹 17-1#
可可碱	1	1	1	1	1	1	1	0	1
咖啡碱	0	0	0	0	0	0	0	1	1
茶叶碱	0	0	0	0	0	0	0	0	0

样品编号	竹 18#	竹 19#	竹 20#	竹 21#	竹 22#	竹 23#	竹 28#
可可碱	1	1	1	1	1	1	1
咖啡碱	0	0	0	0	0	0	0
茶叶碱	0	0	0	0	0	0	0

1 表示检测到该种嘌呤碱；0 表示未检测到该种嘌呤碱采样地点为中山大学。

三、对 5 株异地移植的可可茶嘌呤碱分析

2005 年同时还用高压液相色谱法对从原生地移植到中山大学茶园的 5 株可可茶茶样进行了测定，HP1100 高压液相色谱仪（美国 Hewlett Packard 公司出品，二极管阵列式检测器，带 HP 化学工作站），色谱柱为美国惠普公司产 C_{18} 色谱柱（250 mm×4.6 mm，粒径 5 μm），流动相为 $MeOH：H_2O$＝75：25（v：v），流动速度为 1.0 ml/min，进样量为 10 μl，由进样器加到

表 3-32　2005 年对迁地移植的 5 株可可茶 HPLC 嘌呤碱分析结果
Tab. 3-32　Analysis of purine alkaloids by HPLC from 5 trees of *Camellia ptilophylla* migrated transplanted　%

编号	可可碱	咖啡碱	茶叶碱
竹 1#	4.24	nd	0.058
竹 7#	2.3	3.644	0.046
竹 10#	4.28	nd	0.066
竹 17#	0.372	2.86	0.024
竹 22#	4.32	nd	0.036

色谱柱，检测波长 260 nm。色谱峰面积由 HP 化学工作站计算出，样品中相应成分的含量按公式 $W＝（C×A×250）/（A'×G）$ 计算，其中 W 为样品成分含量（mg/g），C 为标准样品的浓度（mg/ml），G 为所称样品重量（g），A 为样品成分的峰面积，A' 为标准品（进样量为 10 μl）的峰面积值。

高压液相色谱法测定结果与定性分析结果是吻合的，2 株可可茶过去的分析表明其芽叶含咖啡碱为主的可可茶，此次的分析结果和之前的一致（表 3-32）。

四、可可茶实生苗的嘌呤碱

可可茶的引种驯化是否可由实生苗进行，对可可茶种群的调查表明，种群是有分化的，大多数个体含可可碱为主，也有部分的个体在外形上难于和前者区别开来，但含咖啡碱，由可可茶种子繁殖的实生苗，它们或者也会分化。

收集可可茶自然结实的成熟种子，共209粒种子，播种后得到159株实生苗。由实生苗收集芽叶，经隔水蒸青，在80℃烘箱中烘干；同时对采种的28株母树也采1芽2叶样，与实生苗的嘌呤碱进行对照。以HPLC对实生苗的母株样品进行了检测，高压液相色谱的型号、制样、色谱柱、检测条件同前。

检测结果显示（表3-33），28株由可可茶母树采收的种子繁殖的实生苗，经分析，含可可碱的植株有18株，含咖啡碱为主1株，含可可碱为主、也含咖啡碱从微量到1.74%的有8株。含咖啡碱为主的1株实生苗，其种子来源的母树亦含咖啡碱。可以认为由含可可碱为主的母树来源的实生苗后代，多数仍含可可碱为主，但出现了含可可碱也含咖啡碱的后代。

表 3-33　可可茶实生苗及其母株的嘌呤碱含量
Tab. 3-33　Purine alkaloids of seedlings and their mother trees of *Camellia ptilophylla*　　%

编号	样品	采样时间	可可碱	茶叶碱	咖啡碱
1	母树	95.07—97.05	4.73±0.90	nd	nd
	实生苗	98.05—98.06	1.99	nd	nd
		98.09	1.53	nd	nd
2	母树	95.07—97.05	4.92±1.20	nd	nd
	实生苗	98.05—98.06	1.47	nd	nd
		98.09	1.13	nd	nd
3	母树	95.07—97.05	4.21±1.18	nd	nd
	实生苗	98.05—98.06	**2.59**	nd	**0.005**
		98.09	2.16	nd	nd
4	母树	95.07—97.05	4.18±0.99	nd	nd
	实生苗	98.05—98.06	2.11	nd	nd
		98.09	2.09	nd	nd
5	母树	95.07—97.05	4.55±0.94	nd	nd
	实生苗	98.05—98.06	3.10	nd	nd
		98.09	2.30	nd	nd
6	母树	95.07—97.05	4.26±0.98	0.08±0.014	nd
	实生苗	98.05—98.06	**2.76**	nd	**0.06**
		98.09	2.41	nd	nd
7	母树	96.10	1.65	nd	nd
	实生苗	98.05—98.06	**1.07**	nd	**1.09**
		98.09	**0.92**	nd	**1.74**

续表

编号	样品	采样时间	可可碱	茶叶碱	咖啡碱
8	母树	96.10	1.29	nd	nd
	实生苗	98.05—98.06	1.86	nd	nd
		98.09	1.49	nd	nd
9	母树	96.10	2.06	nd	nd
	实生苗	98.05—98.06	1.89	nd	nd
		98.09	**0.82**	nd	**0.48**
10	母树	96.10	2.18	nd	nd
	实生苗	98.05—98.06	1.52	nd	nd
		98.09	1.43	nd	nd
11	母树	96.10	4.53	nd	nd
	实生苗	98.05—98.06	2.19	nd	nd
		98.09	2.00	nd	nd
12	母树	96.10	1.26	nd	nd
	实生苗	98.05—98.06	**0.79**	**nd**	**1.08**
		98.07—98.09	**0.43**	**nd**	**0.69**
13	母树	96.10	1.46	nd	nd
	实生苗	98.05—98.06	2.49	nd	nd
		98.07—98.09	2.06	nd	nd
14	母树	96.10	1.04	nd	nd
	实生苗	98.05—98.06	2.20	nd	nd
		98.07—98.09	1.86	nd	nd
15	母树	96.10	2.18	nd	nd
	实生苗	98.05—98.06	2.06	nd	nd
		98.09	1.10	nd	nd
16	母树	96.10	1.79	nd	nd
	实生苗	98.05—98.06	2.86	nd	nd
		98.07—98.09	1.80	nd	nd
17	母树	96.10	2.28	nd	nd
	实生苗	98.05—98.06	2.60	nd	nd
		98.07—98.09	1.47	nd	nd
18	母树	96.10	1.14	nd	nd
	实生苗	98.05—98.06	**1.90**	nd	**0.54**
		98.07—98.09	**1.21**	nd	**0.23**
19	母树	96.10	2.51	nd	nd
	实生苗	98.05—98.06	2.75	nd	nd
		98.07—98.09	2.24	nd	nd
20	母树	96.10	4.10	nd	nd
	实生苗	98.05—98.06	3.13	nd	nd
		98.09	1.20	nd	nd
21	母树	96.10	0.76	nd	nd
	实生苗	98.05—98.06	2.94	nd	nd
		98.09	1.89	nd	nd

续表

编号	样品	采样时间	可可碱	茶叶碱	咖啡碱
22	母树	96.10	5.93	nd	nd
	实生苗	98.05—98.06	2.96	nd	nd
		98.09	2.12	nd	nd
23	母树	97.07	2.51	nd	nd
	实生苗	98.05—98.06	**0.70**	**nd**	**1.21**
		98.09—98.10	**0.67**	**nd**	**0.78**
24	母树	97.07	2.17	nd	nd
	实生苗	98.05—98.06	**2.10**	**nd**	**1.17**
		98.09/98.10	**2.18**	**nd**	**0.55**
25	母树	97.07	2.11	nd	nd
	实生苗	98.05—98.06	2.44	nd	nd
		98.09—98.10	2.14	nd	nd
26	母树	97.07	**0.84**	**nd**	**4.19**
	实生苗	98.05—98.06	**0.03**	**nd**	**2.22**
		98.09	**0.06**	**nd**	**2.57**
27	母树	97.07	3.44	nd	nd
	实生苗	98.05—98.06	2.52	nd	nd
		98.09	2.14	nd	nd
28	母树	95.10	1.74	nd	nd
	实生苗	98.05—98.06	2.09	nd	nd
		98.09	1.78	nd	nd

五、无性繁殖对可可茶嘌呤碱的影响

利用扦插繁殖可可茶的种苗，能够保持插穗母株的基本性状，通过建立无性系可可茶种植园，对于后续的品种对比和筛选是十分必要的。对于可可茶扦插苗后代也必须了解它们是否和母株所含的嘌呤碱保持一致。为此对可可茶扦插苗嘌呤碱进行了研究。

收集的插穗样品一为单株取样，二是群体样，也就是样品是由不同母株来源的插穗芽叶样品，不管是哪一类型样品，其来源母株均经化学鉴定是含可可碱为主的可可茶。样品均为 1 芽 2 叶，经隔水蒸青 10 min，在 80℃的烘箱中烘干备用。采用高压液相色谱法分析样品的嘌呤生物碱，色谱柱、检测条件等与前相同。

对 33 株扦插苗单株定量分析的结果表明，全部扦插苗后代与扦插苗来源母株的嘌呤碱是一致的，表现为可可碱为主（表 3-34）。

表 3-34　33 株扦插苗及其母株的嘌呤碱含量

Tab. 3-34　Purine alkaloids of 33 offsprings of cutting and their mother cocoa tea trees　　%

编号	样品	采样时间	可可碱	茶叶碱	咖啡碱
1	母株	95.07—97.05	4.73±0.90	nd	nd
	扦插苗	98.05	1.73	nd	nd
		98.07	1.81	nd	nd

续表

编号	样品	采样时间	可可碱	茶叶碱	咖啡碱
2	母株	95.07—97.05	4.90±1.31	nd	nd
	扦插苗	98.05	2.04	nd	nd
		98.07	2.22	nd	nd
3	母株	95.07—97.05	4.97±1.56	nd	nd
	扦插苗	98.05	1.41	nd	nd
		98.07	1.91	nd	nd
4	母株	95.07—97.05	4.80±1.05	nd	nd
	扦插苗	98.05	1.99	nd	nd
		98.07	2.31	nd	nd
5	母株	95.07—97.05	4.92±1.20	nd	nd
	扦插苗	98.05	2.12	nd	nd
		98.07	3.14	nd	nd
6	母株	95.07—97.05	4.17±1.51	nd	nd
	扦插苗	98.05	1.89	nd	nd
		98.07	1.98	nd	nd
7	母株	95.07—97.05	4.63±1.14	nd	nd
	扦插苗	98.05	3.30	nd	nd
		98.07	2.28	nd	nd
8	母株	95.07—97.05	4.99±1.10	nd	nd
	扦插苗	98.05	1.55	nd	nd
		98.07	2.45	nd	nd
9	母株	95.07—97.05	4.21±1.18	nd	nd
	扦插苗	98.05	1.12	nd	nd
		98.07	3.27	nd	nd
10	母株	95.07—97.05	4.1±1.04	nd	nd
	扦插苗	98.07	2.32	nd	nd
		98.09	2.26	nd	nd
11	母株	95.07—97.05	4.98±1.13	nd	nd
	扦插苗	98.05	3.43	nd	nd
		98.07	3.10	nd	nd
12	母株	95.07—97.05	4.18±0.99	nd	nd
	扦插苗	98.05	1.14	nd	nd
		98.07	2.06	nd	nd
13	母株	95.07—97.05	4.26±0.98	nd	nd
	扦插苗	98.05	2.33	nd	nd
		98.07	2.11	nd	nd

续表

编号	样品	采样时间	可可碱	茶叶碱	咖啡碱
14	母株	97.07	4.74	nd	nd
	扦插苗	98.05	1.78	nd	nd
		98.07	1.96	nd	nd
15	母株	97.07	4.92	nd	nd
	扦插苗	98.05	1.76	nd	nd
		98.07	1.29	nd	nd
16	母株	97.07	3.90	nd	nd
	扦插苗	98.05	2.28	nd	nd
		98.07	1.96	nd	nd
17	母株	97.07	4.03	nd	nd
	扦插苗	98.06	2.27	nd	nd
		98.07	1.71	nd	nd
18	母株	97.07	2.90	nd	nd
	扦插苗	98.05	1.01	nd	**0.012**
		98.07	0.89	nd	**0.015**
19	母株	97.07	4.12	nd	nd
	扦插苗	98.05	1.97	nd	nd
		98.07	1.02	nd	nd
20	母株	97.07	5.45	nd	nd
	扦插苗	98.07	1.54	nd	nd
		98.09	1.33	nd	nd
21	母株	97.07	5.02	nd	nd
	扦插苗	98.05	1.38	nd	nd
		98.07	0.74	nd	nd
22	母株	97.07	5.94	nd	nd
	扦插苗	98.05	1.67	nd	nd
		98.07	1.86	nd	nd
23	母株	97.07	6.47	nd	nd
	扦插苗	98.05	1.50	nd	nd
		98.07	1.77	nd	nd
24	母株	97.07	4.58	nd	nd
	扦插苗	98.05	1.18	nd	nd
		98.07	1.94	nd	nd
25	母株	97.07	3.12	nd	nd
	扦插苗	98.05	1.79	nd	nd
		98.07	1.66	nd	nd

编号	样品	采样时间	可可碱	茶叶碱	咖啡碱
26	母株	97.07	2.65	nd	nd
	扦插苗	98.05	2.07	nd	nd
		98.07	1.41	nd	nd
27	母株	97.07	4.85	nd	nd
	扦插苗	98.05	1.20	nd	nd
		98.07	2.77	nd	nd
28	母株	97.07	3.65	nd	nd
	扦插苗	98.05	2.22	nd	nd
		98.07	2.62	nd	nd
29	母株	97.07	3.87	nd	nd
	扦插苗	98.05	1.56	nd	nd
		98.07	2.21	nd	nd
30	母株	97.07	2.77	nd	nd
	扦插苗	98.05	1.17	nd	nd
		98.07	1.96	nd	nd
31	母株	97.07	3.54	nd	nd
	扦插苗	98.06	2.04	nd	nd
		98.09	1.29	nd	nd
32	母株	97.07	3.19	nd	nd
	扦插苗	98.05	2.16	nd	nd
		98.07	3.13	nd	nd
33	母株	97.07	2.11	nd	nd
	扦插苗	98.05	2.54	nd	nd
		98.07	1.79	nd	nd

　　对扦插苗进行随机取样，共采 49 个样品，经分析表明全部样品均含可可碱为主，未测得咖啡碱和茶叶碱，可可碱含量最高为 5.7%，最低为 3.315%，约为 3.2%。结果见表 3-35。

表 3-35　49 个随机采集的扦插苗样品的嘌呤碱分析　　　　　%

Tab. 3-35　Purine alkaloids of 49 cocoa tea cutting lines randomly collected

序号	可可碱	序号	可可碱	序号	可可碱	序号	可可碱	序号	可可碱
1	4.634	6	3.424	11	5.414	16	4.425	21	4.700
2	3.690	7	3.805	12	3.600	17	5.492	22	4.122
3	3.717	8	3.508	13	4.388	18	4.038	23	4.492
4	3.315	9	4.373	14	4.962	19	4.272	24	3.380
5	4.237	10	3.390	15	4.652	20	3.653	25	4.379

续表

序号	可可碱	序号	可可碱	序号	可可碱	序号	可可碱	序号	可可碱
26	4.888	31	4.769	36	4.414	41	4.843	46	4.006
27	4.514	32	4.874	37	5.558	42	4.642	47	4.934
28	5.361	33	5.261	38	4.846	43	4.811	48	4.368
29	5.425	34	4.753	39	5.243	44	3.690	49	4.881
30	5.687	35	3.952	40	4.592	45	4.990		

全部样品未测得咖啡碱和茶叶碱

对确定了嘌呤碱主要成分为可可碱的可可茶植株，剪取其枝条进行扦插繁殖，长成的植株所含嘌呤碱与母株保持一致。

对于含特殊嘌呤生物碱的可可茶，从野生种群的调查发现了在形态上可以没有任何差别，但其芽叶主要嘌呤碱可以是可可碱，也可以是咖啡碱，尽管在形态上不能作区别，但生化成分有差异，就要通过化学检测手段对野生可可茶种群的个体进行甄别，选择含可可碱的植株进行繁殖；同样形态上不能进行区分的植株，以随机扩增多态性 DNA（RAPD）分析方法研究含咖啡碱为主的个体群和含可可碱为主的个体群，显示出这两者是有差异的，含咖啡碱的可可茶和含可可碱为主的可可茶可以处理为可可茶的亚群。这些研究证明可可茶种群发生了分化，而以含可可碱为主的个体和含咖啡碱为主的个体表现出来成为客观的现象。

可可茶在迁地移植后，无论含可可碱的植株还是含咖啡碱的植株，其所含的嘌呤碱自始至终均是非常稳定的，在一年的生长季节中，其嘌呤碱或有变动，但也未改变其所含主要嘌呤碱的性质。这表明含可可碱为主的可可茶植株是可以利用的。

由于研究结果倾向于表明：可可茶以种子繁殖可能会发生分化，为了慎重起见，以不采用实生苗为好。而且在茶行业中，已经不提倡以实生苗建立茶园。应用无性扦插手段，繁殖含可可碱为主的种苗，是稳妥的也是行之有效的手段，它保持了可可茶母树的所有性状，从无性繁殖进行品种的选育也变得十分方便。

六、可可茶器官的嘌呤生物碱[1]

对可可茶来说，我们的主要目的是收取它的芽叶制作成饮料，作为对传统茶叶的一个补充，满足大众的需求。可可茶芽叶以含可可碱为主，在可可茶新梢生长过程中，通常采摘 1 芽 2 叶作为茶叶的加工原料，但从顶芽往下，1 芽，1 芽 2 叶，1 芽 3 叶……，嘌呤碱含量是有变化的。再者对于根、茎、叶、花、果实、种子中含嘌呤碱的情况，应该说它们同样是光合作用的产物，生成后会从叶转运到植物体的各个部分。

自原生地的可可茶采集芽、叶、茎和根，用隔水蒸青 10 min 固定，在 80℃烘箱中烘

① 马应丹，张润梅. 中国野生茶树的化学研究 II. 毛叶茶树 *Camellia ptilophylla* Chang 可可豆碱含量的化学生态研究［J］. 生态科学，1984，1：91-93.

干，研磨粉碎，过 40 目筛后存于棕色瓶并密封备用。分析时供试样品经称重后加水浸提，提取液以碱式醋酸铅除去茶多酚，滤液定容后，以高压液相色谱法测定，所使用的高压液相色谱仪型号、色谱柱、检测条件等同前，并用外标法计算可可碱的含量。

在可可茶新梢发育过程中，以 1 芽 1 叶可可碱含量最高，为 4.11%，其次为 1 芽，为 4.04%，1 芽 2 叶为 3.36%，1 芽 3 叶为 3.00%。1 芽和 1 芽 1 叶可可碱含量最高，与幼嫩组织合成可可碱的能力较强有关，而从新梢往下，枝叶成熟度提高，合成可可碱的能力减弱，因而可可碱的含量降低。

可可茶根中含可可碱 0.10%，根木质部中不含可可碱；在茎中，绿色到浅红色茎皮含可可碱为 0.81%，木质部为 0.11%，灰色树皮的茎枝含可可碱 0.49%，木质部为 0.04%。

从顶芽开始，1 芽，1 芽 1 叶，不包括顶芽的第 2 叶、第 3 叶、第 4 叶，1～6 叶（仅采叶），老叶是新梢第 6 叶后的叶，还有芽、嫩叶上的白毫，它们中含可可碱的量有较大的差异，对新梢绿色枝、红色枝枝条进行检测表明，新梢的 1 芽 1 叶可可碱含量最高，为 5.44%，第 2～4 叶分别为 4.29%、3.70%、3.48%。绿色茎枝为 1.83%，红色茎枝为 0.33%。新梢各部分的检测结果见表 3-36。

表 3-36　可可茶新梢各部分的可可碱　　　　　　　　　　　　　　　　　%
Tab. 3-36　Theobromine of various portions in *C. ptilophylla* flouring shoot

样品	白毫	芽	1 芽 1 叶	第 2 叶	第 3 叶	第 4 叶	第 1-6 叶	老叶	绿枝	红枝
可可碱	2.77	4.4	5.44	4.29	3.70	3.48	1.12	0.59	1.83	0.33

可可茶花、果实中亦含可可碱，花含 0.80% 可可碱，果皮含 0.76% 可可碱，种子不含可可碱。

嫩梢中可可碱的含量较高，其中又以 1 芽 2 叶含量最高，但在其他器官，即根、茎、叶、花、果实和种子中也含有不等量的可可碱，这表明由叶合成的可可碱将通过输导组织转运到植物体的各个部分，地上部分含量较高，地下部分含量较低，在叶中的可可碱含量也随着离先端的芽叶愈远可可碱含量愈低，可可碱随嫩叶、成熟叶、老叶的合成能力降低而迅速下降。果皮含可可碱可达 0.76%，但种子中不含可可碱。

七、讨论和结论

对迁地移植的可可茶进行了单株定性和定量的嘌呤碱检测。

（一）无论何种类型的植株，它们所含的嘌呤碱模式是稳定不变的

可可茶种群中含可可碱为主的个体和含咖啡碱为主的个体是客观存在的，它们已经经过迁地移植，从 1987 年移植，到 1995 年、1996 年和 1997 年连续 3 年，以及在 2005 年对单株嘌呤碱的检测均显示，可可茶两种类型的个体具有的嘌呤碱均是稳定的，因而对含可可碱为主的植株是可以利用的。

（二）通过化学检测，选择含可可碱不含咖啡碱的植株引种驯化

所检测 4 株含咖啡碱为主的可可茶，即竹 4#、竹 5#、竹 7# 和竹 17#，其中 3 株在形态上不能与含可可碱为主的植株相区别，如枝叶花果的毛被，这表明在进行引种驯化时，必须对植株进行嘌呤碱的控制，选择含可可碱为主植株进行繁殖，不能选择有性繁殖即实生苗的繁殖。

（三）可可茶含可可碱虽随着季节而变化，但作为主要嘌呤碱的地位不会改变

含可可碱为主的植株，其嘌呤碱的含量会随季节而产生波动，通常春季含可可碱的量最高，夏季较低，进入秋季回升，但仍比春季时低。尽管如此，含可可碱为主的性质并未改变，这也是我们对含可可碱为主的可可茶加以利用的出发点。

（四）由实生苗来进行可可茶的引种驯化存在着很大的风险

对于收取芽叶作为产品的可可茶，需要摒弃实生苗，提倡用无性系茶苗，作为新型茶叶资源，不宜从一开始就走有性繁殖种苗的道路。

（五）可可茶的引种驯化需采用无性繁殖的方法

可可茶在迁地移植后其所含的嘌呤碱自始至终均是非常稳定的，在一年中其嘌呤碱会呈现季节性的变化，但却始终未改变其所含主要嘌呤碱的性质。这就表明，含可可碱为主的可可茶植株是可以利用的。

应用无性扦插手段，繁殖含可可碱为主的种苗，是稳妥的也是行之有效的手段，它有效地保持了可可茶母树的所有性状，从无性繁殖进行品种的选育也变得十分方便。

（六）可可茶营养器官和生殖器官均含有量不同的可可碱

在嫩梢中可可碱的含量较高，其中又以 1 芽 2 叶含量最高。但在其他器官中，即根、茎、叶、花、果实和种子中也含有不等量的可可碱，这表明由叶合成的可可碱将通过输导组织转运到植物体的各个部分，地上部分含量较高，地下部分含量较低，在叶中的可可碱含量也随着离先端的芽叶愈远而愈低，随嫩叶、成熟叶、老叶可可碱的合成能力依次迅速下降。果皮含可可碱可达 0.76%，但种子中不含可可碱。

第 4 节　种间嫁接对可可茶芽叶生化成分的影响[①]

嫁接在果树栽培和经济林木的繁殖中运用广泛，较常使用的是品种间的嫁接，也有种

---

① 仰晓莉. 可可茶种间嫁接与可可茶花香和成茶香气的研究［D］. 广州：中山大学，2010. 指导教师：叶创兴.

间的嫁接，属间的嫁接。在茶树栽培中为了改造老茶园，应用嫁接技术，实行良种置换，能使老茶园快速复壮，达到增产增效的目的。

　　利用成熟栽培茶园茶树作砧木嫁接可可茶（ *Camellia ptilophylla* Chang），属于含咖啡碱的栽培茶和含可可碱的可可茶的种间嫁接。砧木含咖啡碱会否影响接穗可可茶所含的可可碱，这无疑是要加以研究和解决的问题。

一、实验材料

　　茶样取自广东省茶叶研究所作接穗的可可茶 1 号、可可茶 2 号和作砧木的栽培茶树品种云大黑叶、优选 1 号、优选 8 号、优选 5 号。取样标准为 1 芽 2 叶，同一品种多株混合采样取 60 个芽叶，单株采样则每样品 30 株，每株取 10 个芽叶。鲜叶样品立即以微波炉固定杀青 30 s，置 80℃下烘箱中烘干，密封保存备用。所有蒸青样来源、茶样的采集时间等见表 3-37，根据鲜样来源可分为 5 类：

　　（1）嫁接茶样：指可可茶嫁接成功后无砧木蘖生枝的植株的接穗茶样；

　　（2）砧木蘖生枝茶样：指嫁接成功后砧木蘖生枝条茶样；

　　（3）砧萌嫁接接穗样：指嫁接成活后砧木具有蘖生枝的植株的接穗茶样；

　　（4）砧木茶样：指砧木品种茶样；

　　（5）接穗母株茶样：指接穗的可可茶 1 号可可茶 2 号母株的茶样。

表 3-37　可可茶和它们的接穗取样与作可可茶嫁接砧木的栽培茶树取样分类

Tab.3-37　Experimental samples from Cocoa tea grafting plants and cultivate stock plants

样品	接穗品种	砧木品种	样品类别	采样月份	采样方式
1[#]嫁接植株 1	可可茶 1 号	云大黑叶	嫁接茶样	12，5，7，9	混合植株采样
1[#]嫁接植株 2	可可茶 1 号	优选 8 号	嫁接茶样	12，5，7，9	混合植株采样
1[#]嫁接植株 3	可可茶 1 号	优选 1 号	嫁接茶样	12，5，7，9	混合植株采样
2[#]嫁接植株 1	可可茶 2 号	优选 5 号	嫁接茶样	12，5，7，9	混合植株采样
2[#]嫁接植株 2	可可茶 2 号	优选 8 号	嫁接茶样	12，5，7，9	混合植株采样
2[#]嫁接植株 3	可可茶 2 号	优选 1 号	嫁接茶样	12，5，7，9	混合植株采样
1[#]母株	可可茶 1 号		接穗母株	12，5，7，9	混合植株采样
2[#]母株	可可茶 2 号		接穗母株	12，5，7，9	混合植株采样
优选 1 号	优选 1 号		砧木茶样	7	混合植株采样
优选 5 号	优选 5 号		砧木茶样	7	混合植株采样
优选 8 号	优选 8 号		砧木茶样	7	混合植株采样
云大黑叶	云大黑叶		砧木茶样	7	混合植株采样
1[#]接穗 1～30	可可茶 1 号	云大黑叶	砧萌嫁接接穗样	12，7	单株采样
1[#]砧木 1～30	可可茶 1 号	云大黑叶	砧木蘖生枝茶样	12，7	单株采样
2[#]接穗 1～30	可可茶 2 号	云大黑叶	砧萌嫁接接穗样	12，7	单株采样
2[#]砧木 1～30	可可茶 2 号	云大黑叶	砧木蘖生枝茶样	12，7	单株采样

二、主要仪器与试剂

美国 Waters 高效液相色谱仪（Waters515 泵，20 μl 手动进样器，Waters2487 检测器）；广州逸海公司：YH-3000 色谱工作站；TU-1901 紫外可见分光光度计（北京普析通用仪器公司）。

标准品：茶氨酸（theanine）、没食子酸（GA）、可可碱（TB）、咖啡碱（CAF）、茶叶碱（TP）、儿茶素（C）、表儿茶素（EC）、没食子儿茶素（GC）、表没食子儿茶素（EGC）、儿茶素没食子酸酯（CG）、表儿茶素没食子酸酯（ECG）、没食子儿茶素没食子酸酯（GCG）和表没食子儿茶素没食子酸酯（EGCG）均购于美国 Sigma 公司；色谱纯磷酸购于 Fluka 公司、乙腈购于 Merck 公司；分析纯磷酸二氢钾、磷酸氢二钠、七水合硫酸亚铁、四水合酒石酸钾钠、水合茚三酮、氯化亚锡、谷氨酸、均购于广东光华化学厂。

酒石酸亚铁溶液：称取七水合硫酸亚铁 1 g，四水合酒石酸钾钠 5 g，加水共同溶解后，定容至 1000 ml。

2% 茚三酮溶液：称取茚三酮 1 g，溶于 25 ml 蒸馏水中，加氯化亚锡 40 mg，搅拌溶解后置暗处一昼夜，过滤，滤液加水定容至 50 ml。

pH7.5 磷酸盐缓冲液：1/15 mol/L 的磷酸二氢钾溶液与 1/15 mol/L 的磷酸氢二钠溶液以 15：85 的比例混合，摇匀即为 pH7.5 的缓冲液。

pH8.0 磷酸盐缓冲液：1/15 mol/L 的磷酸二氢钾溶液与 1/15 mol/L 的磷酸氢二钠溶液以 5：95 的比例混合，摇匀即为 pH8.0 的缓冲液。

三、实验方法

（一）高效液相色谱法

1. 供试样品溶液的制备

称量磨碎茶样 0.5 g，置 100 ml 的烧杯中，加入 90 ml 沸水。将烧杯置于水浴锅中沸水浴 30 min，每 10 min 搅拌 1 次，水浴后趁热过滤，残渣以沸水洗涤 1～2 次，滤液冷却后定容至 100 ml。

2. 标准品溶液的制备

精密称取标准品茶氨酸、GA、TB、TP、CAF、C、EC、EGCG、GCG、ECG 各 20 mg，GC、EGC、CG 各 4 mg，充分混合后以超纯水溶解，定容至 100 ml。

3. HPLC 色谱条件

色谱柱：Discovery C_{16} 柱（4.6 mm × 250 mm，5 μm）；流动相 A：0.05% 磷酸水溶液；流动相 B：乙腈；洗脱梯度：0～6 min，96%A，4%B；14～4～20 min：90%A，10%B；30～50 min：78%A，22%B；流速：1.0 ml/min；柱温：35℃；检测波长：210 nm；进样量：20 μl。

（二）紫外分光光度法

准确称取干茶磨碎样 1.5 g，置于 300 ml 烧杯中，加入沸腾蒸馏水 225 ml，放入沸水中浸提 45 min，每隔 10 min 搅拌一次，浸提后即过滤，滤液冷却后加水定容到 250 ml，待测。

1．茶多酚总量的测定

吸取样液 1 ml 于 25 ml 容量瓶中，加水 4 ml，加酒石酸亚铁溶液 5 ml，再加 pH7.5 缓冲液稀释至刻度，空白以蒸馏水代替供试样液。以 1 cm 比色皿，540 nm 波长下测定吸光值。

茶多酚总量的计算：

$$茶多酚(\%) = \frac{E \times 3.914}{1000 \times V'} \times \frac{V_0}{m_0} \times 100\% \qquad (3\text{-}12)$$

其中 E 为吸光值，3.914 为吸光系数（1 cm 比色皿，吸光值为 1.0 时茶多酚浓度为 3.914 mg/ml），V' 为吸取供试液体积，V_0 为茶汤供试液总体积，m_0 为茶叶取样质量。

2．氨基酸总量的测定

吸取滤液 1 ml，置于 25 ml 容量瓶中，再加 0.5 ml 缓冲液，加茚三酮显色剂 0.5 ml，在沸水浴中加热 15 min。待冷却后加水定容至 25 ml。以 1 cm 比色皿，570 nm 波长下测定其吸光值。

标准曲线的制作：称取谷氨酸 100 mg 溶于 100 ml 水中，该溶液含谷氨酸 1 mg/ml 作为原液。根据需要以蒸馏水稀释成以下浓度：50、100、150、200、250、300 μg/ml，分别吸取以上浓度溶液 1 ml 置于 25 ml 容量瓶中，与茶汤测定法同样处理，测定其吸光值。以吸光值 E 为纵坐标，以每毫升中所含谷氨酸的微克数为横坐标绘制标准曲线。

氨基酸总量的计算：

$$氨基酸(\%) = \frac{C \times V_0}{1000 \times m_0} \times 100\% \qquad (3\text{-}13)$$

其中 C 为供试液中总氨基酸的浓度，需根据标准曲线计算得出，V_0 为茶汤供试液总体积，m_0 为茶叶取样质量。

四、结果和讨论

（一）剥除砧木蘖生枝条的可可茶嫁接植株接穗生化成分组成

可可茶 1 号、可可茶 2 号嫁接前后及时剥除砧木蘖生枝条，5、7、9、12 月份接穗的各生化成分含量（%）见表 3-38，所选取的砧木的生化成分含量（%）（7 月采）见表 3-39。

1．氨基酸含量分析

从总氨基酸的含量来看，可可茶 1 号和可可茶 2 号的母株及嫁接植株的氨基酸总

表 3-38　无砧木萌生枝条情况下可可茶嫁接植株芽叶生化成分含量

Tab. 3-38　Biochemical compositions of Cocoa tea grafting samples peeled off tiller of stock

%

采样月份	样品	茶氨酸	AA	GA	TB	CAF	GC	EGC	C	EC	EGCG	GCG	ECG	CG	儿茶素	茶多酚
5	1# 母株	0.07	3.16	0.13	5.93	0	0.92	0.06	4.85	0.21	3.57	14.83	0.48	0.01	24.93	29.30
5	1# 嫁接植株1	0.21	4.74	0.21	6.27	0	0.91	0.05	5.43	0.18	4.20	10.43	0.76	0.02	19.99	26.04
5	1# 嫁接植株2	0.22	4.70	0.15	5.45	0	1.27	0.07	4.86	0.15	3.25	9.10	0.55	0.00	19.26	29.49
5	1# 嫁接植株3	0.17	4.59	0.18	6.91	0	1.08	0.09	4.50	0.16	3.78	7.85	0.63	0.01	18.10	30.98
5	2# 母株	0.05	4.42	0.14	6.31	0	0.79	0.08	4.16	0.18	4.21	14.99	0.40	0.04	24.85	26.64
5	2# 嫁接植株1	0.09	4.27	0.10	4.98	0	0.77	0.07	4.32	0.18	4.10	8.97	0.45	0.17	17.03	30.82
5	2# 嫁接植株2	0.07	4.07	0.10	5.30	0	0.70	0.07	4.96	0.23	3.71	14.98	0.58	0.19	23.42	30.24
5	2# 嫁接植株3	0.09	4.46	0.12	5.81	0	0.98	0.04	4.19	0.18	3.43	9.17	0.42	0.15	18.56	28.56
7	1# 母株	0.61	4.67	0.39	4.01	0	0.73	0.12	3.14	0.16	4.83	13.54	0.96	0.06	21.56	28.98
7	1# 嫁接植株1	0.18	4.90	0.48	4.18	0	0.57	0.08	4.53	0.12	1.60	14.81	0.62	0.03	18.36	28.26
7	1# 嫁接植株2	0.16	4.68	0.30	4.05	0	1.02	0.13	3.69	0.19	3.38	13.63	1.17	0.11	23.31	30.87
7	1# 嫁接植株3	0.19	4.48	0.40	3.63	0	0.57	0.07	4.67	0.12	1.48	14.50	0.63	0.04	18.07	27.25
7	2# 母株	0.11	4.32	0.39	4.10	0	0.91	0.08	4.47	0.00	0.64	14.37	0.57	0.14	19.17	27.86
7	2# 嫁接植株1	0.09	4.28	0.46	3.53	0	0.72	0.09	4.47	0.00	0.51	14.67	0.64	0.16	17.25	26.29
7	2# 嫁接植株2	0.10	4.44	0.35	3.92	0	0.96	0.12	4.83	0.00	0.83	16.03	0.62	0.15	21.54	26.95
7	2# 嫁接植株3	0.13	4.39	0.33	3.64	0	0.73	0.12	4.54	0.00	1.58	15.21	0.57	0.15	19.86	27.19
9	1# 母株	0.09	4.84	0.05	3.98	0	4.39	1.02	4.36	0.01	4.14	14.03	1.44	0.32	23.71	30.57
9	1# 嫁接植株1	0.12	4.96	0.14	4.09	0	4.59	0.45	4.67	0.07	4.40	11.18	1.49	0.17	23.03	30.23
9	1# 嫁接植株2	0.08	4.57	0.12	3.99	0	4.48	0.34	4.63	0.03	4.10	14.30	1.32	0.22	23.43	31.16

续表

%

采样月份	样品	茶氨酸	AA	GA	TB	CAF	GC	EGC	C	EC	EGCG	GCG	ECG	CG	儿茶素	茶多酚
9	1#嫁接植株3	0.03	4.26	0.17	3.15	0	4.11	0.40	4.21	0.05	3.21	10.20	1.83	0.26	24.28	31.13
9	2#母株	0.08	4.37	0.12	4.38	0	4.31	0.35	4.17	0.05	1.97	14.41	1.23	0.29	24.77	30.77
9	2#嫁接植株1	0.15	4.16	0.12	3.06	0	1.74	0.33	3.47	0.00	1.35	9.52	1.10	0.17	17.67	29.56
9	2#嫁接植株2	0.06	1.88	0.09	4.45	0	4.47	0.49	4.91	0.09	4.85	14.99	1.54	0.31	25.65	33.90
9	2#嫁接植株3	0.07	4.25	0.24	4.36	0	1.87	0.27	4.09	0.05	1.39	9.71	1.13	0.19	18.71	29.19
12	1#母株	0.06	4.30	0.65	4.82	0	1.24	0.09	4.43	0.13	0.46	9.17	0.21	0.09	15.47	20.44
12	1#嫁接植株1	0.21	4.44	0.15	4.22	0	0.39	0.02	3.62	0.16	0.12	8.12	0.23	0.10	14.76	18.58
12	1#嫁接植株2	0.22	4.57	0.20	4.26	0	0.70	0.02	5.15	0.23	0	7.79	0.18	0.50	14.52	20.18
12	1#接穗3	0.17	4.20	0.17	4.26	0	0.45	0.02	4.85	0.20	1.52	8.99	0.23	0.65	17.16	24.52
12	2#母株	0.05	1.99	0.23	4.66	0	0.63	0.03	3.42	0.09	0.16	10.58	0.23	0.00	17.15	17.59
12	2#嫁接植株1	0.09	1.69	0.08	4.92	0	0.46	0.02	4.31	0.09	1.82	11.72	0.23	0.26	17.81	19.19
12	2#嫁接植株2	0.07	1.72	0.76	4.72	0	1.47	0.07	3.98	0.08	1.58	8.68	0.21	0.17	16.25	18.53
12	2#嫁接植株3	0.09	4.00	0.13	3.27	0	0.58	0.04	4.19	0.11	1.16	8.95	0.28	0.16	15.71	18.68

表 3-39 2009 年 7 月份各砧木品种生化成分含量

Tab. 3-39 Determination of biochemical components from the tea cultivates be used to graft stock sampled in varieties in July 2009

样品	茶氨酸	AA	GA	TB	CAF	GC	EGC	C	EC	EGCG	GCG	ECG	CG	儿茶素	茶多酚
优选1#	0.49	3.36	0.38	0.51	4.00	0.20	1.47	0.03	0.26	11.37	0.66	1.57	0.11	15.67	19.83
优选5#	0.58	4.31	0.42	0.20	3.86	0.39	4.32	0.00	0.73	10.28	0.55	1.32	0.14	15.74	17.54
优选8#	0.76	4.67	0.50	0.18	3.97	0.78	1.79	0.12	0.37	13.61	0.04	1.85	0.16	18.72	19.30
云大黑叶	1.33	4.24	0.32	0.10	3.98	0.32	1.40	0.09	0.49	7.75	0.25	1.26	0.12	11.68	20.97

量随季节变化，5月份最高，7月、9月稍微降低，到12月份降至最低（图3-14）。这是因为春季茶叶生长最为旺盛，进入夏秋季，随着气温的上升，茶叶次生活动减少，氨基酸的合成作用逐渐减弱，水解作用不断加强，到冬季茶树进入休眠期，氨基酸总量降至最低。

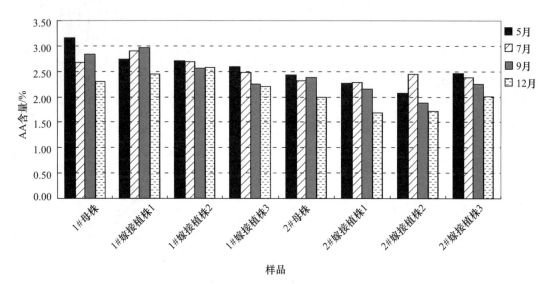

图3-14　无砧木蘖生枝条情况下可可茶嫁接植株氨基酸总量测定（%干重）

Fig. 3-14　Determination of total amino acid from cocoa tea grafting samples peeled off tiller of stock during different seasons（% dry weight）

表3-39中可以看出作为砧木的传统栽培茶中7月份氨基酸总量均比较高，优选1号、优选5号、优选8号、云大黑叶的氨基酸总量分别为3.36%、4.31%、4.67%、4.24%。而可可茶1号、可可茶2号母株在此时的氨基酸总量比较低，分别为4.67%和4.32%。传统研究认为，砧木品种对嫁接茶树氨基酸含量有影响，嫁接后高氨基酸的砧木可以提高低氨基酸含量的接穗。但是本研究并不能得出相同的结论。具体表现为，嫁接植株的氨基酸总量与可可茶母株相比并没有全部显著提高，有的提高，有的反而降低。另外，茶树氨基酸中最重要的一种氨基酸——茶氨酸，在传统栽培茶中含量也比较高，优选1号、优选5号、优选8号和云大黑叶的茶氨酸含量分别为0.49%、0.58%、0.76%和1.33%。然而本研究中可可茶母株及可可茶嫁接植株的茶氨酸含量检测结果均比较低，甚至不足0.1%（表3-38）。因此，有必要在下一步的研究中针对可可茶及嫁接植株的氨基酸组成进行更系统的分析。

2. 生物碱含量分析

与传统茶叶相比，可可茶最大的特色即为不含咖啡碱，无兴奋神经作用。由表3-38，很明显看出，无论是可可茶1号还是可可茶2号，嫁接成功后，在植株生长过程中，及时剥除砧木蘖生枝条，检测结果中未发现含有咖啡碱，只含可可碱，说明了纯可可碱的特性得以保留。

　　无论是可可茶 1 号和 2 号的母株，还是嫁接植株，5 月份的可可碱含量是最高的，7 月和 9 月的可可碱含量持平，跟 5 月相比低很多，这是因为进入夏季，湿热的气候不利于生物碱的积累，12 月份的可可碱的含量是最低的（表 3-40）。可可茶 1 号母株 5 月份可可碱含量为 5.93%，7 月、9 月分别为 4.01%、3.98%，12 月为 4.82%。可可茶 2 号母株 5 月份可可碱含量为 6.31%，7 月、9 月分别为 4.10%、4.38%，12 月为 4.66%。可可碱的含量春夏秋冬变化趋势是持续递减，春季最高，冬季最低。

表 3-40　无砧木蘖生枝条情况下可可茶嫁接植株可可碱含量

Tab. 3-40　Determination of theobromine from Cocoa tea grafting samples peeled off tiller of stock during different seasons　%

样品种类	5 月	7 月	9 月	12 月
1# 母株	5.93	4.01	3.98	4.82
1# 嫁接植株 1	6.27	4.18	4.09	4.22
1# 嫁接植株 2	5.45	4.05	3.99	4.26
1# 嫁接植株 3	6.91	3.63	3.15	4.26
2# 母株	6.31	4.10	4.38	4.66
2# 嫁接植株 1	4.98	3.53	3.06	4.92
2# 嫁接植株 2	5.30	3.92	4.45	4.72
2# 嫁接植株 3	5.81	3.64	4.36	3.27

　　嫁接后，可可茶植株的可可碱含量与原可可茶母株略有差别。具体表现为，可可茶 1 号嫁接在云大黑叶上（1# 嫁接植株 1），其可可碱的含量一般都高于可可茶 1 号母株可可碱含量；可可茶 1 号嫁接在优选 8 号上（1# 嫁接植株 2），其可可碱的含量一般略低于可可茶 1 号母株可可碱含量，或者持平；可可茶 1 号嫁接在优选 1 号上（1# 嫁接植株 3），其可可碱含量 5 月份高于可可茶 1 号母株，其他季节低于可可茶 1 号母株。可可茶 2 号嫁接在优选 5 号、优选 8 号和优选 1 号上，其可可碱的含量一般均比可可茶 2 号母株略低。

3. 没食子酸含量分析

　　可可茶 1 号和可可茶 2 号母株及嫁接植株的没食子酸（GA）随季节变化的规律如图 3-15 所示。GA 含量基本表现为 7 月份最高。可可茶嫁接后的植株 GA 含量与母株相比，无明显 GA 变化规律。

4. 茶多酚总量分析

　　茶多酚在茶树内含量很高，可可茶 1 号和可可茶 2 号母株及嫁接植株茶多酚总量随季节变化，其中 9 月份含量是最高的，5、7 月次之，12 月最低。这是因为夏季利于多酚物质的合成（表 3-41）。作为砧木的传统栽培茶优选 1 号、优选 5 号、优选 8 号和云大黑叶 2009 年 7 月的茶多酚总量分别是 19.83%、15.54%、19.30% 和 20.97%，远远低于同批采摘的可可茶 1 号和可可茶 2 号母株及嫁接植株茶多酚的含量。

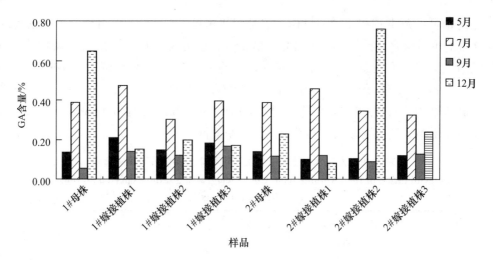

图 3-15　无砧木蘗生枝条情况下可可茶嫁接植株没食子酸测定（％干重）

Fig. 3-15　Determination of gallic acid from cocoa tea grafting samples peeled off tiller of stock during different seasons（％ in dry weight）

表 3-41　无砧木蘗生枝条情况下可可茶嫁接植株茶多酚含量

Tab.3-41　Determination of tea polyphenols from cocoa tea grafting samples peeled off tiller of stock during different seasons　　　　　　　　　　　　　　　　　　％

样品种类	5 月	7 月	9 月	12 月
1# 母株	29.30	28.98	30.57	20.44
1# 嫁接植株 1	26.04	28.26	30.23	18.58
1# 嫁接植株 2	29.49	30.87	31.16	20.18
1# 嫁接植株 3	30.98	27.25	31.13	24.52
2# 母株	26.64	27.86	30.77	17.59
2# 嫁接植株 1	30.82	26.29	29.56	19.19
2# 嫁接植株 2	30.24	26.95	33.90	18.53
2# 嫁接植株 3	28.56	27.19	29.19	18.68

5. 儿茶素类含量分析

可可茶与传统栽培茶总儿茶素含量均比较大，但是在儿茶素组成上有着很大的不同。作为砧木的 4 个传统栽培茶中，EGCG 为最主要的儿茶素，在优选 5 号和云大黑叶中，EGCG 占总儿茶素的 67%，在优选 1 号和优选 8 号中，EGCG 占总儿茶素高至 72%。而在可可茶中，占优势的儿茶素是 GCG。GCG 无论在可可茶 1 号、可可茶 2 号母株还是在其嫁接植株中，含量都是最高的，占总儿茶素的含量的 55%～68%。图 3-16 将 7 月份可可茶 1 号母株和云大黑叶母株的儿茶素组成进行了对比，可以看出除了 GC 和 CG 外，在云大黑叶中含量高的儿茶素，在可可茶中含量都比较低，而在云大黑叶中含量较低的儿茶素，在可可茶中含量则比较高。儿茶素组成的不同，使可可茶有了与传统茶不同的保健功能。

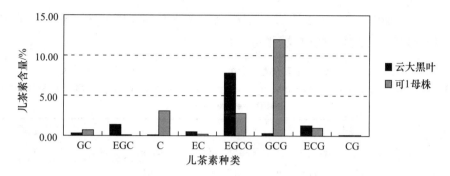

图 3-16　可可茶 1 号与云大黑叶的蒸青样儿茶素组成比较

Fig. 3-16　Comparison of catechins between cocoa tea 1# and *C. assamica*（Yundaheiye）

　　将 4 种游离型儿茶素（C，EC，GC，EGC）和 4 种酯型儿茶素（CG，ECG，GCG，EGCG）含量之和作为儿茶素总量。可可茶 1 号和可可茶 2 号母株及它们各自的嫁接植株的儿茶素类含量随季节变化。儿茶素类物质在 9 月份含量是最高的，其次是 5 月份，7 月次之，12 月份最少（图 3-17）。可可茶 1 号母株在 9、5、7、12 月的 8 种儿茶素总量分别为 23.71%、24.93%、21.56%、15.47%；可可茶 2 号母株在 9、5、7、12 月份的 8 种儿茶素总量分别为 24.77%、24.85 %、19.17%、17.16%。可可茶嫁接在不同的砧木上，与可可茶母株相比，其儿茶素总量均会发生变化，并且随季节变化而变化，具体表现依然为 9 月份含量最高，其次分别为 5、7、12 月。儿茶素是茶多酚的主体成分，其含量随季节变化规律与茶多酚也相同。

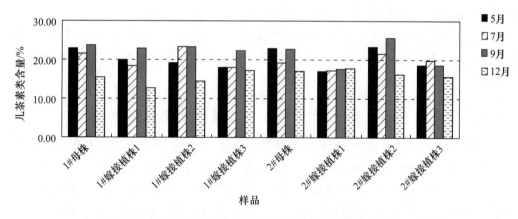

图 3-17　无砧木蘖生枝条情况下可可茶嫁接植株儿茶素测定（% 干重）

Fig. 3-17　Determination of catechins from cocoa tea grafting samples peeled off tiller of stock during different seasons（% dry weight）

　　下面再以 GCG、EGC 为例继续探讨可可茶嫁接前后儿茶素的含量随季节的变化。GCG 含量最高的是 7 月份，含量百分比在 13%～16%，5 月份和 9 月份其含量下降至 9%～12%，12 月份最低（表 3-42）。嫁接在不同砧木上的可可茶接穗中 GCG 含量不同，但 GCG 在儿茶素中的优势地位保持不变。而 EGC 在 9 月份的含量相对而言最高，含量百分比在 0.2%～3%，5，7，12 月的含量较少，多数不足 0.1%。从 5 月到 7 月到 9 月，EGC 含量依次增加，12 月份的时候下降甚多。

表 3-42　无砧木蘖生枝条情况下可可茶嫁接植株 GCG 和 EGC 含量

Tab. 3-42　Determination of GCG from cocoa tea grafting samples peeled off tiller of stock during different seasons
%

样品种类	5 月		7 月		9 月		12 月	
	GCG	EGC	GCG	EGC	GCG	EGC	GCG	EGC
1# 母株	14.83	0.06	13.54	0.12	14.03	1.02	9.17	0.09
1# 嫁接植株 1	10.43	0.05	14.81	0.08	11.18	0.45	8.12	0.02
1# 嫁接植株 2	9.10	0.07	13.63	0.13	14.30	0.34	7.79	0.02
1# 嫁接植株 3	7.85	0.09	14.50	0.07	10.20	0.40	8.99	0.02
2# 母株	14.99	0.08	14.37	0.08	14.41	0.35	10.58	0.03
2# 嫁接植株 1	8.97	0.07	14.67	0.09	9.52	0.33	11.72	0.02
2# 嫁接植株 2	14.98	0.07	16.03	0.12	14.99	0.49	8.68	0.07
2# 嫁接植株 3	9.17	0.04	15.21	0.12	9.71	0.27	8.95	0.04

6. 小结

通过对比可可茶 1 号和可可茶 2 号嫁接前后在不同季节的化学检测结果可知，在及时剥除砧木蘖生枝条的条件下，两个可可茶无性品种嫁接植株均保持了不含咖啡碱，纯含可可碱的特性；嫁接植株可可碱的含量跟原可可茶母株相比有所变化；不同的砧木接穗组合条件下可可碱的含量会不同；同一砧木接穗组合不同季节含量也不同。

茶叶生化成分的原始组成受季节气候的影响，生物碱和氨基酸含量在 5 月最高，7 和 9 月稍低，12 月降至最低；GA 在 7 月份最高，茶多酚和儿茶素类在 5、7 月份时较高，9 月达到最高，12 月降至最低。

（二）保留砧木蘖生枝条的可可茶嫁接植株生化成分组成

可可茶 1 号、可可茶 2 号作接穗，栽培茶树作砧木，成活后的嫁接植株同时保留砧木蘖生枝条，对接穗和蘖生枝同时采样 2 次，其中，2008 年 12 月，可可茶 1 号和可可茶 2 号接穗芽、对应砧木芽蒸青样生化成分组成分别见表 3-43、表 3-44，2009 年 7 月结果见表 3-45、表 3-46。部分样品蒸青样氨基酸总量和茶多酚总量见表 3-47、表 3-48。

表 3-43　带有砧木蘖生枝的可可茶 1 号嫁接植株接穗与砧木芽叶生化成分（2008 年 12 月采样）

Tab. 3-43　Biochemical component from cocoa tea 1# grafting samples and tiller samples of stock （sampled in Dec. 2008）
%

样品	茶氨酸	GA	TB	GC	CAF	EGC	C	EC	EGCG	GCG	ECG	CG	儿茶素
1# 接穗 1	0.26	0.20	3.57	4.83	0.22	0.26	4.98	0.12	4.04	13.99	0.29	0.59	27.09
1# 砧木 1	0.95	0.22	0.27	0.43	3.73	4.75	0.22	0.60	19.48	1.64	4.84	0.21	28.17
1# 接穗 2	0.26	0.25	3.75	4.64	0.17	0.29	4.89	0.22	3.45	14.18	0.23	0.65	26.54

样品	茶氨酸	GA	TB	GC	CAF	EGC	C	EC	EGCG	GCG	ECG	CG	儿茶素
1#砧木 2	1.59	0.08	0.00	0.47	4.68	4.61	0.96	4.47	6.64	0.60	6.74	0.31	20.79
1#接穗 3	0.11	0.29	3.24	4.28	0.17	0.29	5.83	0.17	4.90	9.59	0.21	0.37	21.63
1#砧木 3	1.75	0.02	0.00	0.46	4.63	4.62	1.31	3.06	5.65	0.47	7.30	0.00	20.87
1#接穗 4	0.47	0.27	3.68	4.98	0.16	0.39	4.50	0.18	3.31	10.52	0.21	0.36	24.45
1#砧木 4	4.54	0.07	0.04	0.49	4.75	4.55	1.03	4.48	14.17	1.56	8.20	0.03	28.51
1#接穗 5	0.38	0.39	4.13	3.07	0.15	0.34	4.97	0.18	3.38	13.07	0.32	0.54	25.86
1#砧木 5	1.63	0.09	0.01	0.95	3.10	5.17	0.46	1.17	14.41	4.20	4.77	0.00	29.14
1#接穗 6	0.29	0.35	3.58	4.39	0.16	0.24	5.36	0.17	3.30	14.85	0.29	0.51	25.10
1#砧木 6	1.00	0.09	0.02	0.84	4.69	4.38	0.34	1.01	14.55	1.23	4.25	0.15	24.74
1#接穗 7	0.71	0.19	4.25	3.13	0.17	0.21	4.25	0.11	4.79	13.87	0.36	0.75	25.46
1 砧木 7	4.06	0.08	0.15	0.88	3.26	4.20	0.39	0.91	17.36	3.01	4.91	0.34	34.01
1 接穗 8	0.21	0.21	3.74	3.15	0.21	0.29	4.82	0.16	4.93	13.52	0.28	0.59	25.73
1 砧木 8	1.06	0.07	0.04	1.03	3.18	8.18	0.45	1.55	11.61	1.23	3.06	0.15	27.25
1 接穗 9	0.20	0.23	3.07	1.49	0.10	0.16	4.93	0.12	1.62	8.65	0.15	0.49	17.61
1 砧木 9	0.79	0.09	0.08	1.43	3.04	6.83	0.55	1.41	13.78	1.31	3.42	0.14	28.88
1 接穗 10	0.06	0.32	4.60	1.80	0.10	0.19	5.88	0.12	1.82	10.17	0.11	0.67	20.76
1 砧木 10	0.32	0.08	0.00	1.15	4.60	4.75	0.38	0.74	16.45	4.99	3.40	0.27	30.12
1 接穗 11	0.39	0.33	3.51	4.43	0.02	0.26	5.20	0.19	4.84	11.19	0.30	0.51	24.91
1 砧木 11	1.32	0.04	0.22	0.63	3.39	4.72	0.79	4.05	13.97	0.84	6.95	0.11	30.06
1#接穗 12	0.22	0.20	4.97	4.42	0.15	0.18	5.11	0.08	1.36	8.83	0.14	0.51	18.62
1#砧木 12	0.89	0.12	0.54	0.86	1.28	4.06	1.73	1.09	4.17	4.93	4.22	0.25	15.30
1#接穗 13	0.14	0.21	4.45	1.94	0.13	0.94	5.17	0.19	3.37	8.33	0.43	0.47	20.84
1#砧木 13	0.90	0.07	0.00	1.34	4.28	5.44	0.45	1.15	14.03	4.67	4.86	0.42	26.35
1#接穗 14	0.24	0.23	3.03	4.19	0.14	0.78	5.39	0.20	3.10	9.23	0.36	0.50	21.72
1#砧木 14	0.25	0.07	0.00	1.50	1.80	4.90	0.58	1.35	7.25	1.65	4.17	0.30	19.69
1#接穗 15	0.08	0.27	4.75	1.24	0.06	0.09	5.40	0.12	1.44	8.01	0.12	0.48	16.91
1#砧木 15	0.92	0.09	0.00	1.11	4.15	4.96	0.29	0.85	14.10	4.40	3.38	0.22	27.29
1#接穗 16	0.23	0.36	4.47	1.74	0.08	0.20	5.19	0.14	1.62	7.69	0.09	0.39	17.05
1#砧木 16	0.39	0.08	0.42	0.93	1.56	4.42	0.97	0.88	4.27	1.76	4.13	0.17	13.52
1#接穗 17	0.11	0.22	3.17	1.81	0.13	0.16	6.03	0.09	4.71	11.64	0.13	0.85	23.42
1#砧木 17	1.64	0.12	0.03	1.15	4.76	5.17	0.45	1.14	14.07	4.73	3.85	0.26	28.82
1#接穗 18	0.48	0.20	3.19	4.22	0.14	0.17	5.01	0.09	1.58	9.10	0.12	0.58	18.89
1#砧木 18	0.36	0.10	0.01	0.88	4.11	3.78	0.21	0.55	10.24	4.04	1.88	0.26	19.83
1#接穗 19	0.04	0.24	3.21	1.74	0.10	0.13	4.74	0.10	1.87	10.43	0.14	0.63	19.78
1#砧木 19	0.50	0.03	0.00	0.34	1.94	0.77	1.17	4.63	1.15	0.32	4.12	0.25	10.75
1#接穗 20	0.38	0.25	3.19	1.97	0.16	0.28	5.11	0.19	4.42	8.92	0.16	0.47	19.51
1#砧木 20	0.26	0.05	0.00	1.34	4.06	5.49	0.51	1.30	10.52	4.04	3.25	0.37	24.81
1#接穗 21	0.24	0.27	3.40	4.69	0.16	0.33	5.62	0.17	4.74	11.25	0.15	0.62	23.57
1#砧木 21	0.66	0.06	0.22	1.02	1.67	4.95	0.76	0.96	6.47	1.28	1.48	0.14	17.05

续表

样品	茶氨酸	GA	TB	GC	CAF	EGC	C	EC	EGCG	GCG	ECG	CG	儿茶素
1# 接穗 22	0.12	0.19	3.17	4.46	0.14	0.23	5.26	0.12	1.99	9.40	0.14	0.53	20.12
1# 砧木 22	0.61	0.07	0.25	0.87	1.61	4.36	0.91	1.00	7.26	1.67	1.86	0.13	18.06
1# 接穗 23	0.07	0.01	4.52	4.06	0.13	0.20	5.22	0.12	1.54	6.82	0.05	0.39	16.37
1# 砧木 23	0.28	0.06	0.00	1.01	1.59	3.77	0.43	1.22	6.89	1.16	4.80	0.28	17.54
1# 接穗 24	0.15	0.20	4.22	1.86	0.14	0.18	4.78	0.09	4.24	11.94	0.16	0.80	24.05
1# 砧木 24	0.45	0.08	0.00	1.29	1.90	5.99	0.35	1.14	8.68	1.34	1.92	0.26	20.96
1# 接穗 25	0.24	0.20	4.92	4.21	0.15	0.21	5.25	0.13	4.05	9.16	0.14	0.44	19.58
1# 砧木 25	0.16	0.08	0.22	1.13	1.54	4.38	0.78	1.21	6.36	1.54	4.10	0.19	17.67
1# 接穗 26	0.14	0.23	3.33	4.48	0.11	0.16	5.00	0.10	1.71	9.16	0.16	0.61	19.37
1# 砧木 26	0.40	0.09	0.48	0.84	1.18	3.38	1.39	0.96	5.44	4.38	1.61	0.16	16.16
1# 接穗 27	0.08	0.22	4.25	4.11	0.13	0.17	5.27	0.09	1.49	8.12	0.06	0.50	17.80
1# 砧木 27	0.13	0.08	0.27	1.21	1.28	5.42	0.96	0.88	8.88	4.97	1.58	0.22	24.11
1# 接穗 28	0.10	0.21	4.67	1.81	0.14	0.16	5.66	0.12	4.16	10.36	0.18	0.67	21.11
1# 砧木 28	0.26	0.07	0.24	0.82	1.35	1.84	0.90	0.46	4.21	1.74	1.06	0.26	11.27
1# 接穗 29	0.07	0.19	4.15	1.28	0.07	0.08	4.75	0.08	1.27	7.22	0.11	0.50	15.28
1# 砧木 29	0.17	0.07	0.00	1.25	1.88	4.30	1.19	4.36	7.55	1.15	4.62	0.28	24.70
1# 接穗 30	0.26	0.25	4.85	1.91	0.06	0.09	4.83	0.08	1.08	8.04	0.09	0.49	16.61
1# 砧木 30	0.67	0.09	0.00	0.95	1.98	3.29	0.36	0.93	6.02	1.14	4.37	0.27	15.34
1# 接穗平均	0.22	0.24	3.10	4.21	0.13	0.25	5.15	0.13	4.34	10.17	0.19	0.55	20.99
1# 砧木平均	0.83	0.08	0.12	0.95	4.23	4.18	0.71	1.32	9.65	1.73	3.44	0.21	24.19

表 3-44 带有砧木蘖生枝的可可茶 2 号嫁接植株接穗与砧木芽叶生化成分（2008 年 12 月采样）

Tab. 3-44 Biochemical component of two portions from cocoa tea 2# grafting samples with stock tiller samples（sampled in Dec. 2008） %

样品	茶氨酸	GA	TB	GC	CAF	EGC	C	EC	EGCG	GCG	ECG	CG	儿茶素
2# 接穗 1	0.13	0.17	3.76	1.80	0.20	0.30	3.68	0.00	3.35	14.71	0.02	0.31	24.16
2# 砧木 1	4.04	0.17	0.00	0.46	4.72	1.43	0.94	4.42	4.47	1.06	7.24	0.51	18.52
2# 接穗 2	0.11	0.14	3.41	1.42	0.11	0.20	3.58	0.15	4.72	14.52	0.05	0.32	20.96
2# 砧木 2	4.55	0.05	0.00	0.82	4.74	6.97	0.18	0.97	7.54	1.12	1.33	0.01	18.94
2# 接穗 3	0.08	0.14	4.71	0.67	0.31	0.05	4.69	0.11	0.81	5.55	0.00	0.04	9.92
2# 砧木 3	1.44	0.08	0.82	0.98	1.69	4.01	1.11	0.82	10.10	5.02	4.24	0.04	24.34
2# 接穗 4	0.07	0.26	4.07	1.68	0.10	0.18	3.24	0.11	4.23	7.89	0.00	0.03	15.36
2# 砧木 4	1.12	0.03	0.00	1.68	4.26	6.06	0.79	1.51	8.61	1.01	3.22	0.05	24.92
2# 接穗 5	0.08	0.09	3.05	1.10	0.10	0.16	3.93	0.17	4.42	10.90	0.10	0.28	19.05
2# 砧木 5	4.81	0.11	0.00	0.63	3.14	4.17	0.36	1.27	10.65	1.03	3.57	0.08	21.77
2# 接穗 6	0.36	0.30	3.24	0.90	0.22	0.10	4.50	0.04	1.41	9.42	0.05	0.09	14.52
2# 砧木 6	1.01	0.12	0.06	0.75	4.27	5.38	0.27	1.28	5.42	0.49	1.73	0.03	15.36
2# 接穗 7	0.08	0.11	4.61	1.16	0.31	0.13	3.29	0.12	4.15	9.67	0.04	0.23	16.79
2# 砧木 7	0.39	0.05	0.03	0.45	4.20	1.25	4.07	5.03	4.03	0.26	1.74	0.14	14.97

续表

样品	茶氨酸	GA	TB	GC	CAF	EGC	C	EC	EGCG	GCG	ECG	CG	儿茶素
2# 接穗 8	0.07	0.16	4.73	0.94	0.00	0.08	4.72	0.08	1.17	7.15	0.00	0.20	14.34
2# 砧木 8	0.96	0.11	0.76	0.61	1.31	0.53	1.09	0.67	1.19	1.81	1.95	0.06	7.89
2# 接穗 9	0.07	0.11	4.84	0.97	0.21	0.08	4.89	0.10	1.50	9.34	0.18	0.25	15.32
2# 砧木 9	0.96	0.14	0.00	1.02	4.66	4.67	0.70	1.36	5.35	1.58	4.55	0.10	15.33
2# 接穗 10	0.18	0.16	4.73	1.22	0.00	0.17	4.57	0.09	4.13	9.74	0.05	0.06	16.04
2# 砧木 10	0.36	0.07	0.51	0.79	1.28	4.30	1.07	1.10	8.37	4.41	4.90	0.23	23.17
2# 接穗 11	0.08	0.18	4.89	1.17	0.00	0.13	4.74	0.08	1.67	8.75	0.03	0.06	14.63
2# 砧木 11	0.00	0.11	0.00	0.11	4.61	0.32	1.28	4.80	0.69	0.16	8.46	0.46	14.27
2# 接穗 12	0.09	0.03	4.20	1.90	0.22	0.19	3.08	0.13	1.99	7.01	0.00	0.04	14.33
2# 砧木 12	0.89	0.11	0.00	0.70	4.24	0.79	0.57	1.56	1.25	0.51	3.70	0.16	9.24
2# 接穗 13	0.53	0.08	3.01	1.50	0.12	0.12	3.02	0.04	0.18	15.52	0.05	0.08	20.51
2# 砧木 13	0.39	0.02	0.00	0.81	4.12	1.37	1.36	4.80	1.51	0.21	3.60	0.12	11.78
2# 接穗 14	0.55	0.11	4.34	1.21	0.14	0.10	4.50	0.07	1.98	11.24	0.00	0.05	17.15
2# 砧木 14	0.89	0.07	0.00	0.62	1.94	3.46	0.36	4.14	6.31	0.67	4.38	0.13	18.07
2# 接穗 15	0.09	0.13	4.86	1.66	0.21	0.15	3.21	0.07	4.19	14.82	0.00	0.07	20.17
2# 砧木 15	1.10	0.09	0.00	0.67	4.03	4.28	0.37	4.11	6.32	0.48	4.87	0.06	17.15
2# 接穗 16	0.08	0.09	4.27	1.70	0.12	0.12	4.55	0.08	1.78	10.44	0.00	0.10	16.76
2# 砧木 16	0.59	0.04	0.00	0.82	4.29	5.79	0.36	1.64	14.56	0.83	4.16	0.10	26.25
2# 接穗 17	0.14	0.13	3.24	1.26	0.27	0.24	3.19	0.16	4.17	14.23	0.03	0.08	21.37
2# 砧木 17	1.11	0.06	0.00	0.92	4.58	5.22	0.28	0.89	8.94	0.98	4.15	0.07	19.43
2# 接穗 18	0.03	0.12	4.71	0.90	0.75	0.77	4.79	0.70	3.77	10.55	1.79	0.08	21.34
2# 砧木 18	0.80	0.06	0.00	0.46	4.35	1.56	1.09	3.51	1.87	0.13	4.05	0.15	14.81
2# 接穗 19	0.10	0.25	4.68	1.04	0.20	0.13	3.20	0.12	4.50	11.16	0.04	0.10	18.29
2# 砧木 19	0.65	0.09	0.05	0.45	1.75	4.98	0.08	0.72	7.56	0.76	1.64	0.18	14.36
2# 接穗 20	0.08	0.16	3.38	0.79	0.31	0.08	3.31	0.12	1.72	10.47	0.00	0.09	16.57
2# 砧木 20	1.37	0.04	0.00	0.38	4.67	4.56	0.94	3.38	7.91	0.69	8.94	0.09	24.89
2# 接穗 21	0.18	0.11	4.62	0.78	0.16	0.12	4.90	0.10	3.34	14.89	0.29	0.25	24.66
2# 砧木 21	1.64	0.62	0.47	0.19	4.94	0.95	1.03	3.70	4.25	0.34	9.14	0.34	17.94
2# 接穗 22	0.44	0.21	3.23	0.79	0.22	0.10	3.30	0.15	4.35	10.30	0.20	0.09	17.27
2# 砧木 22	0.99	0.15	0.24	0.63	4.61	3.05	0.26	1.22	8.00	1.15	4.22	0.15	18.68
2# 接穗 23	0.00	0.22	3.26	0.79	0.31	0.07	3.42	0.10	1.54	9.51	0.09	0.32	15.84
2# 砧木 23	1.07	0.09	0.00	0.63	4.59	4.06	0.26	0.89	9.84	1.02	4.94	0.10	19.73
2# 接穗 24	0.03	0.27	3.56	0.63	0.11	0.06	4.19	0.05	1.71	10.51	0.20	0.12	15.46
2# 砧木 24	0.47	0.07	0.16	1.12	4.30	4.41	0.61	4.01	4.09	0.30	4.21	0.04	14.79
2# 接穗 25	0.08	0.16	3.18	1.15	0.12	0.11	3.11	0.09	4.20	14.63	0.04	0.09	19.41
2# 砧木 25	1.95	0.09	0.08	0.74	1.93	3.89	0.42	1.71	5.54	0.45	3.27	0.09	16.10
2# 接穗 26	0.07	0.27	4.97	1.48	0.11	0.19	3.47	0.13	3.29	13.15	0.19	0.14	24.03
2# 砧木 26	1.07	0.11	0.03	0.27	4.71	4.00	0.49	1.99	4.53	0.25	4.98	0.15	14.66
2# 接穗 27	0.06	0.15	4.69	0.95	0.31	0.09	3.07	0.10	1.90	10.95	0.20	0.14	17.39

样品	茶氨酸	GA	TB	GC	CAF	EGC	C	EC	EGCG	GCG	ECG	CG	儿茶素
2#砧木27	0.57	0.66	0.00	0.79	4.38	3.97	0.85	3.71	3.25	0.29	3.75	0.13	16.72
2#接穗28	0.03	0.20	4.88	0.71	0.00	0.06	4.58	0.07	1.31	8.43	0.19	0.31	13.66
2#砧木28	0.35	0.07	0.00	0.87	1.97	4.17	0.86	1.15	4.17	1.21	3.23	0.08	13.76
2#接穗29	0.02	0.07	1.99	0.69	0.00	0.07	4.00	0.06	1.67	8.99	0.14	0.23	13.85
2#砧木29	0.80	0.05	0.00	0.94	4.25	7.28	0.61	4.97	8.54	0.68	3.68	0.10	24.80
2#接穗30	0.03	0.20	4.89	0.72	0.00	0.06	4.59	0.07	1.31	8.47	0.19	0.31	13.71
2#砧木30	0.51	0.12	0.00	0.09	4.13	0.53	0.43	1.48	1.30	0.00	3.38	0.02	7.19
2#接穗平均	0.13	0.16	4.87	1.12	0.17	0.15	4.98	0.11	4.08	10.43	0.14	0.15	17.16
2#砧木平均	1.03	0.12	0.11	0.68	4.29	3.18	0.70	1.96	5.67	0.96	3.84	0.13	17.13

表3-45　带有砧木蘖生枝的可可茶1号嫁接植株接穗与砧木芽叶生化成分（2009年7月采样）
Tab. 3-45　Biochemical component of two portions from cocoa tea 1# grafting samples and stock tiller samples（sampled in Jul. 2009）　%

样品	茶氨酸	GA	TB	GC	CAF	EGC	C	EC	EGCG	GCG	ECG	CG	儿茶素
1#接穗1	0.12	1.00	3.37	3.90	0.29	0.46	5.25	0.39	1.63	10.09	1.18	0.15	23.04
1#砧木1	0.42	0.12	0.54	0.62	4.19	4.05	0.98	4.13	14.76	1.25	1.45	0.68	21.94
1#接穗2	0.06	0.34	3.51	1.22	0.29	0.07	4.15	0.00	0.74	8.01	1.11	0.18	15.49
1#砧木2	1.48	0.15	0.25	0.33	4.32	1.51	0.25	0.86	15.33	1.21	0.79	0.60	20.88
1#接穗3	0.07	0.17	3.53	4.21	0.40	0.16	5.69	0.22	4.26	13.37	1.73	0.29	25.94
1#砧木3	1.41	0.20	0.82	0.97	4.10	5.16	0.12	0.68	18.16	1.62	4.83	0.26	29.81
1#接穗4	0.11	0.18	3.17	1.89	0.41	0.12	5.28	0.14	1.69	14.18	1.39	0.24	24.93
1#砧木4	0.84	0.24	0.33	0.66	4.76	4.09	0.00	0.44	15.65	1.82	3.65	0.23	26.54
1#接穗5	0.09	0.14	3.50	4.16	0.20	0.16	5.27	0.21	4.52	14.42	1.72	0.32	26.77
1#砧木5	0.87	0.00	0.51	0.99	3.76	4.32	0.71	3.16	14.12	1.33	1.25	0.52	26.41
1#接穗6	0.15	0.12	3.35	4.21	0.39	0.23	4.47	0.22	4.63	14.65	1.75	0.34	24.51
1#砧木6	0.89	0.10	0.09	1.12	4.35	4.51	0.75	1.23	14.62	0.91	6.44	0.40	25.99
1#接穗7	0.19	0.18	3.36	1.38	0.25	0.10	4.51	0.11	1.46	9.37	1.47	0.25	18.66
1#砧木7	0.70	0.15	0.05	0.56	3.86	1.61	0.73	1.21	18.33	1.14	1.14	0.46	25.17
1#接穗8	0.92	0.10	4.73	0.91	14.04	4.91	0.12	0.77	18.12	1.78	0.43	0.46	25.52
1#砧木8	1.00	0.11	0.10	1.61	4.28	4.63	0.65	1.17	16.62	1.67	0.68	0.38	27.41
1#接穗9	0.27	0.09	3.59	4.13	0.37	0.15	5.00	0.16	4.77	14.14	1.83	0.40	26.58
1#砧木9	0.54	0.08	0.00	1.37	3.63	4.07	0.53	1.03	15.06	1.72	0.96	0.38	25.12
1#接穗10	0.12	0.15	3.13	4.23	0.36	0.15	4.70	0.16	1.89	10.40	1.32	0.30	21.14
1#砧木10	1.40	0.11	0.10	1.32	3.70	4.07	0.85	1.09	14.71	0.85	0.67	0.31	21.87
1#接穗11	0.27	0.09	3.39	1.89	0.31	0.13	4.78	0.19	4.37	14.72	1.87	0.42	24.36
1#砧木11	1.12	0.08	0.06	0.71	4.01	4.41	0.24	0.91	16.20	1.93	0.68	0.42	25.51
1#接穗12	0.15	0.12	0.00	1.85	0.25	0.14	4.83	0.22	4.20	11.82	1.95	0.32	23.35
1#砧木12	1.41	0.06	0.06	1.37	4.72	5.01	0.81	1.23	21.13	1.53	0.69	0.33	34.11
1#接穗13	0.18	0.12	3.34	4.16	0.43	0.17	5.05	0.16	4.55	14.46	4.24	0.36	25.16

续表

样品	茶氨酸	GA	TB	GC	CAF	EGC	C	EC	EGCG	GCG	ECG	CG	儿茶素
1#砧木 13	0.85	0.01	0.51	1.63	4.03	5.40	0.74	1.51	14.77	1.76	0.19	0.54	26.53
1#接穗 14	0.10	0.23	3.67	1.95	0.33	0.18	4.79	0.24	4.47	11.40	1.89	0.34	23.26
1#砧木 14	0.62	0.03	0.27	1.02	4.76	4.85	0.67	4.06	14.24	1.42	1.14	0.63	24.04
1#接穗 15	0.17	0.17	3.92	1.93	0.33	0.21	4.50	0.16	4.31	14.10	1.72	0.31	23.24
1#砧木 15	0.78	0.14	0.00	0.52	4.30	1.74	0.79	4.12	14.26	0.79	0.34	1.12	21.69
1#接穗 16	0.21	0.16	3.39	1.62	0.35	0.19	4.79	0.07	1.38	9.05	1.40	0.25	18.75
1#砧木 16	0.47	0.10	0.06	1.01	4.75	3.19	0.67	1.23	15.31	4.08	1.13	0.78	25.41
1#接穗 17	0.10	0.10	3.31	1.95	0.46	0.17	5.45	0.25	4.15	11.20	4.21	0.36	23.75
1#砧木 17	1.23	0.03	0.65	1.58	4.54	4.02	0.55	0.89	13.94	1.85	0.59	0.59	24.00
1#接穗 18	0.19	0.20	3.32	4.08	0.37	0.20	5.20	0.23	1.64	9.69	1.40	0.25	20.69
1#砧木 18	0.57	0.15	0.10	0.82	4.63	4.08	0.46	1.55	11.19	1.22	0.78	0.60	20.70
1#接穗 19	0.37	0.18	4.00	1.42	4.29	0.98	3.53	0.52	6.59	8.16	0.21	0.31	21.73
1#砧木 19	1.18	0.05	0.50	1.14	5.08	3.67	0.53	1.27	11.01	1.55	0.94	0.48	20.58
1#接穗 20	0.14	0.13	3.47	4.13	0.42	0.17	5.42	0.22	4.10	14.15	1.75	0.31	24.24
1#砧木 20	1.19	0.02	0.38	0.65	4.15	3.18	0.76	4.10	15.70	0.80	1.34	0.56	25.10
1#接穗 21	0.12	0.20	3.32	1.88	0.25	0.16	4.56	0.08	4.28	14.83	1.91	0.32	24.03
1#砧木 21	0.96	0.16	0.11	1.52	4.68	3.86	0.47	0.84	11.45	1.44	0.77	0.48	20.82
1#接穗 22	0.06	0.24	3.92	1.26	0.15	0.15	4.08	0.08	1.57	9.99	1.61	0.34	19.08
1#砧木 22	1.31	0.25	0.17	0.90	4.38	4.50	0.53	0.99	15.28	0.74	1.16	0.33	24.43
1#接穗 23	0.06	0.16	3.32	1.95	0.23	0.21	5.08	0.13	4.29	14.68	1.89	0.41	24.64
1#砧木 23	0.95	0.10	0.00	0.88	4.64	4.42	0.50	1.72	13.43	1.83	0.94	0.57	24.28
1#接穗 24	0.11	0.21	3.16	1.66	0.20	0.13	4.85	0.03	4.15	13.13	1.93	0.44	24.32
1#砧木 24	1.31	0.02	0.59	1.24	4.41	6.63	0.28	1.00	17.31	3.26	0.23	0.52	30.46
1#接穗 25	0.12	0.13	3.78	4.20	0.31	0.19	5.10	0.16	4.57	13.45	1.78	0.43	25.88
1#砧木 25	0.66	0.19	0.07	0.93	4.46	4.30	0.64	1.93	21.97	1.36	1.93	0.48	33.54
1#接穗 26	0.14	0.17	3.70	1.78	0.21	0.17	4.46	0.20	4.45	14.51	1.92	0.46	23.94
1#砧木 26	0.94	0.19	0.00	0.68	4.42	3.13	0.43	1.53	10.61	1.35	1.96	0.54	20.23
1#接穗 27	0.07	0.13	3.80	1.78	0.24	0.16	5.18	0.23	4.41	11.90	1.89	0.44	23.99
1#砧木 27	1.23	0.01	0.14	1.36	4.22	7.90	0.32	1.70	15.60	4.44	0.73	0.44	30.48
1#接穗 28	0.12	0.10	3.46	4.85	0.34	0.30	4.95	0.25	4.57	14.67	1.56	0.31	25.46
1#砧木 28	4.01	0.10	0.54	0.86	4.59	3.38	0.39	1.03	21.46	1.01	0.26	0.35	28.74
1#接穗 29	0.16	0.16	3.50	1.76	0.16	0.14	5.15	0.15	1.84	10.99	1.71	0.38	24.13
1#砧木 29	0.90	0.15	0.12	1.10	4.29	5.59	0.36	1.44	9.07	1.36	0.67	0.24	19.83
1#接穗 30	0.08	0.13	3.47	4.24	0.31	0.20	5.00	0.20	4.98	13.64	4.05	0.43	26.72
1#砧木 30	0.95	0.25	0.20	0.44	4.49	4.80	0.00	0.26	9.43	1.49	0.37	0.20	14.99
1#接穗平均	0.17	0.19	3.35	1.95	0.83	0.30	4.71	0.21	4.82	11.37	1.63	0.34	23.31
1#砧木平均	1.01	0.11	0.25	1.00	4.35	3.94	0.52	1.34	14.76	1.49	1.22	0.48	24.75

表 3-46　带有砧木蘖生枝的可可茶 2[#] 嫁接植株接穗与砧木芽叶生化成分（2009 年 7 月采样）

Tab. 3-46　Biochemical components from cocoa tea 2[#] grafting samples and stock tiller samples（sampled in Jul. 2009）%

样品	茶氨酸	GA	TB	GC	CAF	EGC	C	EC	EGCG	GCG	ECG	CG	儿茶素
2[#]接穗 1	0.12	0.28	3.37	0.91	0.04	0.08	3.54	0.00	0.53	6.83	1.08	0.14	13.11
2[#]砧木 1	0.82	0.07	0.54	1.85	4.94	5.13	0.79	1.66	15.45	4.75	0.23	0.61	28.47
2[#]接穗 2	0.13	0.23	3.51	1.69	0.07	0.18	5.99	0.21	4.12	11.72	1.83	0.26	24.01
2[#]砧木 2	0.48	0.20	0.25	1.00	3.95	4.62	0.67	0.90	16.31	4.21	1.60	0.64	25.96
2[#]接穗 3	0.06	0.11	3.53	1.73	0.08	0.09	5.34	0.17	1.92	10.51	1.57	0.22	21.54
2[#]砧木 3	0.49	0.26	0.82	0.55	5.24	4.00	0.46	1.23	16.78	1.04	1.98	0.41	24.45
2[#]接穗 4	0.09	0.06	3.17	1.90	0.18	0.17	5.68	0.17	4.40	14.55	4.29	0.36	25.52
2[#]砧木 4	0.80	0.17	0.33	0.53	5.18	4.59	0.71	1.36	9.27	0.52	0.95	0.30	18.22
2[#]接穗 5	0.15	0.21	3.5	1.38	0.06	0.16	4.39	0.00	0.64	9.72	1.55	0.24	18.09
2[#]砧木 5	0.65	0.06	0.51	0.76	5.17	3.72	0.70	1.79	15.13	1.06	0.58	0.54	24.28
2[#]接穗 6	0.10	0.31	3.35	1.64	0.10	0.15	5.11	0.07	1.92	11.38	1.74	0.26	24.27
2[#]砧木 6	0.64	0.17	0.09	0.50	4.76	1.17	0.15	0.38	17.57	1.52	0.39	0.43	24.11
2[#]接穗 7	0.08	0.11	3.36	1.85	0.15	0.13	4.54	0.07	1.99	11.38	1.55	0.23	21.73
2[#]砧木 7	0.44	0.11	0.05	0.81	4.95	4.82	1.11	4.36	19.30	1.43	1.17	0.78	29.78
2[#]接穗 8	0.05	0.11	4.73	1.24	0.04	0.07	5.02	0.10	1.83	10.02	1.87	0.35	20.52
2[#]砧木 8	0.44	0.11	0.1	0.80	4.81	4.85	1.11	4.32	17.93	1.30	1.17	0.72	28.20
2[#]接穗 9	0.07	0.35	3.59	0.94	0.00	0.07	3.84	0.00	1.48	9.15	1.59	0.27	17.34
2[#]砧木 9	0.23	0.28	0	0.66	5.00	0.50	0.23	0.83	16.66	1.06	0.69	0.63	21.26
2[#]接穗 10	0.08	0.19	3.13	1.63	0.04	0.13	5.11	0.31	4.31	9.72	1.99	0.36	21.56
2[#]砧木 10	0.41	0.03	0.1	1.23	5.02	1.97	0.74	1.56	24.01	4.58	0.96	0.82	31.88
2[#]接穗 11	0.15	0.21	3.39	1.76	0.01	0.20	4.49	0.22	4.20	10.58	1.55	0.26	21.24
2[#]砧木 11	0.91	0.09	0.06	0.82	3.83	3.02	0.48	1.27	18.82	1.15	1.03	0.55	27.14
2[#]接穗 12	0.12	0.16	3.25	1.66	0	0.16	4.7	0.1	4.35	14.17	1.88	0.33	23.35
2[#]砧木 12	0.38	0.04	0.06	0.53	4.02	1.81	0.75	1.60	14.66	0.92	0.25	0.87	19.40
2[#]接穗 13	0.12	0.24	3.34	1.35	0.06	0.16	4.20	0.00	1.90	11.73	1.80	0.31	21.40
2[#]砧木 13	0.49	0.17	0.51	0.92	4.04	1.57	0.44	1.61	15.96	1.32	0.53	0.51	24.86
2[#]接穗 14	0.11	0.11	3.67	4.23	0.65	0.21	5.09	0.21	4.97	14.57	1.75	0.29	25.31
2[#]砧木 14	1.20	0.02	0.27	1.18	4.65	6.06	0.83	1.62	20.07	1.29	0.93	0.58	34.56
2[#]接穗 15	0.13	0.25	3.92	1.41	0.05	0.13	3.76	0.00	1.59	11.95	1.41	0.23	20.49
2[#]砧木 15	0.71	0.01	0	0.78	5.19	3.62	0.85	4.42	17.73	1.74	1.05	0.91	29.09
2[#]接穗 16	0.16	0.13	3.39	1.70	0.09	0.23	5.15	0.13	1.86	10.55	1.63	0.28	21.53
2[#]砧木 16	0.71	0.05	0.06	1.13	4.18	1.92	0.36	0.94	19.02	1.32	0.37	0.35	25.40
2[#]接穗 17	0.14	0.12	3.31	1.96	0.12	0.18	5.15	0.16	4.22	11.72	1.69	0.26	23.34
2[#]砧木 17	1.14	0.00	0.65	1.67	6.11	4.37	0.59	1.87	20.57	1.78	0.25	0.39	31.48
2[#]接穗 18	0.16	0.19	3.32	1.16	0.00	0.11	4.22	0.02	1.09	8.17	1.45	0.24	16.45
2[#]砧木 18	1.09	0.10	0.1	0.70	5.20	3.82	0.53	1.20	17.77	1.15	1.00	0.44	26.62
2[#]接穗 19	0.10	0.21	4	1.75	0.14	0.12	5.02	0.08	4.19	13.49	1.80	0.30	24.74

续表

样品	茶氨酸	GA	TB	GC	CAF	EGC	C	EC	EGCG	GCG	ECG	CG	儿茶素
2#砧木 19	0.46	0.12	0.5	0.92	4.60	1.65	0.52	1.90	17.81	1.26	1.12	0.49	25.66
2#接穗 20	0.06	0.15	3.47	4.69	0.64	0.11	5.56	0.13	4.60	14.26	1.84	0.30	27.49
2#砧木 20	1.05	0.12	0.38	0.67	5.11	3.11	0.41	1.73	17.54	1.31	0.93	0.66	26.36
2#接穗 21	0.09	0.10	3.32	1.34	0.03	0.10	4.89	0.14	1.59	14.46	1.26	0.34	24.12
2#砧木 21	0.96	0.09	0.11	1.14	4.34	3.97	0.65	1.16	18.85	1.26	1.08	0.34	28.47
2#接穗 22	0.07	0.05	3.92	1.58	0.23	0.10	5.43	0.28	4.53	14.66	1.39	0.34	26.33
2#砧木 22	0.88	0.12	0.17	0.88	4.58	3.27	0.57	0.97	21.21	1.20	0.70	0.33	29.13
2#接穗 23	0.02	0.06	3.32	1.44	0.05	0.04	5.18	0.11	1.89	14.57	1.38	0.34	24.95
2#砧木 23	0.94	0.01	0	0.99	4.08	1.99	0.23	0.88	15.45	1.29	4.91	0.26	25.99
2#接穗 24	0.02	0.15	3.16	0.83	0.00	0.02	4.37	0.00	1.23	13.35	1.15	0.36	21.32
2#砧木 24	0.37	0.29	0.59	0.36	3.86	0.50	0.07	0.43	8.22	0.05	5.52	0.14	15.28
2#接穗 25	0.01	0.45	3.78	0.81	0.00	0.01	4.65	0.00	0.57	9.16	0.68	0.22	14.10
2#砧木 25	0.59	0.23	0.07	0.71	4.30	0.92	0.12	0.46	14.92	0.65	6.41	0.22	24.40
2#接穗 26	0.03	0.13	3.75	1.42	0.00	0.05	4.67	0.07	4.18	15.06	1.56	0.39	25.40
2#砧木 26	0.68	0.14	0.6	0.65	5.31	4.00	0.40	1.03	20.98	1.00	1.36	0.36	27.77
2#接穗 27	0.06	0.08	3.8	1.39	0.12	0.09	5.01	0.10	4.06	15.77	1.29	0.45	26.16
2#砧木 27	0.78	0.11	0.14	1.17	5.09	4.03	0.86	1.14	14.47	0.66	0.52	0.32	23.16
2#接穗 28	0.03	0.12	3.46	1.22	0.02	0.04	4.81	0.12	1.81	13.96	1.31	0.38	23.64
2#砧木 28	0.66	0.15	0.54	1.07	5.89	1.57	0.28	0.78	21.21	0.98	0.64	0.17	26.72
2#接穗 29	0.14	0.30	3.5	0.99	0.00	0.01	3.27	0.00	0.68	7.24	0.97	0.21	13.36
2#砧木 29	0.91	0.11	0.12	1.14	4.62	3.91	0.68	1.06	21.76	1.01	0.50	0.28	30.34
2#接穗 30	0.09	0.17	3.47	1.27	0.02	0.01	4.36	0.05	1.58	10.14	1.61	0.32	19.35
2#砧木 30	1.45	0.06	0.2	0.56	5.18	5.59	0.60	4.16	15.18	0.61	1.01	0.46	26.17
2#接穗平均	0.09	0.18	3.46	1.50	0.10	0.11	4.68	0.10	1.81	11.55	1.55	0.29	21.59
2#砧木平均	0.72	0.12	0.26	0.89	4.77	4.87	0.56	1.35	17.22	1.25	1.33	0.48	25.95

表 3-47 带有砧木蘖生枝的可可茶 1 号、可可茶 2 号嫁接植株接穗与砧木芽叶氨基酸和茶多酚含量（2008 年 12 月采样）

Tab. 3-47 Total amino acid and tea polyphenols from cocoa tea 1# and 2# grafting samples and stock tiller samples（sampled in Dec. 2008） %

样品	AA	茶多酚	样品	AA	茶多酚	样品	AA	茶多酚	样品	AA	茶多酚
1#接穗 3	1.94	33.08	1#砧木 3	3.42	19.35	2#接穗 1	4.33	20.39	2#砧木 1	4.93	19.45
1#接穗 6	4.53	27.71	1#砧木 6	3.72	21.48	2#接穗 8	4.25	17.83	2#砧木 8	3.74	16.45
1#接穗 8	4.36	33.19	1#砧木 8	3.77	21.80	2#接穗 9	4.33	24.20	2#砧木 9	4.47	18.07
1#接穗 12	4.13	23.58	1#砧木 12	3.90	14.80	2#接穗 11	4.21	19.86	2#砧木 11	4.67	16.16
1#接穗 17	4.15	26.54	1#砧木 17	5.53	27.76	2#接穗 13	4.18	20.75	2#砧木 13	4.68	14.88
1#接穗 18	4.75	28.37	1#砧木 18	3.02	20.36	2#接穗 16	4.30	18.76	2#砧木 16	4.88	15.65
1#接穗 23	4.14	24.09	1#砧木 23	4.88	20.12	2#接穗 17	4.38	24.66	2#砧木 17	3.68	19.66
1#接穗 28	4.08	27.73	1#砧木 28	4.96	14.32	2#接穗 19	4.18	20.31	2#砧木 19	3.26	15.68
1#接穗 29	4.12	23.85	1#砧木 29	4.41	17.70	2#接穗 21	4.16	24.10	2#砧木 21	5.13	17.97
1#接穗 30	4.87	25.18	1#砧木 30	3.20	17.54	2#接穗 23	4.22	20.89	2#砧木 23	3.55	19.95

表 3-48　带有砧木蘖生枝的可可茶 1 号、可可茶 2 号嫁接植株接穗与砧木芽叶氨基酸和茶多酚含量
（2009 年 7 月采样）

Tab. 3-48　Total amino acid and tea polyphenols from cocoa tea 1[#] and 2[#] samples，and stock tiller
（samples sampled in Jul. 2009）　%

样品	AA	茶多酚	样品	AA	茶多酚	样品	AA	茶多酚	样品	AA	茶多酚
1[#] 接穗 4	4.66	29.54	1[#] 砧木 4	3.71	26.77	2[#] 接穗 1	4.29	17.03	2[#] 砧木 1	3.92	29.62
1[#] 接穗 5	4.68	28.15	1[#] 砧木 5	3.37	27.94	2[#] 接穗 15	4.70	28.84	2[#] 砧木 15	4.05	29.13
1[#] 接穗 8	4.46	28.74	1[#] 砧木 8	3.28	29.65	2[#] 接穗 16	4.61	26.80	2[#] 砧木 16	4.84	30.57
1[#] 接穗 9	3.20	28.82	1[#] 砧木 9	3.02	29.41	2[#] 接穗 18	4.37	17.59	2[#] 砧木 18	3.04	28.92
1[#] 接穗 10	4.67	28.10	1[#] 砧木 10	4.12	24.49	2[#] 接穗 19	4.46	25.29	2[#] 砧木 19	4.56	30.12
1[#] 接穗 12	4.75	29.51	1[#] 砧木 12	4.23	35.76	2[#] 接穗 20	4.50	29.32	2[#] 砧木 20	3.58	29.00
1[#] 接穗 16	4.91	23.07	1[#] 砧木 16	3.14	31.59	2[#] 接穗 23	4.28	30.36	2[#] 砧木 23	4.56	29.54
1[#] 接穗 18	4.93	29.30	1[#] 砧木 18	3.38	28.71	2[#] 接穗 26	4.20	30.47	2[#] 砧木 26	3.48	30.55
1[#] 接穗 24	4.78	29.70	1[#] 砧木 24	3.28	30.84	2[#] 接穗 27	4.27	30.04	2[#] 砧木 27	4.59	25.70
1[#] 接穗 26	3.14	29.46	1[#] 砧木 26	3.23	21.48	2[#] 接穗 28	4.13	30.55	2[#] 砧木 28	3.86	27.89

1. 氨基酸含量分析

保留砧木蘖生枝条情况下，茶氨酸在可可茶 1 号、可可茶 2 号接穗中含量很低，甚至为 0；而砧木蘖生枝条中茶氨酸的含量比较高，有的甚至达到 2%（表 3-49、表 3-50）。有关保留砧木蘖生枝条情况下可可茶嫁接植株接穗中茶氨酸的含量还需要进一步研究。

可可茶 1 号和可可茶 2 号接穗和砧木蘖生枝条及各自母株的氨基酸总量测定结果显示，2008 年 12 月，可可茶 1 号、可可茶 2 号接穗芽叶中氨基酸总量均在 2%~4.5%，而对应砧木蘖生枝条氨基酸总量一般在 3%~5%；2009 年 7 月，可可茶 1 号接穗芽叶中氨基酸总量在 4.5%~3.5%，蘖生枝条氨基酸总量在 3%~4.5%；可可茶 2 号接穗芽叶中氨基酸总量在 2%~4.7%，蘖生枝条氨基酸总量在 4.5%~4%；接穗中氨基酸总量与对应砧木蘖生枝条芽叶中氨基酸总量并无明显相关性。理论上认为氨基酸在根中合成，而不是在叶中合成，因此芽叶含有氨基酸是根中氨基酸转运的结果，在对可可茶种间嫁接相关部分包括接穗母株、砧木来源的群体、嫁接成功后接穗、砧木蘖生芽叶氨基酸总量比较分析研究后发现，看不出如理论上所表明的规律。因为如果氨基酸由根部合成，理论上应向茎叶中转运，并在茎叶中趋于平均的含量；如果砧木上有蘖生枝存在，则蘖生枝芽叶与接穗芽叶的氨基酸总量应该趋于相等，但分析结果并不符合这一推测，蘖生枝芽叶的氨基酸总量仍然大大高于接穗；当嫁接成活后的植株，适时剥除蘖生枝后，接穗的芽叶氨基酸总量仍然低于来源砧木的群体种，这表明作为砧木根部合成的氨基酸转运到接穗芽叶可能是存在的，但并不是全部都转运到了接穗的芽叶。可能也并不存在氨基酸从砧木蘖生枝叶向接穗中转运。

表 3-49　带有蘖木萌生枝的可可茶 1 号、可可茶 2 号嫁接植株接穗与砧木芽叶氨基酸和茶氨酸含量（2008 年 12 月采样）

Tab. 3-49　Total amino acid and tea polyphenols of two portions from cocoa tea 1[#] and 2[#] grafting samples，and stock tiller samples（sampled in Dec. 2008）　　　%

样品	AA	茶氨酸	样品	AA	茶氨酸	样品	AA	茶氨酸	样品	AA	茶氨酸
1[#] 接穗 3	1.94	0.11	1[#] 砧木 3	3.42	1.75	2[#] 接穗 1	4.33	0.13	2[#] 砧木 1	4.93	4.04
1[#] 接穗 6	4.53	0.29	1[#] 砧木 6	3.72	1.00	2[#] 接穗 8	4.25	0.07	2[#] 砧木 8	3.74	0.96
1[#] 接穗 8	4.36	0.21	1[#] 砧木 8	3.77	1.06	2[#] 接穗 9	4.33	0.07	2[#] 砧木 9	4.47	0.96
1[#] 接穗 12	4.13	0.22	1[#] 砧木 12	3.90	0.89	2[#] 接穗 11	4.21	0.08	2[#] 砧木 11	4.67	0.00
1[#] 接穗 17	4.15	0.11	1[#] 砧木 17	5.53	1.64	2[#] 接穗 13	4.18	0.53	2[#] 砧木 13	4.68	0.39
1[#] 接穗 18	4.75	0.48	1[#] 砧木 18	3.02	0.36	2[#] 接穗 16	4.30	0.08	2[#] 砧木 16	4.88	0.59
1[#] 接穗 23	4.14	0.07	1[#] 砧木 23	4.88	0.28	2[#] 接穗 17	4.38	0.14	2[#] 砧木 17	3.68	1.11
1[#] 接穗 28	4.08	0.10	1[#] 砧木 28	4.96	0.26	2[#] 接穗 19	4.18	0.10	2[#] 砧木 19	3.26	0.65
1[#] 接穗 29	4.12	0.07	1[#] 砧木 29	4.41	0.17	2[#] 接穗 21	4.16	0.18	2[#] 砧木 21	5.13	1.64
1[#] 接穗 30	4.87	0.26	1[#] 砧木 30	3.20	0.67	2[#] 接穗 23	4.22	0.00	2[#] 砧木 23	3.55	1.07
1[#] 母株	4.30	0.06				2[#] 母株	1.99	0.05			

表 3-50　带有砧木蘖生枝的可可茶 1 号、可可茶 2 号嫁接植株接穗与砧木芽叶氨基酸和茶氨酸含量（2009 年 7 月采样）

Tab. 3-50　Total amino acid and tea polyphenols from cocoa tea 1[#] and 2[#] samples，and stock tiller samples（sampled in Jul. 2009）　　　%

样品	AA	茶氨酸	样品	AA	茶氨酸	样品	AA	茶氨酸	样品	AA	茶氨酸
1[#] 接穗 4	4.66	0.11	1[#] 砧木 4	3.71	0.84	2[#] 接穗 1	4.29	0.12	2[#] 砧木 1	3.92	0.82
1[#] 接穗 5	4.68	0.09	1[#] 砧木 5	3.37	0.87	2[#] 接穗 15	4.70	0.13	2[#] 砧木 15	4.05	0.71
1[#] 接穗 8	4.46	0.92	1[#] 砧木 8	3.28	1	2[#] 接穗 16	4.61	0.16	2[#] 砧木 16	4.84	0.71
1[#] 接穗 9	3.20	0.27	1[#] 砧木 9	3.02	0.54	2[#] 接穗 18	4.37	0.16	2[#] 砧木 18	3.04	1.09
1[#] 接穗 10	4.67	0.12	1[#] 砧木 10	4.12	1.4	2[#] 接穗 19	4.46	0.1	2[#] 砧木 19	4.56	0.46
1[#] 接穗 12	4.75	0.15	1[#] 砧木 12	4.23	1.41	2[#] 接穗 20	4.50	0.06	2[#] 砧木 20	3.58	1.05
1[#] 接穗 16	4.91	0.21	1[#] 砧木 16	3.14	0.47	2[#] 接穗 23	4.28	0.02	2[#] 砧木 23	4.56	0.94
1[#] 接穗 18	4.93	0.19	1[#] 砧木 18	3.38	0.57	2[#] 接穗 26	4.20	0.03	2[#] 砧木 26	3.48	0.68
1[#] 接穗 24	4.78	0.11	1[#] 砧木 24	3.28	1.31	2[#] 接穗 27	4.27	0.06	2[#] 砧木 27	4.59	0.78
1[#] 接穗 26	3.14	0.14	1[#] 砧木 26	3.23	0.94	2[#] 接穗 28	4.13	0.03	2[#] 砧木 28	3.86	0.66
1[#] 母株	4.67	0.61	砧木母株	4.24	1.33	2[#] 母株	4.32	0.11	砧木母株	4.24	1.33

2.　生物碱含量分析

保留砧木蘖生枝条情况下，可可茶 1 号、可可茶 2 号嫁接植株的接穗中均含有一定程度咖啡碱。其中 12 月份咖啡碱的含量分别为 0.1%～0.18%、0.1%～0.3%，7 月份咖啡碱的含量分别为 0.2%～0.45%、0.04%～0.25%（表 3-43、表 3-44）。

保留砧木蘖生枝条，可可茶 1 号、可可茶 2 号接穗 12 月时可可碱的含量分别为 2%～4%、2%～3.5%，7 月份可可碱的含量均在 3%～4%（表 3-43，表 3-44）。综合对比可可茶 1 号、可可茶 2 号接穗母株在 7 月和 12 月可可碱的含量（表 3-38），可以看出，7 月份可可茶 1 号和可可茶 2 号的接穗可可碱的含量百分比均略低于各自的母株；12 月可可茶 1 号和可可茶 2 号的接穗可可碱的含量与各自的母株中含量持平。由表 3-39 可知 7 月份时候测得可可茶 1 号、可可茶 2 号嫁接选取的砧木云大黑叶的母株可可碱含量为 0.1%。可可茶 1 号嫁接后砧木蘖生枝条的可可碱含量分布在 0.2%～0.4%，平均值为 0.35%（表 3-43）；可可茶 2 号嫁接后砧木蘖生枝条的可可碱含量分布在 0.1%～0.5%，平均值为 0.27%，均高于原云大黑叶的母株中可可碱的含量（表 3-43）。

3. 儿茶素类含量分析

保留砧木蘖生枝条的可可茶 1 号 12 月接穗儿茶素的含量在 15%～28%，平均值为 21%，7 月接穗儿茶素的含量在 20～26%，平均值为 23%；可可茶 2 号 12 月接穗儿茶素的含量在 13%～22%，平均值为 17%；7 月接穗的儿茶素的含量为 17%～28%，平均值为 22%（表 3-51）。从表 3-38 可以得知可可茶 1 号和可可茶 2 号母株在 12 月的儿茶素总量分别为 15.47% 和 17.15%，嫁接后剥除砧木蘖生枝条后接穗儿茶素的含量分别在 12%～17% 和 15%～17%。可可茶 1 号和可可茶 2 号母株在 7 月的儿茶素总量分别为 21.56% 和 19.17%，嫁接后剥除砧木蘖生枝条接穗儿茶素的含量分别在 18%～23% 和 17%～21%。可可茶 1 和可可茶 2 号母株及其嫁接后砧木蘖生枝条有或无情况下儿茶素含量对比见表 3-51。由此可以看出，砧木蘖生枝条的存在对可可茶嫁接后接穗的儿茶素总量亦有影响。

表 3-51 可可茶 1 号和可可茶 2 号母株及嫁接后砧木蘖生枝条有或无接穗儿茶素含量比较

Tab. 3-51 Composition of catechins from cocoa tea1[#] and 2[#] grafting samples with stock tiller or without stock tiller

%

样品来源	7 月儿茶素含量	12 月儿茶素含量
可可茶 1[#] 母株	21.56	15.47
可可茶 1[#] 接穗 - 剥除砧木蘖生枝条	18～23	14.4～17
可可茶 1[#] 接穗 - 保留砧木蘖生枝条	20～26，平均 23	15～28，平均 21
可可茶 2[#] 母株	19.17	17.15
可可茶 2[#] 接穗 - 剥除砧木蘖生枝条	17～21	15～17
可可茶 2[#] 接穗 - 保留砧木蘖生枝条	17～28，平均 22	14.4～22，平均 17

4. 茶多酚含量分析

保留砧木蘖生枝条情况下，可可茶 1 号和可可茶 2 号接穗及砧木蘖生枝芽叶中茶多酚的含量见表 3-47，表 3-48。12 月可可茶 1 号、可可茶 2 号接穗茶多酚含量分别在 25%～35%、18%～25%，砧木蘖生枝条中茶多酚含量均在 15%～20%（表 3-47）；7 月可可茶 1 号、可可茶 2 号接穗茶多酚含量 25%～30%、15%～30%，砧木蘖生枝条中茶多酚含量分别在 20%～35%、28%～31%（表 3-48）；接穗中茶多酚的含量与原可可茶母株及砧木母株中茶多酚的含量有差别，基本都大于原可可茶母株中茶多酚含量。表明保留砧木蘖生枝条对可可茶接穗中茶多酚的含量有一定影响，同一嫁接植株中，接穗与砧木芽叶中茶多酚含量不存在正相关。

5. 小结

通过分析可可茶 1 号和可可茶 2 号在嫁接植株保留砧木蘖生枝条情况下，砧木和接穗的各化学成分表明，保留砧木蘖生枝条，对可可茶接穗中的生物碱、茶多酚的组成影响甚大。具体表现为，接穗中出现 0.1%～0.45% 的咖啡碱，且接穗中可可碱的含量表现为略低于可可茶母株可可碱含量百分比，或者持平。当一棵嫁接植株保留砧木蘖生枝条的情况下，所检测的砧木中的可可碱含量亦比原砧木母株中高。

可可茶接穗中茶氨酸及氨基酸总量均比较低，而砧木蘖生枝条中氨基酸含量和茶氨酸较高，两者之间无明显正相关。接穗中茶多酚的含量大于原可可茶母株中茶多酚的含量。

五、结论

（1）以可可茶为接穗，以栽培茶做砧木实行种间嫁接，建立可可茶园，生产含可可碱为主的可可茶是切实可行的。

（2）可可茶嫁接成活后，在管理茶园时及时剥除砧木蘖生的枝条，可可茶能够保持纯含可可碱的特性。所有的茶叶样品中没有检测到咖啡碱的存在。可可茶嫁接植株的可可碱的含量差异跟砧木的选择和生长季节有关。不同的砧木接穗组合可可碱含量发生变化。同一砧木接穗组合条件下，可可碱伴随季节变化的规律表现为春季最高，夏季稍低，冬季最低。这是因为冬天的气候不利于可可碱的积累。氨基酸的含量与可可碱的变化规律相同，均为春季最高，夏季，秋季降低，冬季最低。没食子酸的变化则与可可碱大不相同，在夏天含量达到最高。

可可茶嫁接后，依然保持着原可可茶母株儿茶素类中 GCG 含量最高。茶多酚和总儿茶素的含量高低依然跟砧木的选择和季节的不同有关，同一砧木接穗组合下表现为夏季最高，春季次之，冬季最低。

总之，可可茶生长受季节气候的影响，其内含化学成分在一年中呈现出一定的变化规律。春季生长旺盛，新芽最多，可可碱含量最高，茶多酚、儿茶素、氨基酸、黄酮苷等活性成分含量都比较高；夏季可可碱含量稍降低，其他成分则达到最高含量值，此时的鲜叶质量最好；秋季进入缓慢生长期，虽然有新芽生长，但各类活性成分均含量不高；冬季可可茶进入休眠期，没有新的芽叶生长。

（3）可可茶嫁接成活后，如果保留砧木蘖生枝条，检测结果发现接穗生化成分一个最大的特点就是含有一定量的咖啡碱（0.1%～0.45%），可可茶接穗没有保持纯含可可碱的特性。同一采摘时间，其接穗芽内可可碱含量与原可可茶母株相比略有降低或者持平。另外同一采摘时间，砧木蘖生枝条中可可碱的含量要高于原砧木母株。保留砧木蘖生枝条，可可茶接穗中总儿茶素的含量高于原可可茶母株中总儿茶素的含量，也高于可可茶嫁接后及时剥除砧木蘖生枝条情况下接穗中总儿茶素的含量。

（4）嫁接技术在茶树育种繁殖上应用非常广泛。对于可可茶这种极难生根的木本植物而言，嫁接是很有效的一种繁殖手段。嫁接后的管理对于植株成活非常重要。而嫁接后管理最为关键的工作就是剥除砧木蘖生枝条。这是因为砧木蘖生的枝条在半木质化后会跟接穗争夺大量的养分和水分，减缓接穗的生长速度，减弱接穗的枝条的萌发生长，甚至导致一部分生长较弱的成活接穗死亡。这样带来的后果不仅是砧木蘖生枝条与接穗争夺养分的问题，更严重的是，将使得可可茶独特的纯含可可碱特性不能得以保持和遗传。从化学分析结果不难推测，砧木蘖生枝条的存在，使得砧木蘖生枝条和接穗枝条的生化成分（尤其是生物碱）之间存在一个交流运输的行为，一方面砧木蘖生枝条中的大量咖啡碱会影响接穗枝条，使得接穗枝条中也带有咖啡碱；另一方面，接穗枝条中含有大量的可可碱，砧木蘖生枝条中也带有了比原砧木母株中更高含量的可可碱。这种物质交流运输不仅发生在生物碱中，我们预测儿茶素类物质也会在砧木蘖生枝条与接穗枝条中交流运输互相影响。同时也表明嘌呤生物碱在茶和可可茶中是由叶部合成的。可可茶和栽培茶实行的种间嫁接，可以保证嫁接植株保留可可茶含可可碱特性不变，但是要剥除砧木上的蘖生枝条。

第4章 可可茶茶叶生化成分检测

茶叶中的品质成分主要有茶多酚、生物碱、氨基酸等。茶多酚是茶叶中多酚类物质的总称，包括黄烷醇类、花色苷类、黄酮类、黄酮醇类和酚酸类等。其中以黄烷醇类物质（儿茶素类）最为重要。儿茶素类主要由 EGC、C、EC、EGCG、GCG、ECG 等几种单体组成。茶多酚对茶叶品质色、香、味的形成，具有重要的作用。茶叶中的生物碱主要有咖啡碱、可可碱和茶叶碱等，它们都是黄嘌呤衍生物。茶叶中的氨基酸主要有茶氨酸、γ-氨基丁酸、谷氨酸等。茶氨酸是茶叶最多的游离氨基酸，是茶叶的特征性氨基酸。茶氨酸含量的高低，对决定茶叶的滋味具有特别重要的作用。因此对茶叶中这些物质的定性定量分析对茶叶品质的监控至关重要。

目前，对茶叶中品质成分的检测主要有高效液相色谱法（HPLC 法）、分光光度法、毛细管电泳法等。分光光度法主要用来检测茶叶中的多酚类总量、氨基酸总量、儿茶素总量及总糖含量等。HPLC 法主要用来分析测定茶叶中的嘌呤类生物碱、茶氨酸及儿茶素类成分，它具有简单快速、专属性强、灵敏度高、重现性好等特点，是目前应用最为广泛的分析方法。以栽培茶品种和可可茶品种为研究对象，应用分光光度法和 HPLC 法，对茶多酚总量、氨基酸总量、黄酮类总量、儿茶素组分和生物碱等成分作定性和定量分析。

第1节 同步分析可可茶的嘌呤生物碱和儿茶素类[①]

茶叶来源于茶 *Camellia sinensis* 和普洱茶 *C. assamica*，它长期以来作为一种饮料，主要是由于茶叶中的生物活性物质，如嘌呤生物碱和儿茶素类。饮茶具有兴奋神经的作用也要归因于茶叶中的咖啡碱。研究表明，由于茶叶中含丰富的儿茶素类可能具有防癌的作用，因为所有的儿茶素均表明具有抗氧化的活性，而这被认为能抗诱变和抗癌。

有研究认为茶组植物含嘌呤生物碱，如咖啡碱、可可碱、茶叶碱、嘌呤、黄嘌呤、次黄嘌呤、二甲基黄嘌呤以及少量的嘧啶生物碱。在茶和普洱茶芽叶中，咖啡碱的含量最多，可可碱和茶叶碱含量很少。而在可可茶 *Camellia ptilophylla* 的芽叶中可可碱是主要的嘌呤生物碱（占茶叶干物质的 4%~6%），不含或含极少量的咖啡碱和茶叶碱；在苦茶 *C. kucha* 其芽叶中含有的苦茶碱（theacrine）是主要的嘌呤生物碱，但同时它也有咖啡碱和

① YANG X R, YE C X, XU J K, *et al*. Simultaneous analysis of purine alkaloids and catechins in *Camellia sinensis*, *Camellia ptilophylla* and *Camellia assamica* var. *kucha* by HPLC [J]. Food Chem, 2007, 100：1132–1136.

少量的可可碱、茶叶碱。

茶和普洱茶芽叶含大致 8 种儿茶素，它们是儿茶素（C）、表儿茶素（EC）、表没食子儿茶素（EGC）、表没食子儿茶素没食子酸酯（EGCG）、表儿茶素没食子酸酯（ECG）、儿茶素没食子酸酯（CG）、没食子儿茶素没食子酸酯（GCG）和没食子儿茶素（GC）。茶和普洱茶芽叶含 EGCG 是最多的，占茶干重 3%～13%，而在可可茶和苦茶中，儿茶素的类型和含量并不清楚。

HPLC 单一或同步对嘌呤生物碱和儿茶素的分析，对茶和普洱茶各个品种的分析研究已有很多报道，但对可可茶和苦茶这些新的茶叶资源的嘌呤生物碱和儿茶素由 HPLC 同时进行检测尚无报道。

这一研究旨在对茶、可可茶和苦茶以高效液相色谱仪实现快速和同时的检测。

一、材料和方法

（一）仪器和药品

高效液相色谱仪：Dionex P680 泵带有双泵梯度系统，Dionex ASI-100 自动进样器，Dionex PDA-100 光电二极管阵列检测；TCC-100 柱温箱（Dionex, Sunnyvale, CA, USA）；色谱柱：Cat. No 25396-96 Mightysil RP-18 150-4.6 mm，5 μm（Kamto Chemical Co. Inc, Japan）；色谱工作站：Chromeleon®（Version 6.50）软件。

咖啡碱（CAF），可可碱（TB）和儿茶素（＋）-catechin（C）购自 Wako Pure Chemical Industries Company（大阪，日本）。苦茶碱（TC）由实验室高效液相色谱制备。EC、EGC、EGCG、GA、ECG、CG、GCG、GC 购自 Sigma（St. Louis, Ml. USA）。HPLC 级乙腈购自 Tedia Company, Inc.（USA），超纯水仪（美国 Millipore）。其他所使用的试剂均为分析纯。

（二）标准品溶液制备

TB、GC、EGC、TC、CAF、EC、EGCG、GCG 和 ECG 分别溶解在 5%（v/v）乙腈和 0.05%（v/v）磷酸（85%），使之浓度分别为 2.184、0.983、0.729、0.970、0.996、1.084、0.398、2.407、0.983 和 0.930 mg/ml。

（三）样品溶液的制备

2004 年 4～7 月从中山大学茶园采摘的茶 *C. sinensis*、可可茶 *C. ptilophylla*、苦茶 *C. kucha* 1 芽 2 叶茶样，经隔水蒸青 5 min，在 80℃下的恒温烘箱烘干。准确称取 0.5 g 粉碎后的茶样置于 50 ml 三角锥瓶，加入 40 ml 沸水，在 90℃的水浴中保温 30 min，振荡 20 min。茶样浸提液以 Whatman No. 1 滤纸过滤。取 1 ml 茶样滤液用超纯水稀释至 4 ml，用 0.45 μm 尼龙滤膜过滤，滤液不经其他处理直接注射到 HPLC 上进行分析。

（四）色谱条件

HPLC 分析是在流动相 5%（v/v）乙腈（溶剂 A）或 50%（v/v）乙腈（溶剂 B）含 0.05%（v/v）磷酸（85%）的分析样品池系统中进行的。梯度依程序生成，溶剂 A 在 90% 梯度，溶剂 B 在 10% 的梯度上维持 7 min。B 线性增加在第 7-10 min 从 10%～15% 维持 2 min。流速为 1.0 ml/min。10 μl 样品液是注射进去样品池的。柱温设置在 40℃，检测波长 231 nm。

（五）标准曲线和检出限

标准曲线用 7 个不同的浓度做出，三个重复加入，记录色谱峰面积对照相关浓度进行回归，得到标准曲线。检出限（*LOD*）以信噪比为 3（*S/N*=3）进行测定。定量限（*LOQ*）是在 5% 或更低的相对标准偏差（*RSD*）依据峰面积做出的。检测结果如表 4-1 所示。

表 4-1　分析检出限（*LOD*）、定量限（*LOQ*）、线性范围和相关系数（*r*）
Tab. 4-1　Limit of detection（*LOD*）, limit of quantification（*LOQ*）, linear range and correlation（*r*）of analysis

化合物	线性范围 /μg	*r*	*LOD*/ng	*LOQ*/ng
TB	0.0218～2.184	0.9911	16.1181	46.2241
GC	0.0098～0.983	0.9984	15.4556	45.0132
EGC	0.0096～0.996	0.9842	26.128	62.1556
TC	0.0097～0.97	0.9999	22.4433	60.3583
C	0.0073～0.729	0.9879	14.1898	40.1185
CAF	0.0108～1.084	0.9998	29.7966	85.1144
EC	0.0040～0.398	0.9999	20.8814	59.7008
EGCG	0.0241～2.4074	0.9989	27.4379	70.5481
GCG	0.0096～0.983	0.9992	23.2258	62.4935
ECG	0.0093～0.93	1	8.3457	22.2316

（六）重复性检验

两个已知的标准品咖啡碱和 EGCG 在 1、2、3 mg 三个水平上混合，加进茶样（*C. sinensis*）（在每个水平上重复检测 3 次）。提取过程按照样品液的制备。通过比较测定加进去的标准品计算重复性。

二、结果和讨论

（一）可靠性

本研究中梯度洗脱步骤系根据 Goto 等人（1996）的梯度设置做了部分修改，结果导致更短的分离时间，分离质量更好的色谱图（图 4-1）。

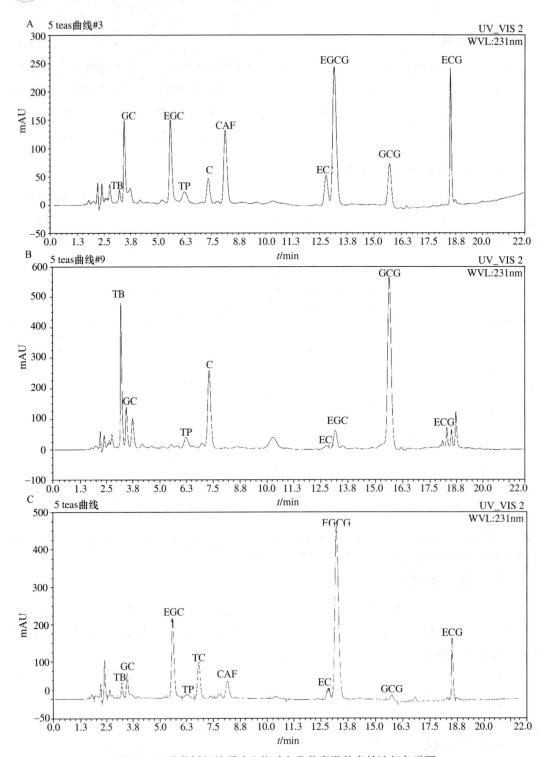

图 4-1　三种茶树新梢嘌呤生物碱和儿茶素类的高效液相色谱图

Fig. 4-1　HPLC of alkaloids and catechins in fresh young shoots of three tea plants

A 茶；B 可可茶；C 苦茶

重复性和精密度都是好的。相关系数、10 个样品的 LOD 和 LOQ 如表 4-1。三种嘌呤碱和七种儿茶素的含量存在着极好的关联性。咖啡碱和 EGCG 的重复性在 1 mg 的低水平上为 93.27%～95.04%，在 3 mg 的水平上为 93.36%～94.58%，在 3 mg 的水平上为了 96.54%～97.83%，这些结果表明 HPLC 的检测结果是可靠的。

（二）茶样分析

三种茶叶植物的样品用以分析其所含的各种嘌呤生物碱和儿茶素（表 4-2）。

表 4-2　干茶样中多种分析到的化学成分相对含量
Tab. 4-2　Relative proportion of each analyzed compounds in dry leaves of samples　%

化合物	保留时间 /min	C. sinensis	C. ptilophylla	C. kucha
TB	3.242	0.27±0.01	4.85±0.001	0.45±0.004
GC	3.483	1.54±0.03	1.17±0.04	0.95±0.06
EGC	5.608	2.02±0.01	0.14±0.002	2.95±0.003
TC	6.800	n.d.	n.d.	1.58±0.006
C	7.375	0.46±0.005	2.23±0.009	0.15±0.003
CAF	8.142	2.72±0.01	n.d.	0.94±0.02
EC	12.808	0.71±0.003	0.20±0.003	0.38±0.016
EGCG	13.200	3.51±0.003	0.90±0.001	0.78±0.001
GCG	15.725	1.33±0.002	9.88±0.01	0.35±0.05
ECG	18.525	1.24±0.004	0.27±0.003	0.90±0.004
总嘌呤生物碱		2.99	4.85	2.97
总儿茶素		10.81	14.79	12.42

n.d.＝not detected；所有数值均经重复 3 次均方差检验

3 种嘌呤生物碱以及 7 种儿茶素的浓度（μg/ml），是通过每个化合物的峰面积和相关回归曲线方程计算，最后基于干茶叶的含量从以下的公式计算出来。

$$含量（\%）=浓度（μg/mg）\times\frac{40ml\times4}{1ml\times0.50g\times10^5}\times100\%=浓度\times0.032 \quad (4-1)$$

茶的咖啡碱含量是 2.73%，可可碱含量是 0.27%；可可茶的可可碱含量 4.58%；苦茶的苦茶碱含量 1.58%，咖啡碱含量 0.94%，可可碱含量 0.45%。在茶和可可茶中没有检测到苦茶碱。

各种儿茶素含量超过 2% 的在茶里有 EGCG（3.51%）、EGC（2.02%）（图 4-1A），在可可茶里有 GCG（9.98%）、C（2.23%）（图 4-1B），在苦茶里有 EGCG（6.78%）、EGC（2.95%）（图 4-1C）。其他儿茶素如 GC，EC，ECG 等的含量在茶、可可茶和苦茶中检测均低于 2%。

可可茶总嘌呤生物碱和总儿茶素均高于茶和苦茶。这一结果和过去的研究报告关于嘌呤生物碱和儿茶素的含量的结论是一致的。

第 2 节　同时检测茶叶多酚类、嘌呤生物碱和茶氨酸的 HPLC 分析法[①]

一、材料和方法

（一）HPLC 仪器，色谱柱和检测条件

高效液相色谱仪：Waters 515 双泵，手动进样器，2487 紫外检测器（Waters，USA）。HT-230A 柱温箱（天津恒奥）。分析色谱柱：Discovery RP-Amide C_{16} 柱（4.6 mm×150 mm，5 μm）（Supelco，USA），柱温要求在 30，35 和 40℃。使用两个梯度洗脱系统，流动相 A 含正磷酸（85%）和水（0.05 : 99.95，v/v）；流动相 B 含乙腈，梯度如下：0～4 min，2% B；4～21 min，线性梯度从 2% B 到 9% B；21～32 min，线性梯度由 9% B 到 23% B；32～45 min，23% B。流速 0.8 ml/min。进样量为 20 μl。用 Waters 2996 光电二极管阵列检测器（Waters，USA）。资料分析由 YH-3000 色谱工作站进行（Yihai，Guangzhou，China 广州逸海）。

（二）标准品和其他化学试剂

C、EC、GC、EGC、CG、ECG、GCG 和 EGCG 购自 Sigma Chem. Comp.（St. Louis，Mo，USA），咖啡碱购自 Wako Pure Chem. Ind. Cop.（Osaka，Japan），茶叶碱（TP）、可可碱（TB）、茶氨酸（TA）和 GA 购自 Fluka Chem. Comp.（St. Louis，Mo USA）。

苦茶碱（TC）自苦茶在 90℃ 600 ml 的水中提取 1 h，滤液加入乙酸铅沉淀出茶多酚后过滤，这个滤液经过真空浓缩后得到 8-10 g 粉末提取物。这一提取物在硅胶层析柱中以石油醚和乙酸乙酯（20 : 80）分离，滤渣在制备 HPLC YMC-PODS-A 色谱柱（10 mm×250 mm，5 μm，YMC Co., Ltd., Japan）用甲醇：水（85 : 15）纯化。提纯后的化合物与文献中（Ye *et al*，1999）理化数据进行鉴定和比较确定。

高压液相色谱级的乙腈购自 Merk Company（Darmstadt，Germany）；高压液相色谱级超纯水（18 mΩ）从 Millipore Milli-Q 超纯水系统设备（Millipore Corporation，Bedford，MA，USA）用于流动相和所有溶液的制备。

（三）标准品和茶样的制备

含量 GA 0.102 μg/μl，GC 0.05 μg/μl，EGCG 0.05 μg/μl，ECG 0.05 μg/μl，EGC 0.05 μg/μl，EC

---

① Peng L, Song X H, Shi X G, *et al*. An improved HPLC method for simulataneous determination of phenolic compounds, purine alkaloids and theanine in *Camellia* species [J]. J Food Compos Anal, 2008, 21: 559-563.

0.05 μg/μl，C 0.054 μg/μl，GCG0.1 μg/μl，可可碱 0.05 μg/μl，苦茶碱 0.05 μg/μl，茶叶碱 0.01 μg/μl，咖啡碱 0.0503 μg/μl 和茶氨酸 0.05 μg/μl 分别被制备用于分析过程。

龙井茶是绿茶，来自茶 *C. sinensis* 的嫩梢，而普洱茶绿茶自普洱茶 *C. assamica* 的嫩梢制作，均购自当地市场作定量分析。可可茶 *C. ptilophylla* 和苦茶 *C. kucha* 茶样采自中山大学茶园，1 芽 2 叶的新鲜茶样隔水蒸青 5 min，然后在 80℃ 的恒温烘箱烘干。

分别称取四个茶叶样品各 0.1 g，加入 50 ml 水，在 90℃ 的水浴中浸提，每 10 min 摇动一次。滤液稀释到 100 ml，再经 0.45 微孔滤膜过滤，滤液直接进入高效液相色谱仪分析。

（四）方法学考察

使用 6 种不同浓度的标准品，对各种茶样的 14 种化学成分估计大致的浓度范围，进而作出回归曲线。检出限（*LOD*）、定量限（*LOQ*）和重复性通过学习标准化合物来估算。重现性检验是通过加入已知标准品相对于绿茶提取液的制备的量进行的。为了确保这一方法的重复性，绿茶提取液重复进样分析了 6 次。绿茶提取液贮藏在 4℃ 的冰箱中后进行研究分析，样品液从贮藏 0、2、4、6、8 h 和 10 h 后进行稳定性的评价。从可可茶芽叶制作的茶被用于分析方法的优化。

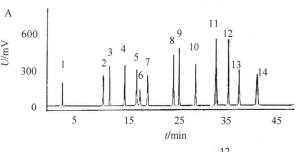

二、结果和讨论

（一）优化分析方法

最初由 C₁₈ 色谱柱和甲醇流动相并不能有效地分离 14 个化合物。改用乙腈 - 水 - 磷酸溶剂系统可以很好地分离 14 个标准品（图 4-2A）。当乙腈 - 水 - 磷酸用于分析可可茶时，没食子酸和一个未知成分峰被分离出来了（图 4-2B）。梯度洗脱系统对于 C₁₈ 色谱柱不能被进一步优化。

然后试验了不同的色谱柱，Amide-C₁₆ 色谱柱是一种磺酰胺基团键合的硅胶色谱柱；因其结构中嵌有极性较大的磺酰胺基团可以同时对极性和非极性化合物进行分离，比 C₁₈ 色谱柱可以增大各物质的相对保留时

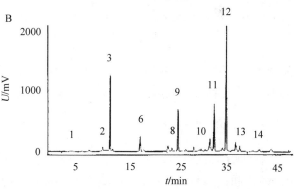

图 4-2 由 Waters Symmetry C₁₈ 色谱柱（250mm×4.6mm，5μm）在乙腈 - 水 - 磷酸溶剂系统下分析的 HPLC 的色谱图

Fig. 4-2 The chromatogram of standards and tea samples

A 标准品，流动相：磷酸 - 水（0.05：99.95，v/v）；

B 可可茶样品，流动相：乙腈。梯度如下：0～12 min，5% 乙腈；12～30 min，线性梯度从 7% 乙腈到 20% 乙腈；40～50 min，20% 乙腈；流速：0.8 ml/min；UV 检测波长 210nm；

色谱峰鉴定：1. 茶氨酸；2. GA；3. TB；4. TP；5. TC；6. GC；7. CAF；8. EGC；9. C；10. EC；11. EGCG；12. GCG；13. ECG；14. CG

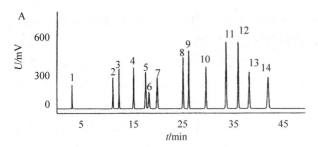

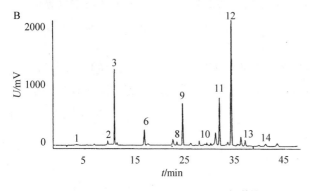

图 4-3　用 Discovery RP-Amide C$_{16}$ 色谱柱
（4.6mm×150mm，5μm）

在乙腈 - 水磷酸溶剂系统下分离标准品和茶样的色谱图

Fig. 4-3　The chromatogram of standards and tea samples

A 标准样；B 可可茶样

色谱峰鉴定：1. 茶氨酸；2. GA；3. TB；4. TP；5. TC；6. GC；7. CAF；8. EGC；9. C；10. EC；11. EGCG；12. GCG；13. ECG；14. CG

间，提高分离度。C$_{16}$ 色谱柱有一个很厚的包含有酰胺基团的水合层；多重的交互作用（疏水交互作用和氢键结合作用）有助于溶质的分离。C$_{16}$ 色谱柱延长了 GA 的保留时间，从三个茶叶样品分离出未知化合物，而且优化的溶剂系统能够分离所有的 14 种标准品，因此也用于分析所有三个茶样的 14 种化合物（图 4-3A 和 B）。为了缩短分析时间，选择了长 150 mm C$_{16}$ 色谱柱，使分析时间缩短到 45 min。

色谱柱温增加时，化合物保留时间减少，而且每个化合物保留时间也会改变。C 和咖啡碱在柱温 40℃不能分离，而 EGC 和可可茶样品的另一个化合物也不能分离。对所有标准品和茶叶样品能够获得最佳色谱分离的柱温是 35℃。

前人的研究认为选择波长 210 或 280 nm 可以检测出茶样品中的儿茶素和咖啡碱。而本研究表明在波长 280 nm 处，咖啡碱和儿茶素类表现出

强烈的吸收峰，而茶氨酸没有表现吸收峰，因此研究选择了检测波长 210 nm 可以检测全部 14 种化合物，并显示出良好的吸收峰。

（二）定量分析

在研究的范围内，14 种化合物均表现出极好的线性关系，其相关系数在 0.99 994 和 0.9999 之间，14 种化合物的检出限（limit of detection，LOD）变化范围为 0.0001～0.0072 ng/μl，定量检测下限（limit of quantity，LOQ）的变化范围为 0.0004～0.24 ng/μl（表 4-3）。

表 4-3　各化合物线性值、相关系数（r）、检出限（LOD）、定量限（LOQ）

Tab. 4-3　The linearity, correction coefficient（r），limit of detection（LOD）and limit of quantification（LOQ）of the compounds studied

化合物	保留时间 /min	线性值 /μg	r[①]	LOD[②]/ng	LOQ[②]/ng
茶氨酸	3.06	0.06～1	0.9998	1.9	6.3
GA	11.32	0.2～2.04	0.9997	1.5	4.9

化合物	保留时间 /min	线性值 /μg	r [①]	LOD [②] /ng	LOQ [②] /ng
TB	12.60	0.01～1	0.9998	0.3	0.9
TP	15.63	0.01～0.02	0.9995	0.8	2.6
TC	17.99	0.1～1	0.9999	0.7	2.3
GC	18.63	0.01～1	0.9999	0.8	2.6
CAF	20.17	0.001～1.06	0.9994	0.2	0.7
EGC	25. 45	0.01～1	0.9998	1.3	4.3
C	26.59	0.01～1.08	0.9996	1.6	5.3
EC	29.99	0.01～1	0.9997	2.8	9.2
EGCG	34.08	0.2～3.92	0.9996	1.2	3.9
GCG	36.53	0.2～2	0.9994	1.5	4.9
ECG	38.71	0.01～1	0.9996	1.4	4.6
CG	42.52	0.01～1	0.9998	1.6	5.3

① r 是每一回归曲线的相关系数, 是通过 6 个检测点三次测定完成的;
② LOD 和 LOQ 是由连续稀释标准样溶液, 信噪比为 3 和 10 分别得出的

回收率、精密度、重复性和稳定性用绿茶提取液分析测定 (表 4-4)。14 个化合物的回收率为 85%～104%, 所有测定的 RSD 少于 1.0%。稳定性的结果显示样品置于冰箱贮藏 10 h 还是稳定的。这些结果肯定了当前使用的分析方法的有效性。

表 4-4　用绿茶提取物对分析方法的考察结果

Tab. 4-4　Validation result of the analytical method using a green tea extract solution

化合物	回收率 /%	精密度 RSD/%	重复性 RSD/%	稳定性 RSD/%
茶氨酸	99.44	0.83	2.51	4.83
TB	95.45	0.81	2.81	1.04
GC	85.56	0.49	2.67	4.01
EGC	101.06	0.62	2.26	2.01
C	98.81	0.91	1.61	3.83
CAF	99.04	0.59	0.98	0.87
EC	95.15	0.89	1.06	4.30
EGCG	92.56	0.46	2.61	0.79
GCG	103.86	0.76	2.56	4.53
ECG	103.04	0.78	2.81	4.51
CG	101.41	0.92	1.37	2.74
TP	nd	0.89	nd	nd
TC	nd	0.75	nd	nd

（三）茶样分析

图 4-4 显示了四种茶样提取液的 HPLC 色谱图。从茶 *C. sinensis* 和普洱茶 *C. assamica* 制作的绿茶和普洱茶（Pu'er tea）的主要嘌呤生物碱均为咖啡碱，含量分别为（2.985±0.0008）% 和（3.664±0.0432）%。可可茶的主要嘌呤碱是可可碱，含量为（4.001±0.027）%。茶、普洱茶和苦茶的主要多酚类化合物为 EGCG，可可茶则是 GCG。茶氨酸的含量范围为（0.136±0.0026）%～（1.485±0.0491）%，普洱茶含茶氨酸最高。表 4-5 列出了在三种茶叶样品中 14 种化合物的含量。

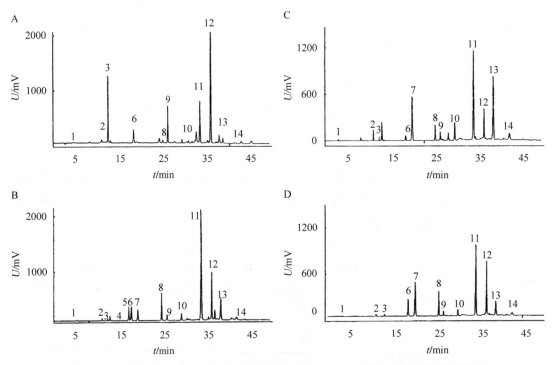

图 4-4　四种茶叶样品中 14 种化合物的色谱图（在 210 nm 波长的紫外检测器检测）

Fig. 4-4　The chromatogram of samples made from four kinds of plant

A 可可茶；B 苦茶；C 普洱茶；D 绿茶

色谱峰鉴定：1. 茶氨酸；2. GA；3. TB；4. TP；5. TC；6. GC；7. CAF；8. EGC；9. C；10. EC；11. EGCG；12. GCG；13. ECG；14. CG

表 4-5　茶样中分离的 14 种化合物含量

Tab. 4-5　Contents of the 14 studied compounds in tea samples

化合物	含量 /%（w/w）			
	C. sinensis（绿茶）	*C. assamica*（普洱茶）	*C. ptilophylla*（可可茶）	*C. kucha*（苦茶）
茶氨酸	0.69±0.04[a]	1.48±0.64	0.13±0.01	0.42±0.01
GA	0.13±0.01	0.59±0.01	0.29±0.01	0.08±0.01
TB	0.01±0.01	0.24±0.01	4.00±0.12	0.80±0.01

续表

化合物	含量 /%（w/w）			
	C. sinensis（绿茶）	*C. assamica*（普洱茶）	*C. ptilophylla*（可可茶）	*C. kucha*（苦茶）
TP	nd[b]	nd	nd	0.006±0.01
TC	nd	nd	nd	2.11±0.03
GC	1.61±0.002	0.50±0.01	2.72±0.01	1.63±0.01
CAF	2.98±0.01	3.66±0.04	nd	0.79±0.02
EGC	1.04±0.01	0.59±0.03	0.22±0.07	1.29±0.01
C	0.10±0.01	0.24±0.01	2.59±0.13	0.20±0.03
EC	0.22±0.01	0.77±0.01	0.29±0.02	0.28±0.01
EGCG	3.60±0.13	4.58±0.07	2.29±0.02	7.28±0.58
GCG	2.74±0.05	1.43±0.17	7.60±0.59	3.69±0.64
ECG	0.69±0.10	3.83±0.02	0.50±0.02	1.51±0.15
CG	0.14±0.01	0.35±0.01	0.11±0.01	0.23±0.06

a 为 3 次测量值的平均值 ± 标准差；b nd＝ not detected（未检出）。

三、结论

使用 C_{16} 色谱柱改进了 HPLC 测试方法，建立了能快速同时测定茶、普洱茶、可可茶和苦茶中的 14 种化合物，包括 8 种儿茶素、4 种嘌呤生物碱、没食子酸和茶氨酸的方法。应用这一分析方法取得了良好的结果，14 种化合物能够同时得到分离、测定。本研究所提供的分析方法优于过去所描述的方法，改进了色谱图的质量，提高了 HPLC 分析的效率，可应用于茶叶有关健康和风味物质化学成分的分离和检测。

第 3 节　同时检测不同红茶中茶氨酸、没食子酸、嘌呤生物碱、儿茶素类和茶黄素类[①]

茶是世界上消费最为广泛的饮料，茶 *Camellia sinensis* 起源于中国南方，包括中国在内世界上有超过 30 个国家栽茶、制茶。世界年产干茶 300 万吨，其中 20% 是绿茶，2% 是乌龙茶，其余为红茶（国际茶叶协会，2002）。中国是最主要的茶叶生产国家。

许多研究表明红茶为消费者提供了健康的益处。茶氨酸是茶叶特有的氨基酸，具有调节脑功能，降低血压和抑制咖啡碱的兴奋作用（Tokogoshi *et al.*，1995； Terachima *et al.*，1999； Kakuda *et al.*，2000）；没食子酸（GA）和 8 种在茶里出现的儿茶素能减少

① WANG Y Y, YANG X R, LI K K, *et al.* Simulataneous determination of theanine, gallic acid, purine alkaloids, catechins, and theaflavins in black tea using HPLC [J]. Int J Food Sci Technol, 2010, 45, 1263-1269.

癌症和心血管病的风险（Yoshida *et al.*, Frei & Higdon, 2003），具有抗诱变作用（Shiraki *et al.*, 1994）以及降低血中胆固醇的作用（Maron *et al.*, 2003）；嘌呤生物碱可增强精力（Mclellan *et al.*, 2005）。过去的研究表明苦茶（*C. kucha*）中的主要嘌呤生物碱——苦茶碱作用于中枢神经，引起镇静，具有催眠和提高记忆力的作用。

对于红茶中各类有益的化合物含量的研究促成对可靠分析方法的建立。高效液相色谱法（HPLC）在茶叶风味物质的分析中得到最广泛的应用。绝大多数最近发表的 HPLC 法都聚集于有效地分离茶的儿茶素以及茶黄素类化合物（Lee & Ong, 2000；Su *et al.*, 2003；Friedman *et al.*, 2006[b]；Neilson *et al.*, 2006），然而尚不能同时分析多种儿茶素，各种嘌呤生物碱和茶黄素类。而且，最新发表的分析方法也不能测定红茶中茶氨酸，没食子酸的含量。基于过去的研究（Peng *et al.*, 2008），我们发展了用反相 HPLC 系统分离了 8 种儿茶素：儿茶素（＋）-catechin（C），表儿茶素（-）-epicatechin（EC），没食子儿茶素（-）-gallocatechin（GC），表没食子儿茶素（-）epigallocatechin（EGC），儿茶素没食子酸酯（-）-catechin gallate（CG），表儿茶素没食子酸酯（-）-epicatechin gallate（ECG），没食子儿茶素没食子酸酯（-）-gallocatechin gallate（GCG），表没食子儿茶素没食酸酯（-）-epigallocatechin gallate（EGCG）；4 种嘌呤生物碱：咖啡碱（caffeine, CAF），茶叶碱（theophylline, TP），可可碱（theobromine, TB），苦茶碱（theacrine, TC）；四种茶黄素：茶黄素（theaflavin, TF），茶黄素 TF-3-MG（theaflivin-3-monogallate），茶黄素 TF-3′-MG（theaflavin-3′-MG），茶黄素 TFDG（theaflavin-3, 3′-digallate）；没食子酸（gallic acid, GA）和茶氨酸（theanine）。

含可可碱为主的可可茶和含苦茶碱为主的苦茶制成红茶后各化学成分也成功地得到了分析，并与印度大吉岭红茶、阿萨姆红茶、尼尔吉里红茶、中国祁门红茶、滇红茶、英德红茶、斯里兰卡乌瓦红茶进行了比较。

一、材料和方法

（一）HPLC 色谱仪，色谱柱和分析条件

HPLC 系统由 Waters 505 LC 双泵，Waters UV 检测器（Milford waters Co., Mildford, MA, USA）和 HT-230 柱温箱（恒奥，天津，中国）组成。分离色谱柱是 Discovery RP-Amide C_{16} 柱（4~6 mm×250 mm，5 μm）（Supelco, Bellefonte, PA, USA），外加 Discovery RP-Amide C_{16} 保护柱（4 mm×20 mm，5 μm）。柱温保持在 35℃。洗脱溶液为：流动相 A 磷酸（85%）和水（0.05：99.95，v：v）；流动相 B 乙腈（CAN）。分离梯度如下：0~4 min，4%B；4~20 min，线性梯度从 4%B 增加到 7%B；20~40 min，从 7%B 增加到 18%B；40~60 min，从 18%B 增加到 23%B；60~68 min，从 23%B 增加到 30%B；68~73 min，从 30%B 增加到 34%B；73~90 min，34%B。洗脱在 0.8 ml/min 溶剂流速下进行。注入样品体积为 10 μl。

（二）标准品和其他试剂

C、EC、GC、EGC、CG、ECG、GCG 和 EGCG 等儿茶素购自 Sigma Chemical Company（St Louis，Mo，USA）。CAF，TF，TF-3-MG，TF-3'-MG 和 TFDG 购 自 Wakjo Pure Chemical Industries Ltd.Company（大阪，日本）。TP、TB、茶氨酸、GA 购自 Fluka Chemical Corp.（Milwankee，WI，USA）。TC 是本实验室从苦茶叶中分离，并与文献所描述的理化性状进行了比较鉴定的产品（Ye *et al.*，1999）。高效液相色谱级乙腈购自 Merck 公司（Darmstadt，Germany），高效液相色谱级超纯水（18 mΩ）由 Millipore Milli-Q Purification 系统制备（Millipore Corp.，Bedford，MA，USA），用于流动相和所有溶液制备。其他试剂均为分析纯级。

（三）标准品和茶样的制备

标准品混合液由茶氨酸 0.216 μg/μl，GA，ECG，EGCG，C，GCG 各 0.208 μg/μl，TB，CAF，TF，TF3-MG，TF-3'-MG，TFDG 各 0.20 μg/μl 和 EGC 0.072 μg/μl 组成，用于全部分析过程。

各种红茶样品均购自本地市场，包括中国祈门红茶、滇红茶、英德红茶、印度大吉岭红茶、阿萨姆红茶和尼尔吉里红茶和斯里兰卡乌瓦红茶。另外两个红茶样品是从可可茶 *C. ptilophylla* 和苦茶 *C. kucha* 的芽叶制作的。

用不同浓度乙醇和沸水对茶样提取液的有效性进行评价。首先用乙醇提取茶样，称取 1 g 茶样，置于装有冷凝回流装置的容量瓶，与 100 ml 不同浓度的乙醇混合，在 80℃的水浴中抽提 20 min。将提取液稀释到 100 ml，稀释液通过 0.45 μm 的尼龙滤膜，过滤液直接用于 HPLC 分析。又用水提取，1 g 茶样加入沸水 100 ml，在 90℃的水浴中保温 30 min，然后样品液经冷却后通过 0.45 μm 尼龙滤膜，过滤液直接用于 HPLC 分析。

（四）分析方法探讨

八种化合物的回归曲线在六种不同浓度下建立。检测限（LOD）和定量限（LOQ）比较标准化合物计算。LOD 就是同 3 倍于噪声（信噪比 S/N＝3）一样高的检测信号时最小量化合物。LOQ 就是同 10 倍噪声（信噪比 S/N＝10）时最小量化合物。回收试验是通过加入已知的标准化合物相对红茶样品提取物低、中、高含量进行的。为了保证这一方法的重复性，其中一种红茶的提取物被重复进行分析（共分析 6 次）。分析结果的稳定性是通过红茶提取物贮藏在冰箱 24 h，每隔 2 h 分析一次来检验。

（五）统计分析

统计，分析是在软件 SPSS 13.0（SPSS, Inc., Chicago, IL, USA）上进行的。数据分析遵循 Duncan's 多重测试用 ANOVA 进行。

二、结果和讨论

（一）分析方法的拓展

由于红茶中的四种主要茶黄素含量比较低，因而定量分析它们是困难的。在尝试同时定量分析其他主要成分时困难就变得更加明显了。过去的研究建议在测定单个的茶黄素时要加入大量的溶剂或者以固相对提取物进行前处理（Nishimura *et al.*，2007）。另一方面，已研究过茶汤中茶黄素类物质的测定，经过多次沸水冲泡的茶叶中仍然存在有茶黄素（Lee *et al.*，2004））。因此选择效率高的溶剂对茶黄素类提取是至关重要的。不同浓度乙醇被用以筛选能有效从红茶茶叶提取18种化合物，特别是茶黄素类。当与其他浓度的乙醇相比时，40% 乙醇显示出最高的提取率（表4-6）。40% 的乙醇对茶黄素类的提取率与水相比较显示出极大意义，前者提取率为4.32 g/kg，后者为2.65 g/kg。以40% 乙醇和水提取茶氨酸，GA 和总生物碱两者则没有显著的差异，前者为11.74 g/kg，后者是9.64 g/kg，更重要的是考虑红茶样品分析中茶黄素类的提取率，因而40% 的乙醇作为溶剂最为合适。

表4-6　不同浓度乙醇和沸水的提取率
Tab. 4-6　The extraction efficiency of different concentrations of ethanol and boiling waters

溶剂	主要化合物（g/kg 干样）[a]				
	茶氨酸	没食子酸	总嘌呤生物碱	总儿茶素	总茶黄素
沸水	6.88[a]	2.61[a]	43.97[a]	11.74[a]	2.65[c]
40% 乙醇	6.70[a]	2.17[ab]	43.75[a]	9.64[b]	4.32[a]
60% 乙醇	6.83[a]	1.98[ab]	43.92[a]	8.30[c]	4.42[a]
80% 乙醇	5.35[b]	1.77[b]	43.19[b]	7.34[d]	3.94[b]
95% 乙醇	2.75[c]	1.09[c]	35.13[c]	2.57[e]	0.91[d]

纵列数字上标字母相同的，表明 $P > 0.05$，差异无统计学意义

绿茶的儿茶素类在紫外波长280 nm 下就能检测（Horie *et al.*，1997），而茶黄素类检测应调节紫外波长至375 nm 下（Finger *et al.*，1992），本研究观察到在波长210 nm 或波长375 nm，应用乙腈流动相有高得多的紫外吸收，而且在波长210 nm 处检测到高得多的背景吸收。在波长280 nm 和375 nm 处，不吸收茶氨酸，而在波长210 nm 处可以检测到18种化合物，并显示出良好的吸收（表4-7）。

表4-7　各化合物的线性相关系数（*r*）、检出限（*LOD*）和定量限（*LOQ*）
Tab. 4-7　The linearity, correlation coefficient（*r*），*LOD* and *LOQ* of compounds

编号	化合物	保留时间 /min	*RSD*/%	线性范围 /μg	相关系数 r^a	LOD^b/ng	LOQ^b/ng
1	茶氨酸	4.76	0.54	0.03～3.2	0.9999	1.81	6.32
2	GA	12.69	0.50	0.02～2.3	0.9999	1.80	6.16
3	TB	13.66	0.63	0.02～2.3	0.9996	1.02	4.40
4	TP	17.95	1.87	0.02～2.3	0.9997	3.20	11.54

续表

编号	化合物	保留时间 /min	RSD/%	线性范围 /µg	相关系数 r^a	LOD^b/ng	LOQ^b/ng
5	TC	21.63	1.08	0.3～3.8	0.9995	3.21	11.90
6	GC	22.90	1.58	0.31～10	0.9999	0.20	0.62
7	CAF	25.02	1.83	0.3～3.8	0.9993	0.20	0.64
8	EGC	31.53	0.49	0.03～0.8	0.9991	1.81	6.06
9	C	32.88	0.39	0.2～2.3	0.9994	0.40	1.41
10	EC	38.46	0.19	0.2～2.2	0.9993	0.43	1.24
11	EGCG	45.51	0.22	0.1～1.6	0.9996	0.22	0.70
12	GCG	51.56	0.29	0.2～2.2	0.9993	0.40	1.31
13	ECG	57.31	0.32	0.2～1.6	0.9996	0.44	1.24
14	CG	62.23	0.25	0.01～0.8	0.9995	0.24	0.72
15	TF	75.16	0.09	0.01～1.0	0.9993	0.40	1.34
16	TF-3-MG	79.89	0.12	0.01～1.0	0.9994	0.42	1.34
17	TF-3'-MG	81.79	0.09	0.01～1.0	0.9996	0.44	1.47
18	TFDG	85.36	0.12	0.01～1.0	0.9998	0.43	1.34

r^a 是每一回归曲线的相关系数, 是通过 6 个回归点经 3 次测定得出的

LOD^b 和 LOQ^b 由标准溶液连续稀释估算

同时对红茶中 18 种化合物进行分析, 选择合适的色谱柱非常重要, RP-C_{18} 色谱柱常用于分析绿茶中的嘌呤碱和儿茶素类。使用有代表性的 C_{18} 色谱柱, 当在高水流动相时重现性较差, 而且对于分析极性分子, 如茶氨酸和 GA 也不理想 (Peng *et al.*, 2008)。Rp-Amide C_{16} 色谱柱显示出在分离极性化合物的能力上更优 (Liu *et al.*, 2006)。使用了 RP-Amide 色谱柱延长了茶氨酸、GA 和嘌呤生物碱的保留时间, 使得这些亲水化合物获得了更高的提取率。此外, 发酵后的红茶比绿茶含有更多的复合化合物。过去应用 RP-Amide 色谱柱 (4.6 mm×150 mm, 5 µm) 成功分析了绿茶 (Peng *et al.*, 2008), 现在却不能有效地分离红茶中的儿茶素和茶黄素类。因此应用 RP-Amide C_{16} 色谱柱 (4.6 mm×250 mm, 5 µm) 和选择了使用乙腈和磷酸 - 水组成的流动相 (0.05 : 99.95) (图 4-5, 表 4-8)。

表 4-8 红茶提取物对分析方法可靠性检验

Tab. 4-8 Validation result of the analytical method using a black tea extract

化合物	收率 /%	精密度 RSD/%	重复性 RSD/%	稳定性 RSD/%
茶氨酸	102.59	1.14	1.80	1.27
GA	103.47	1.07	1.36	1.14
TB	93.75	1.17	2.17	2.30
TP	101.38	1.15	2.51	2.29
GC	99.80	0.79	4.03	2.83
CAF	99.04	1.52	0.85	2.41
EGC	96.58	1.70	2.74	2.23
C	101.48	1.67	1.02	2.78
EC	100.66	0.89	3.15	0.18

续表

化合物	收率 /%	精密度 RSD/%	重复性 RSD/%	稳定性 RSD/%
EGCG	94.50	1.95	3.51	1.48
GCG	91.25	1.91	2.37	2.20
ECG	88.96	1.98	2.04	0.58
TF	88.92	2.91	0.99	3.24
TF-3-MG	86.86	2.61	1.21	2.72
TF-3'-MG	85.67	0.51	1.85	3.97
TFDG	87.78	2.76	1.91	2.69

没有检测 TC 和 CG。

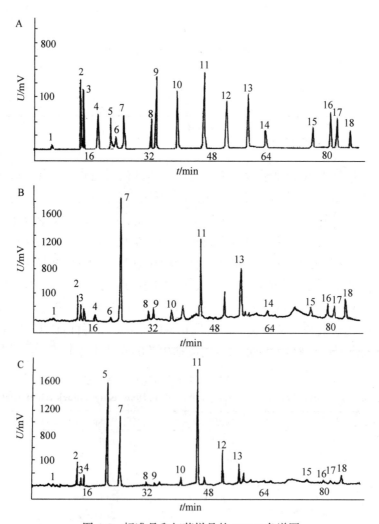

图 4-5　标准品和红茶样品的 HPLC 色谱图

Fig. 4-5　The chromatogram of standards and black tea samples

A 标准品；B 用 40% 乙醇提取的阿萨姆红茶样品；C 用 40% 乙醇提取的苦茶红茶样品

色谱峰鉴定：1 茶氨酸；2 GA；3 TB；4 TP；5 TC；6 GC；7 CAF；8 EGC；9 C；10 EC；11 EGCG；
12 GCG；13 ECG；14 CG；15 TF；16TF-3-MG；17TF-3'MG；18 TFDG

表 4-9　以 40% 的乙醇溶剂提取红茶样品 18 种化合物的含量

Tab. 4-9　Contents of If the eighteen compounds in tea samples extracted with 40% ethanol

化合物	祁门红茶 / (g/kg)	滇红茶 / (g/kg)	英德红茶 / (g/kg)	苦茶 / (g/kg)	可可茶 / (g/kg)	大吉岭红茶 / (g/kg)	阿萨姆红茶 / (g/kg)	尼尔吉里红茶 / (g/kg)	乌瓦红茶 / (g/kg)
茶氨酸	7.67±0.37	6.58±0.05	6.24±0.07	4.96±0.17	0.95±0.09	4.47±0.04	4.20±0.00	2.67±0.04	6.04±0.05
GA	4.79±0.09	3.30±0.01	1.69±0.01	4.45±0.02	5.80±0.02	2.62±0.03	4.30±0.01	3.32±0.01	5.18±0.03
TB	0.81±0.01	1.44±0.01	1.79±0.01	2.14±0.04	35.32±0.84	0.98±0.06	2.31±0.02	1.74±0.01	4.22±0.06
TP	0.30±0.01	0.14±0.01	0.24±0.00	0.27±0.01	nd	1.82±0.02	2.22±0.01	2.46±0.02	1.44±0.02
TC	nd	nd	nd	36.64±1.21	nd	nd	nd	nd	nd
CAF	39.97±0.03	44.98±0.78	41.46±0.87	22.06±0.51	nd	29.70±0.80	42.82±0.28	29.40±0.37	38.43±0.83
GC	0.05±0.01	nd	0.10±0.00	tr	0.85±0.00	0.99±0.01	0.53±0.01	0.90±0.01	0.51±0.01
EGC	0.36±0.22	0.54±0.00	0.47±0.01	10.47±0.60	0.13±0.01	5.43±0.03	1.50±0.01	2.25±0.01	1.77±0.00
C	nd	0.36±0.01	0.64±0.01	tr	6.92±0.09	0.45±0.01	0.97±0.01	0.53±0.02	0.25±0.06
EC	nd	1.23±0.01	1.34±0.01	tr	nd	2.11±0.02	1.46±0.01	1.65±0.01	1.43±0.02
EGCG	3.96±0.12	2.35±0.07	1.04±0.02	10.47±0.60	0.17±0.01	18.42±0.14	8.05±0.07	11.65±0.12	10.43±0.36
GCG	nd	nd	nd	5.73±0.31	14.69±0.04	nd	nd	nd	nd
ECG	2.31±0.04	7.09±0.13	4.98±0.07	3.00±0.02	0.70±0.01	9.49±0.35	9.04±0.19	7.39±0.09	8.49±0.17
CG	tr	tr	tr	nd	0.27±0.02	0.66±0.03	0.47±0.05	0.46±0.01	0.53±0.01
TF	0.62±0.02	0.54±0.03	0.92±0.03	0.68±0.06	tr	2.47±0.04	4.43±0.00	3.88±0.09	2.86±0.08
TF-3-MG	1.31±0.06	0.84±0.01	1.03±0.02	0.56±0.03	0.84±0.02	0.84±0.02	4.43±0.01	2.27±0.05	1.63±0.01
TF-3'-MG	0.68±0.03	0.58±0.05	0.55±0.02	0.27±0.01	0.33±0.00	0.64±0.08	2.03±0.01	1.46±0.01	0.85±0.01
TFDG	3.61±0.03	2.88±0.01	1.80±0.03	2.16±0.09	0.47±0.01	1.20±0.03	4.97±0.01	3.00±0.05	2.25±0.03

1 数据表述为 g/kg±标准差（n=3）；所有数值四舍五入精确到小数点后两位；2 nd 表示未检测出该化合物，tr 表示仅有痕量化合物

（二）茶叶样品分析

9种红茶中对人体有益的化合物如表4-9和表4-10所示。测得的茶氨酸含量的变化范围从0.95～7.67 g/kg，祈门红茶、滇红茶和英德红茶的茶氨酸的含量较高，分别为7.67、6.58、6.24 g/kg。

表4-10 嘌呤生物碱总量、儿茶素总量和茶黄素总量
Tab. 4-10 Contents of total sum of purine alkaloids, catechins and theaflavins in black tea extract g/kg

化合物	祈门红茶	滇红茶	英德红茶	可可茶	苦茶	大吉岭红茶	阿萨姆红茶	尼尔吉里红茶	乌瓦红茶
总嘌呤碱	41.09	46.55	43.41	35.33	61.12	32.49	47.34	34.05	44.10
总儿茶素	6.69	11.56	8.56	23.72	19.99	37.37	22.00	24.82	23.41
总茶黄素	6.22	4.84	4.30	1.64	3.68	5.16	14.70	10.51	7.60

嘌呤生物碱是红茶中最主要的化学成分。红茶中咖啡碱含量从苦茶中22.06 g/kg到滇红茶中的44.98 g/kg，可可碱含量从祈门红茶的0.81 g/kg到可可茶的35.33 g/kg，茶叶碱含量从滇红茶的0.14 g/kg到尼尔吉里红茶的2.46 g/kg。TC只存在于苦茶中，含量为36.64 g/kg。9种红茶总嘌呤生物碱从大吉岭红茶的32.49 g/kg到苦茶61.12 g/kg。

EGCG和ECG在大多数的红茶中含量都很高。EGCG含量范围从可可茶中0.17 g/kg到大吉岭红茶中的18.24 g/kg，而ECG含量范围从可可茶中的0.70 g/kg到大吉岭红茶中的9.49 g/kg。GCG只在苦茶中含5.73 g/kg，可可茶中含14.69 g/kg，其他红茶均不含GCG。总儿茶素含量范围从祈门红茶中的6.69 g/kg到大吉岭红茶中的37.37 g/kg。

对于红茶样品中检测到的四种茶黄素，其中茶黄素TF含量范围从滇红茶中的0.54 g/kg到阿萨姆红茶中的4.34 g/kg；TF-3-MG含量范围从苦茶中的0.56 g/kg到阿萨姆红茶中的4.43 g/kg；对于TF-3′-MG含量范围从苦茶中的0.27 g/kg到阿萨姆红茶的2.03 g/kg；对于TFDG（theaflavin-3, 3 digallate）含量范围，从苦茶0.47 g/kg到阿萨姆红茶4.97 g/kg。总茶黄素的最高含量是阿萨姆红茶，达14.70 g/kg，在可可茶中仅检测到痕量茶黄素，这可能是可可茶和传统茶之间儿茶素的组成不同导致的。可可茶的主要儿茶素是GCG而不是茶和和普洱茶中的EGCG（Peng *et al.*, 2007）。

三、结论

通过简化提取样品过程和设置灵敏的最低检出限，建立了能够同时测定红茶中18种主要化合物的新方法。结果表明40%乙醇可作为合适的提取溶剂去制备红茶的提取液，因其具较高的提取率，特别是对茶黄素类更是如此。简化提取过程和敏感的检测方法，提供了一个研究不同红茶种类化学成分的有效分析方法。除了已知的嘌呤生物碱，本研究也可检测出苦茶中的苦茶碱，使它成为一个可靠和有效的可用于红茶的常规检测方法。

第 4 节　可可茶无性系品种的生化成分①

可可茶（*Camellia ptilophylla*）从野生的优质资源经选育，获得的最重要的成果就是培育出可可茶 1 号（cocoa tea 1）和可可茶 2 号（Cocoa tea 2），它们保留了可可茶含可可碱几乎不含咖啡碱的特有种性。正因为如此，在作为日常饮料的同时，饮用可可茶除了不影响睡眠外，很多方面和传统的茶是相似或者是一致的。栽培以后的可可茶其芽叶化学成分的表现，是我们十分关注的问题，也连续对它们进行了持续的研究。本研究是对可可茶两个新品种茶叶主要生化成分进行分析，亦与传统的栽培茶白毛 2 号的化学成分作了对比。

一、实验材料

（一）样品的采集与固定

实验材料取自广东省茶叶研究所可可茶园，以可可茶 1 号和 2 号两个无性系品种为实验对象。为使取样具有广泛性和代表性，自 2007 年 4 月开始，分春（4~5 月）、夏（6~8 月）、秋（9~11 月）三季，每月采样一次，至 2007 年 11 月结束。鲜样采收以"1 芽 2 叶"为标准，采摘新生嫩芽与邻近两片嫩叶。所采样品经隔水蒸青固定 5 min 后，置于 80℃的烘箱中烘干。所得即为可可茶蒸青样。将烘干样磨碎后保存于低温干燥处备用。本论文研究对象均为可可茶蒸青样。

（二）仪器与试剂

高效液相色谱仪（Waters 515 泵，手动进样器，2487 检测器）、YH-3000 色谱工作站（广州逸海）、色谱柱恒温箱（天津恒奥）、TU-1901 紫外可见光分光光度计（北京普析）、电子天平（瑞士 Mettler Toledo）、电热恒温干燥箱（湖北黄石）、电热恒温水浴锅（上海锦屏）、超声波清洗器（上海科导）、旋转蒸发仪（瑞士 Buchi）、移液枪（德国 Eppendorf）。

乙腈、甲醇（美国 Fisher）、磷酸（美国 Fluka）、超纯水仪（美国 Millipore）、磷酸二氢钾（广东光华）、磷酸氢二钠（广东光华）、三氯化铝（广东光华）、硫酸亚铁（广东光华）、酒石酸钾钠（广东光华）、水合茚三酮（广东光华）、氯化亚锡（广东光华）、C、EC、GC、CG、EGC、GCG、EGCG、ECG（美国 Sigma）、CAF（日本 Wako）、GA、TP、TB、茶氨酸（美国 Fluka）。

---

① 彭力. 可可茶驯化选育过程中特征生化成分和抗癌活性的研究［D］. 广州：中山大学，2010. 指导教师：叶创兴.

二、实验方法

（一）茶叶多酚类物质的测定

1. 原理

采用酒石酸亚铁分光光度法（GB/T 8313-1987）。本法是根据酒石酸亚铁的亚铁离子能与茶多酚生成紫蓝色络合物，络合物溶液颜色的深浅与茶多酚的含量成正比，因此可以用分光光度法测定。

2. 步骤

准确称取干茶磨碎样 1.5 g（精确至 0.001 g），置于 250 ml 三角瓶中。加沸蒸馏水 225 ml，放入沸水浴中浸提 45 min，中间搅拌 2-3 次，浸提后即过滤或抽滤，滤液冷却后用水定容至 250 ml。吸取样液 1 ml 于 25 ml 容量瓶中，加水 4 ml，加酒石酸亚铁溶液 5 ml，再加 pH7.5 的缓冲液稀释至刻度，空白以蒸馏水代替供试样液。测定时用 1 cm 比色杯及波长 540 nm 测出消光值（E）。

3. 计算公式

$$多酚类（\%）=（E×1.957×2/1000）× 样品总量（ml）/ \qquad (4-2)$$
$$[吸样液量（ml）/ 样品干物重（g）]×100\%$$

注：1.957 系用 1 cm 比色杯，当消光值等于 0.05 时，每 ml 茶汤中含多酚类相当于 1.957 mg，消光值等于 1.00 时，应为 1.957×2。

（二）黄酮类化合物总量的测定

1. 原理

采用三氯化铝比色法。三氯化铝与黄酮类化合物作用后，生成黄酮的铝络合物，为黄色，黄色的深浅与黄酮类含量呈一定的比例关系，可作定量。

2. 步骤

称 1.00 g 茶叶磨碎干样，加沸蒸馏水 40 ml，置沸水浴中提取 30 min，过滤，滤液加水定容至 50 ml，摇匀后为供试液。吸取供试液 0.5 ml，加 1% 三氯化铝水溶液至 10 ml，摇匀，10 min 后比色。用分光光度计，以 1 cm 比色杯，420 nm 波长，1% 三氯化铝溶液为空白，测定消光值。

3. 计算公式

根据消光值等于 1.00 时，相当于 320 μg 黄酮苷计算含量。

$$黄酮苷（mg/g）=（E×320/1000）× 供试液总体积（ml）/ \qquad (4-3)$$
$$[吸取试液量（ml）/ 样品干物重（g）]$$

（三）氨基酸总量的测定

1. 原理

采用茚三酮显色法（GB/T 8314—1987）。氨基酸是水溶性物质，在缓冲液中与茚三酮同时加热，α - 氨基酸与茚三酮形成蓝紫色的络合物。

2．步骤

称取 1.5 g 磨碎样，置于 250 ml 三角烧瓶中，加沸水 225 ml，在沸水浴中浸提 45 min，每隔 10 min 摇瓶一次，趁热过滤，滤液冷却后用水定容至 250 ml。吸取滤液 1 ml，置于 25 ml 容量瓶中，再加 0.5 ml 缓冲液，加茚三酮显色剂 0.5 ml，在沸水浴中加热 15 min。待冷却后加水定容至 25 ml。用波长 570 nm，0.5 cm 厚度比色杯，测定其消光值。

标准曲线制作：称取谷氨酸 100 mg，溶于 1000 ml 水中，该溶液含谷氨酸 1 mg/1 ml 作为原液。再根据需要用水稀释成以下浓度：50、100、150、200、250、300μg/ml，分别吸 1 ml 置于 25 ml 容量瓶中，与茶汤测定法同样处理，测定其消光值。以 E 值作为纵坐标，以每毫升中所含谷氨酸的微克数为横坐标，作图即为标准曲线图。

3．计算公式

$$氨基酸（\%）=[（N/1000）\times（V/V_1）]/[样品干物重（g）\times 1000] \qquad （4\text{-}4）$$

式中：N 为根据 E 值在标准曲线查得每毫升被测液中含谷氨酸的微克数。V 为样品总体积的毫升数。V_1 为被测液毫升数。

（四）儿茶素类、生物碱、没食子酸及茶氨酸含量的测定

1．色谱条件的建立

1）色谱柱的选择

改用了亲水性更强的 C_{16} 硅胶反相色谱柱。

2）检测波长的选择

根据文献（Goto *et al.*, 1996；Nishitani *et al.*, 2004；Wang *et al.*, 2003）及 PDA 检测器给出的各化合物紫外吸收光谱图，咖啡碱等嘌呤生物碱类物质在 210 nm 和 280 nm 左右有较大吸收，儿茶素类、茶氨酸的最大吸收波长在 210 nm 左右，因此选择 210 nm 为检测波长。

3）流动相的选择

以文献中较为常用的乙腈 - 水 - 磷酸系统为基础。在酸种类的选择上，参考文献报道，分别对比了相同流动相配比和洗脱条件下 0.05% 磷酸与 0.1% 三氟乙酸（TFA）（Lee *et al.*, 2000）、0.5% 冰乙酸（Shao *et al.*, 1995）对分离的影响。实验结果显示，0.1%TFA 和 0.5% 冰醋酸系统在进行梯度洗脱时基线漂移较大，不利于待测物质的检出，因此认为磷酸在本实验色谱条件考察中较其他两种酸好。

在色谱梯度洗脱程序相同的情况下，比较了 0.05% 磷酸和 0.1% 磷酸对分离的影响，发现酸浓度的差别对分离的影响不大，因此认为 0.05% 即可满足分离的需要。

同时，对比了在相同流动相配比和洗脱条件下，甲醇（Sakata *et al.*, 1991）和乙腈对色谱分离的影响，发现甲醇洗脱时，各色谱峰保留时间明显长于乙腈，且各峰分离度稍差，因此认为对于本实验中生物碱和茶多酚物质的分离，乙腈较甲醇为优。

综合认为以乙腈 - 水 - 磷酸系统作为流动相组成时，样品出峰时间较快，基线平稳，样品分离度也较好。

2. 色谱条件

色谱柱：Discovery C_{16} 柱（4.6 mm×150 mm，5 μm）

流动相 A：0.05% 磷酸水溶液；流动相 B：乙腈。

洗脱梯度：0～4 min，2% B；4～21 min，2% B～9% B；21～32 min，9% B～23% B；2～45 min，23% B。

柱温：35℃；检测波长：210 nm；流速：0.8 ml/min；进样量：20 μl。

3. 标准品溶液的制备与标准曲线的制作

精密称取标准品茶氨酸、GA、TB、TP、CAF、C、EC、EGCG、GCG 和 ECG 各 20 mg，取 GC、EGC 和 CG 各 4 mg，充分混匀后以超纯水溶解，定容至 100 ml。置于 4℃冰箱中备用。

分别吸取标准品溶液 5、2.5、1、0.5、0.25、0.1、0.05、0.005 ml，置 10 ml 容量瓶中，加水稀释至刻度，得到八种不同浓度的混合标准品溶液。分别吸取各浓度的标准品溶液 20 μl，依次注入高效液相色谱仪进行测定，记录各色谱峰峰面积，以对照品峰面积对其浓度进行线性回归，得系列化合物浓度分别在一定范围内呈较好的线性关系。3 种嘌呤生物碱、9 种多酚类物质以及茶氨酸的线性范围、回归方程和相关系数如表 4-11 所示。

表 4-11　13 种化合物的标准曲线方程
Tab. 4-11　Regression equation of 13 compounds

化合物	保留时间	线性回归方程	相关系数（r^2）	线性范围 /（μg/ml）
茶氨酸	3.061	$Y=1.06\,324E7X+77\,506$	0.9998	0.1～50
GA	11.323	$Y=2.35\,442E8X-17\,138$	0.9997	0.5～50
TB	12.607	$Y=2.3921E8X+151\,449$	0.9998	0.1～50
TP	15.631	$Y=3.07\,318E8X+90\,594$	0.9995	0.1～1
GC	18.628	$Y=1.8061E8X+29\,020$	0.9999	1～50
CAF	20.171	$Y=3.18\,587E8X+89\,074$	0.9994	0.106～50.3
EGC	25.446	$Y=4.06\,391E8X+177\,428$	0.9998	1～25
C	26.593	$Y=3.96\,193E8X+483\,874$	0.9996	1.08～27
EC	29.987	$Y=3.41\,622E8X+185\,539$	0.9997	1～25
EGCG	34.083	$Y=4.8284E8X+812\,661$	0.9996	9.8～196
GCG	36.528	$Y=4.32\,783E8X+696\,834$	0.9994	1～50
ECG	38.711	$Y=3.16\,784E8X+256\,836$	0.9996	1～50
CG	42.519	$Y=4.79\,773E8X+234\,100$	0.9998	0.5～10

4. 供试品溶液的制备

称量磨碎茶样 0.5 g，置 500 ml 的烧杯中，加入 400 ml 沸水，于沸水浴中浸提 30 min，每 10 min 搅拌一次，浸提后趁热过滤，残渣以沸水洗涤 1～2 次，滤液冷却后定容至 500 ml。溶液经 0.45 μm 滤膜过滤后进入液相分析。

5. 方法学考察

1）仪器精密度试验

取同一供试品溶液，连续进样 5 次，记录各标准品峰面积值，结果见表 4-12，*RSD* 为 0.46%～0.92%，表明仪器精密度良好。

表 4-12　HPLC 方法学考察结果
Tab. 4-12　Validation results of the analytical method by HPLC

化合物	精密度 *RSD*/%	稳定性 *RSD*/%	重复性 *RSD*/%	回收率 /%	检出限 *LOD*/ng
茶氨酸	0.83	4.83	2.51	99.44	1.9
TB	0.81	1.04	2.81	95.45	0.3
GC	0.49	4.01	2.67	85.56	0.8
EGC	0.62	2.01	2.26	101.06	1.3
C	0.91	3.83	1.61	98.81	1.6
CAF	0.59	0.87	0.98	99.04	0.2
EC	0.89	4.30	1.06	95.15	2.8
EGCG	0.46	0.79	2.61	92.56	1.2
GCG	0.76	4.53	2.56	103.86	1.5
ECG	0.78	4.51	2.81	103.04	1.4
CG	0.92	2.74	1.37	101.41	1.6

2）检出限

在选定条件下，按信噪比为 3（*S/N*＝3）对检出限进行测定，结果表明，各物质检出限分别为茶氨酸 1.9 ng，TB 0.3 ng，GC 0.8 ng，EGC 1.3 ng，C 1.6 ng，CAF 0.2 ng，EC 2.8 ng，EGCG 1.2 ng，GCG 1.5 ng，ECG 1.4 ng，CG 1.6 ng。

3）重复性试验

取同一茶叶样品 5 份，分别注入色谱仪进行测定并记录各峰面积值，结果见表 4-12，*RSD* 为 0.98%～2.81%，表明该方法重复性良好。

4）稳定性试验

将同一供试液样品分别在保存 0、2、4、6、8 和 10 h 后进样测定，记录各峰面积值，结果见表 4-12，*RSD* 为 0.79%～4.83%，表明供试液在 10 h 内稳定。

5）回收率试验

精密称取已知各化合物含量的茶叶样品，加入等量对照品，按前述"供试品溶液的制备"介绍的方法制备供试液，按前述条件进行测定，结果见表 4-12，平均收率为 92.56%～103.86%，表明该方法准确度良好。

6. 样品分析

精密吸取供试液 20 μl，注入色谱仪，按前述"供试品溶液的制备"介绍的方法测定，纪录各化学成分的相应峰面积值。将峰面积值代入前两页 3. 中相应的回归方程进行计算，即可得到每一种化学成分在茶叶样品中的含量。结果见表 4-13，对照品及样品的色谱图见图 4-6（A-D）。

表4-13　可可茶1号生化成分分析结果

Tab. 4-13　The content of chemical components in Cocoa tea 1#

%

时间 组分/%	春季			夏季				秋季				年平均
	4月	5月	平均	6月	7月	8月	平均	9月	10月	11月	平均	
茶多酚总量	31.41±0.855	31.36±0.820	31.39±0.035	31.97±0.941	33.46±0.812	29.32±0.624	31.58±2.097	27.33±0.752	26.66±0.601	22.73±0.582	25.57±2.485	29.28±3.528
黄酮苷/(mg/g)	3.58±0.099	3.89±0.083	3.74±0.219	3.81±0.055	5.55±0.111	4.26±0.078	4.54±0.903	3.93±0.045	3.87±0.032	2.58±0.134	3.46±0.763	3.93±0.819
氨基酸总量	4.39±0.311	2.56±0.022	3.48±1.294	1.74±0.004	1.73±0.009	2.08±0.019	1.85±0.199	1.46±0.031	0.96±0.008	1.45±0.028	1.29±0.286	2.04±1.057
茶氨酸	0.35±0.013	0.29±0.170	0.32±0.042	0.27±0.001	0.22±0.002	0.03±0.003	0.17±0.127	0.21±0.005	0.03±0.005	0.03±0.001	0.09±0.104	0.18±0.130
GA	0.38±0.003	0.16±0.017	0.27±0.156	0.21±0.004	0.09±0.009	0.16±0.003	0.15±0.060	0.14±0.003	0.15±0.008	0.11±0.011	0.13±0.021	0.18±0.090
TB	5.06±0.128	5.43±0.044	5.25±0.262	5.92±0.005	6.27±0.055	5.99±0.164	6.06±0.185	5.81±0.005	4.21±0.014	3.92±0.057	4.65±1.018	5.32±0.863
GC	0.72±0.018	0.52±0.005	0.62±0.141	2.28±0.122	1.73±0.034	1.83±0.057	1.95±0.293	1.54±0.077	0.39±0.006	0.32±0.031	0.75±0.685	1.16±0.762
CAF	nd	nd	nd	nd	nd	nd	nd	nd	nd	nd	nd	nd
EGC	0.05±0.026	0.04±0.009	0.05±0.007	0.09±0.003	0.21±0.016	0.15±0.001	0.15±0.06	0.11±0.010	0.02±0.002	0.05±0.004	0.06±0.046	0.09±0.064
C	3.02±0.011	4.65±0.109	3.84±1.153	5.33±0.380	5.25±0.042	4.68±0.029	5.09±0.354	4.67±0.067	4.73±0.024	3.99±0.061	4.46±0.411	4.54±0.739
EC	0.12±0.007	0.36±0.111	0.24±0.170	0.13±0.001	0.19±0.012	0.18±0.001	0.17±0.032	0.15±0.002	0.05±0.057	0.02±0.019	0.07±0.068	0.15±0.103
EGCG	0.95±0.061	0.56±0.076	0.76±0.276	1.05±0.002	1.01±0.007	1.10±0.019	1.05±0.045	0.80±0.179	0.38±0.067	0.43±0.023	0.54±0.229	0.78±0.289
GCG	5.13±0.341	5.39±0.225	5.26±0.184	7.09±0.474	7.02±0.217	7.35±0.085	7.15±0.174	6.95±0.495	5.58±0.475	3.42±0.163	5.32±1.780	5.99±1.358
ECG	0.30±0.007	0.31±0.038	0.31±0.007	0.41±0.018	0.51±0.007	0.47±0.005	0.46±0.050	0.28±0.083	0.22±0.044	0.09±0.012	0.20±0.097	0.32±0.137
CG	0.10±0.006	0.12±0.017	0.11±0.014	0.08±0.007	0.11±0.001	0.08±0.002	0.09±0.017	0.07±0.046	0.09±0.022	0.08±0.056	0.08±0.010	0.09±0.017

nd=not detected（未检出）

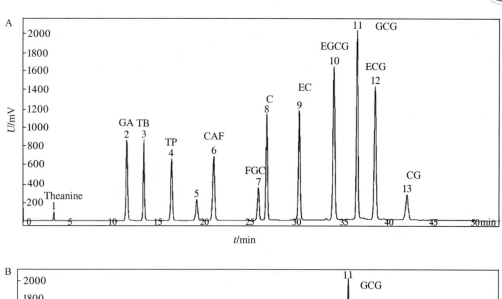

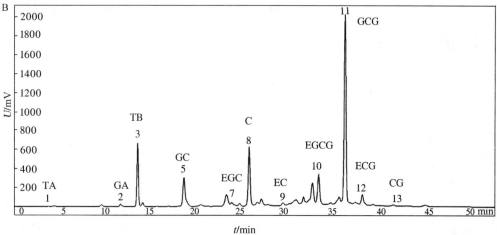

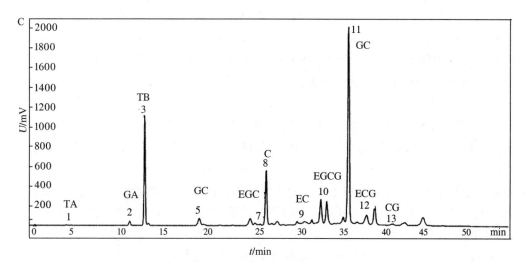

图 4-6　标准品及茶样品的 HPLC 色谱图

Fig.4-6　HPLC chromatogram of standards and tea samples

A 标准品；B 可可茶 1 号；C 可可茶 2 号；D 白毛 2 号

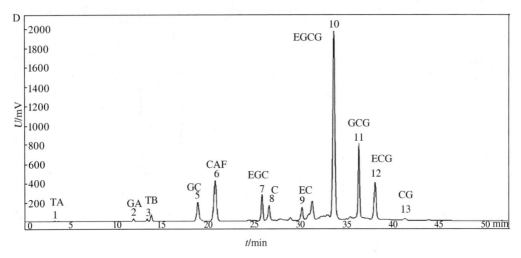

图 4-6（续）

三、实验结果

（一）可可茶的主要品质成分含量

由表 4-13～表 4-15 看出，可可茶 1 号的茶多酚含量为（22.73±0.582）%～（33.46±0.812）%，可可茶 2 号的茶多酚含量为（20.51±0.811）%～（30.92±0.488）%，白毛 2 号（CK）的茶多酚含量为（23.33±0.302）%～（28.54±0.453）%，三者茶多酚含量相当，可可茶 1 号稍高出一些。

可可茶 1 号的黄酮苷含量为（2.58±0.134）%～（5.55±0.111）mg/g，可可茶 2 号的黄酮苷含量为（2.63±0.097）%～（4.33±0.063）mg/g，白毛 2 号（CK）的黄酮苷含量为（4.60±0.058）%～（5.16±0.072）mg/g，白毛 2 号稍高出一些（图 4-7）。

可可茶 1 号的氨基酸总量为（0.96±0.008）%～（4.39±0.311）%，可可茶 2 号的氨基酸总量为（0.82±0.006）%～（3.46±0.049）%，白毛 2 号的氨基酸总量为（0.48±0.068）%～（1.88±0.002）%，可可茶 1 号稍高出一些。但是茶氨酸含量却是白毛 2 号高于可可茶，其含量为（0.31±0.004）%～（0.77±0.005）%，而可可茶 1 号和 2 号中的茶氨酸含量分别仅为（0.03±0.001）%～（0.35±0.013）% 和（0.04±0.002）%～（0.15±0.170）%。

对于各主要儿茶素组分，可可茶中为 GCG，其在可可茶 1 号和 2 号中的含量分别为（3.42±0.163）%～（7.35±0.085）% 和（4.98±0.481）%～（7.64±0.083）%，可可茶 2 号略高于可可茶 1 号。而白毛 2 号为传统茶树，优势儿茶素组分是 EGCG，其含量在（3.74±0.613）%～（7.64±0.184）% 之间，接近于 GCG 在可可茶中所占的百分比。

各茶的优势嘌呤生物碱，可可茶中是可可碱，其在可可茶 1 号和 2 号中的含量分别为（3.92±0.057）%～（6.27±0.055）% 和（4.28±0.051）%～（6.46±0.018）%，可可茶 2 号略高于可可茶 1 号。而白毛 2 号的优势嘌呤生物碱是咖啡碱，其含量为（2.42±0.026）%～（5.33±0.087）%，可可碱含量仅为（0.03±0.001）%～（0.19±0.003）%。

表 4-14　可可茶 2 号生化成分分析结果

Tab. 4-14　The content of chemical components in Cocoa tea 2[#]

%

时间 组分 /%	春季			夏季				秋季				年平均
	4 月	5 月	平均	6 月	7 月	8 月	平均	9 月	10 月	11 月	平均	
茶多酚总量	27.50±0.678	29.02±0.589	28.26±1.075	29.75±0.731	30.92±0.488	26.72±0.399	29.13±2.168	25.99±0.739	26.08±0.574	20.51±0.811	24.19±3.190	27.06±3.191
黄酮苷 / (mg/g)	3.38±0.048	3.61±0.093	3.50±0.163	2.45±0.055	4.33±0.063	3.82±0.029	3.53±0.972	3.92±0.047	3.83±0.072	2.63±0.097	3.46±0.720	3.49±0.651
氨基酸总量	3.46±0.049	2.24±0.019	2.85±0.863	1.51±0.009	1.50±0.018	1.25±0.021	1.42±0.147	1.19±0.033	0.82±0.006	1.28±0.017	1.10±0.244	1.65±0.833
茶氨酸	0.14±0.001	0.15±0.170	0.15±0.007	0.15±0.008	0.12±0.005	0.13±0.005	0.13±0.015	0.10±0.001	0.05±0.006	0.04±0.002	0.06±0.032	0.11±0.043
GA	0.14±0.007	0.16±0.001	0.15±0.014	0.16±0.002	0.09±0.013	0.17±0.013	0.14±0.044	0.12±0.015	0.13±0.011	0.11±0.001	0.12±0.01	0.13±0.027
TB	5.64±0.172	5.98±0.082	5.81±0.240	6.46±0.018	6.35±0.039	5.96±0.081	6.26±0.263	5.80±0.061	5.84±0.013	4.28±0.051	5.31±0.889	5.78±0.668
GC	0.38±0.001	0.45±0.070	0.42±0.049	1.38±0.020	1.49±0.006	1.36±0.091	1.41±0.07	1.18±0.018	0.69±0.017	0.31±0.001	0.73±0.436	0.91±0.497
CAF	nd	nd	nd	nd	nd	nd	nd	nd	nd	nd	nd	nd
EGC	0.03±0.003	0.03±0.004	0.03±0.001	0.14±0.013	0.24±0.003	0.13±0.001	0.17±0.061	0.10±0.004	0.05±0.001	0.03±0.001	0.06±0.036	0.09±0.074
C	3.30±0.013	5.58±0.072	4.44±1.612	5.83±0.163	5.17±0.037	5.10±0.037	5.37±0.403	4.54±0.020	4.41±0.004	4.29±0.123	4.42±0.125	4.77±0.812
EC	0.10±0.001	0.22±0.018	0.16±0.085	0.31±0.011	0.26±0.012	0.18±0.006	0.25±0.066	0.16±0.002	0.15±0.003	0.11±0.046	0.14±0.026	0.18±0.072
EGCG	0.78±0.006	0.88±0.090	0.83±0.071	1.21±0.033	1.17±0.058	0.91±0.023	1.10±0.163	0.61±0.032	0.53±0.009	0.60±0.041	0.58±0.043	0.83±0.257
GCG	6.31±0.031	6.74±0.461	6.53±0.304	7.33±0.244	7.64±0.083	7.58±0.021	7.52±0.164	7.23±0.229	7.32±0.229	4.98±0.481	6.51±1.326	6.89±0.889
ECG	0.17±0.095	0.16±0.069	0.17±0.007	0.61±0.072	0.45±0.005	0.42±0.021	0.49±0.102	0.16±0.043	0.13±0.019	0.15±0.045	0.15±0.015	0.28±0.184
CG	0.09±0.007	0.15±0.030	0.12±0.042	0.16±0.001	0.15±0.004	0.14±0.001	0.15±0.01	0.08±0.004	0.11±0.006	0.10±0.003	0.10±0.015	0.12±0.031

nd = not detected（未检出）。

表 4-15　白毛 2 号生化成分分析结果

Tab. 4-15　The content of chemical components in tea cultivated variety Baimao 2[#]　　　%

时间	春季	夏季	秋季	平均
组分 /%	4 月	7 月	10 月	
茶多酚总量	27.81±0.412	28.54±0.453	23.33±0.302	26.56±2.821
黄酮苷 /（mg/g）	4.73±0.034	5.16±0.072	4.60±0.058	4.83±0.293
氨基酸总量	1.88±0.002	1.32±0.071	0.48±0.068	1.23±0.705
茶氨酸	0.77±0.005	0.59±0.234	0.31±0.004	0.56±0.232
GA	0.16±0.007	0.14±0.001	0.08±0.002	0.13±0.042
TB	0.11±0.004	0.09±0.003	0.03±0.001	0.08±0.042
GC	1.24±0.007	2.51±0.102	1.17±0.002	1.64±0.754
CAF	5.01±0.039	5.33±0.087	2.42±0.026	4.25±1.596
EGC	1.55±0.007	3.57±0.051	1.75±0.016	2.29±1.113
C	0.89±0.001	1.88±0.037	0.89±0.003	1.22±0.572
EC	0.69±0.018	1.21±0.007	0.66±0.004	0.85±0.309
EGCG	6.64±0.184	6.70±0.749	3.74±0.613	5.69±1.692
GCG	1.64±0.092	1.83±0.024	1.31±0.383	1.59±1.692
ECG	1.74±0.065	2.20±0.357	1.17±0.279	1.70±0.516
CG	0.08±0.010	0.11±0.028	0.10±0.034	0.10±0.015

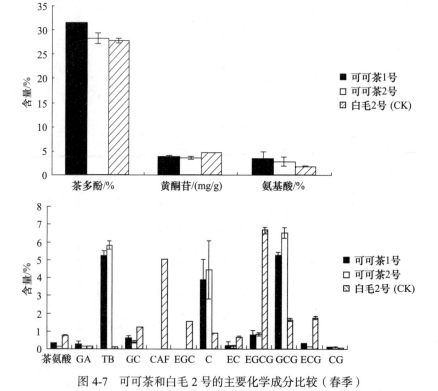

图 4-7　可可茶和白毛 2 号的主要化学成分比较（春季）

Fig. 4-7　The comparison of major components in cocoa tea and tea during Spring

以春茶为例（图 4-7），可可茶 1 号、2 号、白毛 2 号的茶多酚含量分别为（31.39±0.035）%、（28.26±1.075）% 和（27.81±0.412）%，可可茶 1 号＞可可茶 2 号＞白毛 2 号；黄酮苷含量分别为（3.74±0.219）、（3.50±0.163）、（4.73±0.034）mg/g，白毛 2 号＞可可茶 1 号＞可可茶 2 号；氨基酸总量分别为（3.48±1.294）%、（2.85±0.863）% 和（1.88±0.002）%，可可茶 1 号＞可可茶 2 号＞白毛 2 号；茶氨酸含量分别为（0.32±0.042）%、（0.15±0.007）% 和（0.77±0.005）%，白毛 2 号＞可可茶 1 号＞可可茶 2 号；可可碱含量分别为（5.25±0.262）%、（5.81±0.240）% 和（0.11±0.004）%，可可茶 2 号＞可可茶 1 号＞白毛 2 号，可可茶 1 号和 2 号中均未检测出咖啡碱，白毛 2 号的优势嘌呤生物碱咖啡碱含量为（5.01±0.039）%，所占比例与可可碱在可可茶中的比例较为接近。可可茶 1 号和 2 号中的儿茶素组分由大到小为：GCG＞C＞GC＞EGCG＞GC＞ECG＞EC＞CG＞EGC，含量依次为：（5.26±0.184%）、（3.84±1.153）%、（0.76±0.276）%、（0.62±0.141）%、（0.31±0.007）%、（0.24±0.170）%、（0.11±0.014）%、（0.05±0.007）% 和（6.53±0.304）%、（4.44±1.612）%、（0.83±0.071）%、（0.42±0.049）%、（0.17±0.007）%、（0.16±0.085）%、（0.12±0.042）%、（0.03±0.001）%。白毛 2 号中的儿茶素组分由大到小为：EGCG＞ECG＞GCG＞EGC＞GC＞C＞EC＞CG，含量依次为：（6.64±0.184）%、（1.74±0.065）%、（1.64±0.092）%、（1.55±0.007）%、（1.24±0.007）%、（0.89±0.001）%、（0.69±0.018）%、（0.08±0.010）%。

（二）可可茶化学成分随季节的变化

各茶叶品种主要生化成分随季节的变化如图 4-8、图 4-9 和图 4-10 所示。

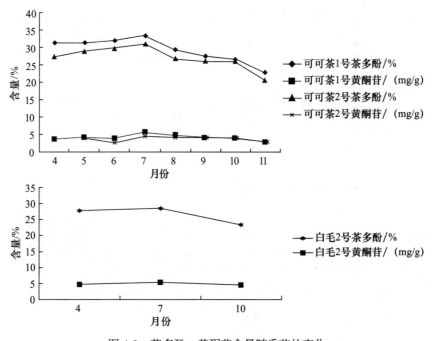

图 4-8　茶多酚、黄酮苷含量随季节的变化

Fig.4-8　The variation of tea polyphenols and flavonoids companied with seasons

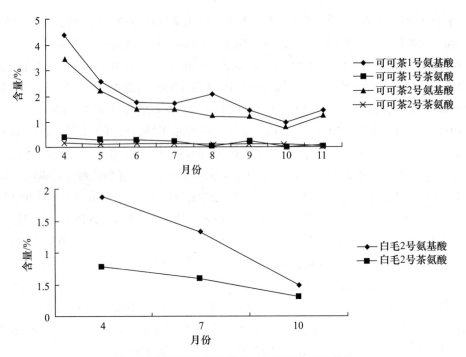

图 4-9　氨基酸总量及茶氨酸含量随季节的变化

Fig. 4-9　The variation of total amino acids and theanine companied with seasons

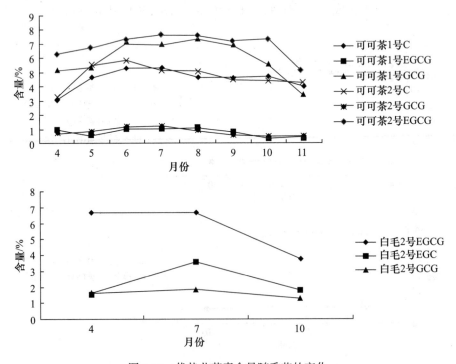

图 4-10　优势儿茶素含量随季节的变化

Fig.4-10　The variation of tea catechins companied with seasons

茶多酚含量的变化：可可茶 1 号的春茶平均含量为（31.39±0.035）%、夏茶为（31.58±2.097）%、秋茶为（25.57±2.485）%；可可茶 2 号的春茶平均含量为（28.26±1.075）%、夏茶为（29.13±2.168）%、秋茶为（24.19±3.190）%；白毛 2 号的春茶平均含量为（27.81±0.412）%、夏茶为（28.54±0.453）%、秋茶为（23.33±0.302）%，均为夏茶＞春茶＞秋茶（图 4-8）。

黄酮苷含量的变化：可可茶 1 号的春茶平均含量为（3.74±0.219）%、夏茶为（4.54±0.903）%、秋茶为（3.46±0.763）%；可可茶 2 号的春茶平均含量为（3.50±0.163）%、夏茶为（3.53±0.972）%、秋茶为（3.46±0.720）%；白毛 2 号的春茶平均含量为（4.73±0.034）%、夏茶为（5.16±0.072）%、秋茶为（4.60±0.058）%，亦为夏茶＞春茶＞秋茶，与茶多酚的变化规律一致（图 4-8）。

氨基酸含量随各季节呈递减趋势（图 4-9），可可茶 1 号的春茶平均含量为（3.48±1.294）%、夏茶为（1.85±0.199）%、秋茶为（1.29±0.286）%；可可茶 2 号的春茶平均含量为（2.85±0.863）%、夏茶为（1.42±0.147）%、秋茶为（1.10±0.244）%；白毛 2 号的春茶平均含量为（1.88±0.002）%、夏茶为（1.32±0.071）%、秋茶为（0.48±0.068）%，均为春茶＞夏茶＞秋茶。茶氨酸含量亦呈递减趋势，可可茶 1 号的春茶平均含量为（0.32±0.042）%、夏茶为（0.17±0.127）%、秋茶为（0.09±0.104）%；可可茶 2 号的春茶平均含量为（0.15±0.007）%、夏茶为（0.13±0.015）%、秋茶为（0.06±0.032）%；白毛 2 号的春茶平均含量为（0.77±0.005）%、夏茶为（0.59±0.234）%、秋茶为（0.31±0.004）%，均为春茶＞夏茶＞秋茶，与氨基酸总量变化趋势一致。

各优势儿茶素含量的变化见图 4-10，可可茶 1 号 GCG 的春茶平均含量为（5.26±0.184）%、夏茶为（7.15±0.174）%、秋茶为（5.32±1.780）%；可可茶 2 号的春茶平均含量为（6.53±0.304）%、夏茶为（7.52±0.164）%、秋茶为（6.51±1.326）%；白毛 2 号 EGCG 的春茶平均含量为（6.64±0.184）%、夏茶为（6.70±0.749）%、秋茶为（3.74±0.613）%，亦为夏茶＞春茶＞秋茶，与茶多酚的变化规律一致。

各优势生物碱含量的变化（图 4-11），可可茶 1 号可可碱的春茶平均含量为（5.25±0.262）%、夏茶为（7.15±0.174）%、秋茶为（4.65±1.018）%；可可茶 2 号的春茶平均含量为（5.81±0.240）%、夏茶为（6.26±0.263）%、秋茶为（5.31±0.889）%；白毛 2 号咖啡碱的春茶平均含量为（5.01±0.039）%、夏茶为（5.33±0.087）%、秋茶为（2.42±0.026）%，亦为夏茶＞春茶＞秋茶。

四、讨论

（一）茶叶品质成分及检测方法

茶叶中的化学成分，总共有 500 多种，有的是茶树新陈代谢生命活动过程中形成的，有的是在茶叶加工过程中形成的。茶叶的各种化学成分，与茶叶品质都有一定的联系。对茶叶品质优劣起主导作用的，称为茶叶品质成分，包括茶多酚（主要是儿茶素类、黄酮

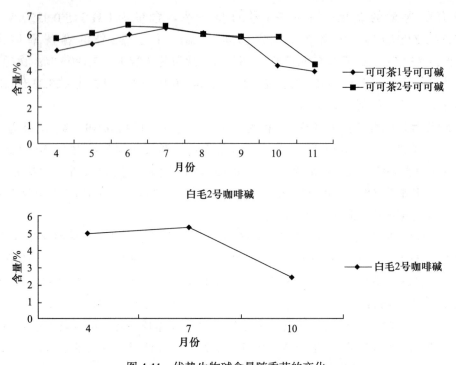

图 4-11　优势生物碱含量随季节的变化

Fig. 4-11　The variation of purine alkaloids companied with seasons

类）及其氧化产物（茶黄素、茶红素和茶褐素）、生物碱、氨基酸（主要是茶氨酸、谷氨酸、天冬氨酸和精氨酸）、蛋白质、芳香物质、色素、粗纤维及糖类、有机酸、维生素、酶类以及无机酸等。

　　茶多酚，又名茶单宁、茶鞣质，是一类存在于茶叶中的多羟基酚性化合物的混合物，其主要组分为儿茶素（黄烷醇类）、黄酮及黄酮苷类、花青素类、花白素类和酚酸及缩酚酸类。茶多酚中的没食子酸酯具有涩味和收敛的作用。茶多酚在茶鲜叶中含量最高，一般为干物质的 20%～30%，对成茶品质色、香、味的形成，具有重要的作用。

　　茶叶中黄酮类化合物包括黄酮苷和黄酮醇苷两大部分。黄酮类化合物颜色黄或黄绿，是构成绿茶汤色的主要成分。茶叶中黄酮类化合物的含量为 1%～2%。黄酮类化合物的形成与转化和儿茶素的关系十分密切。

　　茶叶中的氨基酸种类甚多，主要有茶氨酸、谷氨酸、天门冬氨酸、精氨酸等。其中尤以茶氨酸的含量最为突出，通常茶氨酸要占氨基酸总量的 50% 以上。因此茶氨酸是茶叶的特征性氨基酸。茶氨酸含量的高低，对决定茶叶的滋味具有特别重要的作用。

　　茶叶中的生物碱主要有咖啡碱、可可碱和茶叶碱等，它们都是黄嘌呤衍生物。生物碱对决定茶叶的滋味也具有特别重要的作用。

　　茶叶中品质成分的检测方法较为多元化。茶多酚总量的测定主要采用比色法，主要有高锰酸钾滴定法、酒石酸亚铁比色法、络合滴定法等。高锰酸钾法操作简便易行，但是滴定终点不明显，容易造成较大的误差。络合物滴定法滴定终点很明显，容易掌握，但该方法滴定消耗 EDTA 的毫升数，试样之间差异极小，容易造成误差。酒石酸亚铁比色法是比较常用的一种方法，也是国家标准法，但是它也有一定的缺陷，酒石酸与复杂儿茶素（酯型儿茶素）呈色较强，而与简单儿茶素呈色较弱，因此如果组成茶多酚（主要儿茶素）成分的比例变化不同时，将有一定的误差产生。本章主要对可可茶两个无性系品种的茶多酚总量进行测定，茶多酚组分比例较为接近，因此采用酒石酸亚铁比色法。

儿茶素和生物碱的测定方法有薄层层析法、气相色谱法和高效液相色谱法等，由于 HPLC 法具有简单快速、专属性强、灵敏度高、重现性好等特点，被广泛应用于茶叶组分的分析上（于海宁等，2001；何昱等，2003；张莉等，1995；马应丹等，2004；罗世榕等，2005；罗晓明等，2003；Vaishali *et al.*，2005；Yao *et al.*，2004；Wang *et al.*，2008；Wang *et al.*，2000；Bronner *et al.*，1998；Dalluge *et al.*，1998；Khokhar *et al.*，2002）。本研究在前人建立的方法的基础上，用 C_{16} 柱取代了传统的 C_{18} 柱，建立了同时分析八种儿茶素（EGCG、GCG、ECG、EGC、GC、CG、EC、C）、三种生物碱（咖啡碱、可可碱、茶碱）、没食子酸和茶氨酸的方法，此法适用于各类茶种，简单快捷。

茶叶氨基酸的分析方法比较多，一般有容量法、比色法、薄层层析法、气相色谱法、液相色谱法以及氨基酸自动分析仪法。在氨基酸组分的分析中，最常用的是应用离子交换树脂的液相色谱法和氨基酸自动分析法。茚三酮比色法是公认的茶叶氨基酸总量的分析方法，不论直接测定氨基酸总量，还是用层析法、氨基酸自动分析仪、高效液相色谱法等方法测定游离氨基酸的组成，都采用茚三酮作显色剂。现已为国内茶叶检测系统广泛应用，并列入国家标准法（GB）。而茶氨酸的检测方法主要是高效液相色谱法和毛细管电泳法，本章采用茚三酮比色法对可可茶 1 号和 2 号以及对照品种白毛 2 号的氨基酸总量进行了测定，并用 HPLC 法对茶氨酸作了检测。

（二）可可茶中的主要化学成分

可可茶与传统栽培茶的差异主要在于优势嘌呤生物碱和儿茶素组分。茶中的优势嘌呤生物碱为咖啡碱，而可可茶中是可可碱，并且不含咖啡碱。茶中的主要儿茶素是 EGCG、EGC、ECG 等，而可可茶中以 GCG、C 为主导。

本研究采用传统的紫外分光光度法和高效液相色谱法，对可可茶 1 号和 2 号以及对照品种白毛 2 号的茶多酚、黄酮苷、氨基酸、茶氨酸、主要儿茶素和生物碱含量进行了检测分析，结果显示：茶多酚含量可可茶高于白毛 2 号，大小依次为可可茶 2 号＞可可茶 1 号＞白毛 2 号；而黄酮苷含量白毛 2 号高于可可茶，大小依次为白毛 2 号＞可可茶 1 号＞可可茶 2 号；氨基酸总量则是可可茶较高，大小依次为可可茶 1 号＞可可茶 2 号＞白毛 2 号；而茶氨酸含量却是白毛 2 号＞可可茶 1 号＞可可茶 2 号，且在可可茶中茶氨酸占氨基酸总量的比例较低，与普通栽培茶的茶氨酸含量占氨基酸总量的 1/2 的差异很大，因此在以后的研究中有必要对可可茶中的氨基酸组分进行分析。

HPLC 结果表明可可茶 1 号和 2 号的优势嘌呤生物碱仍为可可碱，并且未检测到咖啡碱，而作为传统茶树的白毛 2 号的优势生物碱是咖啡碱，且含量较高，其次是可可碱，含量较低。白毛 2 号的优势儿茶素是 EGCG，其次是 ECG、EGC 等，而可可茶 1 号和 2 号的优势儿茶素是 GCG，其次是 C、GC 等，此结果与之前的报道一致（Yang *et al.*, 2007）。

（三）主要化学成分随季节发生的变化

茶树新梢是茶树物质代谢最典型的器官，也是构成经济产量和具有应用价值的主体，所以探索茶树新梢的生长发育，研究其主要生化成分的变化规律，直接关系着茶叶的产量和品质，是茶叶生产的一个中心问题。

茶树体内的物质组成与含量受环境的影响很大，气候、土壤、水分等都会影响茶树体内的物质代谢。而对于生长在相同环境下的茶树，其体内的物质代谢主要受季节变化的影响较大。季节的变化使气温、光照等条件发生了改变，导致茶园小气候的改变，鲜叶代谢平衡向另一个方向改变。

有关茶树成分随季节变化的研究有不少。陆锦时等（1994）以四川中叶、云南大叶和崇庆枇杷茶种为供试材料，采用常规化学分析方法研究、测试了茶树新梢中水分、儿茶素、含氮化合物和可溶性糖等化学成分在茶树年生育周期的变化。结果表明，儿茶素总量从 3 月到 7 月呈递增趋势，8 月份以后含量逐渐减少。全氮含量 3、4 月份平均最高，之后逐渐下降，8 月份开始回升，但秋茶末期又下降。可溶性糖总量从 3 月到 7 月渐次增高，8、9 月份呈现下降趋势，但秋茶末期含量又有上升。郑崇吉等（2009）以不同季节（包括春茶、夏茶、秋茶和冬茶）、不同部位（包括茶根、茶枝以及枯叶）潮州凤凰单枞茶为对象，分析其游离氨基酸、茶多酚、EGCG、咖啡碱、茶氨酸以及 Fe、Zn、Mn、Cu、Ni、Pb、Cr、Cd 等 8 种金属元素的含量，结果显示，各种活性物质如茶氨酸、游离氨基酸、EGCG、咖啡碱在凤凰单枞春茶中含量最高，冬茶略低于春茶（但茶多酚在冬茶中含量最大），综合判断凤凰单枞茶春茶和冬茶的品质不相上下，其次为秋茶和夏茶。李家贤等（2009）对优选 5 号、优选 8 号、优选 9 号等 3 个杂交育成的高茶多酚茶树的生化成分与品质性状的研究结果表明，3 个茶树品种 1 芽 2 叶的生化成分含量丰富，芽叶中的茶多酚、儿茶素、氨基酸、咖啡碱及水浸出物含量均高于云南大叶，其中茶多酚含量比云南大叶高 8.70%～10.03%，芽叶的茶多酚和水浸出物含量表现为夏茶＞春茶＞秋茶，儿茶素含量表现为夏茶＞秋茶＞春茶，咖啡碱、氨基酸含量表现为春茶＞夏茶＞秋茶。林金科等（2005）以福建省茶树品种园 780 份资源为试验材料，依外部形态特征初步筛选出 45 份较有希望的品种或株系。用等度高效液相色谱法，分析检测了这 45 个品种或株系的春梢、夏梢、秋梢酯型儿茶素含量。结果表明：新梢酯型儿茶素含量在不同品种、株系间差异很大；春梢、夏梢、秋梢的酯型儿茶素含量变化范围分别为 5.21%～24.03%、3.05%～20.31%、2.89%～19.66%，平均值分别为 16.08%、14.73%、9.96%，变异系数分别为 22.26%、24.10%、40.76%。同一品种或株系新梢的酯型儿茶素含量呈季节性变化，大多数（约 71.11%）表现为：春梢＞夏梢＞秋梢。郭桂义等（2007）对龙井 43 和福鼎大白茶两个品种春季前期、中期、后期加工成的信阳毛尖茶的茶多酚、儿茶素、氨基酸、咖啡碱和叶绿素等化学成分以及感官品质的变化进行了初步研究。结果表明，春季由前期到后期，信阳毛尖茶的茶多酚、儿茶素和叶绿素的含量逐渐增多，而氨基酸和咖啡碱的含量逐渐减少。

本研究根据英德当地的气候特征，将所采集的茶样分为三个季节，4～5 月为春茶、6～8 月为夏茶、9～11 月为秋茶。各生化成分分析结果表明氨基酸随季节的变化呈递减趋势，即春茶＞夏茶＞秋茶；茶多酚、黄酮苷、主要儿茶素和生物碱含量均在夏季出现峰值，为夏茶＞春茶＞秋茶。其原因分析如下：4～5 月为春季，温度回升，气温适中，茶树处于春茶生长期，由于茶树经过冬季较长时间的休养生息，树体内营养成分丰富，因此春茶的氨基酸含量最高。可可茶与白毛 2 号的氨基酸总量和茶氨酸的峰值均出现在 4 月份（图 4-9）。6～8 月为夏季，气温高，降雨量集中，湿度大，有利于碳素代谢。茶树体内作为茶多酚形成和机体内各种生化运动的呼吸基质的糖类得到积累，提供了足够的能量和碳架。随着温度的增高，呼吸作用加强，呼吸代谢的中间产物积累，酶活性也随温度增加而加强，因而有利于鲜叶中茶多酚类物质的合成和积累，所以茶多酚类在夏季出现含量峰值。由图 4-8、图 4-9 看出，可可茶与白毛 2 号的茶多酚的峰值、黄酮苷的峰值均出现在 7 月份，各品种的主要儿茶素也在夏季达到高峰，此结果与 Yao *et al.*（2005）的结果一致。同时，生物碱的含量也在夏季出现峰值。而氨基酸的含量相对减少。9～11 月为秋季，是雨季和干季转换的过渡季节，自然降雨量能满足茶树生长，气温开始下降，秋高气爽，茶叶滋味醇和，芳香物质含量高，香气也特别高，但由于温度的降低，茶树体内的物质代谢减缓，因此此时茶叶中的各物质成分较夏茶会有所下降。冬季是茶树的休眠期，一般不采制茶样测定。

四、小结

（1）本章通过对 HPLC 方法的优化，建立了同时对茶叶提取物中 3 种嘌呤类生物碱、9 种茶多酚类物质以及茶氨酸进行定性和定量检测的方法。在 45 min 内，13 种被检物质均能够达到满意的分离度。

（2）利用 HPLC 方法对可可茶的两个无性系品种可可茶 1 号和可可茶 2 号以及对照种白毛 2 号中的 13 种化合物同时进行了分析，得到各茶的 HPLC 图谱，与标准品保留时间进行对照，并采用外标法计算了各组分的含量。同时采用紫外分光光度法对可可茶 1 号和 2 号以及白毛 2 号的茶多酚总量、黄酮苷含量及氨基酸总量做了分析。

（3）由定量检测结果可知：传统栽培茶白毛 2 号中，嘌呤生物碱以咖啡碱为主，含少量可可碱；优势儿茶素为 EGCG。而可可茶中，优势儿茶素为 GCG，优势生物碱为可可碱，而未检测出咖啡碱，说明可可茶 1 号和 2 号均为纯种可可茶植株。此外，各品种的主要化学成分大小比较如下：茶多酚含量可可茶 2 号＞可可茶 1 号＞白毛 2 号；黄酮苷含量白毛 2 号＞可可茶 1 号＞可可茶 2 号；氨基酸总量可可茶 1 号＞可可茶 2 号＞白毛 2 号；茶氨酸含量白毛 2 号＞可可茶 1 号＞可可茶 2 号。

（4）茶树品种内含的化学成分呈季节性变化，本实验三个供试茶树品种新梢主要化学成分的季节性变化呈现一定规律性：氨基酸和茶氨酸在春季出现峰值，而其他各组分均在夏季出现峰值。

第5章 茶叶植物、咖啡和可可嘌呤碱的生物合成与代谢

第1节 茶、咖啡中嘌呤碱的代谢途径

对可可茶 *Camellia ptilophylla* 化学成分的研究中发现，可可茶芽叶中的优势嘌呤碱为可可碱，其含量高达叶片干重的 7%。之前人们已经发现了一些植物的某些部位会以可可碱为优势嘌呤碱，如可可（*Theobroma cacao*）的种子（Senanavake and Wijesekera 1971）和 *Camellia irrawadiensis* 的叶和花（Nagata and Sakai，1985；Ashihara and Kubota，1987，Fujimori and Ashihara，1990）。在巴西可可（*Paullina cupana*）的子叶、外种皮、假种皮和室隔中以咖啡碱为主要嘌呤碱，而在果皮和叶片中却以可可碱为优势嘌呤碱（Baumann *et al.*，1995）。

人们对存在于茶（*Camellia sinensis*）和咖啡（*Coffea arabica*）叶中嘌呤碱的代谢进行了广泛的研究，这些研究结果表明，这两种植物的幼叶中的咖啡碱的代谢途径是以黄嘌呤核苷为主要前体，在 N- 甲基转移酶的催化下，经甲基化得到 7- 甲基黄嘌呤核苷，脱去核苷酸后得到 7- 甲基黄嘌呤，再在 N- 甲基转移酶的催化下，得到 3,7- 二甲基黄嘌呤（茶叶碱），3,7- 二甲基黄嘌呤（茶叶碱）经 N- 甲基转移酶催化下得到可可碱（1,3- 二甲基黄嘌呤），最终得到咖啡碱。叶片中的咖啡碱经茶叶碱、3- 甲基黄嘌呤、黄嘌呤、尿酸、尿囊素、尿囊酸，最终降解为二氧化碳和氨（Ashihara *et al.*，1996a，b，1997；Crozier *et al.*，1998）（图 5-1）。

目前对于这些植物体内以可可碱而不是咖啡碱为优势嘌呤碱的解释是认为这些植物体内或某一部位缺乏由可可碱转化

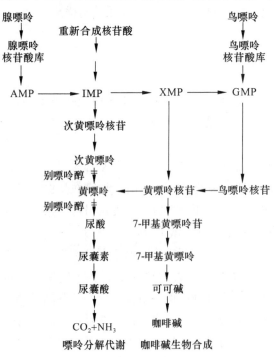

图 5-1　咖啡中咖啡碱代谢途径

Fig. 5-1 Caffeine metabolism in *Coffea arabica*

在 *C. arabica* 中，咖啡碱由嘌呤核苷酸生物合成，嘌呤核苷酸降解为 CO_2 和 NH_3。XMP：黄嘌呤 5′- 磷酸酯（xanthosine 5′-monophosphate）

为咖啡碱所必需的 N- 甲基转移酶（SAM），因此可可碱得到了大量富集。咖啡碱是黄嘌呤经三步甲基化反应得到的，有些研究表明，咖啡碱生物合成过程中的后两步甲基化反应是在同一种 N- 甲基转移酶的催化下完成的（Kato *et al.* 1996，Kato and Ashihara 1997）。例如，Mazzafera 等（1994）在咖啡胚乳中叶部分纯化出了双功能 N- 甲基转移酶。但是，Baumann 等却认为咖啡碱生物合成过程中的最后两步甲基化反应是在两种不同的 N- 甲基转移酶的催化下完成的（Baumann *et al.* 1983，Mosli Waldhauser *et al.*，1997）（图 5-2）。

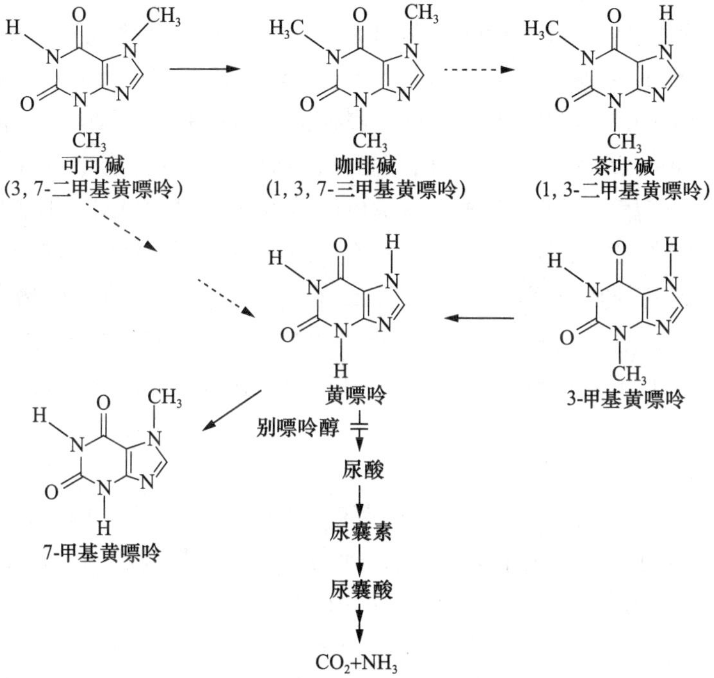

图 5-2　茶和咖啡中咖啡碱的降解途径

Fig. 5-2　Caffeine catabolic pathways in *Camellia sinensis* and *Coffea arabica*

第 2 节　可可茶叶中嘌呤生物碱合成与代谢[①]

世界上有超过 60 种的植物含有如可可碱（3,7- 二甲基黄嘌呤，3,7-dimethylxanthine）和咖啡碱（1,3,7- 三甲基黄嘌呤，1,3,7-trimethylxanthine）这一类的嘌呤生物碱（Kihlman 1977）。近来对茶 *Camellia sinensis* 和咖啡 *Coffea arabica* 叶的嘌呤生物碱代谢的广泛研究，已经较为详细地阐明了咖啡碱生物合成和分解的通道（Ashihara *et al.* 1996，1997；Crozier

---

① Ashihara H, Kato M, Ye C X. Biosynthesis and metabolishm of purine alkaloids in leaves of Cocoa tea (*Camellia ptilophylla*) [J]. J Plant Res, 1998, 111:599-604.

et al. 1998）：①咖啡碱在幼叶中合成经由黄嘌呤核苷（xanthosine）→7- 甲基黄嘌呤核苷（7-methylxanthosine）→7- 甲基黄嘌呤（7-methylxanthine）→可可碱→咖啡碱通道，其三个甲基化步骤均由 S 腺苷甲硫氨酸（S adenosylmethionine，SAM）依赖 N- 甲基化转移酶（N-methyltransferases，NMTs）催化完成；②咖啡碱降解是在叶中通过咖啡碱→茶叶碱→3- 甲基黄嘌呤（3-methylxanthine）→黄嘌呤（xanthine）→尿酸（uric acid）→尿囊素（allantoin）→尿囊酸（allantoic acid）→CO_2＋NH_3 降解通道逐步实现的。

与茶和咖啡不同，某些植物产生的嘌呤碱是可可碱而非咖啡碱，如可可 *Theobromina cacao*（cocoa）的种子（Senanayake et Wijesekera 1997）和滇缅茶 *Camellia irrawadiensis* 的叶和花（Nagata et Sakai 1985, Ashihara et Kubota 1987, Fujimori et Ashihara 1990）。*Paullina cupana*（guarana）的子叶，种皮，假种皮，隔膜主要含咖啡碱，但它的果皮和叶含可可碱（Baunamm *et al.* 1995）。人们目前对富含可可碱的植物嘌呤碱代谢途径了解不多，但普遍认为这些富含可可碱的植物缺少可可碱 NMT 活性 SAM，不能将可可碱合成为咖啡碱。而且在咖啡碱合成通道中，迄今尚不清楚许多 NMTs 是如何参与到三个甲基化步骤中的。有证据表明茶叶中存在一个 SAM- 依赖 NMT，催化咖啡碱生物合成最后两个甲基化步骤（Kato *et al.* 1996, Kato et Ashihara 1997）。类似的双功能 NMT 已经从咖啡胚乳中部分地得到纯化（Mczzafera *et al.* 1994）。与此不同的是 Baumann 等已宣称两种不同的 NMTs 参与了咖啡中咖啡碱合成的最后两步（Baunamm *et al.* 1983, Mosli Walchauser *et al.* 1997）。

1988 年张宏达等发现可可茶这一新的茶叶资源。叶创兴等（1997）检测到在可可茶新梢中可可碱积累可达可可茶干重的 7%，远高于上面所提到的 guarana，可可和滇缅茶 *Camellia irrawadiensis*。

一、材料和方法

可可茶样品来自中国广州中山大学，所采的茶叶样品可分为：幼叶；成熟叶；老叶。幼叶是最新发出的叶，鲜重 120 mg，长约 35 mm，宽约 15 mm。成熟叶是新梢顶芽以下充分扩展的第二叶，长约 90 mm，宽约 45 mm，鲜重 680 mg；而同样大小的老叶着生在树干上枝条基部，生长期超过一年，叶墨绿色，鲜重约 700 mg。

放射性化学试剂购自 Moravek Bilchemicals Inc.（Brea，CA，USA），所有其他化学试剂均购自 Sigma（St. Louis MO，USA）。

以甲醇为溶剂，从经干燥的叶（100 mg）中提取嘌呤生物碱。蒸馏甲醇至干，将得到的生物碱溶解于 5 ml 蒸馏水中，取 10 μl 的制样在 HPLC 上进行分析。岛津公司 HPLC 系统，型号为 LC 10 A；无卡套色谱柱 250 mm×4.6 mm，柱内装填的填料为 5 μm 的 ODS Hypersil（Shandon，Runcorn，cheshire，UK）。洗脱流速为 1 ml/min，以 0～40% 的梯度洗脱 25 min，流动相为甲醇和 pH 值调为 5 的 50 mmol/L 乙酸钠水溶液。此反相 HPLC 梯度洗脱系统可以将 11 种不同的嘌呤衍生物分开，也可以分析 [14]C- 标记的尿酸，尿囊素和尿囊酸（Ashihara *et al.* 1996b）。使用岛津公司 SPD-10A 的 UV-VIS 检测器和 Ramona 2000 射线实验放射分析仪，检测波长 270 nm 的吸收率和放射活性（示踪实验时使用）。

二、实验

在 ^{14}C- 标记化合物示踪实验中，30 ml 的锥瓶内盛 2 ml 培养液，培养液由 pH5.6，30 mmol/L 的磷酸氢二钾缓冲液，10 mmol/L 蔗糖和放射性核素标记底物组成，可可茶叶切片（约 4 mm×4 mm，100 mg 鲜叶重）置于培养液中，锥瓶中央置 1 根玻璃管，管内插入一由 0.1 ml 20% KOH 水溶液润湿的滤纸条。锥瓶置于 27℃振荡的水浴中保持 21 h。培养结束后，把中央玻璃管内的滤纸条转移到有注入 10 ml 蒸馏水的 50 ml 锥瓶，在充分振荡下，取 0.5 ml 水溶液在液闪计数器（Liquid Scintillation Counting）测定释放 ^{14}CO$_2$ 大体的量。将叶片与培养基在滤网上过滤分开，并用 50 ml 蒸馏水洗涤叶片，随后转进盛有 1 ml 由 20 mmol/L 二乙基二硫代氨基甲酸酯钠溶于 80% 甲醇提取溶液中，置于 −80℃ 冰箱中保存。取出冻干的叶片在研钵中加入约 5 ml 提取液用杵棒研磨，叶片匀浆液在 12 000×g 离心 5 min，滤渣重新加入 5 ml 提取液，再次离心。上清液含有甲醇溶液中的代谢物，合并两次的上清液，经真空干燥，该样品于 200 mm×200 mm 微晶纤维素 TLC 薄板（Spotfilm, Tokyo Kasei Kogyo Co., Tokyo, Japan）进行分析。所使用的溶剂扩散系统是由正丁醇 / 乙酸 / 水＝4：1：2（v/v）组成的，分离出有放射性的代谢产物，这些代谢产物经 HPLC 和液闪计数器鉴定。在 TLC 板上 ^{14}C 放射性活性以生物成像分析仪来分析（FLA-2000 型，Fuji Photo Film Co., Ltd., Tokyo, Japan）。

来自可可茶幼叶的 NMT 的提取、它的脱盐和分析依照 Kato 等（1996）的方法进行。可可茶的叶，鲜重约 1.3 g，在 pH 7.2 10 mmol/L 的磷酸缓冲液，内含 5 mmol/L 2- 巯基乙醇，5 mmol/L Na$_2$EDTA（乙二胺四乙酸二钠），0.5%（w/v）抗坏血酸，和 2.5% 不溶性聚乙烯吡咯烷酮（PVPP）研磨。在 30% 和 80% 硫酸铵饱和的匀浆液中，收集沉淀的蛋白，并将它重新溶解在 50 mmol/L pH8.5 Tris-HCl 缓冲液（内含 2 mmol/L Na$_2$EDTA，2 mmol/L 2- 巯基乙醇，20% 的甘油），经交联葡聚糖 Sephadex G-25 脱盐，蛋白部分即时用于甲基转移酶 NMT 的分析。

反应混合物含有 100 mmol/L pH 8.5 Tris-HCl，内含 0.2 mmol/L MgCl$_2$，0.2 mmol/L 底物，4.3 μmol/L［甲基 -^{14}C］SAM（每毫摩尔特有活性 2.15 GBq，反应从加进甲基转移酶的制备液开始，反应混合物在 27℃水浴锅振荡培养 15 min。加入 1 ml 三氯甲烷后酶反应结束。经过振荡，一盛有 0.5 ml 样品液的有机层变干了，加入闪烁液，^{14}C- 标记的放射水平由液闪计数器测定。

三、实验结果

表 5-1 表明，在可可茶叶中所累积的嘌呤生物碱主要是可可碱，还有少量的茶叶碱，

其中既检测不到咖啡碱，也检测不到 1,7- 二甲基黄嘌呤（paraxanthine）。这一结果支持了叶创兴等（Ye *et al.* 1997）对可可茶芽叶含可可碱的研究结论。

表 5-1　可可茶幼叶、成熟叶和老叶中内源嘌呤碱含量

Tab. 5-1　Levels of endogenous purine alkaloids in young，mature and aged leaves of Cocoa tea（*Camellia ptilophylla*）

名称	化学名	幼叶	成熟叶	老叶
可可碱	3,7- 二甲基黄嘌呤	145.4±7.2	55.5±3.3	48.8±2.2
茶叶碱	1,3- 二甲基黄嘌呤	9.44±0.4	1.1±0.1	3.9±0.2
副黄嘌呤	1,7- 二甲基黄嘌呤	nd*	nd	nd
咖啡碱	1,3,7- 三甲基黄嘌呤	nd	nd	nd

表中数据单位为 μmol/g 干重，表中所示数据为平均值，$SD=6$，

*nd：未检出

　　自腺嘌呤（adenine）被认定是茶叶咖啡碱合成最有效的前体以来（Suzuki et Takahashi 1976），同位素标记［8-^{14}C］腺嘌呤就被作为前体检测可可茶叶嘌呤生物碱的合成。作为腺嘌呤核苷酸（adenine nucleotide）合成通过磷酸核糖基转移酶，可可茶中腺嘌呤很容易得到利用，先转化成 AMP（嘌呤核腺苷一磷酸，adenosine monophosphate），而后进入嘌呤生物碱合成 AMP 路径（Suzuki *et al.*，1992）。［8-^{14}C］腺嘌呤在可可茶幼叶、成熟叶和老叶代谢结局如表 5-2 所示。在培养 21 h 后，叶片吸收的 98% 放射活性被代谢。最常被标记的化合物是嘌呤核苷酸降解产物如 CO_2、黄嘌呤、尿囊素、尿囊酸和尿酸以及不为甲醇溶解的化合物，主要是核酸类。只有不到 10% 的放射标记活性进入了可可碱。

表 5-2　腺嘌呤（比活度为 2.04 GBq/mmol）在可可茶幼叶、成熟叶和老叶中的代谢

Tab. 5-2　Overall metabolism of 9.1 μm［8-^{14}C］adenine（specific activity 2.04 GBq/mmol）in young，mature，and aged leaves of Cocoa tea（*Camellia ptilophylla*）plants

代谢产物	幼叶	成熟叶	老叶
a）可溶于甲醇的代谢产物	22.7±2.7	38.2±1.3	17.1±1.1
ATP	1.64±0.12	3.38±0.15	6.46±0.49
SAM + ADP	6.36±0.21	9.78±0.91	3.07±0.40
AMP	1.07±0.20	2.83±0.03	1.64±0.22
尿囊酸	0.14±0.14	0.36±0.02	0.65±0.15
尿囊素	0.33±0.03	0.83±0.02	0.85±0.08
黄嘌呤	0.25±0.94	1.62±0.05	0.30±0.01
尿素	2.12±0.22	6.20±0.17	1.87±0.08
腺嘌呤	1.36±0.18	1.95±0.12	1.14±0.05
可可碱	9.12±1.94	9.97±0.34	0.96±0.24
茶叶碱	nd*	nd	nd
咖啡碱	nd	nd	nd

续表

代谢产物	幼叶	成熟叶	老叶
不明物质	0.26±0.02	1.28±0.07	0.19±0.02
b）不溶于甲醇的代谢产物 （主要是核酸类）	16.2±2.8	23.2±0.8	28.5±1.4
c）二氧化碳	61.2±5.5	38.6±2.1	54.4±2.5
放射活性总吸收量（kBq）	27.1±0.9	26.9±0.8	24.6±0.4

培养时间为 21 h。进入到每个代谢物的放射性活性用占叶片吸收的放射性活性的总量的百分比表示。放射性活性总吸收量用 kBq/100 mg（鲜重）表示；

表中所示数据为平均值，$SD=3$；

*nd：未检出

四、讨论

可可茶老叶中可可碱生物合成速率不到幼叶和成熟叶的 1/10。尽管茶叶碱作为内源嘌呤生物碱与可可碱一起被检测出来，但是标记的放射性物质并未进入茶叶碱。放射性活性进入到 AMP、ADP、ATP 和 SAM。要记住：腺嘌呤核苷酸和 SAM 的转换可能比嘌呤生物碱的转换要快得多。因此大多数的叶中［8-^{14}C］腺嘌呤在早期的培养阶段中可能就转化成腺嘌呤核苷酸，而在后期阶段，底物的限制降低了摄入。放射性活性在老叶中高吸收进入 ATP，如图 5-3 所示，并不一定反映 ATP 合成升高的速率，与幼叶中迅速转化 ATP 进行比较，可以发现是老叶中 ATP 持续代谢速率较低的结果。

表 5-2 的数据表明从可可茶新梢的幼叶和成熟叶可可碱产生的速率比来自老枝上的老叶更高。但是在可可茶幼叶中可可碱生物合成速度比茶的幼叶中咖啡碱生物合成速度慢（Ashihara et al. 1995）。在相似的实验条件下，50% 以上的［8-^{14}C］腺嘌呤在茶的幼叶里转变成咖啡碱，而可可茶幼叶不足 10% 的［8-^{14}C］腺嘌呤转化成可可碱（Ashihara et al.，1995）。

现有的数据表明，在茶叶中，一个 NMT 参与 7- 甲基黄嘌呤转化成咖啡碱（Kato et al.，1996；Kato et Ashihara，1997）。从可可茶叶制备的粗酶液 NMT 中提取，最活跃的甲基受体是二甲基黄嘌呤，也可以利用 7- 甲基黄嘌呤和可可碱（Fujimori et al.，1991；Ashihara et al.，1995；Kato et al.，1996；Kato et Ashihara，1997）。研究了自可可茶幼叶提取液以凝胶过滤的 NMT 底物的特异性，发现转化 7- 甲基黄嘌呤的 NMT 活性为 0.16 pkat/mg（蛋白质）。相反制备液不能甲基化二甲基黄嘌呤茶叶碱和二甲基黄嘌呤。因此从可可茶和茶 NMT 制备液有着不同的底物特异性，也就是茶中咖啡碱主要合成通道是通过可可碱实现的，和通过二甲其黄嘌呤作为次要的通道（Kato et al.，1996），而可可茶这两个通道被阻断了。可可茶幼叶切片的实验已经证明，［2-^{14}C］可可碱不能转化成能够检测得到的咖啡碱（表 5-3），提示可可碱缺乏 NMT 活性 SAM。这就是茶和

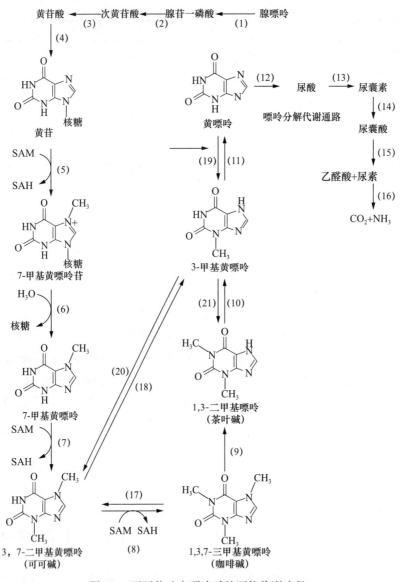

图 5-3　可可茶叶中嘌呤碱的可能代谢途径

Fig. 5-3　Possible purine alkaloid metabolic pathways operating in leaves of cocoa tea（*Camellia ptilophylla*）
连垂直线的箭头表示转化被阻断。酶：（1）腺嘌呤磷酸核糖转移酶；（2）AMP 脱氨酶；（3）IMP 脱氢酶；（4）5′- 核苷酸酶；
（5）SAM：黄苷 7- 甲基转移酶；（6）7- 甲基黄嘌呤核苷酶；（7）SAM：7- 甲基黄苷 -3- 甲基转移酶；（8）SAM：可可碱 1N- 甲
基转移酶；（9）7- 脱甲基酶；（10）1N- 脱甲基酶；（11）3- 脱甲基酶；（12）黄嘌呤脱氢酶；（13）尿酸酶；（14）尿囊素酶；
（15）尿囊酸酶；（16）脲酶；（17）1N- 脱甲基酶；（18）7- 脱甲基酶；（19）SAM：黄嘌呤 3N- 甲基转移酶；（20）SAM：3- 甲
基黄嘌呤 7N- 甲基转移酶；（21）嘌呤核苷酶；（21）SAM：3- 甲基黄嘌呤 -1N- 甲基转移酶
上面所示的酶中有几个尚未从植物中获得。IMP，5′- 磷酸次黄嘌呤核苷；
SAH，S- 腺苷高半胱氨酸；XMP，5′- 磷酸黄嘌呤核苷

咖啡两类叶可可碱不同的结局，茶由可可碱合成了咖啡碱，可可茶可可碱合成咖啡碱的
通道被阻断了（Ashihara *et al.*，1996，1997）。

表 5-3　4.5 μmol/L［2-^{14}C］可可碱（比活度为 2.07 GBq/mmol）和 4.8 μmol/L［2-^{14}C］黄嘌呤比活度为 1.94 GBq/mmol1）在可可茶幼叶中的代谢

Tab. 5-3　Metabolism of 4.5μmol/L［2-^{14}C］theobromine（Specific activity 2.07 GBq/mmol）and 4.8 μmol/L［2-^{14}C］xanthine（specific activity 1.94 GBq/mmol）in young leaves of cocoa tea（*Camellia ptilophylla*）plants

a）可溶于甲醇的代谢产物	［2-^{14}C］可可碱	［2-^{14}C］黄嘌呤
尿囊素	92.6±0.4	3.47±1.24
黄嘌呤	nd*	0.64±0.35
可可碱	nd	1.55±0.43
茶叶碱	92.6±0.4	0.47±0.09
咖啡碱	nd	nd
Caffeine	nd	nd
b）不溶于甲醇的代谢产物（主要是核酸类）	3.79±0.29	3.56±2.26
c）CO_2	3.64±0.14	93.0±3.5
放射活性总吸收量（kBq）	3.72±0.28	7.22±0.29

培养时间为 21 h。进入到每个代谢物的放射活性用占叶片吸收的放射活性的总量的百分比表示。放射活性总吸收量用 kBq 100 mg^{-1} 鲜重表示

表中所示数据为平均值，$SD=3$

*nd：未检出

表 5-3 的数据提示［2-^{14}C］可可碱在可可茶叶中降解很慢，转变的放射性活性超过 90% 是未被甲基化的底物，只有 3.6% 放射性活性以 $^{14}CO_2$ 形式释放。明显不同的是［2-^{14}C］黄嘌呤从幼叶中易于降解。超过 90% 转变的放射性活性是 $^{14}CO_2$，而黄嘌呤重现率不足 2%。这也是标记物示踪进入可可碱后显示了极罕利用的通道。一个类似的通道带有作为中间介质的 3- 甲基黄嘌呤出现茶叶中，它利用可可碱继续转换成咖啡碱（Ashihara *et al*.，1997；Ito *et al*.，1997）。虽然在 21 h 的培养中，没有放射性标记物进入茶叶碱，可以理解为内源茶叶碱能够从 3- 甲基黄嘌呤起源。

在可可茶幼叶、成熟叶和老叶切片中加入［8-^{14}C］咖啡碱培养得到的数据如表 5-4 所示。所降解的只有比较少的底物代谢物和少量 $^{14}CO_2$。5%～8% 咖啡碱转换成具放射性活性，代谢成［^{14}C］可可碱，包含一个 1N- 去甲基化酶（1 N-demethylase）。Ashihara *et al*.（1996，1997）的最新研究证明，咖啡碱向可可碱的转换在茶和咖啡两者的叶中均不存在，但观察到了咖啡果实咖啡碱向可可碱转换（Suzuki et Waller，1984；Mazzafera *et al*.，1991）。把可可茶［8-^{14}C］咖啡碱转换成［8-^{14}C］可可碱的 ^{1}N- 去甲基化酶，对内源起源的可可碱的产生不可能起一个有意义的作用，因为在可可茶叶中不含能够检测到的咖啡碱（表 5-1）。

表 5-4　9.6 μmol/L［8-¹⁴C］咖啡碱（比活度为 1.92 GBq/mmo1）在可可茶幼叶、成熟叶和老叶中的代谢

Tab. 5-4　Metabolism of 9.6 μmol/L［8-¹⁴C］caffeine（specific activity 1.92 GBq/mmol）by leaf discs from young，matures and aged leaves of cocoa tea（*Camellia ptilophylla*）

样品	放射活性总吸收量 /kBq	咖啡碱 /%	可可碱 /%	茶叶碱 /%	CO_2/%
幼叶	9.51±1.41	86.88±0.99	8.25±0.68	nd*	2.02±1.20
成熟叶	10.35±1.83	91.18±0.67	5.61±0.58	nd	0.19±0.04
老叶	11.02±0.92	68.39±0.47	8.26±0.47	nd	0.28±0.12

培养时间为 21 h。进入到每个代谢物的放射活性用占叶片吸收的放射活性的总量的百分比表示。放射活性总吸收量用 kBq/100 mg 鲜重表示；

表中所示数据为平均值，$SD=3$；

*nd：未检出。

　　图 5-3 总结了可可茶嘌呤生物碱合成中可能的通道。可可茶的叶和茶与咖啡的叶一样，具有能够转换嘌呤核苷酸成为可可碱的酶（第 2~7 步）。但是催化可可碱甲基化成为咖啡碱（第 8 步）通道中缺乏 NMT，即使有 NMT 存在于可可茶幼叶中，它的活性也极低，结果是可可碱而不是咖啡碱成为可可茶的优势嘌呤生物碱。而且看起来可可茶中具有一个互为存在的次要的可可碱通道。这就是经由黄嘌呤转换成可可碱的次要通道，而茶是通过黄嘌呤→3- 甲基黄嘌呤→可可碱通道（第 19 步和第 20 步）。有争论的是，3- 甲基黄嘌呤可能是茶叶碱最接近的前体（第 21 步），而且茶叶碱是可可茶一个内源嘌呤生物碱（表 5-1），矛盾的是在代谢实验中任何一步都没有茶叶碱的积累。带有［2-¹⁴C］可可碱的研究表明，在进入通常的嘌呤碱降解通道时，仅有少量但却是稳定的可可碱在 3N 和 7N 位置上（第 18 步和第 11 步）经过去甲基化转换成黄嘌呤，分解成 CO_2 和 NH_3（第 12~16 步）。

五、结论

　　（1）可可茶 *Camellia ptilophylla* 主要的嘌呤生物碱是可可碱，也含微量的茶叶碱，但未检测到咖啡碱。

　　（2）示踪元素显示，可可碱是从［8-¹⁴C］腺嘌呤合成的，而且它在可可茶新梢的幼叶和成熟叶中合成可可碱的速率是一年生老叶的 10 倍。

　　（3）示踪元素显示，可可茶叶的切片和它的匀浆液中都不能将可可碱转化为咖啡碱。

　　（4）通过常见的嘌呤碱降解途径，从叶切片中吸收的大量［2-¹⁴C］黄嘌呤降解为 ¹⁴CO_2，降解物还包括中间体的尿囊素。还有少量由［2-¹⁴C］黄嘌呤转换成的可可碱。

　　（5）大量供应给可可茶切片的外源［8-¹⁴C］咖啡碱转化成可可碱。这些结果显示可可茶的叶具有特殊的嘌呤生物碱代谢途径：

　　1）可可茶有能力从腺嘌呤核苷合成可可碱，但它们缺乏足够的甲基转移酶把可可碱转化成可以检测到的咖啡碱；

2）可可茶的叶有能力通过 3- 甲基黄嘌呤将黄嘌呤转化成可可碱。

第 3 节　可可茶嘌呤碱合成中 N- 甲基转移酶的底物特异性[①]

世界上已发现有 80 多种植物含咖啡碱和可可碱等嘌呤生物碱（Ashihara and Crozier 1999）。大部分含嘌呤生物碱的植物，如茶 *Camellia sinensis* 和咖啡 *Coffea arabica*，主要积累咖啡碱，而 *Camellia irrawadiensis*（Nagata and Sakai，1985； Ashihara and Kubota，1987）、可可茶 *Camellia ptilophylla*（Ashihara *et al.*，1998）和可可 *Theobroma cacao*（Hammerstone *et al.*，1994； Naik，2001； Koyama *et al.*，2003）等植物中积累可可碱。

嘌呤生物碱代谢的广泛研究阐明了茶和咖啡叶中咖啡碱的合成途径中的一些细节。利用 [8-^{14}C] 腺嘌呤和鸟嘌呤核苷进行脉冲示踪实验发现，叶片瞬间吸收的标记物首先表明合成可可碱，然后 [8-^{14}C] 标记的咖啡碱才以指数增加的速度合成。现有的证据支持咖啡碱合成的主要途径是从黄嘌呤核苷→7- 甲基黄嘌呤核苷→7- 甲基黄嘌呤→可可碱→咖啡碱。另外，脉冲示踪实验检测到微量的副黄嘌呤（二甲基黄嘌呤，1,7- 二甲基黄嘌呤），说明少量的咖啡碱经 1,7- 二甲基黄嘌呤合成（Suzuki，1972； Ashihara *et al.*，1997； Kato *et al.*，1996）。因此，在茶叶中也存在 7- 甲基黄嘌呤→1,7- 二甲基黄嘌呤→咖啡碱的合成路径（Kato *et al.*，1999）（图 5-4）。咖啡碱的合成中有三步甲基化反应，在很多生物反应中作为甲基供体的 S- 腺苷 -L- 甲硫氨酸（SAM）在咖啡碱合成中也是嘌呤碱的甲基供体（Suzuki，1972）。SAM- 依赖性 N- 甲基转移酶在咖啡碱合成调控中发挥着重要作用（Fujimori *et al.*，1991）（图 5-1）。之前，从幼嫩的茶叶中提纯了咖啡碱合成酶（Kato *et al.*，1999），该酶是一个催化第二和第三步甲基化的 *N*- 甲基转移酶，并克隆了编码咖啡碱合成酶的一个基因（Kato *et al.*，2000）。接着又从咖啡中获得了很多和咖啡碱合成酶直系同源的基因（Mizuno *et al.*，2001，2003a，2003b）。

根据酶蛋白的底物特异性，对咖啡已分离得到的咖啡碱合成酶家族的克隆可分为三组：7- 甲基黄嘌呤核苷合成酶（CmXRS1）、可可碱合成酶（CTS1、CTS2）和咖啡碱合成酶（CCS1）。7- 甲基黄嘌呤核苷合成酶只催化黄嘌呤核苷成为 7- 甲基黄嘌呤核苷。该克隆来自咖啡，其酶亦只以黄嘌呤核苷为特异性底物，XMP 或黄嘌呤都不能作为其底物（Mizuno *et al.*，2003b； Uefuji *et al.*，2003）。7- 甲基黄嘌呤核苷在 7- 甲基黄嘌呤核苷合成酶作用下经黄嘌呤核苷在 7-N- 甲基化形成后，又经 N- 甲基核苷酸酶水解为 7- 甲基黄嘌呤（Negishi *et al.*，1988）。可可碱合成酶仅催化 7- 甲基黄嘌呤的 3-N- 甲基化成为可可碱而不具有 1-N- 甲基化的能力，7- 甲基黄嘌呤是其特异性甲基受体，而 1,7- 二甲基黄嘌呤的 3-N- 甲基化活性非常低（Mizuno *et al.*，2001； Ogawa *et al.*，2001）；咖啡碱合成酶可催

① YONEYAMA N, MORIMOTO H, YE C X, *et al*. Substrate specificity of N-methyltransferase invovled in purine alkaloids shynthesis is dependent upon one amino acid residue of the enzyme [J]. Mol Gen Genomics, 2006, 275:125-135.

化单／二甲基黄嘌呤的 1-N- 和 3-N- 甲基化。当二甲基黄嘌呤作为咖啡碱合成酶的底物时，1,7- 二甲基黄嘌呤是最佳的甲基受体，其次为可可碱。当以单甲基黄嘌呤作为底物时，7-甲基黄嘌呤是最佳的甲基受体。茶和咖啡中咖啡碱合成酶的嘌呤基顺序为 N-3＞N-1＞N-7。1,7- 二甲基黄嘌呤是咖啡碱合成酶的最佳甲基受体，却不是可可碱合成酶的最佳甲基受体（Kato *et al.*, 2000； Mizuno *et al.*, 2003a）。换句话说，可可碱合成酶只以 7- 甲基黄嘌呤为甲基受体（图 5-4）。

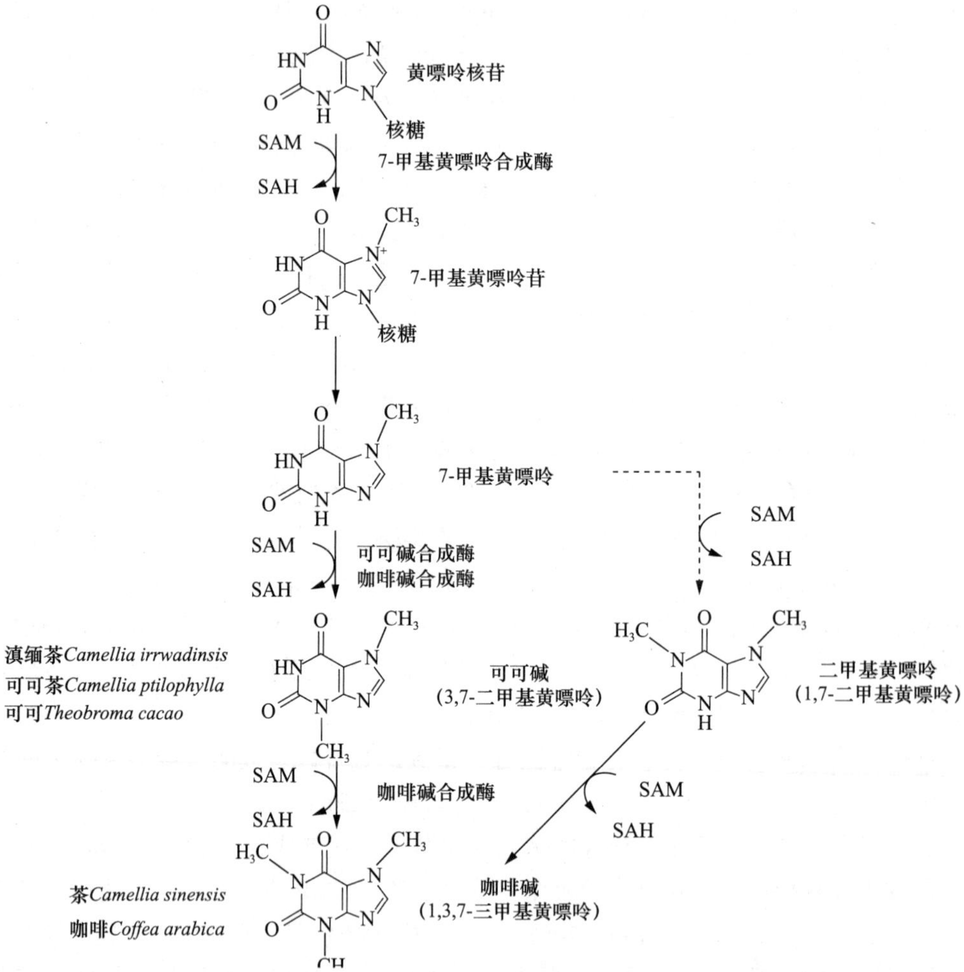

图 5-4　可可碱和咖啡碱的合成途径

Fig. 5-4　Pathways for the biosynthesis of theobromine and caffeine

实心箭头所指为主要的合成路线。7- 甲基黄苷合成酶和可可碱合成酶具有很相近的底物特异性，分别只催化黄苷转化成 7- 甲基黄苷和 7- 甲基黄苷转化成可可碱。咖啡碱合成酶具有广泛的底物特异性。左边方框中的植物种类积累的主要成分位于其相对应的右侧。SAM，S- 腺苷 -L- 蛋氨酸；SAH，S- 腺苷 -L- 同型半胱氨酸

如果可可碱累积植物中 3 种 N- 甲基转移酶都存在，那它们的终产物是咖啡碱而不是可可碱。在这些种类中，咖啡碱合成酶可能只具有 3-N- 甲基化活性而不是 1-N- 甲基化活

性。可可茶中脱盐的酶液只能催化 7- 甲基黄嘌呤而不能催化二甲基黄嘌呤，可能支持了该观察的结论（Ashihara et al.，1998）。可可碱蓄积植物中 N- 甲基转移酶因其极度惰性而难于分离导致对这些植物种类中的 NMT 知之甚少。

这是关于可可碱累积植物中 N- 甲基转移酶克隆的首次报道。所推测的 N- 甲基转移酶的氨基酸序列在累积可可碱的山茶属 Camellia 的种中和茶中的咖啡碱合成酶具有 80% 以上的同源性，但和可可 Theobroma cacao 中的 N- 甲基转移酶同源性很低。重组酶的底物特异性没有标志物表明可可碱蓄积仅取决于 N- 甲基转移酶的性质。此外，我们对 N- 甲基转移酶识别嘌呤衍生物的位点进行了讨论。

一、实验材料和方法

（一）茶 Camellia sinensis cDNA 文库的筛选

采用斑点杂交法从茶的幼叶中筛选 cDNA 文库（Benton and Davis，1977）。所用探针是 TCS1 经 Mse I 和 Mse I /Sty I 双酶切后的 cDNA 片段，长度分别为 350 bp 和 418 bp。标记探针用 ［α-^{32}P］dCTP（110 TBq/mmol，Amersham Biosciences）和 BcaBEST^{TM} 标记试剂盒（TaKaRa）制备。斑点升降机在 5×SSPE（1×SSPE＝10 mmol/L 磷酸钠，pH 7.7，0.18 mol/L 氯化钠 NaCl 和 1 mmol/L EDTA）、0.02% 聚蔗糖 400、0.02% 聚乙烯吡咯烷酮、0.02% BSA 和 0.1% SDS 中于 55℃预杂交，然后在含有变性鲑鱼睾丸 DNA（0.2 mg/ml）和探针（各 2×10^6 cpm/ml）的预杂交缓冲液中 55℃杂交过夜。然后室温下用 2×SSC（1×SSC＝15 mmol/L 柠檬酸钠，pH 7.0，和 0.15 mol/L 氯化钠）冲洗过滤两次，各 10 min；用含 0.1% SDS 的 2×SSC 55℃孵育 15 min；室温下 2×SSC 孵育 10 min；然后在 −80℃下放射自显影。阳性克隆经斑纯化，然后把 cDNA 插入到 pUC19 的 EcoR I 位点做进一步的定性。

利用 cDNA 末端（3′-RACE 和 5′-RACE）快速扩增咖啡碱合成酶同源 cDNAs 的编码序列。

除了添加 5% 的 2- 巯基乙醇外，根据 Chang 等（1993）CTAB 法提取 C. irrawadiensis、可可茶 C. ptilophylla 和可可 Theobroma cacao 的细胞总 RNA。第一链 cDNA 利用 3′-RACE 核心指标和寡聚脱氧胸苷 3 点接头引物（oligo-dT 3SAP）（TaKaRa）合成。

为了获得 Camellia cDNA 的 3′- 端，我们采用 TCSF-1 作为引物进行 3′-RACE。聚合酶链反应（PCR）在 PCR 仪（Gene Amp PCR System 2400，Perkin Elmer）上进行，反应程序为 94℃变性 60s；59℃退火 30s；72℃延伸 120s；30 个循环。模板为第一链 cDNAs，引物为 TCSF-1 和包含 3′-RACE 核心序列的 3 点接头引物 TCSF-3（3SAP）。ICS 和 PCS 克隆的 5′- 端利用 5′- 全长 RACE 试剂盒（TaKaRa）以 5′-RACE 获得。TCS-R1 或 TCS-R2 用于反转录。5′-RACE 中第一次 PCR 所用的引物是 TCS-F2 和 TCS-R3，第二次 PCR 引物为 TCS-F3 和 TCS-R4。两次扩增程序均为 94℃变性 30s；60℃退火 30s；72℃延伸 60s；30 个循环。

为了获得可可 *Theobroma cacao* cDNA 的 3′- 端，我们采用了 TCS-SAM1 作为 3′-RACE 的引物。PCR 在 PCR 仪上进行，反应程序为 94℃变性 60s；57℃退火 30s；72℃延伸 90s；30 个循环。模板为第一链 cDNAs，引物为 TCS-SAM1 和包含 3′-RACE 核心序列的 3 点接头引物（3SAP）。BCS1 克隆的 5′- 端核苷酸序列利用 5′- 全长 RACE 试剂盒（TaKaRa）以 5′-RACE 法获得。BTS-RT 用于反转录。PCR 在上述 PCR 仪上进行，RACE 第一次 PCR 的反应程序为 94℃变性 30s；55℃退火 30s；72℃延伸 60s；30 个循环，引物是 BTS-F1 和 BTS-R1；第二次反应程序为 94℃变性 30s；58℃退火 30s；72℃延伸 60s；30 个循环，引物为 BTS-F2 和 BTS-R2（表 5-5）。

表 5-5　PCR 所用的寡核苷酸引物
Tab. 5-5　Oligonucleotide primers of PCR

引物	核苷酸序列	方法	来源
TCS-F1	5′-GGACTTGGGTTGTGCAGC-3′	3′-RACE	*Camellia*
TCS-R1	5′-CAGCAATGGCCATAGCTAATAG-3′	cDNA synthesis for 5′-RACE	*Camellia*
TCS-R2	5′-GGAGGGCTTGTCTTTGATATG-3′	cDNA synthesis for 5′-RACE	*Camellia*
TCS-F2	5′-CCGGGGTCTTTCCATGGCCG-3′	5′-RACE	*Camellia*
TCS-R3	5′-GCCTTTGAAGAGGGTAT-3′	5′-RACE	*Camellia*
TCS-F3	5′-GGCTTACTCAGGCACCAAAAGG-3′	5′-RACE	*Camellia*
TCS-R4	5′-CCCTGCATTTCTTTTCCATC-3′	5′-RACE	*Camellia*
TCS-SAM1	5′-GAYTTRGGITGYKCIKCIGGICCIAAYAC-3′	3′-RACE	*Theobroma*
BTS-RT	5′-ACCCTCCTTGTTCACTAA-3′	cDNA synthesis for 5′-RACE	*Theobroma*
BTS-F1	5′-GCAGTGTGGAAGGCATACC-3′	5′-RACE	*Theobroma*
BTS-R1	5′-ACCTTAGAGAGCCATTGTA-3′	5′-RACE	*Theobroma*
BTS-F2	5′-GGACTGATTGATGAAGAGAA-3′	5′-RACE	*Theobroma*
BTS-R2	5′-AAGAGGAATGGATGAGATGC-3′	5′-RACE	*Theobroma*
TCS2-NF1	5′-GCCATGGGCAAGGGAGAAG-3′	Construction of expression plasmid	TCS2
TCS2-R1	5′-CGGCCATGGAAAGACCCCGG-3′	Construction of expression plasmid	TCS2
ICSN-1	5′-ACCATGGGGAAGGTGAAC-3′	Construction of expression plasmid	ICS1
ICS-2R	5′-TTGGACCCGCTGCACAAC-3′	Construction of expression plasmid	ICS1，ICS2
ICS2-N1	5′-GCCATGGAGGTGAAAGAAG-3′	Construction of expression plasmid	ICS2
PCS1-N1	5′-GCCATGGGGAAGGTGAAC-3′	Construction of expression plasmid and site- directed mutagenesis	PCS1
PCS-R	5′-CGTGTTTGGACCCGCTGCAC-3′	Construction of expression plasmid	PCS1，PCS2
PCS2-N1	5′-GCCATGGAGGAGGTGAAAG-3′	Construction of expression plasmid	PCS2
BTS-N1	5′-GCCATGGAGGTGAAGGAAA-3′	Construction of expression plasmid	BTS1

续表

引物	核苷酸序列	方法	来源
BTS-CR	5'-AAGAGGAATGGATGAGATGC-3'	Construction of expression plasmid	BTS1
BTS-F3	5'-GGTTATCTGTCATTCAAG-3'	Construction of expression plasmid	BTS1
BTS-R3	5'-GGAATTCCTAGAGGTACCG-3'	Construction of expression plasmid	BTS1
PCS1-HRR	5'-GCCTACCACGAAGTA-3'	Site-directed mutagenesis	PCS1/TCS1
PCS1-HRF	5'-TACTTCGTGGTAGGC-3'	Site-directed mutagenesis	PCS1/TCS1
PCS1-SCR	5'-TCAGAACATTGCCT-3'	Site-directed mutagenesis	PCS1/TCS1
PCS1-SCF	5'-AGGCAATGTTCTGA-3'	Site-directed mutagenesis	PCS1/TCS1
PCS1-EQR	5'-CAGCTCTGCATCTCT-3'	Site-directed mutagenesis	PCS1/TCS1
PCS1-EQF	5'-AGAGATGCAGAGCTG-3'	Site-directed mutagenesis	PCS1/TCS1
T7-R	5'-CTAGTTATTGCTCAGCGG-3'	Site-directed mutagenesis	Vector site

扩增的 DNA 条带利用聚丙烯酰胺凝胶电泳（PAGE）纯化，并克隆进 pT7Blue® 载体（Novagen）。

（二）表达质粒的构建

TCS1 同源基因表达质粒的构建利用 pET23d 载体（Novagen）。在 pET23d 和 pET32a 载体（Novagen）中仅有 TCS2 构建成功。为了制备 *TCS1* 同源基因的表达质粒，我们采用 PCR- 定点突变技术在克隆的 cDNA 序列的翻译起始位点获得一个 *Nco* I 位点。对于 *TCS2*、*ICS1*、*ICS2*、*PCS*1、*PCS*2 和 *BTS*1 所对应的引物对分别为 TCS2-NF1/TCS2-R1、ICSN-1/ICS-2R、ICS2-N1/ICS-2R、PCS1-N1/PCS-R、PCS2-N1/PCS-R 和 BTS-N1/BTS-CR。*TCS2* 的反应程序为 95℃变性 60s；64℃退火 60s；72℃延伸 60s。*ICS1*、*ICS2*、*PCS1* 和 *PCS2* 的反应程序为 95℃变性 60s；60℃退火 60s；72℃延伸 60s。BTS1 的反应程序为 94℃变性 60s；53℃退火 60s；72℃延伸 120s；均为 30 个循环。PCR 产物克隆进 pT7Blue® 载体（Novagen）。*TCS2* 的 PCR 产物的亚克隆用 *Nco* I 和 *Stu* I 双酶切。*ICS1*、*ICS2*、*PCS1* 和 *PCS2* 的 PCR 产物的亚克隆采用 *Nco* I 和 *Ava* II 双酶切。BTS1 的 PCR 产物的亚克隆采用 *Nco* I 和 *Eco*T22I 消化。从 pUC19 亚克隆的 *TCS2* 在 *Nco* I /*Stu* I 位和 *Stu* I /*Eco*R I 位的片段分别插入到 pET23d 或 pET32a 载体的 *Nco* I 和 *Eco*R I 位点，分别命名为 pET23d-TCS2 和 pET32d-TCS2（pET23d-TCS2）。来自 *ICS1*、*ICS2*、*PCS1* 和 *PCS2* 的 *Nco* I /*Ava* II 位和 *Ava* II /*Hind* III 位的片段分别插入到 pET23d 载体的 *Nco* I 和 *Hind* III 站点，命名为 pET23d-ICS1，pET23d-ICS2，pET23d-PCS1，pET23d-ICS2。对于 *BTS1*，我们利用 PCR- 定点突变在克隆的 cDNA 序列的翻译终止位点产生一个 *Eco*R I 位点。所用引物对为：BTS-F3/BTS-R3。反应程序为 94℃变性 60s；53℃退火 60s；72℃延伸 120s；30 个循环。PCR 产物的亚克隆酶经 *Eco*T22 I 和 *Eco*R I 双酶切。来自 *BTS1* 的 *Nco* I /*Eco*T22 I 位和 *Eco*T22 I /*Eco*R I 位的片段分别插入到 pET23d 载体的 *Nco* I 和 *Eco*R I 位点（命名为 pET23d-BTS1）。

（三）嵌合表达质粒的构建

pET23d-TCS1（Kato *et al.*，2000）和 pET23d-PCS1 经 *Nco* I 酶切，获得了插入基因 5′- 端的 *Nco* I /*Nco* I 片段和连接上插入基因 3′- 端的载体。这些片段利用聚丙烯酰胺凝胶电泳（PAGE）纯化。从 pET23d-PCS1 获得的 *Nco* I /*Nco* I 片段连接到已删除 *Nco* I /*Nco* I 片段的 pET23d-TCS1，所获得的表达质粒，命名为嵌合体 A。在另一方面，来自 pET23d-PCS1 的 *Nco* I /*Nco* I 片段连接到已删除 *Nco* I /*Nco* I 片段的 pET23d-TCS1，所获得的表达质粒命名为嵌合体 B。

pET23d-TCS1 和 pET23d-PCS1 经 *Stu*I 和 *Mun* I 双酶切后的片段经 PAGE 纯化。来自 pET23d-TCS1 得 *Stu* I /*Mun* I 片段（173 bp）连接到已删除 *Stu* I /*Mun* I 片段的 pET23d-PCS1，所获得的表达质粒命名为嵌合体 C。来自 pET23d-PCS1 的 *Stu* I /*Mun* I 片段连接到已删除 *Stu* I /*Mun* I 片段的 pET23d-TCS1，所获得的表达质粒，命名为嵌合体 D。

pET23d-TCS1 和 pET23d-TCS2 经 *Nco* I 酶切，获得了插入基因 5′- 端的 *Nco* I /*Nco* I 片段和连接上插入基因 3′- 端的载体。这些片段利用 PAGE 纯化。从 pET23d-TCS1 获得的 *Nco* I /*Nco* I 片段连接到已删除 *Nco* I /*Nco* I 片段的 pET23d-TCS2，所获得的表达质粒命名为嵌合体 E。来自 pET23d-TCS2 的 *Nco* I /*Nco* I 片段连接到已删除 *Nco* I /*Nco* I 片段的 pET23d-TCS1，所获得的表达质粒命名为嵌合体 F。

所有质粒经 *Rsa*I 酶切以识别插入的 *Nco* I /*Nco* I 片段的方向。该替换和框架经所获得的表达质粒的 DNA 测序证实。

（四）定点突变

利用 PCR 方法进行特定氨基酸的定点突变（Mizuno *et al.*，2003a）。对于所有 PCS1 突变体的外部引物均为 PCS1-N1（5′- 端）和 T7-R（3′- 端），pET23d-PCS1 用作模板。每个突变体的突变性引物是互补的，分别如下：PCS1-HRR/PCS1-HRF（H^{221} 变为 R，命名为 H221R），PCS1-SCR/PCS1-SCF（S^{225} 变为 C，命名为 S225C），PCS1-EQR/PCS1-EQF（E^{232} 变为 Q，命名为 E232Q）。使用 PCS1-N1 和 PCS1 作为引物以获得 PCS1-221 的 5′- 端，使用 PCS1-HRF 和 T7-R 作为引物以获得 H221R 的 3′- 端。PCR 均在 PCR 仪上运行 30 个循环，反应程序均为 94℃变性 60s；56℃退火 60s；72℃延伸 120s。为了获取突变体的全长序列，以 PCS1-N1 和 T7-R 作为引物，经过 PAGE 纯化的 5′- 端片段和 3′- 端片段作为模板。PCR 在 PCR 仪上运行 30 个循环，反应程序为 95℃变性 60s；55℃退火 60s；72℃延伸 120s。扩增的 DNA 片段经 PAGE 纯化后亚克隆到 pT7Blue 载体（Novagen）。PCR 产物的亚克隆经 *Nco* I 和 *Eco*R I 双酶切后获得的 *Nco* I /*Nco* I 片段和 *Nco* I /*Eco*R I 片段分别插入到 pET23d 的 *Nco* I 和 *Eco*R I 位点。所获得的质粒经 *Rsa* I 酶切以确定插入的 *Nco* I /*Nco* I 片段的方向。PCR 反应和突变体的准确性经所获得的表达质粒的 DNA 测序证实。除了使用的内部引物不同外，对 S225C 和 E232Q 的构建按照以上所述的操作方法。

（五）在大肠埃希菌中生产重组酶

所得的表达质粒被引入到表达宿主大肠埃希菌（*E. coli*）BL21（DE3）中。转化的单克隆在 3 ml 含有 0.1 mg/ml 氨苄青霉素（LA）的 Luria broth 培养液中 37℃摇动培养过夜。一部分（200 μl）细菌培养液转移到 12 ml 新鲜的 Luria broth 培养液中 37℃摇动培养 2 h。再加入 36 μl 0.1 mol/L 的 isopropys –β-D- 硫代半乳糖苷（终浓度为 0.3 mmol/L）在 30℃下培养 4 h 以诱导重组蛋白的产生。$600 \times g$ 离心 5 min 收集大肠埃希菌细胞，然后用 20 mmol/L 的 Tris-HCl（pH 7.5，内含 0.1 mol/L 氯化钠、1 mmol/L EDTA 和 2 mmol/L 2- 巯基乙醇）（TES）冲洗，细胞经 800 μl TES 重悬后－80℃冰冻，然后超声破碎细胞，13 000$\times g$ 在 4℃下离心 5 min。上清液用于分析 N- 甲基转移酶的活性。用经 NAP^{TN}-10 柱（Amersham Biosciences）脱盐后的提取液，作为分析重组酶的动力学参数酶液。

（六）N- 甲基转移酶分析

N- 甲基转移酶的酶活性测定参照以前的方法（Kato *et al*., 1999）并稍加改进。当以重组的 BTS1 提取液作为酶时，反应底物（嘌呤衍生物）的终浓度为 1 mmol/L。

（七）分析程序

蛋白浓度用 Bradford 法（1976）测定。含有 0.1% SDS-PAGE 按照 Laemmli 方法（1970）进行。Western blot 蛋白印迹分析按照以前的方法（Mizuno *et al*., 2003a）。核苷酸序列按照 Sanger 等（1977）的双脱氧链终止方法，采用 DSQ-2000L（Shimadzu）和 7- 脱氮 -dGTP 热 Sequenase 荧光标记引物循环测序试剂盒（Amersham Biosciences）进行。核酸和蛋白质序列用 GENETYX 计算机软件（GeneTyx Co., Tokyo, Japan）分析。

二、结果

（一）山茶属植物 *Camellia TCS* 同源基因的 cDNA 克隆

为了分离 *TCS1* 的同源基因，我们采用了两种类型的 *TCS1* 的 cDNA 片段，以便从幼叶获得的 cDNA 文库中筛选大约为 6.8×10^5 重组噬菌体 λgt11。A 探针是 *TCS1* cDNA 的 5'- 端经 *Mse* I 酶切后获得的长为 350 bp 的片段，B 探针是 *TCS1* cDNA 的中心区域，经 *Mse* I 和 *Sty* I 双酶切后为 420 bp。分离并对亚克隆的 23 个阳性斑进行了测序。克隆模式与探针没有区别，我们获得了两种类型的克隆。其中一个克隆对应 *TCS1*，另一个是新的克隆称为 *TCS2*（登录号：AB031281）。*TCS2* cDNA 全长 1 405 bp，包括一个 1095 bp 的唯一开放阅读框，该阅读框位于 95 位以 ATG 为起始密码子，编码一种 365 个氨基酸的蛋白质。该蛋白质的分子量预测为 41 kDa，计算所得的等电点为 pH 5.3。

因为我们只有少量的 *C. irrawadiensis* 和可可茶 *C. ptilophylla* 幼叶，所以先采用 PCR 进行克隆。根据植物中甲基转移酶的甲基供体 SAM 结合位点的保守区域（Joshi

和 Chiang，1998），采用一对特异性 PCR 引物进行扩增 *C. irrawadiensis* 和可可茶 *C. ptilophylla* 的 *TCS* 同源基因的 3′- 端区域，以叶总 RNA 为模板进行 3′-RACE。从每个物种各获得两个片段，并利用 5′-RACE 法获得了全长 cDNA。来自 *C. irrawadiensis* 的 *ICS1* 和 *ICS2*（登录号：AB056108 和 AB207816），来自可可茶 *C. ptilophylla* 的 *PCS1* 和 *PCS2*（登录号：AB207817 和 AB207818）的全长分别为 1432、1413、1394 和 1357 bp，分别编码 363-365 个氨基酸。推测的所有 *TCS1* 同源基因的氨基酸序列均具有基序 A、B′、C 和 YFFF 区（图 5-5）。基序 C 和 YFFF 区的组成属于系列 I（TCS1，PCS1，ICS1）和系列 II（TCS2，PCS2，ICS2）。另一方面，系列 I 中基序 A 的第二个丙氨酸是 TCS2 和 PCS2 中缬氨酸的组分。而对于基序 B′，系列 I 中的苯丙氨酸是系列 II 中联脯氨酸、SAMT 和 BAMT 的组分。作为一个整体，系列 I（TCS1，PCS1，ICS1）和系列 II（TCS2，PCS2，ICS2）的不同仅在于两者之间不同的 20 个氨基酸保守序列（图 5-5）。

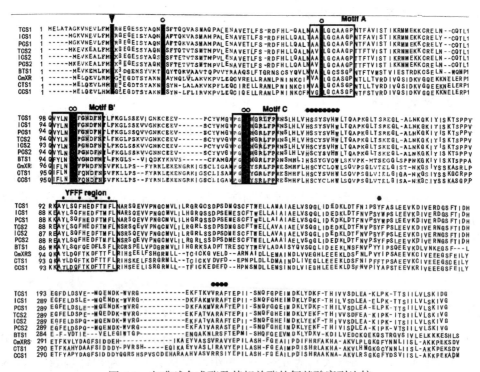

图 5-5 咖啡碱合成酶及其相关酶的氨基酸序列比较

Fig. 5-5 Comparison of the amino acid sequences of caffeine synthases and its related enzymes

相应的氨基酸序列 TCS1 和 TCS2 来自茶，ICS1 和 ICS2 来自 *C. irrawadiensis*，PCS1 和 PCS2 来自可可茶 *Camellia ptilophylla*，BTS1 来自可可 *Theobroma cacao*，CmXRS1、CTS1 和 CCS1 来自咖啡 *Coffer arabica*

阴影框代表氨基酸保守残基，破折号代表已进行优化调整的插入空白。所希望的 SAM- 结合位点（A、B′ 和 C）和名为 "YFFF- 区" 的保守区域利用开放的盒子标出（Mizuno *et al.*，2003a）。星号代表该区域内的酪氨酸（Y）和苯丙氨酸（F）残基。被命名的底物结合位点用实心圆图示，活化位点残基用箭头指示（Zubieta *et al.*，2003）。氨基酸序列的来源分别为：TCS1，AB031280（Kato *et al.*，2000）；TCS2，AB031281；BTS1，AB096699；PCS1，AB207817；PCS2，AB207818；ICS1，AB056108；ICS2，AB207816；CmXRS1，AB034699（Mizuno *et al.*，2003b）；CTS1，AB034700（Mizuno *et al.*，2001）；CCS1，AB086414（Mizuno *et al.*，2003a）

（二）可可 *Theobroma cacao* TCS 同源基因 cDNA 的克隆

山茶属 *Camellia* 和咖啡 *Coffea arabica* 中的 N- 甲基转移酶的氨基酸序列仅具有 40% 的同源性。山茶属 *Camellia* 和可可属 *Theobroma* 中的 N- 甲基转移酶的总序列同源性很低且 SAM 结合基序非常保守。我们利用嫩芽中的总 RNA 按照 3′-RACE 法扩增了 *TCS1* 同源基因，所用引物是兼并引物，对应于 N- 甲基转移酶的基序 A。所获得的片段具有基序 A、B′、C 和 YFFF 区，说明该 cDNA 片段是一个 *TCS1* 同源基因。cDNA 全长序列采用 5′-RACE 法获得并命名为 *BTS1*。*BTS1* 全长 1264 bp，包括一个 1092 bp 的唯一开放阅读框，该阅读框位于 48 位以 ATG 为起始密码子，编码一种 364 个氨基酸的蛋白质。BTS1 和山茶属 *Camellia* 中直系同源基因具有 55% 的同源性而和咖啡 *C. arabica* 直系同源基因的同源性仅为 40%。

（三）可可碱积累植物中重组酶的特征

克隆 cDNA 并在大肠埃希菌中表达，以明确克隆 cDNA 所编码的蛋白质是否与咖啡碱生物合成途径有关。Mizuno 等（2003b）揭示了天然蛋白质和融合蛋白质之间底物特异性的不同。因此，构建于 pET23d 载体的表达质粒允许天然蛋白质的表达。从表达载体获得的重组蛋白在大肠埃希菌 BL21（DE3）中生产。当这些大肠埃希菌粗提取物与咖啡碱的各种黄嘌呤底物在［甲基 -^{14}C］SAM 存在时一起培养，ICS1，PCS1 和 BTS1 具有 N- 甲基转移酶活性。我们在系列 Ⅱ 重组蛋白中无法检测到 N- 甲基转移酶活性，特别是重组 TCS2 蛋白中，它与 pET32a 载体的构建标签硫氧还原蛋白 / 组氨酸标签蛋白 His-Tag 融合，对黄嘌呤衍生物来说不具任何活性。

表 5-6 总结了重组酶的底物特异性。当各种黄嘌呤衍生物作为反应底物时，7- 甲基黄嘌呤是最佳的甲基受体，其次是 1,7- 二甲基黄嘌呤，其在 ICS1 和 PCS1 中的活性仅为 7- 甲基黄嘌呤的 10%。这表明，ICS1 和 PCS1 只催化 3-N- 甲基化。除了没有检测到 BTS1 相对于 1,7- 二甲基黄嘌呤的活性外，由 BTS1 所获得的结果和 ICS1 和 PCS1 类似。换言之，这些重组蛋白是可可碱合成酶。为了比较酶底物的亲和力，测定了酶的动力学参数。双倒数作图法显示在 50 μmol/L SAM 存在时，各酶对于 7- 甲基黄嘌呤的 K_m 值分别为 51 μmol/L（ICS1），85 μmol/L（PCS1）和 2.4 mmol/L（BTS1）。7- 甲基黄嘌呤甲基化对 pH 依赖活性曲线显示：在 pH 8.0～8.5 时，ICS1 和 PCS1 受到修改；在 pH 9.0～9.5 时，BTS1 受到修改。

表 5-6　重组 N- 甲基转移酶的底物特异性比较
Tab. 5-6　Comparison of the substrate specificity of recombinant N-methyltransferases

重组酶	底物 / 甲基化位点						
	7-mX/3N	3-mX/1N	1-mX-3N	TB/1N	pX/3N	TP/7N	XR/7N
TCS1[a]	100	1.0	12.3	18.5	230.0	tr	ND
TCS2	ND	ND	ND	ND	ND	ND	ND

续表

重组酶	底物/甲基化位点						
	7-mX/3N	3-mX/1N	1-mX-3N	TB/1N	pX/3N	TP/7N	XR/7N
ICS1	100	ND	ND	0.7	10.9	ND	ND
ICS2	ND	ND	ND	ND	ND	ND	ND
PCS1	100	tr	ND	ND	11.0	ND	ND
PCS2	ND	ND	ND	ND	ND	ND	ND
BTS1	100	ND	ND	ND	ND	ND	ND
Methylated product	TB	TP	TP	CAF	CAF	CAF	7-mXR

酶的相对活性为 7-甲基黄嘌呤活性的百分比。ND，未检测到；CAF，咖啡碱；mX，甲基黄嘌呤；TB，可可碱；TP，茶叶碱；pX，副黄嘌呤；XR，黄苷

ª 来自文献：HAMMERSTONE J F Jr, ROMANCZYK L J Jr, AITKENT WM. Purine alkaloid distribution within *Herrania* and *Theobroma* [J]. Photochemistry，1994，35：1237-1240.

（四）通过杂交蛋白和定点突变改变可可碱合成酶底物的选择性而成为咖啡碱合成酶

山茶属 *Camellia* 中的可可碱合成酶的蛋白质序列（ICS1，PCS1）和茶 *C. sinensis* 中的咖啡碱合成酶（TCS1）具有 90% 的同源性。我们替换了与 PCS1 相应区域内的 139-氨基酸片段，该片段包括 TCS1 N-末端（图 5-6）。杂交酶的底物特异性说明该区含有 C-末

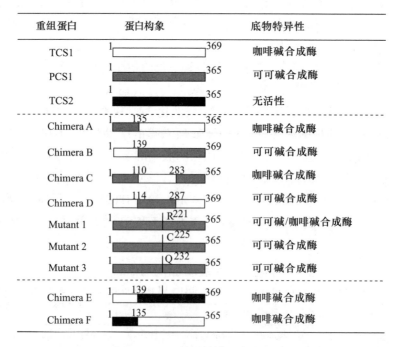

图 5-6　重组酶的构建和定点突变

Fig. 5-6　Construction of hybrid enzymes and dite-directed mutagenesis

端。此外，在酶中心部分的替换结果表明 TCS1 的 173- 氨基酸在决定底物特异性中发挥重要作用（表 5-7）。在这个序列中只有一个保守 YFFF 区。对齐 173- 氨基酸序列可以看出 TCS1 和 PCS1 之间的差异仅表现在氨基酸序列中的 9 个位点，且它们之间也没有聚集。

表 5-7　重组酶和突变体酶的底物特异性比较

Tab. 5-7　Comparison of the substrate specificity of the hybrid enzymes and mutants

重组酶	底物 / 甲基化位点					
	7-mX/3N	3-mX/1N	1-mX-3N	TB/1N	pX/3N	TP/7N
Chimera A	100	ND	11.2	14.3	323.0	ND
Chimera B	100	ND	ND	ND	4.8	ND
Chimera C	100	2.1	18.6	3.1	153.6	ND
Chimera D	100	ND	ND	ND	7.3	ND
Mutant 1	100	ND	3.4	ND	50.8	ND
Mutant 2	100	–	–	ND	5.2	–
Mutant 3	100	ND	3.3	ND	6.3	–
Chimera E	100	20.3	13.1	3.4	358.6	–
Chimera F	100	ND	ND	tr	528.6	–
甲基化产品	TB	TP	TP	CAF	CAF	CAF

酶的相对活性为 7- 甲基黄嘌呤活性的百分比。ND，未检测到；-，未检测；CAF，咖啡碱；mX，甲基黄嘌呤；TB，可可碱；TP，茶叶碱；pX，副黄嘌呤；XR，黄苷

为了进一步确定这些残基是否参与选择反应底物，我们采用定点突变技术来改变单个的残基。PCS1 残基改变获得 3 个突变：H221R（突变 1）、S225C（突变 2）、E232Q（突变 3）（图 5-6）。表 5-7 总结了突变体的底物特异性。对于 1,7- 二甲基黄嘌呤，突变体 1 的活性比 PCS1 增加了 5 倍多，而突变 2 和 3 略有下降。然而，突变 1 和咖啡碱合成酶的底物特异性分布不一致。所获得的结果表明，H221 在底物选择中具有关键作用，而且一个以上的氨基酸残基参与识别嘌呤衍生物。重组蛋白 TCS2、ICS2 和 PCS2 以黄嘌呤衍生物为底物没有 N- 甲基转移酶活性。和系列 II 蛋白一样，咖啡重组蛋白 CtCS3 和 CtCS4 没有咖啡碱合成活性（Mizuno et al.，2003a）。为了调查重组酶没有 N- 甲基转移酶活性的原因，我们选择了 TCS1（咖啡因合成酶）和 TCS2（无活性），两者具有 89% 的同源性。我们替换了 TCS2 相应区域内的 139- 氨基酸片段该片段，包括 TCS1 N- 末端。从嵌合体 E 和嵌合体 F 获得的酶制备液都具有咖啡碱合成酶活性（图 5-6），这表明 TCS2 的主要结构足以承担 N- 甲基转移酶的功能。

三、讨论

（一）咖啡碱合成酶同源基因的序列比较

从三种山茶属 Camellia 植物中分离到咖啡碱合成酶的两种同源基因。TCS1 是茶叶中

咖啡碱合成途径中的 N- 甲基转移酶，具有 3-N- 和 1-N- 的甲基转移酶活性（Kato *et al.*，2000）。系列Ⅰ和系列Ⅱ的氨基酸序列中有 20 个氨基酸的保守序列。在同一物种中，系列Ⅰ和系列Ⅱ的氨基酸序列具有高度的同源性（87%～89%）。在咖啡的 N- 甲基转移酶中具有 4 个高度保守区域：基序 A、基序 B′、基序 C 和 YFFF 区（Mizuno *et al.*，2003a）。其中甲基供体 SAM 结合位点的基序 A、B 和 C 三个保守区域已经在大部分植物的 SAM- 依赖性 O- 甲基转移酶中有报道（Joshi and Chiang，1998）。基序 A 和 C 是 O- 甲基转移酶的保守区域，而基序 B′ 是甲基转移酶家族的保守区域。基序 B′ 和 YFFF 区是基序 B′ 甲基转移酶家族所特有的，该家族是一个新家族包括咖啡碱合成酶（Kato and Mizuno，2004）。这个新 B′- 甲基转移酶家族的大部分成员以 SAM 作为甲基供体，以羧基类作为甲基受体催化小分子甲基酯类。SAMT（SAM：水杨酸羧基 - 甲基转移酶）（Ross *et al.*，1999；Fukami *et al.*，2002；Negre *et al.*，2002）、BAMT（SAM：苯甲酸羧基甲基转移酶）（Dudareva *et al.*，2000）和 JAMT（SAM：茉莉酸羧基甲基转移酶）（Seo *et al.*，2001）都属于这个家族。

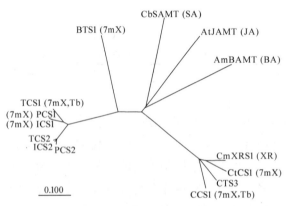

图 5-7　咖啡碱合成酶及其相关酶的进化关系树

Fig. 5-7　Evolutionary relationship of caffeine synthases and its related enzymes

无根树的构建根据邻居连接方法聚类而成（http://clustalw.genome.jp/）。括号中为酶的底物。TCS2、ICS2、PCS2 和 CtCS3 的底物未知

底物缩写：XR，黄苷；7mX，7- 甲基黄嘌呤；TB，可可碱；SA，水杨酸；BA，苯甲酸；JA，茉莉酸

序列库如下：CtCS3，AB054842（Mizuno *et al.*，2003a）；CbSAMT，AF133053（Ross *et al.*，1999）；AtJAMT，AY008434（Seo *et al.*，2001）；AmBAMT，AF198492（Dudareva *et al.*，2000），其余所用序列见图 5-6

BTS1 也属于 B′- 甲基转移酶家族，并和山茶属 *Camellia* 植物、咖啡 *C. arabica* 植物 NMTs 分别具有 55% 和 40% 的同源性。图 5-7 显示了 B′- 甲基转移酶家族和其他植物 N- 甲基转移酶的基因进化树。和参与尼古丁（Hibi *et al.*，1994）和乌药碱（coclaurine）（Choi *et al.*，2002）生物合成的 N- 甲基转移酶相比，参与咖啡碱生物合成的 N- 甲基转移酶与 B′- 甲基转移酶家族的羧基甲基转移酶更接近。但是，在茶叶、咖啡和可可 *Theobroma cacao* 中嘌呤生物碱的生物合成途径很可能是平行进化的。山茶属 *Camellia* 中同一酶组的成员，无论其是系列Ⅰ或系列Ⅱ，在物种内具有高度保守性。同属中的咖啡碱合成酶和可可碱合成酶的同源性非常高，但是直系同源基因的同源性很低。这表明，咖啡碱生物合成在植物种间的进化是独立的。

（二）可可碱蓄积植物中嘌呤碱的合成

从可可碱蓄积植物中分离的咖啡碱合成酶同源基因可编码可可碱合成酶。可可碱合成酶被认为是在幼叶中表达的咖啡碱合成酶家族中的主要类型，因为 RT-PCR 产物是对应的

mRNA 量的半定量产物。*Camellia irrawadiensis* 中可可碱的含量高于 0.5%，而咖啡碱的含量低于 0.02%（Nagata and Sakai，1985）。在可可茶 *Camellia ptilophylla* 中，可可碱是主要的嘌呤碱，未检测到咖啡碱（Ashihara *et al.*，1998）。在可可碱蓄积植物中仅在可可茶的粗提液中检测到可可碱合成酶的活性。毫无疑问，嘌呤碱的分子种类取决于 N- 甲基转移酶的底物特异性。

因为可可 *Theobroma cacao* 中大量多糖的干扰，我们未能在可可提取液中检测到 N- 甲基转移酶活性。可可叶中的嘌呤碱含量远低于山茶属 *Camellia* 的叶。在可可幼叶中主要的嘌呤碱是可可碱，但也有少量的咖啡碱存在。虽然经过 18 h 培养后，可可幼叶中没有咖啡碱从 ^{14}C- 标记的嘌呤基和嘌呤核苷酸合成，但外源给予的 [8-^{14}C] 可可碱可以转化为咖啡碱，说明可可碱向咖啡碱的转化非常慢。BTS1 的 K_m 值相对于可可碱高于它们相对于咖啡碱 / 可可碱合成酶，其中一个生理特性可能是由可可碱合成酶的特征引起的。然而，以可可叶中含有相当高浓度的咖啡碱来判断，可可叶中可能存在另一个表达水平极低的咖啡碱合成酶基因。

（三）N- 甲基转移酶的活性和酶的结构

杂交酶分析说明酶的中心部分决定了其对黄嘌呤衍生物的底物特异性。TCS1 比其他同源基因的 N- 端序列长，但是这个特异序列和底物特异性无关。Zubieta 等（2003）报道了 Clarkia breweri SAMT 的 3.0 Å 晶体结构，该酶属于 motif B'- 甲基转移酶，以水杨酸为底物，其脱甲基产物 SAH 揭示了一个蛋白结构，该蛋白拥有一个螺旋状活性部位的封端域和一个独特的二聚体。经过实验证明 Clarkia SAMT 结构仍然是模拟参与咖啡碱合成的 N- 甲基转移酶活化区域的有效模板。并且 Zubieta 等（2003）指出 R210 在 TCS1 对底物选择上的关键作用。在我们的实验中，定点突变也使我们意识到即使同样的氨基酸也可以负责不同的底物选择。咖啡碱合成酶和可可碱合成酶的最终的底物特异性被认为是由 2 个以上的分离残基决定的。一个以上的氨基酸残基负责底物选择的理论和 Clarkia SAMT 中观察的一致（Zubieta *et al.*，2003）。与此相反，茶 *Camellia sinensis* TCS1 和咖啡 *Coffea arabica* 中那些咖啡碱合成酶的氨基酸序列有 40% 以上的同源性。虽然茶 TCS1 的同源基因 PCS1 的 H221R- 突变可使可可碱合成酶变成咖啡碱合成酶，但是在咖啡的咖啡碱合成酶中没有相应的氨基酸残基（图 5-7）。从这一点来说，茶和咖啡中的酶之所以具有不同的底物特异性是由不同的酶结构决定的。另一方面，来自紫花罗勒的胡椒酚 O- 甲基转移酶和丁香油酚 O- 甲基转移酶在主要序列水平上具有 90% 的同源性，且通过一个氨基酸残基就可以轻易地互换（Gang *et al.*，2002）。这些酶不属于 motif B'- 甲基转移酶家族。

TCS1 和 TCS2 具有很高的同源性。TCS1 是咖啡碱合成酶，但是 TCS2 的功能还不确定。两种类型的杂交酶均具有咖啡碱合成酶活性说明 TCS2 在体内具有咖啡碱合成酶的作用。还未确定的因素，如蛋白的修饰，蛋白的折叠等，被认为是由于低估了体外重组蛋白的精确活性。虽然我们从咖啡中分离出了 7 种暂定为咖啡碱合成酶（CtCS

系列）的酶，但是 CtCs3 和 CtCS4 的酶活性还未检测到（Mizuno *et al.*, 2003a）。它们与参与了其他物质甲基化的 N- 甲基转移酶很相似。但是山茶属 *Camellia* 种中的系列 Ⅱ 蛋白和 *Coffea arabica* 的 CtCS3 和 CtCS4 在旁系基因上具有 80% 以上的氨基酸同源性。如果它们是参与除咖啡碱合成外的代谢的甲基转移酶，那它们在酶的分子进化和支路代谢中更有意义。我们正在进行咖啡酶的实验以进一步检测这些酶的活性和蛋白构象间的联系。

　　和茶树一样，可可茶的栽培要靠好的品种，和大量的供建立可可茶种植的规格化苗木。可可茶种苗繁殖可以采用种子繁殖，也可以通过无性繁殖，即扦插的办法来获得无性系苗木。种子繁殖苗具有方便、易于管理的优点，缺点是种子苗种群个体的差异性，使得成年植株萌芽时间、芽叶的持嫩性、采摘芽叶的批次，主要是在产量，特别是成茶的品质受到的影响较大，在生产管理上造成成本增加，效益降低。最严重的是由于可可茶种群中存在含可可碱为主的和含咖啡碱为主的个体，用种子进行繁殖，其后代同样存在这两种情况。即使经过株选建立的含可可碱为主的采种园，也因为不能严格隔离，受到邻近栽培茶树的花粉杂交影响的可能性，也会使其种子后代出现分化。因此在目前情况下，暂时不能采用种子繁殖苗木。长期以来茶树的种植也由种子实生苗转为无性系苗木，由种植群体种改为种植良种无性系。对于野生茶的引种驯化，为了能更为顺利和加快引种速度，最好将选育种工作与无性繁殖手段结合起来，以无性系苗木建立可可茶的生产茶园。至于有性繁殖可以作为将来建立茶园的一种选项。

第 1 节　可可茶扦插繁殖[1][2][3]

　　无性繁殖是利用可可茶 1 芽 1 叶的短穗扦插和以栽培茶树作砧木嫁接可可茶，利用这两种方法建立茶园均能达到开发可可茶的目的。第三种方法是组织培养，它可以作为将来可可茶繁殖的一种选项。

一、可可茶扦插繁殖配套技术研究

　　扦插枝条系采于原生地野生一年生半木质化枝条。插穗长约 3 cm，具叶，带顶芽或腋芽。生长素溶液与晒干过筛的生红土搅拌成泥浆，扦插时插穗基部蘸取泥浆，插入珍珠岩苗床上。扦插后进行遮阳。实验时间从 1991 年 1 月 28 日至 5 月 28 日结束，对其产生

①　叶创兴，朱念德，黄伟结. 不同浓度及组合生长素对可可茶插穗愈组织及根产生的促进作用［J］. 生态科学，1992，1：93-103.
②　叶创兴，黄伟结. 两种生长素对毛叶茶插穗生根影响的研究［J］. 生态科学，1992，1：56-61.
③　朱念德，叶创兴，杨曼玲. 毛叶茶茎插穗生根的解剖研究［J］. 生态科学，1992，1：104-108.

愈伤组织和生根情况进行统计。

设计了40组生长素组及其浓度，对其实验结果进行比较。实验将激素组合作为固定因素，每10株插穗作为一个样方，每个组合有5个样方。样方中的插穗是随机剪取的，是随机因素，实验结果如表6-1所示。

表 6-1　激素影响插穗产生愈伤组织和出根的设计及其结果　　　　株

Tab. 6-1　The result of callus and rooting induced from cocoa tea cuttings by hormone

激素组合及其浓度 /ppm	各样方产生愈伤组织的插穗数及平均数						各样方生根插穗数及平均数					
	1	2	3	4	5	平均	1	2	3	4	5	平均
IBA2000	10	7	8	7	8	8	3	3	4	3	2	3
IBA1000	9	7	9	7	10	8.4	4	2	6	3	4	3.8
IBA500	9	9	8	9	6	8.2	0	0	1	1	2	0.8
IBA300	8	9	10	9	5	8.2	0	0	0	0	0	0
IBA100	6	8	7	8	7	7.2	0	2	1	2	0	1
NAA2000	7	3	7	6	8	6.2	0	1	0	2	1	0.8
NAA1000	6	5	8	7	6	6.4	0	0	0	0	0	0
NAA500	3	7	7	5	8	6	0	0	0	0	0	0
NAA300	5	7	6	3	9	7.2	0	0	0	0	2	0.4
NAA100	7	6	6	6	6	6.2	0	0	0	0	0	0
I+N2000	8	4	6	5	5	5.6	2	0	0	1	0	0.6
I+N1000	4	10	7	5	5	6.8	0	1	0	0	0	0.2
I+N500	6	8	9	9	8	8.4	2	2	5	4	0	2.6
I+N300	6	7	6	5	5	5.8	0	0	0	0	0	0
I+N100	6	8	9	8	5	7.2	0	0	1	0	0	0.2
I2000+N1000	8	8	9	9	8	8.4	3	0	5	4	0	2.4
I2000+N500	8	8	8	8	5	7.4	1	1	1	1	1	1
I2000+N300	8	8	6	9	10	8.2	1	0	0	4	1	1.2
I2000+N100	6	7	9	7	9	7.4	0	2	1	0	3	1.2
N2000+I1000	9	7	6	7	8	7.4	2	4	2	0	1	1.6
N2000+I500	7	9	6	9	9	7.8	0	0	0	0	0	0
N2000+N300	9	8	8	8	9	8.2	2	0	2	2	1	1.4
N2000+I100	9	8	9	8	7	8.2	1	2	0	2	1	1.2
I1000+N500	7	9	8	6		7.5	0	5	3	2		2.5
I1000+N300	8	3	9	7	10	7.4	0	0	1	0	2	0.6

续表

激素组合及其浓度 /ppm	各样方产生愈伤组织的插穗数及平均数						各样方生根插穗数及平均数					
	1	2	3	4	5	平均	1	2	3	4	5	平均
I1000＋N100	8	7	8	9	8	8.0	2	1	4	2	1	2
I500＋N1000	8	6	9	6	9	7.6	0	0	1	0	0	0.2
I500＋N300	10	9	9	10	10	9.6	1	0	0	0	2	0.6
I500＋N100	9	6	7	7	9	7.6	0	0	1	1	0	0.4
I300＋N1000	9	4	9	7	8	7.4	2	2	1	2	1	1.6
I300＋N500	10	7	8	6	9	8.4	0	1	2	1	0	0.8
I300＋N100	7	4	8	5	6	5.2	1	0	0	0	0	0.2
I100＋N1000	3	5	6	4	5	4.6	0	0	0	0	1	0.2
I100＋N500	3	4	6	3	9	5	1	0	3	2	2	1.6
I100＋N300	3	5	7	4	7	5.2	2	1	3	1	3	2
N＋I500＋糖 1.25%	6	7	6	6	6	6.2	1	2	1	3	0	1.4
N＋I500＋BA50	8	9	7	9	9	8.4	2	2	1	5	2	2.4
N＋I500＋KT100	6	9	9	7	8	7.8	0	0	2	0	0	0.4
空白	9	10	10	9	9	9.4	0	0	0	0	0	0
红泥	7	8	6	6	8	7	0	0	0	0	0	0

I＝IBA；N＝NAA。有愈伤组织的插穗数也包括生根插穗数

　　生长素的浓度及其组合对可可茶插穗产生愈伤组织和根的促进作用具有直观性，这和著者过去的研究结果是一致的。即生长素对于可可茶插穗愈伤组织的促进作用和效果是不明显的，从数据看，产生愈伤组织的最高平均数为 96%，就是 IBA 500 ppm ＋ NAA 300 ppm，而空白组为 94%，红泥组为 78%，生长素不占明显的优势。但是对于 IBA 和 NAA 这两种生长素而言，IBA 对插穗愈伤组织产生的促进作用不明显，低于空白对照，甚至可能在某种程度上受到了抑制。由 NAA 单独使用及复合生长素各浓度组合的试验表明，NAA 对愈伤组织的发生具有促进作用，并优于 IBA。而对可可茶插穗生根，生长素有很大的促进作用。在单独使用不同浓度的 NAA 时，它们明显要低于单独使用各种浓度的 IBA。这表明就单独使用 IBA 或 NAA 时，NAA 有利于诱导愈伤组织，IBA 有利于诱导生根，这从表 6-1 可以看出。其中单独使用 IBA 1000 ppm，其生根率在所有的生长素试验组合中是最高的，达到 38%，38 个生长素组合中仅有 5 个生长素组合的生根率为零，而红泥组及空白组插穗全部不形成根。对于 NAA 和 IBA 两种生长素作适当比例混合使用时，可以把 NAA 促进插穗产生愈伤组织的能力和 IBA 促进插穗的生根能力结合起来，达到促进插穗生根最终目的。表 6-2 将生长素诱导的愈伤组织和生根情况作了排序，从中可以直观地看出适宜的生长素和生长素组合对促进可可茶插穗愈伤组织和生根的作用。

表 6-2　每一浓度生长素促进愈伤组织和生根按样方平均株数由大小至小的顺序编号

Tab. 6-2　Arrange of average in cuttings induced to callus and root by hormone

愈伤组织\											
\愈伤组织			愈伤组织			出根			出根		
编号	生长素/ppm	平均	编号	生长素/ppm	平均	编号	生长素/ppm	平均	编号	生长素/ppm	平均
1	I500+N300	9.6	21	I1000+N500	7.5	1	IBA1000	3.8	21	I+N2000	0.6
2	空白	9.4	22	N2000+I1000	7.4	2	IBA2000	3	22	I1000+N500	0.6
3	IBA1000	8.4	23	I2000+N100	7.4	3	I+N500	2.6	23	I1000+N300	0.6
4	I2000+N1000	8.4	24	I1000+N300	7.4	4	I2000+N1000	2.4	24	I500+N300	0.6
5	I300+N2000	8.2	25	I300+N1000	7.4	5	I+N500+BA50	2.4	25	NAA300	0.4
6	I300	8.2	26	IBA100	7.2	6	I1000+N100	2	26	I500+N100	0.4
7	N2000+I100	8.2	27	I+N100	7.2	7	I100+N300	2	27	I+N500+KT100	0.4
8	IBA500	8.2	28	I+N1000	7.2	8	N2000+I1000	1.8	28	I+N100	0.2
9	I2000+N300	8.2	29	NAA1000	6.8	9	I300+N1000	1.6	29	I500+N1000	0.2
10	IBA2000	8	30	NAA2000	6.8	10	I100+N500	1.6	30	I+N1000	0.2
11	I+N500	8	31	NAA100	6.2	11	N2000+I300	1.4	31	I300+N100	0.2
12	I1000+N500	8	32	I300+N100	6.2	12	I2000+N500	1.4	32	I100+N1000	0
13	I1000+N500	8	33	N+I500+糖 1.25%	6.2	13	N+I500+糖 1.25%	1.4	33	NAA1000	0
14	I+N500+BA50	8	34	NAA500	6	14	I2000+N300	1.2	34	NAA500	0
15	N2000+I500	7.8	35	I+N300	6	15	I2000+N300	1.2	35	IBA300	0
16	I2000+N500	7.8	36	I+N300	5.8	16	N2000+I100	1.2	36	I+N300	0
17	I+N500+KT100	7.9	37	I+N2000	5.6	17	IBA100	1	37	N2000+I500	0
18	红泥	7.8	38	I100+N500	5	18	IBA500	0.8	38	空白	0
19	I500+N1000	7.8	39	I100+N300	5	19	NAA2000	0.8	39	红泥	0
20	I500+N100	7.6	40	I100+N1000	4.6	20	I300+N500	0.8	40	NAA100	0

I=IBA；N=NAA。有愈伤组织的插穗数也包括生根插穗数

对插穗产生愈伤组织效果最好的 IBA 500 ppm＋NAA 300 ppm，其生根率平均只有6%，对插穗生根效果最好的 IBA 1000 ppm，平均生根率为38%，其次为 IBA 2000 ppm，平均生根率为30%，占第三位的是 IBA 500 ppm＋NAA 500 ppm，平均生根率为26%，而同样上述组合和浓度下的生长素产生愈伤组织的平均插穗数分别为84%，80% 和80%。插穗产生愈伤组织后应导致根的产生，若不产生根，则具有较少的意义。生根效果最好的三组生长素虽然产生愈伤组织并非具有最高的百分比，但它们的生根率比较高，这和研究的目的契合，显然是可取的，而且实际上它们产生愈伤组织的比率亦不算低。

依照插穗生根率的最后结果，达到20% 以上的有 7 组生长素（表 6-2）。上述组合生长素除了考虑生根效果外，如果顾及成本（IBA 价格比 NAA 高得多），则可取IBA500 ppm＋NAA500 ppm。

红泥组的生根率为零，但实际上红泥吸附生长素对插穗生根有效果。看来红泥吸附生长素使插穗在扦插后一定时间内仍受到激素的刺激作用，它起到了浸渍的作用，随着时间的推移，受到水分的淋溶而逐渐消失。用红泥吸附生长素极大地简化和方便了扦插时的操作，提高了效率，有利于大规模扦插。

细胞分裂素 BA 和 KT 对可可茶插穗愈伤组织和根的发生无明显的促进作用，在同样的生长素组合中，加与不加 BA 50 ppm，所得出的结果是类似的，而在加入 KT 100 ppm 的情况下，其效果则不如不加 KT。

在生长素中加入蔗糖对插穗愈伤组织和根的发生无明显的促进作用。

可可茶是极难生根的植物，在以后的扦插繁殖过程中，一直采用 IBA 500 ppm 和 NAA 500 ppm 加进生红土中搅拌成泥浆，用短穗扦插，在混入生长素的红泥浆中即蘸即插。苗床不再是膨胀珍珠岩，而是在耕作土上经整理成畦，再在畦面铺 4~5 cm 生红土作可可茶扦插苗床。扦插季节在广东南部地区，以进入 10 月后为佳，插后浇水用竹在畦上弯拱成棚，铺上薄膜保温保湿，7~10 天浇水一次，省工省力，等到翌年 3、4 月插穗陆续生根，可把薄膜和支架拆除，加强管理可在扦插 1 年后达到规格苗出圃。也可建专用的扦插苗大棚，更有利于管理和扦插苗的生长。

应用筛选出的最优生根素配方扦插可可茶，取得了较好的效果，如彩图 6-1 所示。

二、可可茶插穗生根原理

对扦插后产生愈伤组织和不定根插穗的解剖，以及显微研究，了解可可茶插穗生根的过程和原理。

使用的材料是由原生地可可茶半木质化枝条，剪取带芽叶的短穗，以不同浓度的生长素处理插穗基部后，插于基质中，40 天后，在带有愈伤组织和不定根的插穗基部 0.5 cm 处取材。将材料清洗后固定在 FAA 液中，以常规石蜡切片法制成永久性玻片。切片厚度 11~13 μm，番红 - 固绿复染，部分用 PAS 法染色。用 OLYMPUS BH2 系统生物显微镜观察并拍照。

从可可茶插穗茎的解剖看，可可茶茎具 1 层表皮细胞和 2~4 层角隅状厚角组织，皮层薄壁细胞大型，其中散生有异细胞。

外韧并生维管束排成圆筒状。韧皮纤维贴靠皮层、束状，每束由 8~9 个至 30 多个细胞组成，厚 1~3 层细胞。纤维束十分靠近，在一些部位，射线被阻塞或最终被纤维束部分地和皮层分离。韧皮部的异细胞常有规则地分布在形成层附近。形成层区 1~3 层细胞厚，次生木质部分子主要是梯状类型，具少数螺纹分子，木射线单列至 2 列，髓部由大小各异的薄壁细胞组成，内含物丰富，有大型的异细胞。

关于插穗不定根的起源，从解剖材料的显微切片观察，首先在茎插穗切口附近充满黄白色的愈伤组织，愈伤组织呈瘤状突起。后来，根从愈伤组织中出现。而且从显微观察发现，茎插穗不定根有不同的起源。

韧皮纤维下的韧皮薄壁细胞和两束韧皮纤维之间射线末端的细胞反分化，巨大的核和稠密的细胞质，先行平周分裂，原细胞体积不加大，因而新增殖的细胞小而扁平。以后发生各向分裂，形成略呈球形的分生细胞团。增大了的愈伤组织团块在外部的皮层和内部的形成层之间，并使部分皮层细胞被挤毁、解体。韧皮纤维束被挤向茎周。愈伤组织团边缘的细胞较小，中部的较大。在愈伤组织团突破表皮之前，在部分愈伤组织团的中部已开始分化根原基。观察到愈伤组织转变为根原基的两种方式：一是愈伤组织细胞恢复分裂能力，直接分化维管分子，产生根原基；二是愈伤组织中部细胞分裂产生形成层状细胞，形成层细胞巨大的核和稠密的细胞质，向愈伤组织团中部分化出梯状、少数螺纹状的木质部分子，形成根原基。继续增大的愈伤组织团挤散韧皮纤维，在发育后期，突出皮层和表皮组织外，木质部外侧分化出韧皮分子。不定根的维管系统与插穗的维管系统连通。

次生木质部射线中，靠近形成层的木射线细胞体积增大、细胞质变浓、细胞核着色明显，转变为分生型细胞，进入细胞有效期开始分裂活动，行垂周分裂和斜向分裂，产生多列径向狭长的细胞。从纵切面观，细胞呈纺锤状，形成狭圆锥形的根原基。根原基在插穗中开始分化维管分子。形成层和根原基附近的其他细胞加到发育的不定根中，向茎周方向生长的不定根突入由次生韧皮部产生的愈伤组织中，不定根木质部分子由基向顶分化，木质分子与插穗中的对应分子连接，初形成的不定根前端细胞排列不整齐，没有显著的分层现象，但仍可看到细胞略大型、细胞质较稀薄的帽状根冠和细胞小型、细胞质浓厚、核大的分生组织区，最后不定根穿透愈伤组织，跟插穗的主轴成夹角方向发育。根的进一步发育是正常的。

从插穗茎解剖的结果看，可可茶茎扦插前不存在根原基，在扦插过程中，由韧皮薄壁组织和射线薄壁组织细胞形成的愈伤组织及茎形成层附近的木射线薄壁细胞中发生根原基。这些愈伤组织和木射线薄壁细胞均在靠近切面和切面上的部位，表明创伤刺激能够促进根原基发生。创伤刺激可能是使破损的细胞产生某种称之为"伤素"的物质（wound hormone），刺激了维管组织附近的薄壁组织，使其形成不定根原基的分生组织。

对于易生根植物如柳、无花果等，插穗的愈伤组织和根的形成关系不大，但在生根过程中，愈伤组织对于水分吸收、提高生根部分组织的通气性是有利的；对于生根困难的植物，愈伤组织对插穗生根起着重要的作用。从实验结果，可可茶的愈伤组织从插穗基部的韧皮部的薄壁组织产生。愈伤组织可通过两种途径生根，其中部某些细胞或者恢复分裂能力，产生根原基，直接分化维管分子，形成根，或者转变为分生组织的形成层状细胞，再分化维管分子，最终都与母茎的对应分子连接，而木射线起源的幼不定根也穿透愈伤组织而突出表面，在它穿出愈伤组织之前，幼不定根的分化还不完全，愈伤组织在不定根形成可能有三种作用：产生不定根原基；保护未完全分化的不定根的生长；有利于生根部分组织的吸水和通气。因此形成愈伤组织是孕育不定根的前提，在进行可可茶茎扦插时，诱导愈伤组织是必要的。适当配比生长素处理可可茶插穗，利用 NAA 可促进愈伤组织产生的潜力，和 IBA 可促进不定根生长的潜力，克服可可茶插穗难生根的不利因素是有效的。

有报道认为植物插穗难于生根是由于连续或不连续的厚壁组织所致，也有人认为植物难生根并非因为厚壁组织所致。从可可茶插穗茎的解剖看，当愈伤组织大量增生时，可能破坏接近连续的厚壁纤维束，可见它不成为可可茶插穗难生根的主要原因。枝条内部组织成熟程度和物质的积累、内源激素的分布可能与根原基的生成有关。选用合适种类和浓度的生长素，可以促使木质部根原基的形成和韧皮部愈伤组织的发生，有利于提高生根率。

第 2 节　可可茶嫁接繁殖[1][2]

一、接穗和砧木之间化学成分相互影响

普洱茶无性系英红 9 号种植后作为砧木，砧木断砧处直径约 1.5 cm，以含可可碱的可可茶竹 22[#] 作接穗，进一步确认接穗和砧木之间化学成分的相互影响，以确定可可茶嫁接繁殖的可能性。采用劈接进行嫁接，嫁接后套上透明塑料袋扎紧，约 3 个月后接穗抽穗拆去套袋，及时剥除砧木上的萌生芽。采集砧木，接穗，接穗母株的芽叶样品进行分析，样品的采摘标准均为 1 芽 2 叶，经隔水蒸青 10 min，在 80℃下的烘箱中烘干备用。

通过对嫁接后成长的茶树，嫁接砧木，接穗母株的检测，表明砧木芽叶的茶多酚为 30.76%，氨基酸为 2.09%，咖啡碱为 4.15%，并含少量的可可碱和茶叶碱；接穗均含可可碱，达 5% 以上，不含茶叶碱和咖啡碱（表 6-3～表 6-5），这点与接穗来源母株是一致的，可可碱和氨基酸总量均有所增加。这表明嫁接的砧木虽然是含咖啡碱的栽培茶树，但是它并没有影响到接穗含可可碱的性质，表明这种种间嫁接是切实可行的，可以加快可可茶园的建设。

表 6-3　可可茶嫁接英红九号后多酚类化合物的含量　　　　　　　%

Tab. 6-3　Content of polyphynols after *Camellia assamica* grafted cocoa tea

样品	含量 /%				平均含量 /%
	1	2	3	4	
英红 9 号	32.36	29.68	30.01	30.98	30.76±1.20
接穗母树	35.426	36.59	40.18	38.28	37.62±2.07
嫁接植株 001	32.49	33.33	34.29	33.53	33.41±0.74
嫁接植株 002	33.01	34.953	36.00	35.61	34.89±1.33
嫁接植株 003	32.49	33.20	35.87	34.57	34.03±1.50

① 赵婧. 嫁接对于茶树接穗和砧木之间化学成分相互影响的研究［D］. 广州：中山大学，2003. 指导教师：叶创兴.
② 彭力. 可可茶驯化选育过程中特征生化成分和抗癌活性的研究［D］. 广州：中山大学，2010. 指导教师：叶创兴.

表6-4　可可茶嫁接英红九号后氨基酸的变化
Tab. 6-4　Content of ammonium acid after *Camellia assamica* grafted cocoa tea　%

样品	含量 /%			平均含量 /%
	1	2	3	
英红 9 号	2.00	2.07	2.20	2.09±0.098
接穗母树	1.46	1.44	1.52	1.47±0.041
嫁接植株 001	1.38	1.38	1.39	1.64±0.056
嫁接植株 002	2.49	2.21	2.31	2.34±0.14
嫁接植株 003	1.71	1.71	1.64	1.69±0.039

表6-5　可可茶嫁接英红九号后的嘌呤碱
Tab. 6-5　Purine alkaloids after *Camellia assamica* grafted cocoa tea　%

样品	可可碱	茶叶碱	咖啡碱
英红 9 号	0.73	0.33	4.15
接穗母树（提供接穗的可可茶）	4.14	-	-
嫁接成长后的接穗 001	5.36	-	-
嫁接成长后的接穗 002	5.56	-	-
嫁接成长后的接穗 003	5.34	-	-

将含可可碱的可可茶嫁接到含咖啡碱的栽培茶树砧木上，是对叶中合成生物碱的再一次证明；而嫁接后芽叶中的氨基酸总量增加亦表明氨基酸是根中合成的，砧木较高的合成氨基酸的能力影响了接穗氨基酸的含量，因此选择高氨基酸含量的栽培茶树作砧木，有可能提高可可茶接穗氨基酸的含量，从而改善可可茶的风味。

二、通过嫁接建立可可茶园

接穗来自选育的可可茶无性系 8#、53#、26#、2-1# 四个品系，砧木则来自白毛 2#、优选 5#、优选 8#、云大黑叶、英红 7#，各栽培茶树品种砧木年龄为 5～18 年，断砧口粗 4～6 cm。嫁接时间：秋末冬初至翌年 2 月前。离地面 15～18 cm 处断砧，修平断面，用刨刀开砧。削穗：选择腋芽饱满的一年生木质化或半木质化枝条，剪取的接穗长 4～6 cm，削穗时对着芽一侧稍向下处向下斜切进木质部后将刀刃垂直转向下削 3～5 cm，在芽的另一侧距芽 1 cm 处斜切进木质部再向下削，使两侧的切面呈楔形。

嫁接：将削好的接穗接入砧木。砧木用刨刀开口，劈口长 3～4 cm，接时用螺丝刀在离开边缘开口处向中央插入，用木棒轻轻敲击螺丝刀使边缘的开口足够插进接穗时，将削好的接穗插入至芽和叶柄一侧的切口处，使接穗的形成层与砧木形成层相吻接，然后轻轻拔出螺丝刀，利用砧木的力量自然夹紧接穗。砧木应视其砧径粗细，可接 2～4 个接穗。

套袋绑扎：待砧木接上接穗后套透明塑料袋绑扎，以保证接穗在较高相对湿度中更易于存活。待砧木每一个劈口都接上接穗后套上长 25 cm×15 cm 的透明塑料袋，在断砧面以下 2 cm 处用塑料带把套袋扎紧。套袋是为了保持袋内较高的相对湿度，由根从土壤中吸收的水分由于导管的毛细管作用上升至断面停止并引起水分的积聚，但由于导管内水分上升的动力因袋内的压力达到饱和时而被阻止，因此袋内的水分积累总是有限的。

遮阳：嫁接后应搭架遮阳网，以遮光 70% 为宜（彩图 6-2）。

休耕：嫁接后应停止在茶地上除草，施肥等耕作措施，以免碰伤接穗。但要视情况补充水分，可采用节水或滴灌方式进行。

拆袋：秋末冬初嫁接经 3 个月后，插穗成活后可逐步拆去塑料袋和遮阳网。到清明前后，成活的接穗将抽出新芽，长出新叶，新梢迅速生长，先将塑料袋剪去一角，10 天后再全部拆去套袋（彩图 6-3）。

利用嫁接技术建成的可可茶园，经对其芽叶嘌呤碱与茶氨酸进行重复检测，表明嫁接保持了可可茶芽叶中优势嘌呤碱的特性，提高了茶氨酸的含量，如表 6-6 和表 6-7 所示。

表 6-6　可可茶嫁接后与砧木各品种生物碱与茶氨酸含量

Tab. 6-6　Content of purine alkaloids and theanine after *Camellia assamica* grafted cocoa tea　　　%

各种植株生化成分	接穗母株		砧木	嫁接后植株	
	可可茶 8#	可可茶 53#	云南大叶	可可茶 8#	可可茶 53#
氨基酸	0.8065	0.5225	2.796	1.8000	1.1000
可可碱	4.79	5.585	0.3749	4.58	6.16
咖啡碱	nd	nd	3.9320	nd	nd

表 6-7　可可茶品种嫁接后与砧木母株生物碱与茶氨酸含量

Tab. 6-7　Content of purine alkaloids and theanine from grafted cocoa tea and stock tea trees　　　%

样品类型	样品编号	采样时间	可可碱 /%	咖啡碱 /%	茶氨酸 /%
	可可茶 2-1# × 白毛 2#	2006-06	6.32±0.29	nd	0.86±0.10
	可可茶 2-1# × 白毛 2#	2006-09	4.46±0.26	nd	0.79±0.01
	可可茶 2-1# × 白毛 2#	2006-11	5.65±0.59	nd	0.89±0.07
	可可茶 8# × 白毛 2#	2006-09	5.40±0.32	nd	1.13±0.28
	可可茶 8# × 白毛 2#	2006-11	4.53±0.28	nd	1.26±0.54
	可可茶 8# × 白毛 2#	2006-11	4.34±0.17	nd	1.07±0.11
	可可茶 8# × 云大黑叶	2006-04	5.06±0.47	nd	1.79±0.20
	可可茶 8# × 云大黑叶	2006-11	4.48±0.21	nd	1.78±0.10
	可可茶 8# × 云大黑叶	2006-11	4.22±0.01	nd	1.83±0.03
	可可茶 8# × 优选 8#	2006-04	6.40±0.26	nd	1.31±0.18
可可茶接穗样	可可茶 8# × 优选 8#	2006-11-1	4.40±0.19	nd	0.92±0.20
	可可茶 8# × 优选 8#	2006-11-2	4.03±0.20	nd	1.32±0.11
	可可茶 26# × 英红 7#	2006-06	5.15±0.12	nd	0.18±0.03
	可可茶 26# × 英红 7#	2006-09	5.37±0.26	nd	0.16±0.002
	可可茶 26# × 英红 7#	2006-11	5.39±0.38	nd	0.89±0.05
	可可茶 53# × 优选 5#	2006-04	7.91±0.34	nd	0.84±0.05
	可可茶 53# × 优选 5#	2006-06	5.58±0.18	nd	0.91±0.03
	可可茶 53# × 优选 5#	2006-11	4.74±1.07	nd	0.94±0.04
	可可茶 53# × 云大黑叶	2006-04	8.41±0.79	nd	0.79±0.18
	可可茶 53# × 云大黑叶	2006-11	6.93±0.01	nd	1.11±0.04
	可可茶 53# × 云大黑叶	2006-11	4.00±0.03	nd	1.41±0.06

续表

样品类型	样品编号	采样时间	可可碱/%	咖啡碱/%	茶氨酸/%
	优选 5#	2006-04	0.34±0.03	2.87±0.35	1.22±0.01
	优选 8#	2006-04	0.37±0.07	3.93±0.17	2.78±0.35
砧木茶样	云大黑叶	2006-04	0.27±0.01	3.72±0.02	0.67±0.42
	英红 7#	2006-11	0.21±0.17	4.83±0.63	1.10±0.88
	白毛 2#	2006-11	0.21±0.01	4.2±0.04	0.31±0.01

可可茶嫁接繁殖是一个行之有效的新方法，它将为加快建立可可茶生产基地提供一条快捷的途径，由于砧木径均在 4 cm 左右，根系发达，能够为接穗提供丰富的水分和无机盐，头年嫁接，经过适时的打顶和修剪，第 3 年可以达到封行状态，如果水肥管理得好，最快可提早到第 2 年开采（彩图 6-4、彩图 6-5）。

可可茶嫁接最好以乔木型普洱茶各品种作砧木为佳，其形态上以叶为例，均具有 1 层栅栏组织，属于大叶种类型，就嫁接实践看，普洱茶各品种作砧木嫁接可可茶，其嫁接成活率优于白毛 2# 作砧木嫁接可可茶。

目前采用的大砧劈接嫁接可可茶是成功的，但嫁接还可采用其他方法进行，就目前来看，劈接由于直接在砧干上开口，伤口过大，需要较长的愈合时间，在愈合的过程中易遭受病菌侵害，且砧木断面较大，没有用接蜡等封闭，也容易造成感染。现在开始使用伤口较小的皮接方法，操作起来更为简便易行，成活率也更高，辅以接蜡等封口措施，成活率可以提高到 98% 以上。

第 3 节 可可茶组织培养[1][2][3]

可可茶的组织培养具有繁殖系数大，短时间内可以生产大量的苗木，并且以采摘芽叶制作各种成茶作为生产的最终目的，不必要顾及花、果等因素，因而运用组织培养就具有培养规格整齐，性状一致的苗木，无疑具有极大的优点。

一、材料和方法

用野生可可茶成熟种子萌发长成的幼苗，剪取幼苗，经 70% 乙醇浸泡 15s，0.1% 氯化汞震荡消毒 15 min，无菌水冲洗 4～5 次，切成约 0.3 cm 的带腋芽原基的茎段作外植

① 朱念德，陈爱玉. 毛叶茶组织培养的初步研究 [J]. 北京林业大学学报，1990, 12（2）：140-141.
② 朱念德，李静. 毛叶茶的微型繁殖及激素对器官发生的影响 [J]. 生态学报，1992, 1：110-115.
③ 叶创兴，TAYLOR I E P. 含可可碱野生茶树的不成熟胚诱导胚状体的研究 [J]. 中山大学学报（自然科学版），1997, 36（增刊）：440-443.

体，接种于附加不同激素的培养基上。

诱导丛芽的培养基为 SH，N6 和 MS 三种培养基，按试验要求添加不同量的 KT，BA，ZT 和 NAA 细胞分裂素。灭菌前 pH 值调节到 5.8，含糖量 3%，培养室的温度（25±2）℃，人工辅助光照 12 h/ 天，光照强度 2000 lx。

无根苗生根采用 1/2ER 培养基，蔗糖浓度降为 1.5%，附加不同浓度的 NAA 和 IBA。

二、结果和讨论

（一）不同培养基对丛生芽增殖的影响

将带腋芽原基的茎段外植体接种于附加 0.5 mg/L NAA 和 2 mg/L BA 的 SH、N6 和 MS 三种培养基上，约 30 天，腋芽原基膨大、萌发，并分化出丛生芽。培养 60 天后，三种培养基上丛生芽增殖情况明显不同。在 SH、N6 和 MS 培养基上，芽萌发率依次为 66.6%，53.2% 和 18.4%。在 SH 和 N6 培养基上，每个芽原基可分化 4～5 个芽，最大芽长可达 1.3 cm 和 0.8 cm，平均芽条长分别为 0.9 cm 和 0.5 cm。而 MS 培养基上，只能分化 1～3 个芽，最长芽条仅长 0.4 cm，平均芽条长为 0.2 cm。可见，可可茶带腋芽原基的茎段对培养基的要求并不特别严格。基本培养基 SH，N6，MS 中只要加入适当的植物激素，均可诱导腋芽原基生长和分化丛生芽。但从芽的萌发率、丛生芽分化率和芽条长度都以 SH 培养基效果最好（表 6-8）。

表 6-8　添加 6-BA 的不同培养基对芽增殖和生长的影响（接种 60 天后观察 15 个外植体丛芽）
Tab. 6-8　Influence of multiplication and growing of shoot attended 6-BA to media（for 60 days inoculated and observed 15 explants）

培养基	芽萌发率 /%	每个原基分化芽数	最大芽条长 /cm	平均芽条长 /cm
SH	66.6	4～5	1.3	0.9
N6	53.2	4～5	0.8	0.5
MS	18.4	1～3	0.4	0.2

（二）不同植物生长调节剂及其组合对可可茶丛生芽增殖的影响

在 SH 培养基上，比较了不同细胞分裂素对丛芽增殖的影响，当 NAA 0.5 mg/L 分别与适当浓度的 KT、BA、ZT 配合时，KT 与 BA 都能诱导分化丛芽，KT 2.5 mg/L 的诱导率为 92.5%，而 BA 2 mg/L 的诱导率为 66.6%。KT 诱导生长的芽体大，每个芽可分化 4～5 个丛芽，丛芽长势旺盛。BA 诱导生长的芽体较小，每个芽虽分化 4～5 个丛芽，但丛芽长势较差。ZT 虽能诱导个别芽萌发，但抑制分化丛芽，显示出 KT 的诱导效果最好，而 BA 又优于 ZT（表 6-9）。

表 6-9　NAA 与各细胞分裂素配合对可可茶丛生芽增殖的影响（接种 60 天后，观察 15 个外植体）

Tab. 6-9　Influence of multiple shoots induction by NAA and other cytokinins to cocoa tea tissue culture（for 60 days inoculated and observed 15 explants）

激素浓度 /（mg/L）				芽萌发率 /%	丛芽分化率 /%
NAA	KT	6-BA	ZT		
0	0	0	0	0	0
0.5	2			60	77.5
0.5	2.5			86.6	92.5
0.5	3			80	50
0.5	4			40	33
0.5	6			0	0
1				86.6	28.6
1.5				46.6	0
3	2.5			0	0
4				0	0
0.5		2		60	66.6
0.5		2.5		40	33
0.5		3		0	0
0.5		4		0	0
1		2.5		0	0
1.5		2.5		0	0
0.5			2	20	0
0.5			3	13	0

　　在 SH 培养基上，进行了不同浓度的 NAA 和 KT 配比试验，附加 NAA 0.5 mg/L 和 KT 2 mg/L 配比对照（不附加任何激素），结果明显地促进了芽的增殖，萌发率由对照 0 增加到 60%，分化丛率由 0 增加到 77.5%，当 NAA 浓度固定在 0.5 mg/L 时，增加 KT 到 2.5 mg/L 时萌发率和丛芽分化率分别为 86.6% 和 92.5%，显示出明显的促进作用。但继续增加 KT 浓度时，萌发率和分化率都呈直线下降。当 KT 浓度固定在 2.5 mg/L 时，NAA 浓度从 0.5 mg/L 时，萌发率和分化率呈显著的负相关。NAA 增加至 3 mg/L 时，完全抑制芽的萌发。植物激素对组织培养中器官的形成有重要的明显调节作用，主要取决于生长素和细胞分裂素的相互调节作用，即形成器官的类型是受两种激素相对浓度的控制，较高水平的生长素利于根的形成，而抑制芽的发生。相反较高水平的细胞分裂素则促进芽的发生而抑制根的形成。在可可茶的组织培养中，较高浓度的细胞分裂素（KT 2.5 mg/L）促进芽的形成，但并非越高越好。附加 NAA 0.5 mg/L 和 KT 2.5 mg/L 对诱发丛生芽的增殖是适宜的（表 6-9）。

（三）根的诱导

为了使无根苗形成完整的植株，把上述无根苗接种在 1/2ER 培养基上，在滤纸插上用溶液诱导生根，结果都能从茎的皮层诱导出健壮的根系，长出的根、根毛均为白色。比较了 NAA 6 mg/L，NAA 8 mg/L＋IBA 4 mg/L 的生根效果，以 NAA 4 mg/L＋IBA 4 mg/L 的效果最好，生根率可达 75%，平均每株可长 4 条根。

以上结果表明，可可茶组织培养是切实可行的，在一定的设备条件下，它可实现规模化生产，大量地繁殖规格、品质一致的可可茶苗木，在生产上是有利的。

可可茶组织培养必须先确认种子苗是含可可碱为主的，如果不加选择，万一把含咖啡碱的种苗作为外植体，将引起重大失误，因此对幼苗含嘌呤碱的性质的甄别就成为关键的一步。

第 4 节　可可茶体细胞胚状体形成及植株再生[①]

一、材料和方法

试验材料来源于中山大学校园栽培的可可茶 *Camellia ptilophylla*，9 月份采摘种子，选取绿色未成熟蒴果，此时种皮呈黄褐色，虽未完全成熟，但种子已达到它的最终大小，径约 12 mm，略硬，剥去果皮，种子于乙醇（$\phi=70\%$）中表面消毒，在 $\rho=2\%$ 的 NaOCl 溶液中浸泡 10 min，无菌水冲洗 3-4 次，然后在无菌条件下剥除外种皮，注意不伤及子叶表皮，分离出合子胚，将子叶切成约 50 mm³ 块状，合子胚和子叶块分别置于下列 SH 或 MS 固体培养基上：SH1（SH＋0.5 mg/L 2, 4-D），SH2（SH＋0.5 mg/L 2, 4-D＋2 mg/L PCRA），SH3（SH＋0.2 mg/L 2, 4-D），MS1（MS＋0.5 mg/L 2, 4-D＋1 mg/L BA），培养 15 周后，再转换至 SH4（SH＋2 mg/L BA＋0.2 mg/L IBA），SH5（SH＋5 mg/L GA＋1 mg/L IAA），SH6（SH＋2 mg/L GA＋0.5 mg/L IAA）等培养基上，其中培养基 SH1、SH2、SH3 和 MS1 中加入 3% 的蔗糖，其他培养基加入 2.5% 蔗糖溶液，pH 全部调至 5.6，培养物置于（25±1）℃ 的培养室内，人工辅助光照 12 h/ 天，光照强度 2 000 lx，每 30 天继代一次。

二、结果

用 3% 蔗糖溶液将子叶外植体分别接种于 SH1 和 SH2 中，2 周内，外植体开始肿胀，变绿并有愈伤组织长出，此时愈伤组织多为白色，少数为黄色、绿色，第 5～7 周，SH1 及

① 朱念德，刘蔚秋，叶创兴. 可可茶子叶培养中体细胞胚状体形成及植株再生［J］. 中山大学学报（自然科学版），1998，37（2）：65-68.

SH2 上的外植体均有大量愈伤组织生长，并开始长根及胚状体，培养至第 14 周，在 SH2 上的培养物，胚状体发生频率为 20%，长根频率为 32%，在 SH1 上的外植体胚状体发生频率为 10%，长根频率为 24%，若在第 14 周把 SH1 及 SH2 上的外植体转接到 MS1 上，胚状体的发生频率比在原培养基中有所提高，这些培养物产生的胚状体都在子叶表面直接形成，不经过愈伤组织。胚状体发生的顺序为球形 - 心形 - 鱼雷形，在 SH1，SH2 和 MS1 上胚状体可以发育到心形和鱼雷形等阶段，但不能转化成苗。如果将愈伤组织继续在 SH1 或 SH2 上培养，3 个月后，有少量胚状体从愈伤组织上产生。从种子中分离的合子胚，培养于 SH1 或 SH2 上，显示出较强的分化能力。培养 2 周后，合子胚的胚轴上即分化出胚状体，诱导频率为 20%。在 SH3 上，子叶外植体培养 4 周即能分化出胚状体且分化频率达 25%。

（一）胚状体的分化及丛芽的产生、生长

把在 SH1、SH2 上培养 15 周后的培养物转移至分化培养基中，将从愈伤组织产生胚状体，胚状体萌发，最终发育成小苗。

（二）从愈伤组织上产生胚状体

从子叶外植体的切口上产生的愈伤组织有 2 类：①愈伤组织呈灰绿色，表面粗糙，增殖较快，有的可以分化出根，但没有显示出胚胎发生能力；②愈伤组织呈淡黄色，致密，表面具光泽，增殖能力较弱，当转移至 SH4 上时，可以分化出胚状体和芽。

（三）次生胚状体的产生及胚状体的萌发

共有 3 种不同类型的胚状体：①"种子状胚"，淡黄色，类似合子胚，通常具有 2 片子叶，有时有多于 2 片子叶，子叶肥厚，大小相同或不同，有时子叶部分或全部融合在一起（图 6-6：1）；②"芽状胚"，绿色，长形，具根极及茎极（图 6-6：2）；③"杯状胚"，黄绿色，酒杯状，有明显的根极和茎极（图 6-6：3）。

在初始的培养中（SH1，SH2），仅有种子状胚产生，当转移至 SH4 上 5 周后，在初生胚状体上或其基部长出大量次生的胚状体（图 6-6：4）。另外，当转至 SH4 培养基后，有芽状胚形成，并可长成小苗，在有些小苗的茎、芽上可以产生一些棒形的芽状胚，而在小芽、小苗与外植体的交界处以及小芽、小苗的附近的外植体上均具较强的种状胚或芽状胚发生能力。当在 SH4 上培养到 11 周时，出现杯状胚，但杯状胚的发生频率是很低的。

不同类型的胚状体，其转化成苗的能力是不同的，当种子状胚继续培养在 SH4 上时，它具较强的次生胚状体发生能力，种子状胚在 SH4 上能发育成完整的小苗，但转化频率很低。若将种子状胚分离出来单独培养转化频率稍有提高，但也不高于 20%。如果将种子状胚再转至 SH6 上，有些胚状体异常生长，长出畸形的小苗。当在 SH4 上培养至 11 周后，一些芽状胚在 SH4 上能发育成完整的小苗，若在 SH5 上，芽状胚转化成苗的频率较高，但长成的多是无根苗。杯状胚在培养过程中，能够长大，但此后即逐渐褐化死亡（图 6-6：5），无论是在 SH4、SH5 或是在 SH6 上它都不能转化成苗。

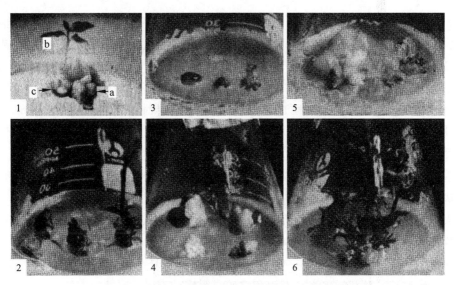

图 6-6　可可茶未成熟子叶培养诱导出的胚、丛生芽及再生小苗

Fig. 6-6　Embryos，caespitose-buds and regenerated planted induced from immature cotyledons of
Camellia ptilophylla

1 种子状胚以及由种子状胚转化成的小苗（a 种子状胚；b 种子状胚转化成的小苗；c 不定根）；2 芽状胚以及由
芽状胚转化成的小苗；3 杯状胚；4 次生胚状体形成；5 胚体开始老化；6 丛生芽高频率地转化成无根苗

（四）丛生芽及苗的发生

淡黄色，致密且具光泽的愈伤组织，连同产生它的子叶外植体转移到 SH4 或 SH5 上，8 周后，即可从愈伤组织分化出丛芽，这些芽几乎可以 100% 在原培养基上直接长成无根苗（图 6-6：6）。由种子状胚、芽状胚或丛芽长成的小苗在每 1 叶腋处可产生 1- 多个腋芽，切下腋芽，转移至新鲜培养基上，每个腋芽又可萌生多数丛芽，腋生丛芽也能在原培养基上高频率地发育成无根苗。

三、讨论

结果显示可可茶胚的离体子叶和胚轴不经过愈伤组织阶段而直接发生胚状体，Sharp 等（1980）认为，这种现象反映了预胚性的决定细胞（pre-embryonic determined cell）分化胚状体的潜在能力，生长调节剂有助于这些细胞释放潜能，低浓度的 2，4D 对子叶外植体形成胚状体的最初诱导有一定作用，由合子胚的子叶和胚轴直接发生初生胚状体和长期保持胚胎发生能力，这种直接分化的能力是具有很大潜能的微繁系统，对不含或少含咖啡碱的可可茶获得无咖啡碱的种苗有重要价值。

从可可茶子叶培养中所产生的胚状体形态相似于从山茶 *C. japonica* 的合子胚上获得的胚状体（Vieitez A. M.，*et al.*，1990），即有种子状胚和芽状胚。关于芽状胚的产生，与高浓度的细胞分裂素有关（Ammirato P. V.，1985）。本研究证实了这一说法，当子叶外植体培养于 SH1，SH2 上时，仅有种子状胚的形成而无芽状胚的产生，只有当转移到含 BA 的 SH4 以后才有"芽状胚"的形成。

Jha 等人 1992 年曾报道，从茶 *C. sinensis* 未成熟胚培养中获得杯状胚（cup shape）。本研究中从可可茶子叶培养中产生的杯状胚，相似于 Jha 报道的杯状胚，这种杯状胚具有根极与茎极，在含低浓度的 GA 和 IAA 的培养基中，杯状胚的根极明显伸长，产生主根，但茎极没有伸长，也未见杯状胚有产生次生胚状体的能力。杯状胚的发生频率很低，它的发生和发育尚待进一步研究。

低浓度 2，4-D 对子叶外植体愈伤组织的形成和胚状体的最初诱导有一定作用，但不利于胚状体的进一步发育和次生胚状体的形成。在含 0.5 mg/L 2,4-D 的培养基上培养 3 个月的胚状体转移到诱导培养基 SH4 后，转化成苗的频率很低，可能与 2,4-D 的作用有关。

子叶在体外培养可较高频率地发生丛生芽。丛生芽除从愈伤组织产生的小芽发生外，胚状萌发时也可在胚轴处发生丛芽。此外，从无根苗茎段转接后亦可产生丛芽，在适宜的培养基上大量增殖。丛芽的多途径发生和增殖是微繁的有效途径之一。

第 5 节　可可茶品种选育

可可茶是一种野生茶，它的引种驯化并不是简单地用种子繁殖或从野生植株直接地用无性繁殖就可以达到的。经营茶业和经营农业一样，采用良种良法才能达到最大的产出。我们的目的是生产含可可碱的茶，而可可茶在种群的遗传背景上表现出差异，最主要的是原生地可可茶种群虽然大部分个体含可可碱为主，但也有一部分个体是含咖啡碱为主的，这些含咖啡碱为主的个体，与之相比形态上几乎没有差异。对于可可茶这一野生资源，从引种驯化开始，就必须下决心选育种，以无性系优良品种建立生产茶园，随着选育种过程的深入，将选育出更多的优品种，它们将适应于制作不同的茶类。

可可茶的选育种主要步骤如图 6-7 所示。

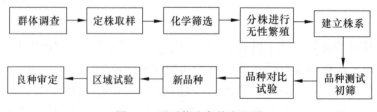

图 6-7　可可茶选育种流程图

一、化学筛选

在异地移植的原生地的可可茶植株中发现有一部分虽然在形态上几乎看不出有任何差别，但在芽叶嘌呤碱的检测中却表现为以咖啡碱为主，为此陆续开展了以 RAPD 和 ISSR

技术进行的可可茶遗传多样性的研究，证明在可可茶种群中确实存在着向茶和普洱茶方向演化的两个方向。对于引种驯化来说，通过化学筛选，把含可可碱为主的植株挑选出来，作无性繁殖的材料，就是优先要考虑的事情。为此在 1995 年，我们对原生地的可可茶进行了定株、挂牌取样，根据可可茶应有的形态特征，如叶大，芽叶密被浅黄色柔毛，至老叶仍然不脱落，花柄、花萼密被浅黄色短柔毛等特征，选择取样植株。从龙门南昆山取样 290 株，从化联溪 - 吕田取样 24 株，从原生地移植到中山大学茶园的植株取样 22 株，共挂牌取样 336 株，经荧光硅胶 TLC 分析〔TLC 板选用瑞士分装 Fluka Chemic AG（德国）产 CH-9470 型号荧光硅胶铝板，规格 20 cm×20 cm，硅胶层厚 0.2 mm，荧光指示层厚 254 nm〕。以微量进样器吸取样品液和标准品液，点样量为 5 μl，点样后，60℃烘箱内烘干 5 min，或用电吹风吹干，然后置于层析缸层析约 45 min，取出在 60℃烘箱内烘干 5 min，紫外灯下观察层析带和拍照。展开剂为三氯甲烷：无水乙醇＝3：1（v：v），同时用 HPLC 定量测定样品中嘌呤碱的组成和含量（高压液相色谱仪、色谱柱、检测器、分析条件等如第三章定量检测中的描述进行）。

　　定性和定量的分析结果表明，在龙门南昆山采集的 290 株样品中，262 株样品以含可可碱为主，未检测出茶碱和咖啡碱，占总取样数 90.34%，28 株样品以含咖啡碱为主，占所采样品的 9.66%；而在从化联溪 - 吕田所采的 24 株样品，全部以可可碱为主，亦未检测出咖啡碱和茶叶碱，由原生地移植到中山大学茶园的 22 株可可茶，其中 4 株样品含咖啡碱为主，也含可可碱，18 株含可可碱为主，未检测出咖啡碱和茶叶碱。全部采集的植株样为 336 株，含可可碱为主的植株共 304 株，占总采样植株数的 90.5%，含咖啡碱为主的植株样为 32 株，占全部采样植株数的 9.5%。HPLC 对全部植株样品的检测结果见表 6-10～表 6-12。

表 6-10　南昆山 290 株可可株样品的嘌呤碱检测

Tab. 6-10　Detection of purine alkaloids of 290 samples collected from Nankunshan　　%

编号	可可碱	茶叶碱	咖啡碱	编号	可可碱	茶叶碱	咖啡碱
南 01	2.99	nd*	nd	南 13	4.86	nd	nd
南 02	6.27	nd	nd	南 14	4.01	nd	nd
南 03	5.55	nd	nd	南 15	4.74	nd	nd
南 04	6.47	nd	nd	南 16	4.75	nd	nd
南 05	6.80	nd	nd	南 17	4.52	nd	nd
南 06	7.48	nd	nd	南 18	0.21	nd	3.82
南 07	6.84	nd	nd	南 19	4.26	nd	nd
南 08	6.30	nd	nd	南 20	3.84	nd	nd
南 09	4.47	nd	nd	南 21	0.55	nd	3.39
南 10	4.45	nd	nd	南 22	4.10	nd	nd
南 11	4.92	nd	nd	南 23	5.80	nd	nd
南 12	3.86	nd	nd	南 24	0.25	nd	4.02

续表

编号	可可碱	茶叶碱	咖啡碱	编号	可可碱	茶叶碱	咖啡碱
南 25	4.89	nd	nd	南 60	3.67	nd	nd
南 26	4.61	nd	nd	南 61	3.30	nd	nd
南 27	4.92	nd	nd	南 62	2.77	nd	nd
南 28	4.49	nd	nd	南 63	5.15	nd	nd
南 29	6.28	nd	nd	南 64	5.44	nd	nd
南 30	4.60	nd	nd	南 65	4.30	nd	nd
南 31	4.62	nd	nd	南 66	0.16	nd	2.85
南 32	4.47	nd	nd	南 67	3.99	nd	nd
南 33	3.90	nd	nd	南 68	3.57	nd	nd
南 34	4.36	nd	nd	南 69	4.20	nd	nd
南 35	4.67	nd	nd	南 70	4.40	nd	nd
南 36	5.04	nd	nd	南 71	4.12	nd	nd
南 37	3.29	nd	nd	南 72	4.31	nd	nd
南 38	4.73	nd	nd	南 73	3.33	nd	nd
南 39	3.50	nd	nd	南 74	4.85	nd	nd
南 40	3.62	nd	nd	南 75	3.85	nd	nd
南 41	5.28	nd	5.00	南 76	4.07	nd	nd
南 42	4.62	nd	nd	南 77	3.77	nd	nd
南 43	4.03	nd	nd	南 78	4.52	nd	nd
南 44	0.86	nd	0.94	南 79	4.27	nd	nd
南 45	5.86	nd	nd	南 80	1.69	nd	1.91
南 46	4.66	nd	nd	南 81	3.67	nd	nd
南 47	4.74	nd	nd	南 82	1.00	nd	2.78
南 48	4.85	nd	nd	南 83	3.79	nd	nd
南 49	4.44	nd	nd	南 84	3.39	nd	nd
南 50	4.87	nd	nd	南 85	4.34	nd	nd
南 51	3.97	nd	nd	南 86	3.42	nd	nd
南 52	4.02	nd	nd	南 87	3.87	nd	nd
南 53	2.90	nd	nd	南 88	3.92	nd	nd
南 54	4.16	nd	nd	南 89	3.66	nd	nd
南 55	3.93	nd	nd	南 90	1.01	nd	2.35
南 56	3.86	nd	nd	南 91	0.70	nd	4.10
南 57	4.58	nd	nd	南 92	3.93	nd	nd
南 58	3.77	nd	nd	南 93	3.51	nd	nd
南 59	0.91	nd	nd	南 94	5.02	nd	nd

续表

编号	可可碱	茶叶碱	咖啡碱	编号	可可碱	茶叶碱	咖啡碱
南 95	5.14	nd	nd	南 130	4.26	nd	nd
南 96	5.45	nd	nd	南 131	4.64	nd	nd
南 97	4.08	nd	nd	南 132	5.94	nd	nd
南 98	4.56	nd	nd	南 133	5.63	nd	nd
南 99	4.77	nd	nd	南 134	4.11	nd	nd
南 100	4.25	nd	nd	南 135	6.41	nd	nd
南 101	4.83	nd	nd	南 136	5.62	nd	nd
南 102	1.04	nd	3.92	南 137	5.25	nd	nd
南 103	0.44	nd	3.95	南 138	6.89	nd	nd
南 104	4.93	nd	nd	南 139	1.67	nd	4.68
南 105	3.98	nd	nd	南 140	6.47	nd	nd
南 106	4.56	nd	nd	南 141	7.38	nd	nd
南 107	5.87	nd	nd	南 142	5.80	nd	nd
南 108	2.95	nd	nd	南 143	5.50	nd	nd
南 109	4.14	nd	nd	南 144	1.57	nd	4.72
南 110	3.70	nd	nd	南 145	7.93	nd	nd
南 111	5.53	nd	nd	南 146	0.18	nd	3.47
南 112	5.02	nd	nd	南 147	6.42	nd	nd
南 113	1.03	nd	3.41	南 148	4.95	nd	nd
南 114	0.70	nd	3.23	南 149	4.03	nd	nd
南 115	3.97	nd	nd	南 150	4.58	nd	nd
南 116	5.33	nd	nd	南 151	0.36	nd	3.78
南 117	4.87	nd	nd	南 152	3.64	nd	nd
南 118	3.46	nd	nd	南 153	4.24	nd	nd
南 119	6.65	nd	nd	南 154	3.81	nd	nd
南 120	1.65	nd	3.81	南 155	3.85	nd	nd
南 121	3.90	nd	nd	南 156	3.41	nd	nd
南 122	8.17	nd	nd	南 157	3.83	nd	nd
南 123	2.30	nd	5.50	南 158	2.87	nd	nd
南 124	7.00	nd	nd	南 159	4.20	nd	nd
南 125	1.81	nd	5.54	南 160	3.28	nd	nd
南 126	2.76	nd	nd	南 161	4.31	nd	nd
南 127	5.07	nd	nd	南 162	4.31	nd	nd
南 128	6.53	nd	nd	南 163	3.48	nd	nd
南 129	1.17	nd	4.98	南 164	3.12	nd	nd

续表

编号	可可碱	茶叶碱	咖啡碱	编号	可可碱	茶叶碱	咖啡碱
南165	3.60	nd	nd	南200	4.05	nd	nd
南166	4.13	nd	nd	南201	4.29	nd	nd
南167	5.08	nd	nd	南202	6.01	nd	nd
南168	5.20	nd	nd	南203	2.66	nd	nd
南169	4.98	nd	nd	南204	2.26	nd	nd
南170	3.15	nd	nd	南205	2.80	nd	nd
南171	4.01	nd	nd	南206	0.63	nd	4.44
南172	2.12	nd	nd	南207	2.65	nd	nd
南173	4.39	nd	nd	南208	3.44	nd	nd
南174	3.76	nd	nd	南209	5.23	nd	nd
南175	2.47	nd	nd	南210	2.95	nd	nd
南176	6.60	nd	nd	南211	5.18	nd	nd
南177	3.49	nd	nd	南212	4.95	nd	nd
南178	2.42	nd	nd	南213	2.55	nd	nd
南179	2.75	nd	nd	南214	5.64	nd	nd
南180	2.25	nd	nd	南215	4.39	nd	nd
南181	4.66	nd	nd	南216	6.41	nd	nd
南182	2.60	nd	nd	南217	5.52	nd	nd
南183	3.22	nd	nd	南218	5.90	nd	nd
南184	3.34	nd	nd	南219	5.43	nd	nd
南185	4.80	nd	nd	南220	4.22	nd	nd
南186	2.57	nd	nd	南221	4.43	nd	nd
南187	2.87	nd	nd	南222	4.27	nd	nd
南188	5.31	nd	nd	南223	3.91	nd	nd
南189	3.44	nd	nd	南224	5.53	nd	nd
南190	5.33	nd	nd	南225	3.71	nd	nd
南191	3.33	nd	nd	南226	5.75	nd	nd
南192	2.00	nd	nd	南227	4.85	nd	nd
南193	3.49	nd	nd	南228	5.20	nd	nd
南194	6.92	nd	nd	南229	5.11	nd	nd
南195	1.87	nd	nd	南230	5.23	nd	nd
南196	5.63	nd	nd	南231	3.65	nd	nd
南197	6.76	nd	nd	南232	3.87	nd	nd
南198	5.49	nd	nd	南233	4.20	nd	nd
南199	4.66	nd	nd	南234	3.19	nd	nd

续表

编号	可可碱	茶叶碱	咖啡碱	编号	可可碱	茶叶碱	咖啡碱
南 235	4.96	nd	nd	南 263	4.51	nd	nd
南 236	3.51	nd	nd	南 264	4.46	nd	nd
南 237	3.44	nd	nd	南 265	4.99	nd	nd
南 238	2.16	nd	nd	南 266	4.80	nd	nd
南 239	3.37	nd	nd	南 267	4.91	nd	nd
南 240	3.54	nd	nd	南 268	3.67	nd	nd
南 241	2.77	nd	nd	南 269	4.27	nd	nd
南 242	3.48	nd	nd	南 270	6.69	nd	nd
南 243	2.51	nd	nd	南 271	3.82	nd	nd
南 244	0.12	nd	2.21	南 272	6.01	nd	nd
南 245	2.08	nd	nd	南 273	4.06	nd	nd
南 246	1.82	nd	nd	南 274	4.10	nd	nd
南 247	2.17	nd	nd	南 275	1.96	nd	nd
南 248	2.11	nd	nd	南 276	3.03	nd	nd
南 249	0.04	nd	1.03	南 277	3.06	nd	nd
南 250	2.58	nd	nd	南 278	2.98	nd	nd
南 251	0.84	nd	4.19	南 279	4.60	nd	nd
南 252	0.21	nd	2.95	南 280	4.03	nd	nd
南 253	0.65	nd	2.64	南 281	4.58	nd	nd
南 254	3.23	nd	nd	南 282	4.09	nd	nd
南 255	2.02	nd	nd	南 283	5.02	nd	nd
南 256	1.16	nd	nd	南 284	4.09	nd	nd
南 257	3.27	nd	nd	南 285	4.88	nd	nd
南 258	2.71	nd	nd	南 286	3.20	nd	nd
南 259	3.94	nd	nd	南 287	3.90	nd	nd
南 260	4.71	nd	nd	南 288	3.16	nd	nd
南 261	4.83	nd	nd	南 289	6.38	nd	nd
南 262	5.46	nd	nd	南 290	5.27	nd	nd

* nd＝no detected 未检出。

表 6-11　从广州市从化区联溪村采集的 24 个样品的嘌呤碱含量
Tab. 6-11　Purine alkaloids of 24 samples collected at Lianxi %

编号	可可碱	茶叶碱	咖啡碱	编号	可可碱	茶叶碱	咖啡碱
联 01	1.65	nd	nd	联 04	2.18	nd	nd
联 02	1.29	nd	nd	联 05	1.94	nd	nd
联 03	2.06	nd	nd	联 06	1.26	nd	nd

续表

编号	可可碱	茶叶碱	咖啡碱	编号	可可碱	茶叶碱	咖啡碱
联 07	1.46	nd	nd	联 16	2.28	nd	nd
联 08	1.74	nd	nd	联 17	1.14	nd	nd
联 09	1.61	nd	nd	联 18	2.51	nd	nd
联 10	1.04	nd	nd	联 19	4.10	nd	nd
联 11	2.18	nd	nd	联 20	0.76	nd	nd
联 12	1.79	nd	nd	联 21	1.77	nd	nd
联 13	1.97	nd	nd	联 22	4.53	nd	nd
联 14	2.21	nd	nd	联 23	5.93	nd	nd
联 15	2.56	nd	nd	联 24	3.24	nd	nd

表 6-12　1995 年 7 月和 8 月采自中山大学 22 株可可茶树样品的分析结果
Tab. 6-12　Purine alkaloids of 22 trees from July to August in 1995　　　　　%

样品编号	竹 1#	竹 2#	竹 3#	竹 4#	竹 5#	竹 6#	竹 7#	竹 8#	竹 9#	竹 10#	竹 11#
可可碱	5.19/5.96	6.51/6.56	4.74/4.53	0.82/1.95	1.17/2.03	6.18/6.42	1.76/2.54	5.15/5.46	5.86/6.30	6.38/5.87	5.14/6.14
茶叶碱	0.28/0.36	0.23/0.24	0.014/nd	0.41/0.36	0.50/0.31	0.26/0.24	0.34/0.38	0.38/0.38	0.51/0.33	0.32/0.33	0.45/0.32
咖啡碱	nd	nd	nd	4.21/3.19	4.94/4.39	nd	4.15/4.04	nd	nd	nd	nd

样品编号	竹 12#	竹 13#	竹 14#	竹 15#	竹 16#	竹 17#	竹 18#	竹 19#	竹 20#	竹 21#	竹 22#
可可碱	6.00/5.90	6.63/6.24	5.54/5.46	4.93/5.23	5.57/5.55	0.69/0.57	5.02/5.57	5.92/6.84	5.59/5.28	5.36/5.84	4.97/5.14
茶叶碱	0.41/0.30	0.28/0.23	0.24/0.18	0.29/0.34	0.37/0.43	0.14/0.57	0.29/0.25	0.29/0.51	0.27/0.36	0.27/0.35	0.32/0.27
咖啡碱	nd	nd	nd	nd	3.56/3.02	nd	nd	nd	nd	nd	nd

二、建立可可茶株系

1996 年对于选定的含可可碱为主的植株，逐株剪取枝条按编号作无性繁殖，采用长 4～5 cm，1 芽 1 叶短穗，苗床经整理后，铺 4～5 cm 厚的生红土，以 IBA 0.5 g＋NAA 0.5 g 研磨后，加入过 200 目的 1 kg 红泥粉中，仔细研磨混匀后作生根激素，扦插时插穗基部直接蘸红泥生根粉，即蘸即插，每平方米插入插穗 360 株，扦插后需用 70% 遮阳网遮阳。按选定的母树，繁殖出来的株系为 152 个，也就是它们来源于 152 株母树，占剪取了枝条并进行了扦插的母树 304 株仅为 46.9%，其成活率是较低的，究其原因从野生可可茶剪取的枝条质量不高有关，也与可可茶属于极难生根的特性有关。扦插的插穗有约 3 万株，成活的无性苗约为 4000 株，出圃率仅 7.5%。1998 年 2 月定植后，至 2001 年 12 月移植到广东省茶叶研究所茶叶基地上，则又仅余 113 个株系，高 60～80 cm 的可可茶苗木 1096 株。

将迁移苗木在广东省茶叶研究所茶叶基地上按规格、归类种植，经过一段时间的护理和培育，进入正常的生长后，以萌芽期，产量，抗逆性，品质鉴定对各株系进行初筛。萌芽期包括鱼叶期、一叶期、二叶期、三叶期和休止期；对其生长势、新梢性状、叶片等特征也要加以结合进行观察；产量的鉴定以株系群体在单位面积内，按采摘标准进行采摘，所收的鲜叶产量；抗逆性则经过目测，对抗旱、抗寒、抗病、抗虫的表现。通过上述指标的检测，初步筛选了 10 个株系属于初筛的品种。对其中 4 个株系进行扩繁，为品比试验准备苗木，扩繁采用由栽培茶树嫁接初筛的株系。

（一）品种对比试验

将初筛出的 5 个株系与乐昌白毛 1 号进行对照，两者均以同龄（15 年）的云南大叶种作砧木进行嫁接，试验地的土壤条件是一致的，每个株系设置 3 个重复，并将对照品种，试验地四周具有其他品种作保护（彩图 6-8）。

品比试验鉴定项目有：植株形态、叶片特征、新梢形状、发芽密度、萌芽期、品质、产量、抗逆性等。对 5 个株系的茶叶生化成分进行了定量检测，检测由 Waters 515 高压液相色谱仪进行的，检测的结果如表 6-13、表 6-14 所示。

表 6-13　可可茶五个株系儿茶素含量

Tab. 6-13　Detection of catechins for five linage of cocoa tea　　%

样品编号/采样时间	GC	EGC	C	EGCG	EC	GCG	ECG	CG
6#/0504	1.26±0.17	0.1±0.02	5.74±0.23	0.08±0.02	2.42±0.01	10.38±0.01	0.25±0.01	0.30±0.00
6#/0511	1.47±0.15	0.11±0.03	5.74±0.12	0.05±0.02	1.41±0.23	10.72±2.22	0.28±0.06	0.40±0.02
6#/0611	1.47±0.02	0.11±0.02	5.72±0.08	0.06±0.00	1.33±0.38	10.58±1.30	0.25±0.02	0.26±0.04
8#/0504	1.53±0.08	0.26±0.06	5.30±0.53	0.03±0.02	1.68±0.21	8.67±0.02	0.23±0.01	0.68±0.13
8#/0511	1.42±0.06	0.30±0.02	5.89±0.20	0.04±0.01	1.97±0.15	9.78±0.91	0.31±0.23	0.73±0.03
8#/0611	1.53±0.09	0.38±0.00	6.12±0.03	0.03±0.00	1.65±0.09	10.95±0.83	0.19±0.05	0.74±0.01
26#/0606	1.04±0.07	0.32±0.01	4.80±0.15	0.04±0.02	2.30±0.03	11.07±0.43	0.23±0.03	0.78±0.00
26#/0606	1.23±0.09	0.28±0.11	5.74±0.06	0.04±0.03	1.76±0.14	11.93±0.11	0.39±0.05	0.54±0.02
26#/0611	1.25±0.02	0.35±0.02	4.92±0.91	0.02±0.02	1.76±0.08	9.41±1.114	0.34±0.07	0.52±0.01
53#/0504	0.94±0.01	0.30±0.06	6.16±0.09	0.08±0.03	2.15±0.16	12.28±0.55	0.23±0.09	0.45±0.20
53#/0511	1.24±0.04	0.24±0.07	6.06±0.11	0.06±0.03	2.30±0.12	10.15±0.17	0.13±0.06	0.39±0.02
53#/0611	1.34±0.02	0.44±0.03	5.29±0.17	0.05±0.04	3.67±0.06	11.84±0.84	0.06±0.00	0.59±0.04
2-1#/0606	1.23±0.02	0.36±0.06	6.09±0.06	0.06±0.01	1.49±0.01	10.98±0.05	0.28±0.15	0.63±0.00
2-1#/0609	1.33±0.01	0.22±0.05	6.27±0.00	0.04±0.01	1.34±0.05	9.88±0.33	0.32±0.03	0.64±0.00
2-1#/0611	1.45±0.03	0.25±0.08	4.57±0.40	0.05±0.02	1.23±0.02	8.61±0.84	0.16±0.01	0.53±0.02

表 6-14　可可茶五个株系儿茶素含量

Tab. 6-14　Detection of catechins for five linage of cocoa tea

%

样品编号/ 采样时间	GC	EGC	C	EGCG	EC	GCG	ECG	CG
6#/0504	1.26±0.17	0.1±0.02	5.74±0.23	0.08±0.02	2.42±0.01	10.38±0.01	0.25±0.01	0.30±0.00
6#/0511	1.47±0.15	0.11±0.03	5.74±0.12	0.05±0.02	1.41±0.23	10.72±2.22	0.28±0.06	0.40±0.02
6#/0611	1.47±0.02	0.11±0.02	5.72±0.08	0.06±0.00	1.33±0.38	10.58±1.30	0.25±0.02	0.26±0.04
8#/0504	1.53±0.08	0.26±0.06	5.30±0.53	0.03±0.02	1.68±0.21	8.67±0.02	0.23±0.01	0.68±0.13
8#/0511	1.42±0.06	0.30±0.02	5.89±0.20	0.04±0.01	1.97±0.15	9.78±0.91	0.31±0.23	0.73±0.03
8#/0611	1.53±0.09	0.38±0.00	6.12±0.03	0.03±0.02	1.65±0.09	10.95±0.83	0.19±0.05	0.74±0.01
26#/0606	1.04±0.07	0.32±0.01	4.80±0.15	0.04±0.02	2.30±0.03	11.07±0.43	0.23±0.03	0.78±0.00
26#/0606	1.23±0.09	0.28±0.11	5.74±0.06	0.04±0.03	1.76±0.14	11.93±0.11	0.39±0.05	0.54±0.02
26#/0611	1.25±0.02	0.35±0.02	4.92±0.91	0.02±0.01	1.76±0.08	9.41±1.114	0.34±0.07	0.52±0.01
53#/0504	0.94±0.01	0.30±0.06	6.16±0.09	0.08±0.03	2.15±0.16	12.28±0.55	0.23±0.09	0.45±0.20
53#/0511	1.24±0.04	0.24±0.07	6.06±0.11	0.06±0.03	2.30±0.12	10.15±0.17	0.13±0.06	0.39±0.02
53#/0611	1.34±0.02	0.44±0.03	5.29±0.17	0.05±0.04	3.67±0.06	11.84±0.84	0.06±0.00	0.59±0.04
2-1#/0606	1.23±0.02	0.36±0.06	6.09±0.06	0.06±0.01	1.49±0.01	10.98±0.05	0.28±0.15	0.63±0.00
2-1#/0609	1.33±0.01	0.22±0.05	6.27±0.00	0.04±0.01	1.34±0.05	9.88±0.33	0.32±0.03	0.64±0.00
2-1#/0611	1.45±0.03	0.25±0.08	4.57±0.40	0.05±0.02	1.23±0.02	8.61±0.84	0.16±0.01	0.53±0.02

（二）确定可可茶品种

经过扩繁以后的植株经大田种植，并与栽培茶树品种作对照，进行了品种对比，基于物候期和产量比较，表 6-15 是 4 个初筛品种与对照品种物候期的调查结果。

表 6-15　可可茶新品种与对照种物候期调查表

Tab. 6-15　Investigation of phenophase between new cocoa tea cultivate varieties and contrast

年份	品种	鱼叶期	1 芽 1 叶期	1 芽 2 叶期	1 芽 3 叶期	休止期
	8#	3.8	3.16	3.19	3.26	11.30
	53#	3.20	3.26	3.30	4.3	11.30
2007 年	26#	3.9	3.24	3.30	4.3	11.30
	2-1	3.8	3.19	3.26	3.30	11.30
	白毛 1#（CK）	3.19	3.26	3.28	4.3	11.30
	8#	3.21	3.26	4.02	4.08	12.02
	53#	3.24	3.28	4.07	4.14	12.02
2008 年	26#	3.14	3.21	3.26	3.30	12.02
	2-1	3.19	3.27	3.31	4.07	12.02
	白毛 1#（CK）	3.19	3.24	3.27	4.02	11.15

从可可茶各品种与乐昌白毛 1# 的对比看，在同一年的物候期，它们基本上是一致的。在标准芽叶的产出上，也与乐昌白毛 1# 作了对照，表 6-16 是对它们产量的统计。从产量上看，可可茶的产出高于栽培茶对照种乐昌白毛 1#。

表 6-16　可可茶新品种与对照种产量的比较　　　　　　　　　　　　　　　　kg
Tab. 6-16　Comparison of production between new cocoa tea cultivate varieties and tea cultivate variety

时间 品种	二年		三年		平均	
	鲜叶	相当于对照 %	鲜叶	相当于对照 %	鲜叶	相当于对照 %
8#	213.1	122.97	448.9	121.68	340.0	125.46
53#	208.9	120.54	457.8	124.10	333.4	123.03
26#	213.3	123.08	404.4	109.62	308.9	113.92
2-1#	191.1	110.27	391.1	106.02	291.1	107.39
乐昌白毛 1#	173.3	100.00	368.9	100.00	271.1	100.00

（三）育成具有新品种权的两个新品种

通过品种对比试验，最终确定 8# 和 53# 申报国家级新品种权，也就是后来获得植物新品种权证书的可可茶 1 号（品种权号 20080020）和可可茶 2 号（品种权号 20080021）。

1．新品种可可茶 1 号

1）形态特征

植株高大，有明显的主干，分枝较密。嫩枝有浅黄色短柔毛，顶芽细锥形，长 6～7 mm，被灰白色柔毛。树势半开张。叶半上斜，革质，厚，长圆形，长 6～13 cm，宽 3～4.5 cm，先端短尖，尖头钝，基部楔形，上面深绿色，干后无光泽，下面干后灰绿色，有贴伏浅黄色短柔毛，中脉与侧脉在两面皆明显隆起，侧脉 9～12 对，叶缘波状，锯齿较浅，齿刻相距 1～4 mm，叶柄长 6～10 mm，有浅黄色短柔毛。芽叶绿，茸毛多。1 芽 3 叶长可达 10.4 cm，百芽重可达 210 g。花 1～2 朵腋生，花柄长 6～8 mm，有浅黄色柔毛。苞片 3 片，散生于花梗上，卵形，被毛，早落；萼片 5 片，近圆形，长 4 mm，背面有浅黄色柔毛，内面被疏柔毛；花瓣 6～7 片，倒卵形，长 1～1.2 cm，分离，背面被白色柔毛，内面无毛。雄蕊离生，花丝长约 1 cm，无毛。子房 3 室，密被灰色柔毛，花柱长 8～10 mm，顶端 3 浅裂，近基部有毛。蒴果圆球形，直径 2.5 cm，被毛，1～3 室，每室种子 1～2 粒，种子半球形，长 2 cm，果皮厚 1 mm。花期 8～11 月。

可可茶 1 号与广东省级良种乐昌白毛 2 号相比较，其特异性表现在，叶片的结构明显地属于乔木型的茶树，栅栏组织仅 1 层。而乐昌白毛 2 号叶片结构其栅栏组织 2 层；幼芽毛被为浅黄色，并且至老叶时毛被仍不脱落；花梗和萼片内外皆被浅黄色的柔毛。

2）生化成分

含可可碱，不含咖啡碱，而且可可碱的含量达到 4% 左右。2005—2006 年经连续两年采样分析的主要化学成分如表 6-17 所示。

表 6-17　可可茶 1 号与栽培对照种茶叶水浸出物和生化成分的检测

Tab. 6-17　Determination of infusion and biochemical components on No. 1 cocoa tea and contrast

化学成分	水浸出物 /%	茶多酚 /%	黄酮类 /（mg/g）	氨基酸总量 /%	可溶性糖 /%	GC/%	EGC/%	C/%	EGCG/%	EC/%
可可茶 1 号	43.26	32.83	5.72	1.58	6.78	1.53± 0.08	0.26± 0.06	5.30± 0.53	1.68± 0.21	0.03± 0.02
乐昌白毛 2 号	37.77	28.58	9.50	2.08	6.81	2.39± 0.49	2.72± 0.26	0.62± 0.12	12.52± 0.36	1.05± 0.03

化学成分	GCG/%	ECG/%	CG/%	没食子酸 GA/%	茶氨酸 /%	可可碱 /%	茶叶碱 /%	苦茶碱 /%	咖啡碱 /%
可可茶 1 号	8.67± 0.02	0.23± 0.01	0.68± 0.13	0.64± 0.06	0.75± 0.05	3.62± 0.79	nd	nd	nd
乐昌白毛 2 号	3.96± 1.00	1.37± 0.111	0.42± 0.01	0.12± 0.03	0.31± 0.01	0.1± 0.01	nd	nd	4.20± 0.04

3）一致性和稳定性

可可茶经栽培后，不改变含可可碱的遗传特性。1988 年从原生地移植到中山大学种植园的可可茶，从 1995—1997 年连续三年采样，表明含可可碱为主的性质不改变。

1995—2001 年，对从含可可碱不含咖啡碱母树得到的无性繁殖苗，在苗期和定植后的植株进行不间断的跟踪分析，表明经过无性繁殖后，除了可预见到的茶叶化学成分量上的变化外，新品种含可可碱不含咖啡碱的性质不改变。

4）适制性

可可茶 1 号适制乌龙茶，制红茶和绿茶也宜。

（彩图 6-9 可可茶 1 号栽培茶园）。

5）适宜种植的区域

可可茶适应种植于亚热带地区丘陵山地，以南岭以南为主要种植区域，要求土壤为酸性黄壤土。适宜海拔 500～1200 m，年平均气温 19～20℃，1 月平均气温 16～19℃，绝对最低温度−2℃以上，适种云南大叶种、乐昌大叶种的地区种植。可可茶 1 号喜温暖、湿润的气候和肥沃的土壤，适宜生长的土壤 pH 在 4.5～5.5 之间。对土质的选择最好是黏质与砂质成分比例适中的土壤，这样对水分及肥力的涵养都比较好。间种遮阴树对可可茶适当遮阴能提高可可茶的产量。在小于 25℃的弱光条件下，光合速率与光照强度呈正相关趋势，光强度达到一定值后，随着光强度的增大，可可茶的光合速率已不再增大，光合产物也增加得很少或者不再增加，达到光饱和，由此可大致确定可可茶树的光饱和点阴地为 25klx，旷地为 37 klx。

种植规格和栽培措施可参照传统茶叶，以单条栽为主。

种植应用无性系扦插苗，不能使用实生苗，以保持其含可可碱的稳定性。

6）扦插繁殖

扦插时间选择：一般以秋末冬初、天气凉爽、昼夜温差较大时扦插较好，扦插后可以用薄膜覆盖，保温保湿，减少浇水的次数，节省人工。

插穗选择：取自一年生半木质化枝条，枝条呈浅红褐色最佳，呈绿色则太嫩，呈灰白色则太老。剪取的插穗长约 3 cm，过长则浪费，降低剪穗率，延缓发根期；过短，茶苗生长不良，也会降低成活率。插穗具节，带 1 叶，具顶芽或腋芽，上端剪口离腋芽 2～3 mm；剪口离腋芽太近将造成腋芽损失死亡，剪口离腋芽太远会延缓发芽。采用全叶插或半叶插。

生长激素的配制：采用生长素 1000 ppm IBA，1000 ppm NAA 等量混合后，加入干燥、并过 200 目筛的红泥粉，搅拌成泥浆后使用。

插床的整理：将地深翻泥土破碎后整理成东西向的畦，畦面宽 1 m，略成龟背形，铺 3～4 cm 厚的生红土，再用板拍实，即可进行扦插。

扦插：插穗的行距为 8 cm，株距为 2～3 cm，每平方米大约能插下 360 插穗，每亩地按利用率 65% 的话，可以插下约 16 万插穗。插穗应垂直插下，这样避免根系生向一边，对根系的生长和分布有利。插穗入土约 2.5 cm，插满一行后，用手指在插穗的基部揿实泥土。

扦插后管理：插完一段距离后便用花洒小心浇透，全部插完后，应盖上 75% 的遮阳网，网离地面 1.8 m，每一畦面再覆盖薄膜。视天气情况，适时开启薄膜通风，务使薄膜内的温度不超过 28℃，水分不至过干或过湿。

3 个月后，插穗在生长素的作用下慢慢地长出根来，从这时起到 7 个月时止，可称为中期管理，中期水分的管理可视情况的需要进行。

7 个月以后的管理称为后期管理，这时要适当施用薄肥，可每隔 7～10 天喷施 1/300 的叶面肥，或 0.5% 的尿素。这时遮阳网可逐步撤去，最初可晚上把网揭开，白天盖上，过一段时间后可在上午 10 时才把网盖上，持续一段时间后，然后推迟到中午 12 时才盖网，再持续一段时间后才把全部的网撤去。后期水与肥的管理必须紧紧地结合在一起，切忌用肥过猛，导致肥害而引起大批生了根的插穗死亡。除草在整个过程中都是需要的。

茶苗出圃：插穗扦插经一年的时间，如果管理得力，可获得高 20 cm 以上，根系良好的健壮苗，供给移植需要。管理得好的苗圃，成活率可达到 70% 以上，每亩产苗 12 万株以上。

彩图 6-10 为可可茶 1 号植物新品种权证书。

2. 新品种可可茶 2 号

1）形态特征

乔木，有明显的主干。嫩枝有浅黄色短柔毛，顶芽细锥形，长 6～7 mm，密被浅黄色柔毛。树势半开张，分枝密。叶半上斜，叶稍内摺，叶色浅绿，叶质常柔软，叶肉较厚；革质，厚，长圆形，长 6～13 cm，宽 3～5 cm，先端短尖或渐尖，尖头钝，基部楔形，上面深绿色，干后无光泽，下面干后灰绿色，有贴伏短柔毛，中脉与侧脉在两面皆明显隆起，侧脉 9～12 对，叶缘波状，锯齿疏锐，齿刻相距 1～5 mm，叶柄长 6～10 mm，有浅黄色短柔毛。芽叶黄绿，茸毛多。花 1～2 朵腋生，花柄长 6～8 mm，有浅黄色柔毛。苞片 3 片，散生于花梗上，卵形，被毛，早落；萼片 5 片，近圆形，长 4 mm，背面有浅黄色柔毛，内面被疏柔毛；花瓣 6～7 片，倒卵形，长 1～1.2 cm，分离，背面被浅黄色柔毛，内面无毛。雄蕊离生，花丝长约 1.2 cm，无毛。子房 3 室，密被灰色柔毛，花柱长 12 mm，顶端 3 浅裂，中部以下有毛。蒴果圆球形，直径 2.5 cm，被毛，1～3 室，每室种子 1～2 粒，种子半球形，长 2 cm，果皮厚 1 mm。花期 8～11 月。

可可茶 2 号与广东省级良种英红 9 号相比较，其特异性表现在：

叶片的结构与英红 9 号一致，栅栏组织仅一层，明显地属于乔木型的茶树。幼芽毛被为浅黄色，并且至老叶时毛被仍不脱落。花梗和萼片内外皆被浅黄色的柔毛。

2）生化成分

含可可碱，不含咖啡碱，而且可可碱的含量达到 4% 左右。2005—2006 年经连续两年采样分析的主要化学成分如表 6-18 所示。

表 6-18　可可茶 2 号与栽培对照种茶叶水浸出物和生化成分的检测
Tab. 6-18　Determination of infusion and biochemical components on No. 2 cocoa tea and contrast

化学成分	水浸出物 /%	茶多酚 /%	黄酮类 /（mg/g）	氨基酸总量 /%	可溶性糖 /%	GC/%	EGC/%	C/%	EGCG/%	EC/%
可可茶 2 号	41.00	29.87	6.23	1.27	6.83	1.24±0.04	0.24±0.07	6.06±0.11	2.30±0.12	0.06±0.03
英红 9 号		32.02	—	1.53	1.0	1.19±0.24	3.94±0.54	0.84±0.35	18.21±0.27	2.20±0.17

化学成分	GCG/%	ECG/%	CG/%	没食子酸 GA/%	茶氨酸 Theanine/%	可可碱 TB/%	茶叶碱 TP/%	苦茶碱 TC/%	咖啡碱 CAF/%
可可茶 2 号	10.15±0.17	0.13±0.06	0.39±0.02	1.00±0.17	0.86±0.13	3.60±0.66	nd	nd	nd
英红 9 号	2.33±0.28	5.23±0.04	0.63±0.09	0.98±0.00	0.80±0.02	nd	nd	nd	3.09±0.15

3）一致性和稳定性

可可茶 2 号经栽培后，不改变含可可碱的遗传特性。

4）适制性

可可茶 2 号叶较大，适宜制红茶。汤色红且亮，香气为果香型，滋味浓强鲜爽，叶底黄尚亮。

可可茶 2 号新品种栽培茶园如彩图 6-11 所示。

适宜种植的区域同可可茶 1 号。种苗繁殖应采用无性系扦插苗，不能使用实生苗，扦插技术同可可茶 1 号。

可可茶 2 号植物新品种权证书如彩图 6-12 所示。

可可茶育种的实践表明，可可茶野生种群存在着大量性状差异的个体，也是选育可可茶优良品种丰富的种质资源库，就目前可可茶选育种的初步工作，最终选育了 2 个具有新品种权的品种，和乐昌白毛 1 号对比，其产量显然是相当的，就其化学品质来看，它们和传统的栽培茶在嘌呤碱的组成上是完全不同的。从野生到家种，这是引种驯化初战告捷，但就可可茶的产业化来说仍有许多工作需要去开拓，对现有的 100 余个株系，也应该投入力量进行研究，何况原生地的种群，可能还有更好的单株等待育种工作者去发现和进行育种研究。

可可茶品种的选育除了从野生群体中选择单株外，杂交育种也应该是一个方向。可可茶包括已经选育出来的品种，其特点是含可可碱，不含咖啡碱，氨基酸总量并不低，但茶氨酸含量仅为 0.5%～0.8%，由于可可碱味苦，加上茶氨酸含量较低，使其口感略逊。目前进行的可可茶与栽培茶的正反杂交试验，其杂交一代均以含咖啡碱为主，尚未达到 F_2 代分离的情况，也许通过高茶氨酸茶树栽培品种与可可茶杂交，可以培育出含可可碱不含咖啡碱，又含较高茶氨酸的可可茶新品种，应该也是努力的方向。

第 7 章　可可茶加工及成茶风味 [①]

原产地百姓对可可茶的应用一直以传统制茶方式，制作成炒青茶或晒青茶饮用，或用柚皮将制作的成茶包裹在内，或将成茶置于陶罐中，放置若干年，任其陈化，作治疗感冒、咽喉肿痛发炎的药茶饮用。对可可茶的应用，优先给予考虑的是把它作为一种常规的饮料，冲泡即饮，也就是按传统制茶方式，制作成绿茶、红茶、乌龙茶、黄茶、普洱茶等各种茶类，任由人们选择，方便饮用。可可茶制茶原料的采摘以 1 芽 2 叶为标准，乌龙茶以对夹二三叶采摘，依季节和最佳制茶方法结合，确定制茶种类。

不同季节的气候特点与可可茶的适制性。随着季节的变化，气温、光照、降雨等也发生变化，加上茶园的局部环境，茶树的代谢平衡将不断被更新，因而影响到茶叶的品质。在以往的茶叶生产中，茶叶业者根据季节气候条件与茶树生长，总结出在不同季节适制的茶类与对应的加工方法。可可茶作为新的栽培对象，也应遵循这一规律。

春季气温回升，可可茶从休眠状态转为营养生长，自清明节前后，3 月下旬到 4 月 5 日进入旺盛的生长阶段，芽梢生长极快，芽叶翠绿、鲜嫩，含水量大，适宜制作绿茶、黄茶等不发酵或低度发酵的茶类，也可制成深度发酵的红茶，但因春季多阴雨，气温不稳定，红茶萎凋、发酵易受到影响。春季制作的各种成茶，从茶叶生化成分看，可可碱的含量是一年之中含量最高的，而茶多酚、氨基酸总量在其他季节制作的茶含量更高。

夏季气温高，日照强，降雨多，有利于碳素代谢。可可茶体内茶多酚形成的光质和机体内各种生化运动呼吸基质的糖类积累更多，提供了更多的能量。气温升高，呼吸作用加强，呼吸代谢的中间产物积累增加，各种酶的活性加强，因而有利于可可茶叶内多酚类物质的合成和积累，在夏季往往表现为全年的最高峰值，而生物碱、黄酮类等次生代谢的含量则有所降低。夏季可可茶生化成分组成表现为含水量降低，茶多酚、水溶性糖较高，可可碱含量下降。这一情形为可可茶茶多酚酶促氧化，制作成红茶是有利的。加工实验研究结果表明，夏季制作的可可红茶气味芬芳，口感甘爽，有甜香和回甘等特点，较之其他季节制作的红茶口感、滋味上更好。

进入秋季后，可可茶树生长减缓，代谢的速度也变慢，各类活性成分都较低，但由于秋高气爽，紫外线强度增加，茶中的香气成分增加，此时的可可茶制作成乌龙茶其质量也较好。

冬季可可茶树进入相对休眠期，作一次修剪后，使其减少蒸腾，有利于茶树树体积累养分，有利于来年春天芽梢生长。

---

① 李成仁. 可可茶加工工艺研究［D］. 广州：中山大学，2009. 指导教师：叶创兴.

此外，对于制作的可可茶成茶，冲泡即饮，在相对固定的投叶量和泡茶水量的情况下，应冲泡多少次，才能对茶叶的有效成分充分利用？为了明确可可红茶、可可绿茶、可可乌龙、可可黄茶、可可白茶和可可黑茶的饮用和冲泡次数，研究可可茶的科学冲泡和饮用方法实属必要。

依照茶叶的审评标准，各种可可茶成茶汤色、滋味、香气有它的特殊点，必须引用科学的评审体系加以考察，而且饮茶测试对象一定要有代表性。同时结合现代分析仪器，对可可茶的化学成分，茶叶的各种香气进行研究，能得出真实的结论。

第 1 节　可可绿茶加工

一、可可绿茶加工步骤

可可绿茶加工以清明前后至 6 月上旬制作为宜，视当年天气情况，最早的 3 月末即可开采，最迟在 4 月 17 日开采，以茶树的新梢为原料，经过杀青、揉捻、干燥等工艺过程制作而成。采摘标准为 1 芽 2 叶，以所选育的可可茶 1 号和 2 号新品种为对象进行绿茶加工。

如果雨天采摘的鲜叶，需在室内水筛或萎凋槽上摊开，去除一部分水分，晴天采摘的鲜叶可立即进入杀青，亦可通过适度摊青，去除部分水分，以利杀青（不粘锅）。通过杀青，酶的活性钝化，茶叶内各种生化成分被固定，制止茶叶多酚类物质氧化，避免茶叶和汤色变红；高温杀青除蒸发去一部分水分外，也使茶叶叶片变软，为揉捻造形创造条件。随着高温杀青，带有青草气的低沸点挥发油逸去，将使茶叶香气得到改善。可可茶杀青采用煤气炉加热，一次投鲜叶量 6~8 kg，锅温 260℃以上，转速 20 r/min，杀青时间为 5 min，但也应视杀青进行时茶青在锅中的变化，及时调温度或煤气炉转速，以达到经杀青后的茶叶松软柔韧，水气较多，青草气消失，有茶香散出为宜。

经杀青后的可可茶叶摊凉、进入揉捻工序。用小型茶叶揉捻机，一次投入量为 20 kg 左右，揉捻时采取"轻—重—轻"的方法，先空揉 5~10 min，下旋揉捻机盖，加压揉 7 min，使可可茶芽叶卷曲成紧结条索，然后，再稍放松上旋揉捻机盖，空揉 3 min，继续在重压下轻揉 7 min 左右，使粘结成团块的茶叶散开。在揉捻过程中，要根据茶叶揉捻情况，及时调整压力和揉捻时间。揉捻停止后，还要检查茶叶是否结成团块，结成团块的需手工加以解块或以解块机解块。

经揉捻后成条索状的茶叶在烘干机上铺成薄层，在提香机中，初烘温度 100℃，烘烤 30 min，然后把温度降至 80℃进入复烘，经约 2 h，至茶叶可用手搓碎成粉即告完成。干燥的目的是除去水分，将经揉捻成条索形的茶叶固定下来，而且经过烘烤，形成特殊的绿茶清香，茶多酚、可可碱、维生素大部分被保存下来，50% 的叶绿素被保留下来，各种儿茶素类也大部分保留在可可绿茶中。

表 7-1　不同季节制作的可可绿茶生化成分测定

Tab. 7-1　Determination of biochemicals on cocoa green tea manufactured in 2008

%

制茶月份	制茶品种	水浸出物	茶多酚	可可碱	氨基酸总量	茶氨酸	水溶性糖	黄酮苷	总儿茶素	GA	GC	EGC	C	EC	EGCG	GCG	ECG	CG
4	1#蒸青样	50.77	30.61	6.24	3.26	0.64	4.86	0.47	22.90	0.15	2.23	0.28	3.50	0.14	3.20	13.38	0.26	/
4	1#绿茶	40.67	30.50	6.14	4.34	0.62	4.45	0.55	22.40	0.25	2.09	0.22	3.20	0.16	3.02	13.47	0.23	/
4	2#蒸青样	49.70	28.9	7.41	3.18	0.26	5.21	0.36	25.44	0.21	1.38	0.29	2.96	0.20	4.91	15.43	0.27	/
4	2#绿茶	46.77	26.19	6.74	3.86	0.19	4.95	0.37	21.43	0.16	1.54	0.19	2.82	0.13	3.05	13.55	0.15	/
7	1#蒸青样	46.97	32.2	4.80	2.26	0.21	4.92	0.55	22.56	0.17	1.31	0.19	4.07	0.27	2.87	13.40	0.39	0.07
7	1#绿茶	49.73	31.78	4.57	2.10	0.14	4.65	0.68	25.31	0.10	1.74	0.17	4.36	0.22	3.33	14.88	0.57	0.04
7	2#蒸青样	44.53	29.17	4.63	2.27	0.12	4.65	0.45	22.56	0.05	1.31	0.19	4.07	0.27	2.87	13.40	0.39	0.07
7	2#绿茶	45.70	28.91	4.25	2.00	0.12	4.74	0.52	22.92	0.05	1.33	0.16	4.49	0.24	2.94	13.30	0.38	0.07

1#为新品种可可茶1号，2#为新品种可可茶2号。未检测到咖啡因、茶叶碱，黄酮苷为紫外分光光度计测定外，其余均为 HPLC 检测

二、可可绿茶成茶生化成分与感官评价

表 7-1 和表 7-2 是春、夏两季两次加工的可可绿茶生化成分与成茶感官评审的结果。

表 7-2　可可绿茶感官评审

Tab. 7-2　Organoleptic test of cocoa green tea and contrast green tea

制茶月份	制茶品种	外形	汤色	香气	滋味	叶底	总分
4	1#	条索紧结，重实，显毫	金黄明亮	栗香高	浓，爽	黄绿明亮	85.7
7	1#	条索紧结，稍带黄，显白毫	金黄明亮+	高，长，持久	甘，浓，稍涩+	黄绿欠匀	84.2
4	2#	条索紧结，重实	橙黄明亮	鲜爽，尚高	浓，尚爽	绿黄明亮	85.2
7	2#	条索尚紧结，稍带黄，显白毫	浅金黄明亮++	高，爽，持久	浓厚，尚爽	绿黄明亮	85.2
7	乐昌白毛 2#	条索紧结，乌润，稍带毫	黄绿明亮+	高，持久，带花香	浓，爽+	黄绿尚明亮	89.3

三、讨论

4 月和 7 月制作的可可绿茶，其内含物丰富，保持了含可可碱为主的特性，儿茶素组成以 GCG 含量最高，占总儿茶素量的 60% 左右，氨基酸总量较高，均在 2% 以上，但茶氨酸的含量较低，除 4 月制作的可可茶 1 号绿茶外，其余时间制作的两个品种的绿茶茶氨酸含量在 0.26% 以下。从制作茶的季节看，春季制作的可可绿茶两个品种可可碱含量均在 6% 以上，最高达到 7.41%，夏季制作的绿茶，可可碱含量降低，不足 5%。氨基酸总量在春、夏两次制作的绿茶中以春季较高，夏季较低。其余成分包括水浸出物，茶多酚，水溶性糖，黄酮苷，儿茶素各组分，总儿茶素的量在品种间和春、夏制作时间上没有明显的差异。

第 2 节　可可红茶加工

一、可可红茶加工步骤

红茶加工的关键步骤是发酵，发酵时间的长短、温度与湿度的控制往往决定着红茶成品茶的质量。在传统茶叶加工中，红茶发酵时间较短，1～3 h 较为普遍，可可茶中因茶多酚含量较高，且发酵过程中变化相对缓慢，所以需要较长的时间进行发酵。在本实验中，可可茶发酵在自然温度、湿度下进行，设计不同发酵时长，以便对比，并记录发酵过程中

温湿度的变化。

萎凋：茶叶采摘完成后立即将鲜叶置 30℃阴凉房中萎凋 15 h，萎凋过程中采用电动风机鼓风，至鲜叶失水萎蔫，韧性增强，叶梗不可拗断即可。

揉捻：将萎凋叶不经杀青直接放入揉捻机中揉捻 40 min 左右。揉捻方法与绿茶相似，采用"轻—重—轻"的方法，但红茶重揉时间稍长，目的在于充分破坏叶细胞结构，使细胞液与组织液充分混合，茶多酚类与多酚氧化酶等充分接触，为后面的发酵步骤提供反应条件。揉捻完成后同样需要解块操作，之后进入发酵步骤。

发酵：将揉捻后的茶叶取出后以湿布覆盖，室温下渥堆发酵。可可红茶的发酵设置 4、6、8、10 h 四个不同时长作为对比，对照品种英红 9 号与白毛 2 号发酵时间为 8 h；发酵过程中保持堆内相对湿度在 70% 以上，如过干需及时补充水分。

烘干：将发酵后的茶叶铺成薄层，置电热鼓风烘箱中，初烘 120℃，烘烤 30 min，茶叶中的酶失去活性，发酵反应完全停止后，进入复烘，以 90℃烘烤 2 h 左右，至茶叶可手搓成粉末即可。

二、可可红茶成茶生化成分与感官评价

茶样生化成分测定：水浸出物按照 GB/T8305-87 的规定，采用全量法测定。茶多酚总量按照 GB/T8313-2002 的规定，采用紫外分光光度法测定。氨基酸总量按照 GB/T8314-2002 的规定，采用紫外分光光度法测定。嘌呤碱、儿茶素、茶氨酸、茶色素由高效液相色谱法测定。高效液相色谱仪（Waters515 泵，Waters 2487 紫外检测器）；恒奥 HT-230 A 柱温箱（天津恒奥公司）；YH3000 色谱工作站（广州逸海公司）；TU-1901 双光束紫外可见分光光度计（北京普析通用仪器有限公司）。

茶样感官评审采用五项评茶法评审，评语与评分相结合。

（一）茶叶生化成分检测

对每批次制作的红茶进行了茶叶生化分析，由紫外分光光度计测定的茶多酚与氨基酸结果见表 7-3。

表 7-3　可可红茶水浸出物、茶多酚与总氨基酸含量
Tab. 7-3　The extracts, tea polyphenols and general ammonium of cocoa black tea

月份	品种	茶类	发酵时间 /h	水浸出物 /%	茶多酚 /%	氨基酸 /%
4	1#	蒸青样	/	50.77	30.61	3.26
4	1#	红茶	6	40.00	17.30	5.22
4	2#	蒸青样	/	49.70	28.91	3.18
4	2#	红茶	6	36.17	19.32	2.30
6	1#	蒸青样	/	51.13	30.66	2.14

续表

月份	品种	茶类	发酵时间 /h	水浸出物 /%	茶多酚 /%	氨基酸 /%
6	1#	红茶	6	42.50	21.45	2.92
6	1#	红茶	8	40.30	20.18	2.61
6	1#	红茶	10	40.13	19.48	2.29
6	2#	蒸青样	/	46.90	29.92	1.88
6	2#	红茶	6	40.20	14.11	1.72
6	2#	红茶	8	37.73	17.89	2.03
6	2#	红茶	10	38.13	17.83	1.42
6	白	蒸青样	/	45.30	26.40	1.95
6	白	红茶	8	34.97	13.73	2.17
6	英	蒸青样	/	49.03	25.55	2.60
6	英	红茶	8	37.03	13.52	2.84
7	1#	蒸青样	/	46.97	32.21	2.26
7	1#	红茶	6	38.53	17.41	1.83
7	1#	红茶	8	34.23	15.07	2.02
7	1#	红茶	10	36.43	13.89	2.32
7	2#	蒸青样	/	44.53	29.17	2.27
7	2#	红茶	6	35.07	14.37	2.07
7	2#	红茶	8	34.03	13.47	1.95
7	2#	红茶	10	33.37	12.46	1.79
7	白	蒸青样	/	41.03	27.47	2.22
7	白	红茶	8	26.63	5.80	1.64
7	英	蒸青样	/	47.50	25.98	3.27
7	英	红茶	8	33.37	11.87	2.55
9	1#	蒸青样	/	47.00	29.86	2.55
9	1#	红茶	4	44.10	22.04	2.52
9	1#	红茶	6	44.63	21.13	2.25
9	1#	红茶	8	42.87	19.54	2.26
9	1#	红茶	10	34.47	12.88	2.08
9	2#	蒸青样	/	47.13	28.00	1.76
9	2#	红茶	4	38.70	18.05	2.15
9	2#	红茶	6	37.53	15.22	2.29
9	2#	红茶	8	42.70	13.63	2.17

续表

月份	品种	茶类	发酵时间 /h	水浸出物 /%	茶多酚 /%	氨基酸 /%
9	2#	红茶	10	35.23	11.66	1.94
9	白	蒸青样	/	41.03	21.88	2.06
9	白	红茶	6	36.93	10.49	2.03
9	白	红茶	10	35.67	8.84	1.90
9	英	蒸青样	/	46.03	25.76	2.30
9	英	红茶	8	38.83	14.32	3.52
11	1#	蒸青样	/	46.70	19.64	1.96
11	1#	红碎茶	0.5	38.80	19.43	1.59
11	2#	蒸青样	/	42.07	26.40	1.82
11	2#	红茶	4	33.57	12.08	1.56
11	2#	红茶	6	33.03	11.55	1.54
11	2#	红茶	8	31.27	10.22	1.53
11	2#	红茶	10	29.13	8.78	1.54

1# 表示可可茶 1#；2# 表示可可茶 2#；白表示乐昌白毛 2#；英表示英红九号

随着制作成红茶，茶多酚含量降低，总儿茶素量也大大地降低。各类儿茶素均大幅度下降，与儿茶素转化成茶褐素、茶红素与茶黄素有关。可可碱含量仍以春季为最高，夏秋季较低，与蒸青样相比，制作成红茶后，可可碱的含量显著降低或与之持平，不会增加。对 9 月份由可可茶 1 号制作的红茶的茶黄素等进行了测定，其结果见表 7-4，不同季节由可可茶 2 号制作的发酵 6 h 以上的红茶茶黄素等的含量见表 7-5。制作成红茶后水浸出物和茶多酚均大大降低，由高效液相色谱法对各样品的分析测定结果见表 7-6。

表 7-4 在 9 月份制作的可可茶 1 号红茶茶黄素等的测定
Tab. 7-4 Determination of theaflavin, thearubigins and theabrownines from black tea of cocoa tea 1# manufactured in September

发酵时间 /h	茶黄素 /%	茶红素 /%	茶褐素 /%
蒸青样	/	/	/
4	0.61	5.81	9.75
6	0.73	10.52	7.40
8	0.54	6.59	11.42
10	0.31	6.84	10.49

表 7-5 经过 6h 以上发酵的可可茶 2 号红茶茶红素等的含量
Tab. 7-5 Determination of theaflavin, thearubigins and theabrownines from black tea of cocoa tea 2# fermented over six hours

月份	茶黄素 /%	茶红素 /%	茶褐素 /%
4	0.50	5.78	8.14
6	0.96	6.36	9.63
7	0.67	7.18	13.23
9	0.39	4.60	9.66
11	0.09	3.49	7.33

表 7-6　对制作的可可红茶生化成分由高效相色谱法测定的结果

Tab. 7-6　Determination of biochemical components to various cocoa black tea by HPLC

%

月份	品种	茶类	时间/h	茶氨酸/%	GA/%	TB/%	TP/%	CAF/%	GC/%	EGC/%	C/%	EC/%	EGCG/%	GCG/%	ECG/%	CG/%	总儿茶素/%
4	1#	蒸青样	/	0.64	0.15	6.26	n.d.	n.d.	2.23	0.28	3.50	0.14	3.20	13.38	0.26	n.d.	22.99
4	1#	红茶	6	0.24	0.62	4.90	n.d.	n.d.	0.11	0.02	0.57	0.01	0.52	1.39	0.08	n.d.	2.69
4	2#	蒸青样	/	0.26	0.21	7.41	n.d.	n.d.	1.38	0.29	2.96	0.20	4.91	15.43	0.27	n.d.	25.44
4	2#	红茶	6	0.15	0.56	5.18	n.d.	n.d.	0.10	0.02	1.69	0.10	0.39	1.65	0.36	0.02	4.33
6	1#	蒸青样	/	0.40	0.23	4.84	n.d.	n.d.	1.91	0.29	4.22	0.27	3.74	13.72	0.58	0.03	24.76
6	1#	红茶	6	0.26	0.29	4.22	n.d.	n.d.	0.14	0.02	1.86	0.10	0.39	1.77	0.34	0.03	4.65
6	1#	红茶	8	0.24	0.54	4.24	n.d.	n.d.	0.10	0.02	1.35	0.06	0.29	1.30	0.29	0.01	3.43
6	1#	红茶	10	0.23	0.63	4.37	n.d.	n.d.	0.09	0.02	1.24	0.06	0.29	1.26	0.26	0.01	3.23
6	2#	蒸青样	/	0.23	0.16	4.54	n.d.	n.d.	0.83	0.15	3.85	0.30	2.65	10.79	0.49	0.10	19.16
6	2#	红茶	6	0.11	0.54	4.17	n.d.	n.d.	0.11	0.02	1.31	0.10	0.40	1.09	0.37	0.03	3.35
6	2#	红茶	8	0.12	0.58	4.30	n.d.	n.d.	0.11	0.02	1.24	0.08	0.24	1.01	0.31	0.02	3.03
6	2#	红茶	10	0.10	0.56	4.14	n.d.	n.d.	0.07	0.02	1.21	0.07	0.21	0.84	0.29	0.01	2.71
6	白	蒸青样	/	0.21	0.08	0.16	n.d.	3.56	1.10	1.89	0.73	0.81	12.14	3.59	4.82	0.22	25.30
6	白	红茶	8	0.24	0.37	0.07	0.03	2.87	0.02	0.07	0.17	0.19	0.33	0.08	0.75	0.01	1.63
6	英	蒸青样	/	0.68	0.11	0.33	n.d.	4.14	0.55	1.61	2.14	2.28	7.41	0.77	9.75	0.51	25.02
6	英	红茶	8	0.83	0.32	0.19	0.05	3.38	0.02	0.06	0.38	0.44	0.21	n.d.	1.62	0.01	2.73
7	1#	蒸青样	/	0.21	0.17	4.80	n.d.	n.d.	2.35	0.36	4.57	0.34	3.84	11.85	0.82	0.04	24.15
7	1#	红茶	6	0.20	0.47	4.08	n.d.	n.d.	0.13	0.01	1.33	0.06	0.34	1.99	0.29	n.d.	4.16
7	1#	红茶	8	0.21	0.53	3.98	n.d.	n.d.	0.08	0.01	0.86	0.03	0.19	0.88	0.17	n.d.	2.25
7	1#	红茶	10	0.12	0.60	4.06	n.d.	n.d.	0.05	0.01	0.68	0.03	0.13	0.87	0.15	n.d.	1.90
7	2#	蒸青样	/	0.12	0.05	4.63	n.d.	n.d.	1.31	0.19	4.07	0.27	2.87	13.40	0.39	0.07	22.56
7	2#	红茶	6	0.13	0.57	4.26	n.d.	n.d.	0.10	0.02	1.11	0.05	0.24	1.31	0.24	0.01	3.08
7	2#	红茶	8	0.12	0.59	4.42	n.d.	n.d.	0.09	0.02	0.92	0.05	0.20	1.28	0.24	0.01	2.80
7	2#	红茶	10	0.11	0.59	4.52	n.d.	n.d.	0.08	0.02	0.66	0.03	0.15	0.74	0.14	n.d.	1.81
7	白	蒸青样	/	1.09	0.03	0.04	n.d.	3.78	1.41	2.49	0.45	0.64	9.49	1.93	1.65	0.12	18.19

续表

月份	品种	茶类	时间/h	茶氨酸/%	GA/%	TB/%	TP/%	CAF/%	GC/%	EGC/%	C/%	EC/%	EGCG/%	GCG/%	ECG/%	CG/%	总儿茶素/%
7	白	红茶	8	0.42	0.33	0.09	0.01	2.85	0.01	0.03	0.01	0.02	0.11	0.07	0.06	n.d.	0.32
7	英	燕青样	/	0.86	0.07	0.59	n.d.	3.43	0.71	2.24	2.17	2.39	10.11	0.61	9.07	0.39	27.69
7	英	红茶	8	0.88	0.27	0.31	0.02	2.65	0.01	0.05	0.29	0.30	0.14	n.d.	1.38	0.02	2.18
9	1#	燕青样	/	0.20	0.16	4.04	n.d.	n.d.	2.35	0.20	4.90	0.15	2.88	10.69	0.24	0.03	21.38
9	1#	红茶	4	0.17	0.42	3.95	n.d.	n.d.	0.15	0.03	1.19	0.08	0.26	1.29	0.31	0.011	3.32
9	1#	红茶	6	0.16	0.55	4.03	n.d.	n.d.	0.17	0.03	1.31	0.08	0.18	1.20	0.24	0.010	3.20
9	1#	红茶	8	0.15	0.50	4.01	n.d.	n.d.	0.12	0.02	1.13	0.07	0.12	0.77	0.20	0.009	2.44
9	1#	红茶	10	0.16	0.66	3.83	n.d.	n.d.	0.10	0.03	1.25	0.09	0.21	0.93	0.31	n.d.	2.93
9	2#	燕青样	/	0.34	0.05	4.18	n.d.	n.d.	1.78	0.97	3.94	0.48	4.37	10.43	1.06	0.05	23.08
9	2#	红茶	4	0.20	0.50	3.55	n.d.	n.d.	0.24	0.04	2.18	0.12	0.31	2.48	0.47	0.03	5.87
9	2#	红茶	6	0.19	0.53	4.23	n.d.	n.d.	0.18	0.04	1.77	0.10	0.29	1.35	0.30	0.02	4.05
9	2#	红茶	8	0.17	0.66	4.51	n.d.	n.d.	0.17	0.03	1.57	0.09	0.28	1.26	0.26	0.02	3.68
9	2#	红茶	10	0.21	0.42	3.83	n.d.	n.d.	0.13	0.02	1.01	0.06	0.15	0.73	0.13	n.d.	2.25
9	白	燕青样	/	0.46	0.02	0.16	n.d.	3.70	2.06	4.61	0.64	0.81	12.24	2.79	2.50	0.18	25.83
9	白	红茶	6	0.30	0.34	0.19	0.09	2.62	0.07	0.12	0.15	0.15	0.38	0.13	0.38	n.d.	1.38
9	白	红茶	10	0.30	0.30	0.17	0.04	2.79	0.04	0.09	0.03	0.06	0.22	0.04	0.15	n.d.	0.64
9	英	燕青样	/	1.43	0.06	0.47	n.d.	3.69	0.90	2.87	1.91	2.02	8.46	0.44	7.30	0.26	24.16
9	英	红茶	8	1.40	0.42	0.48	0.07	2.82	0.05	0.17	0.69	0.59	0.53	0.01	1.97	0.01	4.01
11	1#	燕青样	/	0.22	0.24	3.85	n.d.	n.d.	1.16	0.16	3.95	0.27	2.99	11.59	0.75	0.09	20.97
11	1#	红碎茶	0.5	0.27	0.51	3.39	n.d.	n.d.	0.11	0.02	2.25	0.07	0.37	1.59	0.22	0.01	4.65
11	2#	燕青样	/	0.14	0.20	3.82	n.d.	n.d.	1.11	0.08	3.29	0.06	2.14	11.55	0.04	n.d.	18.25
11	2#	红茶	4	0.17	0.48	3.62	n.d.	n.d.	0.10	0.01	0.94	0.03	0.29	1.01	0.09	n.d.	2.47
11	2#	红茶	6	0.14	0.47	3.68	n.d.	n.d.	0.06	0.01	0.47	0.01	0.18	0.62	0.05	n.d.	1.39
11	2#	红茶	8	0.15	0.42	3.46	n.d.	n.d.	0.05	0.01	0.37	n.d.	0.15	0.49	0.04	n.d.	1.10
11	2#	红茶	10	0.14	0.34	3.41	n.d.	n.d.	0.05	0.01	0.21	n.d.	0.09	0.33	0.02	n.d.	0.70

1#表示可可茶1#；2#表示可可茶2#；白表示乐昌白毛2#；英表示英红九号

nd 未检出

（二）感官评审结果

经广东省农业科学院茶叶研究所三位专家共同评审，对本次可可红茶研制实验的 35 个成茶样品进行了客观的评价，给定了每一项因子的评语以及总体品质的评价。详细评语以及各茶样的最终得分见表 7-7。

三、讨论

（一）发酵时间对红茶化学组成的影响

从表 7-3 和表 7-4 中不同发酵时长的可可茶中化学成分含量的数据可知，可可茶发酵过程中发生的生物化学反应与传统红茶发酵反应类似，以茶多酚类的酶促氧化反应为主，茶多酚中又以儿茶素类的变化为主，一般发酵时间越长，总茶多酚以及各种儿茶素剩余量越小；儿茶素类经氧化聚合反应后生成新的茶黄素、茶红素、茶褐素类物质，这几类成分为红茶特有，但一般含量比较低；生物碱类成分含量在红茶发酵中很少变化，一些传统茶叶品种在发酵过程中有咖啡碱含量升高的现象，但在可可茶发酵过程中，仍保持了只含可可碱的特性，且可可碱含量没有明显变化；游离氨基酸化学性质较活泼，易于参加氧化反应，因此氨基酸在发酵过程中会有一定的损失，含量略为降低；但水溶性糖、黄酮苷等活性成分随着发酵时间加长而有所增加，这使得成品红茶具有甜香气，口感润滑。

参照感官评审结果，可以看出化学成分的变化与红茶的品质是相对应的。发酵 4、6、8、10 h 的红茶，其茶汤颜色转变顺序为：红艳→红艳→红艳明亮→红亮，这是因为茶黄素、茶红素类物质在前 6 h 不断增多，汤色向高亮度转变，而发酵至 8、10 h 时，茶黄素、茶红素开始减少，而茶褐素成为主导汤色的成分，汤色开始转暗，红色加深的缘故；从滋味变化上看，发酵 4 h→10 h 的红茶滋味变化为：浓醇尚爽→浓醇鲜爽→浓醇→浓尚爽，鲜爽感的变化是因水溶性糖含量有所升高，而醇味的降低则是氨基酸含量减少所引起的。以发酵 6~8 h 的红茶品质最佳。

可可茶总儿茶素含量在红茶发酵过程中不断减少，但 8 种儿茶素的含量变化规律却不同。在发酵反应初期，可可茶 1 号内含 8 种儿茶素的氧化速率都比较快，但也有一定差别，大致可分为两组：没食子儿茶素类（EGCG、GC、EGC、GCG）氧化最为迅速，在发酵的前 4 h 中氧化率已达 90% 以上；而其他 4 种儿茶素（EC、C、CG、ECG）在前 4 h 氧化率均在 73% 以下。在之后的 4~8 h 发酵过程中，各类儿茶素均进入了缓慢反应阶段，这是因反应底物大量减少，反应速率减小的缘故；在第八小时之后，CG、ECG 两种儿茶素又进入快速氧化阶段，至第十小时，含量最小 CG 甚至降低至 0，几乎完全反应消耗掉了。而其他 7 种，尤其是 4 种没食子儿茶素，仍保持着平稳缓慢的反应速率。

对可可茶 2 号内含的 8 种儿茶素也进行了氧化速率的分析，它与可可茶 1 号大致相

表 7-7　可可红茶和对照栽培种红茶的感官评审

Tab. 7-7　Organoleptic test of cocoa black tea and contrast black tea

月份	品种	茶类	发酵时间/h	外形	汤色	香气	滋味	叶底	总分
4	1#	红茶	6	条索较紧实、色泽乌、较润	红亮	高、尚持久	浓、醇、尚鲜爽	红、尚亮	89.7
4	2#	红茶	6	条索较紧实、色泽乌、尚润+	红明亮	高、持久	浓、醇、爽	红	90.4
6	1#	红茶	6	条索尚紧实、色泽乌	红润亮	高、尚鲜爽	浓、醇、爽-	红亮	90.8
6	1#	红茶	8	条索紧结重实、色乌润、尚润、绒毛较多	红亮	高、长、鲜爽	爽	红亮	89.9
6	1#	红茶	10	条索较紧结、色乌润、尚润、绒毛较多	红明亮-	高、尚持久	醇、尚爽、尚浓	红较亮	88.7
6	2#	红茶	6	条索尚紧结、色乌褐、尚润、绒毛较多	橙红明亮	鲜爽	醇、鲜爽、带花香	红亮+	93.4
6	2#	红茶	8	条索尚紧结、色乌褐、尚润、绒毛较多	红明+	鲜爽、尚高	醇、较鲜爽	红亮	92.9
6	2#	红茶	10	条索尚紧结、色乌褐、尚润、绒毛较多	红明	鲜爽、尚高	醇、较鲜爽-	红亮	92.2
6	英	红茶	8	条索紧结重实、褐红色、毫多	红亮	高、长、带花香	醇、较鲜爽、有花香	红亮	93.5
6	白	红茶	8	条索尚紧结、色红褐	红亮	高、长、带花香	鲜爽、鲜、有花香	红较亮	91.7
7	1#	红茶	6	条索紧结、直、乌润、稍显毫、匀整	红艳明亮	高、鲜、持久	浓厚	红亮、尚亮	91.8
7	1#	红茶	8	条索紧结、直、乌润、显毫、较匀整	红亮	尚高	尚浓	红稍暗	89.8
7	1#	红茶	10	条索紧结、直、乌润、显毫、较匀整	红艳明亮-	高、尚高	浓、较鲜	红亮、均匀	90.6
7	2#	红茶	6	条索紧、稍弯曲、较润、显毫	红亮	高、鲜	尚浓、鲜爽	红亮、均匀	91.2
7	2#	红茶	8	条索紧、稍弯曲、较润、显毫	红亮	高、长	浓、鲜	红亮、尚匀	89.7
7	2#	红茶	10	条索紧、稍弯曲、较润、显毫	红艳明亮	高、长、鲜爽	浓、爽-	红亮、均匀	88.7
7	英	红茶	6	条索较紧、弯曲、尚润+、带金毫	浅红、明	高、长、鲜爽	醇、尚浓	红亮、均匀	89.2
7	英	红茶	8	条索紧、弯曲、尚润、带金毫	浅红	尚高、尚鲜	醇、尚爽	红亮、尚匀	89.1
7	白	红茶	8	条索紧、色泽乌、较润、带红褐硬	浅红、明	高火	尚浓	红亮	86.1
9	1#	红茶	4	条索较紧松、色乌褐、稍带毫	红艳	高、尚鲜爽	浓、醇	尚红	90.9
9	1#	红茶	6	条索较紧松、色乌褐、带金毫	红艳明亮	高、爽	浓、鲜爽	红明亮	92.3
9	1#	红茶	8	条索较紧松、色乌褐、带金毫	红艳-	高、尚爽	浓、鲜爽	红亮	91.2
9	1#	红茶	10	条索较紧松、色乌褐、尚润、显毫	红亮	高、尚鲜	浓、醇	红亮均匀	91

续表

月份	品种	茶类	发酵时间/h	外形	汤色	香气	滋味	叶底	总分
9	2#	红茶	4	条索较粗松，色褐红，较润，显毫	浅红明亮	高，爽	醇，鲜爽，尚浓	红明亮	88.5
9	2#	红茶	6	条索紧结，色褐红，较润，毫多	红艳明亮	高，长	浓，尚鲜爽+	红匀亮	89.8
9	2#	红茶	8	条索紧结，色褐红，较润，毫多	红亮-	高，长+，带花香	浓，尚爽	红匀亮	90.6
9	2#	红茶	10	条索较粗松，色乌褐，较润，带毫	红明	鲜爽，尚高	醇和	红亮	88.6
9	英	红茶	6	条索紧结，色乌褐，较润，有金毫	浅红明亮+	尚高	醇，鲜爽，尚浓	红，尚匀	91.4
9	白	红茶	6	条索较紧，乌褐，尚润	红明	高，长，带花香	浓，鲜爽	红，尚匀	91.2
9	白	红茶	10	条索较紧结，色乌，较润，带红梗	红艳明亮	高，爽	浓，醇，尚鲜爽-	红尚亮	90.8
11	2#	红茶	4	条索较粗壮，乌润，稍带毫	红亮	高，尚爽	醇，尚浓+	红亮	89.1
11	2#	红茶	6	条索较粗壮，乌润，稍带毫	红亮+	高，爽-	醇，尚浓	红亮，尚匀	91
11	2#	红茶	8	条索较粗壮，乌润，稍带毫	红亮-	高，长，持久，带花香	醇，尚浓+	红亮，尚匀	90.7
11	2#	红茶	10	条索较粗壮，乌润，稍带毫	红明亮	高，长，持久，带花香+	醇，尚浓	红亮	90.5
11	1#	红碎茶	0.5	颗粒较重实，色棕红	红，尚亮	高，长，带花香	浓，尚强	红亮	86.8

1#表示可可素1#；2#表示可可素2#；白表示乐昌白毛2#；英表示英红九号

同。有一点不同的是可可茶2号氧化较慢的4类儿茶素，反应速率要比可可茶1号中低得多，其中ECG、CG、C三种在前4 h氧化率不到55%。这说明茶叶中儿茶素在红茶发酵过程中的变化规律，不但与各种儿茶素的分子结构和化学性质有关，还会受到各个茶树品种的酶活性、其他化学成分的影响。

综合比较两个可可茶品种在发酵过程中的儿茶素变化，可以得出结论：品种的差异对儿茶素氧化反应有一定影响，但儿茶素本身的化学性质仍起主导作用；4种没食子儿茶素最易被氧化，在红茶发酵中很快因大部分耗尽而反应减缓；ECG、CG、C三种儿茶素在发酵过程中，氧化反应一直较为缓慢，最终氧化率也都在85%以下；CG在发酵过程中的变化规律最为特殊，初期氧化较快，经过一阶段的缓慢反应之后，反应速率又会加快，直到完全转化为其他物质。

茶多酚以外的其他化学成分，随着发酵时间的增长也都呈现出一定的增减规律。其中水浸出物含量、游离氨基酸含量随着发酵时间增长而含量降低，这说明可可茶在红茶发酵过程中会不断地消耗氨基酸和一些水溶性物质，从而引起红茶品质的变化，尤其是在发酵至10 h时水浸出物含量已降至34%，这对红茶品质造成了很大影响，感官评审的结果也说明了这一点；而水溶性糖、黄酮苷、没食子酸等成分则相反，其含量会随着发酵时间的增长而增加。

没食子酸与黄酮苷是红茶中重要的活性物质，而水溶性糖是茶汤滋味的重要组成物质，此三者含量的增加说明可可红茶发酵时间长则品质有所提高，但氨基酸的减少却会降低红茶品质，综合考虑各种化学成分含量变化以及感官评审的结果，可可红茶以发酵6～8 h为最佳。

（二）季节气候对可可红茶品质的影响

本实验红茶发酵所用的温度、湿度均为自然天气，而春、夏、秋三季的天气状况不同对可可茶发酵必然造成了一定的影响。表7-3和表7-4列出了可可茶2号品种分别在4、6、7、9、11月发酵6 h后的化学组成，通过对比可以看出，茶多酚、儿茶素、氨基酸等在红茶发酵中易损失的化学成分含量均在6、7、11月出现了低谷，水溶性糖、黄酮苷、茶黄素、茶红素等在发酵过程中增多的成分的最高含量也在同时出现。因11月已经是深秋时节，茶叶样品较为粗老，即使是蒸青样内所含活性成分也已经很低，所以应属6、7月红茶发酵程度最深。

由于在不同季节中茶树的生长状况不同，鲜叶的原始化学成分含量也都不同，要探明各季节气候条件对红茶发酵的影响，还需将红茶样品与该季节的蒸青样对比，计算各类化学成分的变化量。将各个季节的红茶化学成分变化量相比，表明在设定同样发酵时间，不同季节加工的可可茶化学成分变化很大。因此，季节气候会通过影响红茶的发酵反应而影响到成茶的品质。

红茶发酵反应的速率取决于多酚氧化酶的活性，而酶活性又受到温度、湿度等因素的影响。以可可茶2号为例，春季阴雨天气多，空气湿度较大，但气温相对较低，不利于发酵反应进行，因此春季红茶发酵程度稍低，与蒸青样相比，红茶内各类化合物的变化量不大；夏季气温高且湿度大，最有利于发酵反应的进行。

7 月份红茶相对于蒸青样茶多酚含量减少了 15.55%，为 5 批制作的红茶最大变化值，而 11 月红茶虽然茶多酚含量较低，但其蒸青样中茶多酚类含量也不高，故变化值不大。黄酮苷含量的增加则较为明显，7 月增加值为 1.19%，远较其他几个月份的差值大，另外茶黄素、茶红素这两类红茶所特有的物质也是以 6、7 月红茶的含量最高；到了秋季，天气干爽，气温低，这不利于红茶的发酵反应，因此秋季的红茶发酵程度最低，其新增活性成分没食子酸、黄酮苷等含量也最低。

9 月份可可红茶以发酵 6～8 h 品质最佳，而 9 月已属于初秋季节，在自然条件下红茶的发酵反应稍慢，从这一方面考虑，夏季红茶尤其是 7 月或 8 月的红茶，发酵时间应稍短，以 5～6 h 最为合适，而深秋季节如 11 月的红茶制造，可适当延长发酵时间以改进其成品茶的品质。

（三）相同发酵条件下的各个品种红茶品质差异

可可茶作为天然的无咖啡碱茶，有其独特的生物碱组成优势，但作为一种茶叶饮料，其他的活性成分茶多酚、氨基酸等也是不可或缺的。本试验中将可可茶两个品种与两个传统茶品种英红 9 号、白毛 2 号按完全相同的工艺进行了加工，并通过感官评审与化学检测来比较成茶的品质，其化学成分对比见表 7-8 和表 7-9。

表 7-8　9 月份制作的可可茶和栽培茶发酵 6 h 红茶化学成分

Tab. 7-8　The extracts, tea polyphenols and general ammonium of cocoa black tea and traditional black tea fermented for six hours in September　　　　　　　　　　%

茶树品种	水浸出物 /%	茶多酚 /%	氨基酸 /%	水溶性糖 /%	黄酮苷 /%
可可茶 1 号	44.63	21.13	2.25	3.75	1.17
可可茶 2 号	37.53	15.22	2.29	4.10	1.32
乐昌白毛 2 号	36.93	10.49	2.03	4.74	1.33
英红 9 号	38.83	14.32	3.52	4.09	1.26

表 7-9　9 月份四个茶树品种发酵 6 h 红茶化学成分对比

Tab. 7-9　Determination of biochemical components from cocoa black tea and traditional black tea fermented for six hours　　　　　　　　　　%

茶树品种	茶氨酸	GA	可可碱	茶叶碱	咖啡碱	GC	EGC	C	EC
可可茶 1 号	0.16	0.55	4.03	nd	nd	0.17	0.03	1.31	0.08
可可茶 2 号	0.09	0.53	4.23	nd	nd	0.18	0.04	1.57	0.09
乐昌白毛 2 号	0.30	0.34	0.19	0.09	2.62	0.07	0.12	0.15	0.15
英红 9 号	1.40	0.42	0.48	0.07	2.82	0.01	0.05	0.29	0.30

续表

茶树品种	EGCG	GCG	ECG	CG	总儿茶素	茶黄素	茶红素	茶褐素
可可茶 1 号	0.18	1.20	0.24	0.01	3.20	0.73	10.52	7.40
可可茶 2 号	0.29	1.26	0.30	0.02	3.75	0.39	4.60	9.66
乐昌白毛 2 号	0.38	0.13	0.38	0.00	1.38	0.53	6.39	11.75
英红 9 号	0.14	n.d.	1.38	0.02	2.18	0.80	7.02	8.68

nd：未检出

与传统茶叶相比，可可茶最大的特色即为不含咖啡碱，无兴奋神经作用。根据传统茶的制茶经验，在红茶发酵过程中咖啡碱、可可碱等生物碱的含量会有一定的增加，这种增加往往是因为茶叶细胞内甲基转移酶的活动造成的。可可茶经发酵后与传统红茶相比，咖啡碱含量仍为零，并未有增加。这也说明了可可茶在生物碱组成上的稳定性，因缺少甲基转移酶，无论在加工过程中有任何操作，都能保持无咖啡碱的性质不变，而维持了不兴奋神经的特色。

由表 7-8 和表 7-9 可知，相同发酵条件下的两个可可茶品种中茶多酚、儿茶素类的含量要比两个对照品种高，而茶黄素、茶红素类则偏低。这主要是因为可可茶的儿茶素组成与传统茶树品种有很大不同。可可茶蒸青样中儿茶素类以 GCG 为主，另外 C、ECG 含量也比较高，而 8 种儿茶素类的氧化活性是不同的，可可茶中含量较大的儿茶素在发酵过程中氧化较为缓慢，因此在相同的发酵时间下，可可茶中茶多酚类、儿茶素类的剩余量要比传统茶英红 9 号、白毛 2 号两个品种要多；有研究表明，8 种儿茶素的氧化产物也不相同，传统茶中含量较高的 EGCG、ECG 等氧化产物主要为茶黄素，而可可茶中占优势的 GCG 氧化却不易生成茶黄素，因此，可可红茶中茶黄素含量也是比较低的。

可可红茶中氨基酸含量偏低，这也是品种的特性决定的，与蒸青样化学分析的结论相一致。对照感官评审结果，可可红茶回甘味稍差，是其氨基酸含量低造成的。

四、可可红茶制作结论

综合比较各品种、各月份、不同发酵时长的红茶样品与蒸青样的化学组成，可得出初步结论：夏季气候最有利于红茶的发酵反应，所得红茶成茶的发酵程度也是最深的，春季次之，而秋季红茶的发酵反应最慢；通过对 9 月份不同发酵时长的红茶样品分析，结合感官评审的结果，可知可可红茶的发酵以 6～8 h 为最佳，其他季节则需根据天气情况做出适当调整，夏季发酵时间可稍短，春季、秋季可适当延长；与传统红茶相比，由可可茶制作的红茶不含咖啡碱，茶多酚与儿茶素含量较高，茶黄素、氨基酸含量则稍低。

第 3 节　可可乌龙茶加工

一、可可乌龙加工步骤

乌龙茶综合了绿茶和红茶的制法，品质介于绿茶和红茶之间，既有红茶的浓鲜味，又有绿茶清芬香，还有"绿叶红镶边"的美誉。可可茶在秋季的叶片略显粗糙，活性成分含量降低，但香气成分仍十分丰富，所以在 10、11 月广东地区较为凉爽的季节，可可茶制成乌龙茶最为合适。此时茶树生长减慢，一般每月只能采集一次茶青，采摘标准为 1 芽 3 叶或对夹叶小开面带邻近两片嫩叶，采摘后立即用于乌龙茶加工。

以广东省茶科所茶园新品种可可茶 1 号为乌龙茶加工实验材料。

晒青（日光萎凋）：一般来说，乌龙茶所采用的茶青较绿茶、红茶稍老一些，加之秋季室内气温不高，因此需进行日光辅助萎凋。晒青一般在下午太阳落山前一小时内进行，此时阳光柔和而又有一定温度，将所采集茶青单层铺于洁净的地面上，通过日晒散发部分水分，提高叶子韧性，便于后续工序进行，同时伴随着失水过程，酶活性增强，散发部分青草气，利于香气透露。晒青时间 30～50 min 不等，视茶青的鲜老程度而定，待叶片萎蔫，青草气消失时即可收起进行做青工作。

做青（摇青）：做青是晾青—摇青—晾青交替进行的加工工序，是形成乌龙茶特有品质特征的关键工序，是奠定乌龙茶香气和滋味的基础，乌龙茶特殊的香气和绿叶红镶边就是做青中形成的。近几年来，"清香乌龙"较为流行，加工方法也由原来的多次（10 次或更多）晾青 - 摇青交替不断减少至 3 次左右，可可茶加工中即采用了"清香乌龙"的加工方法，这样不但制得了优质的可可茶成品，还减少了一定工作量，节约了成本。

本试验将晾青后的茶叶置于摇青机中，一次投叶量约 20 kg，第一次摇青时间为 30 s，完毕后将茶叶取出分为三组分别进行摊晾，第一组、第二组为薄层摊放，厚度仅一层叶片，第三组为厚层摊放，厚度为 3～5 层叶片，摊晾时间均为 1 h；第二次摇青时间为 1 min，取出进行第二次摊晾，时间为 1.5 h；第三次摇青时间 2 min，完毕后将第一组做青叶摊晾至次日清晨，第二组、第三组在 1.5 h 后进行第四次摇青，摇青时间 2.5 min，之后同第一组处理，摊晾至次日清晨。

晾青与绿茶、黄茶的摊青较为相似，但茶叶层的厚度一定要准确把握，晾青厚度不能超过 3 层叶片，在 25℃左右的荫凉房中摊晾 1 h 左右，此时已经有香气溢散，茶香满室，可进行摇青处理。摇青机有多种规格，不同规格的机器投叶量也不相同，一般以茶叶堆至厚度为滚筒直径的 1/4 为准，转速 20～25 r/min，第一次摇青时间 1 min，完成后立即下机进行第二次晾青，时间比第一次延长 30 min，晾青后进行第二次摇青，时间延长 30 s；如此晾青 - 摇青交替三四次后即可下机进行杀青处理。

杀青：杀青是承上启下的转折工序，它与绿茶的杀青类似，投叶量、煤气炉转速等因子基本相同，但杀青温度不宜过低，一般高于260℃，通过杀青可以抑制鲜叶中的酶的活性，控制氧化进程，防止叶继续红变，固定做青形成的品质；其次使得低沸点青草气挥发和转化，形成馥郁的茶香，同时通过湿热作用破坏部分叶绿素，使叶片黄绿而亮；此外，还可挥发一部分水分，使叶片变得柔软，便于揉捻。

揉捻：杀青叶以乌龙茶揉捻机揉捻5～10 min。揉捻采取热揉＋"轻—重—轻"的方法，空揉1 min，使鲜叶初步成型，加轻压揉捻机盖，逐步加重压力5～8 min，使叶片卷曲成紧结条索，再稍放松揉捻机盖，出叶，使黏结成团块的茶叶散开；揉捻停止后，还需手工检查是否有结块，如有则需拆散（解块），才能进入烘干步骤。

烘干：将揉捻成条索的茶叶铺成薄层，置电热鼓风烘箱中，初烘100℃，烘烤30 min，茶叶中的酶失去活性，化学反应完全停止后，进入复烘，以80℃烘烤2 h左右，至茶叶可用手揉碎即可。

二、可可乌龙成茶感官评价

2008年11月制可可乌龙茶，编号分别为：第一组摇青3次薄层摊晾；第二组摇青4次薄层摊晾；第三组摇青4次厚层摊晾。

经广东省农业科学院茶叶研究所三位专家共同评审，对本次可可乌龙茶3个成茶样品进行了客观的评价，给定了每一项因子的评语以及总体品质的评价。详细评语以及各茶样的最终得分见表7-10。

表7-10　可可茶1号制作的乌龙茶感官评审结果

Tab.7-10　Results of organoleptic test to cocoa oolong tea manufactured from cocoa tea 1[#]

可可乌龙茶	外形	汤色	香气	滋味	叶底	总分
第一组	条索尚紧结，乌润	金黄明亮	有花香，清高	浓、甘、尚爽口	红边显	87.5
第二组	条索较紧结，乌润	金黄明亮 -	有花香，高，长，尚浓郁	浓厚，尚爽口	黄绿，红边显	86.2
第三组	条索较紧结，乌润 -	浅金黄明亮	有花香，高，长	浓厚，爽口	稍显红边	86.3

三、可可乌龙成茶生化成分

由可可茶1号制作的可可乌龙茶，其化学成分的检测见表7-11和表7-12。与蒸青样相比，其水浸出物和茶多酚都降低了。

表7-11　可可茶1号制作的乌龙茶水浸出物、茶多酚、氨基酸含量测定结果　　　　　%

Tab. 7-11　Determination of the extract, polyphenols and amino acids to cocoa oolong tea

茶样	水浸出物	茶多酚	氨基酸	茶样	水浸出物	茶多酚	氨基酸
蒸青样	47.00	29.86	2.55	第二组	44.13	27.47	1.80
第一组	41.50	24.49	1.89	第三组	46.80	29.07	1.93

表 7-12 用高效液相色谱法检测可可乌龙茶生化成分的结果 %

Tab. 7-12 Determination of biochemical components on cocoa oolong tea by HPLC

化合物	茶氨酸	GA	可可碱	茶叶碱	咖啡碱	GC	EGC	C	EC	EGCG	GCG	ECG	CG	总儿茶素
蒸青样	0.40	0.24	3.85	nd	nd	2.35	0.20	4.90	0.15	2.88	10.69	0.24	nd	21.40
第一组	0.47	0.25	3.42	nd	nd	2.33	0.12	4.24	0.15	2.03	8.56	0.16	nd	17.59
第二组	0.39	0.18	3.25	nd	nd	1.90	0.16	3.74	0.15	1.81	8.86	0.17	nd	16.79
第三组	0.50	0.21	3.27	nd	nd	2.08	0.12	4.16	0.16	1.88	9.94	0.17	nd	18.52

nd 未检测出。

第 4 节 可可黄茶加工

一、可可黄茶加工步骤

依照传统茶黄茶的加工，在春、夏、秋三季进行可可黄茶的加工试验。其闷黄过程不用湿闷，而是采用干闷，最后制作而成的可可黄茶与传统黄茶相似，但茶汤汤色亮黄，香气浓郁，滋味浓厚，口感甘爽，相对略显苦涩的绿茶，有着独特的品质。

可可黄茶的采摘标准与绿茶相同，以采 1 芽 2 叶为主，对采制黄茶的季节要求考虑较不严格，自清明前后起至 9 月底，均可采制黄茶，只要保证茶青经杀青、揉捻的工序，渥堆时堆内具有一定的温度即可。揉捻茶青时最好采用温揉，杀青后的茶叶不必待完全摊凉，将揉捻后的茶青渥堆，压紧，以棉布包裹进行"闷黄"。一次渥堆的量要至少 20 kg 以上，量大易造成堆内的温度升高；要保持堆内温度和湿度，堆内的温度 35℃，相对湿度 30%～50%。由于堆内湿度较小，且紧压的茶堆与外界空气接触少，形成了缺氧环境，化学反应较慢，揉捻过程中破坏了叶片的细胞结构，部分细胞液与残存的酶外渗，各种化学成分混合，在缺氧条件下发生化学反应，形成黄茶所独有的色泽。由于杀青过程已经使大部分的酶失活，黄茶渥堆中化学反应较慢，叶片不会发生红变，仍保持着绿茶的青绿色，经长时间后其内部的化学成分发生了变化，产生了新的影响茶汤色泽以及形成鲜爽滋味的物质。

渥堆闷黄结束后，将茶叶置于电热鼓风烘箱中摊成薄层，初烘 100℃，烘烤 30 min，茶叶中的酶失去活性，使化学反应完全停止，进入复烘，以 80℃下烘烤 2 h。在烘烤过程中随机检查茶叶干燥情况，至茶叶用手可揉碎时即可。

二、可可黄茶成茶生化成分及感官评价

（一）可可黄茶成茶生化成分

表 7-13 是夏秋两季制作的黄茶茶叶化学成分检测结果及成茶感官评审的结果。

表 7-13　不同季节制作的可可茶与栽培茶黄茶生化成分比较

Tab.7-13　Comparison of biochemical components on cocoa yellow tea and traditional yellow tea

%

月份	品种	茶类	时间/h	水浸出物	茶多酚	可可碱	氨基酸总量	茶氨酸	GA	CAF	GC	EGC	C	EC	EGCG	GCG	ECG	CG	总儿茶素
6	1#	蒸青样	/	51.3	30.66	4.84	2.14	0.40	0.23	nd	1.91	0.29	4.22	0.27	3.74	13.72	0.58	0.03	24.76
6	1#	黄茶	3	47.00	31.83	4.77	2.24	0.16	0.11	nd	1.41	0.13	4.99	0.28	4.09	11.61	0.66	0.13	23.29
6	1#	黄茶	5	50.73	30.50	4.85	2.43	0.24	0.14	nd	1.44	0.15	4.79	0.35	3.93	11.84	0.74	0.13	23.38
6	1#	黄茶	7	48.23	30.54	4.81	2.67	0.21	0.16	nd	1.48	0.13	5.09	0.28	3.95	11.77	0.65	0.11	23.45
6	1#	黄茶	10	50.93	29.33	4.87	2.48	0.19	0.15	nd	1.51	0.15	4.97	0.30	3.99	11.80	0.75	0.11	23.58
6	2#	蒸青样	/	46.90	29.22	4.54	1.88	0.23	0.16	nd	0.83	0.15	3.85	0.30	2.65	10.79	0.49	0.10	19.16
6	2#	黄茶	3	46.50	28.53	5.37	2.14	0.11	0.14	nd	1.09	0.22	4.06	0.33	4.06	15.60	0.54	0.06	25.96
6	2#	黄茶	5	46.77	29.49	5.15	2.18	0.09	0.11	nd	1.22	0.23	4.08	0.27	3.50	16.05	0.65	0.10	26.10
6	2#	黄茶	7	47.87	29.44	5.05	2.21	0.12	0.11	nd	1.20	0.18	4.16	0.29	3.64	15.64	0.54	0.10	25.75
6	2#	黄茶	10	46.60	27.36	5.18	1.96	0.10	0.14	nd	1.19	0.18	4.10	0.26	3.67	15.96	0.53	0.10	25.99
白毛 1#		黄茶	10	49.03	31.09	0.11	2.50	0.42	0.05	3.28	0.91	2.20	0.77	1.10	12.98	4.44	4.73	0.11	27.24
7	1#	蒸青样	/	48.97	32.21	4.80	2.26	0.21	0.17	nd	2.35	0.36	4.57	0.34	3.84	11.85	0.82	0.04	24.15
7	1#	黄茶	3	49.53	32.31	5.06	1.86	0.15	0.18	nd	1.70	0.25	4.25	0.28	3.73	14.51	0.89	0.10	25.71
7	1#	黄茶	5	48.17	32.05	4.69	1.89	0.16	0.14	nd	1.78	0.20	4.61	0.14	3.98	13.81	0.59	0.02	25.14
7	1#	黄茶	7	48.23	31.67	4.74	2.03	0.18	0.14	nd	1.73	0.18	4.49	0.19	3.85	14.44	0.56	0.04	25.47
7	2#	蒸青样	/	44.53	29.17	4.63	2.27	0.12	0.05	nd	1.31	0.19	4.07	0.27	2.87	13.40	0.39	0.07	22.56
7	2#	黄茶	3	45.10	28.88	4.30	1.65	0.16	0.11	nd	1.30	0.16	4.62	0.17	2.88	13.05	0.42	0.05	22.65
7	2#	黄茶	5	46.80	28.91	4.36	1.99	0.13	0.10	nd	1.30	0.16	4.65	0.22	3.26	13.55	0.46	0.08	23.67
7	2#	黄茶	7	47.30	28.70	4.21	2.10	0.15	0.07	nd	1.39	0.19	4.56	0.29	2.85	13.58	0.45	0.07	23.37
白毛 1#		黄茶	5	40.63	20.81	0.12	3.73	1.14	0.02	3.07	1.34	2.66	0.55	0.78	8.21	1.79	1.52	—	16.84
9	1#	蒸青样	/	47.00	29.86	4.04	2.55	0.20	0.16	nd	2.35	0.20	4.90	0.15	2.88	10.69	0.24	0.03	21.38
9	1#	黄茶	3	51.40	31.51	4.40	2.44	0.23	0.07	nd	2.50	0.39	4.35	0.34	3.44	10.39	0.77	0.04	22.22

续表

月份	品种	茶类	时间/h	水浸出物	茶多酚	可可碱	氨基酸总量	茶氨酸	GA	CAF	GC	EGC	C	EC	EGCG	GCG	ECG	CG	总儿茶素
9	1#	黄茶	5	52.43	30.77	4.49	2.57	0.24	0.06	nd	2.27	0.31	4.72	0.30	3.38	11.21	0.90	0.03	23.11
9	1#	黄茶	7	51.07	31.09	4.68	2.67	0.30	0.06	nd	2.35	0.29	4.29	0.27	2.91	11.61	0.60	0.03	22.34
9	1#	黄茶	10	49.10	30.50	4.65	2.89	0.34	0.08	nd	2.29	0.28	4.65	0.29	3.28	11.32	0.90	0.03	23.05
9	2#	蒸青样	/	47.13	28.00	4.18	1.76	0.34	0.05	nd	1.78	0.97	3.94	0.48	4.37	10.43	1.06	0.05	23.08
9	2#	黄茶	3	50.33	30.14	5.12	2.28	0.16	0.04	nd	2.57	0.36	5.41	0.47	3.28	11.76	0.63	0.05	24.54
9	2#	黄茶	5	44.23	28.32	4.32	2.38	0.22	0.08	nd	1.87	0.72	4.21	0.38	2.95	12.85	0.87	0.05	23.91
9	2#	黄茶	7	49.30	30.08	4.78	2.28	0.16	0.05	nd	2.22	0.36	5.13	0.43	2.97	12.94	0.63	0.06	23.75
9	2#	黄茶	10	46.50	28.75	4.37	2.26	0.21	0.06	nd	1.70	0.61	4.08	0.39	2.40	12.23	0.92	0.04	22.39
9	白毛 2#	黄茶	10	49.83	26.40	0.14	2.12	0.49	0.05	3.68	1.70	4.57	0.45	0.86	12.31	2.05	2.38	0.06	24.38
6	白毛 2#	蒸青样	/	45.30	26.40	0.16	1.95	0.21	0.08	3.56	1.10	1.89	0.73	0.81	12.14	3.59	4.82	0.22	25.30
7	白毛 2#	蒸青样	/	41.03	27.47	0.04	2.22	1.09	0.03	3.78	1.41	2.49	0.45	0.64	9.49	1.93	1.65	0.12	18.19
9	白毛 2#	蒸青样	/	41.03	21.88	0.16	2.06	0.46	0.02	3.70	2.06	4.61	0.64	0.81	12.24	2.79	2.50	0.18	25.83

白毛 1# 表示乐昌白毛 1#，白毛 2# 表示乐昌白毛 2#；nd 表示未检测出。

（二）可可黄茶成茶感官评价

选用 2008 年 6、7、9 月三个月份所制得的可可黄茶以及对照品种黄茶共 25 个成茶样品，统一进行感官评审，评审结果见表 7-14。

三、讨论

（一）闷黄时间对黄茶品质的影响

表 7-13 和表 7-14 中数据表明，可可黄茶在闷黄过程中，主要化学成分茶多酚、儿茶素、生物碱、没食子酸等都没有明显的变化，但水浸出物含量略有增加，氨基酸、水溶性糖、黄酮苷等也呈增加趋势。在考察茶叶品质的标准中，水浸出物含量越高越好，氨基酸、水溶性糖、黄酮苷等成分作为改善茶汤滋味、汤色等品质的重要物质，也是含量越高越好。参照感官评审结果，也可得出一致的结论。可可茶 1 号汤色品质随闷黄时间变化为：浅黄尚亮 → 浅黄尚亮＋ → 金黄尚亮 → 金黄明亮，这是因黄酮苷含量逐渐上升的缘故；而滋味变化为：醇，浓 → 甘，浓 → 甘，浓，稍鲜 → 甘，浓，稍鲜，这样的变化则是氨基酸含量上升的缘故。

综合感官评审与化学成分检测的结果可以看出，可可黄茶的加工中，闷黄时间应越长越好，但本试验中所设计的闷黄时间最长为 10 h，未能有闷黄更长时间的数据以说明最佳的时长。

黄茶闷黄过程中化学反应非常缓慢，因此有些茶树品种制黄茶时闷黄时间很长，例如君山银针为我国著名的黄茶，其制造过程中闷黄一步需 7 天左右。对于可可茶，因缺乏类似的茶树品种作为借鉴，只得参照广东本地的黄茶品种广东大叶青，作较短时间的闷黄处理。在下一步试验中应再加长时间，以试探出最优的可可黄茶加工工艺。

（二）季节气候对可可黄茶品质的影响

4、11 月的加工试验，因鲜叶量较少，未能做黄茶的加工，而只在 6、7、9 三个月份分别试制了三批黄茶。表 7-13 和表 7-14 列出了这三个批次的可可茶 2 号闷黄 7 h 的黄茶主要生化成分检测结果，表中可以看出，三批黄茶的化学组成略有差别，但无明显的变化规律。感官评审的结果也说明，三个月份的黄茶滋味、汤色等主要指标变化规律不明显，得分非常相近。闷黄过程中因揉捻叶被厚布包裹并紧压，与外界空气接触很少，所以天气状况对成茶的品质并无大的影响，而是闷黄时间的长短起着决定性的作用；因茶叶在揉捻之前经杀青处理，失去了大部分水分，大部分酶也已经失活，所以闷黄反应非常缓慢；仅存的水分成为化学反应的介质，因此含水量的大小对闷黄反应的速率影响很大，也就是说杀青一步对黄茶品质也有着很大影响。本次试验中未设定杀青实验的对照，另外 6、7、9 三个月时间间隔也不长，天气差异并不明显，缺乏 4 月与 11 月的黄茶样品，因此季节气

表 7-14　可可黄茶感官评审结果

Tab. 7-14　Results of organoleptic test to cocoa yellow tea

月份	品种	茶类	闷黄时间/h	外形	汤色	香气	滋味	叶底	总分
6	1#	黄茶	3	条索尚紧、褐黄、显白毫	浅黄尚亮	鲜爽、尚高	醇、浓	绿黄明亮	87
6	1#	黄茶	5	条索稍紧、褐黄、显白毫	浅黄尚亮+	清爽	甘、浓	绿黄、明亮	87.3
6	1#	黄茶	7	条索稍紧、黄褐	金黄尚亮	清爽	甘、浓、稍鲜	绿黄、欠匀	88.5
6	1#	黄茶	10	条索较紧、黄褐、白毫显	金黄明亮	尚鲜	甘、浓、稍鲜	绿黄、欠匀	88.5
6	2#	黄茶	3	条索尚紧、黄褐、匀整、稍显毫	浅金黄明亮	鲜、高	浓、稍涩	绿黄、明亮、匀整	85.8
6	2#	黄茶	5	条索较紧、黄褐、匀整、显毫	浅金黄明亮+	鲜、高、持久	甘、浓	绿黄、明亮、匀整+	85.6
6	2#	黄茶	7	条索尚紧、黄褐、显毫	浅金黄较亮	鲜、高	浓、尚爽	绿黄、明亮	87
6	2#	黄茶	10	条索尚紧、黄褐、显白毫	浅金黄明亮	高、较鲜	甘、浓、尚爽口	绿黄、明亮	88.1
6	乐昌白毛2#	黄茶	10	条索较粗松、褐黄、显毫	绿黄明亮	鲜爽、带花香	浓、醇、爽口、带花香	绿黄、明亮、偏老	87.6
7	1#	黄茶	3	条索较紧结、稍带黄、显毫	浅金黄明亮	高、长	甘、浓、稍涩	黄绿尚匀	85.8
7	1#	黄茶	5	条索紧结、稍带黄、显毫	金黄明亮	鲜、长	浓、尚爽	黄绿、尚匀	87.1
7	1#	黄茶	7	条索紧结、稍带黄、显毫	金黄明亮-	鲜、高+	甘、浓、尚爽	黄绿、尚匀	87.9
7	2#	黄茶	3	条索尚紧结、黄褐、稍显毫	金黄明亮	高、长-	甘、尚爽	绿黄、明亮	82.2
7	2#	黄茶	5	条索尚紧结、黄褐、稍显毫-	浅金黄明亮+	高、爽	浓、尚爽-	绿黄、明亮-	86.8
7	2#	黄茶	7	条索尚紧结、黄褐、稍带毫-	绿黄明亮	鲜爽、尚高	浓厚、尚爽	绿黄、明亮+	86.5
7	乐昌白毛2号	黄茶	5	条索细紧、乌润、稍带毫	黄绿明亮	高持久、带花香	浓、爽	绿黄、稍匀	88.8
9	1#	黄茶	3	条索紧结、稍带黄、显白毫	浅金黄尚明亮	高、尚爽	浓、甘、稍涩	黄绿明亮	86.4
9	1#	黄茶	5	条索尚紧结、稍带黄、显白毫	金黄明亮	鲜爽、尚高	浓、甘、带涩	黄绿明亮	86
9	1#	黄茶	7	条索尚紧结、稍带黄、显白毫	尚金黄明亮	高、爽	浓、甘、稍涩	黄绿明亮	88.3
9	1#	黄茶	10	条索较紧结、稍带黄、显白毫	绿黄明亮	栗香爽	浓、甘	黄绿明亮+	88.8
9	2#	黄茶	3	条索尚紧结、稍带黄、显白毫-	尚金黄明亮	鲜爽、高、长	浓厚、甘	黄绿明亮+	86.3
9	2#	黄茶	5	条索尚紧结、黄褐	尚金黄明亮	高、爽	浓、尚爽口	绿黄明亮	87.4
9	2#	黄茶	7	条索较紧结、黄褐、稍带毫	绿黄明亮-	高、长	浓厚、爽口	绿黄明亮	87.5
9	2#	黄茶	10	条索稍紧结、黄褐、带毫	绿黄明亮+	高、尚爽	浓、爽	绿黄明亮	88.2
9	乐昌白毛2#	黄茶	10	条索细紧、黄褐、稍显毫	绿黄明亮	鲜、高、稍带花香	浓厚、爽口	绿黄欠匀	88.8

候对黄茶加工的影响还需做进一步的研究。除了要在初春与深秋季节分别进行黄茶的加工外，杀青对黄茶品质的影响也需做出探索。

（三）可可黄茶与普通茶树品种白毛 2 号黄茶的对比

表 7-13 和表 7-14 列出了 6 月份两个可可茶品种与传统茶品种白毛 2 号的化学成分含量对比。表中数据可以看出可可黄茶与白毛 2 号黄茶的差别与蒸青样类似，水浸出物、茶多酚、水溶性糖等活性成分含量相当。可可茶除生物碱组成、儿茶素组成与白毛 2 号不同外，黄酮苷含量、氨基酸含量也偏低，特别是茶氨酸一项，可可茶的含量只到白毛 2 号的 1/2 或 1/4 左右，这在一定程度上影响了黄茶茶汤的滋味，感官评审结果表明，可可黄茶回甘味较绿茶好，但却不如白毛 2 号黄茶，也就是这个原因。黄酮苷含量的高低则影响到茶汤的颜色，一般来说水溶性的黄酮苷呈现出亮黄绿色，对绿茶的汤色影响甚大，而黄茶因为闷黄过程中生成了更多显黄色的物质，黄酮苷对汤色影响不是很明显，只是亮度稍有增加。

可可黄茶中没食子酸含量要比白毛 2 号中稍高一些，没食子酸也属多酚类，在传统中药中是常见的成分，具有活化血管、延缓衰老、抗菌等重要的生物活性。

四、结论

可可黄茶加工试验表明，成品黄茶品质优于绿茶，不但保留了大部分的茶多酚与儿茶素，保持了不含咖啡碱的特性，而且氨基酸、水溶性糖、黄酮苷等改善汤色滋味的物质含量有所增加。黄茶加工时的闷黄时间，依本实验看，以闷黄 10 h 的品质较好，但闷黄时间的长短，取决于渥堆的大小，堆大有利于内部温度升高和保持，渥堆太小，温度不易升高和保持，与季节的气温也有密切的协同关系。

第 5 节　可可普洱茶

可可茶由于富含茶多酚等化合物，水浸出物含量高，适宜加工普洱茶。可可茶在夏秋季生产，且夏秋季晴天多、气温高，更容易晒干。

以广东省农业科学院茶叶研究所茶园的混合可可茶 1 芽 2 叶为加工实验材料。

一、可可茶生普加工步骤

摊青：摊青的作用就是适度散失水分，便于杀青时不粘锅；且利用化合物适度转化，比如茶多酚适度降解，蛋白质适度水解成氨基酸。摊青一般摊放在萎凋槽上，厚度 15 cm 左右为宜，摊青后可鼓风 1～2 h 后，关闭鼓风机自然萎凋。若为雨水叶，可鼓风 3～4 h

后关闭鼓风机。

杀青：杀青是承上启下的转折工序，它与绿茶的杀青类似，投叶量、煤气炉转速等因子与之基本相同，但杀青温度不宜过高，一般在 180～200℃之间，通过杀青可以抑制鲜叶中的酶的活性，控制氧化进程，防止叶继续红变，固定做青形成的品质；其次使得低沸点青草气挥发和转化，形成馥郁的茶香，同时通过湿热作用破坏部分叶绿素，使叶片黄绿而亮；此外，还可挥发一部分水分，使叶片变得柔软，便于揉捻。杀青时间为 30～60 min。

揉捻：杀青叶以红绿茶揉捻机揉捻 19～25 min。揉捻采取"轻 - 中"的方法，空揉 5 min，使鲜叶初步成型，加轻揉 5～8 min，松压 2 min，再中压 5～8 min，松压 2 min。揉捻结束后，还需手工检查是否有结块，如有则需拆散（解块），才能进入烘干步骤。

干燥：将揉捻成条索的茶叶铺成薄层，置于日光下晒干，至茶叶茎梗可用手拗脆断即可。

可可茶生普加工试验见表 7-15。

表 7-15　可可茶生普的制作
Tab. 7-15　The manufacture of fresh cocoa Pu'er

批次	投叶量 /kg	杀青温度 /℃	杀青时间 /min	品质感官审评结果
1	10	150	45	绿茶味略闷
2	10	200	30	绿茶风味
3	10	250	15	绿茶风味
4	35	150	90	生普风味低，有闷味
5	35	200	60	品质优，生普风味浓郁持久，回甘
6	35	250	30	生普风味低，透绿茶风味
7	35	200	90	焦糊味
8	35	200	30	绿茶风味

二、可可茶熟普加工

可可茶熟普加工工艺与云南大叶种一样，即晒青毛茶→人工发水渥堆→翻堆，表 7-16 表明不同发水量熟普品质比较。

表 7-16　可可茶熟普的制作
Tab. 7-16　The manufacture of prepared cocoa Pu'er

含水量 /%	外形	汤色	香气	滋味	叶底	排名
20	浅红褐	浅红褐	略有霉味	较浓尚醇	浅褐红	4
25	较红褐	红褐较亮	较纯正	较醇尚爽口	浅褐红	3
30	褐色	褐红亮	纯正	醇和较浓爽口	较红褐	1
35	褐色	黑褐	纯正	醇较浓	较红褐	2

在渥堆过程，茶坯不同含水量对渥堆品质有直接的影响，含水量不同，经45天的渥堆，其对应的茶叶品质结果也不同，在四个茶坯水分处理中以茶坯含水量30%和35%渥堆加工出的熟普品质好，不同茶坯生产的熟普品质差异主要表现在汤色和滋味上，含水量在25%以下，经45天的渥堆，与熟普品质要求比，转色不够，滋味欠醇爽，品质不理想（表7-17）。本试验结果表明，在渥堆中，随着茶坯含水量的增加，茶叶发酵程度加快，茶叶品质能较快达到熟普的品质特征，因此，在渥堆时，在茶叶保证不发霉变的正常条件下，如果茶坯含水量低，可延长渥堆时间，以进一步熟化达到理想的品质。

表7-17　不同渥堆阶段熟普的感官审评结果

Tab. 7-17　The result of organoleptic test from prepared cocoa Pu'er in different moisten time

时间/天	外形	汤色	香气	滋味	叶底	排名
14	浅绿褐	黄稍带红	平正	较醇	绿黄	6
21	黄褐	较红	平正	较醇	黄带褐	5
28	红褐	红带褐	纯正	醇较浓	褐带红	3
35	浅棕褐	褐红	纯正	醇和较爽	红褐	2
42	褐较深	较深褐	纯正	醇较浓爽	红褐	1
49	深褐	黑褐	平正	醇尚浓	稍黑褐	4

通过审评结果表明，本试验以渥堆发酵35天和42天熟普品质最好，超过49天品质下降，渥堆在21天以下，色、味转化不够，品质差，渥堆时间应在28至42天，才能生产出较好的熟普品质，时间过长或不够，加工出的熟普品质都不理想。

第6节　可可白茶加工

白茶品质特点是叶面灰绿色，叶背满披白毫，芽叶完整连枝、肥壮，叶面波纹隆起；内质香气清鲜，毫香显，滋味鲜醇，汤色杏黄，清澈明亮；叶底嫩绿或淡绿，叶脉微红。由于可可茶茸毛特多，非常适宜加工白茶，全年茶季均可生产。

白茶加工工艺简单，鲜叶→萎凋→干燥两个步骤。看似工艺简单，但要做出其品质风格，仍需在以下几个方面注意。

萎凋：要想加工出叶面灰绿的白茶，控制萎凋温度是非常必要的，必须低于20℃。

从审评结果可知（表7-18），不同温湿度处理白茶香气与滋味影响较大。随着温湿度的提高，白茶香气的甜度与总体浓度增强明显，大体表现为：高温湿＞中温湿＞低温湿；在滋味上，中高温湿处理下的白茶也总体较低温更浓厚更甜醇。而对于汤色与叶底，中低温湿度处理的白茶则均较高温湿的浅；尤其是叶底，高温湿白茶中红张较多，中低温湿白茶仍总体保持灰绿。相对而言，仅延长萎凋时间，即比较同温湿度处理下萎凋36 h与42 h的白茶，其感官品质的变化不明显。

表 7-18　夏季不同萎凋处理下白茶的感官品质

Tab. 7-18　Organoleptic quality of cocoa white tea in different withering time

萎凋处理		感官品质			
温湿度	时间 /h	汤色	香气	滋味	叶底
低温湿	36	黄亮	鲜纯、尚浓、微青	较鲜醇	灰绿明亮
低温湿	42	黄亮，稍浅	鲜纯、尚浓、微青	较鲜醇	灰绿明亮
中温湿	36	黄亮，稍浅	鲜尚甜、较浓、	较甜醇、较鲜	灰绿明亮、有红张
中温湿	42	黄亮	鲜尚甜、较浓	较甜醇、较浓	灰绿明亮、有红张
高温湿	36	浅橙黄，明亮	鲜甜、较浓	浓厚、较甜醇	红张较多
高温湿	42	浅橙黄，明亮	甜较鲜、较浓	浓厚、较甜醇	红张较多

低温低湿（19～21℃，35%～50%rH）、中等温湿（22～26℃，50%～65%rH）和高温高湿（28～31℃，80%～95%rH）

由 60℃烘干 3 h 所得样品有较明显的青气；而 120℃烘干 0.5 h 所得的样品，虽烘干时间短，但较高的温度已导致白茶表现出高火味。80℃烘干 2 h 和 100℃烘干 1 h 处理的白茶在感官品质上较接近，其中前一种处理的白茶香气的鲜度较显，醇和度较好，略优于后一种处理（表 7-19）。

表 7-19　不同烘干温度白茶的感官品质

Tab. 7-19　Organoleptic quality of cocoa white tea in different dried temperature

烘干处理		感官品质			
温度 /℃	时间 /h	汤色	香气	滋味	叶底
60	3	黄亮	鲜纯，有青气	青醇，尚浓	灰绿明亮，稍有红张
80	2	黄亮	鲜纯	鲜醇，较浓	灰绿明亮，稍有红张
100	1	黄亮	较鲜纯	鲜较醇，较浓	灰绿明亮，稍有红张
120	0.5	黄亮，稍深	有高火味	较浓，微涩	灰绿明亮，稍有红张

第 7 节　可可茶在冲泡过程中生化成分溶出率的研究[1][2]

可可茶 *C. ptilophylla* Chang 是新兴的无咖啡碱茶，它含 4% 左右的可可碱，与传统茶相比较，它的茶多酚含量更高，但茶氨酸的含量相对较低。可可茶和茶一样可以作为常规的安全饮料，饮用可可茶具有不影响睡眠，强心和增强动态耐力等保健功能。目前可可茶的引种驯化已经获得初步的成功，并从栽培可可茶中制作出了与传统茶形式一致

① 何玉媚，李晶，李成仁，等. 冲泡过程中可可茶生化成分溶出率的研究 [J]. 广东农业科学，2011，22：116-120.
② 李晶. 可可茶与传统茶在冲泡过程中生化成分溶出率的比较研究 [D]. 广州：中山大学，2009. 指导教师：叶创兴.

的绿茶、红茶、乌龙茶、黄茶、普洱茶、白茶等，这些可可茶成茶与传统的茶类有着近似的风味，其饮用形式亦为沏茶饮法——沸水冲泡，滤出茶汤饮用。从古至今，关于泡茶、饮茶的论述很多，现在最为普通的就是以沸水浸泡茶叶，使茶叶中的各种生化成分溶解到水中，人们通过饮用茶汤，吸收溶解在茶汤中的化学成分，达到饮茶的目的。评审茶叶时，准确称取 3 g 茶叶，用 150 ml 沸水冲泡，5 min 后将茶汤滤出，由专家对茶叶和茶汤的形、色、滋味、叶底等进行感官审评，感官评审时不考虑茶叶的生化成分。百姓饮茶随意性较大，有嗜饮浓茶如"功夫茶"者，每次饮茶投放的茶叶量较大，喜饮淡茶者，使用茶叶量较小，沏茶时的用水量、浸泡的时间、冲泡茶叶的次数，均没有一定之规，不同于茶叶评审仅一次性冲泡，常与饮茶者的习惯和喜好有很大的关系。从茶叶生化成分溶解在水中的速度和溶出量来说，受到制作茶叶形式和茶叶各种生化成分在沸水中溶解度等限制，沏茶时绝不可能在短时间内一次把茶叶中的所有生化成分溶解出来，因此饮茶时茶叶通常为多次冲泡，茶叶中的生化成分将逐步溶出，分次饮茶也就有它的依据。有关茶叶冲泡的文献很多，它们从茶叶的冲泡技艺、茶叶量、冲泡时间、冲泡次数对最佳的冲泡方式进行了探讨，意见并不一致，一部分也涉及茶多酚（黄酮类）、游离氨基酸、矿质元素等在冲泡过程中的溶出。一般认为冲泡 3 次，茶叶主要成分大部分已经溶出。虽然有人指出各种成茶和茶饮料中咖啡碱、茶氨酸的含量，但是并未涉及在茶冲泡过程中它们的溶出，对茶叶主要化学成分在冲泡过程中的溶出率也尚缺乏全面研究，对新兴茶叶可可茶有效成分的溶出，目前尚无文献涉及。基于此，我们对可可茶沏茶次数，茶叶有效物质溶出量进行了比较研究，其目的在于对日常饮用可可茶提供参考。

一、实验材料

由可可茶 1 号制作的蒸青样、可可绿茶、可可红茶和可可乌龙茶。

二、仪器与试剂

Waters Company：Waters 高效液相色谱仪（Waters515 泵，手动进样器，Waters2487 检测器）；广州逸海公司：YH-3000 色谱工作站；北京普析通用仪器有限责任公司：TU-1901 双光束紫外可见分光光度计，1 cm 石英比色皿。

13 种化学标准品：茶氨酸（theanine），没食子酸（GA），可可碱（TB），咖啡碱（CaF），茶叶碱（TP），儿茶素（C），表儿茶素（EC），没食子儿茶素（GC），表没食子儿茶素（EGC），儿茶素没食子酸酯（CG），表儿茶素没食子酸酯（ECG），没食子儿茶素没食子酸酯（GCG），表没食子儿茶素没食子酸酯（EGCG）均购于 Sigma 公司，用到的其他常规试剂均为国产，分析纯。

三、实验方法

（一）茶多酚测定为酒石酸亚铁法

1. 茶多酚总量的测定

准确称取干茶磨碎样 1.5 g，置于 300 ml 烧杯中，加入沸腾蒸馏水 225 ml，放入沸水中浸提 45 min，中间搅拌 2～3 次，浸提后即过滤，滤液冷却后加水定容到 250 ml。吸取样液 1 ml 于 25 ml 容量瓶中，加水 4 ml，加酒石酸亚铁溶液 5 ml，再加 pH7.5 缓冲液稀释至刻度，空白以蒸馏水代替供试样液。以 1 cm 比色皿，540 nm 波长下测定吸光值。

茶多酚总量的计算：

$$茶多酚（\%）=\frac{E\times3.914}{1000\times V'}\times\frac{V_0}{m_0}\times100\% \tag{7-1}$$

其中：E 为吸光值；3.914 为吸光系数（1 cm 比色皿，吸光值为 1.0 时茶多酚浓度为 3.914 mg/ml）；V' 为吸取供试液体积；V_0 为茶汤供试液总体积；m_0 为茶叶取样质量。

2. 分次冲泡茶汤中茶多酚含量的测定

准确称取 3 g 茶样，置于 300 ml 烧杯中，连续冲泡 10 次，每次加入 150 ml 沸水，每次冲泡滤出的茶汤单独保存备测，除第 1 次浸泡 10 s 即刻将茶汤滤出，其余各次加入沸水后均浸泡 3 min。滤出茶汤冷却后按预定体积稀释后，吸取滤液由紫外分光光度计进行比色测定。溶出茶多酚量同样依公式（7-1）计算。

（二）儿茶素类、茶氨酸和嘌呤生物碱测定

1. 儿茶素类、茶氨酸和嘌呤生物碱总量测定

称量磨碎茶样 0.3 g，置 100 mL 的烧杯中，加入 90 ml 沸水。将烧杯置于水浴锅中沸水浴 30 min，每 10 min 搅拌一次，水浴后趁热过滤，残渣以沸水洗涤 1-2 次，滤液冷却后定容至 100 ml。

标准品溶液的制备：

精密称取标准品茶氨酸、GA、TB、TP、CAF、C、EC、EGCG、GCG、ECG 各 20 mg，GC、EGC、CG 各 4 mg，充分混合后以超纯水溶解，定容至 100 ml。

色谱条件：

色谱柱：Discovery C_{16} 柱（4.6 mm×250 mm，5 μm）；流动相 A：0.05% 磷酸水溶液；流动相 B：乙腈；洗脱梯度：0～60 min，2%B～30%B；流速：1.0 ml/min；柱温：35℃；检测波长：210 nm；进样量：20 μl。

经实验测试，色谱条件对混合标准品、各类茶样分离度良好（图 7-1）。

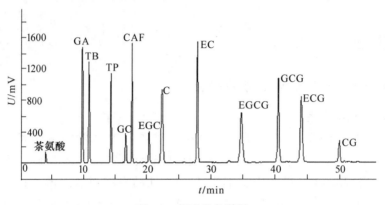

图 7-1　标准品色谱图

Fig. 7-1　HPLC chromatogram of standard

表 7-20　13 种化合物标准曲线方程

Tab. 7-20　Regression equation of 13 chemical components

化合物	回归方程	相关系数 r^2	线性范围 / (μg/ml)
茶氨酸	$Y=9949.45X+1082.57$	0.9999	0.11～21.6
GA	$Y=176\ 428X+10\ 963$	0.9998	0.1～52
TB	$Y=145\ 882X+112\ 540$	0.9998	1～104
TP	$Y=138\ 086X+54\ 073$	0.9998	0.1～52
CAF	$Y=193\ 081X+19\ 288$	0.9999	0.1～52
GC	$Y=256\ 466X+56\ 811$	0.9997	0.2～20
EGC	$Y=162\ 259X-10\ 160$	0.9995	0.36～36
C	$Y=209\ 222X+142\ 717$	0.9998	0.1～52
EC	$Y=300\ 812X+33\ 823$	0.9999	0.1～20
EGCG	$Y=236\ 915X+235\ 610$	0.9996	5.2～104
GCG	$Y=257\ 219X+305\ 019$	0.9991	1～104
ECG	$Y=275\ 969X+278\ 563$	0.9995	1～104
CG	$Y=330\ 233X+74\ 049$	0.9993	0.2～20

标准曲线的制作与线性范围考察：

分别吸取标准品溶液 5、2.5、1、0.5、0.25、0.1、0.05、0.005 ml，置 10 ml 容量瓶中，加水稀释至刻度，得到 8 种不同浓度的标准品溶液。分别吸取各浓度的标准品溶液 20 μl，依次注入高效液相色谱仪进行测定，记录各浓度下的标准品的峰面积值。以进样量为横坐标，以峰面积为纵坐标，经 Excel 程序计算得到线性回归方程（表 7-20）。

精确吸取供试液 20 μl 注入色谱仪，按设定的色谱条件进行测定，记录各化学成分的相应峰面积值。将峰面积值代入表中相应的回归方程进行计算，即可得到每一种化学成分在茶叶样品中的含量。

2. 分次冲泡茶汤中儿茶素类、茶氨酸和嘌呤生物碱的测定

准确称取 3 g 茶样，置于 300 ml 烧杯中，连续冲泡 10 次，每次加入 150 ml 沸水，每次冲泡滤出的茶汤单独保存备测，除第 1 次浸泡 10 s 即刻将茶汤滤出，其余各次加入沸水后均浸泡 3 min。滤出茶汤冷却后按预定体积稀释后，吸取供试样品溶液 20 μl，注入高效液相色谱仪进行测定，分别记录每一次冲泡的茶样的 14 种化学成分峰面积值。根据峰面积和标准曲线计算出各种化学成分在每次冲泡茶汤的溶出量。

四、实验结果与讨论

（一）茶多酚在冲泡过程中的溶出

以酒石酸亚铁法测定茶多酚，可可茶茶多酚总量以及在各次冲泡过程中的茶多酚溶出率见表 7-21。

表 7-21　可可茶成茶在 540 nm 下吸光值及茶多酚溶出率

Tab. 7-21　Absorbance value and dissolved rate of tea polyphenols of manufacture cocoa tea

茶类	总含量 /%（干重）	检测项目	每次冲泡溶出率 /%										溶出总量 /%
			1	2	3	4	5	6	7	8	9	10	
可可红茶	13.47	平均吸光度	0.16	0.34	0.20	0.13	0.09	0.07	0.06	nd	nd	nd	——
		溶出率 /%	15.03	31.30	18.21	11.69	8.63	6.29	5.44	nd	nd	nd	96.60
可可绿茶	31.78	平均吸光度	0.18	0.69	0.44	0.25	0.18	0.13	0.08	0.07	0.06	0.05	——
		溶出率 /%	6.73	31.09	19.70	11.49	7.82	5.53	3.40	3.07	2.61	2.00	93.44
可可乌龙茶	24.49	平均吸光度	0.08	0.39	0.28	0.21	0.20	0.14	0.12	0.10	0.08	0.05	——
		溶出率 /%	4.81	22.47	16.70	12.24	11.45	7.80	6.84	5.40	4.52	2.70	94.93
可可茶蒸青样	32.21	平均吸光度	0.06	0.19	0.23	0.22	0.17	0.16	0.15	0.14	0.11	0.09	——
		溶出率 /%	2.66	8.92	10.61	9.96	7.89	7.28	6.91	6.34	5.07	4.17	69.81

nd＝not detected（未检出）

1. 蒸青样茶多酚总量溶出率

蒸青样在日常生活中并不属于饮用茶的范围，多为实验室研究茶叶基本化学成分含量所用。

相对于红茶、绿茶和乌龙茶，可可茶的蒸青样在经过 10 次冲泡后，茶多酚总量溶出率仅为 70% 左右，且单次溶出率较为平均，没有出现单次溶出率的明显变化，也没有在第 2 次冲泡时明显地大量溶出，仅为 8.92%。第 1 次冲泡洗茶弃去 2.66% 的茶多酚，从量上来说并不多。

2. 可可红茶茶多酚总量溶出率

红茶中的茶多酚总量在第 2 次冲泡时溶出量最大，达 31.3%。其中第 1 次冲泡属于洗茶，茶多酚溶出达 15.03%。第 2 次的茶汤供正式饮用。随后茶多酚总量溶出速率逐渐减少。

可可红茶的茶多酚总量单次溶出率较高，且在冲泡到第 7 次时，累计溶出率已达到 96.60%。其中被饮用的前 5 次累计溶出率在 80% 以上。排除洗茶因素，约有 65% 是可为人体所利用的。可可红茶的茶多酚总量为茶叶干重的 21.33%，约为绿茶的 1/3。

3. 可可绿茶茶多酚总量溶出率

绿茶的茶多酚总量是各种加工方法制作的成茶中最高的，而根据实验结果分析，绿茶经过冲泡后所溶解出的茶多酚总量在 10 次冲泡后累计达到 93.44%。

在连续冲泡时，能够被人们饮用的前 5 次冲泡，可可绿茶茶多酚总量累计溶出率为

76.83%。除去绿茶在第 1 次洗茶仅弃去 6.13% 的茶多酚，有 70% 的茶多酚在饮用中得到了利用。

　　可可绿茶的茶多酚溶出集中在第 2 次到第 5 次，其单次溶出率下降速度很快，在第 5 次冲泡之后单次溶出率低于 5%。第 2 次冲泡茶多酚的溶出率为 31.09%。冲泡 5 次后，茶多酚溶出累计达 76.83%，考虑到可可绿茶茶多酚总量为 31.78%，这种溶出率其绝对溶出量是各种可可茶成茶中最高的。

　　4. 可可乌龙茶茶多酚总量溶出率

　　可可乌龙茶溶出率变化特点与绿茶相似，茶多酚溶出较为集中，其累计溶出率都要明显低于其他加工方法制作的成茶，经 5 次冲泡后已经达到 67.67%，低于可可绿茶和可红茶，但可可乌龙茶茶多酚总量为 24.49%，高于可可红茶 13.47% 的量，其 5 次累计的绝对溶出量仍高于红茶。第 1 次冲泡洗茶时弃去 4.81% 的茶多酚，第 2 次的溶出率为 22.47%。

　　蒸青样只经杀青、干燥，未经过揉捻阶段，但其茶多酚总量与可可绿茶相仿，经冲泡后茶多酚的溶出率很高，与可可绿茶茶多酚的溶出率也是相仿的。

　　日常饮用可可茶只冲泡 5 次，会丢弃约 1/3 的茶多酚，而洗茶这一道工序最少在蒸青样将损失 2.66%，最多在红茶可损失 15.01% 茶多酚。由此，洗茶这个做法是不科学的，有学者认为洗茶会把茶叶的香气、有效物质洗去，不赞成洗茶。

（二）各生化成分在冲泡过程中的溶出

　　除茶多酚用紫外分光光度计测定外，各生化成分的分析是在 HPLC 上完成的。

　　1. 可可茶蒸青样

　　可可茶蒸青样在连续冲泡时，其生化成分的溶出是渐进的，它们的溶出率见表 7-22。

表 7-22　可可茶蒸青样连续冲泡时各生化成分的溶出率

Tab. 7-22　Dissolved rate of each component of cocoa tea fresh leaves

成分	总含量 /%	每次冲泡溶出率 /%										溶出总量 /%
		1	2	3	4	5	6	7	8	9	10	
茶氨酸	0.21	4.63	17.38	16.70	12.73	9.73	9.53	8.57	6.60	4.72	4.61	95.19
GA	0.17	6.40	19.07	16.41	11.29	8.83	7.55	6.71	6.54	4.88	4.11	91.79
TB	4.80	12.60	32.42	22.45	12.08	7.79	4.90	2.98	2.21	1.56	1.02	100.02
GC	2.35	4.06	13.49	14.49	12.18	9.27	8.60	7.60	6.23	4.63	3.77	84.30
EGC	0.36	2.83	5.99	7.26	6.89	5.35	5.08	4.78	3.75	3.13	3.36	48.42
C	4.57	6.47	19.37	18.26	13.83	10.17	8.57	7.10	5.48	4.15	3.08	96.49
EC	0.34	1.33	4.05	4.48	3.70	3.45	3.29	3.08	3.69	2.00	2.08	31.14
EGCG	3.84	1.75	6.68	9.62	9.33	7.32	6.91	2.83	5.83	4.47	4.20	58.94
GCG	11.85	2.12	8.65	11.81	11.39	8.63	7.96	8.39	7.01	5.08	4.15	75.19
ECG	0.82	1.06	5.52	9.40	9.38	6.91	6.18	10.19	5.88	3.84	4.76	63.13
CG	0.02	0.00	0.00	3.48	16.53	4.19	2.97	7.29	4.82	2.84	5.47	47.60

未检测出 TP 和 CAF

2. 可可红茶

可可红茶在连续冲泡时各生化成分的溶出见表 7-23。

表 7-23　可可红茶连续冲泡时各成分溶出率

Tab. 7-23　Dissolved rate of each component of black cocoa tea

成分名称	总含量/%（干重）	每次冲泡溶出率/%								溶出总量/%
		1	2	3	4	5	6	7	8	
茶氨酸	0.21	30.27	39.47	14.96	6.81	3.18	1.97	1.28	1.18	99.12
GA	0.53	16.04	29.45	11.94	5.64	3.87	3.05	2.43	2.19	74.62
TB	3.98	25.17	42.12	19.90	9.55	5.51	3.35	1.92	1.31	108.82
GC	0.08	10.54	31.61	18.29	11.17	6.72	5.32	0.00	5.68	89.33
CAF	nd	0.00	0.00	0.00	0.35	0.34	0.00	0.00	0.00	0.69
EGC	0.01	6.21	13.67	11.51	14.55	9.15	6.90	0.00	0.00	61.98
C	0.86	16.33	37.71	20.82	11.37	6.72	4.66	0.00	0.00	97.60
EC	0.03	2.98	5.03	3.12	2.00	1.22	0.18	0.00	0.00	14.52
EGCG	0.19	0.83	2.61	1.84	2.26	1.21	0.18	0.00	0.00	8.93
GCG	0.88	5.00	20.36	14.54	10.57	6.75	6.08	0.00	0.00	63.30
ECG	0.17	0.45	2.64	3.41	3.36	2.58	2.53	0.00	0.00	14.97
CG	nd	0.00	0.00	0.00	26.63	3.98	5.55	0.00	0.00	36.17

未检测出 TP

3. 可可绿茶

可可绿茶连续冲泡时各生化成分溶出见表 7-24。

表 7-24　可可绿茶连续冲泡时各成分溶出率

Tab. 7-24　Dissolved rate of each component of green cocoa tea

成分名称	总含量/%（干重）	每次冲泡溶出率/%										溶出总量/%
		1	2	3	4	5	6	7	8	9	10	
茶氨酸	0.14	13.42	34.35	19.02	10.58	6.53	5.08	2.00	1.68	1.35	0.91	94.91
GA	0.10	16.37	28.70	10.69	5.46	3.64	2.59	1.33	1.39	1.26	1.10	72.52
TB	4.57	19.47	44.97	22.48	10.60	5.27	3.07	1.02	0.78	0.46	0.46	108.57
GC	1.74	16.77	45.21	23.96	14.46	7.40	5.74	1.82	1.63	1.23	1.00	119.21
EGC	0.17	19.01	51.58	30.97	21.96	12.30	9.43	3.34	2.88	2.38	1.88	155.74
C	4.36	17.31	44.89	23.00	12.58	6.29	4.62	1.19	1.18	1.00	0.71	112.77
EC	0.22	10.82	11.55	13.79	5.04	3.15	2.69	0.58	0.70	0.67	0.39	49.38
EGCG	3.33	8.89	30.21	21.98	12.60	8.21	6.59	1.24	1.49	2.13	1.00	94.35
GCG	14.88	9.52	32.32	22.69	12.23	7.61	5.97	1.08	1.20	1.93	0.83	95.39
ECG	0.57	6.06	25.73	19.74	8.57	7.56	5.70	0.33	0.49	1.85	0.20	76.22
CG	0.04	0.00	0.00	14.05	3.91	0.00	4.50	0.62	0.00	0.32	0.00	23.39

未检测出 TP 和 CAF

4. 可可乌龙茶

可可乌龙茶连续冲泡时各生化成分的溶出见表7-25。

表 7-25　可可乌龙茶连续冲泡时各成分溶出率
Tab. 7-25　Dissolved rate of each component of oolong cocoa tea

成分名称	总含量/%（干重）	每次冲泡溶出率/%										溶出总量/%
		1	2	3	4	5	6	7	8	9	10	
茶氨酸	0.47	7.61	32.77	16.45	10.95	7.65	4.37	3.54	2.66	2.06	1.84	89.90
GA	0.25	3.62	17.02	8.81	5.17	3.89	2.64	2.43	1.98	1.79	1.31	48.66
TB	3.42	8.79	40.69	20.67	10.27	6.32	3.12	2.09	1.21	0.82	0.44	94.43
GC	2.35	5.52	27.52	17.30	11.29	8.21	4.79	3.94	3.07	2.44	2.02	86.11
EGC	0.20	2.91	17.86	5.40	10.79	8.86	5.28	4.78	4.12	2.84	2.55	65.40
C	4.90	6.61	31.97	18.92	12.01	8.35	4.85	3.87	2.83	2.16	1.62	93.21
EC	0.15	1.03	4.59	3.85	2.93	2.45	1.95	1.71	1.45	1.24	0.87	22.08
EGCG	2.88	2.70	10.05	9.21	7.52	5.56	5.03	3.94	3.20	2.48	1.89	51.58
GCG	10.69	4.53	20.56	17.06	13.56	8.45	8.83	6.51	5.02	3.83	2.90	91.25
ECG	0.24	4.64	11.25	13.40	13.03	8.78	11.76	7.20	5.79	3.84	1.99	81.66
CG	nd	0.00	0.00	0.00	0.00	0.00	0.00	0.00	0.00	0.00	0.00	0.00

未检测出 TP 和 CAF

（三）可可碱的溶出率

可可茶含可可碱（表7-22），不含咖啡碱。可可碱在单独存在时，难溶于水，1 g 可溶于 2 L 的沸水，但在可可茶冲泡过程中其溶出率如何受到关注。可可茶 4 个茶样测得的可可碱总量如表7-26 所示。

表 7-26　可可茶成茶可可碱总量
Tab. 7-26　Theobromine content of manufacture cocoa tea　%

可可茶成茶	可可茶蒸青样	可可红茶	可可绿茶	可可乌龙茶
可可碱含量/%	4.59	3.95	4.56	3.42

根据表7-22～表7-25可以发现，可可茶4种成茶，经5次冲泡，可可碱累计溶出率蒸青样为87.34%，红茶为102.25%，绿茶为102.78%，乌龙茶为86.74%，说明可可碱在可可茶是易于溶出的。

可可碱在第2次冲泡时大量溶出，除蒸青样为32.42%外，其余3种茶是次溶出率达到40%。此后溶出率迅速递减，在第6次冲泡时，每一种茶的可可碱单次溶出率都低于5%。第1次冲泡，可可碱溶出在蒸青样为12.60%，红茶为25.17%，绿茶为19.47%。乌龙茶为8.79%。

　　乌龙茶经过 10 次冲泡后，可可碱累计溶出率仅为 95%。这一特点的形成原因可能与乌龙茶在加工过程中所形成的特殊形态、发酵程度等因素有关。但就其经 5 次冲泡，和其余 3 种茶可可碱累计溶出率超过了 85%，把冲泡可可乌龙茶次数限为 5 次也是可以的。

　　制作可可茶成茶时，蒸青样与绿茶、乌龙茶均含可可碱，不含咖啡碱，但在红茶中有时会含少量的咖啡碱，究其原因可能是部分可可碱转化成咖啡碱，另外由于制作的过程有一个发酵过程，造成可可碱的含量也相对较低，但究竟是否此因素引起，还需要加以研究。

（四）茶氨酸的溶出率

　　根据各种可可茶成茶氨基酸总量（表 7-27），所有的可可茶成茶的茶氨酸溶出率变化趋势一致，即在第 2 次达到最高值，然后逐渐下降，除蒸青样在第 2 次冲泡时溶出率为17.38% 外，其余 3 种成茶第 2 次冲泡的溶出率均超过了 30%。蒸青样单次溶出率比较稳定，中间较多，但第 1 次和最后一次的单次溶出率基本一致。而红茶、绿茶的溶出率下降很快，因此其累计溶出率在冲泡到第 5 次时就趋于稳定，在最后 3 次冲泡中，每次溶出量均在 3% 以下。乌龙茶溶出率变化相对平缓（表 7-22～表 7-25）。

表 7-27　可可茶成茶茶氨酸总含量
Tab. 7-27　Theanine content of manufacture cocoa tea %

可可茶成茶	可可茶蒸青样	可可红茶	可可绿茶	可可乌龙
茶氨酸含量	0.213 853	0.204 109	0.14 653	0.472 292

　　就累计溶出率而言，在红茶、绿茶和乌龙茶中的茶氨酸的累计溶出率都比较充分。在前 5 次冲泡中，茶氨酸累计溶出率都能达到 80% 左右，蒸青样前 5 次冲泡中，茶氨酸累计溶出率约为 61.17%（表 7-22），可能与它未经揉捻工序有关。

（五）儿茶素溶出率

　　通过对高效液相色谱所得出的八种儿茶素的溶出量与已知的各种茶儿茶素含量相比较，得出儿茶素的溶出率，表 7-28 是可可茶含儿茶素的总量。

表 7-28　不同可可茶样所含儿茶素总量
Tab. 7-28　Catechin content of manufacture cocoa tea %

可可茶成茶	可可茶蒸青样	可可红茶	可可绿茶	可可乌龙茶
儿茶素总量	24.76	4.16	23.31	17.59

1. 蒸青样儿茶素溶出率

　　蒸青样的儿茶素溶出率较为均匀，即连续冲泡的过程中儿茶素溶出速率的变化不大，这与前面所讨论蒸青样各成分的溶出率呈现相似的规律。同时，可可茶蒸青样儿茶素累计溶出率最终少于 80%，这同蒸青样茶多酚总量的溶出关系相对应（表 7-22）。

但具体的儿茶素单次溶出率没有出现前面各种成分在第 2 次冲泡时出现的高峰现象，且累计溶出率一直保持增长而没有出现稳定的趋势，冲泡前 5 次所能溶出的儿茶素量 C 为 68.1%，GA 为 62%，GC 为 54.39%，GCG 为 42.6%，其余 4 种儿茶素 5 次冲泡累计总溶出率不足 40%（表 7-22～表 7-25）。

蒸青样中的儿茶素总量是各种茶中最多的，其中可可茶蒸青样儿茶素最为突出达到了 24.76%，在可可茶中含量较高的儿茶素是 GC，C，EGCG 和 GCG，GCG 达到 11.85%，它们中溶出率最高的是儿茶素，累计溶出率为 96.49%，其次是 GC，累计溶出率为 84.30%，GCG 累计溶出率为 75.19%，EGCG 累计溶出率为 58.94%（表 7-22）。

2. 红茶儿茶素溶出率

可可红茶儿茶素总量很低，仅为干重的 4.16%，其溶出率与其茶多酚总量溶出率的规律相一致，即在第 2 次冲泡时达到单次溶出率的峰值。在冲泡 6 次后，累计溶出率达到了 66.53%，之后由于溶出量过于微小，峰面积过小并未能计算出单次溶出率。因此在日常饮用前 5 次的茶饮时，儿茶素总溶出率基本已达到稳定（表 7-23）。

3. 绿茶儿茶素溶出率

绿茶儿茶素含量很高，接近蒸青样儿茶素的总量。可可绿茶的儿茶素溶出在冲泡 10 次之后都很充分，几乎达到了 100%。集中于前面 5 次的冲泡茶汤中，第 2 次冲泡的单次溶出率都在 35% 以上，第 3 次冲泡单次溶出率在 20% 左右，之后单次溶出率呈明显的递减。可可绿茶的单次溶出率从 7 次开始就不足 2%。这一规律与绿茶的茶多酚总量溶出率相吻合（表 7-24）。

从日常饮用的角度来说，冲泡到第 5 次儿茶素累计溶出率可以达到 90% 左右。由于绿茶在第 1 次洗茶过程中就会溶出大量的儿茶素，大约为 13%，因此，绿茶不适宜洗茶，应该直接冲泡饮用。

4. 乌龙茶儿茶素溶出率

可可乌龙茶的儿茶素总量较高，且溶出较充分，在 10 次冲泡后达到了 87.3%。其单次溶出率变化较平缓，冲泡过程中溶出总量连续上升，并没有达到一个明显的稳定值。故推定如果继续冲泡仍然可以溶出部分儿茶素。因此，在日常饮用时，如果只冲泡 5 次，则将失去约 40% 的儿茶素成分（表 7-25）。

红茶的总儿茶素的量相对其他茶类要低很多，在冲泡中其溶出是较快的，经几次冲泡后，几乎全部溶出。蒸青样、绿茶儿茶素的溶出较快、较完全，而乌龙茶总儿茶素的量与其他 3 种茶相比偏低，且其溶出较慢较不彻底，因此冲泡乌龙茶投入茶叶可多些，冲泡次数亦可适当增加。

（六）部分成分溶出率超过 100% 的讨论

从实验结果相关表格中可以发现，部分成分的累积溶出率超过了 100%，这是不符合一般规律的。在表格中，可可绿茶有多种成分的溶出率累积溶出率超出了 100%、甚至达到了 155.74%。

观察表 7-24 可以发现，在可可绿茶中溶出总量超过 100% 的有儿茶素类（GC、EGC、C）和生物碱 TB。根据紫外分光光度计测得的茶多酚总量的溶出率，两种方法所测得的累计溶出率也超出 100%。

经过比较上述成分在相应品种绿茶中的总含量，可以发现溶出总量超出 100% 的成分，往往是本身含量就很高，由于绿茶是未发酵茶，各种成分含量都较高，现在观察到的几乎所有的累计溶出率超出 100% 都出现在可可绿茶。

各种茶样各种成分的提取是通过研磨蒸煮法，即将茶叶研磨粉碎后沸水浴 30 min 得到。这种方法只通过一次长时间沸水浴来提取所有成分，可能会造成提取不完全。根据提取方法中"少量多次"的原则，应增加提取次数以保证尽可能多的成分被提取。

在此次实验中，采取的是沸水冲泡的方法溶解茶叶成分，没有研磨茶样，对于充分溶出茶叶的生化成分有一定影响，但是由于一泡茶会连续冲泡 10 次，符合了少量多次的原则，茶叶中的各种成分被连续的冲泡不断地提取出来。对于某些含量很高的物质，这种连续的冲泡有助于其尽可能地溶出。

此外，由于实验未能多次重复，不可避免地存在一些偏差，因此对于那些总量刚刚超过 100% 的成分，有可能是因为取样的细微差别或者计算的误差。

五、小结

应用常规饮茶的冲泡方法，可可茶各种成茶绝大多数的有效成分均可充分溶出，综合考虑，其冲泡以 5 次为好，洗茶会损失一部分茶叶有效成分，日常饮用可可茶时可加以避免。

不同加工方法制作的可可茶，其生化成分溶出速度不同。可可红茶的各成分溶出速率要快于其他茶；可可乌龙茶各种成分的累计溶出率要低于其他各种茶类，往往在经过 10 次冲泡后仍然不能全部溶出茶叶内的茶多酚和生物碱类物质。

可可绿茶的茶多酚含量明显较高，且在冲泡过程中溶出速率也比较高且溶出充分。可可茶蒸青样由于未加揉捻，无论是在茶多酚还是生物碱，各种成分的溶出都表现得比较缓慢。

第 8 节　可可茶成茶风味的感官评价①

一、可可茶的制作

实验材料取自广东省茶科所可可茶园，采摘可可茶鲜叶 1 芽 2 叶（新生嫩芽与邻近两片嫩叶），采用传统蒸青绿茶、烘青绿茶、乌龙茶和红茶的制造工艺，由经验丰富的制茶

---

① WANG X J，WANG D M，LI J X，*et al*. Aroma characteristics of cocoa tea (*Camellia ptilophylla* Chang) [J]. Biosci Biotechnol Biochemi 2010, 74 (5): 946–953.

专家于 2004 年春和 2005 年秋分别制作了可可蒸青绿茶、可可炒青绿茶、可可乌龙茶和可可红茶。可可茶成茶的制茶工艺流程如彩图 7-2 所示。

二、实验材料和实验方法

（一）实验材料

可可茶：可可蒸青绿茶（2004）、可可烘青绿茶（2005）、可可乌龙茶（2004，2005）、可可红茶（2004，2005）。

传统茶对照品：传统蒸青绿茶（煎茶）、传统炒青绿茶（龙井茶）、传统乌龙茶（铁观音特级）、传统红茶（阿萨姆红茶）均为日本市售特级茶。

（二）实验方法

1. 评审人员

采用下述标准嗅觉检查法（夏涛和童启庆，1996）和基本味觉测定法从日本御茶水女子大学的女大学生（22～32 岁）中挑选出合适的实验评价人员 11 名。

标准嗅觉检查法：采用 T&T 嗅觉定量检查法（T&T olfactometer standard odors for measuring olfactory sense）进行检测。具体操作步骤如下：选择 A、B、C、D、E 五种物质，分别代表不同气味物质；分别用 15 cm×0.7 cm 的无味滤纸前端沾浸 1cm 上述进行稀释的不同嗅物液，置受检者前鼻孔下方 1～2 cm 处，闻嗅 2～3 次，依次按由低浓度到高浓度的顺序依次进行检测，选出本实验的评审人员。本检查法采用日本第一药品产业株式会社的 β-phenylethyl alcohol（玫瑰香），Methyl cyclopentenolone（焦糖香），Isovaleric acid（汗臭味），4-Undecanolide（桃子味），Skatol（菌类气味）5 个标准物，分别配制成 $10^{-4.0}$、$10^{-4.5}$、$10^{-4.5}$、$10^{-5.0}$、$10^{-4.5}$ 浓度（质量分数）进行嗅觉识别试验，选出能够对以上浓度做出正确描述的人作为本研究的评价人员。

四种基本味的测定：制备甜（蔗糖）、咸（氯化钠）、酸（柠檬酸）、苦（咖啡碱）四种呈味物质的两个或三个不同浓度的水溶液。按照规定号码排列顺序进行品尝（表 7-29A），品尝时样品一点一点地啜入口内，并使其滑动时接触舌的各个部位（尤其应注意使样品能达到感觉酸味的舌边缘部位）。样品不得吞咽，在品尝两个样品的中间用温水漱口。

表 7-29 四种基本味的识别（A）与觉察阈值（B）
Fig. 7-29 Identification of four tea basic taste（A）and its feeling threshold value（B）

A			
样品	基本味觉	呈味物质	试验溶液 /（g/100 ml）
A	酸	柠檬酸	0.02
B	甜	蔗糖	0.40

续表

A			
样品	基本味觉	呈味物质	试验溶液 / (g/100 ml)
C	酸	柠檬酸	0.03
D	苦	咖啡碱	0.02
E	咸	氯化钠	0.08
F	甜	蔗糖	0.60
G	苦	咖啡碱	0.03
H	—	水	—
J	咸	氯化钠	0.15
K	酸	柠檬酸	0.40

B			
样品	浓度 / (g/100 ml)		
	甜（蔗糖）	咸（氯化钠）	酸（柠檬酸）	苦（咖啡碱）
1	0.00	0.00	0.000	0.000
2	0.05	0.02	0.005	0.003
3	0.10	0.04	0.010	**0.004**
4	0.20	0.06	0.013	0.005
5	0.30	0.03	**0.015**	0.006
6	**0.40**	0.10	0.018	0.008
7	0.50	**0.13**	0.020	0.010
8	0.60	0.15	0.025	0.015
9	0.60	0.18	0.030	0.020
10	1.00	0.20	0.035	0.030

B 中黑体表示数据为觉察平均阈值

　　四种基本味觉的察觉阈试验：制备一种呈味物质（蔗糖、氯化钠、柠檬酸、咖啡碱）的一系列浓度的水溶液（表 7-29B），按浓度增加的顺序依次品尝，确定这种味道的察觉阈。选出低于或等于平均察觉阈值以下的评价人员。

　　选出的评价人员通过培训后进入正式的样品感官评价。

2．感官评审的环境

　　感官评审环境要求：空调和换气扇完备的房间进行，室温 25℃恒温。

　　在符合上述条件的房间中设置 2 个小间，保证这两个小间互不干扰。

3．样品溶液的制备

　　茶的风味受热水温度、茶叶和热水的比例以及浸泡时间的影响很大，为了找出滋味好、香气明显且稳定、易进行感官评价的浸泡条件，采用 3 点试验法进行感官评价和讨论，结果如下：

称取可可茶 3 g 放入茶壶，加热水 150 ml，加盖浸泡 3 min，取茶汤为本试验样品。

4. 感官评价用语

本试验参考茶叶审评常用的术语选择适合可可茶成茶的感官评价用语。

5. 感官评价的设计与方法

使用随机化完全区组设计进行实验；样品采用随机的三位数字编码，并随机的分发给评价员。

采用 10 cm 的 line scale 进行评价。在 50 ml 的纸杯中倒入 25 ml 的样品，将纸杯放入装有热水的容器中，保持在 50～60℃，进行感官评审。评审人员闻香气 10 s，看汤色，然后喝适量的样品茶汤，10 s 后将茶汤吐掉。每个样品的评审结束后用矿泉水漱口后再对下一个样品进行评价。

6. 统计

采用 Turkey's multiple comparision test 进行统计分析。

三、结果与讨论

经过 11 名感官评价人员的 3 次讨论，确定了 7～8 个感官评价用语对可可茶成茶和对照的传统茶进行评价。可可绿茶和可可红茶采用香气、滋味、汤色、苦味、涩味、鲜味、甜味 7 个评价用语。一般来说，乌龙茶滋味醇厚回甘，品饮乌龙茶有喉韵的特殊感觉，即茶汤过喉徐徐生津，而有回味，安溪铁观音同样具有这种特性，浓饮稍苦涩，后回甘，历久犹有余香，这种独特的韵味称之为"观音韵"或"音韵"，在对可可乌龙茶的感官评价时，引入了绿茶和红茶审评中使用的"回甘"这个评价用语（表 7-30、表 7-31）。

表 7-30　可可茶茶汤感官评价用语及其定义
Tab. 7-30　Flavor attributes selected for the sensory evaluation of cocoa tea infusion and sencha infusion

感官评价用语	定义	感官评价用语	定义
香气	香气高低以及持久性	苦味	苦味的强度
滋味	滋味的轻重、醇和度、鲜味强弱	涩味	涩味的强度
汤色	色相和明度，彩度、浑浊和沉淀的有无	甜味	甜味的强度
回甘	回甘的强度（乌龙茶）	鲜味	鲜味的强度

表 7-31　QDA 法评价的结果
Tab. 7-31　The results of sensory evaluation by QDA method

感官评价用语	可可蒸青绿茶	煎茶	可可烘青绿茶	龙井茶	可可乌龙茶	铁观音	可可红茶	阿萨姆红茶
香气	6.51	5.34	6.24	4.98	6.09	7.46	6.87	6.97
滋味	4.92	5.99	3.95	5.68	5.37	6.26	6.10	5.09
汤色	5.07	6.87	4.83	5.98	6.23	6.57	7.93	7.15

续表

感官评价用语	可可蒸青绿茶	煎茶	可可烘青绿茶	龙井茶	可可乌龙茶	铁观音	可可红茶	阿萨姆红茶
回甘	—	—	—	—	3.00	1.76	—	—
苦味	7.58	8.15	6.06	4.88	3.60	5.79	6.03	5.00
涩味	6.96	8.12	5.73	5.14	3.25	5.21	6.02	5.22
甜味	4.11	2.62	1.34	3.75	3.97	3.38	3.44	3.70
鲜味	2.69	3.62	2.61	4.56	4.70	4.15	3.77	3.55

（一）可可蒸青绿茶与煎茶

可可蒸青绿茶茶汤与煎茶相比具有香气高、苦涩味轻、欠鲜味、甜味较强的特点；其汤色清澈色浅，与煎茶亮绿色的汤色差别较大（彩图 7-3A）。

（二）可可烘青绿茶与龙井茶

与传统的炒青绿茶龙井茶的茶汤相比，可可烘青绿茶茶汤香气高、滋味重、苦涩味强，但是缺乏甜味和鲜味；可可烘青绿茶的茶汤浅黄色微带绿色，色泽明亮，与黄绿明亮龙井茶汤色不同（彩图 7-3B）。

（三）可可乌龙茶与铁观音

可可乌龙茶茶汤和铁观音相比较香气稍弱、滋味轻、苦涩味弱，但回甘较强；其汤色金黄明亮与铁观音的汤色无有意义差别（彩图 7-3 C）。

（四）可可红茶与阿萨姆红茶

与阿萨姆红茶茶汤相比，可可红茶茶汤香气高、滋味好，有阿萨姆红茶的鲜味和甜味；其汤色较阿萨姆红茶更红艳明亮（彩图 7-3D）。

四、小结

采摘可可茶鲜叶用传统制茶方法制作成的可可绿茶、可可乌龙茶和可可红茶与各自对应的传统茶相比较发现，不发酵的可可蒸青绿茶和煎茶存在着较大的差别，滋味轻且汤色浅，引起这一不足的主要原因推测是可可蒸青绿茶在制茶时缺少揉捻工艺，所以才能破坏叶片组织，使细胞内物质黏附在叶片上，冲泡时水溶物质不能顺利进入茶汤。可可烘青绿茶与龙井茶差别大，苦涩味重。综合可可绿茶来看，虽然在滋味上存在一定的欠缺，但是其具有较强香气不容忽视，可以利用香气的优势，参考其他传统绿茶的制茶工艺找出适合可可茶的绿茶制造工艺。

半发酵的可可乌龙茶和传统乌龙茶中的名茶铁观音相比较，基本具有乌龙茶的风味特征，不管是从香气还是汤色，与铁观音无大的差别，且具有乌龙茶所特有的回甘特色；其滋味较轻的缺点可以通过发酵和揉捻的工艺加以改进。综上所述，可可茶适合制作发酵茶，特别是红茶。

第9节　可可茶茶汤的香气特性①

感官评价表明可可茶成茶具有香气高的特点，本文以传统蒸青绿茶、炒青绿茶、乌龙茶、红茶为对照，采用QDA法（定量描述法）对可可茶成茶的香气特征进行了描述和评价。

一、实验材料和实验方法

（一）实验材料

可可茶：可可蒸青绿茶（2004）、可可烘青绿茶（2005）、可可乌龙茶（2004，2005）、可可红茶（2004，2005）。

传统茶对照品：传统蒸青绿茶（煎茶）、传统炒青绿茶（龙井茶）、传统乌龙茶（铁观音特级）、传统红茶（阿萨姆红茶）均为日本市售特级茶。

（二）评审人员

采用下述标准嗅觉检查法（夏涛和童启庆，1996）和基本味觉测定法从日本御茶水女子大学的女大学生（22～32岁）中挑选出合适的实验评价人员11名。

（三）感官评审的环境

感官评审环境要求：空调和换气扇完备的房间进行，室温25℃恒温。在符合上述条件的房间中设置2个小间，保证这两个小间互不干扰。

（四）样品溶液的制备

茶的风味受热水温度，茶叶和热水的比例以及浸泡时间的影响很大，为了找出滋味好、香气明显且稳定、易进行感官评价的浸泡条件，称取可可茶3g放入茶壶，加热水150ml，加盖浸泡3min，取茶汤为本试验样品。采用3点试验法进行感官评价和讨论。

（五）感官评审用语

参评人员首先对每一个样品进行评价，评价用语从Shimoda等提议的44个食品评价用语中选出。此外，在这44个用语中没有的用语，评审人员可以自由记述。总结整理关于样品的描述，在此基础上，根据情况进行2～3次的自由讨论，选出准确描述样品特征

---

① 王秀娟. 可可茶成茶风味及其化学成分研究［D］. 广州：中山大学，2010. 指导教师：叶创兴.

且具有代表性的评价用语，明确规定用语的含义。

（六）感官评审的设计与方法

使用随机化完全区组设计进行实验；样品采用随机的三位数字编码，并随机的分发给评价员。

评审样品 25 ml 放在 50 ml 褐色瓶中，按照传统茶饮用时的温度将其放入盛有 60 ml 沸水的 100 ml 烧杯中，保持样品在 60~70℃之间，烧杯放在带有把手的杯子中进行评价，如彩图 7-4 所示。

（七）统计分析

采用 Turkey's multiple comparision test 软件进行统计分析。

二、结果和讨论

（一）可可蒸青绿茶和煎茶

经过 11 名感官评价人员的 3 次讨论，选定了奶香、花香、鲜叶香、苦味、烘烤香、清香、肉香、紫菜香 8 个感官评价用语。采用选出的评价用语对可可蒸青绿茶和煎茶进行了评价，结果如彩图 7-5A 所示。可可蒸青绿茶具有奶香、花香和竹叶般的鲜叶香；煎茶具有苦味、烘烤香、清香、肉香、紫菜香。

（二）可可烘青绿茶和龙井茶

11 名感官评价人员的 3 次讨论的结果，采用甜香、烟味、烟草的甜香、旧纸张味、焦味、烘烤香、汗味 7 个感官评价用语对可可烘青绿茶和龙井茶进行感官评价（表 7-32）。

表 7-32　可可茶成茶与传统茶各香气对嗅觉的气味贡献

Tab. 7-32　Odor attributes selected for the sensory evaluation and the results of sensory evaluation of the aroma of cocoa teas and traditional teas

感官评价用语	可可蒸青绿茶	煎茶	可可炒青绿茶	龙井茶	可可乌龙茶	铁观音	可可红茶	阿萨姆红茶
奶香	8.56	1.53	—	—	—	—	—	—
甜花香	7.68	2.02	—	—	—	—	—	—
兰花香	—	—	—	—	8.60	3.01	—	—
花香	—	—	—	—	—	—	6.07	4.62
鲜竹叶香	6.44	3.57	—	—	—	—	—	—
苦味	2.14	6.27	—	—	—	—	—	—
烘烤香	3.35	7.20	3.82	7.68	4.90	7.36	5.10	6.58
树木清香	3.44	6.15	—	—	3.36	6.76	—	—
肉香	0.74	7.61	—	—	—	—	—	—
紫菜香	1.76	7.01	—	—	—	—	—	—

续表

感官评价用语	可可蒸青绿茶	煎茶	可可炒青绿茶	龙井茶	可可乌龙茶	铁观音	可可红茶	阿萨姆红茶
炒豆甜香	—	—	2.90	6.72	—	—	—	—
砂糖甜香	—	—	—	—	3.08	7.08	—	—
土豆的甜香	—	—	—	—	—	—	6.61	4.58
烟味[b]	—	—	8.58	2.20	—	—	—	—
烟草的甜香[b]	—	—	7.87	2.30	—	—	—	—
旧纸张味[b]	—	—	7.52	2.89	—	—	—	—
焦味[b]	—	—	8.46	3.13	—	—	—	—
汗味[b]	—	—	2.20	6.82	—	—	—	—
木香	—	—	—	—	4.73	5.67	6.00	5.20
酸气[a]	—	—	—	—	4.28	3.90	—	—
干果香[a]	—	—	—	—	7.44	3.26	5.85	4.55
白桃般鲜果香	—	—	—	—	6.51	2.55	—	—
清新感[a, b]	—	—	—	—	5.38	4.14	—	—
新鲜土豆香[b]	—	—	—	—	—	—	8.32	2.49
柑橘香[b]	—	—	—	—	—	—	2.84	7.85
稻草香	—	—	—	—	—	—	3.59	7.96

奶香，抹茶冰淇淋温和的甜香

由11名感官评审员评审分值平均得分（0，表示弱；10，表示强）。不同的字母（a和b）表示通过多重比较测试，（Turkey's multiple-comparision test），差异有统计学意义，a：*p＜0.05，b：** p＜0.01

感官评价的结果如彩图 7-5B，可可炒青绿茶具有烟味、烟丝的甜香、旧纸张味、糊味；龙井茶则有甜香、烘烤香和汗味。

（三）可可乌龙茶和铁观音

经过 3 次充分的讨论确定了 9 个感官评价用语，分别是木香、清香、甜香、烘烤香、酸气、干果香、鲜果香（白桃）、花香（兰花）和清新感。如彩图 7-5C 所示，可可乌龙茶具有干果甜香、水果香（白桃）、花香（兰花）和清新感；铁观音具有木香、甜香、烘烤香。可可乌龙茶和铁观音都具有一定的酸气，无差别。

（四）可可红茶和阿萨姆红茶

经过 11 名感官评价人员的 3 次充分讨论，采用甜香、新鲜土豆香、花香、干果香、木香、烘烤香、柑橘香、稻草香这 8 个感官评价用语对可可红茶和阿萨姆红茶的香气特征作了比较，结果如彩图 7-5D 所示，可可红茶和阿萨姆红茶都具有相近的甜香、花香、干果香、木香、烘烤香和稻草香；不同之处在于可可红茶具有很强的新鲜土豆香而阿萨姆红茶具有柑橘香。

三、结论

从感官评价的结果可知，可可绿茶的香气特征和传统绿茶差别大，而可可乌龙茶和可可红茶的香气特征则与传统茶很接近。可可蒸青绿茶虽然不具有煎茶特有的紫菜香、烘烤香和清香，但是它具有煎茶所没有的奶香、花香和竹叶般的鲜叶香，花香对于高级的绿茶来说很重要，虽然本实验中制作的可可蒸青绿茶与煎茶在香气上差异很大，但是从香气上来说可可茶鲜叶具有制作优质蒸青绿茶的潜质，可以通过改善制茶工艺的方法摸索出发挥可可茶鲜叶特色的蒸青茶工艺。可可烘青绿茶具有不愉快的烟味、焦味、旧纸张味，这些气味推测为加工过程中的不慎造成的污染，在强烈的不愉快气味的影响下，可可烘青绿茶仍然表现出了其特有的甜香，这一香气特征和可可蒸青绿茶一致，更加说明了可可茶成茶具有的独特香气优势。可可乌龙茶干果香、白桃般的鲜果香以及兰花花香极为明显，这完全符合了乌龙茶具有花果香的特征，尽管和铁观音的香气特征有一定的差别，仍然不能掩盖可可茶鲜叶适合制造乌龙茶的本质特征。可可红茶基本与阿萨姆红茶无差别，完全具有红茶所应该具有的花香和果香，可以说本实验的可可红茶加工是非常成功的。综上所述，加工工艺的不同，形成了不同香型的可可茶成茶；从香气特征上判断，可可茶鲜叶非常适合制造半发酵茶乌龙茶和发酵茶红茶；而可可绿茶的加工工艺有待改进和创新。

第 10 节　可可茶香气成分的化学分析[①]

对可可茶成茶感官评价的结果表明了各种可可茶成茶茶汤具有不同香气特征，本节采用 GC、GC-MS 法对可可茶成茶茶汤含有的挥发性物质进行了分离和定量研究，从化学成分的基础上尝试解释其香气特征的不同，并分析不同加工工艺下可可茶成茶香气的变化趋势。

一、实验材料与实验方法

（一）实验材料

可可茶：可可蒸青绿茶（2004）、可可烘青绿茶（2005）、可可乌龙茶（2004，2005）、可可红茶（2004，2005）。

传统茶对照品：传统蒸青绿茶（煎茶）、传统炒青绿茶（龙井茶）、传统乌龙茶（铁观音特级）、传统红茶（阿萨姆红茶）均为日本市售特级茶。

（二）试剂

内标物：癸酸乙酯（ethyl decanoate，东京化成工业）。

一般试剂：蒸馏乙醚、蒸馏甲醇、蒸馏正戊烷（日本和光）、Porapark Q 树脂（Sigma）

内标溶液的配制（I.S.，internal standard）：准确称量 155.2 mg 癸酸乙酯放入 100 ml

①　王秀娟. 可可茶成茶风味及其化学成分研究［D］. 广州：中山大学，2010. 指导教师：叶创兴.

的容量瓶中，并用蒸馏甲醇溶解定容。取此溶液 1 ml 于 10 ml 容量瓶中，用蒸馏甲醇定容备用。

（三）实验方法

1. 香气浓缩物的提取与分析

首先，将 50 g 茶叶放入用保温铝箔纸包好的三角瓶中，然后倒入 2.5 l 热水，浸泡 3 min。用尼龙布和脱脂棉过滤至其他三角瓶中，锡纸覆盖三角瓶口，流水下冷却。冷却后，加入配好的 I.S.，上 Porapak Q 柱（2.5 cm i.d.×16 cm）。用精制水 300 ml 除去氨基酸和糖等水溶性成分，然后用同体积的精制戊烷和乙醚（penthane：ether ＝1：1）溶出香气成分。溶出液中残留的水分用分液漏斗除去。然后加入适量的无水硫酸钠静置一夜脱水，常压蒸馏除去溶剂。香气成分在 GC、GC-MS 分析前用氮气浓缩。本实验重复三次，计算重复性。

2. 可可茶香气浓缩物的 GC-MS 和 GC 分析

总离子流色谱图中的各色谱峰，根据其质谱图的基峰，质荷比和相对丰度，经人工解析及计算机谱库检索，并参考标准物在 GC 图谱中的保留时间和 Kovats 保留指数（Kovats index，KI）对各种可可茶茶汤中所含香气化合物进行定性和定量（表 7-33）。

表 7-33　气相色谱（GC）和气相色谱 - 质谱联用（GC-MS）对可可茶香气成分的分析条件
Tab. 7-33　GC and GC-MS conditions for cocoa tea aroma compounds analysis

气相色谱（GC）		检测器	FID
色谱仪	Agilent 6890 N	注入温度	200℃
色谱柱	DB-WAX	检测温度	220℃
检测器	FID	分流比	30：1
锅温	60℃（保持 4 min）→ 2 ℃ /min ↑→200℃	载运气体	He
入口温度	200℃	流速	1.0 ml/min
检测温度	220℃	质谱部分	
载运气体	He	质谱仪	Agilent 5890 N
流速	1.0 ml/min	电离电压	70 eV
分流比	30：1	入口温度	200℃
气相色谱 - 质谱（GC-MS）联用		检测温度	220℃
气相部分（GS）		电离电流	300 μ A
色谱仪	Agilent 6890 N	发射	0.38 mA
色谱柱	DB-WAX 60 m×0.25 mm（ i.d.）（J&W Scientific）	计算软件	HP Chem. Station System
锅温	60℃（保持 4 min）→2℃ /min ↑ → 200℃（保持 30 min）	文库	WILEY275.L
注入	Split		

二、结果和讨论

（一）可可茶香气浓缩物的回收率

各种可可茶香气浓缩物的回收率如表 7-34 所示。可可蒸青绿茶、可可烘青绿茶、可可乌龙茶和可可红茶的香气浓缩物的含量分别占干茶重的 0.008%、0.010%、0.046% 和 0.032%。茶叶香气物质在茶叶中的绝对含量很少，一般只占茶叶干重的 0.02% 左右。在绿茶、乌龙茶和红茶中分别占 0.005%～0.02%、0.01%～0.03%、0.03%～0.005%（Ashiha *et al*，1997）。可可绿茶、可可乌龙茶和可

表 7-34　各种可可茶香气浓缩物的回收率
Tab. 7-34　The yield of cocoa tea aroma compound

样品	回收率 /（mg/100g）干茶	含量 /%
可可蒸青绿茶	8.16±0.17	0.008
可可炒青绿茶	9.51±0.21	0.010
可可乌龙茶	46.18±1.56	0.046
可可红茶	31.64±1.02	0.032

可红茶的香气成分含量均在此范围之内。可可绿茶（蒸青和烘青）香气含量低，可可乌龙茶和可可红茶香气成分丰富，超过可可蒸青绿茶的 3 倍以上。可可乌龙茶和可可红茶可以归类为传统茶发酵茶，传统发酵茶在萎凋和发酵过程中有大量香气的形成，可可乌龙茶和可可红茶香气增加可以推测为萎凋和发酵过程中新的香气成分的生成。并且可可烘青绿茶的香气浓缩物的回收率比可可蒸青绿茶高，这说明在烘青过程中也有香气成分产生或增加。

（二）可可茶茶汤挥发性成分的定性和定量

可可蒸青绿茶、可可烘青绿茶、可可乌龙茶和可可红茶的茶汤中存在的挥发性成分的图谱如图 7-6 所示。从 GC 图谱上可以看出，可可蒸青绿茶、可可烘青绿茶、可可乌龙茶和可可红茶的香气组成各不相同。根据 GC、GC-MS 分析的结果，从可可茶成茶茶汤中共鉴定出了 82 种挥发性成分，其中可可蒸青绿茶、可可烘青绿茶、可可乌龙茶和可可红茶茶汤分别鉴定出了 54、46、47 及 50 种挥发性化合物。根据官能团分类，归纳为表 7-35，各种挥发性成分的峰面积百分比和内标比如表所示。在可可茶成茶茶汤中用 PQM 法提取出的挥发性物质中，可可乌龙茶和可可红茶被鉴定出的挥发性物质占峰总面积的百分比较高，分别占 77.53% 和 78.92%，而可可蒸青绿茶和可可烘青绿茶茶汤则比较低，分别为 57.56% 和 48.35%，其主要原因为可可绿茶茶汤的很多成分都是微量存在，很难被鉴定。本研究中鉴定出的可可茶成茶茶汤中的挥发性成分都已在传统茶的研究中被检测过，并没有发现新挥发性成分的存在，各个挥发性成分只是在含有量上与传统茶有所不同。

1. 可可绿茶（cocoa steamed and fired green tea，CGT-S and CGT-F）

1）可可蒸青绿茶

在可可蒸青茶茶汤中鉴定出的 54 种挥发性物质中，主要挥发物物质为单萜烯醇类，酚类，酸类，分别占其总挥发性物质峰面积的 15.01%、12.49% 和 7.21%。可可蒸青绿茶茶汤中含有的主要挥发性物质为香草素（11.05%）、2,3- 二氢苯并呋喃（4.58%）、芳樟醇（2.52%）、二氢猕猴桃内酯（2.78%）、3,7- 二甲基 -1,5- 辛二烯 -3,7- 二醇（2.67%）、香叶醇（1.75%）、脱氢芳樟醇（1.18%）和 α- 松油醇（1.15%）。

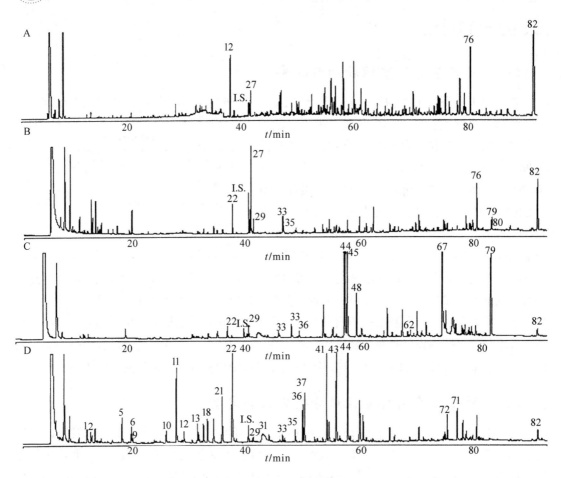

图 7-6　可可茶茶汤挥发性物质气相色谱图

Fig. 7-6　Gas chromatogram of cocoa teas extracted by the Porapok Q column adsorption method

A 可可蒸青绿茶；B 可可炒青绿茶；C 可可乌龙茶；D 可可红茶

表 7-35　可可茶成茶茶汤的挥发性成分

Tab. 7-35　Volatile compounds identified in the cocoa tea infusion

KI[a]	化合物	香气的描述	Ratio of I.S.[c]							
			CGT-S[*]	CGT-P[†]	COT[‡]	CBT[§]	CGT-S	CGT-P	COT	CBT
	单萜醇类									
1445	氧化芳樟醇（反式 - 呋喃型）	甜香	0.80	0.25	0.34	1.24	0.22	0.08	1.34	1.27
1472	氧化芳樟醇（顺式 - 呋喃型）	叶香，土香	0.98	0.16	0.19	1.53	0.27	0.05	1.19	1.57
1540	芳樟醇	甜花香	2.52	2.20	0.79	10.00	0.69	0.69	1.79	10.30
1601	4- 松油醇	类似紫丁香花香	nd	0.50	nd	nd	nd	0.15	nd	nd
1606	脱氢芳樟醇（3,7- 二甲基 -1，5,7- 辛三烯 -3- 醇）	甜花香	1.18	1.00	0.95	0.31	0.32	0.32	1.95	0.31
1695	α - 松油醇	类似紫丁香花香	1.15	1.39	0.60	0.89	0.32	0.44	1.60	0.50

KI[a]	化合物	香气的描述	Ratio of I.S.[c]							
			CGT-S[*]	CGT-P[†]	COT[‡]	CBT[§]	CGT-S	CGT-P	COT	CBT
1737	氧化芳樟醇（反式 - 吡喃型）	花香	0.95	0.30	1.11	0.64	0.26	0.09	2.11	0.66
1761	氧化芳樟醇（顺式 - 吡喃型）	土香	0.87	0.29	0.46	1.95	0.24	0.09	1.46	2.00
1796	橙花醇	类似玫瑰花香	0.65	0.54	nd	0.31	0.18	0.17	nd	0.32
1837	香叶醇	类似玫瑰花香	1.75	0.53	2.08	5.20	0.48	0.17	3.08	5.34
1945	3,7- 二甲基 -1,5- 辛二烯 -3,7- 二醇		2.67	1.46	3.01	2.71	0.73	0.46	4.01	2.78
2020	橙花叔醇	温和的甜香	nd	nd	0.41	nd	nd	nd	1.41	nd
2124	3,7- 二甲基 -1,7- 辛二烯 -3,6- 二醇		0.49	0.48	0.41	0.34	0.13	0.15	1.41	0.35
2268	E-2,6- 二甲基 -2,7- 辛二烯 -1,6- 二醇		0.60	0.72	1.84	1.39	0.16	0.23	2.84	1.43
2306	Z-2,6- 二甲基 -2,7- 辛二烯 -1,6- 二醇		0.40	0.57	0.68	1.78	0.11	0.18	1.68	1.82
	总量		**15.01**	**10.39**	**12.87**	**28.29**	**4.11**	**3.11**	**25.87**	**28.65**
	醇类									
1162	1- 戊烯 -3- 醇	绿叶调香气	0.07	nd	nd	nd	0.02	nd	nd	nd
1250	正戊醇	令人不悦的气味	0.23	1.70	0.78	0.87	0.06	0.54	1.78	0.86
1354	正己醇	绿叶调香气	nd	nd	tr	0.71	nd	nd	nd	0.73
1383	Z-3- 己烯醇	绿叶调香气	0.54	nd	nd	4.62	0.14	nd	nd	4.38
1403	E-3- 己烯醇	绿叶调果香	nd	nd	nd	0.73	nd	nd	nd	0.81
1449	1- 辛烯 -3- 醇	类似蘑菇香	nd	0.12	0.18	0.49	nd	0.04	1.18	0.50
1456	正庚醇		nd	0.02	0.20	0.19	nd	0.01	1.20	0.18
1558	正辛醇	类似玫瑰的花香	0.30	nd	0.18	nd	0.08	nd	1.18	nd
1598	2,6- 二甲基环己醇		0.09	nd	nd	nd	0.03	nd	nd	nd
1868	苯甲醇	淡淡的花香	nd	0.87	0.64	6.81	nd	0.28	1.64	6.99
1903	2- 苯乙醇	类似玫瑰的花香	0.66	1.19	16.60	12.00	0.18	0.37	17.60	12.20
	总量		**1.89**	**3.90**	**18.58**	**26.42**	**0.51**	**1.24**	**24.58**	**26.65**
	酚类									
1766	水杨酸甲酯	薄荷味	0.52	0.16	nd	2.68	0.14	0.05	nd	2.75
1996	苯酚	甜香	nd	0.80	nd	nd	nd	0.25	nd	nd
2567	间甲酚	类似药的气味	0.32	nd	nd	nd	0.09	nd	nd	nd
2570	对甲酚	类似药的气味	nd	0.60	nd	nd	nd	0.19	nd	nd
2573	邻甲酚	类似药的气味	nd	0.65	nd	nd	nd	0.02	nd	nd

续表

KI[a]	化合物	香气的描述	Ratio of I.S.[e]							
			CGT-S[*]	CGT-P[†]	COT[‡]	CBT[§]	CGT-S	CGT-P	COT	CBT
2175	4-乙烯基-2-甲氧基苯酚		0.55	nd	nd	0.26	0.15	nd	nd	0.27
2248	紫丁香醇（2,6-二甲氧基苯酚）	烟味	nd	0.26	nd	nd	nd	0.01	nd	nd
2553	香兰素	类香子兰香气的甜香	11.10	8.00	0.76	1.07	3.03	2.52	1.76	1.09
	总量		12.49	10.47	0.76	4.01	3.41	3.04	1.76	4.11
	酯类									
2196	棕榈酸甲酯		nd	0.29	nd	nd	nd	0.09	nd	nd
2328	茉莉酮酸甲酯	类茉莉花香	nd	nd	0.75	nd	nd	nd	1.75	nd
2387	茉莉酮酸甲酯	类茉莉花香	nd	nd	0.03	nd	nd	nd	1.03	nd
	总量			0.29	0.78			0.09	2.78	
	羰基化合物									
1081	己醛	绿叶调，似苹果香	nd	nd	0.25	1.81	nd	nd	1.25	1.12
1229	E-2-己烯醛	绿叶调香气	nd	nd	nd	1.43	nd	nd	nd	1.47
1135	3-己烯-2-酮		nd	0.52	0.13	nd	nd	0.17	1.13	nd
1461	（E，Z）-2,4-庚二烯醛		nd	0.40	0.14	1.08	nd	0.13	1.14	1.11
1489	（E，E）-2,4-庚二烯醛		0.98	0.72	0.35	1.47	0.27	0.23	1.35	1.51
1515	苯甲醛	似杏仁香	1.78	0.43	0.67	2.98	0.49	0.14	1.67	3.06
1576	（E，E）-3,5-辛二烯-2-酮		1.11	nd	nd	nd	0.30	nd	nd	nd
1611	β-环柠檬醛	薄荷香	0.36	nd	nd	nd	0.10	nd	nd	nd
1635	苯乙醛	似玫瑰花香	nd	nd	1.56	2.37	nd	nd	2.56	7.43
1842	α-紫罗兰酮	似紫罗兰花香	0.83	nd	nd	nd	0.23	nd	nd	nd
1909	β-紫罗兰酮	木香	0.18	nd	nd	nd	0.05	nd	nd	nd
1984	5,6-环氧-E-β-紫罗兰酮		nd	0.54	0.14	nd	nd	0.17	1.14	nd
	总量		5.24	2.61	3.24	11.14	1.68	0.84	10.24	15.70
	酸类									
1697	丁酸	令人不悦的气味	tr	nd	nd	nd	tr.	nd	nd	nd
1845	己酸		1.03	1.33	0.27	1.17	0.28	0.42	1.27	1.20
1945	3-己烯酸		nd	nd	nd	0.11	nd	nd	nd	0.11
1955	庚酸		0.65	0.06	0.11	nd	0.18	0.02	0.11	nd
2065	辛酸		0.16	0.41	nd	nd	0.04	0.60	nd	nd
2158	壬酸		1.74	nd	1.57	0.90	0.48	nd	2.57	0.92

续表

KI[a]	化合物	香气的描述	Ratio of I.S.[e]							
			CGT-S[*]	CGT-P[†]	COT[‡]	CBT[§]	CGT-S	CGT-P	COT	CBT
2267	癸酸		0.89	nd	nd	nd	0.25	nd	nd	nd
2340	香叶酸		1.42	nd	nd	0.70	0.39	nd	nd	0.72
2408	苯甲酸		0.52	nd	nd	0.20	0.14	nd	nd	0.21
2475	月桂酸		0.80	nd	nd	0.48	0.02	nd		0.49
	总量		**7.21**	**1.80**	**1.95**	**3.56**	**1.78**	**1.04**	**3.95**	**3.65**
	内酯类									
1664	1,4-己内酯	甜香，类乳酪香	nd	nd	0.40	0.35	nd	nd	1.42	0.39
1958	1,5-辛内酯	类似桃的果香，类乳酪香	nd	nd	0.12	nd	nd	nd	1.12	nd
2191	1,5-癸内酯	类似桃的果香	0.19	nd	0.29	nd	0.05	nd	1.29	nd
2254	茉莉内酯	类茉莉花香气的果香花香	0.61	1.33	17.40	0.32	0.17	0.42	18.40	0.36
2332	二氢猕猴桃内酯	似茶叶香	2.78	0.29	0.41	1.23	0.76	0.09	1.41	1.15
2442	香豆素	甜香	0.35	0.03	nd	0.04	0.10	0.09	nd	0.04
	总量		**3.93**	**1.65**	**18.62**	**1.94**	**1.08**	**0.60**	**23.64**	**1.94**
	呋喃类									
1468	2-糠醛		1.28	nd	tr.	nd	0.35	nd	tr.	nd
1506	2-乙酰基呋喃		nd	nd	nd	tr.	nd	nd	nd	tr.
2375	2,3-二氢苯并呋喃		4.58	4.90	0.67	1.51	1.26	1.54	1.67	1.54
	总量		**5.86**	**4.90**	**0.67**	**1.51**	**1.61**	**1.54**	**1.67**	**1.54**
	碳氢化合物类									
1099	十一烷		0.22	0.25	0.24	0.55	0.06	0.08	1.24	0.56
1127	乙苯		nd	0.57	0.09	0.15	nd	0.18	1.09	0.14
1254	苯乙烯		nd	nd	nd	0.29	nd	nd	nd	0.30
1599	十六烷		0.85	7.94	nd	nd	0.23	2.51	nd	nd
1805	十八烷		1.16	nd	nd	0.27	0.32	nd	nd	0.28
	总量		**2.23**	**8.76**	**0.33**	**1.26**	**0.61**	**2.77**	**2.33**	**1.28**
	含氮化合物									
1602	1-乙基-2-甲酰基吡咯（茶吡咯）		nd	nd	0.34	0.16	nd	nd	1.34	0.17
1913	苯乙腈	芳香气味	nd	0.20	7.36	0.37	nd	0.06	8.36	0.38
1962	2-乙酰基吡咯		0.75	0.49	0.53	0.16	0.21	0.16	1.53	0.16
2021	甲酰基吡咯		0.38	nd	nd	nd	0.10	nd	nd	nd

续表

KI[a]	化合物	香气的描述	Ratio of I.S.[c]							
			CGT-S[*]	CGT-P[†]	COT[‡]	CBT[§]	CGT-S	CGT-P	COT	CBT
2265	3-乙基-4-甲基-H-吡咯 2,5-二酮		1.06	0.47	0.30	nd	0.29	0.15	1.35	nd
2433	吲哚	臭味	0.34	1.86	11.20	0.10	0.10	0.59	12.20	0.10
	总量		**2.53**	**3.02**	**19.73**	**0.79**	**0.70**	**0.96**	**24.78**	**0.81**
	单萜类									
1198	d-柠檬烯		0.10	0.56	nd	nd	0.03	0.12	nd	nd
	其他									
1964	麦芽酚	烘烤香	0.32	nd	nd	nd	0.09	nd	n.d	nd
2014	呋喃酮		0.75	nd	nd	nd	0.24	nd	nd	nd
	总量		57.56	48.35	77.53	78.92	15.51	15.35	121.60.	84.33

除 E-2, 6-二甲基-2, 7-辛二烯-1, 6-二醇（表中 2268 化合物）、Z-2, 6-二甲基-2, 7-辛二烯-1, 6-二醇（表中 2306 化合物）和 3-己烯酸（表中 1945 化合物）之外，系指那些通过质谱和 KI 指数鉴定一致的可靠的化合物

[a]KI, Kovats 指数是在 DB-WAX 上得出的；[b]Peak area% 峰面积百分数是在 GC 上得出的；[c]Ratio of I.S., 指香气浓缩收得率，是 GC 峰面积的内标率；[d]Tentatively identified 实验中鉴定只通过质谱测定；[e]nd, 指未检测出；[f]tr, 指检测出痕量；[*]CGT-S, 指蒸青可可茶；[†]CGT-P, 指炒青可可茶；[‡]COT, 指可可乌龙茶；[§]CBT, 指可可红茶

2) 可可烘青绿茶

可可炒青绿茶的茶汤中鉴定出了 46 种挥发性物质，仅占总挥发性物质 48.35%。可可烘青绿茶茶汤中检测到的挥发性物质主要为酚类、单萜烯醇类和碳氢化合物，分别占总峰面积的 10.47%、10.39% 和 8.67%，占已鉴定物质的 61%。从单个成分上看，可可烘青绿茶茶汤的挥发性成分的主要成分为香兰素（8.00%）、十六烷（7.94%）、2,3-二氢苯并呋喃（4.90%）、芳樟醇（2.20%）、吲哚（1.86%）、正戊醇（1.7%）、3,7-二甲基-1,5-辛二烯-3,7-二醇（1.46%）、α-松油醇（1.39%）、茉莉内酯（1.33%）、2-苯基乙醇（1.19%）和脱氢芳樟醇（1.00%）。

比较可可蒸青绿茶和可可烘青绿茶的主要挥发性成分可以看出，它们含有含量相近的香草素、2,3-二氢苯并呋喃、芳樟醇、脱氢芳樟醇、α-松油醇和 3,7-二甲基-1,5-辛二烯-3,7-二醇，这些挥发性物质能够为茶汤带去甜香和花香，这和感官评价结果中可可绿茶具有较强的甜香和花香相一致。可可蒸青绿茶中含有较多的香叶醇和二氢猕猴桃内酯，这些挥发性物质具有玫瑰花香、甜香和茶香，可可烘青绿茶中含有较多的吲哚、茉莉内酯和 2-苯基乙醇，这些物质都能给茶汤增添愉快的花香、甜香，这进一步地解释了可可绿茶的香气特点。

可可绿茶的主要挥发性成分包括单萜烯醇类和酚类，单萜烯醇类中芳樟醇，芳樟醇氧化物，香叶醇和脱氢芳樟醇含量很高，但是其含量远远低于可可乌龙茶和可可红茶。另外，胡萝卜素的降解产物如 α-紫罗兰酮，β-紫罗兰酮和二氢猕猴桃内酯只在可可蒸青绿

茶茶汤中检测到。根据报道，这些成分对绿茶的香气有重要作用。反 -3- 己烯醇也只在可可蒸青绿茶茶汤中微量存在，这个成分能给茶汤带来青草香，所以可可蒸青绿茶带有一定的鲜叶香；而这种物质在可可烘青绿茶茶汤中根本没有检测到，这和感官评价中可可烘青绿茶没有传统绿茶的清香一致。另外，酚类物质香兰素在可可绿茶中含量极为丰富，在可可蒸青绿茶和可可炒青绿茶中的峰面积百分比达到 11.10% 和 8.00%，内标比分别为 3.03 和 2.52，均高于可可乌龙茶和可可红茶。迄今为止，香兰素虽然存在于传统茶挥发性物质，但尚未作为任何一种传统茶挥发性成分的主成分。研究表明香兰素能增加茶汤的甜香，可可蒸青绿茶茶汤中有如此高含量的香兰素，再加上单萜醇类，增加了可可蒸青绿茶的甜香、花香和奶油香。另外，茶汤中高含量的香兰素也给可可烘青绿茶带来了烟丝的甜香。仅在可可炒青绿茶茶汤中检测到的 syringol 是具有烟味挥发性物质，推测这种物质造成了可可烘青绿茶的烟味，应该是加工过程中由于操作中加热过强，形成焦味物质被可可烘青绿茶吸收造成的。

2. 可可乌龙茶（cocoa oolong tea，COT）

可可乌龙茶茶汤中含有较多的醇类（33.29%）、含氮化合物（19.73%）、内酯（18.62%）。醇类分为芳香族醇（17.24%），单萜烯醇（12.87%）和 高级脂肪醇（3.18%）。可可乌龙茶的主要香气成分是茉莉内酯（17.4%）、苯基乙醇（16.6%）、吲哚（11.2%）、3,7-二甲基 -1,5- 辛二烯 -3,7- 二醇（3.01%）、香叶醇（2.08%）、苯乙醛（1.56%）。

四种可可茶成茶的香气浓缩物收得率说明可可乌龙茶茶汤含有最丰富的挥发性物质。可可乌龙茶茶汤含有丰富的茉莉内酯（17.4%，18.40 as I.S. ratio），它具有花香，是可可绿茶和可可红茶茶汤含有量的 40 倍。可可乌龙茶含氮挥发性物质丰富，比如吲哚（11.20%，12.20 as I.S. ratio）和 benzyl cyanide（7.36%，8.36 as I.S. ratio）都是其在可可绿茶和可可红茶含有量的 20 余倍。特别是茉莉内酯和茉莉酮酸甲酯只在可可乌龙茶茶汤中检测到。典型的传统乌龙茶具有优雅的花果香，研究表明茉莉内酯、茉莉酮酸甲酯和吲哚这些物质形成了乌龙茶的特征香气，这些成分在乌龙茶的室内萎凋、摇青和做青过程中，由加水分解酶作用下发酵产生。可可乌龙茶无论是在成分组成还是在香气特征上都表现了和传统乌龙茶的相似性。

3. 可可红茶（cocoa black tea，CBT）

可可红茶香气的主要成分是醇类，占总香气成分的 54.7%，单萜醇烯、高级脂肪醇和芳香族醇（aromatic alcohols），其百分比分别为 28.29%、7.6% 和 18.81%。可可红茶香气浓缩物中 2- 苯乙醇（12%），芳樟醇（10%）、苯甲醇（6.81%）、芳樟醇氧化物（5.36%）、香叶醇（5.2%）、反 -2- 己烯醇（4.62%）、水杨酸甲酯（2.68%）、己醛（1.81%）、顺 -2- 己烯醛（1.43%）的含量很高，这些成分几乎都是醇类。

可可红茶的香气特征类似于传统红茶阿萨姆红茶。可可红茶茶汤中含有的挥发性成分和传统红茶相近。如表 7-35 所示，可可红茶的主要成分是单萜烯醇（28.29%），比如芳樟醇、芳樟醇氧化物、香叶醇；醇类（26.42%）例如反 -3- 己烯醇、顺 2- 己烯醇、反 -2- 己烯醇、苯甲醇和 2- 苯基乙醇。酚类物质水杨酸甲酯（2.75 as I.S. ratio）、羰基化合物苯甲醛（3.06 as I.S. ratio）和苯乙醛（7.43 as I.S. ratio）在可可红茶茶汤中的含量高于其他 3 种可可茶茶汤。可可茶茶汤挥发性成分和报道的传统红茶的挥发性成分比较显示，可可红茶和传统红茶具有相同的香气模式。这个结果很好地说明了感官评审中可可红茶显示了和阿萨姆红茶类似的香气特征。

三、结论

可可茶成茶的感官评价结果表明不同加工工艺制成的可可茶成茶具有不同的香气特征，可可蒸青茶具有奶香、甜花香和鲜竹叶香；可可烘青绿茶除去可能由污染引起的不愉快的焦味和旧纸张味，仍然具有烟草的甜香。茶汤挥发性物质的分析结果给出了一定的解释，因为其含有大量的香兰素，并且含有丰富的芳樟醇、香叶醇、芳樟醇氧化物等单萜烯醇类物质。可可乌龙茶具有乌龙茶特有的干果香、白桃般的鲜果香和兰花香，可可红茶具有红茶的花香、干果香和花香。可可乌龙茶和可可红茶比可可绿茶多了萎凋和发酵的工艺，很显然在这两个工艺中产生了大量能带来花香和果香的物质，而对其茶汤挥发性物质的研究正好证明了这一点。一般来说这些物质中的单萜烯醇类物质都是萎凋发酵过程中由糖苷香气前体和内源酶加水解酶作用，将香气物质释放出来，可可茶鲜叶中是否也和传统茶一样存在着糖苷香气前体和加水分解酶将在第 11 节中进行测定。可可茶汤的香气特性和可可茶香气成分的化学分析充分说明通过改变加工工艺可以获得香气各异的可可茶成茶，可以对加工工艺和香气特征相对照，创新和摸索出多种多样的制作高品质可可茶的独特工艺。

茶树品种对香气品质具有显著的影响，是决定香气物质差异性的根本原因。制茶工艺技术的不同是茶类香气千差万别的最直接原因。半发酵茶乌龙茶具有花香，茉莉内酯、茉莉酮酸甲酯、吲哚、芳樟醇、香叶醇等单萜烯醇和 2- 苯乙醇、苯甲醇等芳香醇类含量高，这些醇类成分对乌龙茶和红茶花香的形成至关重要。

第 11 节　可可茶鲜叶中的香气成分前体[①]

茶叶香气中的醇类，比如乌龙茶，红茶中的芳樟醇、芳樟醇氧化物和香叶醇绝大部分都是在其发酵过程中由其糖苷前体经过酶水解而来，对可可红茶茶汤挥发性成分分析的结果显示，可可红茶的主要醇类香气成分如芳樟醇、芳樟醇氧化物、香叶醇、苯甲醇、2- 苯乙醇、水杨酸甲酯，相对于可可绿茶和可可乌龙茶都有很大程度的增加，这预示着可可茶鲜叶中存在着和传统茶相同的香气前体的可能性，本节采用 TFA 衍生法将可可茶鲜叶中含有的糖苷类香气成分前体衍生化后，对其衍生物进行 GC、GC/MS 分析。

---

① 王秀娟. 可可茶成茶风味及其化学成分研究［D］. 广州：中山大学，2010. 指导教师：叶创兴.

一、实验材料与方法

（一）实验材料

样品：可可茶鲜叶于 2004 年 4 月采于广东省农业科学院茶叶研究所可可茶栽培基地。采摘后迅速隔水蒸青 1 min，放入预热至 80℃的恒温烤箱，烘干。

试剂：MBTFA N -Methyl-bis（trifluoroacetamide）（Dericatization Grade，Approx 98%（GC），和光纯工业株式会社）。

（二）实验方法

1. 粗糖苷提取物的制备

取约 25 克可可茶粉碎后，准确称取 20 g，置于 1000ml 烧杯中，加入配制好的内标溶液 1 ml phenyl β-D-glucopyranoside（1.5 mg/ml），然后加入沸腾的精制水 280 ml 继续煮沸 10 min，将提取液用尼龙滤布过滤至 1000ml 烧杯中，再向茶渣中加入 200 ml 沸腾的精制水，沸水再提取 10 min，过滤，合并滤液，并用冰水冷却至室温，加 5 g Polyclar AT 至上述溶液中，用磁力搅拌器搅拌 20 min，用铺有滤纸和硅胶（Wako gel C-200）的布氏漏斗抽滤。将滤液转移到 1000ml 圆底烧瓶中，在 40℃减压浓缩至约 100 ml。再向滤液中加入精制甲醇 400 ml，混匀沉淀溶液中的蛋白质，并抽滤除去溶液中的固体杂质，将所得的水溶液加入到准备好的 Amberlite XAD-2 树脂柱（2.5 cm×5.0 cm）中，流速为 2 倍柱床体积 / 小时，3000 ml 精制水冲洗除去游离糖和氨基酸，精制正戊烷 600 ml 除去游离的香气成分和色素，用 300 ml 精制甲醇溶出糖苷，蒸馏除去甲醇得到粗糖苷提取物。

2. 粗糖苷的 TFA 衍生化

精确称取 10 mg 粗糖苷提取物，置于带塞小玻璃瓶中，在通氮气的状态下，加入 50 μl 无水吡啶和 30 μl MBTFA，加塞密封，振摇后，60℃加热 50 min，使糖苷 TFA 衍生化，冷却至室温，供 GC-MS 分析，注入量为 0.3 μl。

3. 粗糖苷 TFA 衍生物的 GC-MS、GC 分析

条件如表 7-36 所示。

表 7-36　气相色谱（GC）和气相色谱 - 质谱（GC-MS）联用分析条件
Tab. 7-36　GC and GC-MS conditions for cocoa tea aroma compounds analysis

气相部分（GC）	
色谱仪	Agilent 6890 N
色谱柱	DB-5 60 m×0.25 mm（i.d.）（J&W Scientific）
检测器	FID
锅温	130℃（2 min）→ 280℃（30 min），2℃ /min
注射温度	280℃

续表

气相部分（GC）	
检测器温度	220℃
载运气体	He
流速	1.0 ml/min
分流比	30∶1
气相色谱 - 质谱（GS-MS）联用	
气相部分（GC）	
色谱仪	Hewlett Packard 5890 Series Ⅱ
色谱柱	DB-5 60 m×0.25 mm（i.d.）（J&W Scientific）
锅温	130℃（2 min）→280℃（30 min），2℃ /min
注射	分次
检测器	FID
注射温度	280℃
检测器温度	220℃
分流比	30∶1
载运气体	He（1.0 ml/min）.
质谱部分（MS）	
质谱仪	Agilent 5890 N
电离电压	70 eV
注射温度	280℃
检测器温度	220℃
电离电流	300 μA
发射	0.38 mA
计算软件	HP Chem. Station System
文库	WILEY275.L

二、结果与讨论

从可可茶鲜叶中提取的粗糖苷经 TFA 衍生化后，立即进行 GC-MS 分析。可可茶糖苷 TFA 衍生物的总离子流色谱图如图 7-7 所示。通过标准品和文献报进行对比，从可可茶的干燥鲜叶粗糖苷提取物中鉴定出 17 种糖苷。其中单糖苷 6 种，双糖苷 11 种。

如表 7-37 所示，100 g 可可茶干燥鲜叶中糖苷的总含量为 66 mg，其中单糖苷含量较高，为 41.15 mg，占糖苷总含量的 62%，双糖苷含量较低，为 24.94 mg，占糖苷总含量的 38%。王冬梅等（2001）报道，传统绿茶品种 Yabukita、乌龙茶品种 Chin-Shin-Oolong 和红茶品种 Benihumare 100 g 干燥鲜叶中糖苷总含量分别为 127.8、70.1、240.7 mg，其中单

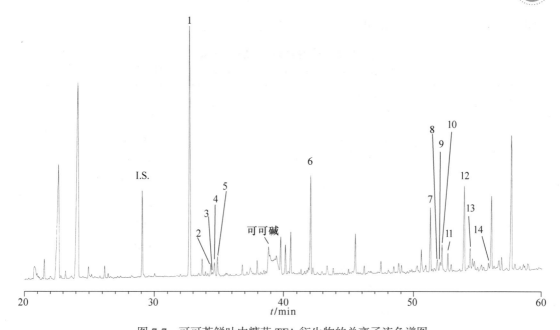

图 7-7　可可茶鲜叶中糖苷 TFA 衍生物的总离子流色谱图

Fig. 7-7　Gas chromatogram of TFA derivatives of the glycosidic extracts from cocoa tea leaves

糖苷和双糖苷含量分别为 35.8 mg 和 92.0 mg，19.7 mg 和 50.4 mg，53.5 mg 和 187.0 mg，分别占糖苷总含量的 28% 和 72%、28% 和 72%、22% 和 78%。从糖苷总含量上看，可可茶鲜叶中糖苷含量较低，和传统乌龙茶品种糖苷含量相近，但是仅占传统绿茶品种总糖苷的 1/2，传统红茶品种 Benihumare 鲜叶总糖苷的约 1/4；从糖苷的组成上来看，可可茶鲜叶中单糖糖苷含量高于双糖糖苷的含量，而传统绿茶，乌龙茶和红茶品种 Benihumare 中双糖糖苷的含量高于单糖糖苷。虽然可可茶鲜叶含有的葡萄糖苷和其在传统红茶品种 Benihumare 鲜叶中的含量无明显差异，但是可可茶鲜叶中双糖苷的含量远远低于传统红茶品种 Benihumare 的双糖苷含量，含量为后者的约 1/8。迄今为止，关于传统茶鲜叶中糖苷的报道显示，糖苷主要是以樱草糖苷的形式存在（Peng L. *et al.*，2008；Yang X.R.，*et al.*，2007；Gao K.，*et al.* 2004），传统红茶品种 Benihumare 所含有的糖苷中，樱草糖苷 benzyl-prim，2-phenylethyl-prim，LOⅢ-prim，LOⅡ-prim，Me-salicylate-prim 和 Gerayl-prim 的含有量占糖苷总含量的 75%，占双糖苷含量的 96%。而可可茶中除了葡萄糖苷 Benzyl-Glu 含量较高外，其余糖苷含量都比较低。传统茶 Benihumare 中有 3 种 geraniol 的糖苷，其含有量很高，与之相比较，可可茶中则只含有微量的 gerniol 的樱草糖苷。传统茶鲜叶中双糖糖苷——樱草糖苷（Prim）的含量非常高，表明了樱草糖苷作为香气前体的高度潜能，而可可茶中单糖糖苷中的 benzyl 和 me-saliylate 葡萄糖苷的含量较高，基本和传统茶鲜叶中的含量相同。这也说明单糖糖苷在可可茶香气物质形成中可能具有重要地位。无论在可可茶双糖糖苷和单糖糖苷中，芳香族糖苷的含量都是最高的，这和王冬梅（2001）对茶鲜叶研究的结果一致。在可可茶鲜叶所含有的糖苷中，没有检测出（Z）-3-hexenol 的糖苷，此结果与传统茶干燥鲜叶的葡萄糖苷中含量位居第三的模式有着很大的不同。与之相对应的，在可可茶香气分析结果中，也未检测出反式青叶醇。

表 7-37　可可茶鲜叶中糖苷的含量

Tab. 7-37　Glycoside contents in dried fresh cocoa tea leaves

峰序号	葡萄糖苷 [a]	含量（mg/100 g 干可可茶茶叶）
1	苄基 -Glc[b]	27.13±0.61
2	（3S,6S）-LO Ⅰ -Glc[c]	1.03±0.14
3	（3R,7S）-LO Ⅱ -Glc[d]	0.39±0.01
4	（3R,8R）-LO Ⅰ -Glc	1.55±0.30
5	（3S,9R）-LO Ⅱ -Glc	1.98±0.21
6	水杨酸甲酯 -β- 吡喃葡糖苷	9.07±1.02
	总葡糖苷	**41.15±2.29**
7	苄基 -prim[e]	5.38±0.83
	芳樟基 -prim	
8	LO Ⅰ -prim[f]	1.67±0.11
	LO Ⅱ -prim	
9	芳樟基 -Vic（1）[g]	1.21±0.12
10	（3S,6R）-LO Ⅱ -prim	2.83±0.21
11	Linalyl-Vic（2）[g]	1.84±0.34
	LO Ⅲ - 双糖[h]	
12		9.17±0.50
	LO Ⅳ - 双糖[i]	
13	甲基水杨酸酯 -β- 樱草糖苷	2.37±0.23
14	牻牛儿基 -β- 樱草糖苷	0.47±0.12
	总双糖苷	**24.94±2.46**
	总葡糖苷	**66.09±4.75**

[a] 表示除水杨酸甲酯 -β- 吡喃葡糖苷和 LO Ⅲ、LO Ⅳ - 双糖均可肯定鉴定（试验中鉴定）。定量分析是在 GC-MS 中 DB-5 柱进行的

[b]Glc，*β*- 吡喃葡糖苷；[c]LO Ⅰ -Glc，芳樟醇氧化物（*trans*- 反式，furanoid 呋喃糖）-*β*- 吡喃葡糖苷；[d]LO Ⅱ -Glc，芳樟醇氧化物（*cis* 顺式，呋喃糖 furanoid）-*β*- 吡喃葡糖苷；[e]Prim，*β*- 樱草糖苷；[f] 表示与 linalyl-prim 重叠；[g]Vic（1）&Vic（2）是 *β*- 荚豆二糖苷异构体；[h]LO Ⅲ，芳樟醇氧化物（*trans*- 反式，吡喃糖 pyranoid）；[i]LO Ⅳ，芳樟醇氧化物（*cis* 顺式，吡喃糖 pyranoid）

第 12 节　可可茶的不挥发性风味成分[①]

可可茶芽叶中嘌呤生物碱和多酚类丰富，不含咖啡碱，传统茶所含的优势嘌呤碱为咖

---

① 王秀娟. 可可茶成茶风味及其化学成分研究［D］. 广州：中山大学，2010. 指导教师：叶创兴.

啡碱，而可可茶为可可碱。传统茶中儿茶素类以 EGCG 为主，而可可茶中的主要儿茶素为 GCG。迄今为止，对可可茶成茶中可可碱和儿茶素的含量和制茶工艺引起的变化少有文献报道。本研究的目的是采用 HPLC 分析法测定可可茶成茶中可可碱和儿茶素的含量，并且初步探讨其对风味的影响。

一、实验材料与实验方法

（一）实验材料

可可茶：可可蒸青绿茶（2004）、可可烘青绿茶（2005）、可可乌龙茶（2004，2005）、可可红茶（2004，2005）。

试药：C、EGCG、GCG、ECG、EGC、EC、咖啡碱、可可碱全部购于 Sigma，乙腈（HPLC 用，和光），MQ 精制水。

仪器：高压液相色谱仪：SHIMADZU Model：LC-9A；检测器：SHIMADZU SPD-6A UV Spectrophotometric Detector；色谱柱：Develosil ODS-HG-5（4.6/250）（NW）。

（二）实验方法

1. 样品制备

1）可可茶茶叶中生物碱和儿茶素总含量的测定——BROKEN 热水全提取法

称取约 1 g 可可茶，用粉碎器将茶叶粉碎，准确称取 100 mg，放入 50 ml 锥形瓶中，加入 85℃精制水 40 ml，加塞，在 80℃水浴中放置 30 min，每隔 10 min 摇匀一次，过滤，冷却，定容 50 ml，2 倍稀释，过滤（0.45 μl 过滤膜），供 HPLC 分析。

2）可可茶茶汤中生物碱和儿茶素含量的测定——LEAF 热水提取法

称取约 1 g 可可茶，放入 50 ml 锥形瓶中，加入 85℃精制水 40 ml，加塞，放置 3 min，过滤，冷却，定容至 50 ml，2 倍稀释，过滤（0.45 μm 过滤膜），供 HPLC 分析。

2. HPLC 分析条件（表 7-38）

表 7-38　HPLC 分析条件
Tab. 7-38　The conditions for HPLC analysis

HPLC 分析条件					
柱温	30℃				
溶剂	A　0.1% 磷酸（含 0.1% 乙腈和 5% 二甲基甲酰胺） B　CH₃CN				
流速	1 ml/min				
梯度浓度	B conc.	start	18 min	20 min	25 min	25.01 min
		5%	14%	22%	22%	100%
检测波长	280 nm				
进样量	10 μl				

3. 数据处理

每个数据表示平均值 ± 标准差（$n=5$）。

二、结果和讨论

各标准品的标准曲线回归方程式如表 7-39 所示。

表 7-39　七种化合物标准曲线方程
Tab. 7-39　Regression equation of 7 chemical components

化合物	回归方程	相关系数（r^2）
TB	$Y = 6E + 07X$	0.9941
ECG	$Y = 3E + 07X$	0.9964
EGCG	$Y = 3E + 07X$	0.9934
GCG	$Y = 2E + 07X$	0.9914
EGC	$Y = 4E + 06X$	0.9978
C	$Y = 6E + 06X$	0.9991
EC	$Y = 1E + 07X$	0.9994

（一）可可茶茶叶和茶汤中含有的可可碱和儿茶素

通过与标准物比对，确认可可茶成茶和茶汤中存在可可碱，不含有咖啡碱；被检测到的儿茶素为 ECG、EGCG、GCG、EC、EGC 和 C。

为测定可可茶茶叶中儿茶素类的含量，采用粉碎热提法，将茶叶粉碎后热水提取进行分析，对粉碎的可可茶茶样进行 4 次反复抽提，每次的抽提液采用 HPLC 分析，对其中含有的不挥发性成分可可碱和儿茶素进行了测定，结果如表 7-40 所示。可可蒸青绿茶、可可炒青绿茶、可可乌龙茶和可可红茶茶叶中总儿茶素的含量分别为 256、253、194、128 mg/g。可可茶所含儿茶素类主要是 GCG、C、EGCG、ECG、EC 和 EGC，其中以 GCG 最为丰富，可可蒸青绿茶、可可炒青绿茶、可可乌龙茶和可可红茶茶叶中的含量分别 143、123、105、58 mg/g。

表 7-40　各种可可茶茶叶和茶汤中儿茶素的含量
Tab. 7-40　Catechins in various cocoa teas dry leaves and infusions

儿茶素	可可茶茶叶 /（mg/g）				可可茶茶汤 /（mg/50 ml）			
	CGT-S	CGT-F	COT	CBT	CGT-S	CGT-F	COT	CBT
C	21.26±0.14	32.76±0.33	28.78±0.12	11.51±0.10	19.66±0.05	23.22±0.05	12.04±0.06	10.16±0.06
EGCG	21.32±0.22	22.10±0.50	14.85±0.15	12.21±0.07	3.08±0.05	3.20±0.04	2.03±0.02	1.78±0.03
GCG	142.56±1.59	123.14±0.95	104.85±0.61	58.29±0.09	32.36±0.06	46.92±0.08	13.36±0.06	7.84±0.03
ECG	21.56±0.44	23.86±0.45	17.28± 0.07	15.95±0.09	2.92±0.06	3.24±0.07	2.52±0.04	2.70±0.04
EGC	24.50±0.53	28.30±0.71	11.50±0.08	15.15±0.07	2.06±0.04	3.72±0.08	1.31±0.04	0.83±0.02
EC	24.36±0.55	26.28±0.64	9.98±0.10	14.78±0.06	3.28±0.04	3.06±0.04	1.30±0.03	1.08±0.03
Total	255.56±3.49	253.44±3.57	194.22±1.14	127.90±0.47	63.36±0.32	83.36±0.35	32.56±0.26	24.39±0.22

可可茶成茶茶汤中浸出的儿茶素总量如表 7-40 所示。可可蒸青绿茶、可可烘青绿茶、可可乌龙茶和可可红茶茶汤中总儿茶素的含量分别为 63、83、33、24 mg/g。可可茶成茶茶汤中浸出的儿茶素总量亦可由图 7-8 看出。

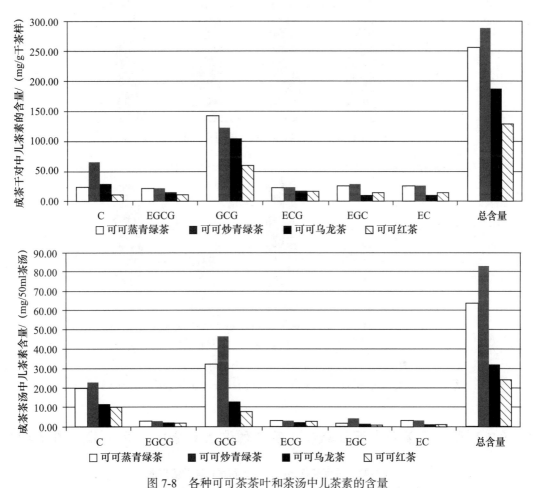

图 7-8 各种可可茶茶叶和茶汤中儿茶素的含量

Fig. 7-8 Catechins in various cocoa teas dry leaves and infusions

可可蒸青绿茶、可可炒青绿茶、可可乌龙茶和可可红茶茶叶中可可碱的含量分别为 41、40、30、38 mg/g（表 7-41，图 7-9）。

表 7-41 各种可可茶茶叶和茶汤中可可碱的含量

Tab. 7-41 Theobromine in various cocoa tea dry leaves and infusions

儿茶素	可可茶茶叶 /（mg/g）				可可茶茶汤 /（mg/50 ml）			
	CGT-S	CGT-F	COT	CBT	CGT-S	CGT-F	COT	CBT
可可碱	41.32±0.09	40.20±0.07	29.80±0.07	38.46±0.05	12.89±0.08	23.00±0.09	10.87±0.07	21.98±0.13

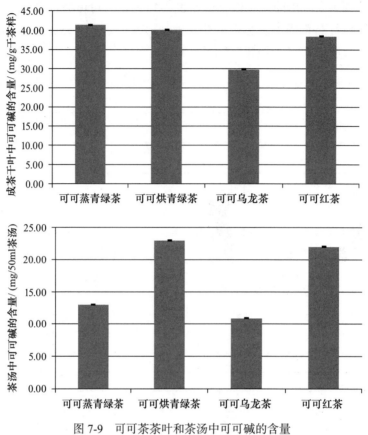

图 7-9　可可茶茶叶和茶汤中可可碱的含量

图 7-9　Theobromine in various cocoa tea dry leaves and infusions

（二）可可茶茶汤中可可碱和儿茶素的溶出百分比（表 7-42，图 7-10）

表 7-42　可可茶茶汤中儿茶素和可可碱的溶出率

Tab. 7-42　Extract ratio of catechins and theobromine in cocoa tea infusions　　　　%

成分	可可蒸青绿茶	可可烘青绿茶	可可乌龙茶	可可红茶
总儿茶素	24.79	28.82	17.28	19.07
可可碱	31.20	57.21	36.8	57.15

可可蒸青绿茶茶汤中总儿茶素浸出率高，这可能是因为茶叶被切断，使内含物质容易溶出。可可红茶茶汤比可可乌龙茶茶汤中的提取率高，推测其原因可能为发酵度高，易于浸出，这可以说明可可红茶比可可乌龙茶苦涩的原因。

一般来说，儿茶素含量较低的小叶种被制成不发酵茶，儿茶素含量高的被制成发酵茶，而中间的中叶种则被制成半发酵茶。红茶制造过程中，茶叶通过揉捻挤压，细胞被破坏，进行发酵，而乌龙茶的细胞则破损较小，基本保持了原状。

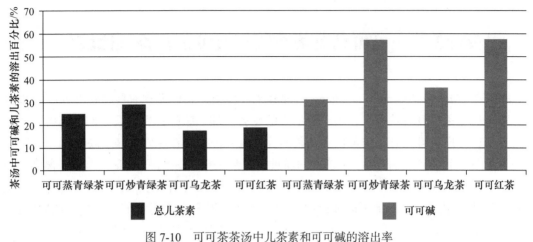

图 7-10　可可茶茶汤中儿茶素和可可碱的溶出率

Fig. 7-10　Extract ratio of catechins and theobromine in cocoa tea infusions

三、结论

茶汤的涩味是多酚类物质中儿茶素，特别是酯型儿茶素形成的，其组合和浓度不仅构成涩味主体，也是茶汤浓淡、茶叶品质优劣的主体物。

叶绿素和类胡萝卜素等色素类物质的含量多少及组成决定着绿茶冲泡后的汤色。一般绿茶都是由茶的芽叶加工而成，因为茶叶栅栏组织多层，叶绿素含量较高，蒸青是利用热蒸汽来破坏鲜叶中酶活性，由于蒸汽杀青温度高、时间短，叶绿素破坏较少，加上整个制作过程没有闷压，所以蒸青茶的叶色、汤色、叶底都特别绿，煎茶茶色翠绿清澈，形成干茶色泽深绿，茶汤浅绿和茶底青绿的"三绿"的品质特征。而可可茶叶栅栏组织与普洱茶一样，仅有一层，这种茶鲜叶适制品质优良的红茶，所含有的叶绿素不丰富，故而很难制造出鲜艳绿色的可可蒸青绿茶。可可蒸青绿茶汤色比煎茶浅，还可能因为煎茶在制造过程中有揉捻的工序，造成细胞破裂，一些水溶性物质凝结在茶叶表面，容易被热水浸出，而可可蒸青绿茶没有揉捻的工序，所以茶叶中的物质不容易被浸出。

传统红茶红艳明亮，主要受多酚类物质氧化聚合生成的茶黄素和茶红素的影响。可可茶多酚类物质丰富，具有形成红茶特色茶汤的物质基础。传统红茶多采用普洱茶鲜叶制作而成。普洱茶叶大，叶肉中栅栏组织常 1 层，海绵组织较厚，栅栏组织∶海绵组织为1∶2，这种茶叶叶绿素含量低，类脂类物质较低，多酚类含量较高，适宜制红茶，容易形成红茶的浓、强、鲜的标准。可可茶叶亦较大，栅栏组织亦为 1 层，从生理条件上可以推断比较适制红茶，本试验对四种可可茶的感官评价结果也支持这一结论。

乌龙茶独特的制造工艺，以采用适制的茶树品种和特殊的采摘标准为前提，有了适合制造乌龙的茶树种和鲜叶原料，才能发挥制造工艺的效应，获得优质的乌龙茶成茶。

第13节　可可乌龙茶香气与可可茶花香气比较[①]

可可茶 *Camellia ptilophylla* Chang 引种驯化过程中，我们发现有些植株开花时释放香气，可可乌龙茶也具有花香气，关于栽培茶的花香与加工茶叶的香气及它们之间的联系迄今未见报道，现对可可茶花与可可乌龙茶的香气成分进行比较并研究其关联性。

可可茶是张宏达教授1981年发表的新种，其后的研究表明可可茶芽叶主要含可可碱（theobromine），迁地移植、分子生物学、嘌呤碱体内代谢等研究表明，可可茶含可可碱是由其遗传性决定的，因而是可以加以利用的。药理学等研究表明它可以作为常规的饮料，具有传统茶帮助消化的效应，但不影响睡眠，此外它还具有增强心肌搏动能力，减肥，抑制某些肿瘤细胞等作用。可可茶（不含咖啡因）的引种驯化已经获得成功。

一、材料与方法

（一）仪器、试剂

气-质联用仪（GC-MS）（Voyager Finnigan 公司）；手动 SPEM 进样器（美国 Supelco 公司，萃取纤维头为 100 μm 聚二甲基硅氧烷（PDMS）；无水乙醇（分析纯，广州化学试剂厂）。

（二）材料

可可茶的花：2008年11月，从广东省龙门县南昆山可可茶种植基地收集盛开具有香气的鲜花，在室内平铺阴干，密封保存。可可茶鲜花白色稍带浅黄，香味浓郁，附着力强，干花金黄色，留香持久。

可可乌龙茶系2008年11月于广东省茶叶研究所可可茶基地，由可可茶1号（品种权号20080020）发酵而成。感官评审表明制作的乌龙茶外形条索紧结，乌润，汤色金黄明亮，有花香，香气高，长，尚浓郁，滋味浓厚爽口，叶底显红边。

（三）实验方法

取阴干保存的可可茶花和可可乌龙茶各5 g分别用粉碎机粉碎，倒入100 ml小烧杯中，加入适量的无水乙醚搅拌，让乙醚充分浸润，然后转入8 ml小试剂瓶，用液氮吹干乙醚，加盖封口。

① 仰晓莉，李凯凯，叶创兴，等. 可可茶花香与可可乌龙茶挥发油成分比较研究［J］. 中山大学学报（自然科学版），2010，49（4）：81-85.

1. 顶空固相萃取法提取香气成分

先将 100 μm PDMS 固相微萃取头在气相色谱的进样口于 220℃老化 30 min 后，将装有处理好的萃取头的手动进样器插入处理好的样品，室温吸附 30 min 后将手动进样器抽出，插入气质联用仪，于常温下解吸 30 min 后进行 GC-MS 分析。

2. GC-MS 分析可可茶花及可可乌龙茶香气成分

分析条件为 SGE-BPX5 25 mm×0.22 mm×0.25 μl 毛细管柱；载气为高纯 He（ϕ=99.999%），流速为 4.5 mL/min，柱温 40℃保留 3 min；以 10℃ /min 升到 220℃，再以 20℃ /min 升到 270℃后保留 5 min；进样口温度为 180℃，离子源温度为 200℃，电离方式为 EI，扫描范围为 0-400 amu，进样方式为不分流进样；采样延迟为 1 min。

3. 香气组成定性和定量方法

香气经过 GC-MS 分析，各组分质谱数据进行 NIST 库检索定性，峰面积归一化法定量。

二、结果和讨论

（一）顶空固相微萃取法得到的可可茶花和可可乌龙茶香气成分及含量

顶空固相微萃取得到的可可茶花香气成分共 50 种，鉴定出 37 种，质量占总香气的 94.16%。顶空固相微萃取法得到的可可乌龙茶的香气成分共 39 种，鉴定出 35 种，质量占总香气的 97.83%。可可茶花和可可乌龙茶香气成分的具体化合物名称、分子式、相对分子质量及相对含量见表 7-43。从表 7-43 可以看出，通过顶空固相微萃取得到的可可茶花在香气成分中，含量高于 1.5% 的有大根香叶烯 D（53.97%）、α - 金合欢烯（16.07%）、沉香螺醇（3.96%）、十三 -2- 炔 - 环丙酯（3.30%）、δ 杜松烯（3.22%）、β - 毕澄茄油烯（1.96%）、异香橙烯（1.73%）、1,5- 二甲基地 -8-（1- 甲基）乙烯基 -1,5- 环癸二烯（1.6%）、古巴烯（1.55%）等 9 种物质，其中七种烃类化合物占总香气质量的 80.1%；可可乌龙茶香气成分中，含量较多的是反橙花叔醇（29.1%）、己酸叶醇酯（22.56%）、4- 乙酰基 -3- 乙烯酸乙酯（10.21%）、芳樟醇（6.17%）、紫苏醇（5.97%）、α - 金合欢烯（3.54%）、反叶绿醇（2.1%）、己酸己酯（1.87%）、（3Z）-3- 辛酸丁酯（1.74%）等九种物质，其中 3 种醇类物质占总香气质量的 37.38%，4 种酯类物质占总香气质量的 36.38%，2 种烃类化合物占总香气质量的 9.51%。两者都含有的香气成分为：顺氧化芳樟醇、芳樟醇、环氧芳樟醇、α- 金合欢烯、反 - 橙花叔醇。

（二）可可茶花和可可乌龙茶香气成分比较

芳香物质是多种复杂成分的混合物，其基本组成从主要碳键和母核来区分，可分为萜类化合物、脂肪族化合物和芳香族化合物；从官能团来看，可分为烃类化合物，含氮化合物等（王泽农，1988）。由表 7-43 可以得知，可可茶花香气已鉴定的 37 种成分中有 28 种

表 7-43　顶空固相微相萃取法得到可可茶花和可可乌龙茶香气成分

Tab. 7-43　Compositions of volatile oil from flowers and oolong tea of *C. ptilophylla* extracted by HS-SPME

序号	可可茶花						可可乌龙茶					
	保留时间/min	化合物名称	分子式	相对分子质量	相对含量/%	相似度/%	保留时间/min	化合物名称	分子式	相对分子质量	相对含量/%	相似度/%
1	9.34	柠檬烯	$C_{10}H_{16}$	136	0.02	76.6	8.53	1-异丙基-3-亚甲基环己胺	$C_{10}H_{18}$	138	0.52	57.7
2	9.81	苯甲醇	C_7H_8O	108	0.21	72.3	8.85	辛醛	$C_8H_{16}O$	128	0.44	55.2
3	10.17	1-苯乙醇	$C_8H_{10}O$	122	0.02	74.5	9.08	己酸	$C_6H_{12}O_2$	116	0.18	69.9
4	10.23	苯乙酮	C_8H_8O	120	0.42	71.1	9.24	柠檬烯	$C_{10}H_{16}$	136	1.38	72.0
5							9.34	桉油精	$C_{10}H_{18}O$	154	0.20	69.7
6							9.5	顺-罗勒精	$C_{10}H_{16}$	136	0.40	65.6
7							9.88	E-2-辛烯醛	$C_8H_{14}O$	126	0.25	69.3
8	10.39	顺-氧化芳樟醇	$C_{10}H_{18}O_2$	170	0.12	85.2	10.39	顺-氧化芳樟醇	$C_{10}H_{18}O_2$	170	0.67	58.9
9	10.49	芳樟醇	$C_{10}H_{18}O$	154	0.15	80.6	10.49	芳樟醇	$C_{10}H_{18}O$	154	6.17	76.9
10	11.07	苯乙醇	$C_8H_{10}O$	122	0.21	86.7	10.61	紫苏烯	$C_{10}H_{14}O$	150	5.97	64.8
11	11.9	环氧芳樟醇	$C_{10}H_{18}O_2$	170	0.34	83.8	10.79	环氧芳樟醇	$C_{10}H_{18}O_2$	170	0.17	76.7
12	12.15	3,7-二甲基-1,5-辛二烯-3,7-二醇	$C_{10}H_{18}O_2$	170	0.03	55.5	12.07	脱氢芳樟醇	$C_{10}H_{16}O$	152	0.36	71.7
13	12.27	水杨酸甲酯；冬青油	$C_8H_8O_3$	152	0.15	73.2	12.17	癸醛	$C_{10}H_{20}O$	156	0.36	58.4
14	14.09	橙花烯	$C_{15}H_{24}$	204	0.39	84.0	12.21	2-丁基四氢噻吩	$C_8H_{16}S$	144	0.14	50.0
15	14.29	α-毕澄茄油烯	$C_{15}H_{24}$	204	0.12	86.0	12.38	2-甲基戊酸甲酯	$C_7H_{14}O_2$	130	0.77	70.0
16	14.49	α-愈创木烯	$C_{15}H_{24}$	204	0.04	62.4	12.52	胡薄荷酮	$C_{10}H_{16}O$	152	0.16	50.2
17	14.75	古巴烯	$C_{15}H_{24}$	204	1.55	86.8	13.03	(E)-2-癸烯醛	$C_{10}H_{18}O$	154	0.20	71.3
18	14.91	1,5-二甲基-8-(1-甲基)乙烯基-1,5-环癸二烯	$C_{15}H_{24}$	204	1.61	82.5	13.92	吲哚	C_8H_7N	117	0.72	81.1
19	15.36	β-毕澄茄油烯	$C_{15}H_2$	204	1.96	86.8	13.94	(E，E)-2,4-癸二烯醛	$C_{10}H_{16}O$	152	1.11	55.3
20	15.39	β-石竹烯；反式丁香烯	$C_{15}H_{24}$	204	0.07	81.6	14.59	已酸叶醇酯	$C_{12}H_{22}O_2$	198	22.56	77.4
21	15.64	β-金合欢烯	$C_{15}H_{24}$	204	0.16	62.7	14.66	己酸己酯	$C_{12}H_{24}O_2$	200	1.87	67.6
22	15.76	α-檀香烯	$C_{15}H_{24}$	204	0.02	67.8	15.22	瓦伦烯	$C_{15}H_{24}$	204	1.06	65.0

续表

序号	可可茶花						可可乌龙茶					
	保留时间/min	化合物名称	分子式	相对分子质量	相对含量/%	相似度/%	保留时间/min	化合物名称	分子式	相对分子质量	相对含量/%	相似度/%
23	15.82	γ-杜松烯	$C_{15}H_{24}$	204	0.60	83.4	15.29	雪松烯	$C_{15}H_{24}$	204	0.50	65.6
24	15.88	α-石竹烯	$C_{15}H_{24}$	204	0.20	79.1	15.56	香叶基丙酮	$C_{13}H_{22}O$	194	1.39	80.1
25	15.95	8-异丙基-5-甲基-2-亚甲基-1,2,3,4,4a,5,6,7-八氢萘	$C_{15}H_{24}$	204	0.28	86.1	15.72	3,6,10-三甲基八氢呋喃	$C_{15}H_{24}O_2$	236	0.23	46.5
26	16.3	大根香叶烯 D	$C_{15}H_{24}$	204	53.97	82.0	15.82	2,6-二叔丁基-苯醌	$C_{14}H_{20}O_2$	220	0.50	69.1
27	16.37	α-金合欢烯	$C_{15}H_{24}$	204	16.07	82.3	16.21	α-金合欢烯	$C_{15}H_{24}$	204	3.54	81.7
28	16.4	异香橙烯	$C_{15}H_{24}$	204	1.73	80.5	16.4	4-乙酰基-3-乙烯酸乙酯	$C_8H_{12}O_4$	172	10.21	70.2
29	16.64	δ-杜松烯	$C_{15}H_{24}$	204	3.22	82.2						
30	17.07	反式-橙花叔醇	$C_{15}H_{26}O$	222	0.48	81.6	16.98	反-橙花叔醇	$C_{15}H_{26}O$	222	29.1	84.1
31	17.16	十三-2-块-环丙烷	$C_{17}H_{28}O_2$	264	3.30	68.2	17.11	(3Z)-3-辛酸丁酯	$C_{14}H_{26}O_2$	226	1.74	72.4
32	17.45	α-绿叶烯	$C_{15}H_{24}$	204	0.22	71.6	18.12	甲基茉莉酮酸酯	$C_{13}H_{20}O_3$	224	1.11	83.5
33	17.83	α-桉叶醇	$C_{15}H_{26}O$	222	0.26	83.9	19.92	3,7,11,15-四甲基-2-十六碳烯-1-醇	$C_{20}H_{40}O$	296	0.75	74.7
34	17.87	β-桉叶醇	$C_{15}H_{26}O$	222	0.21	74.7	20.06	6,10,14,-三甲基-2-十五酮	$C_{18}H_{36}O$	268	0.56	86.0
35	18.05	γ-桉叶醇	$C_{15}H_{26}O$	222	0.17	80.6	20.92	棕榈酸甲酯	$C_{17}H_{34}O_2$	270	0.44	77.1
36	18.2	沉香螺醇	$C_{15}H_{26}O$	222	3.96	81.7	22.5	反-叶绿醇	$C_{20}H_{40}O$	296	2.11	77.8
37	18.41	α-杜松醇	$C_{15}H_{26}O$	222	0.64	85.2						
38	18.78	2-亚甲基-6,8,8-三甲基-三环[5.2.2.0(1,6)]十一烷-3-醇	$C_{15}H_{24}O$	220	0.10	76.0						
39	20.16	六氢金合欢丙酮	$C_{18}H_{36}O$	268	1.16	84.5						
40	21.64	棕榈酸乙酯	$C_{18}H_{36}O_2$	284	0.05	71.8						

表 7-44　可可茶花和可可乌龙茶香气成分的比较

Table 7-44　Comparison between volatile oils from flowers and oolong tea

组分类别	可可茶花		可可乌龙茶	
	组分数	相对含量 /%	组分数	相对含量 /%
烃类化合物	19	83.72	7	13.38
醇类化合物	14	6.87	7	39.31
醛类化合物	0	0	5	2.37
酮类化合物	2	1.58	3	2.12
酯类化合物	3	3.5	7	38.7
其他类化合物	0	0	6	1.96

是萜类化合物，占总香气质量的 88.67%，可可乌龙茶香气已鉴定的 35 种成分中有 18 种属于萜类化合物，14 种属于脂肪族化合物，分别占总香气质量的 54.07% 和 42.41%。

表 7-44 是将可可茶花和可可乌龙茶香气成分根据官能团不同来分类。可可茶花香气成分主要属于烃类化合物和醇类化合物，其中烃类化合物有 19 种，占总香气的 83.72%，其次是醇类化合物，有 14 种，占总香气的 6.87%；可可乌龙茶香气成分亦为烃类化合物、醇类化合物和酯类化合物，其中醇类化合物有 7 种，占总香气成分的 39.31%，酯类化合物有 7 种，占总香气成分的 38.7%，烃类化合物成分有 7 种，占总香气成分的 13.38%。

其中，烃类化合物、醇、酮、酯类的物质具有花香，由此可见，由可可茶制作的乌龙茶具有花香气，与花的香气成分具有同源性。

三、结论

通过顶空固相微萃取法提取了可可茶花和可可乌龙茶香气成分中易挥发的成分，采用 GC-MS 技术，分析出可可茶花主要香气成分是大根香叶烯 D、α- 金合欢烯、沉香螺醇、十三炔 - 环丙酯、δ- 杜松烯、β- 荜澄茄油烯、异香橙烯、1, 5, - 二甲基 -8-（1- 甲基）乙烯基, 5- 环葵二烯、古巴烯等物质；可可乌龙茶主要香气成分是反 - 橙花叔醇、己酸叶醇酯、4- 乙酰基 -3- 乙烯酸乙酯、芳樟醇、紫苏烯、α- 金合欢烯、反 - 叶绿醇、己酸己酯、（3Z）-3- 辛酸丁酯等。两者香气的相同成分有顺 - 氧化芳樟醇、芳樟醇、环氧芳樟醇、α- 金合欢烯、反 - 橙花叔醇。两类香气的成分均以烃类和醇类居多，可可乌龙茶的香气优势成分还有酯类，正是这三类化合物使得可可乌龙茶具有花香的气味。

顶空固相微萃取法得到的香气成分主要为相对分子质量较小、香气较强的物质，所检测到的香气成分不能代表可可茶花和可可乌龙茶的全部香气，但是可以分析出其香味的主要贡献物质。由初步的研究表明，花香成分对预测可可茶成品茶的制作方向是有帮助的。在栽培茶中无论是茶 *C. sinensis* 或普洱茶 *C. assamica* 品种中，花具有香气的并不多见，同样在完全新的栽培可可茶各品种中也只有少数具有香气的。对可可茶花及可可茶成茶香气成分的联系还应更深入研究；由花香便可预测成品茶的制作方向也需要更多的研究。

第 8 章　可可茶的生物活性

在可可茶 *Camellia ptilophylla* 分布地区，百姓长期采摘野生可可茶的嫩梢，制作成茶叶用作饮料，认为饮可可茶具有不影响睡眠，帮助消化、消炎、防治感冒等作用，为了探讨可可茶安全饮用的价值，对它的生物活性作用开展了生理作用和药理效应研究。

第 1 节　可可茶的急性毒理研究[①]

可可茶是一种天然无咖啡碱的茶叶资源，目前仅在中国广东地区有发现，由于其无咖啡碱的存在，受到了许多对咖啡碱敏感的人的关注，也吸引了越来越多的人的兴趣。人们也十分关注可可茶饮用的安全性。迄今，国内外对可可茶的研究尚属起步，对其安全性评价的研究也相对处于滞后状态，尤其对其复合成分的毒理学安全性评价研究报道甚少。因此，本节主要利用小鼠模型对可可茶的急性毒理进行了研究，结果表明，可可茶的半数致死量达到了 12.4 g 茶叶 /kg，属于无毒性级别的食品，可以安全饮用。

一、试验材料

（一）试验动物与实验环境

NIH 小鼠，SPF 级实验动物，雌雄各半，广东省医学实验动物中心提供，许可证号：SCXK（粤）2008-002。

本研究在中山大学生命科学学院中药与海洋药物实验室进行，实验环境合格证：GB14925-2001 SPF 环境，使用许可证号：SYXK（粤）2009-0020。

（二）实验仪器

试验使用的 BS110S 电子天平，北京塞多利斯天平有限公司生产；BUCHI R-200 旋转蒸发仪（瑞士 Buch），真空冷冻干燥机（美国 Laqbconco）。

---

① 李凯凯. 可可茶作为食品的安全性评价及主要化学成分的分离纯化［D］. 广州：中山大学，2013. 指导教师：杨中艺，叶创兴.

二、试验方法

（一）可可茶水提物的制备

可可绿茶，依1芽2叶标准采制，由广东省茶叶研究所提供。称取100 g粉碎后的茶叶，以1.5 L沸水浸提30 min，重复浸提两次，合并浸提液，趁热过滤。然后利用B-490旋转蒸发仪于50℃下真空浓缩，所得的浓缩液经真空冷冻干燥得可可茶水提物冻干粉（Cocoa tea Water Extract，CWE）于−20 ℃保存。

（二）可可茶水提物化学成分测定

利用HPLC方法对其主要成分进行化学分析。

（三）小鼠急性毒理实验

选取健康NIH小鼠200只，雌雄各半，体重25 g左右，随机分成20组（包括预实验组），分别为空白对照组和CWE不同剂量组（从2.1 g/kg起开始，按0.7～0.85的倍数），每组10只小鼠。实验前先记录一次小鼠的体重，实验开始时，各组小鼠按0.1 ml/10 g灌胃给予受试样品，给药后连续喂养7天，观察7天内小鼠是否出现精神、活动、饮食异常情况及死亡情况。对于实验过程中死亡的小鼠应立即解剖观察心、肝、脾、肺、肾等，记录病变情况。于第8天将各组小鼠记录体重，比较组间差异；然后处死全部小鼠，对重要器官进行观察，记录病变情况。

表 8-1　可可茶水提物的 HPLC 分析结果
Tab. 8-1　Purine alkaloid and catechin contents in cocoa green tea extract used on the acute and subacute toxicity studies*

化合物	含量 /% （w/w）
TB	10.26±0.46
EGC	2.01±0.26
C	10.74±1.56
EGCG	4.22±0.25
EC	0.16±0.07
GCG	21.52±0.93
ECG	1.11±0.07
GC	5.39±0.95
CG	1.05+0.09

*数值是3次测量值的平均值，以 mg/100mg 表示，或 w/w，平均值（mean）±SD

（四）LD_{50}（半数致死剂量）的计算

本实验采用改进寇氏法计算半数致死量。本实验结果采用SPSS 16.0分析。

三、试验结果

（一）可可茶水提物的化学成分的测定

可可茶水提物的主要化学成分利用HPLC方法进行测定，各种化学成分的含量如表8-1所示。在可可茶水提物中，可可碱的含量为（10.26±0.46）%，总茶多酚的含量为（58.83±2.21）%，茶多糖的含量为（9.08±0.32）%，氨基酸含量（2.14±0.28）%，黄酮类含量（1.23±0.31）%。从结果中我们也可以发现，可可茶水提物中主要的儿茶素为 GCG、C、EGC、EGCG。

（二）可可茶水提物的急性毒理结果

如表 8-2 所示，受试样品的剂量为 21、16.8、13.44、10.75、8.60、7.00、6.88、5.95、5.06 g/kg 时，小鼠在给药后 7 天内出现死亡，且随着给药浓度的增大，小鼠的死亡时间越短，动物给予大剂量受试样品的表现为伏地不动，眼睛闭合，四肢抽搐，小鼠均出现活动减少、呆滞、闭眼、萎靡不食、抽搐、强直震颤等表现，少数动物出现扭体现象；剖检可见右心变黑，胸腔少量积血，肺部充血，肝脏可见点状黄斑。

表 8-2　小鼠 CWE 灌胃后各个浓度死亡小鼠的数目及死亡时间，症状
Tab. 8-2　Acute oral toxicity of CWE in NIH mice

剂量 /（g/kg）	死亡小鼠数量（D/T）	毒性	
		死亡时间 /h	症状
5.06	10/10	>9，<48	少动，四肢抽搐，呼吸困难，眼睑下垂，肺部有淤血
4.30	4/10	>24，<72	活动减少，嗜睡
3.65	3/10	>24，<72	活动减少
3.10	1/10	>24，<48	—
2.64	1/10	>48，<72	—
2.23	0/10	—	—
0	0/10	—	—

当剂量为 4.3、3.65、3.10、2.64 g/kg 时，各组小鼠的死亡数量依次减少；在 4.3、3.65 g/kg 两个剂量组，小鼠也呈现不同的活动减少，嗜睡等症状，动物死亡多数发生在给药后第 2～3 天；剖检可见肝脏局部偏黄，可见点状黄斑，部分小鼠右心变黑，肺部淤血。

当给药剂量为 2.23 g/kg，连续观察 7 天，各组小鼠精神活跃，活动正常，摄食及饮水正常，且未见死亡情况发生。处死所有的小鼠，肉眼对重要脏器包括心、肝、脾、肺、肾、脑等进行检查，未发现明显的器质性病变；由此提示在当前剂量下，受试样品未见明显毒性反应。根据这些结果计算可可茶水提物的 LD_{50} 值为 4.10 g/kg，95% 可信限在 3.7～4.6 g/kg 之间。

四、讨论

急性毒性试验是毒理学研究中最基础的工作，常常是认识和研究外源化合物对机体毒效应的第一步，可以提供短期大量接触所致毒作用的有用信息和资料。通过急性毒性试验，可以得到毒物的致死剂量及其他毒性参数，并为以后亚慢性、慢性毒性试验及其他毒性试验的剂量设计提供参考。通常以 LD_{50} 为最主要的参数，并根据 LD_{50} 进行分级（表 8-3）。

表 8-3　化合物经口急性毒性分级标准

Tab. 8-3　**The oral acute toxicity grading standards**

毒性分级	小鼠一次经口 LD_{50}/（mg/kg）	大约相当体重 70 kg 人的致死剂量
6 级，极毒	<1	稍尝，<7 滴
5 级，剧毒	1～50	7 滴～1 茶匙
4 级，中等毒	51～500	1 茶匙～35 g
3 级，低毒	501～5000	35～350 g
2 级，实际无毒	5001～15 000	350～1050 g
1 级，无毒	>15 000	>1050 g

本试验中，可可茶水提物经口服 LD_{50} 为 4.1 g/kg。换算为茶叶的量为 12.51 g/kg，根据 WHO 1977 年颁布的毒性分级标准，可可茶的 LD_{50} 大于 5000 mg/kg，其 LD_{50} 显著高于传统绿茶（7.5 g 茶叶 /kg）（Liu. *et al.*，2003），因此毒性分级可判定为 2 级，实际无毒。根据日本东京桑野研究推荐，成人每日平均饮茶量为 6 g，国人男女总平均体重约为 70 kg，则可可茶水提物 LD_{50} 已接近茶叶人体推荐量的 120 倍，从急性毒性角度来看，可可茶的饮用安全性是很高的。从小鼠中毒及死亡的症状来看，高浓度的可可茶引起小鼠中毒及死亡应属于中枢神经系统毒性中毒和肝脏毒性。依据可可茶茶叶的化学成分分析结果，可可茶使小鼠中毒死亡应与过高浓度的茶多酚和可可碱有关。实验小鼠的剖检未发现有意义的病理损害，从剖检结果看，低浓度的可可茶不会对小鼠造成急性病理损害。

五、结论

（1）可可茶水提物的 LD_{50} 值为 4.10 g/kg，95% 可信限在 3.7～4.6 g/kg 之间，按茶叶相当于 12.51 g/kg，毒性分级可判定为 2 级，属于实际无毒级别。

（2）可可茶的 LD_{50} 显著高于传统绿茶（7.5 g 茶叶 /kg）。

第 2 节　可可茶的亚急性毒理研究[①]

可可茶 *Camellia ptilophylla* 天然不含咖啡碱的特性正受到越来越多的关注，尽管对其需求量越来越大，饮用的研究却相对滞后。因为可可茶含有较高浓度的可可碱和 GCG，因此需要进一步研究其长期亚急性毒理。探讨可可茶毒理作用的研究，对于其应用和开发

---

① 李凯凯. 可可茶作为食品的安全性评价及主要化学成分的分离纯化［D］. 广州：中山大学，2013. 指导教师：杨中艺、叶创兴.

也是非常必要的。我们利用 SD 大鼠，参考可可茶水提物在小鼠中的急性毒理作用，评估了可可茶在大鼠中的亚急性毒理作用。

一、试验材料

（一）试验动物与实验环境

SPF 级 SD 大鼠 80 只，雌雄各半，体重为 80～100 g，由广东省医学实验动物中心提供，合格证号：SCXK（粤）2009-0002，动物质量合格证明编号：0082532。

中山大学生命科学学院中药与海洋药物实验室，实验动物使用许可证：SYXK（粤）2009-0020 号；大小鼠配合维持饲料生产许可证：SCXK（粤）2008-0021。

（二）仪器及主要试剂验

主要试验仪器包括：BS110S 电子天平（北京塞多利斯天平）；CELL-DYN3700 型全自动血液分析仪（美国 ABBOTT）；ECOM-F6124 型半自动生化仪（德国 Effendorf）；OLYMPUS SH-2 型显微镜（日本 OLYMPUS）；全自动密闭式组织脱水机（日本樱花）；MICROM 组织切片机（德国 MICROM）；DM5000B 型正置荧光显微镜（德国 LEICA）。

主要试剂包括：总蛋白试剂盒，批号：110971·201101；白蛋白试剂盒，批号：110431·201102；天门冬氨酸氨基转移酶试剂盒，批号：110771·201101；丙氨酸氨基转移酶试剂盒，批号：111591·201103；肌酐试剂盒，批号：11981·201102；尿素试剂盒，批号：100731·201011；血糖试剂盒，批号：10123·201102；胆固醇试剂盒，批号：111131·201102；碱性磷酸酶试剂盒，批号：100431·201012；以上试剂盒均购自中生北控生物科技有限公司。

二、试验方法

（一）可可茶水提物样品制备及动物分组

可可茶水提物样品制备：可可绿茶，按 1 芽 2 叶采制标准，由广东省茶叶研究所提供。茶叶粉碎后，取 100 g 经粉碎后的茶叶，用 1.5 L 沸水浸提 30 min，重复浸提两次，合并浸提液，趁热过滤。过滤液在 B-490 旋转蒸发仪于 50℃下浓缩，浓缩液经真空冷冻干燥，得可可茶水提物冻干粉于 −20℃保存。

动物试验根据中华人民共和国卫生部药政局《新药（西药）临床前研究指导原则汇编》"大鼠毒性试验"要求进行。试验前观察一周，记录体重及摄食、饮水量等基础数据，剔除不正常大鼠。之后，取 80 只正常的 SD 大鼠，雌雄各 40 只，随机分为四组，每组 20 只：①高剂量组：灌胃给予可可茶水提物（CWE）800 mg/kg；②中剂量组：灌胃给予可可茶水提物 400 mg/kg；③低剂量组：灌胃给予可可茶水提物 200 mg/kg；④空白对照组：给予等量的生理盐水。连续给药 28 天。每天给药一次，每天上午观察记录大鼠的一般体征，包括行为活动、呼吸、毛色、口、眼、耳、鼻、粪、尿等，发现有中毒反应的动物取出单笼饲养，重点观察。发现死亡和濒死动物及时尸检，作病理组织学检查。

（二）生物标本的采集

每周称量两次体重。连续给药 30 天后，禁食不禁水 12 h。戊巴比妥钠麻醉大鼠，腹腔取血。取血完毕之后，颈椎脱臼处死，解剖，肉眼观察各组大鼠有无明显器质性病变，同时取动物重要脏器：心、脑、肝、脾、肺、肾、肾上腺（单侧）、子宫、前列腺、卵巢（单侧）、睾丸（单侧）等，计算内脏占体重的百分率（内脏指数）：

$$内脏指数\% = 内脏重量 \div 动物体重 \times 100\%$$

（三）组织器官病理学检查

上述器官称重之后，用 10% 中性甲醛溶液固定并进行病理组织学检查；另取胃、小肠、直肠、胸腺及附睾等器官，用 10% 中性甲醛溶液固定。常规石蜡包埋、切片，常规 HE 染色。显微镜下观察组织是否存在病理学改变。

（四）血常规及血液生化指标测定

取 2 mL 新鲜血液，加入到 EDTA-K$_2$ 抗凝剂中，进行血液学检查，主要检测的指标包括：白细胞（WBC）、红细胞（RBC）、血红蛋（HGB）、血小板（PLT）、淋巴细胞（LY）、单核细胞（MO）、颗粒细胞（GR）、红细胞比容（HCT）、平均血红蛋白的量（MCH）、平均红细胞血红蛋白浓度（MCHC）、平均血细胞体积（MCV）、平均血小板体积（MPV）、血小板压积（PCT）、血小板分布宽度（PDW）、红细胞分布宽度（RDW）、单核细胞比率（MO%）、淋巴细胞比率（MO%）、中性细胞比率（ER %）、嗜酸性细胞（EO）。采用 CELL-DYN 3700 型全自动血液分析仪对 SD 大鼠血液学指标测定。

剩余全血室温下静置 1 h，血液凝固后 3000 r/min 离心 15 min，取上清液在 −20℃ 下保存，检测血清生化指标，包括：天门冬氨酸氨基转移酶（AST）、丙氨酸氨基转移酶（ALT）、肌酐（Cr）、尿素（BUN）、血糖（Glu）、总胆固醇（TC）、三酰甘油（TG）、白蛋白（ALB）、总蛋白（TP）、钾盐、钠盐、氯化物、游离钙、总钙和 pH 值。采用 ECOM-F6124 型半自动生化仪和南京中北生控生产的相应配套试剂盒对这些生理指标进行检测（吴晓刚等，2012）。

（五）数据统计

所有试验数据均用 Mean±SD 表示，样品数据之间的差异利用 GraphPad Prime 5.1-T test 进行分析，以 $P < 0.05$ 为差异有统计学意义。

三、试验结果

（一）受试大鼠一般症状

在整个试验过程中，给予不同浓度可可茶水提物的 SD 大鼠外观体征无异常改变；行为活动正常，未见有萎靡不振和运动失调现象；毛色有光泽、浓密且紧贴身体，无创伤、疥癣和湿疹等；口、眼、耳、鼻均无异常分泌物，无发炎或红肿现象；各用药组大鼠粪便无黏液，无稀烂，成形；尿量正常，颜色淡黄，均澄清透明。

（二）体重变化

给予可可茶水提物的各个剂量组及空白对照组大鼠，分别于第 0、7、14、21、28天称重，SD 大鼠的体重结果如彩图 8-1 所示。

由以上实验结果可得，在给药期间，可可茶水提物（CWE）各剂量组雌性大鼠的体重随着给药时间延长逐渐增加，与同期空白雌性大鼠对照组相比无显著性差异（$p > 0.05$）。除高剂量组（800 mg/kg）的雄性大鼠在用药至第 4 周时体重显著低于空白对照组雄性大鼠（$P < 0.05$）外，其余各剂量组雄性大鼠的体重与同期空白对照组相比无显著差异。

（三）可可茶水提物对 SD 大鼠摄食量的影响

SD 大鼠在试验期内，给予不同浓度的可可茶水提物（CWE）对摄食量的影响见表 8-4 所示，显示可可茶水提物各剂量组 SD 大鼠的摄食量与同期空白对照组相比无显著性差异（$p > 0.05$）。

表 8-4　可可茶水提物对雌性、雄性大鼠摄食量的影响（$n = 10$）

Tab. 8-4　Effect of CWE on the food consumption of male or female rats（$n = 10$）

时间	空白对照组（0 mg/kg）		低剂量组（200 mg/kg）		中剂量组（400 mg/kg）		高剂量组（800 mg/kg）	
给药	♂	♀	♂	♀	♂	♀	♂	♀
7	22	20	24	19	26	18	24	22
14	24	17	25	21	26	19	23	22
21	22	18	24	21	25	20	22	21
28	24	19	26	21	26	19	21	21

（四）血液学检查

连续给予可可茶水提物 28 天后，雄性大鼠血液学指标如表 8-5 所示。可可茶水提物雄性大鼠低剂量组（200 mg/kg）的 RBC 计数略有下降，与同期空白雄性对照组相比具有显著性差异（$p < 0.05$），但在大鼠的 RBC 计数的正常值范围内；可可茶水提物中、高剂量组的雄性大鼠中（800 mg/kg）的中性粒细胞百分比降低，而淋巴细胞百分比升高，与

同期空白雄性对照组相比差异著性（$p < 0.05$）。可可茶水提物各给药组雄性大鼠的其他各项血液学指标与空白对照组相比均无显著差异（$p > 0.05$），并且各项指标均在 SD 大鼠正常值范围内。

表 8-5　可可茶水提物对雄性大鼠血液学指标的影响（$n = 10$）

Tab. 8-5 Effect of subacute oral administration of water extract of cocoa tea on haematological parameters of male SD rats（$n = 10$）

血液学指标	用量			
	空白对照组（0 mg/kg）	低剂量组（200 mg/kg）	中剂量组（400 mg/kg）	高剂量组（800 mg/kg）
WBC/（$\times 10^3$/μl）	9.54±2.23	9.48±1.58	10.39±2.64	9.05±1.61
RBC/（$\times 10^9$/μl）	7.81±0.25	7.54±0.20*	7.73±0.38	7.71±0.43
血红蛋白/（g/l）	149.19±3.38	147.30±4.70	149.01±4.30	149.16±7.40
血小板/（$\times 10^3$/μl）	937.18±79.19	989.41±76.80	932.51±121.10	927.49±48.18
中性粒细胞/%	19.85±3.37	18.88±3.54	15.37±2.57**	13.94±3.88**
单核细胞/%	4.68±1.32	5.66±2.50	4.87±0.90	6.41±3.30
嗜碱细胞/%	2.69±0.52	3.02±1.39	2.93±1.32	3.04±1.72
嗜曙红细胞/%	1.13±0.89	1.47±0.90	1.43±0.77	1.01±0.33
淋巴细胞/%	71.66±4.35	70.97±3.24	73.41±2.76	75.60±6.64
血红细胞比容/%	50.34±3.03	49.36±3.50	50.17±3.38	49.51±3.27
MCV/fl	64.70±4.13	62.38±1.94	61.92±2.47	61.40±3.68
MCH/pg	19.12±0.51	19.49±0.64	19.26±0.57	19.29±0.55
MPV/fl	5.89±0.34	6.04±0.22	5.88±0.32	5.82±0.32

* 和 ** 表示 $P < 0.05$ 和 $P < 0.01$ 水平与空白对照组相比较差异显著

经灌胃连续给予不同剂量的可可茶提取液 28 天后，如表 8-6 所示，可可茶水提物中、高剂量组的雌性大鼠中的中性粒细胞百分数升高，与同期空白雌性对照组相比具有显著性差异（$p < 0.01$），但在大鼠的中性粒细胞计数的正常值范围内；高剂量组（800 mg/kg）的单核细胞百分数降低，与同期空白雄性对照组相比差异显著（$p < 0.05$）；可可茶水提物的各给药组雌性大鼠的其他各项指标与空白对照组相比均无显著性差异（$p > 0.05$），且各项指标均在正常值范围内。

表 8-6　可可茶水提物对雌性大鼠血液学指标的影响（$n = 10$）

Tab. 8-6　Effect of subacute oral administration of CWE on haematological parameters of female SD rats（$n = 10$）

血液学指标	空白对照组（0 mg/kg）	低剂量组（200 mg/kg）	中剂量组（400 mg/kg）	高剂量组（800 mg/kg）
WBC/（$\times 10^3$/μl）	9.17±2.09	9.02±2.12	8.27±2.50	8.42±2.04
RBC/（$\times 10^9$/μl）	7.28±0.36	7.28±0.37	7.28±0.37	7.27±0.44
血红蛋白/（g/L）	141.59±5.30	140.20±6.24	143.21±5.98	143.51±7.34

血液学指标	空白对照组（0 mg/kg）	低剂量组（200 mg/kg）	中剂量组（400 mg/kg）	高剂量组（800 mg/kg）
血小板 /（×10^3/μl）	999.59± 90.97	1063.60±138.58	1046.18±95.56	994.19±128.18
中性粒细胞 /%	10.46±1.94	12.27±2.50	16.14±5.55**	14.94±4.47**
单核细胞 /%	5.73±1.90	5.35±1.51	5.99±1.67	4.85±1.25
嗜碱细胞 /%	3.16±0.91	2.82±0.98	3.09±0.66	2.73±0.88
嗜曙红细胞 /%	0.94±0.43	1.33±0.74	1.53±0.87	1.37±0.56
淋巴细胞 /%	79.72±3.48	78.32±4.87	76.15±5.02	77.32±4.62
血红细胞比容 /%	44.18±2.92	45.29±1.85	44.51±3.12	46.5±3.07
MCV/fl	60.7±2.72	61.42±2.51	60.65±3.52	63.02±3.92
MCH/pg	19.47±0.40	19.27±0.46	19.63±0.66	19.63±0.63
MPV/fl	6.60±0.19	6.32±0.27	6.40±0.25	6.21±0.18

* 和 ** 表示在 $p < 0.05$，$p < 0.01$ 水平与空白对照组差异显著

（五）大鼠血清生化指标检查

连续给予可可茶水提物 28 天各组雄性大鼠的血液生化指标结果如表 8-7 所示。可可茶水提物各剂量组雄性大鼠的 GPT 值均不同程度的下降，其中可可茶水提物中、高剂量组大鼠的 GPT 含量与空白对照组相比具有显著差异（$p < 0.05$，$p < 0.01$），这些改变可能与可可茶的药理作用有关；中、高剂量组大鼠的血清中尿素的浓度同样较空白对照组显著升高（$p < 0.01$）。可可茶水提物的各给药组雄性大鼠的其他各项血清生化指标与空白对照组相比均无显著性差异（$p > 0.05$）。

表 8-7　可可茶水提物对雄性大鼠血液生化指标的影响（$n = 10$）
Tab. 8-7　Effect of subacute oral administration of CWE
on serum biochemistry values of male SD rats（$n = 10$）

项目	空白对照组	低剂量组	中剂量组	高剂量组
ALB/（g/L）	35.92±5.89	37.38±3.12	39.33±3.39	36.01±5.63
GPT/（U/L）	46±7	41±5	36±7**	39±6*
GOT/（U/L）	117±9	116±18	107±16	119±13
Glu/（mmol/L）	8.31±2.06	7.05±0.53	7.12±0.74	7.82±1.01
TP/（g/L）	80.53±7.86	78.90±11.50	81.22±8.76	80.48±12.49
CHO/（mg/dl）	1.59±0.21	1.74±0.25	1.59±0.19	1.85±0.38
TG/（mmol/L）	0.74±0.31	0.64±0.12	0.60±0.17	0.58±0.16
Cr/（mg/dl）	75.76±6.35	79.74±3.77	84.33±9.21*	83.13±5.81*
ALP/（U/L）	202±44	194±45	221±33	225±39
UREA/（mmol/L）	8.62±1.45	9.13±1.43	10.71±1.51**	12.36±2.70**

* 和 ** 表示在 $p < 0.05$ 和 $p < 0.01$ 水平与空白对照差异显著

给予不同剂量可可茶水提物 28 天后各组雌性大鼠的生化指标结果见表 8-8。可可茶水提物各剂量组雌性大鼠的 GPT、GOT 和肌酐与空白对照组相比略有减少，其中中高剂量组与同期空白对照组相比差异显著（$p < 0.05$）。其他各剂量组雌性大鼠的各项血清生化指标与空白对照组相比均无显著性差异（$p > 0.05$），且都在正常值范围内（王茵等，2009）。

表 8-8 　可可茶水提物对雌性大鼠血液生化指标的影响（$n = 10$）
Tab. 8-8 　Effect of subacute oral administration of CWE
on serum biochemistry values of female SD rats（$n = 10$）

项目	空白对照组	低剂量组	中剂量组	高剂量组
ALB/（g/L）	39.01±6.38	42.45±4.25	38.52±6.42	38.05±5.92
GPT/（U/L）	40±11	39±7	42±5	33±5
GOT/（U/L）	118±15	122±12	107±18	102±19*
Glu/（mmol/L）	8.52±1.72	7.82±1.39	8.08±1.26	9.06±2.02
TP/（g/L）	77.18±9.89	81.29±8.52	81.91±11.45	80.60±9.80
CHO/mmol/L	1.65±0.37	1.59±0.13	1.75±0.20	1.81±0.37
TG/（mmol/L）	0.61±0.19	0.50±0.08	0.49±0.11	0.61±0.17
Cr/（mg/dl）	90.24±8.25	90.01±13.43	86.16±8.13	79.16±9.34*
ALP/（U/L）	133±35	143±24	151±16	141±33
UREA/（mmol/L）	10.79±2.68	9.18±1.61	9.88±1.07	10.00±3.24

* 表示在 $p < 0.05$ 水平与空白对照差异显著

（六）大鼠血清电解质检查

连续给予可可茶水提物 28 天各组雄性大鼠的血清电解质结果如表 8-9 所示，可可茶各剂量雄性大鼠组的血清总钙、离子钙和标准钙值均不同程度的下降，其中可可茶水提物中、高剂量组的三种形态钙含量与空白对照组相比具有显著性差异（$p < 0.001$），可能与可可茶高含量的茶多酚类和生物碱的药理作用有关。可可茶给药组雄性大鼠的其他电解质指标与空白对照组相比均无显著性差异（$p > 0.05$），且都在正常值范围内。

表 8-9 　可可茶水提物对雄性大鼠电解质指标的影响（$n = 10$）
Tab. 8-9 　Effect of subacute oral administration of CWE
on serum electrolyte values of male SD rats（$n = 10$）

电解质指标	空白对照组 I Group 1（0 mg/kg）	低剂量组 II Group 2（200 mg/kg）	中剂量组 III Group 3（400 mg/kg）	高剂量组 IV Group 4（800 mg/kg）
K^+/（mmol/L）	4.23±0.22	4.09±0.54	4.39±0.36	4.26±0.66
Na^+/（mmol/L）	136.11±8.80	134.94±15.41	139.23±8.18	133.52±18.57
Cl^-/（mmol/L）	98.95±8.35	99.99±17.47	99.99±10.78	101.98±9.16
iCa^{2+}/（mmol/L）	1.31±0.07	1.22±0.10*	1.16±0.05***	1.01±0.08***
TCa/（mmol/L）	2.63±0.17	2.49±0.23	2.37±0.09***	2.13±0.14***
pH	7.55±0.07	7.54±0.12	7.56±0.03	7.57±0.09

* 和 *** 表示在 $p < 0.05$，$p < 0.001$ 水平与空白对照差异显著

连续给予不同剂量可可茶水提物 28 天各组雌性大鼠的电解质结果见表 8-10。可可茶各剂量组雌性大鼠的血清钠含量均不同程度升高，其中高剂量组大鼠的钠值与同期空白对照组雌性大鼠相比差异显著（$p<0.05$），但在大鼠正常的血钠值范围内；其他各电解质指标与空白对照组相比均无显著差异（$p>0.05$），各项指标都在 SD 大鼠正常值范围内。

表 8-10　不同剂量可可茶水提物对雌性大鼠电解质指标的影响（$n=10$）

Tab. 8-10　Effect of subacute oral administration of CWE
on serum electrolyte values of female SD rats（$n=10$）

电解质指标	空白对照组	低剂量组	中剂量组	高剂量组
K^+/（mmol/L）	4.25±0.33	4.45±0.82	4.28±0.43	4.47±0.25
Na^+/（mmol/L）	135.83±4.95	135.21±12.58	139.27±7.90	140.60±3.31*
Cl^-/（mmol/L）	101.53±4.54	104.06±15.57	105.23±6.54	104.78±3.77
iCa^{2+}/（mmol/L）	1.22±0.07	1.29±0.13	1.26±0.07	1.25±0.08
TCa/（mmol/L）	2.35±0.15	2.54±0.23	2.50±0.11	2.53±0.16
pH	7.57±0.05	7.54±0.05	7.56±0.04	7.62±0.11

* 表示在 $p<0.05$ 水平与空白对照差异显著

（七）脏器重量与脏器系数

连续给予不同浓度可可茶水提物 28 天后，低、中、高剂量组雌性大鼠的各项脏器重量及系数与空白对照组相比，均无显著性差异，结果见表 8-11。

表 8-11　不同剂量可可茶水提物对雌性大鼠脏器指数的影响（$n=10$）

Tab. 8-11　Effect of various doses of CWE on relative weight（g/100 g body weight）of
organs in female SD rats treated for 28 consecutive days（$n=10$）

器官	空白对照组（0 mg/kg）	低剂量组（200 mg/kg）	中剂量组（400 mg/kg）	高剂量组（800 mg/kg）
脑	0.706±0.095	0.734±0.062	0.739±0.043	0.686±0.054
肺	0.624±0.144	0.538±0.075	0.597±0.071	0.573±0.065
心	0.321±0.039	0.298±0.028	0.318±0.015	0.332±0.047
肝	2.989±0.215	2.951±0.339	3.060±0.192	3.216±0.369
脾	0.242±0.039	0.227±0.033	0.277±0.059	0.241±0.037
肾	0.290±0.020	0.305±0.017	0.295±0.015	0.309±0.036
肾上腺	0.011±0.003	0.011±0.002	0.010±0.002	0.010±0.003
子宫	0.244±0.068	0.265±0.096	0.213±0.033	0.235±0.051
卵巢	0.030±0.007	0.028±0.003	0.033±0.004	0.028±0.005

连续给予不同剂量可可茶水提物 28 天后，可可茶水提物低、中、高剂量组雄性大鼠的各项脏器重量及系数与空白对照组相比，均无显著性差异（$p>0.05$），且均在正常值范围内（王亚东等，2007），结果见表 8-12。

表 8-12　不同剂量的可可茶水提物对雄性大鼠脏器指数的影响（$n=10$）

Tab. 8-12　Effect of various doses of CWE on relative weight（g/100 g body weight）of organs in male SD rats treated for 28 consecutive days（$n=10$）

器官	空白对照组（0 mg/kg）	低剂量组（200 mg/kg）	中剂量组（400 mg/kg）	高剂量组（800 mg/kg）
脑	0.562±0.033	0.565±0.033	0.547±0.039	0.551±0.036
肺	0.534±0.101	0.534±0.101	0.525±0.045	0.548±0.096
心	0.338±0.074	0.322±0.023	0.315±0.038	0.298±0.021
肝	2.778±0.128	2.725±0.193	2.643±0.142	2.650±0.168
脾	0.211±0.039	0.219±0.048	0.211±0.042	0.200±0.049
肾	0.319±0.028	0.315±0.021	0.308±0.020	0.322±0.029
肾上腺	0.008±0.002	0.008±0.002	0.007±0.001	0.008±0.001
睾丸	0.483±0.048	0.494±0.034	0.481±0.027	0.484±0.033
前列腺	0.143±0.036	0.162±0.032	0.137±0.026	0.147±0.044

（八）大鼠重要脏器的病理剖检及组织学镜检查

在给予不同剂量的可可茶水提物 28 天后，处死大鼠，取心、肝、脾、肺、肾、大脑、肾上腺、睾丸、前列腺、子宫、卵巢、附睾、胸腺、胃、小肠、直肠等。以 10% 甲醛（溶液）固定，石蜡包埋，切片，HE 染色，显微镜拍照并进行病理学观察。

1. 大鼠心脏组织病理学

给予不同剂量可可茶水提物的 SD 大鼠心脏组织病理切片见彩图 8-2。

空白组与各给药组大鼠心肌纤维形态结构正常，心肌胞浆红染，未见心肌纤维颗粒变性，心肌横纹、纵纹清晰，心肌间质未见炎细胞浸润，未见明显变性、坏死、渗出等异常现象发生，空白对照组和各给药组基本一致，无明显差异。详细结果见表 8-13。

表 8-13　用可可茶水提物处理大鼠心脏组织的病理组织学检查结果

Tab. 8-13　Effect of CWE on the structure of heart tissues of SD rats

不同病理改变表现及例数	对照组		低剂量组		中剂量组		高剂量组	
	♂	♀	♂	♀	♂	♀	♂	♀
心肌细胞水肿	0	0	0	0	0	0	0	0
心肌细胞坏死	0	0	0	0	0	0	0	0
心肌细胞脂变	0	0	0	0	0	0	0	0
间质炎细胞浸润	0	0	0	0	0	0	0	0
淤血、红细胞渗出	0	0	0	0	0	0	0	0
心肌纤维化	0	0	0	0	0	0	0	0

镜检结果发现给药组与空白对照组心肌纤维形态结构均正常，未见明显变性、坏死、渗出等其他异常。详细结果见彩图 8-2 和表 8-13。

2. 大鼠肝脏组织病理学检查

给予不同剂量可可茶水提物的 SD 大鼠肝脏组织病理切片见彩图 8-3。空白对照组和各给药组大鼠肝脏组织切片显示肝细胞、汇管区、胆管上皮细胞等形态结构完整，肝细胞排列整齐，形态正常，细胞中央有规整的核，细胞质均匀，肝小叶规则。

整体上，镜下观察到空白组和中剂量组的雌性大鼠以及高剂量组大鼠中有个别 1-2 例出现炎性小灶，且炎性小灶的程度较轻，并且没有明显的剂量依赖效应。这种现象可能是试验大鼠受其他因素影响出现的个体差异。低剂量组和中剂量组的雄性大鼠肝细胞排列整齐，无变性、坏死等其他异常。详细检测结果见表 8-14。

表 8-14　用可可茶水提物处理大鼠肝脏组织的病理组织学检查结果
Tab. 8-14　The histopathological examination results of the liver of
SD rats treatment with 28 d different CWE concentration

不同病理改变表现及例数	对照组		低剂量组		中剂量组		高剂量组	
	雄	雌	雄	雌	雄	雌	雄	雌
肝细胞水样变性	0	0	0	0	0	0	0	0
肝细胞脂肪变性	0	0	0	0	0	0	0	0
颗粒变性	0	0	0	0	0	0	0	0
肝细胞坏死	0	0	0	0	0	0	0	0
炎性小灶	2（＋）	1（＋）	0	0	0	1（＋）	1（＋）	1（＋）
门管区炎细胞浸润	0	0	0	0	0	0	0	0
小胆管增生及纤维化	0	0	0	0	0	0	0	0
肝淤血	0	0	0	0	0	0	0	0

3. 大鼠脾脏组织病理学检查

给予不同剂量可可茶水提物的 SD 大鼠脾脏组织切片见彩图 8-4。

如彩图 8-4 所示，空白对照和各给药组大鼠的脾脏的脾小体、脾索结构均清晰明显，脾红、白髓结构清晰；脾小梁未见增粗。动脉周围淋巴鞘清晰可见，组织形态正常，脾组织未见含铁血黄素沉积，未见髓淋巴滤泡增生；未见含铁结节，无其他异常现象产生。空白对照组和各给药组基本一致，无明显差异。详细检查结果见表 8-15。

表 8-15　用可可茶水提物处理大鼠脾脏组织的病理组织学检查结果
Tab. 8-15　The histopathological examination of the spleen of SD rats with 28 d different CWE concentration

不同病理改变表现及例数	对照组		低剂量组		中剂量组		高剂量组	
	雄	雌	雄	雌	雄	雌	雄	雌
淋巴滤泡增生	0	0	0	0	0	0	0	0
炎细胞浸润	0	0	0	0	0	0	0	0
脾出血、淤血	0	0	0	0	0	0	0	0
脾小体坏死	0	0	0	0	0	0	0	0

4. 大鼠肺组织病理学检查

给予不同剂量可可茶水提物的 SD 大鼠肺组织病理切片见彩图 8-5。

空白组与给药组各组的肺泡、肺间质无明显差异；肺泡管及肺泡结构清晰，肺泡未见萎缩、扩张，肺泡壁未见异常，未见水肿液；所有样本未见大叶性肺炎、间质性肺炎；空白组与给药组各组都出现轻度毛细管出血现象，但与给药剂量之间无明显关系。这种现象可能是因为切片边缘部分在制片过程中肺泡不伸展导致的；在对照组和高剂量组雄性大鼠的单核巨噬细胞出现不同程度的增生，在其他各组未发现这种现象。详细见表8-16。

表8-16　用不同剂量可可茶水提物处理大鼠肺脏组织的病理组织学检查结果

Tab. 8-16　The histopathological examination results of the lung of SD rats with 28 d different CWE concentration

不同病理改变表现及例数	对照组		低剂量组		中剂量组		高剂量组	
	雄	雌	雄	雌	雄	雌	雄	雌
毛细血管出血或充血	3（＋）	5（＋）	1（＋）	4（＋）	4（＋）	5（＋）	5（＋）	2（＋）
间质炎细胞浸润	0	0	0	0	0	0	0	0
肺水肿	0	0	0	0	0	0	0	0
单核巨噬细胞增生	1（±）	0	0	0	0	0	1（±）	0
肺纤维化	0	0	0	0	0	0	0	0

5. 大鼠肾脏组织病理学检查

给予不同剂量可可茶水提物的 SD 大鼠肾脏组织病理切片见彩图 8-6。

空白组和可可茶低、中剂量组大鼠的肾小球正常，球囊无扩张，肾皮、髓质结构清晰；肾小管上皮无变性、坏死，无炎症反应，未见浸润和变型；高剂量组有轻度肾小球囊扩张，肾小球萎缩或消失现象，这表明高浓度的可可茶水提物可能会对 SD 大鼠的肾组织造成一定的伤害。各组大鼠肾脏的切片都显现一定的间质血管扩张充血，这可能是由于在取肾脏和包埋的过程中人为因素造成的，有待于进一步研究。详见表8-17。

表8-17　用可可茶水提物处理大鼠肾脏组织的病理组织学检查结果

Tab. 8-17　The Histopathological examination results of the kidney of SD rats with 28 d different CWE concentration

不同病理改变表现及例数	对照组		低剂量组		中剂量组		高剂量组	
	雄	雌	雄	雌	雄	雌	雄	雌
透明管型	0	0	0	0	0	0	0	0
坏死	0	0	0	0	0	0	0	0
上皮细胞变性	0	0	0	0	0	0	0	0
炎细胞浸润	0	0	0	0	0	0	0	0
肾小体萎缩、球囊扩张	0	0	0	0	0	0	1（±）	2（±）
间质血管扩张充血	3（＋）	4（＋）	2（＋）	4（＋）	3（＋）	4（＋）	6（＋）	4（＋）

6. 大鼠肾上腺组织病理学检查

给予不同剂量可可茶水提物的 SD 大鼠肾上腺组织病理切片见彩图 8-7。

空白组和试验给药组的肾上腺髓质、皮质形态结构均清晰正常，皮质各层细胞形态及着色正常，皮质各带均未见萎缩、坏死或增生，未见出血，无细胞变性坏死现象；髓质嗜铬细胞形态及分布正常。无明显病变情况出现。详见表 8-18。

表 8-18　用可可水提物处理大鼠肾上腺组织的病理组织学检查结果
Tab. 8-18　The histopathological examination result of the adrenal of SD rats with 28 d different CWE concentration

不同病理改变表现及例数	对照组		低剂量组		中剂量组		高剂量组	
	雄	雌	雄	雌	雄	雌	雄	雌
皮质出血	0	0	0	0	0	0	0	0
皮质炎细胞浸润	0	0	0	0	0	0	0	0
髓质炎细胞浸润	0	0	0	0	0	0	0	0
脂肪细胞增生	0	0	0	0	0	0	0	0

7. 大鼠大脑组织病理学检查

各试验组大鼠脑切片如彩图 8-8 所示，空白组与各给药组 SD 大鼠基本一致，脑组织结构均正常，大脑皮层各层细胞形态正常，间质无水肿，大脑灰质及白质未见出血、钙化或软化灶形成，胶质细胞未见增生，椎体细胞无变性、萎缩坏死以及血管扩张等级病理现象发生。详见表 8-19。

表 8-19　可可茶水提物对大鼠大脑组织病理组织学检查结果
Tab. 8-19　The histopathological examination results of the heart of SD rats with 28 d different CWE concentration

不同病理改变表现及例数	对照组		低剂量组		中剂量组		高剂量组	
	雄	雌	雄	雌	雄	雌	雄	雌
血管增生及出血	0	0	0	0	0	0	0	0
神经元细胞坏死	0	0	0	0	0	0	0	0
小胶质细胞大量增生	0	0	0	0	0	0	0	0
中性粒细胞渗出	0	0	0	0	0	0	0	0

8. 大鼠小脑组织病理学检查

给予不同剂量可可茶水提物的 SD 大鼠大脑组织病理切片见彩图 8-9。

空白组与各给药组大鼠小脑组织形态结构均正常，小脑各层细胞形态正常，颗粒细胞及浦肯野细胞均无变性、坏死等病理现象发生（表 8-20）。

表 8-20　用可可茶水提物处理大鼠大脑组织的病理组织学检查结果
Tab. 8-20　The histopathological examination results of the cerebellar of SD rats with 28 d different CWE concentration

不同病理改变表现及例数	对照组		低剂量组		中剂量组		高剂量组	
	雄	雌	雄	雌	雄	雌	雄	雌
浦肯野细胞变性	0	0	0	0	0	0	0	0
颗粒层变性	0	0	0	0	0	0	0	0

9. 大鼠胃组织病理学检查

给予不同剂量可可茶水提物的 SD 大鼠胃组织病理切片见彩图 8-10。

试验大鼠的胃组织切片如图 8-10 所示，空白组和各给药组 SD 大鼠的胃黏膜上皮细胞形态结构正常，未出现萎缩、变性、坏死或脱落等现象；腺体形态及数量未见异常；壁细胞呈现圆形或三角形，多为单核，胞质嗜酸性；主要细胞呈现柱状，胞质嗜酸性；胃黏膜各层未见炎细胞浸润，胃黏膜各层未见溃疡发生，无出血现象。试验组与空白组基本相同，无明显病变。详见表 8-21。

表 8-21　用可可茶水提物处理大鼠胃组织的病理组织学检查结果
Tab. 8-21　The histopathological examination results of the stomach of SD rats with 28 d different CWE concentration

不同病理改变表现及例数	对照组		低剂量组		中剂量组		高剂量组	
	雄	雌	雄	雌	雄	雌	雄	雌
黏膜上皮细胞变性、坏死	0	0	0	0	0	0	0	0
大量炎细胞浸润	0	0	0	0	0	0	0	0
充血、水肿	0	0	0	0	0	0	0	0

10. 大鼠小肠组织病理学检查

给予不同剂量可可茶水提物的 SD 大鼠小肠组织病理切片见彩图 8-11。

各试验组大鼠小肠切片 HE 染色如彩图 8-11 所示，空白对照组和各给药 SD 大鼠小肠上皮细胞及数量均无变性脱落现象，小肠腺形态及数量未见异常；小肠黏膜上皮细胞未见变性、脱落；肠壁各层无炎细胞浸润、溃疡发生以及水肿等现象发生。详见表 8-22。

表 8-22　用可可茶水提物处理大鼠小肠组织的病理组织学检查结果
Tab. 8-22　The histopathological examination results of the intestinal of SD rats with 28 d different CWE concentration

不同病理改变表现及例数	对照组		低剂量组		中剂量组		高剂量组	
	雄	雌	雄	雌	雄	雌	雄	雌
黏膜上皮细胞变性、坏死	0	0	0	0	0	0	0	0
大量炎细胞浸润	0	0	0	0	0	0	0	0
溃疡	0	0	0	0	0	0	0	0

11. 大鼠结肠组织病理学检查

给予不同剂量可可茶水提物的 SD 大鼠结肠组织病理切片见彩图 8-12。

空白组和各给药组 SD 大鼠的结肠黏膜上皮均无变性坏死现象，黏膜下层的静脉丛未见明显扩张，大肠腺形态正常，皮脂腺及毛囊组织未见增生等病变，无明显病理现象发生。空白组和各给药组无明显差异。详见表 8-23。

表 8-23 用可可茶水提物喂养大鼠 28 天后的结肠病理组织学检查结果
Tab. 8-23 The histopathological examination results of the colon of SD rats with 28 d different CWE concentration

不同病理改变表现及例数	对照组		低剂量组		中剂量组		高剂量组	
	雄	雌	雄	雌	雄	雌	雄	雌
黏膜上皮细胞变性、坏死	0	0	0	0	0	0	0	0
大量炎细胞浸润	0	0	0	0	0	0	0	0
间质纤维结缔组织增生	0	0	0	0	0	0	0	0

12. 大鼠胸腺组织病理学检查

给予不同剂量可可茶水提物的 SD 大鼠胸腺组织病理切片见彩图 8-13。

空白组与各给药组大鼠的胸腺切片无明显病变现象，胸腺皮质、髓质形态正常，皮质无萎缩现象发生；皮质小淋巴细胞形态及分布正常。髓质上皮性网状细胞形态清晰。空白组与试验组基本相同，没有明显的差异。详见表 8-24。

表 8-24 用可可茶水提物处理大鼠胸腺组织的病理组织学检查结果
Tab. 8-24 The histopathological examination results of the thymus of SD rats with 28 d different CWE concentration

不同病理改变表现及例数	对照组		低剂量组		中剂量组		高剂量组	
	雄	雌	雄	雌	雄	雌	雄	雌
皮质胸腺细胞萎缩变性	0	0	0	0	0	0	0	0
脂肪细胞	0	0	0	0	0	0	0	0
胸腺囊肿	0	0	0	0	0	0	0	0

13. 雄性大鼠睾丸组织病理学检查

给予不同剂量可可茶水提物的雄 SD 大鼠睾丸组织病理切片如彩图 8-14 所示。

空白组和给药组的 SD 雄性大鼠的曲精细管结构清晰，各种时期的生精细胞依层次排列，无细胞坏死，间质未出血、坏死、钙化等病理现象出现。支持细胞未见异常。给药组基本与空白组一致，无明显病变。详见表 8-25。

表 8-25 用可可水提物处理雄性大鼠睾丸的病理组织学检查结果
Tab. 8-25 The histopathological examination results of the testis of male SD rats with 28 d different CWE concentration

不同病理改变表现及例数	对照组		低剂量组		中剂量组		高剂量组	
	雄	雌	雄	雌	雄	雌	雄	雌
间质增生	0	0	0	0	0	0	0	0
生精细胞变性坏死	0	0	0	0	0	0	0	0

14. 雄性大鼠附睾组织病理学检查

给予不同剂量可可茶水提物的雄性 SD 大鼠附睾组织病理切片见彩图 8-15。

各试验组 SD 雄性大鼠的附睾均无明显病变现象，输出小管及附睾上皮细胞形态清晰，附睾上皮细胞无变性、坏死，间质无炎细胞浸润等病理现象出现，各给药组大鼠和空白组大鼠基本一致，无明显差异。空白组和试验组的附睾均无明显病变，附睾管上皮细胞无变性、坏死，间质无炎细胞浸润。详见表 8-26。

表 8-26　用不同剂量可可茶水提物处理雄性大鼠附睾的病理组织学检查结果
Tab. 8-26　The histopathological examination results of the epididymis of male SD rats with 28 d different CWE concentration

不同病理改变表现及例数	对照组		低剂量组		中剂量组		高剂量组	
	雄	雌	雄	雌	雄	雌	雄	雌
间质炎细胞浸润	0	0	0	0	0	0	0	0
间质血管扩张、充血	0	0	0	0	0	0	0	0
上皮细胞变性坏死	0	0	0	0	0	0	0	0

15. 雄性大鼠前列腺组织病理学检查

给予不同剂量可可茶水提物的 SD 雄性大鼠前列腺组织病理切片见彩图 8-16。

各试验组 SD 大鼠前列腺上皮细胞无变性、坏死，细胞间质无增生、炎细胞浸润；腺体上皮细胞功能正常，腺腔内可见腺体分泌，未见结石等病理现象发生，各给药组大鼠与空白组相比无明显差异。详见表 8-27。

表 8-27　用不同剂量可可茶水提物处理雄性大鼠前列腺的病理组织学检查结果
Tab. 8-27　The histopathological examination results of the prostate of male SD rats with 28 d different CWE concentration

不同病理改变表现及例数	对照组		低剂量组		中剂量组		高剂量组	
	雄	雌	雄	雌	雄	雌	雄	雌
间质炎细胞浸润	0	0	0	0	0	0	0	0
腺体上皮增生	0	0	0	0	0	0	0	0
间质水肿	0	0	0	0	0	0	0	0
间质纤维组织增生	0	0	0	0	0	0	0	0

16. 雌性大鼠子宫组织病理学检查

给予不同剂量可可茶水提物的雌性 SD 大鼠子宫组织病理切片见彩图 8-17。

SD 雌性大鼠各试验组大鼠子宫壁各层结构清晰可见，没有发现平滑肌细胞变性坏死，间质反应与腺体周期性改变同步；肌层血管壁未见增厚、管腔未见狭窄；子宫无明显萎缩等病理现象发生。各给药组与空白组基本一致，无明显病变的现象。详见表 8-28。

表 8-28　用不同剂量可可水提物处理雌性大鼠子宫的病理组织学检查结果

Tab. 8-28　The histopathological examination results of the uterus of female SD rats with 28 d different CWE concentration

不同病理改变表现及例数	对照组		低剂量组		中剂量组		高剂量组	
	雄	雌	雄	雌	雄	雌	雄	雌
内膜上皮增生	0	0	0	0	0	0	0	0
内膜腺体扩张	0	0	0	0	0	0	0	0
子宫腔缩小	0	0	0	0	0	0	0	0
炎细胞浸润	0	0	0	0	0	0	0	0

17. 雌性大鼠卵巢组织病理组织学检查

给予不同剂量可可茶水提物的雌性 SD 大鼠卵巢组织病理切片见彩图 8-18。

SD 雌性大鼠空白组和试验组的卵巢皮质、髓质结构清晰。原始卵泡、初级卵泡、次级卵泡均清晰可见，形态和数量正常，无间质纤维增生，无滤泡囊肿或黄体血肿等级明显病变。详见表 8-29。

表 8-29　用可可茶水提物处理雌性大鼠卵巢的病理组织学检查结果

Tab. 8-29　The histopathological examination results of the ovarian of female SD rats with 28 d different CWE concentration

不同病理改变表现及例数	对照组		低剂量组		中剂量组		高剂量组	
	雄	雌	雄	雌	雄	雌	雄	雌
卵巢萎缩、钙化	0	0	0	0	0	0	0	0
滤泡囊肿	0	0	0	0	0	0	0	0
间质纤维增生	0	0	0	0	0	0	0	0

四、讨论

传统茶叶由 *Camellia sinensis* 和 *Camellia assamica* 的嫩芽制作而成，其主要生物碱为咖啡碱。咖啡碱可以引起中枢神经系统的兴奋，从而导致特定人群肠胃痉挛和失眠（Nehlig, Daval, & Debry, 1992；Shilo *et al*., 2002；Kaufman & Sachdeo, 2003）。目前许多科研工作者试图利用各种方法从茶叶中除去咖啡碱，例如有机试剂萃取法，活性炭吸附法等（Ye *et al*., 2007），然而，这些方法存在众多不足，如有机试剂导致污染、仪器设备要求高、耗时长，严重影响茶叶的品质等。相对于咖啡碱，可可碱对神经系统的兴奋作用只有咖啡碱的 1/15，并且可可碱在舒张平滑肌和扩张冠状动脉方面表现出重要的生理活性（Mitchell *et al*., 2011）。以往的研究表明可可碱可扩张支气管平滑肌、缓解哮喘的作用（Usmani *et al*., 2005；Nasra *et al*., 2009）。

可可茶作为一种天然无咖啡碱的茶叶资源，有着广阔的发展前景。然而任何健康食品都需要一系列严格控制的毒性试验来证明其安全性。到目前为止，还没有关于可可茶系统毒理学研究的报道。大鼠亚急性毒理试验作为食品安全性毒理学评价程序，及第二阶段毒性试验的主要内容之一（GB 15193.1-2003），应用日益广泛。可可茶作为一种新的资源食品，在大力发展的同时，也需要对其安全性进行评价。本节在可可茶急性毒理的基础上，从亚急性毒理方面对可可茶的安全性进行探讨。

从亚急性毒性试验结果发现，连续给予可可茶水提物 28 天之后，SD 大鼠没有出现明显的急性或者慢性的毒性反应。在给药期间，除高剂量组（800 mg/kg）的雄性大鼠在用药至第 4 周时体重显著低于空白对照组雄性大鼠外，其余各剂量组雄性大鼠的体重与同期空白对照组相比无显著性差异。Kashket 等（1988）在体外试验中发现绿茶提取物可抑制 α- 淀粉酶的活性。另有研究证明绿茶提取物还能抑制肠黏膜中钠依赖性葡萄糖转运体的活性（Kobayashi *et al.*，2000；Shimizu *et al.*，2000）。这个结果表明可可茶也有一定的降脂减肥的作用。试验大鼠其他指标如进食量和相对器官重量等在给药组大鼠和对照组大鼠中没有显著差异。

血液系统对于毒性物质非常敏感，因此对血液学指标的检测对于了解毒性物质对人体的毒性具有很高的预期意义（Olson *et al.*，2000；Adeneye *et al.*，2006）。在 28 天的亚急性毒性试验中，我们发现在对照组和处理组大鼠某些血液学指标之间存在显著的差异。在中剂量和高剂量组可可茶水提物处理组，中性粒细胞在雌性大鼠和雄性大鼠中和对照组大鼠相比均有显著差异。在雄性大鼠低剂量组 RBC 的量与对照组相比显著降低，但是中剂量组和高剂量组雄性大鼠与对照没有显著差异，没有表现出剂量依赖性关系，推测这些现象可能是灌胃后兴奋运动所造成的（Günther *et al.*，2002），因此不认为有毒理学意义。

肝脏酶系，如 GPT、GOT 是反映肝脏损伤的主要指标（Burger *et al.*，2005）。通过对大鼠血清生化指标的检测，我们发现一些生化指标在给药组和对照组之间存在显著差异。在 28 天亚急性毒性试验中我们发现 GPT 的活性在中剂量的雄性大鼠组和高剂量的雄性以及雌性大鼠中与对照组相比都有显著降低。GOT 的活性在高剂量处理组的雌性大鼠和对照组相比有显著差异。在雌性和雄性大鼠中，TG 的含量相对空白对照组大鼠都有下降，但是没有显著差异。血液中白蛋白和总蛋白的含量也是反映肝脏合成能力的主要指标（Hor *et al.*，2011）。在这些生化指标的测定中，我们并没有发现给药组的大鼠的白蛋白和总蛋白的含量与对照组有显著性的差异。这些结果都提示不同浓度的可可茶水提物并不会引起处理组的大鼠肝脏的伤害，它还可能具有一定的保护肝脏的作用。这些结果与肝脏的病理学切片结果相一致。在肝脏的病理学切片中，空白组和试验组的肝脏组织均有出现 1~2 例的轻度炎性小灶，但无剂量相关性，也无其他病理病变发现，这可能是环境或自身等其他因素引起的。因此，高浓度的可可茶对肝脏功能是否有毒性有待于长期毒理实验验证。

血清中尿素、肌酐以及电解质的含量是衡量肾脏功能的主要指标（Rebeeca *et al.*，2002），Hassan 等（2007）研究发现血液中肌酐的变化可反映肾脏功能损伤。在本次试验中，我们也对这些生化指标进行了检测。在雄性大鼠中，可可茶水提物中剂量组和高剂量组的血清尿素和肌酐的含量和对照组相比有极显著的增加，而血液中的钙离子和总钙含量在这两个处理组中和对照组相比却显著降低。这些结果提示，高浓度的可可茶水提物可能会对雄性大鼠的肾脏有一定的伤害作用。然而我们在雌性大鼠中却没有发现相似的情况，并且在高剂量的雌性大鼠给药组，其肌酐水平相对对照组大鼠还有一定程度的降低。28天的亚毒性试验并没有引起 SD 大鼠其他电解质如 K^+，Cl^- 和 pH 值的显著变化。我们发现在高剂量组（800 mg/kg）SD 大鼠有轻度肾小球球囊扩张，肾小球萎缩或消失现象，然而高浓度的可可茶并没有引起预示雌性大鼠的肾脏损伤的生化指标的改变，而且病理学研究也没有发现雌性大鼠肾脏有病理改变。这些结果预示高浓度的可可茶可能对大鼠肾脏有一定的毒性。有研究表明茶能阻碍某些金属矿物质元素如钙、铁的吸收（于康，2004）。由于可可茶中含有高浓度的多酚类，雄性大鼠血清钙浓度的降低也有可能是由于高浓度的可可茶阻碍了大鼠对金属矿物质元素的吸收。因此高浓度的可可茶对肾脏的毒性有待于进一步研究和探索。

除了上述一些指标异常之外，与同期空白对照组相比，可可茶水提物给药组低、中、高剂量组的其他各主要脏器大体解剖与组织学检查无明显差异，提示大鼠经过 28 天灌喂给予可可茶水提物后无明显毒性反应及病理性损害。关于高剂量组对大鼠肾的轻度病理损害，从整体上来看可可茶是相对安全的，因为高剂量组给药剂量达到 800 mg/kg，大约为 3 g 茶叶/kg，大约是人日常饮用量的 30 倍，由此可以初步推断出可可茶是一种安全的饮料。

五、总结

（1）可可茶给药 28 天后，大鼠主要脏器解剖与组织学检查，与同期空白对照组相比，无明显差异，其主要血液学指标和血清学指标无明显毒性反应。

（2）高浓度的可可茶显著性的降低雄性 SD 大鼠血钙的含量。这些结果显示高浓度的可可茶水提物可能对雄性大鼠的肾脏有一定的影响。

（3）可可茶可能具有改善肝功能、改善血脂功能的积极意义。

（4）本次亚急性毒理实验所采用最高浓度为常人日常饮用量的 30 倍，因此可以初步判断可可茶是一种实际无毒的饮料。

第 3 节　可可茶的生理作用与药理效应

一、急性毒性试验①

从原生地采集的可可茶 Camellia ptilophylla 嫩芽叶，蒸青、烘干、磨碎、过筛后作提取材料供试验用。对照样为栽培茶 C. sinensis 制作的龙井茶，购自市场。

水提物干品是由沸水浸提经过滤，滤液在水浴上蒸发浓缩烘干得到的晶状物，每

---

① 许实波，何北兴，冯建林，等. 毛叶茶水提物的急性毒性、降血压和心脏生理效应的研究 [J]. 中山大学学报，1990，29（增刊）：179-184.

100 g 可可茶可得水提物干品 43 g。每 100 g 龙井茶可得水提物干品 33 g。

丙酮提取物（TTM），是用 80% 的丙酮浸泡 72 h，每隔 12 h 更换一次新鲜丙酮，收集各次浸泡液后减压浓缩，把收集的浓缩液用氯仿萃取，收集氯仿层后，再用乙酸乙酯萃取，收集乙酸乙酯层，减压浓缩后冷冻干燥即得到 TTM 晶体。每 100 g 可可茶可得 TTM 晶体 33 g，每 100 g 龙井茶可得 TTM 晶体 48 g。

可可茶与龙井茶的水提物和 TTM 在实验用蒸馏水配制成所用的浓度。

实验动物为 NIH 小鼠来自中山大学生物学系实验动物养殖场，SD 大鼠购自广东省医用动物场，猫和兔购自广州郊区农村，均选取健康者应用。

化学试剂，胆固醇购自美国 Sigma 公司，蛋黄粉猪油脂盐乳浊液购自广州明兴制药厂研究所，其他药剂均购自国内市售产品，所用仪器均为国产。

（一）水提物干品静脉注射给药

选取健康小鼠 40 只，体重 17.5～22.5 g，用水提物干品，按 400，320，256，204 mg/kg，用 0.2 ml/10 g 静脉注射，观察 24 h 死亡数。

同样取健康小鼠 60 只，体重 17.5～22.5 g，雌雄兼有，均分为 5 组，每组为 12 只，分别用龙井茶水提物干品，按照规定 600、420、294、205.8、144.1 mg/kg，用 0.2 mg/10 g 静脉注射，观察 24 h 小鼠死亡数。

将试验结果记录、整理，用孙氏综合法（孙瑞元，1982），计算各自的 $LD_{50} \pm 95\%$ 可信限及斜率，得到结果：

可可茶 $LD_{50} \pm 95\%$ 可信限及斜率为（237±23）mg（$b = 10.9$）；

龙井茶 $LD_{50} \pm 95\%$ 可信限及斜率为（236.4±12）mg（$b = 10.5$）。

结果表明可可茶与龙井茶的静脉注射给药 LD_{50} 无明显差别，毒性甚低。

（二）水提物干品和 TTM 腹腔注射和灌胃给药

选取 18～20 g 健康 NIH 小鼠若干只，分别腹腔注射，灌胃给药，对两种样品作毒性预试验，然后各选取同样的小鼠 50 只，雌雄兼有，均分为 5 组，各由预试所得结果推算的等比级数配制 5 个剂量组，给药后继续观察 7 天，记录小鼠的健康状况及死亡数，将所得数据进行统计处理。结果表明，可可茶水提物灌胃途径给药 $LD_{50} =$（3.7025±0.0326）g/kg，腹腔注射 $LD_{50} =$（0.1375±0.0408）g/kg；可可茶 TTM 灌胃途径给药 $LD_{50} =$（4.67±0.039）g/kg 腹腔注射 $LD_{50} =$（0.483±0.0432）g/kg。结果同样表明可可茶的毒性较低。

二、对戊巴比妥钠睡眠时间的影响[①]

选取健康体重 18～20 g 的小鼠 50 只，雌雄各半，随机均分为 5 组，每组 10 只，灌

① 许实波，王向谊，郭文成，等. 毛叶茶提取物的药理作用［J］. 中山大学学报（自然科学版），1990, 29（增刊）：187-188.

胃给药，设生理盐水组，可可茶高、中、低剂量组，用药量分别为 0.554，0.416，0.279 g/kg。龙井茶 TTM 组用药量为 0.554 g/kg，与可可茶高剂量相同。给药 0.5 h 后，尾静脉注射戊巴比妥钠 50 mg/kg，以小鼠翻正反射消失为入睡时间的指标，用秒表测定，以翻正反射开始为复苏时间。复苏时间减入睡时间即睡眠时间。结果如表 8-30 所示。

表 8-30 不同茶水提取物及生理盐水对小鼠戊巴比妥钠睡眠时间的影响
Tab. 8-30 Effect of extracts from cocoa tea、longjin tea and normal saline on sleep time

组别	动物数 / 只	剂量 / (g/kg)	入睡时间 /s	延长 /%	苏醒时间 /s	睡眠时间 /s	缩短 /%
生理盐水	10	30 ml	6.8±3.9	/	7893.3±1264.3	7886.4±1261.9	
可可茶高剂量	10	0.551	6.0±2.5	−11.7	5182.0±866.1	5079.6±859.0	35.6***
可可茶中剂量	10	0.116	8.3±6.2	22.6	5864.8±1951.8	5850.0±1797.6	25.2**
可可茶低剂量	10	0.227	25.4±10.8	27.75	5904.0±1015.0	5898.0±1014.7	13.1*
龙井茶 TTM	10	0.554	107±8.7	58.1	6580.0±1081.6	6771.6±1085.1	16.7*

与生理盐水比较：$*p<0.05$；$p**<0.01$，$p***<0.001$

结果表明可可茶和龙井茶对小鼠入睡时间和睡眠时间产生显著影响，与生理盐水组相比，可可茶高、中、低剂量及龙井茶 TTM 组入睡时间分别延长 −11.7%，22.6%，27.75% 和 58.1%，睡眠时间缩短率则为 35.6%，25.2%，13.19% 和 16.7%。提示可可茶高剂量 TTM 组具有缩短入睡时间，也就是不影响入睡时间的作用。

第 4 节 可可茶和传统茶对小白鼠相关行为效应的比较[①]

和饮咖啡一样，饮茶可以兴奋神经，因为咖啡和茶都含有咖啡碱。但不含咖啡碱的可可茶 Camellia ptilophylla 饮后是否也会引起精神亢奋失眠，对神经中枢起兴奋还是抑制作用，有必要进行研究。

本研究对戊巴比妥钠诱导的小鼠睡眠、对小鼠的自主活动、动态耐力和耐缺氧活动进行了研究，并与传统茶进行了比较，以阐明可可茶对小白鼠相关行为的影响。

一、材料准备及剂量设置

（一）实验材料

可可绿茶（cocoa green tea，Ct）、传统绿茶 C. sinensis 品种金萱绿（Jx），均由广东省茶科所出品，经测定，两种茶主要生化成分占干叶重的百分含量见表 8-31。

---

① 杨晓绒. 可可茶生化成分和药理作用研究［D］. 广州：中山大学，2011. 指导教师：叶创兴.

表 8-31 可可茶和传统绿茶主要活性物质含量　　　　　　　　　　　　%
Tab. 8-31 The content of main activity components of cocoa green tea and green tea

茶样	干物质	EGCG	GCG	C	EGC	TB	CAF	ECG
可可绿茶	46.67	4.38	10.95	5.31	0.50	3.21	0	1.35
传统绿茶	45.3	14.43	1.55	0.23	6.36	0.23	3.77	2.54

（二）试药制备

称取可可绿茶 2.4 g 和传统绿茶 2.5 g，分别置于锥形瓶中，加入 100 ml 沸水，用锡纸封瓶口后置于 98℃ 水浴锅中 30 min，期间摇瓶 2 次，30 min 后用脱脂棉过滤得滤液平均为 92 ml，经测定干物质浓度约为 10 mg/ml。每只小白鼠以 20 g 计，每只灌胃 0.4 ml，干物质浓度为 10 mg/ml 时茶汤的剂量为 200 mg/kg，将 10 mg/ml 茶汤稀释为 5，2.5 mg/ml 浓度后所得剂量为 100 mg/kg 和 50 mg/kg，即两种茶的剂量组分别为 50，100，200 mg/kg（表 8-32，阳性对照组灌胃相应的阳性药见表 8-33，空白对照组以水灌胃。

表 8-32 两种茶的计量设置
Tab. 8-32 Dose designing for cocoa green tea and green tea　　　　　　mg/kg

茶样	可可绿茶			传统绿茶		
剂量	50	100	200	50	100	200
方法			i.g.（灌胃给药）			

表 8-33 阳性对照剂量设置
Tab. 8-33 Dose designing for the positive control　　　　　　mg/kg

诱导剂或阳性对照	戊巴比妥钠（阈上）	戊巴比妥钠（阈下）	艾司唑仑/片	复方丹参片	人参首乌胶囊	男宝胶囊
英文名	Nembutal suprathreshold	Nembutal subthreshold	Estazolam	Compound Danshen Tab.	Radix Ginseng Capsules	NanBao Capsule
缩写	—	—	—	CDT	RGC	NBC
剂量	48	31.5	0.3	360	232	232
方法			i.p.（腹腔注射给药）			

二、试剂、仪器和动物

（一）试剂

戊巴比妥钠（白色粉末，批号：F20020915，进口分装，中国医药集团上海化学试剂公司）；氯化钠（AR级，广州化学试剂厂，批号：20020901-2）；艾司唑仑片（2 mg/片，成人催眠 1～2 mg/次，国药准字 H44023246，北京益民业有限公司生产，批号：

20080610)；复方丹参片（0.3 g/ 片，国药准字 Z44023372，广州白云山和记黄埔中药有限公司生产，批号：J8A019)；人参首乌胶囊（0.3 g/ 粒，国药准字 Z20054908，贵州颐和药业有限公司生产，批号：20081201)。

（二）仪器

BS110S 电子天平，北京塞多利斯天平有限公司；ACS-1A1 电子计量秤，深圳爱华衡器有限公司；YLS-1A 型小鼠多功能自主活动仪，山东省医学科学院设备站；XZC-4B 型转棒式疲劳仪，山东省医学科学院设备站；HH·S210R4 数显水浴锅上海锦屏公司。

（三）实验环境和动物

中山大学生命科学学院中药与海洋药物实验室，实验环境合格证：GB14925-2001 SPF 环境，粤监证字 2004C009 号。NIH 小鼠，学名 *Mus musculus*，SPF 级，体重 14～16 g，购于广东省医学实验动物中心，合格证：SCXK（粤）2008-0002 粤监证字 2008A021。

三、方法

（一）可可绿茶和传统绿茶对戊巴比妥钠延长小鼠睡眠时间的影响

选取健康 NIH 雄性小鼠 64 只，体重 18～22 g，动物检疫合格后，随机分成 8 组，分别是对照组、可可绿茶系列 3 组，传统绿茶系列 3 组、艾司唑仑阳性对照组，每组 8 只小鼠。实验前先进行预实验，摸索戊巴比妥的阈剂量的实验，即选择 100% 小鼠入睡（翻正反射消失达 1 min 以上），但又不使睡眠时间过长的 0.3% 的戊巴比妥钠的合适剂量（0.16 ml/10 g）；然后进行睡眠时间测定的正式实验。实验前各组小鼠先灌胃给药，对照组小鼠给予等体积的纯净水、可可绿茶、传统绿茶和艾司唑仑对照组小鼠的给药剂量见表 8-32，表 8-33；给药 30 min，各组动物腹腔注射戊巴比妥钠的剂量为 48 mg/kg（按预实验剂量进行），立即记录动物的入睡时间和睡醒时间。

（二）可可绿茶和传统绿茶对戊巴比妥钠阈下剂量催眠实验

选取健康 NIH 雄性小鼠 80 只，体重 18～22 g，动物检疫合格后，随机分成 8 组，分别是空白对照组、可可绿茶系列 3 组、传统绿茶系列 3 组、艾司唑仑对照组，每组 10 只小鼠。实验前先进行预实验，先摸索戊巴比妥的阈剂量的实验，即选择 80%～90% 小鼠翻正反射不消失的 0.3% 的戊巴比妥钠的最大阈剂量；然后进行正式实验。实验前各组小鼠先灌胃给药见表 8-32，表 8-33；即选择 80%～90% 小鼠翻正反射不消失的 0.3% 的戊巴比妥钠的最大阈剂量，实验前用 20 只小鼠，腹腔注射 0.3% 戊巴比妥钠 0.09～0.12 ml/10 g 摸索出 80%～90% 小鼠翻正反射不消失的最大剂量。给药剂量同 4.3.1；给药 30 min，各组动物腹腔注射戊巴比妥钠的剂量为 31.5 mg/kg（按预实验剂量进行），立即记录动物的入睡时间、睡醒时间和睡眠百分率（%）。

（三）可可绿茶和传统绿茶对小鼠自主活动实验

选取健康 NIH 雄性小鼠 64 只，体重 18-22 g，动物检疫合格后，随机分成 8 组，分别是空白对照组、可可绿茶系列 3 组，传统绿茶系列共 3 组、艾司唑仑对照组，每组 8 只小鼠。分别于第一次给药前对各组小鼠测定一次自主活动次数，第一次给药及给药第七天各测定一次小鼠自主活动。实验时，各组小鼠给药剂量见表 8-32，表 8-33；依次给药 30 min 后，每只小鼠置于自主活动仪中，先适应 3 min；然后测定各组小鼠的自主活动情况，记录小鼠 5 min 内的自主活动次数，实验后计算自主活动的改善率（%）。进行统计学处理并比较组间差异。

$$改善率（\%）=\frac{给药组平均次数-空白组平均次数}{空白组平均次数}\times100\% \tag{8-1}$$

（四）可可绿茶和传统绿茶对小鼠耐常压缺氧实验

选取健康 NIH 雌性小鼠 64 只，体重 18～22 g，动物检疫合格后，随机分成 8 组，分别是空白对照组、可可绿茶 3 组，传统绿茶 3 组、复方丹参片对照组，每组 8 只小鼠。实验前各组小鼠先给药，见表 8-32，表 8-33；连续给药 7 天。于末次给药 30 min 后，将每只小鼠置于 250 ml 玻璃广口瓶中（内有包好的钠石灰 5 g），在瓶盖上涂抹凡士林后旋紧，开始计时至小鼠死亡，为小鼠耐常压缺氧时间。

$$改善率（\%）=\frac{给药组平均时间-空白组平均时间}{空白组平均时间}\times100\% \tag{8-2}$$

（五）可可绿茶和传统绿茶对小鼠动态耐力实验

选取健康 NIH 雄性小鼠 64 只，体重 18～22 g，动物检疫合格后，随机分成 8 组，分别是空白对照组、可可绿茶系列 3 组，传统绿茶系列 3 组、人参首乌胶囊对照组，每组 8 只小鼠。实验前各组小鼠先给药，见表 8-32，8-33；连续给药一周；然后开始训练小鼠在疲劳仪上行走，共学习 5 天，均在给药后 30 min 后进行，将小鼠放于疲劳仪杠杆上，先从 16 r/min 开始，逐渐加至 32 r/min。于末次给药 30 min 后，各组小鼠置于 32 r/min 的疲劳仪转棒上行走，记录行走时间。

改善率计算参考公式 8-2。

（六）可可绿茶和传统绿茶对小鼠性功能实验

选取健康 NIH 雄性小鼠 64 只，体重 18～22 g，动物检疫合格后，随机分成 8 组，分别是空白对照组、可可绿茶 3 组，传统绿茶 3 组、男宝胶囊对照组，每组 8 只小鼠。实验前各组小鼠先给药，空白对照组给予等体积纯净水；可可绿茶、传统绿茶及男宝胶囊的给药剂量见表 8-32，表 8-33；连续给药 21 天。于末次给药 30 min 后，将一只雄性小鼠与两只雌性小鼠合笼，记录雄性小鼠第一次捕捉雌性小鼠的时间即捕捉潜伏期，并记录 20 min 内雄性小鼠捕捉雌性小鼠的次数。

改善率计算参考公式 8-1。

（七）统计分析

SPSS17.0，ANOVO（LSD，Duncan）。

四、结果与分析

（一）对戊巴比妥钠阈上剂量诱导的小鼠睡眠时间

由表 8-34 和图 8-19 结果可知，末次给药后，可可绿茶 3 个剂量组和阳性对照即艾司唑仑 0.3 mg/kg（estazolam：70 kg 成人催眠常用，2 mg/ 次，即成人剂量 0.03 mg/kg）组均能不同程度地延长小鼠戊巴比妥钠的睡眠时间，与戊巴比妥钠具有较好的协同作用，低中高剂量的可可绿茶和艾司唑仑片延长睡眠率分别为 23.7%、25.9%、17.6% 和 114.2%，艾司唑仑片能明显延长小鼠戊巴比妥钠睡眠时间，与同期空白对照组相比，具有显著性差异（$p < 0.001$），与其临床使用效果相符；传统绿茶各剂量组缩短戊巴比妥钠诱导的小鼠睡眠时间，低中高剂量的传统绿茶缩短睡眠率分别为 7.1%、16.1% 和 9.6%，由此提示，可可绿茶与戊巴比妥钠有较弱的协同作用，即具有较弱镇静安神作用；而传统绿茶反而缩短小鼠的睡眠时间，与戊巴比妥钠是拮抗作用。

表 8-34　两种绿茶对戊巴比妥钠阈上剂量诱导的小鼠睡眠时间影响

Tab. 8-34　Effects of two green teas on sleep time induced by Nembutal suprathreshold　　min

编号及相关值	对照	可可绿茶 /（mg/kg）			传统绿茶 /（mg/kg）			艾司唑仑
		50	100	200	50	100	200	
1	52.7	57.5	39.8	65.1	49.1	30.3	27.4	58.1
2	51.8	56.5	59.7	47.4	19.4	36.2	32.5	82.0
3	43.8	63.4	60.5	39.8	37.4	23.8	54.4	97.8
4	45.5	31.5	42.7	39.6	51.3	26.6	47.2	86.2
5	40.1	35.1	48.6	43.0	33.2	46.5	10.3	63.9
6	31.4	56.8	58.1	38.8	53.8	11.2	22.2	61.2
7	22.4	51.7	46.9	43.0	23.4	48.0	45.2	101.9
8	30.4	40.7	44.1	57.2	27.5	43.7	48.3	129.7
Mean±S.E.M.	39.7±3.83	49.1±4.17	50.0±2.91	46.7±3.37	36.9±4.69	33.3±4.51	35.9±5.41	85.1±8.65
p 值		0.188	0.150	0.326	0.685	0.362	0.589	0.000
延长率 /%	0	23.7	25.9	17.6	−7.1	−16.1	−9.6	114.4

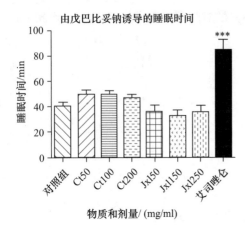

图 8-19 两种茶对戊巴比妥钠阈上剂量诱导的小鼠睡眠时间影响

Fig. 8-19 Effects of two green teas on sleep time induced by Nembutal suprathreshhold

（二）对戊巴比妥钠阈下剂量催眠实验的结果

由表 8-35、表 8-36 和图 8-20 可知，末次给药后，可可绿茶组有 1～3 只小鼠入睡，但与同期空白对照组相比，无显著性差异（$p>0.05$）；提示可可绿茶的镇静催眠作用很弱；传统绿茶低剂量有 1 只小鼠入睡，但中高剂量组均无小鼠入睡；艾司唑仑组能明显增加小鼠入睡数量（9 只），与对照相比，具有显著性差异（$p<0.001$），与其临床使用效果相符。可可绿茶不能显著地增加戊巴比妥钠小鼠的入睡动物数；而 4 mg/kg 以上传统绿茶与戊巴比妥钠是相拮抗的。

表 8-35　两种茶处理后戊巴比妥钠阈下剂量诱导的小鼠睡眠数量

Tab. 8-35　Effects of two teas on number of fall asleep induced by Nembutal subthreshold　　只

处理	对照	可可绿茶浓度 /（mg/kg）			传统绿茶浓度 /（mg/kg）			艾司唑仑
		50	100	200	50	100	200	
入睡数	1	3	1	3	1	0	0	9
未入睡数	9	7	9	7	9	10	10	1
合计	10	10	10	10	10	10	10	10

表 8-36　两种茶处理后戊巴比妥钠阈下剂量诱导的小鼠睡眠时间

Tab. 8-36　Effects of two teas on sleep time induced by Nembutal subthreshold　　min

编号及相关值	对照	可可绿茶 /（mg/kg）		传统绿茶 /（mg/kg）			艾司唑仑
		50	100	200	50	100	200	
1	13.35	27.8	19.57	21.02	12.52			35.58
2		23.63		7.2				71.65
3		16.12		21.98				44.25
4								36.35
5								32.23
6								54.08
7								70.13
8								43.78
9								35.98
Mean±SEM	13.35	22.52±5.919	19.57	16.73±8.27	12.52			47.11±14.974

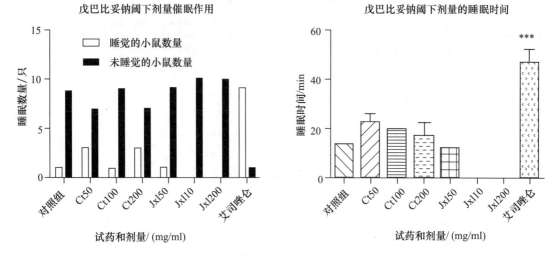

图 8-20　两种茶处理对戊巴比妥钠阈下剂量诱导的小鼠睡眠数量和睡眠时间的影响

Fig.8-20　Effects of two teas on sleep induced by Nembutal subthreshold

（三）对小鼠自主活动实验的结果

灌胃前，各组的自主活动次数无差异，说明各组小鼠情形相似。各剂量组灌胃 24 h 和 7 天后，与空白组相比，可可绿茶组的自主活动次数显著下降了（$p<0.05$）；艾司唑仑组的自主活动次数极显著地下降了（$p<0.001$）；传统绿茶组在灌胃 24 h 后，自主活动次数不显著的增加，而灌胃 7 天后自主活动次数显著的增加了（$p<0.05$）。提示可可绿茶具有一定的兴奋抑制作用，传统绿茶具有一定的兴奋作用。综合来看，可可绿茶剂量为 100 mg/kg 和 200 mg/kg 时兴奋抑制作用较强，传统绿茶的兴奋作用随剂量的增加而增强（表 8-37～表 8-40；图 8-21，彩图 8-22）。

表 8-37　灌胃前各组小鼠自主活动次数

Tab. 8-37　The automatic activities of each groups before administration　　次

编号及相关值	对照	可可绿茶浓度 /（mg/kg）			普通绿茶浓度 /（mg/kg）			艾司唑仑
		50	100	200	50	100	200	
1	203	223	181	195	204	208	207	194
2	175	197	191	201	214	208	197	198
3	227	202	185	185	185	215	198	192
4	197	226	187	201	214	203	209	197
5	212	216	197	204	220	195	187	202
6	200	206	188	199	188	207	181	212
7	192	205	212	196	219	198	173	208
8	166	137	204	211	187	200	185	214
Mean±	196.5	201.5	193.1	199.0	203.9	204.3	192.1	202.1
S.E.M.	±6.86	±9.90	±3.71	±2.67	±5.32	±2.30	±4.49	±2.94

表 8-38 灌胃 24 h 后各剂量组小鼠自主活动次数

Tab. 8-38 The automatic activities of each groups after administrated for 24 h　　次

编号及相关值	对照/次	可可绿茶浓度/（mg/kg）			普通绿茶浓度/（mg/kg）			艾司唑仑
		50	100	200	50	100	200	
1	217	196	149	183	177	172	226	133
2	178	179	170	165	181	196	192	125
3	169	172	181	186	194	218	208	83
4	210	136	188	112	222	198	216	81
5	205	161	124	182	209	189	209	106
6	203	193	181	155	217	201	185	98
7	188	180	175	189	212	219	243	157
8	192	165	163	165	225	230	191	160
Mean± S.E.M.	195.3 ±5.82	172.8 ±6.8	166.4 ±7.43	167.1 ±8.97	204.6 ±6.52	202.9 ±6.61	208.8 ±6.92	117.9 ±10.95

表 8-39 灌胃 7 天后各剂量组小鼠自主活动次数

Tab. 8-39 The automatic activities of each groups after administrated for 7 days　　次

编号及相关值	对照/次	可可绿茶浓度/（mg/kg）			普通绿茶浓度/（mg/kg）			艾司唑仑
		50	100	200	50	100	200	
1	201	186	188	176	211	191	225	109
2	187	169	182	149	217	240	216	133
3	172	148	157	146	213	191	191	100
4	169	162	162	177	209	198	202	124
5	190	144	139	182	204	177	200	107
6	171	155	140	170	215	202	221	167
7	196	190	185	166	198	198	206	91
8	197	198	175	151	205	239	211	181
Mean± S.E.M.	185.4± 4.57	169.0± 7.17	166.0± 6.92	164.6± 4.99	209.0± 2.24	204.5± 8.09	209.0± 4.04	126.5± 11.42

表 8-40 两种茶处理对三次自主活动平均值及标准误的影响（ mean±SEM ）

Tab. 8-40 Effects of two teas on means and SEM of the automatic activities of three times

时间	对照	可可绿茶浓度/（mg/kg）			普通绿茶浓度/（mg/kg）			艾司唑仑
		50	100	200	50	100	200	
灌胃前	196.5±6.86	201.5±9.90	193.1±3.71	199.0±2.67	203.9±5.32	204.3±2.30	192.1±4.49	202.1±2.94
灌胃 24 h	195.3±5.82	172.8±6.80	166.4±7.43	167.1±8.97	204.6±6.52	202.9 ±6.61	208.8±6.92	117.9±10.94
灌胃 7 天	185.4±4.57	169.0±7.17	166.0 ±6.92	164.6±4.99	209.0±2.24	204.5±8.09	209.0 ±4.04	126.5±11.42

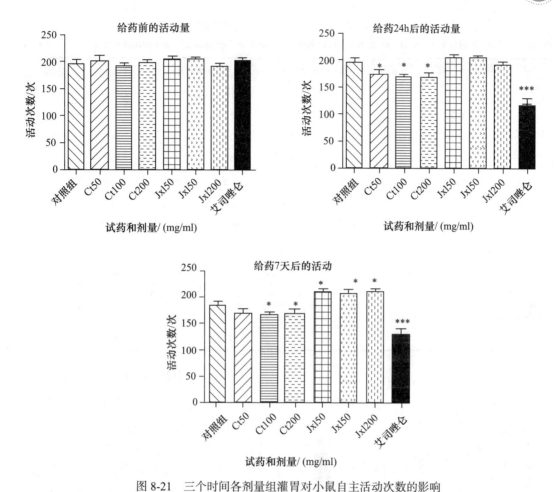

图 8-21　三个时间各剂量组灌胃对小鼠自主活动次数的影响

Fig. 8-21　Effects of each dose on the automatic activities of mice administed on three times

（四）对小鼠耐常压缺氧实验的结果

由表 8-41 和图 8-23 可知，两种茶随着给药剂量的增加，小鼠的耐缺氧时间逐渐降低；可可绿茶低（$p < 0.001$）、中（$p < 0.05$）剂量组和传统绿茶低（$p < 0.05$）、中剂量组小鼠的耐缺氧时间延长，与同期空白对照组相比，具有显著性差异（$p < 0.001$ 或 $p < 0.05$），改善率分别为 37.5%、23.1% 和 19.6%、10.9%，提示低、中剂量的两种茶可能具有通过增加心肌供血，或降低心肌耗量，或改善心肌能量代谢，从而发挥延长心肌耐缺氧能力的作用；而可可绿茶和传统绿茶高剂量时，耐常压缺氧时间分别降低 7.6% 和 3.7%，与对照相比，无显著性差异（$p > 0.05$），估计与样品的双向调节作用有关。本实验的特异性不高，故应结合其他方法综合评价效果。复方丹参片能够延长小鼠的耐常压缺氧时间，与同期空白对照组相比，具有显著性差异（$p < 0.05$），与其临床作用相符合。

表 8-41　两种茶对小鼠耐常压缺氧存活时间的影响
Tab. 8-41　Effects of two teas on survival time of bearing hypoxia at normal pressure　　min

编号及相关值	对照 /min	可可绿茶浓度 /（mg/kg）			普通绿茶浓度 /（mg/kg）			复方丹参片
		50	100	200	50	100	200	
1	51.2	57.8	51.5	40.1	49.7	56.2	52.1	58.9
2	33.9	63.6	59.3	53.0	62.3	54.1	54.0	43.5
3	40.3	69.4	50.3	41.1	49.7	57.5	37.4	60.0
4	54.3	63.8	58.5	43.2	61.5	55.7	55.8	44.6
5	49.6	63.1	61.5	42.0	41.5	61.9	34.3	60.0
6	42.8	49.3	81.0	45.0	40.6	33.7	43.8	55.2
7	45.5	74.0	45.3	37.3	75.0	44.3	42.3	59.9
8	49.5	63.4	44.3	37.2	59.1	43.9	33.9	48.8
Mean±S.E.M.	45.9±2.35	63.1±2.6	56.5±4.17	42.4±1.79	54.9±4.14	50.9±3.31	44.2±3.13	53.9±2.53
p 值		0.019	0.426	0.044	0.257	0.702	0.075	0
延长率 /%	0.0	37.5	23.1	−7.6	19.6	10.9	−3.7	17.4

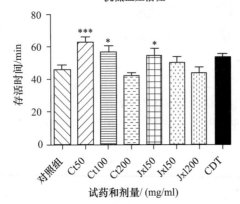

抗低血压活性

图 8-23　两种茶对小鼠耐常压缺氧存活时间的影响
Fig.8-23　Effects of two teas on survival time of bearing hypoxia at normal pressure

（五）对小鼠动态耐力实验的结果

从表 8-42 和图 8-24 可得，两种茶各剂量组均能延长小鼠在疲劳仪上的行走时间，改善率近 50% 及以上，且各组值较接近，行走时间与同期空白对照组相比，具有显著性差异（$p < 0.05$），可可绿茶和传统绿茶延长行走时间分别为 49.7%、54.8%、51.6% 和 50.3%、59.9%、58.6%，提示两种茶可能具有一定的抗疲劳作用。人参首乌胶囊对小鼠行走时间的延长率为 65%，与同期空白对照组相比，具有显著性差异（$p < 0.01$），与其临床作用相符。

表 8-42　两种茶对小鼠动态耐力行走时间的影响
Tab. 8-42　Effect of two teas on walking time of antifatigue　　min

编号及相关值	对照 /min	可可绿茶浓度 /（mg/kg）			普通绿茶浓度 /（mg/kg）			人参首乌胶囊
		50	100	200	50	100	200	
1	10.9	14.1	30.0	25.6	30.0	21.4	19.8	19.0
2	28.6	12.9	29.2	23.9	19.8	30.0	30.0	30.0

续表

编号及相关值	对照 /min	可可绿茶浓度 /（mg/kg）			普通绿茶浓度 /（mg/kg）			人参首乌胶囊
		50	100	200	50	100	200	
3	15.9	13.6	30.0	30.0	12.6	30.0	26.1	30.0
4	10.7	30.0	15.3	22.7	14.1	11.1	15.1	30.0
5	12.8	30.0	28.0	13.3	30.0	30.0	30.0	27.5
6	12.4	27.8	30.0	28.9	30.0	24.6	30.0	22.9
7	27.5	30.0	15.9	30.0	22.5	30.0	18.4	18.2
8	6.9	30.0	16.0	16.0	30.0	23.4	30.0	30.0
Mean±S.E.M.	15.7±2.84	23.5±2.95	24.3±2.52	23.8±2.23	23.6±2.64	25.1±2.35	24.9±2.20	25.9±1.82
P 值		0.029	0.017	0.024	0.027	0.010	0.011	0.005
延长率 /%	0.0	49.7	54.8	51.6	50.3	59.9	58.6	65.0

综上所述，可可绿茶和传统绿茶均具有一定的抗疲劳作用，能够延长小鼠疲劳仪上行走时间，相同剂量时，含咖啡碱茶的作用效果稍强。

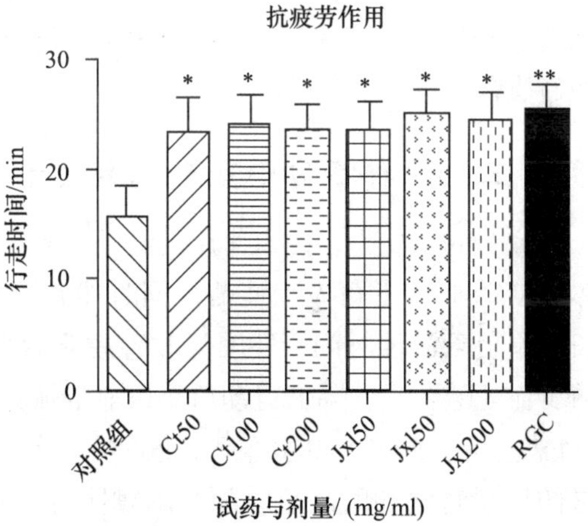

五、讨论

（一）可可绿茶和传统绿茶的主要不同成分的生理特点

可可绿茶和传统绿茶金萱绿主要的区别是生物碱和主要儿茶素的种类，可可绿茶只含可可碱、主要儿茶素是 GCG，而在传统绿茶主要含咖啡碱、主要儿茶素是 EGCG。

咖啡碱和可可碱都是自然界产生的甲基黄嘌呤类生物碱，咖啡碱具有兴奋中枢神经系统的作用，可可碱常被用于支气管平滑肌和心血管舒张剂；可可碱对中枢神经系统没有刺激作用（Martindale *et al.*，1993）。在低浓度范围内（＜ 0.1 mmol/L）GCG 清除单线态氧能力比 EGCG 强，且 GCG 比 EGCG 结构更加稳定（沈生荣等，1992）；茶汤中的 EGCG 在高温下能发生异构化而转化为 GCG（吕海鹏等，2008）；这些区别可能是两种茶的生理效应和药理作用方面表现不同。

（二）两种茶对戊巴比妥钠诱导的小鼠睡眠及其自主活动的影响

戊巴比妥钠有广泛的中枢抑制作用，其作用机制是阻断脑干网状结构上行激活系统的

图 8-24　两种茶对小鼠动态耐力行走时间

Fig. 8-24　Effect of two teas on walking time of anti-fatigue

多突触传递，以缩短 REM 睡眠（快波睡眠），延长 NREM 睡眠（慢波睡眠），加强对中枢神经抑制过程，延长睡眠时间；自主活动由大脑皮质控制，大脑皮质兴奋性增强，则自主活动增多，反之亦然。

可可绿茶能够延长戊巴比妥钠阈上剂量诱导的小鼠睡眠时间，可增加戊巴比妥钠阈下剂量诱导的小鼠睡眠只数和睡眠时间，但与空白对比均无显著性差异；对小鼠 1 天和 7 天后的自主活动次数减少且存在显著性差异（$p<0.05$）；而传统绿茶缩短戊巴比妥钠阈上剂量诱导的小鼠睡眠时间，对戊巴比妥钠阈下剂量诱导的小鼠睡眠只数和睡眠时间都减少；对小鼠 1 天和 7 天后的自主活动次数增加且 7 天后的活动次数有显著性增加（$p<0.05$）。

可见可可绿茶与戊巴比妥钠有较弱的协同作用，增强大脑皮质内抑制，而传统绿茶与戊巴比妥钠有拮抗作用，刺激大脑皮质兴奋。

两种茶中除了生物碱外就是主要儿茶素的含量差别大，但儿茶素种类基本一致，可可绿茶中的可可碱对神经几乎无刺激作用，但也有认为低剂量的抑制而高剂量的兴奋（Xu et al.，2007），此结果中可推测是某种有别于可可碱的物质使可可绿茶具有不显著延长睡眠的效果，而传统绿茶的兴奋作用可能是咖啡碱的兴奋作用，也可能是咖啡碱和某种抑制兴奋物质的综合结果，这有待于单体试验并结合动物纹状体及下丘脑多巴胺、5-HT 等神经递质含量进一步分析。

（三）两种茶对小鼠动态耐力和常压耐缺氧延存时间的影响

疲劳的发生是多因素作用的结果。有研究发现人体的碳水化合物储备量有限，大强度体力活动 1～2 h 可发生疲劳，同时伴有低血糖、肌糖原和肝糖原耗竭。乌药提取物能延长小鼠负重游泳时间，能明显改善疲乏无力、关节酸痛等疲劳症状，能增加血红蛋白量，减少血乳酸含量，降低运动后小鼠血清尿素含量，增加肝糖原水平，具有显著抗疲劳作用（陈志进等，2007；刘卫东等，2006）；紫阳茶（一种传统茶，产陕西）及强化锌可延长小鼠的游泳时间和耐缺氧时间（陈耀明等，1999）；茶氨酸也具有抗疲劳作用（王小雪等，2002）。

可可绿茶和传统绿茶都使小鼠动态耐力时间延长，二者的延长率分别为 49.7%、54.8%、51.6% 和 50.3%、59.9%、58.6%。与对照相比具有显著性差异（$p<0.05$）。但本次没有测定一些代谢物指标，这是不足之处；但对于动态耐力来说，只要是含有能够提供能量的物质与空白水对照应该都具有或多或少的延时作用。

在基础饲料内添加 5% 的武夷岩茶和绿茶，饮用 0.5% 的茶汤，两个试验组的常压耐缺氧时间均极显著长于对照组（$p<0.01$），比对照组延长 1 倍左右，说明武夷岩茶和绿茶均有显著的抗缺氧作用，且两种茶叶的作用效果相似（$p>0.05$）（马森等，2008）。

急性缺氧和相关激素的关系：动物在急性缺氧应激时，首先是通过神经内分泌活动的增强，尤其是下丘脑 - 垂体 - 肾上腺皮质轴（HPAA）起着十分重要的作用（陈龙，1997）。急性缺氧应激使中枢神经系统的紧张性加强，心血管活动、呼吸运动加强，以利于应激时重要器官代谢的需要；另一方面，下丘脑 - 垂体 - 肾上腺皮质轴的活动增强，腺垂体分泌的 ACTH 增多，促进肾上腺皮质束带状分泌糖皮质激素，并调节其他激素的合成和释放，从而加强机体物质和能量代谢，以适应在应激情况下对它们的需要（Dollins *et al.*，1995）。

本结果中，两种茶对小鼠常压耐缺氧的影响趋势一致，随着给药剂量的增加，小鼠的耐缺氧时间逐渐降低；可可绿茶 50 mg/ml（$p < 0.001$）、100 mg/ml（$p < 0.05$）剂量组和传统绿茶低（$p < 0.05$）、中剂量组小鼠的耐缺氧时间延长，与对照相比，具有显著性差异（$p < 0.001$ 或 $p < 0.05$），改善率分别为 37.5%，23.1% 和 19.6%，10.9%；提示低、中剂量的两种茶可能具有通过增加心肌供血，或降低心肌耗氧量，或改善心肌能量代谢，从而发挥延长心肌耐缺氧能力的作用；而可可绿茶和传统绿茶高剂量时，耐常压缺氧时间分别降低 7.6% 和 3.7%，与对照相比，无显著性差异（$p > 0.05$），本实验的特异性不高，故应结合代谢物检测进行综合评价。

六、小结

（1）可可绿茶与戊巴比妥钠有较弱的协同作用，增强大脑皮质内抑制，能够延长戊巴比妥钠阈上剂量诱导的小鼠睡眠时间；增加戊巴比妥钠阈下剂量诱导的小鼠睡眠只数和睡眠时间，但与空白对照均无显著性差异；对小鼠 1 天和 7 天后的自主活动次数减少且存在显著性差异；传统绿茶与戊巴比妥钠有拮抗作用，刺激大脑皮质兴奋，缩短戊巴比妥钠阈上剂量诱导的小鼠睡眠时间，对戊巴比妥钠阈下剂量诱导的小鼠睡眠只数和睡眠时间都减少；对小鼠 1 天和 7 天后的自主活动次数增加且 7 天后的活动次数存在显著性差异。

（2）两种茶都使小鼠动态耐力时间延长，50、100、200 mg/ml 的可可绿茶对动态耐力时间的延长率分别为 49.7%、54.8%、51.6%，而传统绿茶的分别为 50.3%，59.9%，58.6%，与对照相比均具有显著性差异。

（3）两种茶对小鼠常压耐缺氧的影响趋势一致，随着给药剂量的增加，小鼠的耐缺氧时间逐渐降低；可可绿茶低、中剂量组和传统绿茶低、中剂量组小鼠的耐缺氧时间延长，与对照组相比，具有显著性差异，改善率分别为 37.5%、23.1% 和 19.6%、10.9%，而高剂量组的耐缺氧时间比对照组短。

第 5 节　可可绿茶对果蝇睡眠的影响[①]

20 世纪 90 年代由许实波（1990）等研究过饮可可茶对睡眠的影响，研究结果认为饮可可茶延长入睡时间，缩短了睡眠时间。那时用的是野生可可茶样品，而现在已知，野生

[①]　杨晓绒. 可可茶生化成分和药理作用研究 ［D］. 广州：中山大学，2011. 指导教师：叶创兴.

可可茶种群存在着只含可可碱的个体，也存在一些咖啡碱占优势的个体，这样来源的样品可能影响了实验的客观性。而在一些化学手册中，可可碱被认为是有部分兴奋神经的作用；也见到有关可可碱无兴奋神经作用的科学报告。可可茶经引种驯化后，选育出了只含可可碱不含咖啡碱的品种，用它们作实验材料，研究可可茶对睡眠的影响是十分有必要的，本研究采用果蝇睡眠模式研究可可茶对果蝇睡眠的影响。

果蝇与人类睡眠模式具有相似性：

睡眠周期及昼夜节律性。果蝇在个体发育学、药理学、行为标准和分子标准等方面表现出其休息和哺乳动物的睡眠有许多共同特征（Zimmerman et al.，2006；Cirelli et al.，2005；Greenspan，2001；Hendricks et al.，2000），果蝇在睡眠时很安静，通常保持每天睡眠6~12 h。睡眠过程中果蝇丧失了大部分对外界刺激作出反应的能力。当它们正常的睡眠被打乱时，他们下一次睡眠所用的时间也会相应延长。

睡眠质量与免疫关系。睡眠不足或剥夺是指人的正常睡眠量得不到满足的状态。在现代生活中，睡眠剥夺现象普遍存在。研究表明，在睡眠剥夺时，人的工作能力、认知功能及情绪下降（Volk et al.，2007），持续睡眠剥夺可影响自主神经系统、内分泌系统和免疫功能，而易诱发多种心身疾病，如使免疫细胞功能下降、使内分泌系统紊乱等，严重的睡眠剥夺甚至可导致死亡（Harbison et al.，2008；Everson，1993）。巴比妥是一种镇静剂和催眠剂，能够诱导 R-91 果蝇 *Cyp6a8* 基因上游 DNA（−199~−761 bp）过表达（Maitra et al.，2002）。咖啡碱对中枢神经有刺激作用，能够诱导果蝇 *Cyp6a8* 基因上游 DNA（−199~−109 bp）和（−491~−199 bp）表达增强，在头部的表达比躯体部位的表达更多（Bhaskara et al.，2006）。

本研究应用自动红外测定仪，即 DAMS 果蝇活动监测仪（Trikineties Inc.，USA），对果蝇活动进行连续监测，测定了 EGCG、GCG、可可碱、咖啡碱、可可绿茶和传统绿茶等加入果蝇培养基后对果蝇睡眠及其活动的量效关系，用 RT-PCR 方法比较以上物质对果蝇 Cyp6a8 基因表达的影响，从分子水平阐明以上物质对果蝇睡眠的影响机制。

一、材料、试剂和仪器

（一）材料

果蝇 *Drosophila melanogaster*，Canton-S 品系，来源于香港中文大学医学院果蝇培养中心。可可碱（TB）；咖啡碱（CaF）；没食子儿茶素没食子酸酯（GCG），表没食子儿茶素没食子酸酯（EGCG）均为分析纯，购自 Sigma；可可绿茶（cocoa green tea，Ct）和传统绿茶金萱绿（Jx）来自广东省茶叶研究所。

（二）试剂

果蝇玉米粉培养基（李玉萍，2015）；Trizol 试剂（Invitrogen 公司）；氯仿、异丙醇、

DEPC 均为分析纯；ImProm-II™ 反转录酶（Promega，美国）。

（三）仪器

电热恒温培养箱（BINDER，德国）；果蝇活动监测系统 DAMS（Trikineties Inc. USA）；果蝇二氧化碳麻醉装置（Trikineties Inc.USA）；日本 TaKaRa TP800 型实时荧光定量 PCR 仪，Thermal Cycler Dice Real Time System（96 孔高通量型荧光定量 PCR 仪）（TaKaRa，日本）。

二、方法

（一）加药培养基的制备

分别配制已知水提取物及主要成分含量的 4% 或 2% 的茶汤，用水稀释成 1%、0.5%、0.25% 的茶汤。经试验，随着茶汤浓度的增大，也要增大琼脂比例，才能得到能凝固的培养基，直接用 25 ml 过滤后的 4% 的茶汤，按 1%、1.5% 或 2% 琼脂糖，5% 蔗糖，称取相应的琼脂糖和蔗糖与 150 ml 三角烧瓶中，加入茶汤，上盖合适的漏斗通气以防起泡冒出，摇匀后置微波炉，中火煮至沸腾，重复 3～4 遍直至糖完全溶解，取出趁热倒入培养皿，待凝固后，盖盖，封闭，倒置储存于冰箱，一周内用。空白组以水代茶，咖啡碱组、可可碱组、EGCG 组和 GCG 组是按 0.2、0.5、1.2、4 mg/ml 的浓度配成 25 ml 溶液，按 1% 琼脂糖（EGCG 和 GCG 在 2.4 mg/ml 时要加大琼脂糖的含量），5% 蔗糖，然后同上配法制成的培养基。

（二）果蝇的饲养

果蝇饲养于果蝇培养室中，按李玉萍（2015）文章方法设置条件和方法进行。

（三）果蝇麻醉方法及雌雄辨别

将二氧化碳小气流用 200 µl 枪头直接通入果蝇培养管，短时即可见果蝇倒卧于瓶底，分开雌雄果蝇。

（四）果蝇活动监测

采用果蝇 DAMS 监测器按照 Lakin-Thomas（2000）的方法记录果蝇睡眠时间。

（五）实时荧光定量 PCR 法（RT-PCR）：测定果蝇头部 *Cyp6a8* 基因的 RNA 含量

1. 引物

参照 Bhaskara 的引物，利用 RT-PCR 法测定 *Cyp6a8* 基因表达，引物名称为：

A8-5F：5'-GGCTGAGGTGGAGGAGGT-3' 和

A8-5R：5'-CGATGACGAAGTTTGGATGA-3'，引物合成由香港亿利达公司合成。

2. 果蝇头部 RNA 提取

按照姚宁涛（2010）改良 Trizol 法快速提取总 RNA。

3. Real Time One Step 聚合酶链式反应（PCR）液配制和反应条件的建立

1）主混合物（master mix）的组成：25（μl）

2×PCR 缓冲液：2.5 μl，引物 F：1 μl，引物 R：1 μl，RNA：3 μl，H$_2$O：17.5 μl，Premix Ex Taq™ 缓冲液（2×）：10 μl。

2）PCR 条件：

Step1，50℃，10 min；Step2，95℃，10 min；Step3，72℃，30 s；Step4，95℃，30 s；Step5，72℃，30 s。重复 4～5 次，40 个循环，退火延伸时检测荧光信号。

（六）统计分析

用刘福新编的"果蝇睡眠分析软件"计算出每只果蝇各昼（06：00-17：59）夜（18：00-05：59）的睡眠次数、睡眠时间、活动次数，再用 SPSS17.0，对每组果蝇睡眠次数、睡眠时间、活动次数进行 ANOVO（LSD，Duncan）分析并作图，本节图表中 *，$p < 0.05$；**，$p < 0.01$；***，$p < 0.001$。

三、结果与分析

（一）对果蝇全天平均睡眠的影响

48 h 内平均 12 h 的睡眠时间、12 h 内平均睡眠时间或活动次数。

1. GCG 对果蝇全天平均睡眠及其活动的影响

GCG 对果蝇全天平均睡眠时间的影响见图 8-25A：与对照组相比，0.5 mg/ml 的 GCG 缩短睡眠时间，1～2 mg/ml 的 GCG 延长睡眠时间；在 0.5～2 mg/ml 的范围内，GCG 对果蝇全天平均睡眠时间有剂量依赖性增加，但与对照组相比均无显著性差异。

GCG 对果蝇活动次数的影响见图 8-25B：与对照组相比，在 0.5～2 mg/ml 的范围内，GCG 均减少果蝇活动次数且呈剂量依赖性减少，与对照组相比，2 mg/ml 的 GCG 对减少果蝇活动次数有显著性差异（$P < 0.05$）。

GCG 对果蝇全天平均睡眠次数的影响见图 8-25C，睡眠次数多少与睡眠时间的长短恰好相反，在 0.5～2 mg/ml 的范围内，GCG 对果蝇全天平均睡眠次数呈剂量依赖性减少。

2. EGCG 对果蝇睡眠及其活动的影响

EGCG 对果蝇全天平均睡眠时间的影响见图 8-26A：与对照组相比，在 0.5～2 mg/ml 的范围内，EGCG 均减少果蝇全天平均睡眠时间且呈剂量依赖性减少，但与对照相比均无显著性差异。

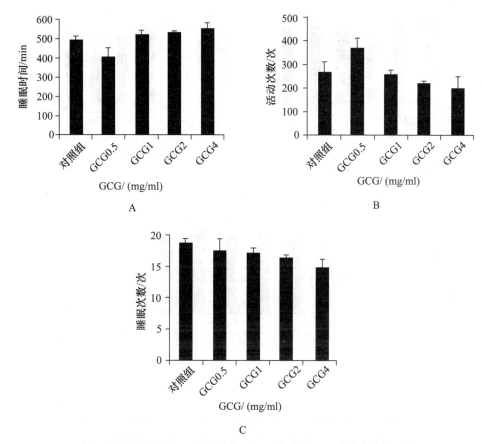

图 8-25　GCG 对果蝇全天平均睡眠、活动次数、睡眠次数的影响

Fig.8-25　Effects of GCG on sleep time，activity and times of sleep of drosophila

A 睡眠时间；B 活动次数；C 睡眠次数（以下图中 ABC 含义类同）

　　EGCG 对果蝇活动次数的影响见图 8-26B：与对照组相比，0.5～1 mg/ml 的 EGCG 增加活动次数，2 mg/ml 的 EGCG 减少活动次数；在 0.5～2 mg/ml 的范围内，EGCG 对果蝇活动次数有剂量依赖性减少，但与对照相比均无显著性差异。

　　EGCG 对果蝇全天平均睡眠次数的影响见图 8-26C，与对照组相比，在 0.5～2 mg/ml 的范围内，EGCG 增加果蝇的睡眠次数但不呈剂量依赖性增加，具有一定的波动性。

3. 可可碱对果蝇全天平均睡眠及其活动的影响

　　可可碱对果蝇全天平均睡眠时间的影响见图 8-27A：与对照组相比均无显著性差异，在 0.5 mg/ml 时缩短睡眠时间，在 1～4 mg/ml 的范围内，可可碱对果蝇全天平均睡眠时间呈剂量依赖性减少，但与对照比较接近。

　　可可碱对果蝇活动次数的影响见图 8-27B：与对照组相比，0.5 mg/ml 的可可碱增加活动次数，1～2 mg/ml 的可可碱减少活动次数。在 1～4 mg/ml 的范围内，可可碱对果蝇活动次数虽然比对照低且无显著性差异，但在此范围内呈剂量依赖性增加。

　　可可碱对果蝇全天平均睡眠次数的影响见图 8-27C，与对照组相比，在 0.5～2 mg/ml

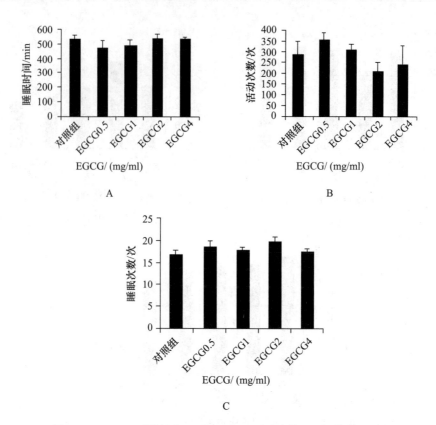

图 8-26　EGCG 对果蝇全天平均睡眠、活动次数和睡眠次数的影响

Fig. 8-26　Effects of EGCG on sleep time，activity and times of sleep of drosophila

的范围内，可可碱均增加果蝇的睡眠次数但不呈剂量依赖性增加，具有一定的波动性。

4. 咖啡碱对果蝇全天平均睡眠及其活动的影响

咖啡碱对果蝇全天平均睡眠时间的影响见图 8-28A：与对照组相比，在 0.5～2 mg/ml 的范围内，咖啡碱均缩短果蝇全天平均睡眠时间且呈剂量依赖性缩短，与对照相比，2 mg/ml 的咖啡碱有显著性差异（$p < 0.05$）。

咖啡碱对果蝇活动次数的影响见图 8-28B：与对照组相比，在 0.5～2 mg/ml 的范围内，咖啡碱均增加果蝇活动次数且呈剂量依赖性增加，与对照相比，2 mg/ml 的咖啡碱对增加果蝇活动次数有显著性差异（$p < 0.05$）。

咖啡碱对果蝇全天平均睡眠次数的影响见图 8-28C，在 0.5～2 mg/ml 的范围内，咖啡碱均增加果蝇睡眠次数且呈剂量依赖性增加，单剂量 ≥ 4 mg/ml 时，趋势相反，可能高剂量（≥ 4 mg/ml）时咖啡碱对果蝇中枢神经有一定的毒性。

5. 可可绿茶对果蝇全天平均睡眠及其活动的影响

可可绿茶对果蝇全天平均睡眠时间的影响见图 8-29A，在 0.5%～2% 的范围内，可可绿茶对果蝇全天平均睡眠时间，与对照相比几乎无差别。

可可绿茶对果蝇活动次数如图 8-29B 所示，与对照组相比，在 0.5%～1% 的范围内，可可绿茶增加果蝇活动次数，2% 的可可绿茶降低果蝇活动次数，但都无显著性差异。

　　在 0.5%～2% 的范围内，可可绿茶对果蝇活动次数的影响呈剂量依赖性减少；可可绿茶对果蝇全天平均睡眠次数的影响见图 8-29C，0.5%～2% 的可可绿茶对果蝇全天平均睡眠次数的影响具有波动性。

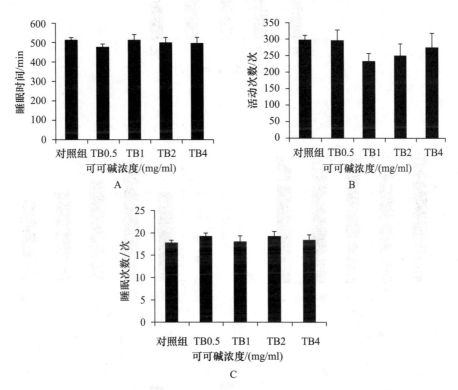

图 8-27　可可碱对果蝇全天平均睡眠时间、活动次数、睡眠次数的影响

Fig 8-27　Effects of theobromine on sleep time，activity and times of sleep of drosophila

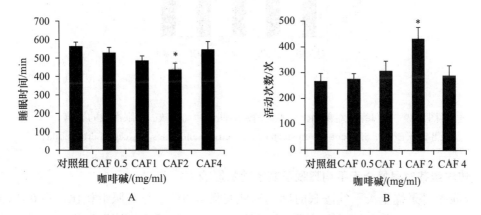

图 8-28　咖啡碱对果蝇全天平均睡眠时间、活动次数、睡眠次数的影响

Fig.8-28　Effects of caffeine on sleep time，activity and times of sleep of drosophila

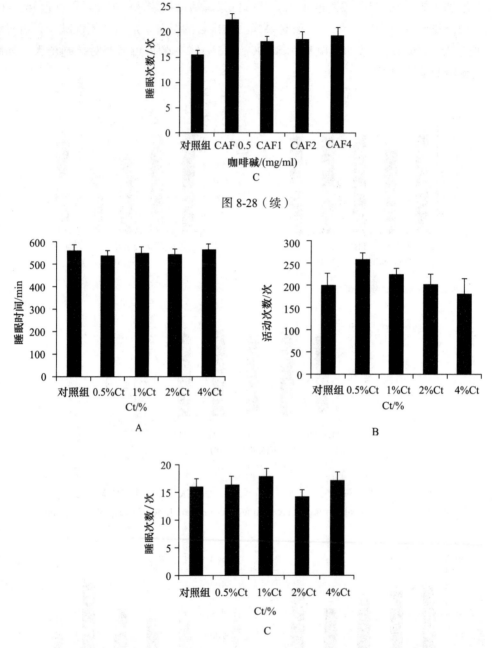

图 8-28（续）

图 8-29 可可绿茶对果蝇全天平均睡眠时间、活动次数、睡眠次数的影响

Fig.8-29 Effects of cocoa tea on sleep time，activity and times of sleep of drosophila

6. 传统绿茶对果蝇全天平均睡眠及其活动的影响

传统绿茶对果蝇全天平均睡眠时间的影响见图 8-30A，与对照组相比，在 0.5% 时，传统绿茶轻微延长果蝇全天平均睡眠时间，在 1%～2% 的范围内缩短果蝇全天平均睡眠时间，且传统绿茶为 2% 时显著缩短了果蝇全天平均睡眠时间（$p < 0.05$）。

传统绿茶对果蝇活动次数的影响见图 8-30B，与对照相比，在 0.5%～2% 的范围内，传统绿茶增加果蝇活动次数，在 1%～2% 范围内，传统绿茶显著增加果蝇活动次数（$p < 0.01$ 或 $p < 0.05$）在 0.5%～2% 的范围内，传统绿茶对果蝇活动次数的增加不呈剂量依赖性而是有一定的波动性。

传统绿茶对果蝇全天平均睡眠次数的影响见图 8-30C，在 0.5%～2% 的范围内，传统绿茶对果蝇全天平均睡眠次数具有剂量依赖性增加。

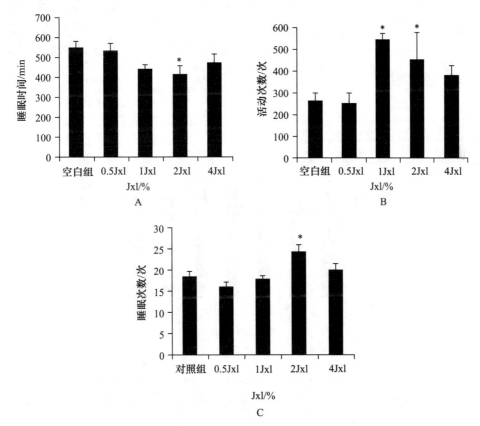

图 8-30　传统绿茶对果蝇全天平均睡眠时间、活动次数、睡眠次数的影响

Fig8-30　Effects of Jxl on times of sleep of Drosophila

7. 2 mg/ml 的四种单体及 2% 的两种茶对果蝇全天平均睡眠及其活动的影响

从图 8-31A 可知，与对照相比，在四种单体和两种混合物中，2 mg/ml 的咖啡碱组和 2% 的传统绿茶组果蝇全天平均睡眠时间比对照组缩短且咖啡碱组具有显著性差异（$p < 0.05$）；而 2 mg/ml 的可可碱、EGCG、GCG 和 2% 的可可绿茶组果蝇睡眠时间比对照组延长但不具有显著性差异。

与对照相比，在四种单体和两种混合物中，2 mg/ml 的咖啡碱和 2% 的传统绿茶组果蝇活动次数比对照增加了且咖啡碱组具有显著性差异（$p < 0.05$）；而 2 mg/ml 的可可碱、EGCG、GCG 和 2% 的可可绿茶组果蝇活动次数比对照组减少但不具有显著性差异（图 8-31B）。与对照相比，6 种物质对果蝇全天平均睡眠次数和活动次数的影响是一致的，

EGCG 和 GCG 与空白接近（图 8-31C）。

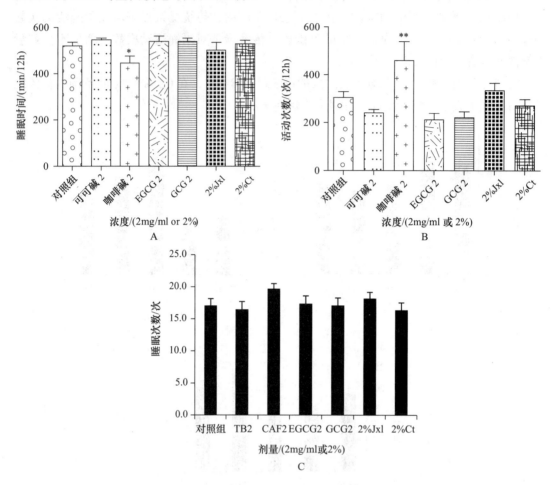

图 8-31　6 种物质对果蝇全天平均睡眠时间、活动次数、睡眠次数的影响

Fig 8-31　Effects of six substances on times of sleep of drosophila

（二）对果蝇昼夜睡眠和活动的影响：（以昼夜分别为 12 h 计，监测 2 天）

1. GCG 对果蝇昼夜睡眠和活动及睡眠次数的影响

由图 8-32 可知，与空白相比，1～4 mg/ml 的 GCG 能够延长夜晚睡眠时间，减少夜晚睡眠次数；增加白天活动次数；降低夜间活动次数；4 mg/ml 的 GCG 显著减少夜间活动次数（$p < 0.05$）；GCG 不影响白天的睡眠次数，减少夜间的睡眠次数且有剂量依赖性减少，4 mg/ml 的 GCG 显著减少夜间睡眠次数（$p < 0.05$）。

总之，GCG 既延长夜晚睡眠时间又减少夜间睡眠次数，还能适当增加白天活动次数，能够使正常的昼夜休息和活动达到双赢的趋势。

2. EGCG 对果蝇昼夜睡眠和活动及睡眠次数的影响

1-4 mg/ml 的 EGCG 对睡眠几乎无影响，高剂量组不显著减少活动（图 8-33）。

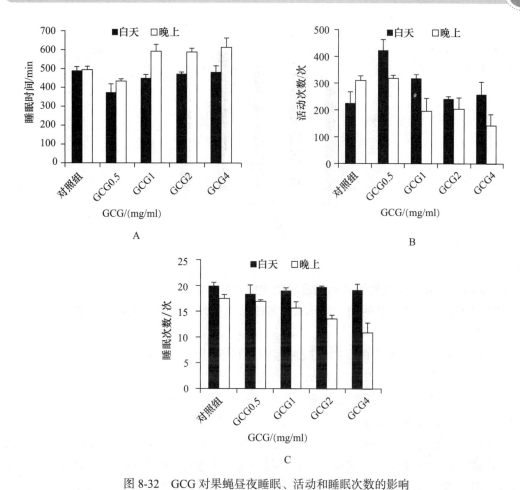

图 8-32　GCG 对果蝇昼夜睡眠、活动和睡眠次数的影响

Fig.8-32　Effects of GCG on sleep time，activity and times of sleep of drosophila on day and night

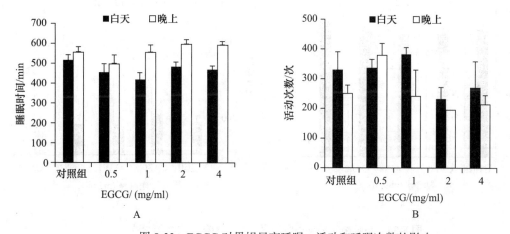

图 8-33　EGCG 对果蝇昼夜睡眠、活动和睡眠次数的影响

Fig. 8-33　Effects of EGCG on sleep time，activity and times of sleep of drosophila on day and night

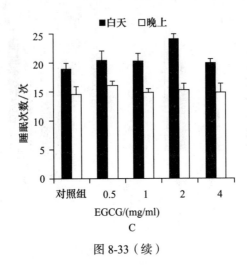

图 8-33（续）

3. 咖啡碱对果蝇昼夜睡眠和活动及睡眠次数的影响

咖啡碱各组缩短总睡眠时间、活动次数和睡眠次数均比空白组增加，夜晚的睡眠和活动次数相差较大。

在 0.5～2 mg/ml 的范围内，咖啡碱缩短白天睡眠时间和增加活动次数且在这个剂量范围内呈剂量依赖性缩短或增加，2 mg/ml 剂量组与空白相比具有显著性差异（$p < 0.05$）。0.5～2 mg/ml 的咖啡碱夜晚睡眠时间看似无区别，甚至随剂量增加而增加，但夜晚睡眠次数和活动次数及其睡眠次数基本一致。

4 mg/ml 的咖啡碱昼夜睡眠时间和活动次数与空白接近，但其白天的睡眠次数比空白高，说明睡眠间断性多，睡眠质量差，睡眠时间短，不经过中间监测点达 5 min 以上认为是睡眠，但有可能在非监测点处运动、吃食物洗漱或进食，尽管睡眠时间相似，但睡眠间断性多（图 8-34）。

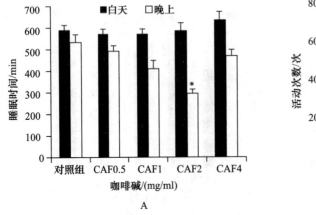

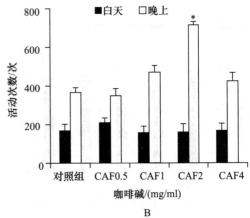

图 8-34　咖啡碱对果蝇昼夜睡眠、活动和睡眠次数的影响

Fig.8-34　Effects of caffeine on sleep time，activity and times of sleep of drosophila on day and night

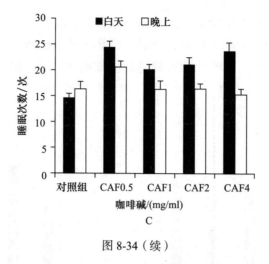

图 8-34（续）

4. 可可碱对果蝇昼夜睡眠和活动及睡眠次数的影响

可可碱对睡眠无影响，果蝇活动稍微减少（图 8-35）。

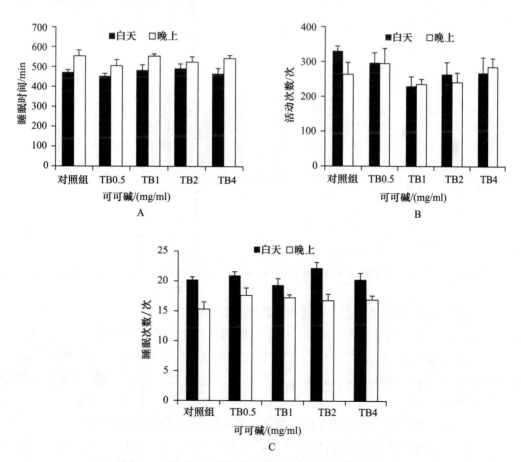

图 8-35　可可碱对果蝇昼夜睡眠、活动和睡眠次数的影响

Fig. 8-35　Effects of theobromine on sleep time，activity and times of sleep of drosophila on day and night

5. 可可绿茶对果蝇昼夜睡眠和活动及睡眠次数的影响

可可绿茶对果蝇睡眠时间无影响，低剂量的可可绿茶 0.5% 增加了果蝇夜晚的活动次数，在 0.5%～2% 范围内，夜晚活动次数呈剂量依赖性降低，但与空白性比无显著性差异。对于睡眠质量来说，2% 的可可绿茶不影响睡眠时间，减少活动次数，睡眠次数也少，睡眠质量好（图 8-36）。

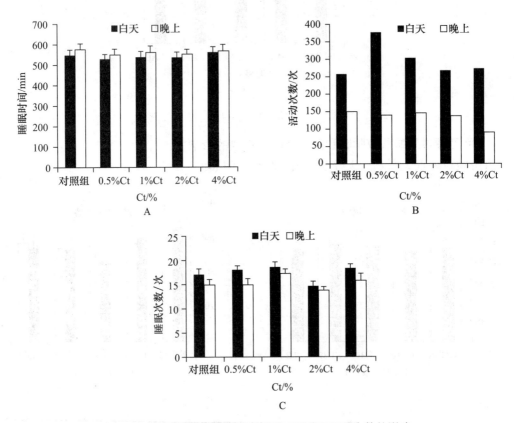

图 8-36　可可绿茶对果蝇昼夜睡眠、活动和睡眠次数的影响

Fig.8-36　Effects of Ct on sleep time，activity and times of sleep of drosophila on day and night

6. 传统绿茶对果蝇昼夜睡眠和活动及睡眠次数的影响

金萱绿茶在 1%～4% 范围内减少昼夜睡眠时间且在 2% 时即 9 mg/ml 水提取物时，与对照相比有显著性差异（$p < 0.05$），和增加昼夜活动次数且在 1% 时具有较显著性差异（$p < 0.01$），和 2% 时具有显著性差异（$p < 0.05$），相应的 2% 的传统绿茶增加了昼夜的睡眠次数（图 8-37）。

7. 2 mg/ml 的四种单体及 2% 的两种茶对果蝇昼夜睡眠和活动的影响

与对照相比，4 种单体均为 2 mg/ml，两种茶均为 2%（w/ml）；6 种物质在同一条件下，可可碱、EGCG、GCG 和可可绿茶对果蝇睡眠时间稍有延长，但无显著性差异；咖啡碱和传统绿茶缩短果蝇睡眠时间且咖啡碱具有显著性差异（$p < 0.05$）。从果蝇夜晚活动次数来

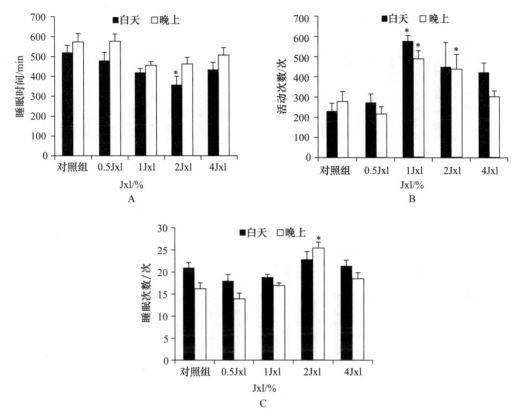

图 8-37　传统绿茶对果蝇昼夜睡眠、活动和睡眠次数的影响

Fig.8-37　Effects of Jxl on sleep time，activity and times of sleep of drosophila on day and night

看，6 种物质对果蝇夜晚活动次数基本无影响，除咖啡碱的较高外 [243 次 / 晚（12 h）]，其他的均接近于空白（202 次 / 晚）；可可碱、EGCG、GCG 和可可绿茶等 4 种物质对果蝇白昼活动次数也基本无影响；咖啡碱和传统绿茶对果蝇白昼活动次数有所增加且咖啡碱有显著性差异（$p < 0.01$）。

对于睡眠次数，咖啡碱白天的较高，与对照相比有显著性差异（$p < 0.05$）；可可碱，EGCG，GCG 和可可绿茶与对照接近（图 8-38）。

（二）果蝇睡眠时间、活动次数和 *Cyp6a8* 相对表达量的比较

对 2 mg/ml 的咖啡碱、可可碱、没食子儿茶素没食子酸酯和 2%（w/ml）的可可茶和金萱绿茶；0.5%～4% 可可茶等 4 组；0.5%～4% 的金萱绿 4 组等培养基分别加入 30 只 1～3 天的雌果蝇培养 24 h 后取头部提取 RNA，反转录成 cDNA，经实时荧光定量 PCR（RT-FQ-PCR）检测以上物质对果蝇 *Cyp6a8* 基因 -491/-11 DNA 片段表达的影响，比较各组的相对含量。

如表 8-43，2 mg/ml 的咖啡碱、可可碱和 GCG 的表达量分别为 115.8、0.7767 和 1.4；2% 的可可茶和金萱绿茶的表达量分别为 1.8 和 15.01。

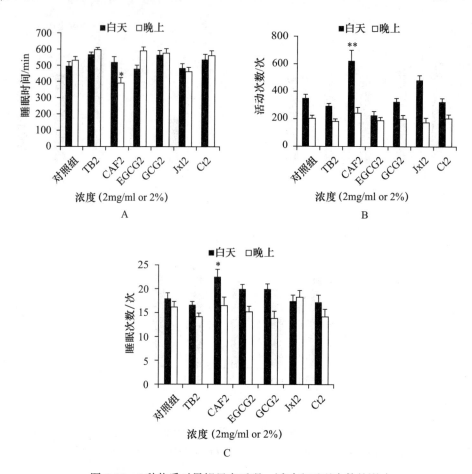

图 8-38　6 种物质对果蝇昼夜睡眠、活动和睡眠次数的影响

Fig.8-38　Effects of six substances on sleep time，activity and times of sleep of drosophila on day and night

表 8-43　6 种物质对果蝇的相对睡眠时间倒数、相对运动次数及 *Cyp6a8* 相对表达量影响的比较

Tab. 8-43　Reciprocal of relative sleep time，relative activity and normalized fold expression of drosophila treated by six substances

相关参数	Blank	TB2	CAF2	EGCG2	GCG2	Jxl2	Ct2
相对睡眠时间倒数	1.00	0.95	1.17	0.96	0.97	1.04	0.98
相对活动次数	1.00	0.79	1.51	0.69	0.72	1.10	0.89
Cyp6a8 相对表达量	1.00	0.78	115.81	—	1.44	15.01	1.85

　　RT-FQ-PCR 的结果与 DAMS 监测器监测趋势是一致的（图 8-31），*Cyp6a8* 基因表达量高，则果蝇睡眠时间短、运动次数多；将果蝇相对睡眠时间倒数、相对运动次数及 *Cyp6a8* 基因相对表达量作比较，与对照相比三者的趋势是一致的（表 8-43），但前两者的趋势与对照接近，而 *Cyp6a8* 基因相对表达量对于咖啡碱和金萱绿茶来说超高。这说明 DAMS 监测器监测的结果只能是一种统计趋势，不能比较绝对量，显然果蝇有可能在非监

测点长时间活动而不经过监测点时，监测器是监测不到的；但 *Cyp6a8* 基因表达量是不受监测点约束的，而且可以测出实际表达量；总之各物质的三种相对量与空白相比，显著性趋势是一致的（图 8-31，图 8-39）。

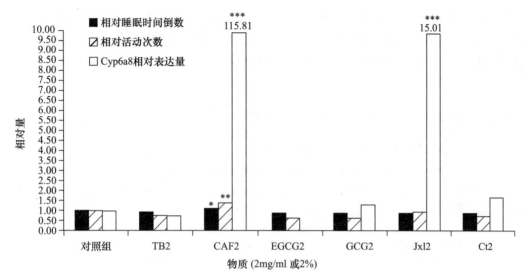

图 8-39　6 种物质对果蝇的相对睡眠时间倒数、相对运动次数及 *Cyp6a8* 相对表达量比较（各 30 只 1-3d 的雌果蝇培养 24h 后取头部提取 RNA，—未做）

Fig.8-39　Reciprocal of relative sleep time，relative activity and normalized fold expression of drosophila treated by six substances（RNA was extracted from 30 heads of female drosophila born 1～3 days cultured for 24 hours，—not done）

四、讨论

（一）果蝇作为睡眠模式生物的优点

果蝇体型小，易于在实验室饲养；雌、雄果蝇易于分辨；果蝇繁殖快，在 20～25℃，湿度 50%～80% 条件下，成虫孵化出来，12 h 后可交配，其幼虫 7～8 天可成熟，一代需 12～14 天；所以可以多次重复实验，结果可信。人类和果蝇基因组，具有很多同源序列。果蝇遗传学最大的优势在于能做各种杂交，并且每一种可能的基因型都可以在子代中准确无误地分辨出来，便于基因突变研究。

（二）睡眠质量问题

睡眠时间长、睡眠频度少，就可以说明睡眠质量好，所以比较理想的物质是睡眠时间长、睡眠频度少而活动次数多，即可体现出睡眠质量好，运动量大，但事实一般是睡眠时间长，睡眠频度少同时运动量也少。

GCG 延长了夜晚睡眠时间、夜晚活动次数减少，睡眠次数减少，提高睡眠质量而又能增加白天的活动，是理想的促进夜晚睡眠增加白昼活动的物质；EGCG 对夜晚睡眠时间稍有延长，低剂量可增加白天活动，而高剂量减少活动次数。

可可碱对睡眠时间和活动次数基本无影响；可可绿茶对睡眠时间无影响但可增加白昼活动，且 2% 可可绿茶使睡眠次数减少，是理想的物质，可以发展为大众适宜的保健饮料。咖啡碱和传统绿茶缩短了白昼的睡眠时间；增加活动次数；咖啡碱夜晚的睡眠时间看似一致甚至随剂量增加而增加，但夜晚睡眠次数也在增加，说明睡眠间断性很多，也体现出该体系要将睡眠时间、活动次数和睡眠次数结合起来衡量某物质对睡眠和活动的影响。

（三）将两种单体结合在一起进行测定

从综合角度分析，似乎可可绿茶不影响睡眠时间的作用效果主要是由 GCG 决定的，可可碱不影响睡眠的作用似乎也在可可绿茶中保持下来了；而传统绿茶的作用效果似乎主要由咖啡碱决定，但也受到 EGCG 的影响，所以效果不如单体咖啡碱强烈，这样就可以推测出主要活性物质对睡眠影响的趋势。

（四）剂量问题

在预实验过程中，4 种单体和 2 种茶都有 6 个剂量设置：4 种单体为 0.125、0.5、1、2、4、5 mg/ml 或 2 种茶为 0.125%、0.5%、1%、2%、4%、5%。经结果分析得出 0.125 与 0.5（单体为 mg/ml 或茶水为 %）的趋势一致或者更接近于对照组，所以最小剂量定位 0.5 mg/ml 或 0.5%，而高剂量 4、5（mg/ml 或 %）的趋势又是一致的，且这两种高剂量的趋势有时和 2（mg/ml 或 %）的一致，有时又相反，所以最高剂量设为 4（mg/ml 或 %）；四种单体对睡眠影响的测定结果在 0.5～2 mg/ml 范围线性关系明显，呈剂量依赖性增或减。

（五）昼夜交替环境问题

由于开始用的果蝇是 24 h 全在黑暗处生活的，把它们转移至 12 h：12 h 明暗交替的环境后，需要三代以上才能适应昼夜交替的环境。前面所做的重复试验是在这个状态下做的，空白及其各组的白天睡眠时间和睡眠次数比黑夜多，但昼夜平均睡眠和活动影响的总趋势是可以反映出来的，与后面的结果是一致的。

五、小结

（1）GCG 延长了夜晚睡眠时间、减少了夜晚活动次数和睡眠次数，GCG 提高睡眠质量而又能增加白天活动，推测 GCG 对果蝇神经系统的影响与感光有关，需要进一步探索。

（2）EGCG 对夜晚睡眠时间稍有延长，低剂量可增加白天活动，而高剂量减少活动次数。

（3）咖啡碱和传统绿茶缩短了白天的睡眠时间，增加了夜晚活动次数和睡眠次数，与空白相比，2 mg/ml 的咖啡碱和 2% 的传统绿茶具有显著性差异。

（4）可可碱对睡眠时间和活动次数基本无影响。

（5）可可绿茶对睡眠时间无影响且 2% 时可减少睡眠次数，增加白昼活动。总之，可可绿茶不会影响睡眠还可增加白天活动，是理想的物质，可以发展为大众适宜的保健饮料。

（6）各单体剂量在 0.5～2 mg/ml 时所测项目有剂量依赖性增或减，超过 4 mg/ml 可能会产生毒性，如咖啡碱在 4 mg/ml 时死果蝇数会增加。

（7）RT-FQ-PCR 结果与 DASM 测定趋势一致，但咖啡碱和 Jxl 茶的 *Cyp6a8* 基因表达超高，说明 PCR 监测更准确些。

第 6 节　可可茶水提液对动物血压、耐缺氧及血脂的影响[1][2][3]

一、材料和方法

（一）茶叶来源

从原生地采集的可可茶 *Camellia ptilophylla* 嫩芽叶，蒸青、烘干、磨碎、过筛后作提取材料供试验用。对照样为栽培茶 *C. sinensis* 制作的龙井茶，购自市场。

（二）药剂制备

茶叶水提物干品是由沸水浸提经过滤，滤液在水浴上蒸发浓缩的烘干得到的晶状物，每 100 g 可可茶可得水提物干品 43 g。每 100 g 龙井茶可得水提物干品 33 g。

茶叶丙酮提取物（TTM），是用 80% 的丙酮浸泡 72 h，每隔 12 h 更换一次新鲜丙酮，收集各次浸泡液后减压浓缩，把收集的浓缩液用氯仿萃取，收集氯仿层后，再用乙酸乙酯萃取，收集乙酸乙酯层，减压浓缩后冷冻干燥即得到 TTM 晶体。每 100 g 可可茶可得 TTM 晶体 33 g，每 100 g 龙井茶可得 TTM 晶体 48 g。

可可茶与龙井茶的水提物和 TTM 在实验用蒸馏水配制成所用的浓度。

（三）实验动物

为 NIH 小鼠，来自中山大学生物学系实验动物养殖场，SD 大鼠购自广东省医用动物

① 许实波，何北兴，冯建林，等. 毛叶茶水提物的急性毒性、降血压和心脏生理效应的研究［J］. 中山大学学报（自然科学版），1990，29（增刊）：178-184.
② 许实波，王向谊，郭文成，等. 毛叶茶提取物的药理作用［J］. 中山大学学报（自然科学版），1990，29（增刊）：187-189.
③ 许实波，陈丽宾，张润梅，等. 毛叶茶提取物急性毒性、降血压、降胆固醇和减肥作用的研究［J］. 中山大学学报（自然科学版），1990，29（增刊）：190-194.

场，猫和兔购自广州郊区农村，均选取健康者应用。

（四）化学试剂

胆固醇购自美国 Sigma 公司，蛋黄粉猪油脂盐乳浊液购自广州明兴制药厂研究所，其他药剂均购自国内市售产品，所用仪器均为国产。

二、结果

（一）对离体兔心灌流的作用

选取健康家兔，雌雄兼用，用锤猛击后脑急速处死。按 Langendorff 法迅速剖胸，摘离心脏，放入预先冰冻并充氧的乐氏液中，洗去血块，用 20 ml 注射器吸取乐氏液，插入主动脉，冲洗去冠状循环中血液，将心脏套进准备好的灌流装置的套管上，扎紧。用充氧恒温的乐氏液灌流，在二导生理仪上记录心脏收缩导管夹及心跳频率，用刻度量筒测量灌流量，结果如表 8-44 所示。

表 8-44　两种茶对心脏收缩幅度的影响
Tab. 8-44　Effect of two teas on contraction amplitude of heart（$n=5$，$\bar{x}\pm SD$）

组别	剂量	给药前 /mm	给药后 /mm			
			平均值	变化率	峰值	变化率
可可茶	0.4 ml 2.5%	12.14±2.6	13.1*±2.97	0.079*±0.03	13.51*±2.96	0.12±0.03*
龙井茶	0.4 ml 2.5%	11.02±2.5	11.76±2.3	0.091±0.05	12.08±2.3*	0.125±0.05*
生理盐水	0.4 ml	12.65±3.1	12.38±2.67	−0.019±0.02	12.53±2.88	−0.05±0.16

*$p<0.05$

1．对心肌收缩幅度的影响

结果显示，可可茶水提物对离体兔心心肌收缩幅度均值增加达（7.9±3）%，$p<0.05$，峰值增加（12.0±4）%，$p<0.05$，与生理盐水组相比较，p 值均<0.05，相差具显著意义，提示可可茶对心肌收缩力有增强效应，而龙井茶水提物对心肌虽有一定的增强作用，但与生理盐水组比较，$p>0.05$，相差没有显著意义。

2．对心脏灌流量的作用

结果表明，可可茶水提物对离体兔心灌流均值流量增大 5.1%，峰值流量增大（8.4±4）%，但 $p>0.05$，可可茶水提物对冠脉流量增加较多，龙井茶水提物对冠脉的流量只有微弱增加的作用（表 8-45）。

3．对心率的影响

结果如表 8-46 所示，可可茶及龙井茶水提物对离体兔心的心搏频率，虽有轻微的降压作用，但差异没有统计学意义。实验结果表明，可可茶具有一定的强心作用。

表 8-45　两种茶对离体兔心灌流量的影响

Tab. 8-45　Effect of two teas on the perfusion flow of isolated rabbit heart（$n=5$，$\bar{x} \pm SD$）

组别	剂量	给药前 /ml	给药前 /ml			
			平均值	变化率	峰值	变化率
可可茶组	0.4 ml 2.5%	7.58±1.6	7.91±1.7	0.051±0.03	8.12±1.7	0.084±0.04
龙井茶组	0.4 ml 2.5%	6.38±1.5	6.12±1.4	−0.03±0.03	6.4±1.42	0.018±0.03
生理盐水组	0.4 ml	7.6±2.1	7.43±2.0	−0.017±0.02	7.45±2.0	−0.013±0.012

表 8-46　两种茶对离体兔心跳频率的影响

Tab. 8-46　Effect of two teas on the beat rate of isolated rabbit heart（$n=5$，$\bar{x} \pm SD$）

组别	剂量	实验前平均值 /（次 /min）	给药后 /（次 /min）			
			平均值	变化率	峰值	变化率
可可茶组	0.4 ml 2.5%	109.6±8.6	105.6±8.6	−0.036±0.02	101.4±8.5	−0.019±0.02
龙井茶组	0.4 ml 2.5%	102.1±6.8	98.2±5.6	−0.034±0.02	100.2±5.6	−0.007±0.03
生理盐水组	0.4 ml	103.3±10.6	108.5±8.9	0.006±0.03	110±8.7	0.021±0.03

（二）对猫的急性降压作用

1. 急性降压作用

选取健康猫 9 只，体重（2.37±0.27）kg，雌雄兼用，用戊巴比妥钠 40 mg/kg 腹腔注射麻醉，作颈动脉、股静脉插管，描记颈动脉血压及心率、静脉注射可可茶水提物 50 mg/kg，龙井茶水提物 20 mg/kg 及同容量的生理盐水 1 mg/kg，实验结果如表 8-47 所示。

表 8-47　用可可茶和龙井茶处理猫的快速耐受性试验

Tab. 8-47　Fast endurability experiment of cocoa tea and longjing tea on cats（$n=6$，$\bar{x} \pm SD$）

项目	可可茶			龙井茶		
	1	2	3	1	2	3
血压下降率 /%	40.4±5.7	43.6±1.5	43.3±1.8	42.9±3.7	41.4±1.1	42.9±4.1
血压维持时间 /min	3.5±0.8	3.0±0.3	3.3±0.3	3.3±0.3	4.2±1.5	3.4±0.9
降压面积 /%	24.0±3.1	20.1±3.5	21.7±3.8	23.1±1.2	25.1±1.3	23.4±3.3
心率下降 /%	17.9±1.3	14.3±3.6	18.3±3.6	13.9±1.3	12.5±3.0	11.4±1.7

实验结果表明，可可茶 50 mg/kg 对猫的血压下降率为（38.6±2.3）%，$p<0.001$，降压维持时间（2.24±0.4）min，$p<0.001$，降压面积百分比（18.3±2.1）%，$p<0.001$，具有明显的降压作用。以龙井茶 20 mg/kg 作对照，结果猫血压下降率为（37.0±2.8）%，$p<0.001$，降压维持时间（1.8±0.5）min，$p<0.001$，降压面积百分比为（19.8±1.9）%，$p<0.001$，同样具有明显的降压作用，其作用强度大致相等，但可可茶作用剂量要大得多。

2. 快速耐受性试验

选取健康猫 6 只，体重（2.45±0.3）kg，均分为 2 组，分别以可可茶水提物 50 mg/kg，龙井茶水提物 20 mg/kg 静脉注射，各组均以连续三次给药，每次给药后要等血压恢复正常才做下一次试验，记录猫颈动脉血压及心率的变化，观察是否出现快速耐受性现象，实验结果如表 8-47 所示。实验结果表明，可可茶和龙井茶一样，均无快速耐受性现象。

3. 切断猫双侧神经后的降压效应

选取健康猫 7 只，体重（2.33±0.3）kg，麻醉后作颈动脉及腹静脉插管术，并切除双侧迷走神经。分别试验可可茶水提物 50 mg/kg，及龙井茶水提物 20 mg/kg，并以生理盐水同容量 1 ml/kg 静脉注射，观察记录血压及心率变化，结果如表 8-48 所示。

表 8-48　用可可茶等处理猫切断双侧迷走神经后的血压效应

Tab. 8-48　Hypotensive effect of cocoa tea on cats with all vagi cut off（$n=7$，$\overline{x}\pm SD$）

组别	剂量 / (mg/kg)	血压 /mmHg		血压下降 /%	降压维持时间 /min	降压面积 /%	心率 / (次 /min)		
		给药前	给药后				给药前	给药后	减少率 /%
可可茶组	50	130.4±8.3	89.4***±10.5	32.4***±4.9	2.2±1.2	14.5***±1.9	206.1*±14.9	193.6*±12.1	7.9±2.4
生理盐水组	1 ml/kg	129.4±8.6	130.7±8.1	/	/	/	206.1*±14.9	206.1±14.9	0
龙井茶组	20	136.4±8.7	96.1***±8.9	29.6***±4.6	1.7*±0.6	15.7***±1.2	235.5±19.5	206.4***±16.8	12.3±2.3
生理盐水组	1 ml/kg	137.0±8.2	138.3±8.3	0.83±0.4	/	/	235.5±19.5	235.5±19.5	0

与生理盐水相比较，***$P<0.001$；$P*<0.1$

结果显示，麻醉猫切断双侧迷走神经后，可可茶及龙井茶均具降压效应。可可茶血压下降率（32.4±4.9）%（$p<0.001$），龙井茶血压下降（29.6±4.6）%（$p<0.001$），提示可可茶及龙井茶的降压作用与迷走神经无关。

4. 切断颈椎后的降压效应

选取健康猫 4 只，体重（2.38±0.11）kg，作可可茶组试验；另取猫 5 只，体重（2.30±0.12）kg，作龙井茶试验，麻醉后，作颈动脉、股静脉插管术，连接记录及静脉补液、给药装置。作气管套管，连接人工呼吸机械装置，切断双侧迷走神经，在人工呼吸状态下行第二颈椎切断术，描记血压，待血压恢复至稳定状态，分别从静脉给可可茶水提物 50 mg/kg，龙井茶水提物 50 mg/kg 及用同容量生理盐水 1 ml/kg 作对照用。分别记录给药前后的血压变化，结果如表 8-49 所示。

如表 8-49 所示，对麻醉猫切断第二颈椎，且同时切断迷走神经后，可可茶水提物静脉注射 50 mg/kg 其降压率达（38.3±3.5）%，$p<0.01$；静脉注射龙井茶水提物 20 mg/kg，血压下降率为（31.6±3.8）%，$p<0.01$，两者均具有明显的降压效应，提示两者的降压作用与中枢神经系统无关，其降压作用可能是外周性的。从给药量看，可可茶的降压作用显然要比龙井茶弱。

表 8-49　两种茶对切断猫第二颈椎的降压效应
Tab. 8-49　Hypotensive effect of two teas on cats with the second cervical vertebra broken（ $n=9$，$\overline{x}\pm SD$ ）

组别	剂量	血压 /mmHg		血压下降 /%	降压维持时间 /min	降压面积 /%
		给药前	给药后			
可可茶组	50 mg/kg	50.3±11.8	32.0*±6.4	37.3±3.5**	0.85±0.1**	16.0±2.3**
生理盐水组	1 ml/kg	51.8±11.3	32.5±11.5	91.6±1.2	/	/
龙井茶组	20 mg/kg	50.6±7.7	34.8±6.3**	31.6±3.8**	0.66±0.1**	16.7±2.3**
生理盐水组	1 ml/kg	49.2±7.5	50.6±7.7	−2.8±1.4		

与生理盐水相比较，**$p<0.05$；$p*<0.05$

（三）对小鼠常压耐缺氧和动态耐力影响

实验材料：可可茶水提物由可可茶经水提液浓缩后得到，实验时取小鼠灌胃给药 LD_{50} 的 1/7.5，1/10，1/15 为高、中、低剂量，用蒸馏水配成所需浓度，龙井茶 TTM 用可可茶高剂量。实验动物 NIH 小鼠由中山大学生物学系药理室实验动物养殖场提供。所用药品均由购自广州市医药批发中心，所用仪器全为国产。

1. 对小氧常压动态耐力的影响

选取 18～20 g 的健康小鼠，先进行无负荷游泳预试，选取第一次没顶时间在 1～3 min 内者，静养 2 天，取健康鼠按前实验分组和给药量，每天灌胃 1 次，连续 3 天，正式实验前半小时再给药 1 次。每鼠尾巴根部负 2 g 重的金属条，放入水深 36 cm 的水箱中游泳，观察并记录如下指标：t_1——自投入水时至第一次没顶时间；t_2——第一次没顶到第一次沉到箱底时间；t_3——小鼠负荷游泳时间。结果如表 8-50 所示。

表 8-50　两种茶对小鼠负荷游泳时间的影响
Tab. 8-50　Effect of extracts from two teas on motive eududration of mice（ $\overline{x}\pm SD$ ）

组别	动物数 / 只	剂量 / (g/kg)	负荷游泳指标 /s			
			t_1	t_2	t_3	t
生理盐水	10	0.3 ml	10.2±2.7	61.1±21.7	43.0±16.5	113.1±21.6
可可茶高剂量	10	0.554	21.0±8.4***	107.1±20.2***	56.0±14.7**	183.7±21.3***
可可茶中剂量	10	0.416	15.2±7.2**	74.7±25.7**	59.0±29.9**	148.7±18.6**
可可茶低剂量	10	0.277	12.5±6.2	60.4±9.8	48.7±12.5*	119.4±9.9
龙井茶 TTM	10	0.554	18.3±15.0**	79.5±22.8**	46.7±14.8**	144.6±9.7**

与生理盐水相比较，*$p<0.05$；**$p<0.01$；***$p<0.001$

结果显示，可可茶水提物与龙井茶 TTM 灌胃给药，可显著提高小鼠动态耐力，并具有明显的量效关系。与生理盐水相比较，高剂量可可茶组延长小鼠负荷存活时间百分率为 61.1%，$p<0.001$，差异具有显著意义；中剂量可可茶和龙井茶 TTM 组的延长率分别为 31.5% 和 27.7%，$p<0.001$，差异具显著意义；可可茶低剂量组 $p>0.05$，无统计学意义，效果不明显。

2. 对小鼠常压耐缺氧的保护作用

选取健康的体重 18～20 g 的小鼠 50 只, 雌雄各半, 随机均分为 5 组, 灌胃给药。设生理盐水组, 可可茶高、中、低剂量组, 给药量分别为 0.554、0.416、0.277 g/kg。龙井茶 TTM 组给药量为 0.554 g/kg, 与可可茶高剂量组相同。给药半小时后, 即放入容量为 63 ml, 预先放入用纱布包裹有 3 g 钠石灰的玻璃瓶, 立即用胶塞封闭瓶口, 用秒表记录小鼠自放入瓶内至死亡的时间, 即为小鼠常压耐缺氧的存活时间。实验时室温 28℃。结果见表 8-51。

表 8-51　两种茶水提物对小鼠常压耐缺氧的保护作用
Tab. 8-51　Protection of extracts from cocoa tea to anxia mice under normal pressure ($\bar{x} \pm SD$)

组别	动物数 / 只	剂量 / (g/kg)	存活时间 /s	存活时间延长率 /%	P 值
生理盐水	10	0.3 ml	444.5±44.7	/	/
可可茶高剂量	10	0.554	652.0±74.8	46.7	0.001
可可茶中剂量	10	0.416	602.6±66.8	35.6	0.001
可可茶低剂量	10	0.277	489.0±67.4	10.0	0.05
龙井茶 TTM	10	0.554	524.0±38.6	17.9	0.001

实验结果说明, 可可茶水提物和龙井茶 TTM 均能显著延长小鼠在缺氧情况下的存活时间, 可可茶高剂量组与生理盐水组对比延长 46.7%, 比龙井茶 TTM 组的 17.9% 有明显增加, $p < 0.01$, 可可茶低剂量组与龙井茶 TTM 相比无明显差异。可见可可茶对静态常压耐缺氧心肌有一定的保护作用, 且有明显的量效关系, 在剂量相同的情况下, 可可茶比龙井茶抗心肌缺氧的作用要强 2.6 倍。

3. 抗脂质过氧化作用

取雄性健康 NIH 小鼠若干, 分别剖取心脏、肝、肾, 制备 0.9% 心脏, 2.4% 肝和 1.9% 肾的匀浆液。取 1.5 ml 匀浆液, 加入 0.5 ml 可可茶, 混匀, 静置 10 min, 恒温 37℃下 1.5 h, 加入 1 ml 0.67% 硫代巴比妥酸置沸水浴 10 min, 冷却后于 540 nm 处比色。分别以下各管调零: 取匀浆液 1.5 ml, 加入 20% 三氯乙酸 1.5 ml, 静置 10 min, 加 0.5 ml 各试药, 静置 10 min, 振荡恒温 37℃下 1.5 h, 静置 10 min, 1000 r/min 离心 10 min, 以下步骤同上。分别用作上述各对应管的调零, 比色测定透光率。结果见表 8-52。

表 8-52　两种茶提取物抗脂质过氧化作用 (透光率以 % 表示)
Tab. 8-52　Antilipoperoxidation of extracts from two teas ($\bar{x} \pm SD$, %)

组别	动物数 / 只	剂量 / (mg/kg)	肝脏	肾脏	心脏
生理盐水	10	0.5 ml	−3.7±2.5	−2.4±1.3	0.9±2.0
可可茶高剂量	10	18.46	15.9±0.7***	19.3±2.8***	9.9±1.9***
可可茶中剂量	10	13.86	15.0±1.4***	9.8±1.4***	12.8±1.9***
可可茶低剂量	10	9.23	5.0±1.8***	7.2±1.5***	5.6±3.1***
龙井茶 TTM	10	18.46	4.6±1.3***	5.7±1.0*	3.3±1.3***

与对照组比较: *$p < 0.05$; ***$p < 0.001$

机体脏器在代谢过程中不断产生自由基，从而使生物膜中的饱和脂肪酸发生过氧化作用，生成脂质过氧化物，再分解成丙二醛，抗氧化剂捕获自由基，使之成为惰性化合物。表 8-52 表明，可可茶高、中、低剂量组和龙井茶 TTM 组实验得出的透光率差值，与生理盐水组比较，$p<0.001$，差异非常显著，说明可可茶和龙井茶均能抑制脂质的过氧化作用，使生成的丙二醛减少，从而使透光率增大。但是，与肾、肝匀浆相比，心脏匀浆组的增大百分率明显减少，这是因为肾、肝本身具有较多的过氧化物酶，能促进过氧化作用。生理盐水组的透光率应为 0，出现负值是由实验误差引起的。

4. 降胆固醇、降血脂和减肥实验

可可茶水提物是由可可茶浸泡液烘干后浓缩而得到的晶体状物；可可茶 TTM 和龙井茶 TTM 是先用 80% 丙酮浸泡 72 h，每 12 h 更换一次新鲜丙酮，收集几次浸泡液后减压浓缩，把收集的浓缩液用氯仿（AR）萃取，收集氯仿层后，再用乙酸乙酯（AR）萃取，收集乙酸乙酯层，减压浓缩后冷冻干燥即得 TTM 晶体，每 100 g 可可茶干品可得 43 g 水提物晶体或 33 g TTM 晶体；每 100 g 龙井茶可得 33 g 水提物晶体或 48 g TTM 晶体。实验时用蒸馏水配制成所需浓度。

1）降胆固醇和降血脂实验

选取体重 130～160 g 的健康 SD 大鼠 52 只，雌雄各半，均分为 4 组：对照组，可可茶水提物组，可可茶 TTM 组，龙井茶 TTM 组。每天上午动物称重后灌胃蛋黄粉乳浊液 5 ml/ 只，晚上灌各试药 2 ml/ 只，可可茶 TTM，龙井茶 TTM 试药剂量为 2.028 g/kg，可可茶水提物的剂量为 1.805 g/kg。对照组用等量生理盐水，连续灌胃 14 天，第 15 天动物称重后采用摘眼球取血法作血脂等多项指标测定，并取腹肌各 50 mg，匀浆，作肌脂测定。

用乙醇抽取血清胆固醇，用高铁乙酸硫酸显色法测定；用异丙醇抽提血清三酰甘油，用乙酰丙酮显色法测定；用肝素锰比浊法测定血清 β- 脂蛋白；血清高密度脂蛋白总胆固醇用高密度脂蛋白沉淀剂沉淀后，再用胆固醇酶联剂，按胆固醇测定法（酯酶法）进行测定。结果如表 8-53 和表 8-54 所示。

表 8-53　两种茶对血清总胆固醇（CH）、三酰甘油（TG）和血清 β- 脂蛋白（β-LP）的影响
Tab. 8-53　Effect of extracts from two teas on serum CH，TG andβ-LP（$\overline{x}\pm SD$）

组别	动物数/只	剂量/（g/kg）	CH		TG		β-LP	
			mg%	平均减%	mg%	平均下降/%	mg%	下降/%
对照组	13		119.1±19.5		58.6±27.4		148.0±47.0	
可可茶水提物	13	1.805	96.7±20.5	18.75	55.2±11.9	5.74	±178.3	36.6
可可茶 TTM	13	2.028	98.4±23.8	17.36	44.6±20.6	23.8	±144.5	38.7
龙井茶 TTM	13	2.028	107.1±33.2	10.08	70.9±22.6	20.9	±196.3	54.8*

与对照组比较：*$p<0.05$

表 8-54　对血清高密度脂蛋白总胆固醇（HDL-CH）、高密度脂蛋白总胆固醇与总胆固醇比值（HDL-CH/CH）以及高密度脂蛋白总胆固醇与三酰甘油（HDL-CH/TG）的影响

Tab. 8-54　Effect of extracts from cocoa tea on serum HDL-CH，HDL-CH/CH，HDL-CH/TG（$\bar{x} \pm$ SD）

组别	动物数 / 只	剂量 /（g/kg）	血清 HDL-CH		HDL-CH/CH	HDL-CH/TG
			mg/%	提高 /%		
对照组	13		106.25±8.88		88.51±9.19	2.08±9.44
可可茶水提物	13	1.805	164.41±22.40***	54.49	175.48±22.02***	3.13±7.52*
可可茶 TTM	13	2.028	106.10±19.40	−0.24	129.67±12.99	2.73±0.90
龙井茶 TTM	13	2.028	121.12±13.62*	13.88	122.44±34.98	2.22±0.53

与对照组比较，*$P<0.01$；**$P<0.01$；***$P<0.001$

由表 8-53 可知，可可茶水提物对血清总胆固醇比对照组平均下降 18.75%，有显著性差异（$p<0.05$），可可茶 TTM 组平均下降 17.3%，龙井茶 TTM 组平均下降 10.08%，但它们均无显著性差异（$p>0.05$）；可可茶水提物对血清三酰甘油比对照组平均下降 5.74%，可可茶 TTM 组平均下降 23.86%，龙井茶 TTM 组平均上升 20.93%，但均无显著性差异（$p>0.05$）；可可茶水提物与对照组相比对血清 β- 脂蛋白平均上升 20.47%，可可茶 TTM 组平均下降 2.35%，但它们均无显著性差异（$p>0.05$），龙井茶 TTM 平均上升 32.65%，具显著性差异（$p<0.05$）。

由表 8-54 可知，可可茶水提物与对照组相比，对血清 HDL-CH 平均提高 54.59%，差异非常显著（$p<0.001$），可可茶 TTM 组平均下降 0.24%，无显著性差异（$p>0.05$）；可可茶水提物，可可茶 TTM 能极显著地提高 HDL-CH/CH 的比值，$p<0.001$，龙井茶 TTM 能非常显著地提高此比值；在高血脂动物造型过程中，HDL-CH/TG 值持续降低，但在实验中的各试药组此比值却有所升高，对照组为 2.03±9.44，可可茶水提物组为 3.13±7.52，与对照组比较 $p<0.05$，有明显提高，可可茶 TTM 组为 2.73±0.9，龙井茶 TTM 组 2.22±0.53，与对照组相比，两者均为 $p>0.05$，稍有提高但无显著性差异。

2）减肥实验

实验动物选型分组与降胆固醇、降血脂实验相同。

（1）体重变化

15 天动物体重增长情况及体重增长百分率 [（第 15 天体重－第 1 天体重）/ 第 1 天体重]，结果见表 8-55。

表 8-55　茶提取物对动物体重增长情况的影响

Tab. 8-55　Effect of the extracts from two teas on body weight of rats（$\bar{x} \pm$ SD，g）

天	对照组	可可茶水提物	可可茶 TTM	龙井茶 TTM
1	165.1±9.3	138.1±11.8	137.9±12.1	137.6±8.1
3	140.5±8.0	147.0±11.2	151.1±11.2	149.8±8.1
5	152.7±10.5	166.6±10.7	156.8±11.2	150.8±7.6

续表

天	对照组	可可茶水提物	可可茶 TTM	龙井茶 TTM
7	167.2±9.0	153.2±11.4	154.3±10.5	151.8±14.7
9	185.3±17.3	164.5±9.6	159.5±10.5	162.2±18.0
11	183.6±15.3	163.7±10.2	165.0±10.2	157.7±17.5
13	189.7±16.9	161.6±13.4	162.5±11.8	156.1±20.5
15	199.0±18.1	176.9±13.0	165.5±11.8	161.6±25.0
增长（%）	49.13±17.78	28.04±14.07**	165.5±13.8	17.96±19.53**

与对照组相比较，**$P<0.01$

将表 8-55 中 15 天动物体重数据在以时间为横坐标，体重为纵坐标的平面坐标系中进行直线回归，得到各组动物体重增长的直线方程分别为：

对照组：$F(X) = 4.89x + 129.4$

可可茶水提物组：$F(x) = 1.77x + 144.5$

可可茶 TTM 组：$F(x) = 1.69x + 143.4$

龙井茶 TTM 组：$F(x) = 1.47x + 139.6$

对 4 条直线进行平行性检验后表明，后三者与对照组直线的斜率具有非常显著性差异，$p<0.01$，而三者之间差异不显著，$p>0.05$。从表 8-55 亦可知，三个样品组的体重增长百分率均比对照组低，$p<0.01$。因此实验性高血脂动物在灌服可可茶水提物、可可茶 TTM、龙井茶 TTM 时其体重增长要比对照组慢得多，以龙井茶 TTM 的效果最明显。

（2）肌脂测定

取腹肌约 50 mg，加乙醇 - 丙酮（1∶1）抽提液 1.3 ml，匀浆，再按血清总脂肪含量，用香草醛磷酸显色法测定腹肌中的脂肪含量，结果见表 8-56。

表 8-56　茶提取物对动物肌脂及血象的影响

Tab. 8-56　Effect of the extracts on myolipid and blood（$\bar{x}\pm SD$）

组别	动物数 / 只	剂量 /（g/kg）	肌脂含量		血红蛋白		红细胞	
			/%	平均下降 /%	/（g/100 ml）	平均上升 /%	/（10⁴/mm）	平均上升 /%
对照组	13		85.1±43.6		11.6±0.5		683.1±119.8	
可可茶水提物	13	1.805	45.1±12.0	46.96	12.4±0.7*	6.97	708.4±81.4	3.98
可可茶 TTM	13	2.028	46.2±16.7	45.70	14.2±1.0***	21.94	712.1±78.4	4.54
龙井茶 TTM	13	2.028	48.6±17.5	42.96	13.5±0.5***	16.27	756.8±69.5	10.79

与对照组比较，*$p<0.05$；***$p<0.001$

（3）血象测定

按常规测定细胞数（细胞计数板计数）和血红蛋白含量（改良沙利法），结果见表 8-56。

从表 8-56 可知，三种样品肌脂含量与对照组比较均明显下降，$p<0.05$，以可可茶水

提物下降最大，为 46.96%；三种样品均能提高血红蛋白含量，可可茶水提物提高 6.97%（$p<0.05$），可可茶 TTM 提高 21.94%（$p<0.001$），龙井茶 TTM 提高 16.27%（$p<0.001$）；对于红细胞数量均有一定的增加，但与对照组比较差异均不显著，$p>0.05$。

三、讨论

（1）实验结果表明，可可茶的降压效应虽然作用剂量较龙井茶大，但降压强度、作用时间均较显著；在同时切断中枢神经及两侧迷走神经后，可可茶与龙井茶同样具有明显的降压作用，表明两者的降压作用与中枢无关，其降压作用可能是外周性的。

（2）可可茶在离体兔心灌流试验中表明具有一定的强心作用（$p<0.05$），而龙井茶则没有这一明显效应。

（3）可可茶提取物能够使常压缺氧小鼠存活时间延长达 46.7%，对缺氧心肌具有保护作用，使戊巴比妥钠睡眠时间缩短达 35.6%，对中枢神经系统具有兴奋作用；能够提高小鼠动态耐力，使小鼠负荷游泳存活时间延长 31.5%；对组织器官具有显著的抗氧化作用，提示可可茶能够减缓机体衰老。

（4）可可茶的毒性小，具有降低血清总胆固醇含量，提高高密度脂蛋白含量作用，显示可可茶对于降血脂、抗动脉粥样硬化具有保健功效，其作用与龙井茶相当，甚至有些指标强于龙井茶。可可茶在减轻高血脂动物体重增长、降低肌肉中脂肪含量作用，提示可可茶可能有减肥的效应，其作用也与龙井茶基本一致。

第 7 节　可可茶水提物抑制小鼠 3T3-L1 前脂肪细胞分化[①]

肥胖是世界上最常见的代谢疾病之一。过多的脂肪积累对健康产生不利影响，进而导致一系列健康问题，例如高血压、2 型糖尿病、心血管疾病、癌症和骨关节炎。从细胞水平来讲，肥胖发生的典型特征就是脂肪细胞的数量和大小的增加。

由于脂肪组织增加是由脂肪细胞分化和脂肪细胞增生引起的，所以，抑制脂肪细胞分化是控制肥胖的关键方法之一。在过去的几十年中，天然提取物作为抑制脂肪形成的健康补充剂越来越受大众欢迎。许多植物化学物质已在体外和体内被证实具有抑制脂肪细胞分化活性，包括茶多酚，白藜芦醇，姜黄素和原花色素等。绿茶提取物有抑制脂肪形成，降血脂和降血糖功效。受益于其多种健康益处，绿茶提取物得到广泛应用。然而，大多数绿茶品种含有高浓度的咖啡碱，导致其可能不适合某些对咖啡碱敏感的人群。另外咖啡碱还可能导致失眠等问题。目前，研究人员试图通过有机溶剂萃取和活性炭吸附从茶中去除咖

①　LI K K, LIU C L, SHIU H T, et al. Cocoa tea (*Camellia ptilophylla*) water extract inhibits adipocyte differentiation in mouse 3T3-L1 preadipocytes. [J]. Sci Rep, 2016, 6: 20172.

啡碱，但由于高成本的溶剂和设备，及功效成分的损失，其结果并不理想。

可可茶 Camellia ptilophylla 属于山茶属，是一种天然无咖啡碱的茶树。它含有可可碱而不含咖啡碱，主要的儿茶素是（-）- 没食子儿茶素没食子酸酯（GCG）。早期的研究表明，可可茶对包括 HeLa、CNE2，MGC-803 和 HepG2 在内的多种癌细胞系有明显的细胞毒性。最近，我们发现可可茶可以显著抑制高脂饮食诱导的肥胖发生。然而，目前对于可可茶如何影响脂肪形成知之甚少。基于之前的研究结果，我们推测可可茶可以直接抑制前脂肪细胞向脂肪细胞的分化。因此，为了研究可可茶提取物在脂肪细胞代谢中的生物学效应及潜在机制，本研究采用 3T3-L1 前脂肪细胞探究可可茶的对脂肪形成的抑制作用。许多研究表明，小鼠 3T3-L1 是用于研究前脂肪细胞向脂肪细胞分化的定型的最有代表性和可靠的体外模型之一。该细胞系具有一些 Ⅱ 型药物代谢酶，包括 ATP 结合盒、受体 C 亚家族成员 1、受体 C 亚家族成员 4、谷胱甘肽 S 转移酶 A2 和谷氨酸 - 半胱氨酸连接酶催化亚基。在本研究中，我们使用小鼠 3T3-L1 前脂肪细胞系模型来研究可可茶的抗脂肪形成能力及其调节脂肪细胞分化的潜在分子机制。

一、材料与方法

（一）可可茶水提物的制备及 HPLC 分析

市售绿茶购自广州。可可茶来自广东省茶叶研究所。如前所述使用提取方案。使用配备有 G1329A ALS 自动进样器和 G1315A 二极管阵列检测器（Agilent Technologies，USA）的 Agilent 1100 系列 HPLC 系统进行高效液相色谱（HPLC）分析。采用 Supelco Discovery RP Amide C16（15 cm×4.6 mm，5 μm）（Sigma-Aldrich Inc.，USA）进行分析。流动相 A-0.05% 磷酸；流动相 B- 乙腈。用如下梯度程序进行洗脱：0～1 min，2%B；2～30 min，从 2%B 至 50%B。样品进样量为 10 μl。以 0.8 ml/min 的溶剂流速进行洗脱。标准混合物，含有茶氨酸（Theanine），可可碱（TB），咖啡碱（CAF），苦茶碱（TC），表没食子儿茶素（EGC），儿茶素（C），表儿茶素（EC），表没食子儿茶素没食子酸酯（EGCG），没食子儿茶素（GC），没食子儿茶素没食子酸酯（GCG）和表儿茶素没食子酸酯（ECG）。通过比较保留时间和光谱数据与真实标准品的数据来鉴定和定量嘌呤生物碱和儿茶素化合物。所有实验重复 3 次。

（二）细胞培养

小鼠 3T3-L1 前脂肪细胞（购自美国典型培养物保藏中心）在完全培养基（DMEM，10% 胎牛血清和 50 μg/ml 青霉素 / 链霉素）的 12 孔培养板中培养。待细胞接触抑制 24 h，换用含 0.5 mmol/L IBMX、1 μmol/L 地塞米松（Sigma，USA）及各种浓度的可可茶水提物（CTE）和绿茶水提物（GTE）的脂肪形成分化诱导培养基。37℃，5%CO_2 培养 48 h。然后，换用含有 10% 胎牛血清（FBS）和胰岛素（10 μg/ml）的 DMEM 培养基培养 48 h。在第 8 天分化完成。

（三）体外细胞毒性测定

将处于对数生长期的 3T3-L1 前脂肪细胞以 $1×10^5$/ml 的密度接种于 96 孔板中，并在 37℃，5% CO_2 的完全培养基中孵育 24 h。培养 24 h 后，使用不同浓度的 CTE 或 GTE 处理 3T3-L1 细胞，在各组干预 48 h 后，每孔加 MTT 溶液（5 mg MTT/ml）20 μl，孵育 4 h 后，弃培养液，每孔注入 DMSO 溶液 150 μl，酶标仪 492 nm 波长处测吸光值。油红染色。PPARγ 激活剂曲格列酮作阳性对照

（四）脂质和三酰甘油含量

在第 8 天通过油红染色测定细胞内脂质积累。将诱导分化后的细胞从培养板中取出，弃去培养液，用常温 PBS 清洗 1 次，10% 多聚甲醛固定。用水和 60% 异丙醇洗涤，再用油红染色 15 min。弃去染液，用水清洗 3 次，于倒置显微镜下观察拍照。为了定量脂肪积累量，用 100% 异丙醇将保留在细胞中的染料洗脱下来，酶标仪 495 nm 波长处测吸光值。油红染色材料相对于对照孔的百分比计算为 495 nm（茶水提取物）/495 nm（对照）×100。

用 PBS 洗涤细胞，通过胰蛋白酶消化收获，然后重悬于 1 ml PBS 中。通过超声处理将细胞悬浮液匀浆 5 min。采用三酰甘油测定试剂盒测定三酰甘油含量。通过使用 Bradford 试剂（Sigma，St.Louis，USA）测定蛋白质浓度。

（五）实时定量 PCR 分析

在用各种浓度的 CTE 和 GTE 进行脂肪形成分化后，在预设的时间点（第 3、5、8 天）收集 3T3-L1 细胞总 RNA。分光光度法测定总 RNA 浓度。使用 SYBR Green 进行 - 实时定量 PCR，引物见表 8-57。PCR 条件如下：50℃ 10 min 1 个循环，95℃ 5 min，49 个循环，95℃ 10 s，60℃ 30 s 和 72℃ 30 s，然后 1 个循环 95℃ 1 min。基因相对表达量采用公式 $2^{-\triangle\triangle CT}$ 计算。

表 8-57　用于 RT-PCR 分析的引物测序

Tab. 8-57　Primer sequences used in RT-PCR analysis

基因名称		上游引物	下游引物
GAPDH*	NM_008084	AAGAAGGTGGTGAAGCAGGCATC	CGAAGGTGGAAGAGTGGGAGTTG
PPARγ	NM_011146	TTCAGCTCTGGGATGACCTT	CGAAGTTGGTGGGCCAGAAT
C/EBP a	NM_007678	GTGTGCACGTCTATGCTAAACCA	GCCGTTAGTGAAGAGTCTCAGTTTG
ACC	NM_133360	GCGTCGGGTAGATCCAGTT	CTCAGTGGGGCTTAGCTCTG
FAS	NM_007988	TTGCTGGCACTACAGAATGC	AACAGCCTCAGAGCGACAAT
SCD1	NM_009127	CATCGCCTGCTCTACCCTTT	GAACTGCGCTTGGAAACCTG
FAT	NM_007643	TAGTAGAACCGGGCCACGTA	CAGTTCCGATCACAGCCCAT
SREBP-1c	NM_011480	ATCGCAAACAAGCTGACCTG	AGATCCAGGTTTGAGGTGGG

注：PPARγ，过氧化物酶体增殖物激活受体 γ；ACC 乙酰辅酶 A 羧化酶；*GAPDH：甘油醛 -3- 磷酸脱氢酶；C/EBP A：甾醇调节元件结合转录因子 a；SREBP-1c，固醇调节元件结合转录因子 1c；FAS，脂肪酸合酶；FAT：脂肪酸转位酶；SCD1：硬脂酰 - 辅酶 A 脱氢酶 1。

（六）蛋白质提取和 Western 印迹分析

用细胞刮收集第 3 天和第 8 天的细胞后转移至离心管中，加入 RIPA 缓冲液充分混合，冰上裂解 30 min。然后 4℃高速离心（14 000 r/min，15 min），收集上清液。使用 BCA 蛋白浓度检测试剂盒测定总蛋白浓度。40 μg 蛋白进行 SDS-PAGE 凝胶电泳，用湿式转膜仪将凝胶中的蛋白转移到 NC 膜上，5% 的脱脂牛奶封闭 60 min。洗涤后，加入特异性一抗，4℃下孵育过夜后弃去一抗。洗涤，加入辣根过氧化物酶标记的二抗（Invitrogen，Carlsbad，CA，USA），室温孵育 1 h 后弃抗体，采用 ECL 化学发光试剂盒（GE Healthcare，UK）进行显色后，置于 Bio-Rad 凝胶扫描分析系统（Bio-Rad，Hercules，USA）进行拍照分析。

（七）统计学分析

所有计量资料以均数 ± 标准差（$\bar{x} \pm s$）表示，采用 Graph Pad 5.1 进行统计处理和图表制作。组间比较采用单因素方差分析，多重比较用 Duncan's 法，以 $P < 0.05$ 为差异有统计学意义。

二、结果

（一）HPLC 分析

HPLC 结果表明可可茶的化学成分与绿茶不同。可可茶含有可可碱（8.43%±0.51%）和 GCG（10.78%±0.63%）。对于绿茶而言，主要的生物碱是咖啡碱（6.12%±0.03%），而主要儿茶素是 EGCG（8.54%±0.09%）。特别地，可可茶中主要儿茶素类的相对组成按以下顺序增加：ECG＜EGCG＜C＜GCG。而绿茶提取物中主要儿茶素类的相对组成按以下顺序增加：ECG＜EC＜EGC＜EGCG。此外，可可茶的水提取物还存在原花青素 GC-（4→8）-GCG（0.94±0.28%）。在可可茶中没有发现咖啡碱。

（二）CTE 和 GTE 对细胞活力的细胞毒性作用

如图 8-40 所示，CTE 和 GTE 均在高剂量下具有细胞毒性作用。CTE 和 GTE 处理 48 h 降低了前脂肪细胞增殖和活力。在 200 μg/ml 时，CTE 和 GTE 均显著地降低了细胞活力（$P < 0.01$），IC_{50} 值分别为 269.15 μg/ml 和 234.42 μg/ml。

为了研究 CTE 对脂肪形成的抑制作用，在第 8 天通过油红染色确定 3T3-L1 前脂肪细胞的脂肪含量（彩图 8-41A）。成熟脂肪细胞通过细胞中的油滴来鉴定和表征，在未分化细胞中，未见油滴。根据显微镜观察结果，用 CTE 和 GTE 处理的 3T3-L1 细胞维持了成纤维细胞形状并含有较少的脂滴。与成熟脂肪细胞相比，50 μg/ml CTE 和 GTE 处理的油滴的形成显著地减少至（75.08±6.68）% 和（71.23±13.14）%（分别为 $P < 0.01$ 和

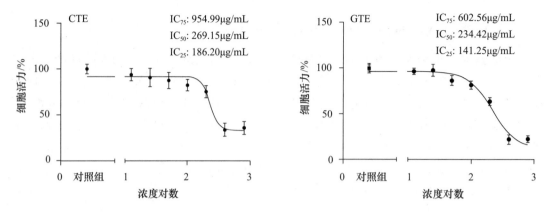

图 8-40　CTE 和 GTE 对 3T3-L1 细胞活力的影响

CTE：可可茶提取物；GTE：绿茶提取物

Fig. 8-40　Effect of CTE and GTE on cell viability in 3T3-L1 cells. Cell viability was
determined by MTT assay

CTE：cocoa tea extract；GTE：green tea extract

$p < 0.05$)（彩图 8-41B）。

在脂肪形成分化的第 8 天，CTE 和 GTE 处理明显减少了细胞中的 TG 积累。研究发现单独用 3- 异丁基 -1- 甲基黄嘌呤（IBMX）、地塞米松和胰岛素（MDI）处理能大幅增加 TG 含量（如图 8-42 所示）。200 μg/ml CTE 和 GTE 处理的 TG 含量分别显著降低至 30% 和 22%（$p < 0.001$）。此外，研究发现 CTE 和 GTE 浓度依赖性地降低细胞内的 TG 含量。但 CTE 和 GTE 处理的细胞之间并无显著性差异。此外，与 200 μg/ml GTE 处理组相比，分化组中的 TG 值异常高。总之，油红染色和三酰甘油测定的结果证明了 CTE 和 GTE 能抑制 3T3-L1 细胞的脂肪形成分化。

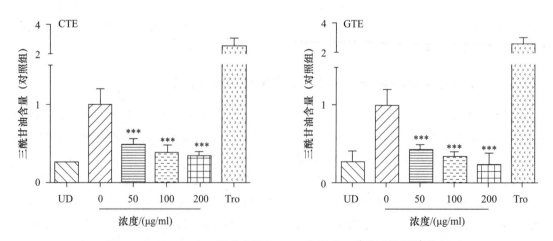

图 8-42　CTE 和 GTE 对分化的 3T3-L1 细胞中三酰甘油沉积的影响

Fig. 8-42　Effect of CTE and GTE on the triglyceride deposition in differentiated 3T3-L1 cells

CTE：可可茶提取物；GTE：绿茶提取物

（三）CTE 对脂肪形成转录因子表达的影响

脂肪细胞分化伴随着前脂肪细胞中主要脂肪形成转录因子的表达，例如 C/EBP α 和 PPAR γ。本文进一步研究了 CTE 和 GTE 是否影响脂肪形成分化过程中 PPAR γ 和 C/EBPα 的表达。如图 8-43 所示，MDI 显著诱导了 PPAR γ 和 C/EBP α 的表达。与对照组

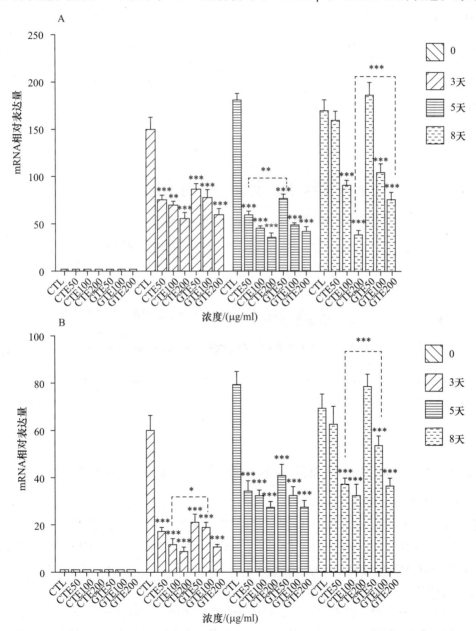

图 8-43　CTE 和 GTE 对关键脂肪形成转录因子 PPARγ 和 C/EBPα 基因表达的影响

Fig. 8-43　Effect of CTE and GTE on the gene expressions of the key adipogenic transcription

factors，PPAR γ and C/EBP α

A PPAR γ；B C/EBPα

（MDI）相比，CTE 和 GTE 明显抑制了 C/EBP α 和 PPAR γ 的 mRNA 表达。就 PPAR γ 而言，在第 5 天和第 8 天，相同浓度的 CTE 抑制作用明显强于 GTE（$p<0.05$）。就 C/EBP α 而言，在第 3 天和第 8 天，CTE 在 100 μg/ml 时的抑制作用强于 GTE（$p<0.05$）。在第 3 天和第 8 天，这 CTE 和 GTE 处理均能明显降低 PPAR γ 和 C/EBP α 的蛋白表达水平，这与 mRNA 表达的结果一致。如图 8-44 所示，与未分化组（UD）相比，对照组 PPAR γ 和 C/EBP α 的表达在第 8 天显著增加。尽管低剂量（50 μg/ml）的 GTE 对 PPAR γ 和 C/EBPα 的表达无明显的抑制作用。但是，100 μg/ml 和 200 μg/ml 的 GTE 处理可显著抑制 PPAR γ 和 C/EBP α 的蛋白水平（$p<0.05$）。另外，CTE 可以剂量依赖性地抑制 PPA Rγ 的表达。然而，仅 200 μg/ml CTE 可以显著地抑制 C/EBPα 的表达（$p<0.05$）。

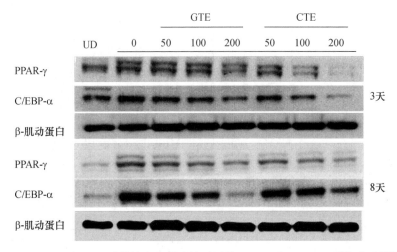

图 8-44　CTE 和 GTE 对关键脂肪形成转录因子 PPARγ 和 C/EBPα 蛋白表达的影响

Fig.8-44　Effect of CTE and GTE on the protein expressions of the key adipogenic transcription factors，PPAR γ and C/EBP α on day 3 and 8

（四）CTE 和 GTE 对脂肪细胞分化特异性基因表达的影响

体外 MDI 诱导一周后，脂肪细胞分化完成。接下来，本文研究了 CTE 和 GTE 对脂肪细胞特异性基因如 FAS、SCD-1、FAT、ACC 和 SREBP-1c 表达的影响。如图 8-45 和图 8-46 所示，MDI 显著诱导 FAS、SCD-1、FAT、ACC 和 SWBP-1c 的 mRNA 和蛋白质表达。CTE 和 GTE 处理的 3T3-L1 细胞中 SREBP-1c、SCD-1、ACC、FAT 和 FAS mRNA 水平均受到抑制。

与成熟脂肪细胞的阳性对照相比，CTE 和 GTE 处理显著降低了 FAS、SCD-1、FAT、ACC 和 SREBP-1c 的蛋白质水平（图 8-46）。然而 CTE 和 GTE 处理的脂肪细胞之间并无显著性差异。这些实验结果表明 CTE 通过降低脂肪细胞特异性基因的表达来强烈抑制 3T3-L1 前脂肪细胞的脂肪形成分化。

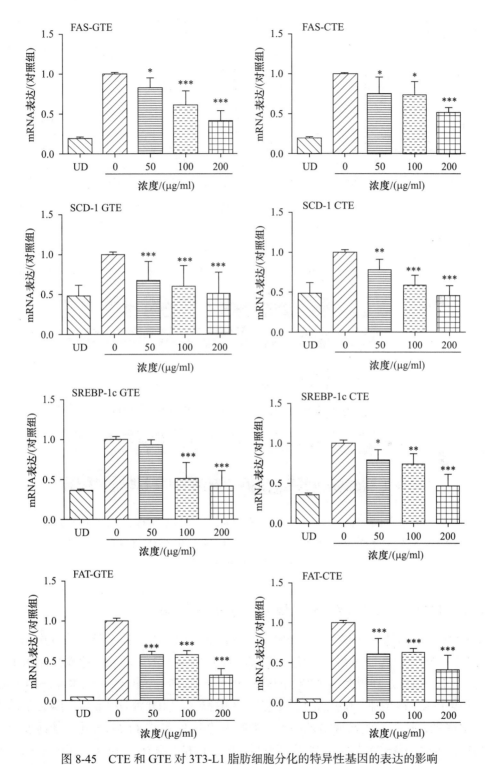

图 8-45　CTE 和 GTE 对 3T3-L1 脂肪细胞分化的特异性基因的表达的影响

Fig.8-45　Effect of CTE and GTE on gene expressions of the adipocyte-specific genes of 3T3-L1 adipocyte differentiation

与对照相比较，$*p < 0.05$；$**p < 0.01$；$***p < 0.001$

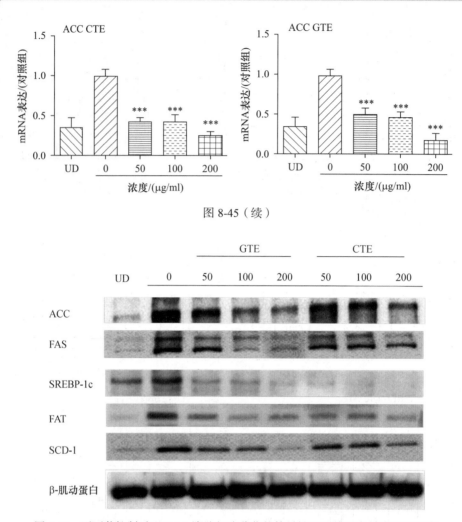

图 8-45（续）

图 8-46　可可茶抑制对 3T3-L1 脂肪细胞分化的特异性基因的蛋白质表达的影响

Fig.8-46　Cocoa tea inhibits the protein expressions of the adipocyte-specific genes of 3T3-L1 adipocyte differentiation

（五）CTE 和 GTE 对 MAPKs 磷酸化的影响

MAPKs 信号通路在信号传导 C/EBP α 和 PPAR γ 的基因表达中起着关键作用。为了阐明 CTE 对 MAPK 信号通路的影响，我们研究了 ERK，JNK 和 p38 的磷酸化水平。研究结果表明，MDI 处理导致 MAPKs 的磷酸化水平在 15 min（对于 ERK 和 p38）或 30 min（对于 JNK）内增加，随后呈下降趋势。结果表明，MDI 处理 2 h 后，ERK 的磷酸化水平明显降低，这与一些研究结果一致。细胞内的 JNK 和 P38 的磷酸化可能需要更长的作用时间。因此，磷酸化水平在 2 h 内降低得很缓慢且并不明显。一些研究提到，随着 MDI 处理后 2 h 无明显变化，MAPK 激酶的磷酸化水平降低可能需要更长的作用时间，即 4、8 h。本文对 JNK 和 p38 的研究结果与之类似。并且 CTE 处理可以显著地降低 MDI 诱导的

ERK，p38 和 JNK 磷酸化水平。

三、讨论

目前的研究表明平衡能量摄入和消耗，抑制前脂肪细胞分化和脂肪形成，以及诱导脂肪分解和脂肪细胞凋亡均能达到减肥的效果。之前的研究表明，可可茶对小鼠的高脂饮食引起的肥胖，肝脂肪变性和高脂血症均有有益作用。本研究证明 CTE 处理可以显著减少的 3T3-L1 细胞脂滴积累及三酰甘油的产生，以及抑制关键脂肪形成转录因子和脂肪细胞特异性基因的表达。

大量动物研究证明绿茶在控制血浆和肝脏脂质水平上存在有利作用。人体临床试验也表明了绿茶具有抗脂肪形成作用。儿茶素，尤其是 EGCG，已经被证明在肥胖动物模型中具有减轻体重的作用。许多研究也已经报道了 EGCG 的抗脂肪形成活性的机制。其中包括抑制前脂肪细胞增殖，诱导细胞凋亡，活化 AMP 激活的蛋白激酶（AMPK），以及调节脂肪细胞相关基因 C/EBPα、PPARγ 的表达。这些研究与我们的研究结果一致，即绿茶抑制脂肪细胞的分化。Kim 和 Sakamoto（2012）报道，EGCG 通过 PI3K/Akt 和 MEK/ERK 通路降低 FoxO1 的转录活性，从而抑制分化脂肪细胞的克隆扩增。Ku 等（2012）研究表明，EGCG 通过 67LR 而非 AMPK 通路抑制前脂肪细胞有丝分裂中的 IGF-Ⅰ 和 IGF-Ⅱ 信号传导。此外，一些研究表明咖啡碱也可以抑制脂肪细胞分化并降低动物体重和脂肪组织重量。

可可茶是一种天然不含咖啡碱的茶叶品种。有研究证明，可可茶的主要成分，可可碱和 GCG，在抗脂肪形成方面起着重要作用。可可碱的刺激作用仅有咖啡碱的 20%。之前的研究发现 GCG 和可可碱能显著降低血浆胆固醇和三酰甘油的量。Jang 等（2015）最近发现，在脂肪形成早期，可可碱通过 AMPK 和 ERK/JNK 信号通路调节 C/EBPα 和 PPARγ 的表达，从而抑制 3T3-L1 前脂肪细胞的脂肪形成分化。鉴于可可茶中含有丰富的可可碱，可可茶似乎是可可碱补充剂的良好来源。然而，可可碱在正常 pH 和水温下溶解性很差，因此限制了其应用（European Pharmacopoeia 5.0（2005）Monographs：0298 Theobromine：2554）。Kurihara 等（2006）发现可可茶可以抑制 TG 的吸收。之前的研究表明，可可茶对高脂饮食喂养的小鼠的肥胖、肝肿大、肝脂肪变性和血脂水平升高有缓解作用。因此，对于那些不能容忍绿茶中富含咖啡碱的人，可可茶可能会成为一种良好的替代品。本文旨在研究可可茶的抗脂肪形成活性及其潜在机制。

肥胖是由脂肪组织的过度生长引起的，从前脂肪细胞分化的脂肪细胞的数量和大小的增加导致脂肪的过度生长。研究结果显示高剂量的 CTE 和 GTE 能显著抑制 3T3-L1 细胞的分化。它们浓度依赖性地抑制脂肪形成分化，降低细胞内累积的三酰甘油的水平。实验结果表明 CTE 在 3T3-L1 细胞分化过程中抑制脂肪形成和脂滴的积累。这与之前经可可茶处理的小鼠的结果一致，即可可茶处理使肝脏胆固醇降低了 2% 和 4%［（55.9±3.2）%，$p < 0.001$ 和（72.1±1.6）%，$p < 0.001$］。总之，这些研究表明 CTE 在脂肪形成过程中对

3T3-L1 细胞的分化具有抑制作用。

脂肪形成是一个复杂的过程，它受到多种转录因子的严格调控。为了研究可可茶抑制脂肪细胞分化的细胞和分子机制，我们建立了前脂肪细胞培养体系。脂肪因子如 C/EBP α 和 PPAR γ 是脂肪形成过程中最重要的一些基因，它们对脂肪细胞的分化有直接影响。在分化诱导后第 2 天和第 5 天，C/EBP α 和 PPAR γ 的表达水平显著升高。在目前的研究中，我们研究了可可茶提取物对脂肪形成分化期间第 3 天（早期），第 5 天（中期）和第 8 天（最后阶段）的 PPAR γ，C/EBP α 表达的影响。PPAR γ 和 C/EBP α 在第 3 天和第 8 天的蛋白质水平表达的下降也符合我们的设想。在将来的研究中需要应用 PPAR γ，C/EBP α 的抑制剂和增强剂以及基因敲除技术来进一步验证本研究的发现。与绿茶和 EGCG 的生物活性相似，可可茶也可以抑制 3T3-L1 的脂肪形成分化，这可能是通过下调 C/EBP α 和 PPAR γ 的表达来介导的。

众所周知，C/EBP α 和 PPAR γ 能诱导脂肪细胞中控制脂肪酸代谢的特异性基因的表达。这些基因包括脂肪酸结合蛋白（aP2）、FAS、SCD-1、FAT 和脂蛋白脂酶（LPL）。FAS 和 SCD-1 调节与脂肪生成和脂肪酸去饱和相关的基因的表达。ACC 催化丙二酰辅酶 A 的合成，丙二酰辅酶 A 在作为"C2 单元"的供体的脂肪酸合成中起关键作用。因此，本文研究了可可茶提取物对脂肪细胞中这些脂肪细胞特异性基因表达的影响。研究发现 CTE 降低了 FAS 和 ACC 的 mRNA 和蛋白质表达，它们与脂肪形成的最后阶段有关（图 8-45 和图 8-46）。此外，可可茶处理还降低了 FAT 和 SCD-1 的基因和蛋白质表达（图 8-45 和图 8-46）。SREBP-1c 也是脂肪形成的关键转录调节因子，并且它与增强 PPAR γ 活性的内源性 PPAR γ 配体的产生有关。我们研究发现 CTE 能显著抑制 SREBP-1c 的表达。总之，可可茶的抗脂肪形成作用是通过下调脂肪细胞分化过程中转录因子如 PPAR γ，C/EBP α 和 SREBP 1c 的表达。这也与我们的发现一致，即可可茶可以剂量依赖性地降低 PPAR γ 表达的水平。

细胞外信号调节激酶（ERK1/2）、Jun 氨基末端激酶（JNK）和 p38 丝裂原活化蛋白激酶（p38）是丝裂素活化蛋白激酶（MAPKs）的成员，它们在许多重要的生长分化过程中起关键作用，包括细胞增殖和脂肪细胞分化。MAPK 第二信使途径，特别是 ERK 和 p38 MAPK，已经被证实参与调节脂肪细胞分化。ERK 途径主要与促细胞分裂素和生长因子相互作用，它在细胞增殖，存活和分化中起关键作用。据报道，前脂肪细胞中 ERK1/2 活化的减少会抑制脂肪细胞分化。此外，MAPK 信号通路调节 3T3-L1 细胞脂肪形成过程中 C/EBPα 和 PPARγ mRNA 的表达。研究发现 CTE 浓度依赖性抑制了 ERK，p38 和 JNK 的磷酸化，GTE 也有类似的作用。因此，推测 CTE 通过抑制 ERK1/2，p38 和 JNK 磷酸化从而诱导细胞凋亡和抑制 3T3-L1 细胞的脂肪形成（图 8-47）。

人们关于可可茶的药代动力学知之甚少。除了可可碱和 GCG 的含量外，可可茶的化学成分与传统的绿茶非常相似。与咖啡碱（0.5 h）相比，可可碱从消化道口服吸收较慢（估计血浆峰值时间为 2.5 h）。最近，Hodgson 等通过人类双盲试验测定了健康男性在单次摄入绿茶提取物（559.2 mg 总儿茶素，120.4 mg 咖啡碱）后血浆中儿茶素总浓度和游离

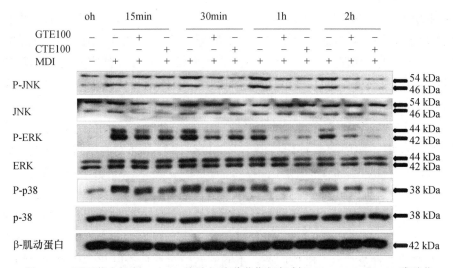

图 8-47　可可茶在抑制 3T3-L1 脂肪细胞分化期间抑制 JNK、ERK 和 p38 磷酸化

Fig. 8-47　Cocoa tea inhibits JNK，ERK and p38 phosphorylation during its inhibition of 3T3-L1 adipocyte differentiation

浓度的瞬时变化。他们发现，血浆最大浓度与传统绿茶补充剂中的浓度的比例相对于总儿茶素而言，GCG 均高于 EGCG。22% 的 GCG 以游离形式存在，而非没食子酸化的儿茶素 EGC，EC 和 C 主要以共轭形式存在。未来我们需要进一步深入研究具有高浓度 GCG 的可可茶的药代动力学。

　　总之，研究结果表明，可可茶具有抑制 3T3-L1 细胞的细胞活力和脂肪形成分化的潜力。而且，本研究首次证明了可可茶可以显著抑制 3T3-L1 前脂肪细胞中脂肪形成，可可茶的抗脂肪形成活性的潜在机制与传统绿茶相似。这进一步说明了可可茶能够抑制肥胖。在本研究中，利用前脂肪细胞这一种关键参与者来研究可可茶在脂肪形成过程中的直接作用及其分子机制。以后的研究将主要考虑以下几个方面：可可茶的生物利用度和系统效应，免疫细胞之间的相互作用，脂肪细胞因子和调节脂肪形成的生长因子，以及可可茶在体内疾病模型中的药代动力学。此外，可可茶及其主要化学成分，如可可碱、GCG 等的抗脂肪形成作用的分子机制仍有待进一步确定。

第 8 节　可可茶对高脂食物诱导的小鼠肥胖、肝脂肪变性和高血脂的影响[①]

　　代谢综合征（metabolic syndrome，MS）是指生理代谢层面的心血管（CVD）危险

① YANG X R, ELAINE W, PING W Y, et al. Effect of dietary cocoa tea (*Camellia ptilophylla*) supplementation on high-fat diet induced obesity, hepatic steatosis, and hyperlipidemia in mice [J]. Evid Based Complemen Alternat Medi, 2013, 1: 11.

因子的聚集现象，这些危险因子包括年龄、家族 CVD 史、性别、肥胖、胰岛素抵抗、非酒精性脂肪性肝、脂肪紊乱、高血压、2 型糖尿病等。根据美国临床内分泌医师学会（AACE）和国际糖尿病联合会（IDF）定义，代谢综合征可以被定义为一个复杂的以肥胖为核心（以腰围进行判断），合并以下四项指标中任两项：高三酰甘油、高血糖、低 HDL-C 和高血压。

全球性的富营养化和坐着工作的生活方式导致了代谢综合征的普遍性，尤其在发达国家多见，根据美国胆固醇教育计划报道：美国代谢综合征发病率很高，中年男性患者占 35.1%，中年女性占 32.6%。由于该病发病机理非常复杂，与代谢密切相关，药理学方法常由针对个别危险因素的单一药剂组成：降脂药、抗凝血药和减肥药等，这些药物没有克服各种副作用危险，而具有重要减肥特性的功能性食物和保健品引起了很大的重视。茶 *Camellia sinensis* 是一种世界性饮料，消耗量仅次于水，根据发酵程度可将茶叶分为未发酵的绿茶、半发酵的青茶和全发酵的红茶，不同的发酵过程使茶叶化学成分和生物学特性也不同，全发酵的红茶中由儿茶素氧化而来的茶黄素和茶褐素较多，不发酵或极少发酵的绿茶含有优势儿茶素，据估算，用 250 ml 热水冲泡 2.5 g 绿茶含有 240～320 mg 的儿茶素类物质，包括表儿茶素（EC）、表没食子儿茶素（EGC）、表儿茶素没食子酸酯（ECG）、表没食子儿茶素没食子酸酯（EGCG）、儿茶素（C）和没食子儿茶素（GC），绿茶中含量最多的儿茶素是 EGCG，占总儿茶素的 30%～50%，除了儿茶素类成分外，在茶中还有想当高的咖啡碱（3%～6%）。虽然很多文献证明茶具有减肥、降血脂和降血糖的特性，从而改善 CVD 状况，但绿茶所含的咖啡碱对 CVD 的效果是相反的。咖啡碱对人类行为造成多种副作用，并且剥夺睡眠，对肥胖者和糖尿病患者带来很大的困境，因此市场上出现了许多人工脱咖啡碱茶。

可可茶 *Camellia ptilophylla* 与茶 *Camellia sinensis* 是均出自山茶科、山茶属、茶组植物，但天然不含咖啡碱。野生可可茶分布于广东龙门南昆山，1988 年被发现并作为一个新种命名，因不含咖啡碱而只含可可碱而得名，长久以来被当地人们饮用。较早的研究表明可可茶具有广泛的抗癌细胞的作用，如抗鼻咽癌细胞 CNE2 和人胃癌细胞 MGC-803，近年的研究表明可可茶具有体内、外抗癌效应，彭力等（2010）证明其具有体内、外抗前列腺癌的作用，杨等证明其具有体内、外抗肝癌的作用。Kurihara 等证明可可茶提取物具有显著降低血清三酰甘油（TG）的作用。可可茶对食物诱导的肥胖症和非酒精性脂肪肝的影响还未有报道，为了确定可可茶对高脂食物引起的肥胖以及对高血脂和高肝脂等方面的影响效果，本研究以 C57BL/6 雄鼠为研究对象，将不同剂量的可可茶和绿茶提取物添加到高脂食物中，从而比较两种茶对高脂食物引起的小鼠代谢综合征的影响效果。

一、材料和方法

（一）两种茶水提取物的制备

绿茶产自中国海南，可可茶绿茶（常简称可可茶）产自广东省茶叶研究所，两种茶的蜡叶标本在香港中文大学中医中药研究所标本室都有保存，标本号分别为 3336 号和 3401 号。按照干叶 / 蒸馏水＝1/10（g/L）配比，置于 80℃恒温下浸泡 3 次，每次15 min，滤液凉至室温时用滤纸过滤并真空旋转蒸发，浓缩液真空冷冻干燥，收集茶粉置干燥器备用。

（二）两种茶粉高效液相色谱分析（HPLC）

采用 HP 安捷伦 1100 系列高效液相色谱仪，配有 G1329A ALS 自动进样器，G1315A二极管阵列检测仪（安捷伦技术公司，美国），HPLC 外标法测定样品中的生物碱和儿茶素含量，色谱条件：色谱柱 Supelco Discovery RP Amide C16（15 cm×4.6 mm，5 μm）（Sigma-Aldrich 公司，美国），柱温 35℃，流动相 A 为双蒸水 / 磷酸（99.95/0.05，v/v），流动相 B 为乙腈，进样量 10 μl，流速 0.8 ml/min，检测波长 210 nm。测定程序：称取一定量样品粉末，溶于双蒸水后定容至 100 ml；样品和流动相均通过 0.45 μm 滤膜（Millipore 公司，美国）超滤，洗脱时间 60 min，洗脱梯度：0～1 min，2% B，2～60 min，2%～98% B。标准品溶于甲醇，包括茶氨酸，可可碱，咖啡碱，表没食子儿茶素，儿茶素，表儿茶素，表没食子儿茶素没食子酸酯，没食子儿茶素，没食子儿茶素没食子酸酯和表儿茶素没食子酸酯，标准品混合液分 5 个浓度梯度计算标准曲线，用 32 Karat 监测软件（Beckman 仪器公司，美国）收集、整理和分析数据，根据标准品的保留时间和紫外吸光度确定样品中相应物质的含量。

（三）动物和食品

8 周龄 C57BL/6 雄鼠购自香港中文大学实验动物服务中心，动物保护和使用遵从慈善机构的规定，实验程序征得香港中文大学动物实验伦理委员会同意，小鼠被养在标准鼠笼里（5 只 / 笼），20℃恒温、12 h 亮 /12 h 黑的环境下，自由摄取食物和水，经 1 周适应后，小鼠被随机分为 6 组（10 只 / 组）：①普通食物（N）：含 6% 脂肪的食物（SF04-057 特殊食物，格伦森公司，澳大利亚）；②高脂食物（HF）：半纯化食物含 21% 乳脂 wt/wt 和0.15% 胆固醇（SF00-219，特殊食物，格伦森公司，澳大利亚）；③ HF＋2% wt/wt 绿茶提取物（HFLG）；④ HF＋4% 绿茶提取物（HFHG）；⑤ HF＋2% 可可茶提取物（HFLC）；⑥高脂食物添加 4% 可可茶提取物（HFHC）。SF00-219 和 SF04-057 特殊食物成分如表 8-58，鼠食物消耗量和体重均每周称量并记录 2 次。

表 8-58　特殊食物 SF04-057 和 SF00-219 的成分及含量 g/kg

Tab. 8-58　Ingredient composition of normal control diet，SF04-057 and high-fat semipurified diet，SF00-219

成分	SF04-057/（g/kg）	SF00-219/（g/kg）
酪蛋白（酸）	195	195
蔗糖	341	341
芥花油	60	0
提纯黄油（酥油）	0	210

续表

成分	SF04-057/（g/kg）	SF00-219/（g/kg）
纤维素	50	50
小麦淀粉	306	154
蛋氨酸	3.0	3.0
碳酸钙	17.1	17.1
氯化钠	2.6	2.6
AIN93 微量元素	1.4	1.4
柠檬酸钾	2.5	2.6
磷酸二氢钾	6.9	6.9
硫酸钾	1.6	1.6
胆碱氯化物（60%）	2.5	2.5
SF00-219 维生素	10	10
胆固醇	0	1.5

（四）组织解剖和处理

小鼠被养 8 周后，处死前禁食 16 h 并过夜，小鼠腹腔注射麻醉剂（克他命 100 mg/kg ＋甲苯噻嗪 10 mg/kg）麻醉，立即心脏穿刺吸取所有血液并注入含有肝纳素的 2 ml EP 管中暂置冰浴，血液于 4℃下 3000 r/min 离心 10 min，血清立即置－80℃储存待测血脂；小鼠肝脏取出后立即称重后切成 8 小块储存于负 80℃冰箱待肝脂及其基因表达分析或用 4% 的多聚甲醛溶液固定后置 4℃冰箱待组织切片分析；分别取附睾、腹股沟和肾周等部位的脂肪垫称重。

（五）生化分析

血清三酰甘油（TG）和胆固醇（Chol）含量分别用 GPO-PAP 和 CHOD-PAP 试剂盒（罗氏诊断有限公司，瑞典）通过酶标仪分析；用 Bligh 和 Dyer 法提取后称重得肝总脂肪含量，肝总脂肪经异丙醇溶解后测定 TG 和 Chol，同血清中的两者测定法。

（六）组织切片

经石蜡包埋后的肝组织用石蜡切片机（Thermo Scientific 公司，美国）切成 5 µm 厚的切片于 37℃烘干过夜，切片按照 Harris 法经脱蜡、脱水、H&E 染色，然后脱水封片并观察照相。

（七）基因表达分析

肝中的 mRNA 水平用实时荧光定量 PCR 技术测定，总 RNA 用 RNeasy 试剂盒提取分离（Qiagen 公司，美国），用核酸蛋白检测仪（NanoDrop RND-1000，美国）对 RNA 的浓度和纯度进行测定，100 ng RNA 用 iScript cDNA 合成试剂盒（Bio-Rad 公司，美国）反转录为

cDNA，基因 PCR 反应在 CFX96TM Real Time System（Bio-Rad 公司，美国）上完成，用 iQ SYBR Green Supermix（Bio-Rad 公司，美国）反应液扩增，正、反向引物量均为 12 pmol，PCR 条件为：1 个循环 95℃ 3 min；50 个循环 95℃ 30 s，55～60℃ 30 s，72℃ 30 s；1 个循环 95℃ 1 min，共 52 个循环。用循环阈值（Ct）相对定量法分析实时荧光定量 PCR 数据，内参基因为甘油醛 -3- 磷酸脱氢酶（GAPDH）或 CYCLOPHILIN，用 ΔΔCt 法进行计算。引物序列如下：

CYCLOPHILIN：

正向：5′-CAAATGCTGGACCAAACACAA-3′

反向：5′-CCATCCAGCCATTCAGTCTTG-3′

GAPDH：

正向：5′-GGCATCACTGCAACTCAGAA-3′

反向：5′-TTCAGCTCTGGGATGACCTT-3′

HMGCR：

正向：5′-CTTGTGGAATGCCTTGTGATTG-3′

反向：5′-AGCCGAAGCAGCACATGAT-3′

LDL-R：

正向：5′-CTGTGGGCTCCATAGGCTATCT-3′

反向：5′-GCGGTCCAGGGTCATCTTC-3′

PPAR-γ：

正向：5′-CCAGAGTCTGCTGATCTGCG-3′

反向：5′-GCCACCTCTTTGCTCTGCTC-3′

CD36：

正向：5′-GAACCTATTGAAGGCTTACATCC-3′

反向：5′-CCCAGTCACTTGTGTTTTGAAC-3′

（八）统计分析

本文的数值表示为：平均值 ± 标准误，用 Graphpad prism 5.0（version 5.0c，GraphPad 软件公司，美国）软件进行数据统计分析，各组间的显著性差异用单因素方差分析法（one-way ANOVA），邦弗朗尼（Bonferroni）事后检验法进行多重比较，$p < 0.05$ 为差异有统计学意义。HF 与 N 之间的显著性表示：$*p < 0.05$，$**p < 0.01$，$***p < 0.001$；HF＋与 HF 之间的显著性表示：$\#p < 0.05$，$\#\#p < 0.01$，$\#\#\#p < 0.001$，各组 $n = 10$。

二、结果

（一）两种茶水提取物的主要化学成分

图 8-48 是绿茶（A）和可可茶（B）主要成分的 HPLC 图谱，根据标准品的保留时间

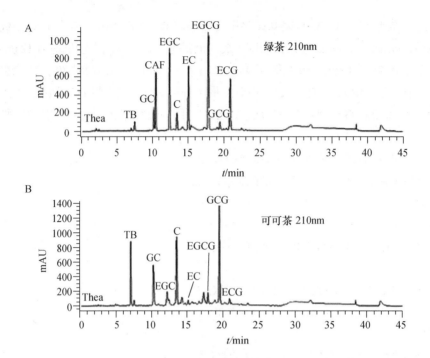

图 8-48　绿茶（A）和可可茶（B）水提取物 HPLC 分析图（紫外检测波长 210nm）

Fig. 8-48　HPLC profiles of（A）green tea and（B）cocoa tea aqueous extracts
（Detection was performed at UV 210nm）

A 绿茶；B 可可茶

和标准曲线计算出主要成分含量如表 8-59 所示。可可茶的 6 种主要化学成分相对含量依次为 GCG＞C＞EGCG＞EGC＞ECG＞EC，而绿茶中的相对含量为 EGCG＞EGC＞ECG＞EC＞C＞GCG，可可茶中的茶氨酸和可可碱分别为（1.05±0.09）和（10.32±0.18）%，绿茶中茶氨酸为（1.59±0.09）% 和极低的可可碱 [（0.35±0.02）%]，可可茶中不含咖啡碱（0%）而绿茶中含很高的咖啡碱 [（6.12%±0.03）%]。

表 8-59　绿茶和可可茶水提物中主要化学成分含量

Tab. 8-59　**Amount of each chemical markers within cocoa tea and green tea extracts**

化学成分	含量 /（mg/100mg）	
	绿茶	可可茶
茶氨酸	1.59±0.19	1.05±0.09
TB	0.35±0.02	10.32±0.18
CAF	6.12±0.03	Not detected
EGC	5.57±0.04	1.03±0.14
C	1.43±0.07	7.44±0.11
EC	4.95±0.48	0.44±0.01
EGCG	8.54±0.09	1.17±0.08

续表

化学成分	含量 /（mg/100mg）	
	绿茶	可可茶
GCG	0.58±0.01	11.07±0.18
ECG	5.17±0.04	0.68±0.02

（二）两种茶加入高脂食物后（HF＋）对小鼠食量、体重增量和最终体重的影响

与 HF 比较，添加 HFLG 和 HFLC 均不影响 C57BL/6 鼠的日常食量，HFHG 显著减少了鼠的食量［（2.6±0.1）vs（3.0±0.1）g，$P<0.01$］，而 HFHC 没有显著影响小鼠的食量（表 8-60），HF 增重显著高于 N［（33.9±1.3）vs（26.7±0.8）g，$P<0.001$］。与 HF 相比，HF＋都显著性地、呈剂量依赖性地减少了小鼠最终体重和体重增量（表 8-60），而 HF＋各组之间的最终鼠体重和鼠体重增量并未有差异。

表 8-60　各组鼠最初体重、最终体重、体重增量和食物消耗量［g/（只·d）］

Tab. 8-60　Body weight sanddaily food intake of mice fed normal chow or a high-fat diet with or without green tea or cocoa tea supplementation at different concentrations

指标	N	HF	HFLG	HFHG	HFLC	HFHC
初始体重 /g	22.7±0.4	23.1±0.3	22.8±0.6	22.5±0.6	22.7±0.6	22.5±0.5
最后体重 /g	26.7±0.8	33.9±1.3***	26.4±0.7###	23.8±0.7###	28.5±0.5###	25.6±0.4###
增重 /g	4.0±0.5	10.8±1.1***	3.6±0.4###	1.3±0.3###	5.9±0.4###	3.1±0.3###
日常摄入食物量 /g	2.6±0.1	3.0±0.1	2.8±0.1	2.6±0.1##	2.8±0.1	2.7±0.1

（三）HF＋对小鼠肝重、肝与体重比率（肝重比值）的影响

HF 显著增加了肝重，平均肝重比 N 高出了（35±8）%（$P<0.001$）。HF＋均能显著减轻肝重（表 8-61），HF 与 N 的肝重比值无统计性差异［（4.41±0.16）vs（4.34±0.05）g/100 g 体重］；与 HF 相比，HF＋均显著地、呈剂量依赖性地减少了肝重比值，HFLG 与 HFHG 对肝重比值减少百分率分别是（7.3±3.4）% 和（11.9±3.6）%，HFLC 与 HFHC 减少百分率分别是（12.3±3.0）% 和（13.6±2.6）%，肝重比值在 HF＋各组间没有显著性差异。

表 8-61　各组鼠肝重及肝与体重比率

Tab. 8-61　Liver weights and liver to body weight ratio of mice fed normal chow or a high-fat diet with or without green tea or cocoa tea supplementation at different concentrations

指标	N	HF	HFLG	HFHG	HFLC	HFHC
肝重 /g	1.08±0.04	1.43±0.10***	0.99±0.03###	0.84±0.03###	1.02±0.02###	0.87±0.02###
肝重比体重 /（g/100 g）	4.34±0.05	4.41±0.16	4.05±0.05#	3.83±0.04###	3.83±0.04###	3.77±0.03###

（四）HF＋对小鼠附睾、腹股沟、肾周等部位脂肪垫的影响

8周后，HF诱导的肥胖症C57BL/6雄鼠的三种脂肪垫重量与N相比均显著性的增加：附睾脂肪［（1467±165）*vs*（397±52）mg，*P*<0.001］，肾周脂肪［（517±55）*vs*（139±25）mg，*P*<0.001］，腹股沟脂肪［（752±135）*vs*（257±52）mg，*P*<0.001］（表8-62）。HF＋均显著性地、剂量依赖性地减少了各部分脂肪垫重量。HFLG与HFLC在附睾和腹股沟脂肪垫及脂肪垫重量/体重（脂肪比重）方面均无显著性差异，同样地，HFHG与HFHC之间也无显著性差异。肾周脂肪重量：HFLG比HFLC较低，肾周脂肪比重：HFLG显著地低于HFLC；而在肾周脂肪重量及肾周脂肪比重方面，HFHG与HFHC之间无显著性差异（表8-62）。

表8-62　各组鼠附睾、腹股沟、肾周三部位脂肪垫重量及脂肪垫重量与体重比率
Tab. 8-62　Fat pad weights of mice fed normal chow or a high-fat diet with or without green tea or cocoa tea supplementation at different concentrations

指标	N	HF	HFLG	HFHG	HFLC	HFHC
附睾脂肪垫/mg	397±52	1467±165***	442±64###	233±19###	632±50###	329±31###
附睾脂肪垫/体重/（g/100 g）	1.55±0.17	4.46±0.37***	1.77±0.21###	1.07±0.08###	2.35±0.16###	1.42±12###
肾周脂肪垫/g	139±25	517±55***	135±19###	67±6###	232±20###	88±12###
肾周脂肪垫/体重/（g/100 g）	0.54±0.08	1.58±0.13***	0.54±0.06###	0.31±0.03###	0.86±0.07###	0.38±0.05###
腹股沟脂肪垫/g	257±52	752±135***	258±41###	205±10###	394±32##	214±20###
腹股沟脂肪垫/体重/（g/100 g）	0.99±0.17	2.25±0.34***	1.03±0.14###	0.95±0.06###	1.47±0.10#	0.92±0.08###

（五）HF＋对小鼠肝组织和肝脂肪含量的影响

用组织切片分析了各组肝组织结构，有代表性的染色部分如彩图8-49所示，N是正常动物肝组织切片结构，HF的HE染色部分显示出肝细胞之间有大量的圆脂滴，显然这些脂肪聚集体在HF＋动物肝中都很少或无。两种茶对HF诱导的肝肥大有改善作用主要是因为显著性减少了总肝脂肪含量，以（mg/g 肝）表示，图8-50a或以（mg/只肝）表示，图8-50b，HF总肝脂肪含量（mg/只肝）显著性地比N高出（32±11）%，*P*<0.05，HF＋喂养的小鼠肝总脂肪显著性低于HF，分别低了（47±4）%、（56±6）%、（26±6）%和（47±4）%（mg/g 肝）；HF＋各组之间没有显著性差异。如图8-51所示，HF组肝中TG（A）和Chol（B）比N组的都高，如HF组TG是N组的（1.2±0.1）倍，HF组Chol比N组的显著高出（1.9±0.1）倍。与HF相比，HFLG和HFHG显著性减少了肝中TG和胆固醇水平，HFLC和HFHC显著减少了肝胆固醇水平，比HF减少百分率分别是（55.9±3.2）%，*P*<0.001和（72.1±1.6）%，*P*<0.001；HFLC和HFHC对肝TG的减少率分别为（11.5±5.5）%和（20.8±4.9）%，*P*<0.01，但HFHC组对肝TG的减少具有显著性意义。

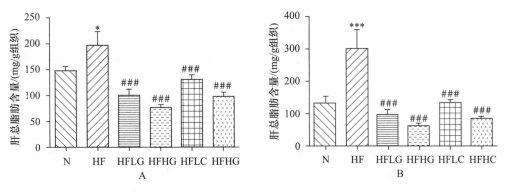

图 8-50 各组食物喂养鼠 8 周后的肝总脂肪含量

Fig. 8-50 Total lipid in the liver of mice fed a normal chow or high-fat diet，with or without the addition of green tea or cocoa tea supplementation at different concentrations

A 每克肝的脂肪（mg/g 肝）；B 每只肝的脂肪（mg/ 只肝）

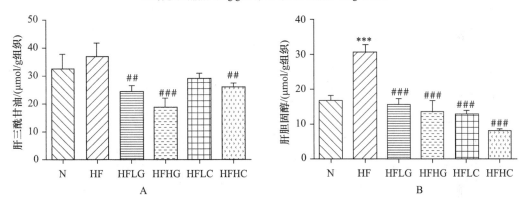

图 8-51 各组食物喂养鼠 8 周后的肝三酰甘油（A）和肝胆固醇（B）含量（μmol/g 肝）

Fig. 8-51 Liver TG（A）and Chol（B）of mice fed a normal chow or high-fat diet，with or without the addition of green tea or cocoa tea supplementation at different concentrations

（六）HF＋对高脂食物引起的血脂水平的影响

高脂食物引起的血脂水平如表 8-63 所示，与 N 相比，HF 显著性升高了血清 TG 和 Chol；与 HF 相比，HF＋均引起血清 TG 和 Chol 的显著性降低，但两种茶的低剂量之间或高剂量之间均无显著性差异。

表 8-63 各组鼠血清三酰甘油和胆固醇含量

Tab. 8-63 Plasma lipid in mice fed normal chow or a high-fat diet with or without green tea or Cocoa tea supplementation at different concentrations

指标	N	HF	HFLG	HFHG	HFLC	HFHC
三酰甘油 /（mmol/L）	0.92±0.02	1.15±0.05*	0.57±0.02###	0.49±0.04###	0.92±0.02#	0.65±0.02###
胆固醇 /（mmol/L）	2.72±0.13	5.89±0.20***	3.68±0.09###	3.54±0.13###	3.67±0.07###	3.33±0.10###

N：普通食物；HF：高脂食物；HFLG：HF＋2% 绿茶提取物；HFHG：HF＋4% 绿茶提取物；HFLC：HF＋2% 可可茶提取物；HFHC：高脂食物添加 4% 可可茶提取物

（七）HF＋对高脂食物引起的肝基因表达的影响

为了阐明可可茶提取物产生有益效果的机制，测定了肝中控制脂肪代谢相关蛋白的 mRNA 表达水平（图 8-52），与 N 组相比较，HF 有增加以下两种基因表达的趋势，即控制胆固醇吸收的低密度脂蛋白受体（LDL-R）基因和控制胆固醇合成的 3- 羟基 -3- 甲戊二酸单酰辅酶 A 还原酶（HMG Co-A 还原酶）基因，而 HF＋有减少这两种基因表达的趋势；参与脂肪酸吸收的基因，人白细胞分化抗原 36（CD36）的 mRNA 在 HF 组也较高，而 HF＋均剂量依赖性地下调了 CD36 的 mRNA 水平；控制脂肪代谢的转录因子，过氧化物酶增值物激活受体 -γ（PPAR-γ）的 mRNA 水平被 HF 显著性增加，而 HF＋均剂量依赖性地下调 PPAR-γ 的 mRNA 水平，且低、高剂量绿茶和高剂量可可茶的下调水平具有显著性意义。

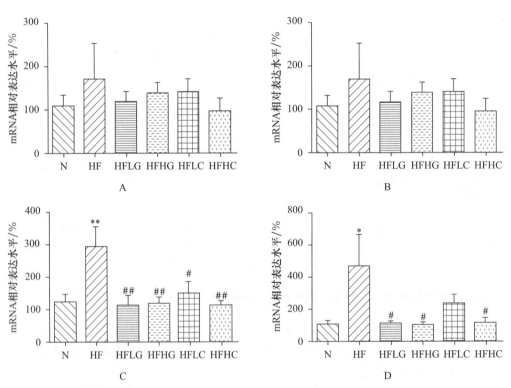

图 8-52　各组食物喂养鼠 8 周后肝组织中与脂肪代谢相关蛋白的 mRNA 相对表达水平

A LDL-R；B HMG Co-A 还原酶；C CD36；D PPAR-γ，$n=3\sim4$

Fig. 8-52　Effect of green tea and cocoa tea supplementations on

A LDL-R；B HMG Co-A reductase；C CD36；D PPAR-γ，$n=3\text{-}4$

三、讨论

本研究表明，添加可可茶提取物到高脂食物后能剂量依赖性地降低（a）体重、

（b）脂肪垫重量、（c）肝重、（d）肝总脂肪、（e）肝三酰甘油和胆固醇和（f）血脂，这些结果首次揭示了可可茶对高脂食物引起的 C57BL/6 雄鼠肥胖症具有潜在的控制体重和改善脂肪代谢的益处；该研究也首次比较了可可茶和绿茶对模仿人类代谢综合征鼠的影响效果。

这些年，许多文献已报道了绿茶具有降低血脂和肝脂的效果，绿茶提取物具有减肥效果的临床研究已经在人类临床试验中被证实，其中具有良好减肥效果的物质被证实是儿茶素，尤其是 EGCG 效果最大。本研究中两种茶儿茶素类含量的数据（表 8-59）表明：绿茶提取物中的主要儿茶素是 EGCG，约占绿茶总儿茶素的 1/7，而 GCG 和 C 是可可茶中主要的两种儿茶素。以前的研究表明：GCG 是由 EGCG 被加热后发生表象化形成的，并提出 GCG 比 EGCG 更能有效地降低血清胆固醇，可能原因是 GCG 能更有效地抑制淋巴吸收内源胆固醇而不是三酰甘油；本研究比较了绿茶和可可茶对胆固醇和三酰甘油的影响，结果表明绿茶提取物降低血清和肝中三酰甘油的潜力更大，而可可茶提取物降低血清和肝中胆固醇的潜力较强，这个比较研究结果与以往的研究结果是一致的，并支持 GCG 是可可茶降脂效果的主要成分。

前面的讨论假设可可茶提取物中降脂和保肝作用是它的儿茶素含量或主要儿茶素成分，然而不排除不含儿茶素的可可茶中其他成分的作用，HPLC 分析表明可可茶提取物中也含有大量的可可碱，可可碱对脂类代谢的效果已知甚少，Eteng 和 Ettarh 的研究表明巨量可可碱（700 mg/kg）给予大鼠会导致血清胆固醇和三酰甘油的显著性降低，只有分开可可茶组分进一步研究才能提供必要的证据来确定可可茶的活性成分。可可茶减肥和降脂效果的机理可能有几种情况，据报道，绿茶中的儿茶素能控制食欲，导致降低营养吸收从而下调肝及脂肪组织中脂肪代谢酶的含量，本研究中 4% 的绿茶添加至高脂食物中显著地降低了小鼠的食欲，该组食物消耗量明显低于高脂食物组；可可茶提取物诱导的肝胆固醇降低是由于其下调了与胆固醇代谢相关的两种酶的 mRNA 表达量，这两种酶是影响胆固醇吸收的酶 LDL-R 和影响胆固醇合成的酶 HMG Co-A 还原酶；同样地，可可茶能下调影响脂肪酸吸收酶 CD36 的表达，从而导致三酰甘油的降低。有趣的是可可茶能降低高脂食物诱导的 PPAR-γ 高表达的现象，PPAR-γ 是一类依赖配体激活的核转录因子，在调节脂类和葡萄糖代谢中起重要作用，它能调节一系列与脂代谢相关的基因，包括 SCD-1、CD36、FAS、LDL-R 和 SREBP-1，食物诱导的啮齿类动物肝脂肪变性和肥胖等代谢综合征表明，肝中 PPAR-γ 表达显著升高，事实上高脂食物组中 PPAR-γ 和它的把基因的高转录水平被可可茶添加物呈剂量依赖性地下调，这些把基因包括高脂食物喂养的鼠肝中的 LDL-R、HMG Co-A 还原酶和 CD36 等，这个事实揭示可可茶可能通过 PPAR-γ 调节肝脂肪代谢。Kurihara 等表明可可茶通过抑制淋巴吸收三酰甘油降低血脂含量，本研究中可可茶降低体重及血脂和肝脂，首先是调节肝中 PPAR-γ 及其把基因的表达，其次是减少肠对脂肪的吸收，但我们的研究在降低脂肪吸收和降低胆酸生成方面的证据还不足，进一步对肝、脂肪组织和肠中基因及蛋白的表达进行分析是很必要的。

绿茶和可可茶降低高脂食物喂养的小鼠血脂和肝脂肪的强效能力，提示我们可用可可茶治疗由食物引起的人类代谢综合征，尤其有利于患高血脂和非酒精性脂肪肝（NAFLD）的病人，NAFLD影响着10%~20%的人们，并且普遍存在于肥胖者和糖尿病患者中，目前还未建立起治疗NAFLD的方案，目前依赖于食物养生、减肥和锻炼等控制或减轻症状，食物营养可帮助延迟病情发展或减轻症状是很重要的。

虽然绿茶对健康有益，但其含有的咖啡碱会引起多种副作用，可引起失眠、焦躁、易怒、胃不舒服、恶心、腹泻和尿频等，通常建议有心脏病或重大心血管病的患者不要摄食咖啡碱，孕妇、哺乳期妇女和儿童每天饮咖啡不能超过2杯，因为他们解除咖啡毒性的速率较慢。目前绿茶的脱咖啡碱技术主要依赖于超临界CO_2萃取法，这种技术比传统的使用可能有毒的有机溶剂乙酸乙酯和二氯甲烷脱咖啡碱更有益，但大量萃取时需要高的资本投入；在脱咖啡碱的过程中，绿茶中大量的挥发性成分和香气成分也被除去，从而导致了脱咖啡碱茶的弱香气和强苦味；可可茶与绿茶在分类学上亲缘关系很近，均属于山茶科、山茶属、茶组的种，但可可茶天然不含咖啡碱具有很重要的益处，这个特性为更可行的整天的消费"茶"提供了机会，对于肥胖者和心血管患者来说，可可茶可以与日常饮食综合在一起食疗而无咖啡碱的兴奋作用。进一步的研究将帮助我们确定可可茶是否对非酒精性脂肪肝、超重和胰岛素抵抗等症状具有治疗效果，这些症状均增加了患冠状动脉病的危险。

总之，本研究表明可可茶对高脂食物引起的小鼠肥胖、肝肥大、肝脂肪变性和高血脂等症状有改善效果，这些结果为不含咖啡碱的可可茶可能成为治疗脂肪肝病或心血管病提供了证据；可可茶天然不含咖啡碱饮料为咖啡碱敏感的人群带来了好消息，可以不再担心咖啡碱引起的副作用了。

第9节 可可茶体外抗氧化活性研究（一）[①]

茶多酚是茶叶中一类重要的活性物质，具有良好的抗氧化作用，自从1963年日本根本五郎最早报道茶叶的抗氧化活性以来，数以百计的研究报道了茶叶及其活性组分的抗氧化活性。目前，抗氧化作用仍然被认为是茶叶保健抗癌最重要的作用（杨贤强等，2003；胡秀芳等，2000）。抑制自由基产生、直接清除自由基和激活自由基的清除体系是茶多酚发挥抗氧化作用的三大机制（Zhao *et al.*，2003）。

评定抗氧化剂的抗氧化活性有一系列的测定方式，一般可分为两类：评价其清除自由基能力和分析其抑制脂肪氧化的能力。本节采用两种抗氧化体系即清除自由基能力（ABTS法和DPPH法）和抑制脂质过氧化法（FTC法）来评价可可茶和普通绿茶水提物的体外抗氧化活性。

[①] 彭力. 可可茶驯化选育中特征生化成分和抗癌活性的研究［D］. 广州：中山大学，2010. 指导教师：叶创兴.

一、实验材料

（一）样品

可可茶 1 号和可可茶 2 号的蒸青样，对照为市售的绿茶，碧螺春茶和龙井茶。样品磨碎后保存于干燥阴凉处。

（二）仪器及试剂

高效液相色谱仪（Waters），YH-3000 色谱工作站（广州逸海），TU-1901 紫外可见光分光光度计（北京普析），超纯水仪（美国 Millipore）。

乙腈和甲醇（美国 Fisher），DPPH 和磷酸（美国 Fluka），ABTS 和 Trolox（美国 Sigma），亚油酸（日本 Wako），无水乙醇、硫氰酸铵、硫酸亚铁和高硫酸钾（广东光华）。

二、实验方法

（一）样品制备

精密称取 0.5 g 茶样，置于 100 ml 三角瓶中，加入 90 ml 沸水，放入沸水浴中浸提 30 min，中间搅拌 2～3 次，可可茶浸提后过滤，滤液冷却后用水定容到 100 ml。此为母液，再将母液分别稀释 5、10 和 15 倍，作为分析样液。

（二）茶多酚总量及儿茶素含量的测定

茶多酚总量的测定用酒石酸亚铁比色法，儿茶素含量的测定用 HPLC 法。

（三）ABTS 法（Lorenzo *et al.*，2003）

10 ml 2 mmol/L ABTS 水溶液，加入 100 µl 70 mmol/L $K_2S_2O_8$（高硫酸钾），混合均匀后于室温过夜 12 小时（黑暗中）。将生成的 ABTS 自由基溶液用无水乙醇稀释，使其在 30℃ 734nm 波长下的吸光度为 0.70±0.02，即得到 ABTS 自由基工作液。

用无水乙醇溶解 Trolox，使其浓度为 5 mmol/L，然后用乙醇稀释到不同浓度，0.3～2.0 mmol/L。

1 ml ABTS 工作液加入 10 µl Trolox 或茶样，反应 30 s 后于 734 nm 测定吸光度 A_i，以乙醇作为空白对照，测定吸光度为 A_0。

抑制率计算公式为：抑制率（%）＝ $[1-(A_i/A_0)] \times 100\%$ （8-3）

EC_{50} 表示清除 ABTS 初始浓度的一半所需的有效抗氧化剂的浓度（即 mg/ml）。

同时将待测物质的清除自由基的能力与 Trolox 清除自由基的能力相对比，确定其相对抗氧化活性，单位为 TEAC（Trolox equivalent antioxidant capacity，抗氧化当量）。

（四）DPPH 法（Borse *et al.*，2007）

0.06 mmol/L DPPH 甲醇溶液，现配现用，用铝箔纸包好于 4℃黑暗保存。2 ml DPPH 溶液加入到各浓度的样品溶液（20 μl）中，混合均匀后于室温黑暗中反应 20 min。于 517 nm 波长下测定吸光度 A_i，以甲醇作为空白对照，测定吸光度为 A_0。

$$抑制率计算公式为：抑制率（\%）=[1-(A_i/A_0)]\times100\% \tag{8-4}$$

EC_{50} 表示清除 DPPH 初始浓度的一半所需的有效抗氧化剂的浓度（即 mg/ml）。

（五）FTC 法测脂质过氧化能力（Xu *et al.*，2003）

1 ml 样品加入 4 ml 50 mmol/L 磷酸缓冲液（pH 7.0），再加入到 5 ml 2.5% 亚油酸 - 乙醇中。然后用双蒸水定容到 25 ml。于 40℃下保存在黑暗中。取 0.1 ml 培养液，分别加入 75% 乙醇 4.7 ml 和 30% 的硫氰酸铵溶液 0.1 ml，再加入 0.02 mmol/L 氯化亚铁溶液（含 3.5% HCl）0.1 ml，准确反应 3 min，于 500 nm 处测定形成的红色化合物的吸光度 A_i；对照管用 2 ml 75% 乙醇样液代替样液，测定吸光度 A_0。实验过程中，所有试管均用黑色塑料袋罩住。

$$过氧化抑制率（\%）=[1-(A_i/A_0)]\times100\% \tag{8-5}$$

（六）数据处理

每个数据用平均值 ± 标准差（$n=3$）表示，所有数据应用 SPSS 16 进行统计。

三、实验结果

（一）可可茶与普通绿茶的主要化学成分比较

由表 8-64 看出，可可茶 1 号和可可茶 2 号蒸青样的茶多酚含量大于市售绿茶龙井茶和碧螺春茶的茶多酚含量。可可茶 2 号的含量最高，为（32.52±0.844）%；其次是可可茶 1 号，含量为（30.02±0.745）%；碧螺春茶的含量稍高于龙井茶，两者依次为（24.86±0.439）% 和（18.62±0.632）%。

表 8-64　可可茶与普通绿茶主要化学组分含量比较　　　　　　　　　　%
Tab. 8-64　The contents of major compounds between cocoa tea and traditional teas

组分	可可茶 1 号	可可茶 2 号	龙井茶	碧螺春茶
茶氨酸	0.84±0.003	0.22±0.002	0.52±0.017	2.11±0.044
GA	0.20±0.001	0.19±0.008	0.09±0.001	0.13±0.011
TB	6.78±0.047	7.03±0.085	0.01±0.001	0.28±0.005
GC	1.88±0.032	1.44±0.041	0.64±0.053	0.89±0.033

续表

组分	可可茶1号	可可茶2号	龙井茶	碧螺春茶
CAF	nd	nd	3.41±0.016	4.69±0.026
EGC	0.24±0.042	0.17±0.006	4.02±0.025	4.82±0.055
C	1.78±0.051	1.58±0.061	0.12±0.002	0.39±0.013
EC	0.13±0.003	0.11±0.002	0.89±0.002	1.19±0.003
EGCG	1.09±0.014	0.93±0.008	6.07±0.075	8.27±0.086
GCG	7.09±0.034	7.73±0.111	0.19±0.022	0.61±0.013
ECG	0.24±0.002	0.22±0.023	1.28±0.044	2.30±0.073
CG	0.07±0.001	0.06±0.001	0.06±0.002	0.12±0.006
茶多酚总量	30.02±0.745	32.52±0.844	18.62±0.632	24.86±0.439

nd＝not detected（未检出）

（二）可可茶与普通绿茶的抗氧化活性比较

1. ABTS 法测定可可茶和普通绿茶的抗氧化活性

本实验根据三个不同浓度的样品溶液，通过浓度 - 效应关系计算 EC_{50} 值，同时以抗氧化剂 Trolox 为阳性对照，并计算 TEAC 值。从图 8-53 可以看出，各种茶清除自由基的能力呈浓度依赖性，随着茶汤浓度的增加，清除自由基的能力也增加。由表 8-65 可知，可可茶 1 号、可可茶 2 号、龙井茶、碧螺春茶的 EC_{50} 值分别为（0.55±0.01）、（0.47±0.01）、（0.79±0.02）和（0.62±0.01）mg/ml，TEAC 值分别为 0.54±0.01、0.64±0.01、0.38±0.01 和 0.48±0.01。可见，可可茶 2 号的自由基清除能力最高，其后依次是可可茶 1 号、碧螺春茶和龙井茶。

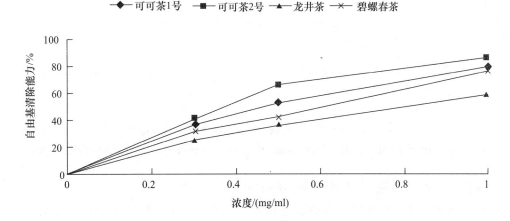

图 8-53　可可茶和普通绿茶清除 ABTS 自由基的能力

Fig.8-53　Comparison of capacity of scavenging free radicals between cocoa tea and traditional teas

表 8-65　用 ABTS 和 DPPH 法测量 EC_{50} 和 TEAC 值
Tab. 8-65　The results of EC_{50} and TEAC by ABTS and DPPH method　　　mg/ml

样品	ABTS 法		DPPH 法	
	EC_{50}	TEAC	EC_{50}	TEAC
可可茶 1 号	0.55±0.01	0.54±0.01	0.65±0.01	0.58±0.01
可可茶 2 号	0.47±0.01	0.64±0.01	0.61±0.01	0.62±0.01
龙井茶	0.79±0.02	0.38±0.01	0.99±0.01	0.38±0.01
碧螺春茶	0.62±0.01	0.48±0.01	0.78±0.01	0.49±0.01

2. DPPH 法测定可可茶和普通绿茶的抗氧化活性

本实验根据三个不同浓度的样品溶液，通过浓度 - 效应关系计算 EC_{50} 值，同时以抗氧化剂 Trolox 为阳性对照，并计算 TEAC 值。可可茶 1 号、可可茶 2 号、龙井茶和碧螺春茶的 EC_{50} 值分别为（0.65±0.01）、（0.61±0.01）、（0.99±0.01）和（0.78±0.01）mg/ml，TEAC 值分别为 0.58±0.01、0.62±0.01、0.38±0.01 和 0.49±0.01（表 8-65）。可见，可可茶水提物的抗氧化活性强于普通绿茶，各茶汤清除自由基的能力大小依次是可可茶 2 号＞可可茶 1 号＞碧螺春茶＞龙井茶。同时由图 8-54 可以看出，各茶汤清除自由基的能力呈浓度依赖性，即随茶汤浓度的增加，清除自由基的能力加强。此结果与 ABTS 法所得到的结果一致。

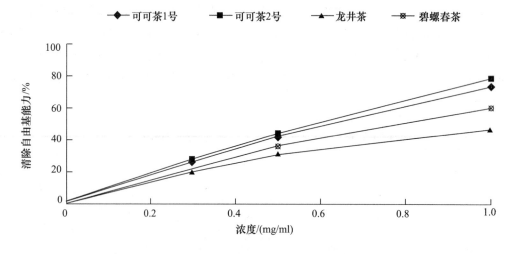

图 8-54　可可茶和普通绿茶清除 DPPH 自由基的能力
Fig.8-54　Comparison of capacity of scavenging free radicals between cocoa tea and traditional teas

3. FTC 法测定可可茶和普通绿茶的抗脂质过氧化能力

FTC 法测定了茶叶水提物对亚油酸过氧化反应的影响（图 8-55），可可茶水提物显示出较高的抗氧化活性，随着时间的延长，可可茶和普通绿茶水提物的抗氧化能力呈下降趋势。抑制脂质过氧化能力顺序由高到低依次为：可可茶 2 号＞可可茶 1 号＞碧螺春茶＞龙

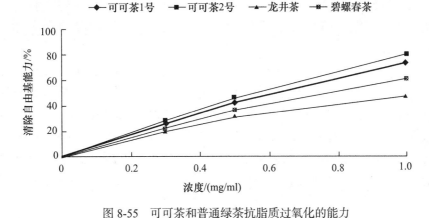

图 8-55　可可茶和普通绿茶抗脂质过氧化的能力

Fig. 8-55　Inhibited ability of lipid peroxidation between cocoa tea and traditional teas

井茶。此结果与上述 ABTS 和 DPPH 两种方法的结果一致。

四、讨论

（一）茶多酚的抗氧化活性研究

大量文献研究表明，茶多酚具有良好的抗氧化作用。张欣等（2008）利用 α- 脱氧核糖法、邻苯三酚自氧化法、DPPH 法、ABTS·法、铁氰化钾还原法，对茶多酚、没食子酸、槲皮素、山奈素、芹菜素几种多酚化合物及维生素 E（对照）的抗氧化性进行评价，结果表明，几种多酚化合物均有一定的抗氧化能力，尤其对 ABTS[+]· 具有极强的清除能力，其中没食子酸、槲皮素、茶多酚的抗氧化能力远大于山奈素、芹菜素、维生素 E。Ali 等（2005）用 DPPH 法和化学发光法对中国茶、红茶、桉树、菩提树、薄荷、甘菊、白鲜、鼠尾草和希腊高山茶的抗氧化活性进行了比较分析，发现中国茶和红茶的抗氧化活性均较其他植物高。Cai 等（1996）比较了红茶、绿茶和 21 种蔬菜和水果的抗氧化活性，结果表明，绿茶和红茶对超氧阴离子自由基的抗氧化活性比所有供试的蔬菜和水果要高出许多倍。Rice-Evans 等（1997）同时比较了维生素 C、维生素 E、多种黄烷醇类、黄酮醇类化合物的抗氧化活性，结果表明，茶叶中的 EGCG、ECG、茶黄素单没食子酸酯和双没食子酸酯的抗氧化活性分别是维生素 C 和维生素 E 的 4.8、4.9、4.7 和 6.2 倍。于腊佳等（1998）将不同含量的茶多酚溶液添加到经各种高温处理的食用油中，在实验的各个反应阶段分别取样用顺磁共振波谱仪进行跟踪检测。结果表明：茶多酚具有明显的消除、抑制食用油中自由基的能力，该能力随着茶多酚加入的浓度、反应时间的变化而不同。

茶叶抗氧化特性主要通过两种途径实现：首先，茶多酚的酚羟基作为供氢体，提供质子 H[+]，将单线态氧 $^1O_2$ 还原成活性较低的三线态氧 $^3O_2$，减少氧自由基产生的可能性；并能夺取过氧化过程中产生的脂质过氧化自由基，生成活性较低的多酚自由基，打断自由基氧化链式反应，有效清除体内自由基。其次，在中性或酸性条件下，茶多酚的邻位二酚羟基与金属离子螯合，阻止金属离子对活性氧等自由基的生成和链反应的催化作用，发挥抗脂质过氧化的作用。

茶多酚的抗氧化能力与多种因素有关。茶多酚羟基的数目直接影响其抗氧化能力，儿茶素的主要还原部位是其 B 环的邻位酚羟基，邻苯三酚型儿茶素的吸氧量大于邻苯二酚型；茶多酚的分子质量也影响其抗氧化能力，分子质量越大的茶多酚组分，其产生的多酚自由基越稳定，越不易引起新的氧化链式反应的发生（沈生荣等，1992）。此外，茶多酚的抗氧化能力与其溶解性也有关。油溶性茶多酚和水溶性茶多酚相比，油溶性茶多酚具有更强的抗脂质氧化活性（邵卫梁等，2006；刘建等，2007；梁俊玉等，2009；潘素君等，2008）。

（二）可可茶的抗氧化活性

由于茶叶的抗氧化活性主要由茶多酚决定，我们首先检测了可可茶和普通绿茶中的茶多酚含量，结果显示可可茶中的茶多酚含量明显高于市售绿茶的茶多酚含量，大小依次为可可茶 2 号＞可可茶 1 号＞碧螺春茶＞龙井茶。接着我们采用了三种简单而常用的方法检测了这四个品种的体外抗氧化活性，分别是 ABTS 法、DPPH 法和 FTC 法。

ABTS 法是一种常用的体外测定物质总抗氧化能力的方法（Manian *et al.*，2007；Neergheen *et al.*，2006；韩光亮等，2004）。其原理是，ABTS 在适当的氧化剂作用下氧化成绿色的 ABTS·+，在抗氧化物存在时 ABTS·+的产生会受到抑制，在 414 nm 或 734 nm 测定 ABTS·+的吸光度即可测定并计算出样品的总抗氧化能力。Trolox 是一种维生素 E 的类似物，具有和维生素 E 相近的抗氧化能力，被用作其他抗氧化物总抗氧化能力的参考。

DPPH 自由基（二苯代苦味肼基自由基）是一种稳定的以氮为中心的质子自由基，其乙醇溶液呈紫色，在 517 nm 处有强烈吸收。在有自由基清除剂存在时，自由基清除剂提供一个电子与 DPPH 的孤对电子配对，而使其褪色，褪色程度与其接受的电子呈定量关系，在 517 nm 处的吸光度变小，其变化程度与自由基清除程度呈线性关系，即自由基清除剂的清除自由基能力越强，吸光度越小。利用清除 DPPH 自由基方法评价抗氧化活性方法简单，因而被广泛用于抗氧化活性筛选（Zhao *et al.*，2005；Hu *et al.*，2007；Saito *et al.*，2007；Borse *et al.*，2007；Sang *et al.*，2002；陈金娥等，2009；李林等，2009）。

硫氰酸铁盐（FTC）比色法是检测脂质过氧化的一种常用方法（Xu *et al.*，2003；张欣等，2008）。其原理是基于在酸性条件下，脂质氧化形成的过氧化物可将 Fe^{2+} 氧化成 Fe^{3+}，然后 Fe^{3+} 与硫氰酸根离子可形成在 480～515 nm 内有最大吸收的红色络合物。通常用 500 nm 处吸光值的高低表示物质抗脂质过氧化的能力，吸光值越小，表明物质的抗脂质过氧化能力越强。

本实验通过上述三种方法对可可茶和普通绿茶的抗氧化活性测定均表明可可茶较市售绿茶有更强的体外抗氧化活性，各品种茶的抗氧化活性大小依次为：可可茶 2 号＞可可茶 1 号＞碧螺春茶＞龙井茶，此规律也与茶多酚含量的大小规律一致，说明茶叶的抗氧化活性能力与茶多酚的含量呈一定的正相关。据此推断可可 2 号的抗氧化活性高于可可茶 1 号的主要原因是因为可可茶 2 号的茶多酚含量高于可可茶 1 号。

　　茶多酚的抗氧化能力与儿茶素的含量及组分组成有很大的关系，儿茶素可分为酯型儿茶素（复杂儿茶素）和非酯型儿茶素（简单儿茶素）。其中酯型儿茶素所占比例最大，为茶多酚总量的 55% 左右，包括 EGCG、ECG、GCG、CG 等组分。非酯型儿茶素有四种，分别是 EGC、GC、C、EC（王泽农，1994），各儿茶素的结构式见图 8-56。儿茶素类结构中的酚羟基，尤其是 B- 环上的 3,4,5- 酚羟基显示了非常重要的抗氧化物和清除自由基活力。

　　研究认为，酯型儿茶素的抗氧化活性强于非酯型儿茶素。沈生荣（1993）用电子自旋共振（ESR）和化学发光技术，研究了（−）-EGCG、（−）-ECG、（−）-EC、（−）-EGC

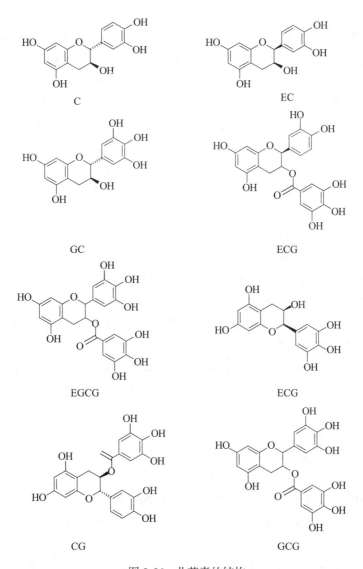

图 8-56　儿茶素的结构

Fig. 8-56　The chemical structures of catechins

4种儿茶素对超氧阴离子自由基的清除作用，发现EGCG的清除能力最强，其次是ECG。李华等（2003）也得到了相同的结果，发现四种儿茶素清除自由基的能力由大到小为：EGCG＞ECG＞EGC＞EC。Osada等（2001）对儿茶素抑制胆固醇及低浓度脂肪蛋白氧化的作用进行了研究，发现儿茶素抗铜促氧化能力顺序为EGCG＝ECG＞EC＞C＞EGC。Takako等（2000）用AAPH法研究了（-）-EGCG、（-）-GCG、（-）-ECG、（+）-GC、（-）-EGC、（-）-EC、（+）-C的清除自由基能力，发现（-）-EGCG和（-）-GCG的清除自由基的能力明显强于其他儿茶素，而且（-）-EGCG的清除自由基的能力最强。傅冬和等（2002）比较了大、小叶种茶儿茶素在植物油中的抗氧化作用，发现大叶种茶的儿茶素的抗氧化作用强于小叶种茶。原因可能是由于大叶种茶中酯型儿茶素的含量大于小叶种茶中酯型儿茶素的含量。

根据儿茶素的结构又可以将儿茶素分为表儿茶素和非表儿茶素，即EGCG、ECG、EGC、EC分别是GCG、CG、GC和C的差向异构体。虽然以往大量实验研究表明，EGCG是儿茶素中功效最强的成分，但是也有一些报道对表型儿茶素和非表型儿茶素的活性进行了比较，认为非表型儿茶素的活性在一定条件下并不低于表型儿茶素。Guo等（1999）用ESR技术研究了表型儿茶素和非表型儿茶素清除自由基的能力。高浓度时，表型儿茶素清除O_2^{-}、DPPH、APPH自由基明显强于其对应的非表型儿茶素，但是在低浓度时，非表型儿茶素清除自由基能力强于其对应的表型儿茶素，尤其是在清除后两种大分子的自由基时，非表型儿茶素的活性优势更加明显。杨贤强等（2003）研究了EGCG与其异构体GCG对光照血卟啉所产生的O_2^{-}的影响，也发现了类似的规律，在0.3～0.5 mmol/L浓度内，EGCG和GCG的作用效果接近，无明显差别；在低于0.1 mmol/L时两者差异显著，且GCG优于EGCG。其他的一些报道中也表明，非表型儿茶素对脂质过氧化抑制能力稍强于表型儿茶素（Kobayashi *et al.*，2005）。造成这种差异的原因来自于它们立体构象的差别。可见，儿茶素的抗氧化作用具有立体选择性（徐懿等，2008）。

本研究中可可茶中的优势儿茶素组分是GCG，属于酯型儿茶素，同时又是EGCG的差向异构体，属于表型儿茶素，因此推断GCG是造成可可茶的体外抗氧化活性高于市售绿茶的一个主要原因，但对于GCG单体的体外抗氧化活性还有待进一步证明。

五、小结

（1）定量分析结果表明：可可茶的茶多酚含量高于市售绿茶碧螺春茶和龙井茶，大小依次为可可茶2号＞可可茶1号＞碧螺春茶＞龙井茶。龙井茶和碧螺春茶中优势儿茶素EGCG含量分别为（6.07±0.075）%和（8.27±0.086）%，可可茶1号和2号中优势儿茶素GCG含量分别为（7.09±0.034）%和（7.73±0.111）%，二者在茶多酚中所占的比例相当。

（2）采用两种抗氧化体系即清除自由基能力（ABTS法和DPPH法）和抑制脂质过氧化法（FTC法）评价了可可茶和普通绿茶水提物的抗氧化活性。结果表明可可茶水提物表现出比普通绿茶显著高的体外抗氧化活性。

（3）三种方法均得到一致的结果，各茶的抗氧化能力大小依次是：可可茶 2 号＞可可茶 1 号＞碧螺春茶＞龙井茶。此结果也与茶多酚含量的大小结果一致，说明茶叶的抗氧化活性能力与茶多酚的含量呈一定的正相关。

第 10 节　可可茶体外抗氧化活性研究（二）[①]

茶叶内含物，包括水浸出物、茶多酚、黄酮类、茶多糖、茶氨酸等是评估茶叶品质的重要指标。可可茶具有与普通茶不同模式的儿茶素组成，茶多酚的含量与普通茶类也有很大的差别，为了对可可茶的品质进行评定，在本节中，我们测定了可可茶中这些生物活性成分的含量。茶多酚的测定用酒石酸亚铁法，黄酮类的测定利用碱性 $AlCl_3$ 法，茶氨酸的测定利用茚三酮法。利用 HPLC 方法我们检测了可可茶中的生物碱，茶氨酸和主要的儿茶素组成。在本章中，我们还利用全量法测定了茶叶的水提物的含量。

抑制自由基产生、直接清除自由基和激活自由基的清除体系是茶多酚发挥抗氧化作用的三大机制（Zhao *et al.*，2003），因此，抗氧化作用仍然被认为是茶叶保健抗癌最重要的作用（杨贤强等，2003；胡秀芳等，2000）。目前有一系列的测定方法去评定抗氧化剂的抗氧化活性，这些方法一般可分为两类：评价其清除自由基能力和分析其抑制脂肪氧化的能力。本章采用两种抗氧化体系即清除自由基能力（DPPH 和 FRAP 法）来评价可可茶和普通绿茶水提物的体外抗氧化活性。

一、实验材料

（一）样品

可可茶绿茶，由广东省茶科所提供。对照品种为苦茶和龙井茶。样品磨碎后保存于干燥阴凉处。

（二）仪器及试剂

高效液相色谱仪（Waters 515 泵，手动进样器，2487 检测器）、YH-3000 色谱工作站（广州逸海）、色谱柱恒温箱（天津恒奥）、TU-1901 紫外可见光分光光度计（北京普析）、电子天平（瑞士 Mettler Toledo）、电热恒温干燥箱（湖北黄石）、电热恒温水浴锅（上海锦屏）、超声波器（上海科导），乙腈（美国 Fisher）、甲醇（美国 Fisher）、磷酸（美国

① LI K K, SHI X G, YANG X R, et al. Antioxidative activities and the chemical constituents of two Chinese teas, *Camellia kucha* and *C. ptilophylla* [J]. Int J Food Sci Technol, 2012, 47: 1063-1071.

Fluka）、超纯水（美国 Millipore）、DPPH（美国 Fluka）、Trolox（美国 Sigma）、亚油酸（日本 Wako）。

化合物标准品：茶氨酸（theanine）、没食子酸（GA）、可可碱（TB）、咖啡碱（CAF）、茶叶碱（TP）、儿茶素（C）、表儿茶素（EC）、没食子儿茶素（GC）、表没食子儿茶素（EGC）、儿茶素没食子酸酯（CG）、表儿茶素没食子酸酯（ECG）、没食子儿茶素没食子酸酯（GCG）、表没食子儿茶素没食子酸酯（EGCG）。均购于 Sigma 公司。

酒石酸亚铁溶液：称取七水合硫酸亚铁 1 g，四水合酒石酸钾钠 5 g，加水共同溶解后，定容至 1000 ml。

1% 三氯化铝溶液：称取三氯化铝粉末 1 g，加水溶解后定容至 100 ml。

2% 茚三酮溶液：称取茚三酮 1 g，溶于 25 ml 蒸馏水中，加氯化亚锡 40 mg，搅拌溶解后置暗处一昼夜，过滤，滤液加水定容至 50 ml。

二、实验方法

（一）茶叶水浸出物的测定（Yao *et al*，2006）

取 9 只蒸发皿，编号。蒸发皿置于 103℃烘箱中烘 1 h，取出后置干燥器内，冷却至室温后称重。称取磨碎茶样 1.0 g，置于 300 ml 烧杯中，加入沸腾蒸馏水 225 ml，立即置于沸水浴中，浸提 45 min，残渣以少量沸水洗涤 2～3 次，滤液转入 250 ml 容量瓶中，冷却后加水定容至刻度。

吸取供试液 50 ml 注入已预先烘干称重的蒸发皿中，在沸水浴锅上蒸干，然后小心移入 103℃烘箱中，烘 3 h 后取出，立即放入干燥器中，冷却至室温后称重。再复烘 1 h，以同法取出冷却、称重，重复此操作直至相继两次称量差不超过 0.001 g，即为恒重，以最小称量为准。

茶叶水浸出物含量计算：

$$茶叶水浸出物（\%）= \frac{(W_1 - W_2) \times V_0 \times W}{V_1} \times 100 \qquad (8\text{-}6)$$

其中：V_1 为注入蒸发皿的供试液体积，即 50 ml；V_0 为茶汤供试液总体积，即 250 ml；W 为茶叶取样质量，即为 1 g，W_1 为烘干后蒸发皿和茶叶水提物的总重；W_2 为蒸发皿的质量。

（二）茶叶多酚类物质的测定

采用 Folin-polyphenols 分光光度法（Chan *et al.*，2007）。本法是根据酒石酸亚铁的 Fe^{2+} 能与茶多酚生成紫蓝色络合物，络合物溶液颜色的深浅与茶多酚的含量成正比，从而可以根据吸光度的大小计算多酚类的含量。本实验利用 GA 建立标准曲线，根据吸光度求得茶叶中茶多酚的含量。

准确称取干茶磨碎样 0.5 g，置于 500 ml 烧杯中。加沸蒸馏水 220 ml，放入沸水浴中浸提 45 min，滤液冷却后用水定容至 250 ml。吸取样液 75 μl 于 25 ml 容量瓶中，然后加入稀释 10 倍的 Folin-Ciocalteu 试剂，加 1.2 ml 7.5%（w/v）的碳酸钠溶液，暗处放置 30 min，测定时用 1 cm 比色杯及波长 765 nm 测出吸光度 E。本实验采用 GA 建立的标准曲线，结果用每克茶叶中含有等量毫克的没食子酸表示。

（三）黄酮类化合物总量的测定（He & Liu（2007）

采用三氯化铝比色法测定茶叶中黄酮类化合物的含量。三氯化铝与黄酮类化合物作用后，生成黄色的铝络合物从而根据吸光度来计算黄酮类的含量，并以芦丁作为标准进行比对。

茶汤溶液按茶叶多酚类物质测定制备要求配制。吸取供试液 5 ml 于 25 ml 的容量瓶中，加 10% 氯化铝水溶液至 1 ml，然后加入 4.0 ml pH5.5 的乙酸缓冲液，摇匀，定容至 25 ml，30 min 后比色。利用分光光度计，以 1 cm 比色杯，415 nm 波长，0.5 ml 双蒸水溶液为空白，测定吸光度。

（四）氨基酸含量的测定

采用茚三酮显色法（GB/T 8314-2002）。氨基酸是水溶性物质，在缓冲液中与茚三酮同时加热，α- 氨基酸与茚三酮形成蓝紫色的络合物。

茶汤溶液按茶叶多酚类物质测定制备要求配制。吸取茶汤 1 ml，置于 25 ml 容量瓶中，再加 0.5 ml 磷酸盐缓冲液（pH 8.0），之后加 2% 茚三酮显色剂 0.5 ml 和 0.5 ml 0.04% $SnCl_2$，在沸水浴中加热 15 min，待冷却后加水定容至 25 ml，波长 570 nm 定其吸光度。利用谷氨酸作为标准，制作标准曲线。

（五）可可茶主要化学成分的 HPLC 分析

1. 色谱条件

色谱柱：Discovery C16 柱（4.6 mm×250 mm，5 μm）；流动相 A：0.05% 磷酸水溶液；流动相 B：乙腈洗脱梯度：0～4 min，4% B；4～20 min，4% B～7% B；20～35 min，7% B-18% B；35～60 min，18% B～23% B；柱温：35℃；检测波长：210 nm；流速：0.8 ml/min；进样量：20 μl；检测器：Waters 2487 双波长检测器。

2. 标准品溶液的制备与标准曲线的制作

精密称取标准品茶氨酸、GA、TB、TP、TC、CAF、C、EC、EGCG、GCG、ECG、GC、EGC 和 CG 各 20 mg，充分混匀后以甲醇溶解，定容至 100 ml。置于 −20℃冰箱中备用。

分别吸取标准品溶液 5、2.5、1、0.5、0.25、0.1、0.05、0.005 ml，置 10 ml 容量瓶中，加水稀释至刻度，得到八种不同浓度的混合标准品溶液。分别吸取各浓度的标准品溶液 20 μl，依次注入高效液相色谱仪进行测定，记录各色谱峰峰面积，以对照品峰面积对其浓度进行线性回归，得系列化合物浓度分别在一定范围内呈较好的线性关系。

3. 供试品溶液的制备

称量磨碎茶样 0.5 g，置 500 ml 的烧杯中，加入 400 ml 沸水，于沸水浴中浸提 45 min，每 15 min 搅拌一次，浸提后趁热过滤，残渣以沸水洗涤 1~2 次，滤液冷却后定容至 500 ml。溶液经 0.22 μm 滤膜过滤后进行 HPLC 分析。

（六）可可茶抗氧化能力的实验

1. DPPH 法（Borse *et al.*, 2007）

这个方法的原理是，在还原剂存在的情况下，DPPH 自由基可以被还原，从而使 DPPH 自由基的颜色发生改变，利用分光光度计可以计算出颜色的变化从而衡量被检测物质的抗氧化性（Blois, 1958）。

0.06 mmol/L DPPH 甲醇溶液，现配现用，用铝箔纸包好于 4℃黑暗保存。2 ml DPPH 溶液加入到各浓度的样品溶液（20 μl）中，混合均匀后于室温黑暗中反应 30 min。于 517 nm 波长下测定吸光度 A_i，以甲醇作为空白对照，测定吸光度为 A_0。

抑制率计算公式为：

$$EC_{50}（\%）=\left[1-\left(A_i/A_0\right)\right]\times100\% \tag{8-7}$$

EC_{50} 表示清除 DPPH 初始浓度的一半所需的有效抗氧化剂的浓度（g/ml）。

2. FRAP 法

该方法根据 Benzie & Strain（1996）的方法，略有改进。

FRAP 工作液的配制，配制 10 mmol/L 的 TPTZ 溶液（溶解在 40 mmol/L 的盐酸溶液中，300 mmol/L 的乙酸盐缓冲液，pH 3.6，20 mmol/L 的三氯化铁·$6H_2O$ 溶液。分别取 25 ml 乙酸盐缓冲液，2.5 ml TPTZ，2.5 ml 三氯化铁·$6H_2O$ 溶液，混匀，37℃水浴 30 min，得到 FRAP 工作液。20 μl 不同浓度的茶汤分别加入 2980 μl 的 FRAP 工作液中，室温避光 30 min，然后利用分光光度计在 593 nm 下检测吸光度，计算方法同上。

（七）数据处理

每个实验重复三次，数据用 Mean＋SD 表示，所有数据应用 SPSS 17 进行统计。

三、实验结果

（一）可可茶主要品质成分的含量

茶叶中主要化学成分由茶多酚、氨基酸、黄酮类、茶多糖等等组成，而水溶出物是衡量茶叶质量的一个重要标准。由表 8-66 可以发现，可可茶中含有较高含量的茶多酚类物质，其为（280.74±17.26）mg/g，其次为苦茶和龙井茶，龙井茶和苦茶的黄酮类含量显著高于可可茶。在可可茶中，总氨基酸含量最高，为（47.89±4.11）mg/g。从水溶出物来看，可可茶的水溶出物也显著高于苦茶和龙井茶，达到（474.91±21.16）mg/g。

表 8-66　可可茶、苦茶、龙井茶总茶多酚、黄酮、氨基酸和水浸出物含量分析

Tab. 8-66　The contents of TPC，FC，AA，WE in three teas[*]

成分	含量 /（mg/g 干茶）		
	可可茶	苦茶	龙井茶
TPC	280.74±17.26[a]	234.08±14.44[b]	195.87±10.26[c]
FC	16.82±1.72[b]	17.77±1.54[b]	24.31±2.08[a]
AA	47.89±4.11[a]	38.82±3.14[b]	37.45±2.57[b]
WE	474.91±21.16[a]	441.03±18.30[b]	382.95±18.96[c]

[*] 得出的数值为三次干茶样的平均值，mean±SD。上标 a、b、c 表示在统计学上有显著意义，$P < 0.05$

（二）可可茶，苦茶和龙井茶的生化成分分析

我们利用 HPLC 对三种绿茶的 14 种主要化学成分进行分析，如图 8-57 所示，HPLC 方法可以较好地对这些成分进行分析和定量。

如表 8-67 所示，三种绿茶的生物碱组成各不相同，有很大的差异。在可可绿茶中，其生物碱为可可碱，含量（6.78±0.47）%，没有咖啡碱的存在。苦茶的生物碱主要为咖啡碱和苦茶碱，苦茶碱的含量高于咖啡碱，分别为（2.86±0.09）%、（2.13±0.12）%。在龙井茶中，其主要的生物碱为咖啡碱，含量为（4.64±0.15）%，还伴随有少量的可可碱，含量（0.12±0.02）%。

表 8-67　可可茶、苦茶和龙井茶生化成分分析结果

Tab. 8-67　Composition of major components in three teas measured by HPLC

成分	含量 /%（w/w）		
	可可茶	苦茶	龙井茶
茶氨酸	0.61±0.04	1.20±0.04	1.70±0.05
GA	0.14±0.02	0.11±0.01	0.07±0.01
TB	6.78±0.47	0.82±0.07	0.12±0.02
TP	nd*	nd*	nd*
TC	nd*	2.86±0.09	nd*
GC	1.67±0.08	0.53±0.03	1.64±0.07
CAF	nd*	2.13±0.12	4.64±0.15
EGC	0.64±0.02	1.80±0.01	4.37±0.11
C	3.26±0.03	0.23±0.01	0.36±0.01
EC	0.03±0.01	0.35±0.02	0.90±0.02
EGCG	1.07±0.05	7.87±0.15	6.13±0.22
GCG	8.11±0.21	0.94±0.03	1.13±0.07
ECG	0.40±0.03	2.33±0.07	1.25±0.05
CG	0.35±0.03	0.11±0.01	0.02±0.01

所得出数据是每 mg/100 mg 干茶叶样或质量比（w/w）三次平均值，mean±SD；nd*＝not detected

从图 8-57 和表 8-67 可知，三种茶叶的儿茶素组成有显著的差别。在可可绿茶中，

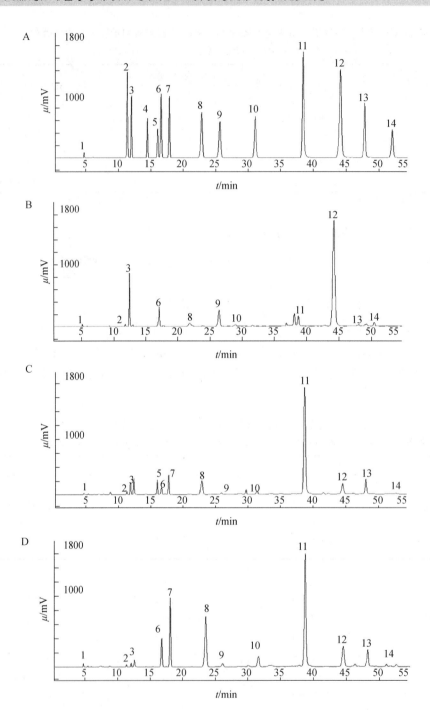

图 8-57　标准品及三种茶样品的 HPLC 图谱

A　标准品；B　可可茶；C　苦茶；D　龙井茶

Fig. 8-57　HPLC chromatogram of standards and tea samples

A　Standards；B　Cocoa tea；C　Kucha tea；D　Longjing tea

1 茶氨酸；2 GA；3 TB；4 TP；5 TC；6 GC；7 CAF；8 EGC；9 C；10 EC；11 EGCG；12 GCG；13 ECG；14 CG

优势儿茶素为 GCG，含量（8.11±0.21）%，其主要的儿茶素组成为 GCG，C，GC，EGCG，在苦茶和龙井茶中，其优势儿茶素都是 EGCG，含量分别为（7.87±0.15）%和（6.13±0.22）%，但是这两种茶的儿茶素组成模式却不一样，苦茶的主要儿茶素为 EGCG、ECG、EGC、GCG，在龙井茶中则为 EGCG、EGC、GC、ECG。

Yoshino 等（2004）年曾报道茶叶中少量的 GCG 是因为在茶叶制作过程中高温下由 EGCG 转变而来，为了探索可可中 GCG 是天然存在或者是有 EGCG 转化而来，我们又利用 HPLC 方法检测了可可茶和苦茶鲜叶中的化学成分。可可茶和苦茶 1 芽 2 叶采自中山大学竹园茶园，1∶50 甲醇 4℃提取 24 h。结果如图 8-58 所示，在可可茶鲜叶中，依然是 GCG 为优势儿茶素，而在苦茶中则为 EGCG。结果表明可可茶中的 GCG 并不是 EGCG 在茶叶制作过程中由于温度高而产生的。

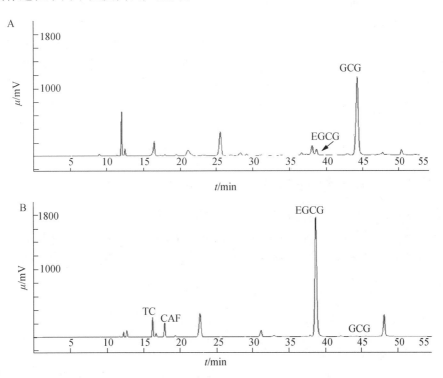

图 8-58　可可茶和苦茶鲜叶的 HPLC 图谱

Fig.8-58　The HPLC chromatograms of the fresh leaves of cocoa tea and kucha tea

A 可可茶新鲜茶叶；B 苦茶新鲜茶叶

（三）用 DPPH 法测定可可茶，苦茶和龙井茶的抗氧化活性

采用 Trolox 作为对照物，研究 3 种茶对 DPPH 自由基的能力，不同浓度的 Trolox 对 DPPH 自由基的清除能力如图 8-59 所示。

三种茶叶不同浓度清除 DPPH 自由基的能力如图 8-60 所示，随着浓度的提高，三种茶汤清除自由基的能力都随之提高。在相同的茶汤浓度条件下，可可茶的清除自由基

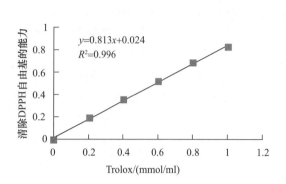

图 8-59　Trolox 清除 DPPH 自由基能力标准曲线

Fig. 8-59　The DPPH radical scavenging capacity of trolox

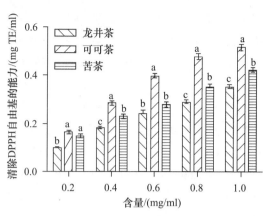

图 8-60　不同浓度的可可茶、苦茶和龙井清除 DHHP 自由基的能力

Fig. 8-60　Antioxidative activity of different tea samples at various levels as determined by DPPH radical scavenging

的能力最强，其次为苦茶，龙井茶清除能力最差。三种茶汤清除 DPPH 自由基的 IC_{50} 值分别为（0.58±0.013）、（0.79±0.022）、（0.91±0.01）mg/ml，相对应的 TEAC 值分别为（598.38±13.16）、（436.78±12.44）、（376.12±5.81）mg/g（图 8-60）。

（四）FRAP 法测定可可茶、苦茶和龙井茶的抗氧化活性

清除 FRAP 自由基的能力是用样品将 $TPTZ\text{-}Fe^{3+}$ 还原成 $TPTZ\text{-}Fe^{2+}$ 的能力来衡量的。如图 8-61 和图 8-62 所示，三种茶叶清除 ABTS 自由基的能力为可可茶＞苦茶＞龙井。相对应的 TEAC 值分别为（586.33±15.04）、（493.67±8.02）、（438.05±9.54）mg/g。

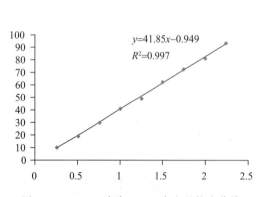

图 8-61　Trolox 清除 FRAP 自由基能力曲线

Fig. 8-61　The FRAP radical scavenging capacity of trolox

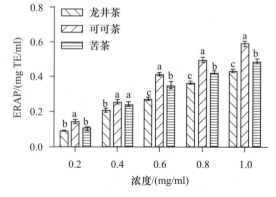

图 8-62　可可茶、苦茶和龙井清除 FRAP 自由基的能力

Fig. 8-62　Antioxidative activity of different tea samples at various levels as determined by FRAP radical scavenging

如表 8-68 所示，在 3 种茶叶样品中，茶多酚的含量与茶样清除 DPPH 和 FRAP 自由基的能力有很强的关联，这个结果和以往的一些研究结果相一致（Shahidi &

Wanasundara，1992；Samaniego-Sanchez *et al.*，2011；Huang *et al.*，2005）。综合上述两种方法，我们发现，可可茶和苦茶的抗氧化能力高于龙井茶，相比较而言，可可茶拥有最高的抗氧化能力。

表 8-68　可可茶、苦茶和龙井茶的多酚含量与总抗氧化能力的比较
Tab. 8-68　Total polyphenols content（TPC）and antioxidant activity
（DPPH free-radical scavenging and FRAP assay）of three tea samples

| 样本 | TPC/（mg TE/g） | 抗氧化能力 | | FRAP/（mg TE/g） |
| | | DPPH 自由基清除剂 | | |
		IC_{50}/（mg/ml）	TEAC/（mg TE/g）	
可可茶	280.74±17.26[a,] *	0.58±0.013[a]	598.38±13.16[a]	586.33±15.04[a]
苦茶	234.08±14.44[b]	0.79±0.022[b]	436.78±12.44[b]	493.67±8.02[b]
龙井茶	199.21±15.93[c]	0.91±0.015[c]	376.12±5.81[c]	438.05±9.54[c]

* 结果以 mean±SD（$n=3$）. 对于每一行后面带有同一个字母（a-c）的值，在 $P<0.05$ 时没有统计学上的差异

四、讨论

中国有超过 30 种的山茶科茶组植物，它们主要分布在中国南部和西南部地区。这些茶组植物中，许多植物的化学成分还不是很清楚。目前所饮用的茶叶主要由 *Camellia sinensis* 和 *C. assamica.* 的嫩芽制作而成。在传统茶叶中，主要的生物碱组成为咖啡碱，它可以刺激神经兴奋并且对肠胃有较大的刺激作用，引起一部分人失眠（Nehlig *et al.*，1992；Shilo *et al.*，2002），而且饮用过量的咖啡碱有可能对心脏产生潜在的伤害。因此，对于某些群体而言，例如孕妇、患有心脏疾病的人来说，饮用茶叶可能带来一定的负面作用。目前有许多研究致力于运用各种生物，化学等方法将茶叶中的咖啡碱去除。然而，这些方法必须使用有机溶剂或者是需要昂贵的仪器，导致对茶叶的质量受到较大的影响。可可茶是一种天然无咖啡碱的茶叶资源，其主要生物碱为可可碱，由于其独特的化学成分组成，受到越来越多的关注。在可可茶中优势儿茶素为 GCG，这一点和传统的茶叶不相同，在传统绿茶中，主要的优势儿茶素为 EGCG。

在绿茶中，主要品质成分有茶多酚、生物碱、茶多糖、氨基酸、黄酮类等物质，占到茶叶干重的 30%~40%（Cabrera *et al.*，2003），这些特征成分决定着茶叶的质量品质。而且茶叶的生物活性主要也是得益于这些化学成分。在本次试验中，我们测定了氨基酸，水提物，茶多酚等成分，从而去衡量可可茶作为茶叶的质量，我们还选用另外一种野生茶——苦茶和传统绿茶龙井茶作为对比。结果如图 8-57 所示，可可绿茶的水浸出物，茶多酚和氨基酸的含量最高，分别为（474.91±21.16）、（280.74±17.26）、（47.89±4.11）mg/g。可可茶中黄酮类的物质偏低，为（16.82±1.72）mg/g。这些研究结果表明，可可绿茶具有较高的品质，是一种较好的无咖啡碱茶叶资源。

现代科学研究认为人体衰老的主要原因在于人体的细胞在代谢过程中连续不断地产生

具有高度活性的自由基和细胞自身的抗氧化酶及超氧化物歧化酶（SOD）不断消除作用的失衡，使自由基浓度过剩。人体内的自由基是一些强氧化性的物质，自由基及其诱导的氧化反应会引起膜脂的氧化损伤和交联键的形成，其结果降低了上述两种酶的活性，使核酸代谢受到影响，溶酶体内衰老色素和脂褐素堆积，致使细胞衰老。茶多酚具有很强的清除人体自由基的作用，是极强的消除有害自由基的天然物质。而且，抗氧化作用往往被认为是茶叶保健抗癌最重要的机理。

为了检测可可茶的体外抗氧化活性，我们采用了 DPPH 法和 FRAP 法两种经典的检测抗氧化性的方法。DPPH 自由基（二苯代苦味肼基自由基）是一种稳定的以氮为中心的质子自由基，其乙醇溶液呈紫色，在 765 nm 处有强烈吸收。在有自由基清除剂存在时，自由基清除剂提供一个电子与 DPPH 的孤对电子配对，而使其褪色，褪色程度与其接受的电子呈定量关系，在 765 nm 处的吸光度变小，其变化程度与自由基清除程度呈线形关系，即自由基清除剂的清除自由基能力越强，吸光度越小。利用清除 DPPH 自由基方法评价抗氧化活性方法简单，因而被广泛用于抗氧化活性筛选（Saito et al., 2007；Borse et al., 2007；Sang et al., 2002；陈金娥等，2009；李林等，2009）。

FRAP 法是由 Benzie 和 Strain 于 1996 年建立的，该方法是基于氧化还原铁离子还原法对总的抗氧化能力进行的评价，非酶抗氧化剂可以看作还原剂，把氧化物质还原从而起到抗氧化的作用。其基本原理是在有还原剂的作用下，TPTZ-Fe^{3+} 被还原成 TPTZ-Fe^{2+}，从而呈现蓝色，并于 593 nm 处有最大吸光度，根据吸光度的大小来计算试样中抗氧化活性的强弱。该方法操作简便，在过量的条件下，检测蓝色物质的生成量可以反映待测样品的还原能力，即物质总抗氧化能力。该方法法具有快速，易于操作，重复性好等优点。不仅可用于检测食物提取物及饮料类抗氧化活性，也可用于测定纯天然抗氧化剂抗氧化效率，是目前较为常用的方法之一。

本实验通过上述两种方法对可可茶和普通绿茶的抗氧化活性测定均表明可可茶较龙井茶有更强的体外抗氧化活性，各品种茶的抗氧化活性大小依次为：可可茶＞苦茶 ＞龙井茶，此规律也与茶多酚含量的大小规律一致，说明茶叶的抗氧化活性能力与茶多酚的含量呈一定的正相关，这也与以往他人的研究结果一致（Iris, F. F. Benzie, Szeto Y.T., 1999；Cimpoiu et al., 2011）。

茶叶抗氧化性的强弱不仅和茶多酚的含量相关，而且和茶多酚的组成也有很大的关系。不同的多酚类物质的抗氧化性由其羟基的位置和数目以及是否存在没食子酰基等决定（Lin et al., 1996；Rice-Evans et al., 1996）。儿茶素可分为酯型儿茶素（复杂儿茶素）和非酯型儿茶素（简单儿茶素）。其中酯型儿茶素所占比例最大，为茶多酚总量的 55% 左右，包括 EGCG、ECG、GCG、CG 等组分。非酯型儿茶素有四种，分别是 EGC、GC、C、EC（王泽农，1994），各种儿茶素的结构式见图 8-56。儿茶素类结构中的酚羟基，尤其是 B- 环上的 3,4,5- 酚羟基显示了非常重要的抗氧化和清除自由基活力。

在本次试验中，我们所选取的三种茶叶样品具有不同的茶多酚的含量，并且它的茶多酚的组成模式也不相同。在可可茶中，主要的儿茶素是 GCG、C、GC 和 EGCG，苦茶中占优势的儿茶素为 EGCG、ECG、EGC 和 GCG，而在龙井茶中则为 EGCG、EGC、GC 和 ECG。

虽然以往大量实验研究表明，EGCG 是儿茶素中功效最强的成分，但是也有一些报道对表型儿茶素和非表型儿茶素的活性进行了比较，认为非表型儿茶素的活性在一定条件下并不低于表型儿茶素。Guo 等（1999）研究表明 EGCG 和 GCG 的清除自由基的能力要强于 EGC、GC、EC、（＋）-C，而且 GCG，GC 和（＋）-C 的清除自由基的能力要强于 EGCG、EGC 和 EC。杨贤强等（2003）研究了 EGCG 与其异构体 GCG 对光照血卟啉所产生的 O_2^- 的影响，也发现了类似的规律，在 0.3～0.5 mmol/L 浓度内，EGCG 和 GCG 的作用效果接近，无明显差别；在低于 0.1 mmol/L 时两者差异显著，且 GCG 优于 EGCG。其他的一些报道中也表明，非表型儿茶素对脂质过氧化抑制能力稍强于表型儿茶素（Kobayashi *et al.*，2005）。造成这种差异的原因来自于它们立体构象的差别。可见，儿茶素的抗氧化作用具有立体选择性（徐懿等，2008）。因此，不同种类的儿茶素对不同种类的自由基的清除能力都有很大的不同，通过本章实验结果表明，可可茶中含有较高的茶多酚类和氨基酸类化合物，其抗氧化能力也较普通绿茶强，因此是一种较好的新的茶叶资源，有很大的潜力进一步开发成一种新的茶叶饮品。

五、结论

（1）可可茶不含咖啡碱，优势嘌呤生物碱是可可碱，含量为（6.78±0.47）%；优势儿茶素组分为 GCG，含量为（8.11±0.21）%，其主要儿茶素组成为 GCG、C、GC、EGCG。

（2）可可绿茶的茶多酚含量较高，含量为（280.74±17.26）mg/g，明显高于龙井绿茶，其水浸出物水平也比较高，达到了（474.91±21.16）mg/g，总氨基酸含量较高但是其茶氨酸水平含量低。

（3）可可茶中高含量的 GCG 是天然存在的，不是由于加工过程中的高温使 EGCG 发生转化所形成。

（4）DPPH 法检测结果表明，可可茶具有较高的清除自由基的能力，可可茶、苦茶和龙井茶的 IC_{50} 分别为（0.58± 0.013）、（0.79±0.022）、（0.91±0.015）mg/ml。FRAP 法检测结果与 DPPH 法一致，三种茶叶的抗氧化能力大小依次是：可可茶>苦茶>龙井茶，其对应的 TEAC 分别是（586.33±15.04）、（493.67±8.02）、（438.05±9.54）mg/g。

（5）可可茶高的抗氧化能力不但和其高含量的茶多酚有关，而且与可可茶高含量的 GCG 和 C 以及独特的儿茶素的组成模式（以 GCG、C、GC、EGCG 四种儿茶素为主）也有很大的关系。

第 11 节　没食子儿茶素没食子酸酯（GCG）通过 MAPK 和 NF-κB 信号通路抑制前脂肪 3T3-L1 细胞分化①

肥胖及其导致的慢性疾病已成为全球公共的健康问题，例如 2 型糖尿病、高血压和心血管疾病（Balkau *et al.*，2007；Formiguera & Cantón，2004；Kopelman，2000）。在肥胖动物模型和临床前研究中，茶儿茶素，尤其是 EGCG，被证明可以减轻体重，抑制肥胖发生。（Kim & Sakamoto，2012；Legeay *et al.*，2015；Santamarina *et al.*，2015）

茶多酚，尤其是儿茶素，对茶的生物活性十分重要。在绿茶中，儿茶素主要包括 EGCG、GCG、EGC、EC、ECG、CG、C 和 GC。在这些儿茶素中，ECG，EGC 和 EGCG 三种儿茶素含量最高（Pan *et al.*，2011）EGCG 是含量最丰富的儿茶素，具有大量的生物活性，如抗氧化，神经保护和心脏保护作用（El-Mowafy *et al.*，2010；Kelemen *et al.*，2007）。

作为 EGCG 的异构体（图 8-63），传统茶叶中的 GCG 含量非常低，导致其进一步的药理学研究和应用无法进行。在之前的研究中，我们发现野生茶品种 *C. ptilophylla* 中的 GCG 含量高达 8%（Li *et al.*，2012）。此外，我们还开发了一种简单有效的从可可茶 *C.ptilophylla* 中富集和分离 GCG 的方法，可以获得大量高纯度的 GCG（Li *et al.*，2016），从而可以深入研究 GCG 的药理活性。

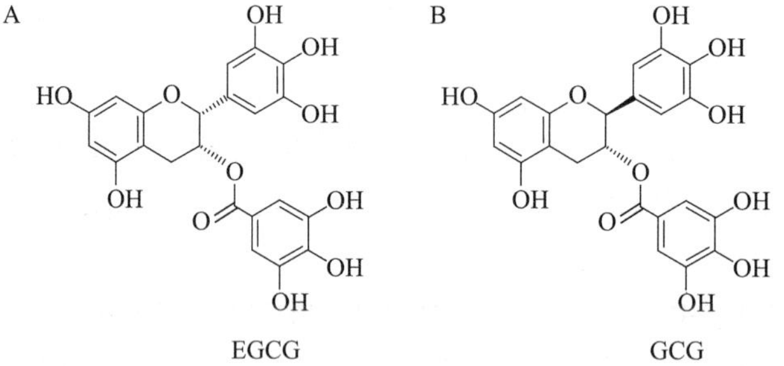

图 8-63　EGCG（表没食子儿茶素没食子酸酯）（A）和 GCG（没食子酸没食子酸酯）（B）的化学结构

Fig. 8-63　Chemical structure of EGCG（epigallocatechin gallate）（A）and GCG（gallocatechin gallate）（B）

如今，全球罐装和瓶装茶饮料的消费与日俱增，特别是在一些亚洲国家。尽管有大量的研究已经探讨了茶的生理活性，但人们总是忽略生产和运输过程中许多化合物发生了改变的事实。就茶饮料而言，它们在生产过程中通常经过 120℃ 下高压灭菌，并且运输

① LI K K, PENG J M, ZHU W, et al. Gallocatechin gallate (GCG) inhibits 3T3-L1 differentiation and lipopolysaccharide induced inflammation through MAPK and NF-KB signaling[J]. J Funct Food, 2017, 30: 159-167.

和销售也需要花费大量的时间。在这个过程中，大多数 EGCG 和相关的表儿茶素发生了差向异构化，饮用茶饮料时所摄入部分的 EGCG 已经转变为 GCG（Chen et al.，2001；Seto et al.，1997；Xu et al.，2003）。陈等研究发现，在一些茶饮料中，表儿茶素（EGCG、EGC、ECG 和 EC）浓度非常低，这表明这些表儿茶素会被转化为相应的差向异构体，即 GCG、GC、CG 和 C。GCG、GC、CG 和 C 的浓度与 EGCG，EGC，ECG 和 EC 的浓度相似甚至更高；徐等研究也发现，在一些茶饮料中，GCG 的浓度是所有儿茶素中最高的（Chen et al.，2001；Xu et al.，2004）Lee 等（2008）研究得到，在一些茶饮料中，50% 以上的儿茶素都是 GCG。大量数据表明 GCG 可能是罐装和瓶装茶饮料中主要的儿茶素，并且 EGCG 可能比 GCG 更不稳定。因此，研究 GCG 的生物活性可能更有必要。

已有研究表明 GCG 具有多种生物活性，包括抗氧化、抑菌、抗癌、降胆固醇和降三酰甘油等活性（Hara-Kudo et al.，2005；Kobayashi et al.，2005；Xu et al.，2004）。Lee 等发现，在高蔗糖饮食诱导的高脂血症大鼠中，富含 GCG 的茶儿茶素在降低血浆和肝脏中胆固醇和三酰甘油浓度上显示出极强的活性（Lee et al.，2008）。Ikeda 等研究表明，热 - 差向异构体儿茶素可能具有更高的降胆固醇活性，与富含 EGCG 的茶儿茶素相比，富含 GCG 的茶儿茶素能有效地抑制胆固醇的吸收（Ikeda et al.，2003）。Lu 等研究显示，茶多酚对胆固醇生物合成的抑制能力依次为 GCG ＞ EGCG ＞ ECG ＞ GA ＞ EGC ＞ C ＞ EC（Lu et al.，2008）。我们过去的研究也证明了 EGCG 和 GCG，与茶中的其他儿茶素相比，显示出更强的抗脂肪细胞活性（Li et al.，2016）。然而，GCG 单独抑制脂肪形成分化的机制尚不清楚。在之前的研究中，我们发现了一种富含 GCG 的茶叶品种，它具有很高的抑制脂肪细胞分化活性。然而 GCG 是否是其抗脂肪形成活性的主要成分以及在这个过程中 GCG 所扮演的角色都是未知的（Li et al.，2016）。因此，本研究将应用小鼠 3T3-L1 前脂肪细胞来阐明 GCG 的抑制脂肪细胞分化的能力及潜在的分子机制。

一、材料与方法

（一）GCG 分离和纯化

可可茶中 GCG 的分离和纯化参照之前实验室建立的方法（Li et al.，2016）。首先通过 XAD-7HP 树脂吸附可可茶的茶多酚。然后，将获得的粗 GCG 样品加载到 Sephadex LH-20 凝胶色谱柱上，用 55% 乙醇 - 水溶液作为洗脱液，重复纯化步骤，直到 GCG 的纯度高于 97%。根据之前的方法（Li et al.，2012），使用 Waters HPLC 系统和 Waters 2478 UV 检测器（Waters，Milford，PA，USA）分析 GCG 的纯度。EGCG 购自 Sigma-Aldrich（St Louis，MO，USA）。

（二）细胞培养、细胞活性与增殖

高糖 DMEM 培养基中添加 10% 胎牛血清、50 μg/ml 青霉素和 50 μg/ml 链霉素构成完全培养基。3T3-L1 前脂肪细胞（美国典型培养物保藏中心（ATCC）（美国马里兰州罗克维尔））用完全培养基于 37℃、5%CO$_2$ 饱和湿度培养箱内培养，根据细胞生长状态，每 2 天更换一次培养基。使用 3-（4,5- 二甲基噻唑 -2）-2,5- 二苯基四氮唑溴盐（MTT）分析细胞增殖的影响。将 3T3-L1 前脂肪细胞接种于 96 孔板中（5×10^3 细胞 / 孔）。 培养 24 h 后，使用不同浓度的 GCG 或 EGCG 处理 3T3-L1 细胞，在各组干预 48 h 后，每孔加 MTT 溶液（5 mg/mL，在 PBS 中）20 μL，孵育 4 h 后，弃培养液，每孔注入 DMSO 溶液 150 μl，酶标仪 492 nm 波长处测吸光值。

（三）3T3-L1 前体脂肪细胞诱导分化

3T3-L1 前脂肪细胞分化为脂肪细胞的方法参照之前的描述（Li *et al.*，2016）。将处于对数生长期的 3T3-L1 前体脂肪细胞以 1×10^5/ml 的密度接种于 12 孔板中。待细胞汇合后接触抑制 24 h，换用含 0.5 mmol/L IBMX，1 μmol/L 地塞米松诱导分化 48 h，然后换用含 10 mg/L 胰岛素的 DMEM 培养基培养 48 h，最后换用完全培养基继续培养 72 h。

（四）脂肪细胞分化定性和三酰甘油的含量

油红染色法鉴定细胞分化。将诱导分化后的细胞从培养板中取出，弃去培养液，用常温 PBS 清洗一次，10% 多聚甲醛固定。用水和 60% 异丙醇洗涤，再用油红染色 15 min。弃去染液，用水清洗三次，于倒置显微镜下观察拍照。为了定量脂肪积累量，用 100% 异丙醇将保留在细胞中的染料洗脱下来，酶标仪 495 nm 波长处测吸光值。商业三酰甘油测定试剂盒测定三酰甘油含量。通过使用 Bradford 试剂（Sigma，St.Louis，USA）测定蛋白质浓度。

（五）细胞内 ROS 的产生

2,7- 二氯二氢荧光素二乙酸酯（H2DCF-DA）用于测量细胞内 ROS 产生。 H2DCF-DA 可以通过细胞膜并被 ROS 特异性氧化，形成荧光色素 2,7 二氯荧光素（DCF）。 简言之，将处于对数生长期的 3T3-L1 前脂肪细胞（1×10^5 细胞 /ml）接种于 12 孔细胞培养板，在含有 GCG 或 EGCG 的 MDI 分化培养基中孵育 8 天，用冰冷的 PBS 洗涤两次，加入终浓度为 20 μmol/L H$_2$DCF-DA 荧光探针，混匀后置于暗处 37℃避光孵育 30 min。用冰冷的 PBS 洗涤 2 次，去除未进入细胞的探针。使用流式细胞仪测定法（BD Biosciences，USA）进行分析测定。

（六）实时定量 PCR 实验

在脂肪形成诱导分化过程中，抽提细胞总 RNA，分光光度法测定总 RNA 浓度。使用 SYBR Green 法进行 real-time PCR，荧光定量 PCR 引物见表 8-69。PCR 条件如先前所述（Li *et al.*，2016）。基因相对表达量采用公式 $2^{-\triangle\triangle^{CT}}$ 计算，分析目的基因表达量的差异。

表 8-69　实时 RT-PCR 分析的引物序列

Tab. 8-69　Primer sequences used in real-time RT-PCR analysis

基因名称	正向引物	反向引物
GAPDH[a]	AAGAAGGTGGTGAAGCAGGCATC	CGAAGGTGGAAGAGTGGGAGTTG
PPARγ	TTCAGCTCTGGGATGACCTT	CGAAGTTGGTGGGCCAGAAT
C/EBP a	GTGTGCACGTCTATGCTAAACCA	GCCGTTAGTGAAGAGTCTCAGTTTG
FAS	CTGTGCCCGTCGTCTATACC	AACCTGAGTGGATGAGCACG
SCD-1	CATCGCCTGCTCTACCCTTT	GAACTGCGCTTGGAAACCTG
FAT	TAGTAGAACCGGGCCACGTA	CAGTTCCGATCACAGCCCAT
ACC	GGACCACTGCATGGAATGTTAA	TGAGTGACTGCCGAAACATCTC
SREBP-1c	ATCGCAAACAAGCTGACCTG	AGATCCAGGTTTGAGGTGGG

a GAPDH: glyceraldehyde-3-phosphate dehydrogenase; PPARγ, peroxisome proliferator-activated receptor γ; C/EBP α, CCAAT/ enhancerbunding protein α; FAS, fatty acid synthase; SCD-1, stearoyl-CoA desaturase; FAT, fatty acid translocase; ACC, acetyl-CoA carboxylase; SREBP-1c, Sterol regulatory element binding transcription factor 1c

（七）蛋白质提取和 Western 印迹分析

用细胞刮收集细胞后转移至离心管中，加入 RIPA 缓冲液充分混合，冰上裂解 30 min。然后 4℃高速离心（14 000 r/min，15 min），收集上清液。使用 BCA 蛋白浓度检测试剂盒测定总蛋白浓度。40 μg 蛋白进行 SDS-PAGE 凝胶电泳，用湿式转膜仪将凝胶中的蛋白转移到 NC 膜上，5% 的脱脂牛奶封闭 60 min。洗涤后，加入特异性一抗，4℃下孵育过夜后弃去一抗。洗涤，加入辣根酶标记的二抗（Invitrogen，Carlsbad，CA，USA），室温孵育 1 h 后弃抗体，采用 ECL 化学发光试剂盒（GE Healthcare，UK）进行显色后，置于 Bio-Rad 凝胶扫描分析系统（Bio-Rad，Hercules，USA）进行拍照分析。

（八）酶联免疫吸附试验（ELISA）检测 MCP-1、IL-6 的表达

用酶联免疫吸附法（ELISA）检测培养液中炎症相关因子 MCP-1，IL-6 的含量。实验时用样品稀释液对培养液进行 10 倍稀释，严格按照 ELISA 试剂盒（R&D Systems，Minneapolis，MN，USA）说明书进行操作。

（九）统计学分析

所有计量资料以均数 ± 标准差（$\bar{x} \pm s$）表示，采用 Graph Pad 5.1 进行统计处理和图表制作。组间比较采用单因素方差分析，多重比较用 Duncan's 法，以 $p < 0.05$ 为差异有统计学意义。

二、结果

（一）GCG 对 3T3-L1 细胞活力的影响

如图 8-64 所示，高剂量（20～40 μg/ml）的 GCG 和 EGCG 均对 3T3-L1 细胞表现出

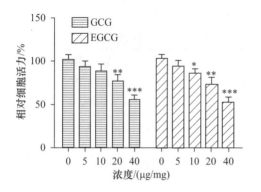

图 8-64　GCG 和 EGCG 对 3T3-L1 脂肪细胞活力的影响

Fig.8-64　The effect of GCG and EGCG on the viability in 3T3-L1 adipocytes. Data were expressed as mean values±SD

*p＜0.05；**p＜0.01；***p＜0.001

明显的细胞毒性。虽然没有显著差异，但 EGCG 的细胞毒性强于 GCG。结果表明 GCG 抑制前脂肪细胞的增殖和细胞活力，并且具有一定的剂量依赖效应。

（二）GCG 对 3T3-L1 前脂肪细胞分化的影响

随着 3T3-L1 向成熟脂肪细胞的分化，在细胞中发现了大量的油滴。油红染色法确定 GCG 对 3T3-L1 脂肪细胞中脂质积累的影响。如彩图 8-65 所示，在完全分化的脂肪细胞中，脂质小滴十分明显，在未分化的细胞中，未见脂滴，这表明脂肪细胞被成功诱导。EGCG 和 GCG 均能抑制 3T3-L1 细胞中的脂质积累，且呈剂量依赖性。与成熟脂肪细胞相比，GCG 浓度为 5 μg/ml 时可以显著减少油滴的形成（$p＜0.05$），与 10 μg/ml 的 GCG 相比，EGCG 对脂质形成具有更强的抑制作用（$P＜0.05$）。经 MDI 培养基诱导的细胞，细胞内三酰甘油（TG）的含量显著增加，但 GCG 处理后细胞内 TG 含量明显降低。EGCG 效果与 GCG 相似，油红 O 染色和三酰甘油测定均表明 GCG 可强烈抑制 3T3-L1 前脂肪细胞的分化。

（三）GCG 抑制 3T3-L1 脂肪细胞中的细胞内 ROS 产生

Furukawa 等研究显示在脂肪形成过程中，脂肪细胞中 ROS 的积累与脂质基本相同。如图 8-66 所示，与未分化的对照细胞相比，分化的 3T3-L1 脂肪细胞中 ROS 的浓度显著增加。当用 GCG（10 μg/ml 和 20 μg/ml，$p＜0.05$）或 20 μg/ml EGCG（$p＜0.01$）处理时，ROS 的浓度呈剂量依赖性地显著降低。

（四）GCG 对脂肪形成特异性转录因子 PPARγ，C/EBPα 和 SREBP- 1c 表达的影响

采用 RT-PCR 和 Western blot 检测 GCG 对 3T3-L1 脂肪细胞脂肪形成特异性蛋白 PPARγ、C/EBPα 和 SREBP-1c 表达的抑制作用。如图 8-67 所示，与未处理的脂肪细胞相比，10 μg/ml 和 20 μg/ml GCG

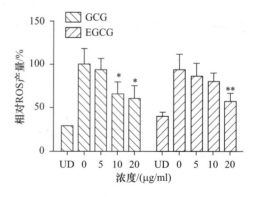

图 8-66　不同浓度 GCG 和 EGCG 对 3T3-L1 脂肪细胞内 ROS 产生的抑制作用

Fig. 8-66　Inhibitory effects of GCG and EGCG on intracellular ROS generation in 3T3-L1Adipocyte

* $p＜0.05$；**$p＜0.01$ as compared to control group

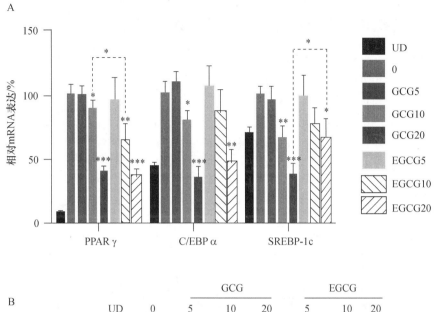

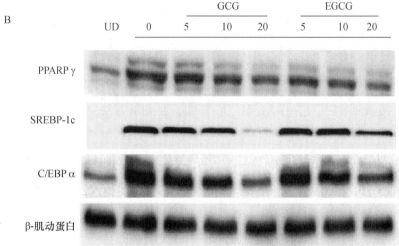

图 8-67　GCG 和 EGCG 对关键脂肪形成转录因子 PPARγ、C/EBPα 和 SREBP-1c 的 mRNA（A）和蛋白质（B）表达的影响

Fig. 8-67　Effects of GCG and EGCG on the mRNA（A）and protein（B）expressions of the key adipogenic transcription factors，PPARγ，C/EBPα and SREBP-1c

与对照组相比较时，$*p < 0.05$；$**p < 0.01$；$***p < 0.001$

处理的 3T3-L1 细胞脂肪形成特异性蛋白质 PPARγ、C/EBPα、SREBP-1c 的表达显著降低（$p < 0.05$）。尽管结果无显著性差异，经 5 μg/ml GCG 处理的 SREBP-1c 的表达也略有降低。EGCG 也有类似的作用，EGCG 对脂肪形成特异性基因的表达有极强的抑制能力。然而，GCG 和 EGCG 之间存在一些差异。EGCG 处理对脂肪细胞 PPARγ 表达的抑制作用更强，GCG 处理对 SREBP-1c 表达的抑制作用更强。Western 印迹试验也证实了上述结果，结果表明 GCG 通过下调脂肪形成特异性蛋白的表达从而抑制脂肪形成分化。

（五）GCG 对脂肪细胞特异性基因表达的影响

科研人员研究了 GCG 对脂肪细胞特异性基因（如 FAS、SCD-1、FAT 和 ACC）表达的影响。如图 8-68 所示，MDI 显著诱导 FAS、SCD-1、FAT、ACC 的 mRNA 和蛋白质表达。与对照组相比，GCG 与 EGCG 处理降低了相关的 mRNA 表达。尽管不同浓度的 GCG 和 EGCG 处理存在一些差异，但高剂量（10 μg/ml 和 20 μg/ml）的 GCG 和 EGCG 均显著抑制了脂肪细胞特异性基因（FAS、SCD-1、FAT 和 ACC）的表达。此外，经过 GCG 和 EGCG 处理后的 FAS、SCD-1、FAT、ACC 的蛋白质水平也显著降低了。

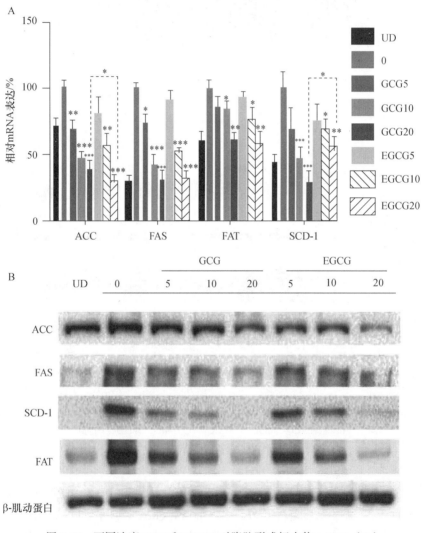

图 8-68　不同浓度 GCG 和 EGCG 对脂肪形成标志物 mRNA（A）
和蛋白质（B）表达的影响
Fig.8-68　Effects of GCG and EGCG on the mRNA（A）
and protein（B）expressions of adipogenic marker expression
与对照组相比较时，* $p < 0.05$；** $p < 0.01$；*** $p < 0.001$

（六）GCG 对脂肪细胞分化过程中 MAPK 通路的影响

MAPK 信号通路的磷酸化程度对包括脂肪细胞分化在内的肥胖有调控作用。MAPK 途径在信号传导 C/EBP α 和 PPAR γ 的基因表达中起着关键作用。为了确定 MAPK 途径在 GCG 抑制脂肪细胞分化中的作用，我们研究了 ERK1/2、JNK 和 p38 的磷酸化水平。结果表明 MDI 处理提高了 ERK1/2、JNK 和 p38 的磷酸化水平。与对照组相比，GCG 处理的 ERK、p38 和 JNK 的磷酸化水平显著降低。与 GCG 相比，EGCG 对 MAPK 的磷酸化具有更强的抑制活性（图 8-69）。

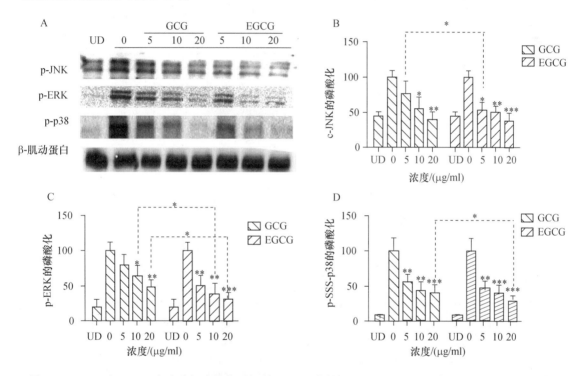

图 8-69　GCG 和 EGCG 在脂肪细胞分化后抑制 3T3-L1 中的 JNK、ERK 和 p38 磷酸化（A）MAPKS 磷酸化的代表性蛋白质印迹；计算 MAPK 的相对磷酸化蛋白水平（B、C、D）

Fig. 8-69　GCG and EGCG inhibited JNK，ERK and p38 phosphorylation in 3T3-L1 after adipocyte differentiation

与对照相比较时，* $p < 0.05$；** $p < 0.01$；*** $p < 0.001$

（A）MAPKS 磷酸化后代表性蛋白免疫印迹；计算（B、C、D）MAPK 的相对磷酸化蛋白水平。用或不用 GCG 和 EGCG 处理脂肪细胞 1h，然后提取蛋白并将 JNK、ERK 和 p38 磷酸化，再用蛋白免疫印迹法进行检测

(A) A representative western blot of the phosphorylation of MAPKS; (B, C, D) relative phosphorylation protein levels of MAPKs were calculated. The cells were treated with or without GCG and EGCG for 1 h and the protein were then extracted and the phosphorylation of JNK, ERK and p38 were detected with western blot.

（七）GCG 抑制 3T3-L1 脂肪细胞 LPS 诱导的炎症

为了确定 GCG 对 MCP-1 和 IL-6 表达的影响，我们用 LPS 处理分化完成的 3T3-L1 细胞 6 h。如图 8-70 所示，LPS 显著诱导 MCP-1 和 IL-6 的表达，GCG 处理减少了 MCP-1 和 IL-6 的表达。与 GCG 相比，EGCG 对 MCP-1 和 IL-6 的表达具有更强的抑制作用，但 EGCG 与 GCG 之间并无显著性差异。NF-κB 作为 MAPK 信号通路的下游蛋白，本文进一步研究了 GCG 和 EGCG 对 NF-κB 的影响。GCG 和 EGCG 处理对 LPS 诱导的 P65 的磷酸化有抑制作用，这表明 GCG 在调控 NF-κB 活化方面具有与 EGCG 相似的能力。

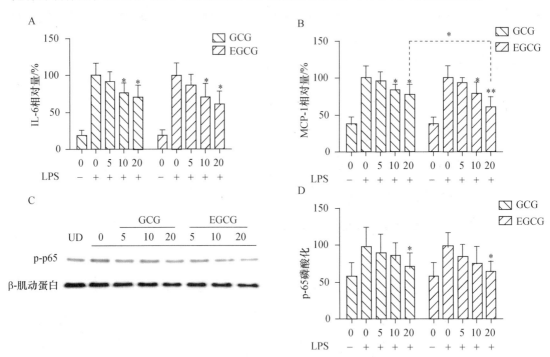

图 8-70　GCG 和 EGCG 对用 LPS 诱导的 3T3-L1 脂肪细胞中炎症相关脂肪因子表达的影响

Fig. 8-70　Effect of GCG and EGCG on the expression of inflammation-related adipokines in 3T3-L1 adipocytes induced with LPS

A IL-6 表达；B MCP-1 表达；C p-65 磷酸化的代表性蛋白质印迹；D p-65 的相对磷酸化蛋白水平 与对照组相比较时，*$p < 0.05$；**$p < 0.01$

A IL-6 expression；B MCP-1 expression；C a representative western blot of the phosphorylation of p65 and D relative phosphorylation protein levels of p65 were calculated

三、讨论

EGCG 是传统茶叶中含量最丰富的儿茶素，之前对茶儿茶素的研究也主要集中在 EGCG 上。然而，大量研究表明，在生产和运输过程中，罐装和瓶装茶饮料中大部分的 EGCG 会转化为其差向异构体——GCG（Chen *et al.*，2001；Seto *et al.*，1997；Xu *et al.*，2003）。本实验室之前的研究发现一种 GCG 含量高达 8%～10% 的野生茶样品——可可茶，并且证实其水提取物可以有效抑制 3T3-L1 分化（Li *et al.*，2016）。因此我们推测 GCG 作为可可茶中的主要儿茶素，可能在抑制脂肪形成方面起着关键作用。本文研究了 GCG 对前脂肪细胞增殖、细胞分化过程中脂质积累和及对前脂肪细胞分化过程中细胞内 ROS 产生的影响。

　　肥胖是由脂肪组织的过度生长所导致的。而前脂肪细胞的数量和大小的增加均导致了脂肪组织块的过度生长。因此，抑制前脂肪细胞的增殖或分化是一种减少脂肪组织块的有效方法。在细胞毒性试验中，GCG 剂量依赖性地降低细胞活力。尽管无显著性差异，但与 GCG 相比，EGCG 表现出更强的细胞毒性。油红染色结果显示 GCG 可使细胞内脂的水平降低且具备剂量依赖性，这表明 GCG 在脂肪细胞分化过程中具有与 EGCG 相似的抑制脂质合成的作用。另外，用 GCG 处理细胞后，细胞内的三酰甘油水平也降低。总而言之，实验结果证明了 GCG 在脂肪形成过程中对 3T3-L1 细胞的分化具有抑制作用。除了其对细胞活力的抑制作用外，EGCG 的抗脂肪形成能力强于 GCG。但在高剂量处理时，两者并无显著性差异。上述结果表明 GCG 具有极强的抗脂肪形成活性。

　　各种脂肪形成转录因子和脂肪细胞特异性基因协同作用调节脂肪细胞分化（Rosen & Spiegelman，2006）。在调节细胞分化的过程中，脂肪形成转录因子 PPARγ，C/EBPα 和 SREBP-1c 被认为是脂肪细胞的关键调节基因（Cowherd et al.，1999；Spiegelman，1998）。它们可以诱导脂肪细胞特异性基因的表达，包括脂肪酸结合蛋白（aP2），FAS，SCD-1，FAT 和脂蛋白脂酶（LPL）。且这些表达产物可以直接控制脂肪细胞中的脂肪酸代谢（Christy et al.，1991；Farmer，2005；Hassan et al.，2007）。研究结果表明，GCG 和 EGCG 均对 PPARγ，C/EBPα 和 SREBP-1c 的 mRNA 和蛋白质表达有强烈的抑制作用。然而，GCG 和 EGCG 之间也存在一些差异，如：GCG 对 SREBP-1c 的表达具有更强的抑制能力，而 EGCG 能显著地抑制 PPARγ，C/EBPα 的表达，这与其他有关 EGCG 在脂肪形成分化过程中的抑制作用的研究结果一致。GCG 和 EGCG 的处理显著降低了 FAS，SCD-1，FAT，ACC 的 mRNA 和蛋白水平。总之，GCG 的抗脂肪形成作用是通过下调转录因子 PPARγ，C/EBPα 和 SREBP-1c 的表达及抑制脂肪细胞分化过程中脂肪细胞特异性基因的表达介导的。这与之前可可茶抑制脂肪细胞分化机制的研究结果一致（Li et al.，2016）。

　　氧化应激和炎症伴随着肥胖的产生。此外，它们还会刺激脂肪细胞形成（Kowalska & Olejnik，2015）。我们研究发现，GCG 和 EGCG 是通过清除分化过程中 3T3-L1 细胞内的 ROS 来发挥其抗氧化活性的，10 μg/ml GCG 具有更强的清除 ROS 的能力。Choi 等研究发现，在肥胖发展期间，ROS 的产生在脂肪细胞分化中起关键作用，包括诱导脂质积累，激活 NADPH 氧化酶，以及上调 C/EBP-α 和 PPAR-c 的表达（Choi et al.，2016；Lee et al.，2009；Shimomura et al.，2006）。Sekiya 等发现 H_2O_2 可以激活脂肪酸生物合成基因，包括 SREBP-1c，ACC，FAS 和 SCD-1，它们直接加速了细胞内脂质的积累。这些结果都表明了 GCG 的抗氧化活性有利于其抗脂肪细胞活性（Sekiya et al.，2008）。

　　在本研究中，我们发现用 GCG 和 EGCG 处理可以减少脂肪细胞中 LPS 诱导的 IL-6 和 MCP-1 的产生，并且 EGCG 有更强的抑制活性。Chung 等研究表明，NF-κB 和 MAPK 通路的激活对 LPS 诱导的脂肪细胞炎症起着非常重要的作用（Chung et al.，2006；Hoareau et al.，2010）。进一步的研究发现，20 μg/ml GCG 和 EGCG 可以明显降低 P65 的磷酸化水平，这表明 GCG 和 EGCG 可以抑制 3T3-L1 脂肪细胞中 LPS 诱导的 NF-κB 活化。Hsieh 等研究发现，脂肪组织炎症在许多肥胖相关疾病的发病机制中发挥十分重要的作用，其中包括胰岛素抵抗，2 型糖尿病和非酒精性脂肪肝病（Hsieh *et al.*，2009；Kalupahana *et al.*，2012）。Weisberg 等发现肥胖相关炎症的关键部分是巨噬细胞浸润脂肪组织导致的脂肪因子失调。脂肪因子失调的特征是促炎性脂肪因子如 MCP-1，IL-6，TNF-α 和 IL-1β 的分泌增加（Weisberg et al. 2003）。Hotamisligil（1995），Rodriguez-Calvo（2008）和 Rotter（2003）等研究也证实 IL-6 和 TNF-α 是主要的炎性脂肪因子，它们会阻碍胰岛素信号传导并导致胰岛素抵抗和 2 型糖尿病的发生。

MAPK 信号通路在肥胖发展过程中发挥了关键性作用，这是因为它们可以上调 C/EBP α 和 PPAR γ 通路的表达，并且它们与肥胖诱导的炎症有关（Bost *et al.*，2005；Prusty *et al.*，2002；Son *et al.*，2011）。另外，ROS 水平的增加可以激活促分裂原活化蛋白激酶（MAPK）。我们研究发现 GCG 抑制 ERK，p38 和 JNK 的磷酸化，且呈剂量依赖性，EGCG 对 MAPKs 的磷酸化抑制能力更强。这与上述结果一致，即 EGCG 显示出更强的抗脂肪形成能力，并且还具有更高的细胞毒性。研究结果表明，GCG 与 EGCG 在抑制脂肪形成分化方面有相似的作用，都是通过抑脂肪形成转录因子和脂肪形成基因的表达的方式来实现的，特别是通过抑制减少 ROS 产生和抑制 MAPKs 的磷酸化。

目前，许多研究都报道了 EGCG 的抗脂肪形成活性，并提出了 EGCG 的抗脂肪形成活性的机制，例如通过 67 kDa 层粘连蛋白受体、减弱 MAPK 活化及包括 AMPK 和 PI3K 在内的其他途径（Balkau *et al.*，2007；Hwang *et al.*，2005；Ku *et al.*，2012；Lee *et al.*，2009；Moon *et al.*，2007）。在本研究中，GCG 通过诱导前脂肪细胞的凋亡和抑制前脂肪细胞的分化来减少脂肪细胞数量，并且 GCG 的抗氧化作用及对 MAPK 活化的抑制作用也在其抑制前脂肪细胞的分化作用中扮演这非常重要的角色。虽然 GCG 的抗脂肪形成作用低于 EGCG，但它们之间并无显著性差异。

四、结论

与 EGCG 类似，实验结果证明 GCG 也是一种有效的脂肪细胞分化抑制剂，可以有效抑制肥胖发生。GCG 的抗肥胖作用是通过抑制脂质积累和脂肪形成转录因子如 C/EBP-α，PPAR-c 和 SREBP-1c 的表达来实现的。其次，GCG 还能诱导 3T3-L1 前脂肪细胞凋亡，抑制细胞内 ROS 累积以及在分化过程中减弱 MAPK 信号通路的活化。此外，GCG 可以抑制脂肪细胞的炎症反应。尽管 GCG 的抑制脂肪形成作用及其潜在机制与 EGCG 相似，但 GCG 在许多脂肪形成特异性因子的表达上具有独特的作用。这些结果证明 GCG 具有较强的减肥作用，同时也说明了 GCG 可以用作一种治疗肥胖的膳食补充组分。

第 12 节　可可茶抗肝癌作用的研究[①]

肝癌是在世界范围内发病率排第六位，在中国排第三位的恶性肿瘤，而且肝癌的预后性差，难以在早期发现，一旦发现已进入晚期，因此，保护肝脏尤其重要（Abukhdeir et al.，2008；Parkin et al.，2005）。传统绿茶提取物（水提取物或茶多酚）具有保护肝脏的作用，长期饮用绿茶可以降低肝癌发生概率，饮用绿茶使妇女患肝癌危险比男士更少（Ui et al.，2009；Wang et al.，2008），绿茶提取物能改善内毒素引起的肝病或肝损伤（Sengupta et al.，2002）。

关于绿茶及茶多酚的抗癌研究已经很多了，主要的活性成分是茶多酚，其中 EGCG 是含量最多、活性最高和研究最多的，它们在许多动物模型，如肺癌、食管癌、胃癌、胰腺癌、膀胱癌和前列腺癌等癌细胞及体内移植瘤中都有抗性作用（Asaumi et al.，2006；Katiyar et al.，2001；Pianetti et al.，2002；Sakata et al.，2004）。

茶多酚或儿茶素极易氧化，从传统茶中提取和分离茶多酚或儿茶素的过程复杂，用金属盐脱咖啡碱或用有机溶剂萃取咖啡碱后的提取率仅 10% 左右且易残留有害成分，需要一定的设备，造成茶叶很大的浪费。传统茶的水提液中又含有咖啡碱，咖啡碱具有双重作用，可增加胎儿及乳儿心脏的收缩力；消化性胃溃疡需减少对咖啡碱的摄取。肝功能低下者因咖啡碱的代谢缓慢也有必要对其摄取进行控制；而可可茶水提液（CGTI）就可以克服以上缺点。

可可茶不含咖啡碱，其主要儿茶素是 GCG，而在茶中是 EGCG，可可茶用于抗癌的研究较少，彭力用可可茶水提液冷冻粉做了体外抗前列腺癌 PC-3 细胞和用可可茶水提液直接灌胃给荷瘤鼠的研究，结论是可可茶蒸青样有抗前列腺癌的作用（Peng et al.，2010）。

目前还未有人研究过可可茶在体内对肝癌的影响，本文研究可可茶对肝癌的体内、外抗癌效果。

一、实验材料

细胞株：肝癌 HepG2、Smmc-7721、Bel-7402，鼻咽癌 CNE2，结肠癌 HCT116、SW620，宫颈癌 HeLa，乳腺癌 MCF-7，膀胱癌 T24，食管癌 EC109 等细胞株均由中山大学附属肿瘤医院国家重点实验室提供。SPF 级 BALB/c 裸鼠：中国上海斯莱克公司，雌雄各半，4～6 周龄，体重 15～18 g，在中山大学肿瘤防治中心动物实验中心 SPF 级环境下饲养［许可证号：SYXK（粤）2007-0081］；天然无咖啡因的可可绿茶来源于广东省茶科所，茶汤制备及成分见表 8-70。

[①]　杨晓绒. 可可茶生化成分和药理作用研究［D］. 广州：中山大学，2011. 指导教师：叶创兴.

表 8-70　可可绿茶（4 g 加入 100 ml 沸水，置 98℃水浴锅 30 min）生化成分含量

Tab. 8-70　Content of main composition in Cocoa tea

生化成分	水浸出物	GCG	C	EGCG	GC	ECG	EGC	可可碱
含量 / (mg/ml)	16±0.078	3.92±0.063	1.90±0.085	1.57±0.072	0.56±0.069	0.48±0.832	0.18±0.775	1.15±0.913

二、主要试剂和仪器

DMEM 培养基及小牛血清（Invitrogen Gibco，美国）；Annexin V-FITC/PI 凋亡检测试剂盒（Biovision，CA，USA）；BCA 蛋白定量试剂盒（Pierce Rockford，IL，USA）；Westernblot 所用抗体（Santa Cruz，CA，USA）；流式细胞仪（Beckman Coulter，Fullerton，CA，USA）。

三、方法

可可绿茶 4 g 加入 100 ml 沸水，置 98℃水浴锅 30 min 后所得可可绿茶茶汤（cocoa green tea infusion，CGTI）为 4%（w/ml），成分如表 8-70，稀释可得 2%、1%、0.5%。GCG 由江苏凯吉生物科技有限公司温尧林赠送，经 HPLC 检验，纯度不低于 99%。

细胞活性检测 -MTT 染色法；细胞周期测定 -PI 染色法；细胞凋亡的检测 -Annexin V-FITC/PI 染色法；凋亡相关蛋白的检测用 Western blot 法。

皮下注射 1×10^{7} 个 /ml 的 HepG2 细胞的 PBS 悬浮液于裸鼠腋下，0.2 ml/ 只，5 天后分组处理，对照组：自由饮用水；低、中、高组：分别用可可茶 0.5%、1%、2% 的茶水灌胃；阳性组：灌胃 1 mg/ml 的 5FU，每只灌胃 0.5 ml；每 3 天测量肿瘤大小和体重。用药处理第 27 天，颈椎断颈法处死所有裸鼠，分离每只裸鼠的肿瘤，称重并排列照相，每组取出 3 只肝脏，连同瘤体组织放入装有 4% 甲醛的管中固定，用于组织包埋和肝组织 H.E. 染色；用 Tunnel 法进行瘤体组织免疫组化染色；用 Spss17.0 进行 Anovo、LSD、Duncan 等分析。

四、结果与分析

（一）可可茶水浸液（CGTI）处理癌细胞后、MTT 法测定细胞活力

1．八种癌细胞的细胞活力

用 CGTI 预培养癌细胞 72 h，MTT 检测，CGTI 对结肠癌细胞 SW620 和 HCT116 的 IC_{50} 值分别为 246.6 和 281.9 μg/ml；对人宫颈癌 HeLa 细胞、人食管癌细胞 EC109 和人鼻咽癌细胞 CNE2 及人膀胱癌细胞 T24 等的 IC_{50} 值较接近，都在 290 μg/ml 至 300 μg/ml 之间（彩图 8-71）。

2. 三种人肝癌细胞 72 h 的细胞活力比较

3 种肝癌细胞 HepG2、Smmc7721 和 Bel7402 的 IC_{50} 值分别为 292.3、251.4 和 315.2 μg/ml，虽然对 Smmc7721 的 IC_{50} 较小，但 HepG2 细胞株是国际上研究肝癌细胞常用株型，以下研究选择了 HepG2（图 8-72）。

3. CGTI 对 HepG2 细胞的剂量效应形态及其时间效应曲线

对照组 HepG2 细胞紧密贴壁生长，细胞呈不规则三角形或多角形，细胞饱满，相邻细胞生长融合紧密；不同浓度

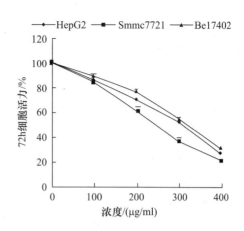

图 8-72 不同浓度 CGTI 对三种肝癌细胞生长的影响
Fig. 8-72 Viability of HepG2 cell treated by CGTI for 24, 48 and 72h

CGTI 处理后，随着浓度增加和作用时间的延长，细胞变得空扁，相邻细胞空隙增大，核固缩出现，死细胞增多；大于 200 μg/ml 处理后细胞总数明显减少，杀死细胞且完全抑制了细胞分裂（彩图 8-73）。

对三种肝癌细胞进行了细胞毒测试，在 72 h 内 Bel7402、HepG2、Smmc7721 的活力均随 CGTI 浓度的增加而下降，CGTI 对三种细胞的半数抑制率分别为 292，251 和 315 μg/ml。Smmc7721 对 CGTI 较敏感，但无显著性差别；HepG2 细胞活力随时间和剂量的增加而减少，48 h 后细胞活力接近 50%（图 8-74）。

（二）细胞周期测定结果

1. sub-G_1 期

彩图 8-75 显示，对于不同状态的细胞群，DNA 直方图显示出不同的峰：未同步化的活细胞显示有典型的 $2n$、$4n$ 二相峰，由于凋亡期间，DNA 部分丢失和碎片形成，凋亡的细胞显示为低倍体 DNA 形式（即亚二倍体峰）。DNA 直方图中有两个高耸的峰，左边的峰为二倍体细胞（$2n$，G_0/G_1 期细胞），右边较低的峰为四倍体细胞（$4n$，G_2/M 期细胞），中间的平台为非配对体细胞（S 期细胞）（Vermes et al.，2000；张殿增等，2010）。

100～400 μg/ml 的 CGTI 处理 HepG2 细胞 48 h 后，DNA 直方图最高峰的左边是低倍体细胞，即 sub-G_1 期细胞，峰形不规则，其比例

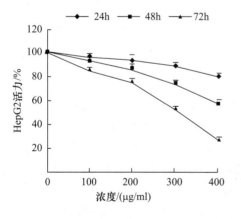

图 8-74 不同浓度不同时间 CGTI 对 HepG2 细胞生长的影响
Fig. 8-74 Viability of HepG2 cell treated by CGTI for 24，48 and 72h

代表凋亡的细胞占所有细胞的百分数，sub-G_1 期对 CGTI 有剂量依赖性增加（彩图 8-75）。

2. 可可茶处理 HepG2 细胞 48 h 后各时期在细胞周期中的分布：

彩图 8-75 显示，G_1 峰的左侧出现亚二倍体细胞群的峰型，这种 Sub-G_1 峰的出现提示凋亡的存在（O'Connor *et al.*，1993；Zhen *et al.*，1995），CGTI（0～400 μg/ml）诱导 HepG2 细胞凋亡，Sub-G_1（9%～77.2%）呈剂量依赖性增加，与对照相比 200～400 μg/ml 的凋亡率显著性增加（$p < 0.001$）。

3. 细胞周期阻滞

彩图 8-75，彩图 8-76 显示，CGTI 在 0～300 μg/ml 时，细胞阻滞于 S 期（21.5%～42.7%）；与对照相比，200～300 μg/ml 时，S 期呈显著性增加；CGTI 400 μg/ml 时，细胞阻滞于 G_0/G_1 期且比例为 81.6%；G_2/M 期细胞比例随 CGTI 浓度的增高而下降。与对照组比较，100 μg/ml 的 CGTI 对细胞周期的影响不明显。

（三）Annexin V-FITC/PI 染色结果

早期凋亡、晚期凋亡都是剂量依赖性增加，300 和 400 μg/ml 的 CGTI 使 HepG2 细胞早期凋亡率显著提高了 114% 和 154%；使 HepG2 细胞晚期凋亡率显著提高了 21% 和 42%（$p < 0.001$）（彩图 8-77）。

（四）凋亡相关蛋白 western blotting 检测结果

CGTI 处理后的 HepG2 细胞中，Caspase-3 活化后水解片段 17KD 和 PARP 水解片段 85 kD 都存在时间和剂量依赖性增加，200 μg/ml 处理 HepG2 细胞 8 h 和 100 μg/ml 处理 48 h 时出现两者的剪切片段；抑癌基因 p53 及其调控的下游基因 p27 和 p21 的表达也存在 CGTI 剂量依赖性增加；抑制凋亡基因 Bcl-2 的表达表现出剂量依赖性下降而促凋亡基因 Bax 的表达表现出剂量依赖性上调（图 8-78）。

（五）CGTI 对荷瘤裸鼠处理结果

1. 体重记录结果

接瘤 5 天后，所选 30 只荷瘤鼠瘤体全部出现且大小较一致，随机分为 6 组，每组 6 只。从第 6 天开始，每 3 天称重每只裸鼠直至处死，共称量 10 次，计算每次每组平均体重，从第 3 次开始，即灌胃 6 天时，与对照组相比，各处理组荷瘤鼠的体重出现剂量依赖性差别且 CGTI 高剂量组和 5FU 组的体重出现下降，说明这两种剂量有减肥作用。灌胃至 12 天时发现 5FU 组有个别裸鼠拉稀且体重下降急剧，而停止灌胃后体重又逐渐上升，CGTI 高剂量组体重无显著变化（彩图 8-79、图 8-80）。

灌胃前的各组体重无差异；处死时的体重与灌胃前的相比，对照组和可可茶低、中剂量组有所增加，分别增加 5.2、3.6 和 1.5 g；可可茶高剂量组和 5FU 组体重有所下降，分别下降 1.2 和 3.6 g。

最后体重与对照相比，可可茶低剂量组无差异，中剂量组有显著性下降（$p < 0.01$），高剂

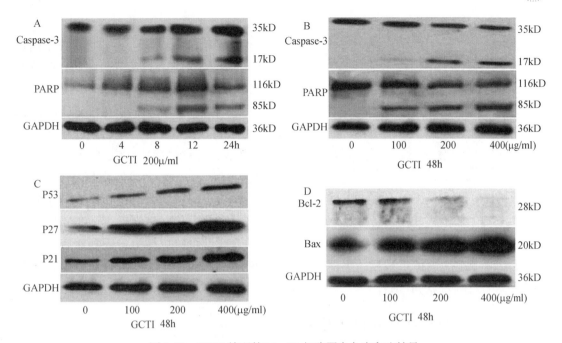

图 8-78 CGTI 处理的 HepG2 细胞蛋白免疫印迹结果

Fig. 8-78 Effects of CGTI on apoptosis signaling pathway in HepG2 cells

A 用 200μg/ml CGTI 处理细胞后的 Caspase-3 和 PARP 剪切片段；B 用 0~400μg/ml CGTI 处理细胞 48h 后的 Caspase-3 和 PARP 剪切片段；C 用 0~400μg/ml CGTI 处理细胞 48h 后的 p53、p27 和 p21 表达；D 用 0~400μg/ml CGTI 处理细胞 48h 后的 Bcl-2 和 Bax 表达

量组和 5FU 组有极显著性下降（$p < 0.001$）。

可可茶三组内相比，低剂量组与中剂量组之间体重无显著性差异；低剂量组与高剂量组之间有极显著性差异（$p < 0.001$）；中剂量组与高剂量组之间体重有显著性差异（$p < 0.05$）。

与 5FU 组相比，可可茶低、中剂量组与 5FU 组有极显著性差异（$p < 0.001$），高剂量组与 5FU 组有显著性差异（$p < 0.05$）。

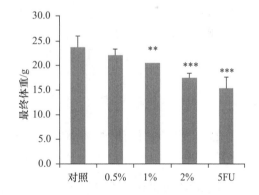

图 8-80 每组荷瘤鼠处死后的平均体重与对照比较

Fig.8-80 Body weight of each group nude mice weighted after sacrificed

2. 瘤体体积记录结果

从第六天开始，每 3 天用游标卡尺测量每只裸鼠瘤体长短径直至处死，共测量 10 次，从第 2 次开始，即灌胃 3 天时，与对照组相比，各处理组荷瘤鼠的瘤体体积出现无规律差别，其中也存在人为因素造成的误差和系统误差，但总体都在增加。灌胃至 12 天时发现 5FU 组有个别裸鼠拉稀且体重严重下降，瘤体增加也较少，而停止灌胃后体重和瘤体体积也增加，但有个别裸鼠瘤体不变，由彩图 8-81 可知，CGTI 中、高剂量组和 5FU 组瘤体体积比较接近。

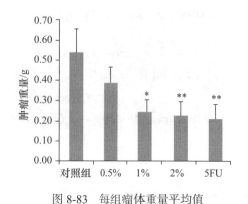

图 8-83　每组瘤体重量平均值

Fig. 8-83　Average of tumor weight of each group

3. 瘤体重量

裸鼠种植肝癌细胞至 32 天后，颈椎断颈法处死，完整分离每只裸鼠的肿瘤，称重并由大到小排列照相。

彩图 8-82 是每组荷瘤鼠处死后剥落的瘤体，可可茶处理组和 5-FU 组的瘤体比对照组均小。与对照相比，CGTI 低、中、高剂量及 5FU 组处理后抑瘤率依次为 28%、55%、58%、61%。对各组瘤体重量进行统计分析，图 8-83 表明，与对照组相比，CGTI 低剂量组的瘤体重量无显著性差异；CGTI 中剂量组的瘤体重量显著下降（$p < 0.05$）；CGTI 高剂量组和 5FU 组的瘤体重量有极显著性下降（$p < 0.01$）。

（六）Caspase-3 免疫组化结果

彩图 8-84 Caspase-3 免疫组化表达，每张切片上分别取 3 个高倍镜视野 10×20，计数每个视野中 Caspase-3 剪切片段阳性细胞数，用 SPSS 17.0 进行方差分析比较。

由图 8-85 可知，可可茶中剂量组 1%、高剂量组 2% 和阳性对照 5-FU 组瘤体组织中的 caspase-3 剪切片段免疫组化阳性率与对照组相比具有极显著性增加（$p < 0.001$），可可茶低剂量组 0.5% 具有较显著性增加（$p < 0.01$）。

（七）TUNEL 法测定瘤体细胞凋亡结果

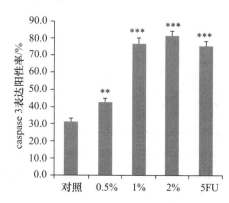

图 8-85　Caspase-3 免疫组化表达阳性率

（*$p < 0.05$，**$p < 0.01$，***$p < 0.001$）

Fig. 8-85　The positive expression of caspase-3 by immunohistochemistry

彩图 8-86 每张切片上分别取 5 个高倍镜视野 10×20，检测每个视野中 TUNEL 阳性细胞数，用 SPSS 17.0 进行方差分析比较（图 8-87）。

由图 8-87 可知，可可茶中剂量组 1%、高剂量组 2% 和阳性对照 5FU 组瘤体组织中的 caspase-3 剪切片段免疫组化阳性率与对照组相比具有极显著性增加（$p < 0.001$），可可茶低剂量组 0.5% 具有显著性增加（$p < 0.05$）。

（八）肝组织 HE 染色结果

从彩图 8-88 可以看出，CGTI 处理组和对照组细胞核分布均匀，而 5-FU 组出现部分核聚集现象。

五、讨论

本研究表明，CGTI 诱导细胞凋亡且显著性地抑制 HepG2 细胞在体、内外的生长；体内实验表明在引起瘤体细胞凋亡的基础上也引起瘤体坏死。

（一）有关 GCG 单体和可可茶茶汤

有许多研究证实茶、茶多酚及茶中的主要单体 EGCG 等具有抗癌活性。GCG 是可可茶中的主要儿茶素，充分提取后含量一般

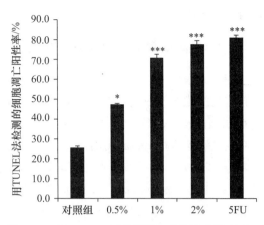

图 8-87　用 TUNEL 法检测的细胞凋亡阳性率（％）

Fig.8-87　The positive rate of tumor by TUNEL assay

（*$p<0.05$；**$p<0.01$；***$p<0.001$）

占可可茶干叶的 10%～14%，本研究中曾用 GCG 和 CGTI 同时处理 HepG2 细胞，发现两者的 IC_{50} 分别是 65 μg/ml 和 292 μg/ml（292 μg/ml 的 CGTI 中含有 72 μg/ml 的 GCG，即 157 μmol/L 的 GCG），这可能说明 GCG 是可可茶主要的抗癌成分；或许 GCG 的作用没有发挥出来，或许 GCG 用 DMSO 溶解后在储存过程中发生了氧化而减少了它的活性；所以本研究直接选择了可可茶茶汤，不经过任何化学处理，接近于日常饮用。每次使用的都是现提取的茶汤，茶汤按一定的料液比，即 4%（w/ml）用于细胞实验和动物实验，在一定条件下的水提取物含量是稳定的，即相当于 16 mg/ml 水提取物，分别用相应的水稀释，可得较小的剂量。

（二）有关剂量及不同癌细胞的敏感性问题

在所试验的癌细胞中，经倒置显微镜观察和 CGTI 处理各癌细胞 72 h 后的 MTT 结果，3 种肝癌细胞 HepG2、Smmc7721 和 Bel7402 的 IC_{50} 值分别为 292.3、251.4 和 315.2 μg/ml；CGTI 对人宫颈癌 HeLa 细胞、人食管癌细胞 EC109 和人鼻咽癌细胞 CNE2 等这三种癌细胞的 IC_{50} 值较接近，都在 290～300 μg/ml 之间；对结肠癌细胞 SW620 和 HCT116 的 IC_{50} 值分别为 246.6、281.9 μg/ml。可见不同癌细胞对可可茶的敏感性不同。对这 8 种癌细胞来说，虽然 CGTI 对 SW620 的 IC_{50} 值最小，在 3 种肝癌细胞中，对 Smmc7721 的 IC_{50} 较小，但本实验一开始就选择了对肝癌细胞进行研究，而 HepG2 细胞株是国际上常研究的公认的典型的肝癌细胞株型，所以其他进一步研究均选择了 HepG2。

可可茶蒸青样水提物处理人前列腺癌细胞 PC-3 72 h 后的 IC_{50} 值为 131 μg/ml（Peng et al., 2010）。绿茶提取的茶多酚对人鼻咽癌细胞 CNE2、人肺癌细胞 A549、人肺腺癌细胞 GLC282 以及人乳腺癌细胞 MCF27 的 IC_{50} 值分别为 102.72，35.76，70.0 和 63.10 μg/ml（谢冰芬等，1998）。EGCG 处理 HepG2 细胞 48 h 后 IC_{50} 约为 100 μg/ml（Nishikawa et al., 2006）。EGCG 处理 HepG2 细胞 48 h 和 72 h 后的 IC_{50} 分别为 100 和 80 μg/ml（王坤英等，2009）。可见无论是可可茶中的主要单体还是混合物或水提取物，对各种癌细胞的敏感性

是有着较大的区别。

（三）细胞周期阻滞阶段问题

中药或中药提取物可将癌细胞阻滞在细胞周期的不同时期而引起凋亡。β- 榄香烯对肝癌腹水瘤细胞系 Hca-F_（25）/CL-16A_3 阻滞在 S 期而抑制细胞生长，且 DNA 直方图中亚 G_1 期出现较大凋亡峰，但在 G_0/G_1 无作用（左云飞等，1999）；盐酸小檗胺 Berbamine 抑制白血病细胞株 Jurkat 的增殖，促进凋亡，是将细胞阻滞在 S 期，G_0/G_1 期细胞减少（黄志煜等，2007）；可可茶蒸青样提取物诱导人前列腺癌细胞 PC-3 细胞凋亡是将细胞周期阻滞在 G_2/M 期（Peng et al., 2010）。本研究中 CGTI 在 0～300 μg/ml 范围，将 Hep G2 阻滞在 S 期而在 400 μg/ml 时细胞周期阻滞在 G_0/G_1。

（四）细胞凋亡问题

PI 单染法检测细胞凋亡是最简单、直接和经济的一种方法（Vermes et al., 2000；张殿增等，2010）；Annexin V-FITC/PI 可以将凋亡早晚期的细胞与死细胞区分开来，是检测细胞凋亡较准确的方法（毛咏秋等，2005）；PI 单染法中 CGTI（0～400 μg/ml）对 HepG2 细胞凋亡率分别是 sub-G_1 期依次为：9%、14.6 %、37.2%、58.8% 和 77.3%；Annexin V-FITC/PI 双染法中 CGTI（0～400 μg/ml）对 HepG2 细胞早晚期凋亡率依次为：0.7%、1.6%、8.7%、37% 和 59.3%。

显然单染法检测结果包括了损伤细胞甚至一些细胞碎片，一部分坏死细胞碎片发生低荧光，位于二倍体峰前，检测凋亡率偏高。

（五）细胞凋亡途径问题

Caspases 蛋白酶家族是一种已被证明以多种形式参与细胞程序性死亡的关键因素（Grutter，2000；Zimmermann et al., 2001）。caspase-3 是联系细胞凋亡的其中两条通路，即死亡受体途径和线粒体途径的桥梁，活化的 caspase-3 及其底物 PARP 的剪切片段，被认为是细胞凋亡的标志，PARP 是一种参与 DNA 修复、稳定和转录调节的酶（D'Amours et al., 1999；Ferri et al., 2001；Nunez et al., 1998）；CGTI 可诱导 caspase-3 的活化，使 caspase-3 和 PARP 的剪切片段呈剂量和时间依赖性增加（图 8-78 A，B）；CGTI 诱导的细胞凋亡途径是经过 caspase-3 参与的途径。

肿瘤生长跟肿瘤抑制基因的失活密切相关，较普遍的肿瘤抑制基因有 p53、p16、Rb、p21、p27 等。p53 是一种非常重要的肿瘤抑制基因，在癌的发生中承担着重要的角色，约 50% 的人类癌症都存在着 p53 基因的突变（Soussi et al., 2001；Wang et al., 2009）。p21 和 p27 是 p53 基因下游的效应器，它们的表达产物是细胞生长负调节因子，能够抑制细胞增殖。转染了 p21 基因的人肺腺癌细胞、脑瘤细胞和大肠癌细胞生长会显著性地受到抑制（El-Deiry et al., 1993）。Esposito 通过研究 108 例肺癌患者，发现 p27 的表达与患者总生存率呈正相关（Esposito et al., 1997）。p21 和 p27 家族蛋白是细胞周期蛋白依赖激酶 Cdks 的抑制因子，调节 Cdks 的活性（Abukhdeir *et al.*, 2008）。肿瘤治疗效果与肿瘤细胞凋亡密切相关，Bcl2 和 Bax 是最先发现的凋亡相关的同源基因，有效治疗肿瘤后 Bax/Bcl2 比率会升高，如果治疗无效则 Bax/Bcl2 比率基本不变（Chung *et al.*, 2003；De Miglio *et al.*, 2000）。

在 CGTI 处理的 HepG2 细胞中，p53、p21 和 p27 基因的表达呈剂量依赖性增加；Bcl2 呈剂量依赖性下降而 Bax 呈剂量依赖性增加，即 Bax/Bcl2 比率呈剂量依赖性升高，说明 p53 基因依赖的调控途径参与了 CGTI 诱导的 HepG2 细胞凋亡过程。CGTI 诱导 HepG2 细胞凋亡同时也被瘤体组织 Caspases-3 免疫组化和 TUNEL 法所验证。

（六）荷瘤鼠体重变化问题

灌胃 6 天时，与对照组相比，各处理组荷瘤鼠的体重出现剂量依赖性差别且 CGTI 高剂量组和 5FU 组的体重出现下降。灌胃至 12 天时发现 5FU 组有个别裸鼠拉稀且体重严重下降，而停止灌胃后体重又逐渐上升，CGTI 低剂量组体重无显著下降或增加。

CGTI 低、中剂量组体重增长较慢，这说明可可茶具有一定的减肥作用；CGTI 高剂量组体重下降，说明 2%（8 mg/ml，相当于 80 mg/kg）对裸鼠来说，设置有点高，但也有待于进一步观察其毒性。可可茶有减肥作用，此前也已证明了（Kurihara *et al.*, 2006；许实波等，1990），其减肥机理可能是降血脂、降胆固醇。

六、小结

（1）CGTI 处理 HepG2 细胞 48 h 后细胞周期分析结果：$200 \sim 400$ μg/ml 的 CGTI 使 Sub-G_1（$12\% \sim 76.2\%$）呈剂量依赖性增加。CGTI 在 $100 \sim 300$ μg/ml 时，细胞阻滞于 S 期且呈剂量依赖性增加（$22.86\% \sim 45.58\%$）；在 400 μg/ml 时，细胞阻滞于 G_0/G_1 期且比例高达 82.7%。

（2）Caspase-3 活化后的片段 17kD 和 PARP 水解片段 85kD 都存在时间和剂量依赖性增加，200 μg/ml 处理 HepG2 细胞 8 h 和 100 μg/ml 处理 48 h 时出现两者的剪切片段；抑癌基因 p53 及其调控的下游基因 p27 和 p21 的表达也存在 CGTI 剂量依赖性增加；抑制凋亡基因 Bcl-2 的表达表现出剂量依赖性下降而促凋亡基因 Bax 的表达表现出剂量依赖性上调。

（3）荷瘤鼠处死后，与对照组（自来水）相比 0.5%、1%、2% 的可可茶水提物组和阳性对照组（5-FU）的抑瘤率分别为 28%、55%、58%、61%。

（4）处死后，对照组、0.5% 可可茶、1% 可可茶组荷瘤裸鼠的体重分别比灌胃前增加了 5.2 g、3.6 g 和 1.5 g，而 2% 可可茶组和 5-FU 组的体重分别下降了 1.2 g 和 3.6 g，说明可可茶具有剂量依赖性减肥作用。

（5）瘤体组织的 Caspase-3 免疫组化表达和 TUNEL 法检测阳性率显示，CGTI 体内引起瘤体组织细胞凋亡。CGTI 处理组和空白组细胞核分布均匀，而 5FU 组出现部分核聚集现象，CGTI 对肝脏无影响。

第13节　可可茶抗前列腺癌的体外研究①

前列腺癌是男性常见的恶性疾病之一，其发病率近年来不断提高。内分泌治疗是目前前列腺癌的主要治疗方法，大多数患者起初都对内分泌治疗有效，但经过中位时间14～30个月后，几乎所有患者病变都将逐渐发展为激素非依赖性前列腺癌。从而使肿瘤细胞生长无法控制，进而导致内分泌治疗的失败。因此寻找前列腺癌特别是对晚期雄激素非依赖性前列腺癌的有效治疗方法是目前的首要任务。

目前国内外关于可可茶对前列腺癌作用的研究还未见报道，为了探讨可可茶对雄激素非依赖性前列腺癌的作用及其机制，研究以人雄激素非依赖性前列腺癌细胞系PC-3为研究对象，在体外通过细胞染色法、流式细胞仪、Western blot等方法观察了可可茶对PC-3细胞生长及凋亡调控的影响，并对可可茶抗雄激素非依赖性前列腺癌的作用机制作了探讨。

一、仪器与试剂

二氧化碳培养箱（美国Thermo），倒置光学显微镜（日本Olympus），自动酶标仪（美国Fisher），流式细胞仪（美国Beckman），人雄激素非依赖性前列腺癌PC-3细胞系（美国ATCC），胎牛血清、胰蛋白酶和磷酸缓冲液（美国Invitrogen），RPMI 1640培养基和抗生素（美国Mediatech），MTT（美国Sigma），DMSO（美国Fisher）。

Bax、Bcl-2、IκBα、IκBα（phospho）、anticyclins D1、D2、E cdks 2、4、6、WAF1/p21、KIP1/p27、p-NF-κB/p65抗体（美国Cell Signaling），IKKα、Procaspase 3、Procaspase 8、NF-κB/p65抗体（美国Santa Cruz），鼠、兔二抗（美国Amersham），BCA蛋白分析试剂盒（美国Pierce），细胞凋亡检测试剂盒（美国Phoenix）。

二、实验方法

（一）细胞培养

PC-3细胞培养于RPMI 1640培养基（含10%胎牛血清，1%青霉素、链霉素）中，置于5%二氧化碳的孵箱（37℃）中扩增，每2～3天消化（0.25%胰酶）、传代。

---

① LI P, NAGHMA K, FARRUKH A, et al. *In-vitro* and *in-vivo* effects of water extract of white cocoa tea (*Camellia ptilophylla*) against human prostate cancer [J]. Pharm Res, 2010, 27 (6): 1128-1137.

（二）可可茶样品的制备

准确称取可可茶 1 号和可可茶 2 号蒸青样 12.5 g，置于 1 L 烧杯中。加沸蒸馏水 500 ml，放入沸水浴中浸提 15 min，中间搅拌 2～3 次，浸提后即过滤，滤渣再加入 500 ml 沸蒸馏水浸提，合并两次滤液，滤液冷却后用水定容至 1 L。得到的可可茶汤浓度为 1.25%（Wang et al.，1992）。茶汤再经真空冷冻干燥，即得可可茶水粗提物粉末，置于低温干燥处保存。用于细胞实验时，用热双蒸水溶解可可茶粉末，并稀释成所需浓度加入培养基中。

（三）倒置相差显微镜形态观察

将传代的 PC-3 细胞以 1×10^6/ml 浓度接种于培养皿中，培养 24 h 后，分别加入 0、100、125 和 150 μg/ml 可可茶水粗提物，继续培养 24、48 和 72 h，在倒置相差显微镜下观察细胞生长状况。

（四）细胞增殖测定（MTT 法）

将对数生长期的 PC-3 细胞用含 10% 胎牛血清的 RPMI 1640 培养液调成细胞浓度 1×10^4/孔，接种于 96 孔板，过夜培养，次日加入不同浓度的可可茶水粗提物，其终浓度分别为 100、125 和 150 μg/ml，对照组只加等量的 RPMI 液，每组设 6 平行孔，将培养板置于 5% CO_2、37℃培养箱中，继续培养 24、48 和 72 h，在额定时间将每孔加入 MTT 100 μl，继续培养 2 h，然后吸去上清液，加入 DMSO（100 μl/孔），混匀 20 min 后，在酶标仪上测定各孔 540 nm 处的吸光度（A）值，每次实验重复 3 次。按下列公式计算细胞增殖抑制率：

$$细胞增殖抑制率＝（1－处理组 A 值 / 对照组 A 值）\times 100\% \qquad (8-8)$$

（五）流式细胞分析法

待 PC-3 细胞密度达到 50%～60% 后加入可可茶水粗提物，使其终浓度分别为 0、100、125 和 150 μg/ml，培养 72 h 后 PBS 洗涤后收集细胞，加入预冷的乙醇（浓度为 70%），于－20℃固定 24 h，离心洗涤后，按 Apo-Direct kit 的说明操作，最后悬浮于 PI/RNase A 染液中，调整细胞浓度为 1×10^5/ml，室温避光染色 30 min，用流式细胞仪检测，采用 ModFit LT 软件处理实验结果。

（六）细胞核、胞质提取物和全细胞裂解物的制备

取对数生长期的 PC-3 细胞，用不同浓度的可可茶水粗提物（100～150 μg/ml）处理 72 h 后，收集细胞，用 PBS 洗涤二次，冰浴上裂解。

用裂解液 I（含有 HEPES 10 mmol/L，KCl 10 mmol/L，EDTA 0.1 mmol/L，EGTA 0.1 mmol/L，DTT 1 mmol/L，PMSF 1 mmol/L，蛋白消化酶抑制剂）裂解，冰浴 15 min 之后，加入 10%

Nonidet P-40，混匀后于 4℃ 条件下以 14 000 r/min 转连离心 1 min，上清液储存在−80℃冰箱备用，此为胞质提取物；沉淀部分再加入 50 μl 的细胞核裂解缓冲液（HEPES 20 mmol/L，NaCl 0.4 mol/L，EDTA 1 mmol/L，EGTA 1 mmol/L，DTT 1 mmol/L，PMSF 1 mmol/L，蛋白消化酶抑制剂），冰浴 30 min 后，在 4℃离心机 14 000 r/min 离心 5 min。上清部分即核提取物，储存在−80℃备用。

用裂解液Ⅱ（50 mmol/L Tris-HCl，150 mmol/L NaCl，1 mmol/L EGTA，1 mmol/L EDTA，20 mmol/L NaF，100 mmol/L Na_3VO_4，0.5% NP-40，1% Triton X-100，1 mmol/L PMSF（pH 7.4），蛋白消化酶抑制剂）裂解 30 min 后，在 4℃离心机 14 000 r/min 离心 15 min，上清部分即为全细胞裂解物，储存在−80℃备用。总蛋白质含量的测定按 BCA 试剂盒的说明操作。

（七）Western blot

取 50 μg 总蛋白，加入等体积 2 倍上样缓冲液，94℃变性 5 min。聚丙烯酰胺凝胶电泳（12% 的分离胶），电转印法将电泳条带转移到硝酸纤维素膜上，封闭 1 h 后（封闭液：5% 脱脂奶粉 /1% Tween-20，20 mmol/L TBS，pH7.6），加入 1∶1000 稀释的单克隆或多克隆抗体，4℃过夜；洗涤后加入 1∶1500 稀释的辣根过氧化物酶标记的二抗，室温孵育 2 h；洗涤后 DAB 显色。灰度扫描用 ChemiDoc XRS 凝胶成像系统。各蛋白含量值用 UN-SCAN-IT gel 软件分析。

（八）统计学处理

应用 SPSS 16 统计软件作数据处理分析，计量资料以均数 ± 标准差（$\bar{x} \pm s$）表示，数据采用单因素方差分析。

三、结果与分析

（一）细胞形态学观察

为了研究不同浓度可可茶水粗提物对 PC-3 细胞生长的影响，我们将分别给药培养了 24、48 和 72 h 的细胞置于倒置显微镜下观察，从镜下可以看出，对照组细胞贴壁生长，细胞呈多角形，胞质饱满，生长舒展，相邻细胞生长融合成片。经不同浓度可可茶水粗提物处理后，随着浓度增加和作用时间的延长，细胞开始变圆，体积减小，核固缩出现，核颜色加深，折光性增强，脱落细胞逐渐增多，悬浮于培养液中。其中以 150 μg/ml 可可茶水粗提物 72 h 最明显，细胞数少，脱壁细胞明显增多（彩图 8-89）。

（二）可可茶对 PC-3 细胞的抑制作用

MTT 法是一种常用的检测细胞存活和生长的方法。不同浓度可可茶水粗提物作用于 PC-3 细胞 24～72 h 后，PC-3 细胞的生长均不同程度地受到抑制，并呈浓度和时间依赖性

特点，72 h 后细胞的存活率分别降低
35%、49% 和 57%，其中以 150 μg/
ml 可可茶水粗提物在 72 h 时抑制率
为最高。24、48 和 72 h 的细胞 IC_{50}
值分别为 214，153 和 131 μg/ml。可
可茶提取物浓度、处理时间对癌细胞
生长抑制率与对照组比较，差异均有
统计学意义（$p < 0.05$）（图 8-90）。

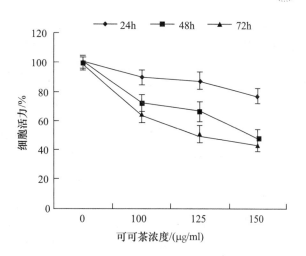

（三）可可茶对 PC-3 细胞凋亡作用的诱导

为了检测可可茶对细胞生长抑
制作用是否由凋亡引起，我们采用
TUNEL 法，利用 FITC 和 PI 染色，
对细胞的凋亡情况进行了分析。如

图 8-90　不同浓度不同时间可可茶对 PC-3 细胞生长的抑制作用

Fig. 8-90　Effect of cocoa tea on cell growth by MTT

100、125、150μg/ml 浓度的可可茶作用 24、48 和 72h 后，不同浓度可可茶组之间及不同作用时间之间比较，差异均有统计学意义（$P < 0.05$）

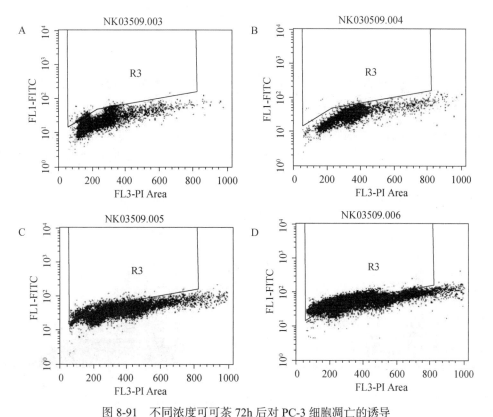

图 8-91　不同浓度可可茶 72h 后对 PC-3 细胞凋亡的诱导

Fig. 8-91　Effect of cocoa tea on apoptosis in PC-3 cells

A 对照组；B 100μg/ml 可可茶组；C 125μg/ml 可可茶组；D 150μg/ml 可可茶组

图 8-91 所示，跟对照组相比，随着可可茶浓度的增加，对细胞的凋亡诱导率呈递增趋势。经 100、125 和 150 μg/ml 的可可茶处理后，PC-3 细胞的凋亡率分别为 2.11%、7.82 % 和 26.55%，可可茶各组凋亡率与对照组比较，差异均有统计学意义（$p<0.01$）。

（四）可可茶对细胞周期的阻滞作用

从细胞周期分布情况来看，可可茶能够影响细胞周期，随着可可茶浓度的增加，G_0/G_{1_1}、S 期细胞比例逐渐降低，G_2/M 期细胞比例逐渐增高，由 11.33 % 上升到 54.72%。与对照组比较，差异均有显著性（$p<0.05$）。表明 PC-3 细胞发生了 G2/M 期阻滞（表 8-71、图 8-92）。

表 8-71　不同浓度可可茶作用 72 h 对 PC-3 细胞的细胞周期的影响
Tab. 8-71　Effect of cocoa tea on cell cycle distribution in PC-3 cells after 72 h

分组 Section	G_0/G_1	S	G_2/M
对照组	61.09±1.32	28.76±1.73	10.55±0.59
可可茶处理组			
100 μg/ml	60.18±1.11 △	28.49±1.35 △	11.33±1.17 △
125 μg/ml	52.24±1.45 *	24.23±1.75 *	23.53±1.26 *
150 μg/ml	42.14±1.71 *	3.14±0.81 *	54.72±1.58 *

* 与对照组比较 $P<0.01$，△ 与对照组比较 $P<0.05$

（五）可可茶对细胞周期调控因子 Cyclins、cdks 的抑制和对 WAF1/ p21、KIP1/p27 的诱导

用 Western blot 检测了细胞周期调控蛋白 Cyclin D1、Cyclin D2、Cyclin E，cdk 2、cdk 4、cdk 6 和抑制因子 p21 和 p27。如图 8-93 所示，可可茶可诱导细胞周期抑制蛋白 p21 和

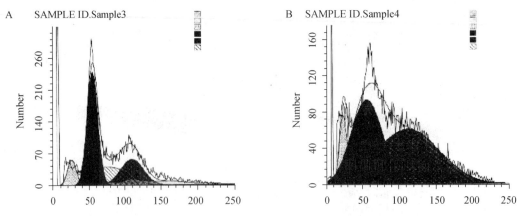

图 8-92　不同浓度可可茶处理 72h 后对 PC-3 细胞周期的影响
Fig. 8-92　Effect of cocoa tea on cell cycle distribution in PC-3 cells
A 对照组；B 100μg/ml 可可茶组；C 125μg/ml 可可茶组；D 150μg/ml 可可茶组

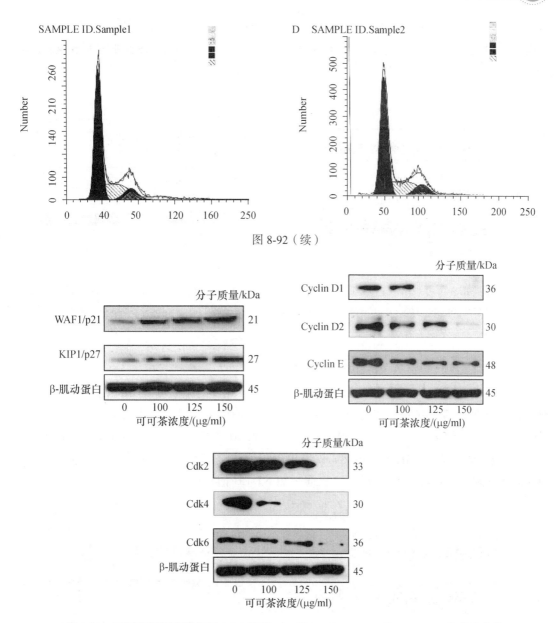

图 8-92（续）

图 8-93　不同浓度可可茶作用 PC-3 细胞 72h 后 Cyclins、cdks 和 p21、p27 的表达变化

Fig. 8-93　Effect of cocoa tea on protein expression of Cyclins，cdks，p21 & p27

p27 的表达，并呈剂量依赖型增加。而对于受 p21 和 p27 调控的 Cyclin D1、Cyclin D2、Cyclin E 和 cdk2、cdk4、cdk6，随着可可茶浓度的增加，它们的表达水平呈下降趋势。说明可可茶通过调控 Cyclins、cdks 以及它们抑制因子的表达来影响细胞周期的进行。

（六）可可茶对 Bax、Bcl-2 和 procaspase 蛋白表达的影响

Bax 和 Bcl-2 在细胞凋亡过程中扮演着重要的角色，Bax/Bcl-2 的比例可以衡量细胞的

凋亡水平。如图 8-94 所示，随着可可茶浓度的增加，PC-3 细胞中 Bax 蛋白的表达增加而 Bcl-2 蛋白的表达降低。Bax/Bcl-2 的比例也逐渐增加。同时，可可茶也能抑制 procaspase 3 和 procaspase 8 蛋白的表达。

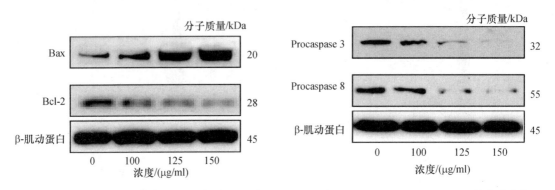

图 8-94　不同浓度可可茶作用 PC-3 细胞 72h 后 Bax、Bcl-2 和 procaspase 3、procaspase 8 的表达变化

Fig. 8-94　Effect of cocoa tea on protein expression of Bax、Bcl-2 and procaspase-3 caspase-8 in PC-3 cells

（七）可可茶对 NF-κB 信号通路的抑制

NF-κB 信号通路是一条重要的信号通路途径。NF-κB 的激活可以阻断细胞凋亡引起细胞扩增。我们检测了 NF-κB 信号通路中几个重要蛋白的表达情况。如图 8-95 所示，不同浓度的可可茶作用 72 h 后，PC-3 细胞中 IKKα、p- IκBα、NF-κB 和 p-NF-κB 蛋白表达下调，IκBα 蛋白表达上调，呈浓度依赖性。说明可可茶能通过抑制 IKKα 的表达从而抑制 IκBα 的磷酸化，阻止 NF-κB 进入细胞核，进而影响 NF-κB 信号通路。

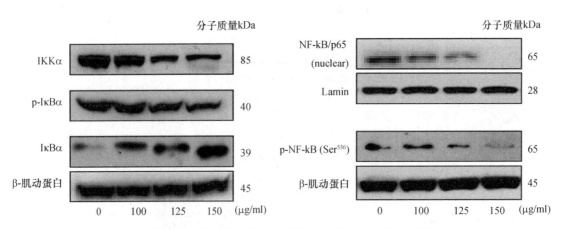

图 8-95　不同浓度可可茶作用 PC-3 细胞 72h 后 NF-κB 信号通路的变化

Fig. 8-95　Effect of cocoa tea on activation of NF-κB in PC-3 cells

四、讨论

（一）茶多酚的抗癌活性及其机制

自 1987 年 Fujiki et al（2002）最早报道（-）-EGCG 抑制人体癌细胞作用以来，美国、日本、中国、英国、意大利等许多国家数以百计的研究报告揭示了茶的抗癌活性及其机理。研究证明了茶叶对各种动物癌症有明显的预防和治疗效果，它包括皮肤癌、肺癌、食道癌、胃癌、十二指肠癌和小肠癌、胰腺癌、直肠癌、膀胱癌、前列腺癌和乳腺癌等（Bushman *et al.*，1998；Fujiki *et al.*，1999；Kuroda *et al.*，1999；Yang *et al.*，2001；Trevisanato *et al.*，2000；Mukhtar *et al.*，1999；Lin *et al.*，2000；Wang *et al.*，2002）。茶多酚抗癌的机制十分复杂，作用途径多样，主要机制有抗氧化作用、对致癌过程中关键酶的调控、阻断信号传递、抗血管形成、诱导细胞凋亡等。

黎丹戎等（2001）采用 MTT 法和活细胞计数法测定茶多酚对人肝癌细胞的生长抑制作用，PCR-ELISA 试剂盒测定细胞的端粒酶活性，细胞形态学变化和 DNA 凝胶电泳观察细胞凋亡现象。结果表明茶多酚能抑制肝癌 BEL-7402 细胞的增殖，其 IC_{50} 为 150 μg/ml，且具有诱导分化作用，可降低端粒酶活性的表达，对 p53 具有下调作用。说明茶多酚具有体外抗肿瘤活性，其抗癌机制可能是通过抑制端粒酶的活性而实现的。

谢冰芬等（1998）研究茶多酚在体外细胞毒作用及体内抗肿瘤作用时发现，茶多酚对体外培养的人鼻咽癌细胞 CNE2、人肺癌 A549 细胞、GLC-82 细胞及乳腺癌细胞 MCF-7 都显示了较强的抑制作用，抑制率随茶多酚浓度的增加而增强。体内灌胃给予茶多酚 1.25、5.0 和 20 mg/（kg·d）×10 天剂量下对小鼠肿瘤 L_2 的抑瘤率依次为 31.06%～30.99%、42.05%～49.75% 和 45.12%～46.79%。茶多酚在 1.25、5.0 和 20 mg/（kg·d）×18 天剂量下，对人肺癌裸鼠移植瘤的抑瘤率依次为 29.77%、37.41% 和 48.34%，说明茶多酚具有体内抗肿瘤的作用。

李斌等（2006）采用白血病 K562 细胞为实验对象，体外观察茶多酚的抗肿瘤作用。MTT 实验结果显示茶多酚对 K562 细胞的生长有明显的抑制作用，且呈浓度、时间依赖性；流式细胞仪检测结果证实茶多酚可诱导细胞凋亡早期磷脂酰丝氨酸（PS）的外翻，说明茶多酚抑制 K562 细胞增殖主要通过诱导细胞凋亡而实现。荧光分光光度计测定茶多酚处理后的 K562 细胞内 Ca^{2+} 浓度增高。胡秀芳等（2001）也以 K562 细胞为实验对象，研究了儿茶素对白血病癌细胞的作用情况，发现 EGCG、ECG 和和 EGC 在浓度超过 50 μg/ml 时促进白血病癌细胞的凋亡，并在 50～300 μg/ml 浓度范围内存在正的量-效关系。儿茶素诱导癌细胞凋亡的可能机理之一是促进自由基的产生，并抑制癌细胞的抗氧化酶。

张星海等（2003）研究了茶多酚及其儿茶素单体对前列腺癌 PC-3 细胞增殖及凋亡的影响，结果表明茶多酚及其儿茶素单体对 PC-3 细胞具有明显的抑制和诱导凋亡作用，作

用效果的 IC_{50} 顺序为 88、97、112 μmol/L（EGCG＞ECG＞EGC），EC 几乎没有作用，但含 EC 的 TPS（茶多酚）和不含 EC 的 TPS 存在差异，它们的 IC_{50} 分别为 39 μg/ml 和 43 μg/ml，且成剂量效应和时间效应关系。毛小强等（2010）亦探讨了茶多酚对前列腺癌 PC-3 细胞增殖及凋亡的影响。结果表明茶多酚对人前列腺癌 PC-3 细胞具有增殖抑制、促进凋亡作用，并且与上调 caspase-3 基因的转录与表达有关。

谢珏等（2005）采用 MTT 法、激光共聚焦显微镜和流式细胞仪技术，体外观察茶多酚对人肺癌 A549 细胞凋亡及相关蛋白表达的影响。结果表明：不同浓度的茶多酚（50、100、200、400 μg/ml）对人肺癌 A549 细胞均有抑制作用，呈剂量依赖关系；在细胞增殖受到明显抑制时，细胞被阻滞于 G_0/G_1 期，不能进入 S 期及 G_2/M 期，同时诱导人肺癌 A549 细胞凋亡。激光共聚焦显微镜双荧光标记可见细胞凋亡的形态学改变，与对照组比较，随着茶多酚浓度的增高，细胞内 Ca^{2+} 浓度、Annexin V 表达和蛋白酪氨酸磷酸酶基因（PTEN）蛋白表达逐渐增高，细胞周期调控蛋白 D1 蛋白表达水平则呈逐渐下降。

研究还表明，茶多酚在杀伤癌细胞的同时，对正常人体细胞的损伤较小。Ahmad 等（1997，2000）研究发现茶多酚中的主要组分 EGCG 可诱导人皮肤癌细胞 HaCaT 凋亡，而不诱导人表皮细胞 MHEKS 凋亡。谢冰芬等（2003）发现茶多酚对人肝癌细胞株 Bel-7402、人鼻咽癌细胞 CNE1、人口腔癌细胞 KB、人结肠癌细胞 HT-29 均有不同程度的生长抑制作用，且有浓度依赖性。而对人肝细胞 Chang Liver cell、人胚肾上皮细胞 HEK-293、人真皮毛细血管内皮细胞 HDMEC 的生长抑制作用很弱，对人体肝细胞 CLC 的诱导凋亡作用和增殖周期的进程影响不明显。Li 等（2005）发现 EGCG 促使 HeLa 细胞和 293 细胞端粒破碎并呈剂量依赖关系，但对 MRC-5 纤维原细胞影响很小。茶多酚可选择性地杀伤癌细胞而对人体正常细胞影响较小，可能是因为癌细胞的生物化学活性有别于原器官的正常组织，增殖迅速，周期短，对茶多酚敏感，而人体正常组织细胞增殖慢，周期长，对茶多酚不敏感。

（二）可可茶对前列腺癌的作用

前列腺癌多发于中老年男性，在欧美等国家是最多见的恶性肿瘤之一，是男性癌死亡的第二位病因。2009 年美国癌症协会统计表明，在美国有 192 280 名男性被诊断为前列腺癌，而有 27 360 人将死于此种疾病（Ahmedin et al.，2009）。亚洲男性的发病率是最低的，但是近年来前列腺癌的发病率也呈上升趋势。前列腺癌已经成为危害老年男性健康的重要疾病。因此很有必要对前列腺癌的发病机理进行研究，并寻找一种有效的预防和治疗措施。

前列腺癌包含两种癌细胞类型：激素依赖性和激素非依赖性，这与其他肿瘤明显有别，导致其治疗上的特殊性。大部分的前列腺癌最初是由激素依赖性癌细胞组成，当阻断雄激素作用后，80% 的癌细胞将迅速死亡，但剩余的激素非依赖性癌细胞却并不受雄激素阻断的影响（Pfitzenmaier et al.，2009）。而目前在治疗激素非依赖性前列腺癌上，药物及效果均极其有限，因此，研究探索对这两种类型的癌细胞均有效，从而达到控制肿瘤的药物就显得至关重要。本实验针对雄激素非依赖性前列腺癌细胞 PC-3 进行研究。

首先通过 MTT 研究证实，可可茶对 PC-3 细胞的生长具有抑制作用，并呈一定的时间剂量依赖关系。接着采用 TUNEL 法，观察了不同浓度可可茶对 PC-3 细胞的诱导凋亡情况，结果表明，可可茶成功诱导了 PC-3 细胞的凋亡，且随浓度的升高，凋亡细胞增多，凋亡率逐渐上升，亦呈一定的量效关系。

细胞凋亡与细胞周期有着密切的联系，细胞周期的失控在肿瘤发病中处于极重要的环节。在细胞周期中存在着 G_1/S 和 G_2/M 检测点，当机体生长条件不适应或内外因素对细胞基因组 DNA 完整性造成损害时，细胞不能通过 G_1/S 和 G_2/M 检测点而受阻，细胞即可通过修复受损基因组，越过检测点继续发育，完成增殖周期，也能及时启动凋亡系统，清除受损细胞。若 G_1/S 和 G_2/M 阻滞点调控功能丧失，则使携带受损基因组的细胞不发生 G_1 期、G_2 期阻滞，从而经常处于不稳定变异中，导致细胞增殖失控，进而导致肿瘤的发生。

Gupta 等（2000）发现 EGCG 可以引起抑制雄激素非依赖性前列腺癌 DU145 细胞和雄激素依赖性前列腺癌 LNCaP 细胞的凋亡，将两者的细胞周期阻滞在 G_0/G_1 期。滕若冰等（2008）发现 EGCG 具有抑制 PC-3 细胞增殖作用，抑制率与 EGCG 的浓度呈剂量效应关系，IC_{50} 约为 17 μg/ml。EGCG 能将 PC-3 细胞阻滞于 G_0/G_1 期，且阻滞细胞的数量与 EGCG 的用药浓度成正相剂量关系。毛小强等（2010）亦发现茶多酚可将 PC-3 细胞周期阻滞在 G_0/G_1 期。本研究 FCM 显示可可茶作用 PC-3 细胞 72 h，随着可可茶的浓度增加，G_0/G_1、S 期细胞比例降低，G_2/M 期细胞比例增高，PC-3 细胞阻滞于 G_2/M 期，这点与 EGCG 的作用机制不同，可能与 GCG 的作用有关，其机理有待进一步研究。

细胞周期进程是一个受到严格调控的过程。其调控主要由细胞周期蛋白（Cyclins）、细胞周期蛋白依赖性激酶（cyclin dependent kinases，cdks）和细胞周期蛋白依赖性激酶抑制物（cyclin dependent kinase inhibitors，CDKIs）三类物质在 G_1/S，G_2/M 两个关键性限制点进行调控。其中 Cyclins 和 CDKs 是细胞周期正调控蛋白，而 CDKIs 是细胞周期负调控蛋白。Cyclins 是一类相对分子质量为 56 的蛋白质，是细胞周期调控中的关键大分子，在细胞生长周期中发挥主要作用的有 Cyclin A、Cyclin B、Cyclin D 和 Cyclin E。Cyclin A 在 G_1 晚期到有丝分裂期均有表达，其含量及活化程度在细胞周期各卡点 G_1/S 及 G_2/M 转换中均起重要作用。Cyclin B1 是参与细胞周期 G_2/M 转换的重要正性调节因子。Cyclin D1 作用于 G_1/S 期控制点，与肿瘤关系最密切，为目前公认的癌基因。Cyclin E 是细胞周期 G_1/S 期转换调控的一个正性调控因子。

Gupta 等（2003）在研究 EGCG 对 LNCaP 和 DU145 作用的时候发现，EGCG 可以诱导 WAF1/p21、KIP1/p27、INK4a/p16 和 INK4c/p18 的表达；抑制 Cyclin D1、Cyclin E、cdk2、cdk4 和 cdk6 的表达，但不影响 Cyclin D2 的表达；诱导 Cyclin D1 与 WAF1/p21 和 KIP1/p27 结合，降低 Cyclin E 和 cdk2 的结合。通过调控这些因子，从而将细胞周期阻滞在 G_0/G_1 期。本实验发现可可茶能抑制 Cyclin D1、Cyclin D2、

Cylin E、cdk2、cdk4 和 cdk6 的表达，并能增加 p21 和 p27 的表达，说明可可茶通过调控 cyclins、cdks 以及它们抑制因子的表达来影响细胞周期的进行，但是作用机制又与 EGCG 的不同。

影响细胞凋亡的因子有很多，其中 Bcl-2 基因家族是细胞凋亡的重要调节者。目前已发现至少 15 个 Bcl-2 蛋白家族成员，其中 Bcl-2 蛋白属于抗凋亡蛋白家族，在多种肿瘤中表达。Bcl-2 蛋白过表达虽不影响细胞增殖，但可抑制细胞凋亡，从而与肿瘤的发生发展有关。Bcl-2 和 Bax 的比率决定细胞命运，其比率升高，细胞不易发生凋亡，比率降低则导致细胞凋亡。本研究中发现可可茶在介导 PC-3 细胞凋亡的同时，对 Bcl-2 蛋白表达有下调作用，并呈浓度依赖性。

Caspase 即半胱氨酸蛋白酶，其全称为半胱氨酸基天冬氨酸 - 特异性蛋白酶，其家族成员大多数是凋亡的启动子或效应子，在细胞凋程中发挥重要作用。细胞凋亡的几乎所有特征性的变化均与细胞内普遍存在的 caspase 级联反应的激活有关，外界信号或细胞内在因素均通过激活 caspase 级联反应引发凋亡（Mehnet *et al.*，2000）。Caspase 3 是 caspase 家族中最重要的一员，是细胞凋亡过程的关键效应分子，大多数触发细胞凋亡的因素，最终均需要通过 caspase 3 介导的信号传导途径导致细胞凋亡，被认为是凋亡的执行者（Wang *et al.*，2000）。本研究中发现可可茶在介导 PC-3 细胞凋亡的同时，对 procaspase 3 和 8 蛋白表达有下调作用，并呈浓度依赖性。提示可可茶可能通过抑制凋亡级联反应下游途径的 procaspase 3 和 procaspase 8 诱导 PC-3 细胞凋亡。

NF-κB 是一类在动物细胞中广泛表达的转录因子，参与调节与机体免疫、炎症反应、细胞分化有关的基因转录。通常 NF-κB 蛋白是由各种同源或异源的 NF-κB/Rel 蛋白质亚基组成的二聚体，其中最常见的是 P50/P65 异二聚体。当细胞处于静止状态时，P50/P65 二聚体与异质性蛋白质 IκB 的亚基结合形成三聚体，以无活性的方式存在于胞浆内（Hideshima *et al.*，2002）。IκBα 具有结合和抑制 NF-κB 的作用，通过 NRD 结构域与二聚体结合。许多因素均可活化 NF-κB。活化物引起 IκBα 的磷酸化，并且 IκBα 从 NF-κB 复合体上脱落，IκBα 迅速被分解，活化的 NF-κB 二聚体进入细胞核，与核内 DNA 上的特定的靶基因的 K 结合域结合，引起相应基因的转录和表达（Deshpande *et al.*，1997）。本研究发现可可茶能通过抑制 IKKα 的表达从而抑制 IκBα 的磷酸化，阻止 NF-κB 进入细胞核，进而抑制 NF-κB 的活化。

五、小结

（1）可可茶在体外能抑制人雄激素非依赖性前列腺癌细胞株 PC-3 的生长、诱导细胞凋亡，将细胞周期阻滞于 G_2/M 期。

（2）其作用与下调 Cyclin D1、Cylin D2、Cylin E、cdk2、cdk4、cdk6、Bcl-2、Procaspase 3 和 procaspase 8 蛋白表达，上调 p21、p27 和 Bax，抑制 NF-κB 的活化相关，但其作用的具体机制还需进一步研究。

第 14 节 可可茶抗前列腺癌的体内研究[①]

裸鼠是一种先天性胸腺缺陷的动物。研究表明，人类恶性肿瘤的裸鼠异种种植后，在病理形态、生化代谢、细胞动力学及特殊功能方面与种植前相同，因而是肿瘤实验性研究的较理想模型，已成为在活体状态下研究肿瘤的发生发展、各种生物学特征及筛选抗癌药物必不可少的工具（易石坚等，2008）。在构建了人雄激素非依赖性前列腺癌细胞 PC-3 裸鼠皮下种植瘤模型后，以自由饮用茶汤的方式，研究了不同浓度的可可茶对裸鼠体内肿瘤生长的影响以及初步探讨了作用机制。

一、实验仪器与试剂

Athymic（nu/nu）雄性裸小鼠（美国 NxGen Biosciences），细胞系、试剂和仪器同第 13 节。

二、实验方法

（一）细胞培养

细胞培养与可可茶汤制备方法同第 13 节，只是可可茶汤的使用浓度不同。

（二）裸鼠的饲养

4～6 周龄的 Athymic（nu/nu）雄性裸小鼠，体重 18～21 g。裸鼠专用鼠笼及垫料使用前高温消毒。经高压灭菌的标准饲料和水供动物自由食用。饲养于恒温（25～26℃）、恒湿的（40%～60%）SPF 层流架中。每 3 天更换饲料、饮用水、垫料，更换过程及试验操作均在无菌台中进行。

（三）实验动物分组及肿瘤模型制备（Khan et al., 2007）

将对数生长期的 PC-3 细胞消化，制成单细胞悬液，调整细胞浓度为 2×10^6/ml，与等体积的 Matrigel 混匀后接种于裸鼠左右侧大腿皮下。接种 24 h 后开始可可茶汤灌饮。将接种后的裸小鼠随机分为 3 组，每组 6 只。

① 对照组：自由饮用水；

② 可可茶汤低浓度组：自由饮用 0.1% 可可茶汤；

① LI P, NAGHMA K, FARRUKH A, et al. In-vitro and in-vivo effects of water extract of white cocoa tea（Camellia ptilophylla）against human prostate cancer [J]. Pharm Res, 2010, 27（6）: 1128-1137.

③ 可可茶汤高浓度组：自由饮用 0.2% 可可茶汤。

每日观察裸鼠的饮食及活动状况，每两天换一次饮用水或可可茶汤。观察肿瘤生长及有无红肿、溃破。每周测量两次肿瘤的大小，绘制肿瘤生长曲线。测量瘤体长径（L_1）、短径（L_2）、高（H），按公式计算瘤体积：

$$（V）=0.5238 \times L_1 \times L_2 \times H \tag{8-9}$$

当肿瘤体积达到 1200 mm³ 时脱颈处死裸鼠。剥离瘤块，称重（m），保存于 -80℃做组织分析。并按公式计算抑瘤率：

$$抑瘤率 =（对照组 m - 实验组 m）/ 对照组 m \times 100\% \tag{8-10}$$

（四）蛋白免疫印迹分析

取肿瘤组织 1 g，用 PBS 洗涤后，加入裂解液 Ⅱ 1 ml，用超声波细胞破碎仪破碎后，在 4℃离心机 14 000 r/min 离心 20 min，上清部分即为全细胞裂解物，储存在 -80℃备用。总蛋白质含量的测定按 BCA 试剂盒的说明操作。免疫印迹分析方法见第 13 节。

（五）统计学处理

应用 SPSS 16 统计软件作数据处理分析，计量资料以均数 ± 标准差（$\bar{x} \pm s$）表示，数据采用单因素方差分析及 t 检验。$p < 0.05$ 为差异有统计学意义。

三、结果与分析

（一）裸鼠皮下种植瘤生长情况

建立裸鼠种植瘤模型是研究药物抗癌效果的一种常用方法。本实验中在裸鼠皮下接种 PC-3 细胞后两周左右，对照组裸鼠接种部位出现小结节，而可可茶处理组裸鼠出现肿瘤的时间延长到 18 天左右。

如彩图 8-96 所示，可可茶对裸鼠肿瘤的生长具有抑制作用，并且呈浓度依赖性，可可茶大剂量组的裸鼠的肿瘤细胞最小。如彩图 8-97 所示，对照组裸鼠肿瘤体积达到 1200 mm³ 的时间是 50 天，而此时可可茶小剂量组和大剂量组的肿瘤平均大小分别是 775 mm³ 和 674 mm³，肿瘤平均质量分别为 0.66 g 和 0.41 g，抑瘤率分别为 37.14% 和 60.95%。说明可可茶对裸鼠体内肿瘤的生长具有显著的抑制作用（$p < 0.01$）（表 8-72）。

表 8-72　各组肿瘤平均质量及体积（$\bar{x} \pm s$）

Tab. 8-72　Average tumor volume and weight of each group

分组	肿瘤体积 /mm³	肿瘤质量 /g	抑瘤率 /%
对照组	1200±104	1.05±0.04	
0.1% 可可茶汤	775±70*	0.66±0.07*	37.14
0.2% 可可茶汤	674±54*	0.41±0.04*	60.95

与对照组相比较 $p < 0.01$

（二）可可茶对裸鼠 Cyclin D1、Bcl-2、p-NF-κB/p65、p21 和 Bax 蛋白表达的影响

Western blot 检测结果发现对照组和可可茶组裸鼠肿瘤组织中均有 Cyclin D1、Bcl-2、p-NF-κB/p65 和 Bax 蛋白的表达，对照组 Cyclin D1、Bcl-2 和 p-NF-κB/p65 蛋白呈高表达，p21 和 Bax 蛋白表达较少；随着茶汤浓度的增加，可可茶组 Cyclin D1\Bcl-2 和 p-NF-κB/p65 蛋白表达明显降低，而 p21 和 Bax 蛋白表达明显上升（图 8-98）。同时，Bax/Bcl-2 比值也逐渐增大（图 8-99）。与对照组相比，差异有显著性（$p<0.01$）。其中大剂量组 Cyclin D1、Bcl-2 和 p-NF-κB/p65 蛋白表达低于小剂量组，而 p21 和 Bax 蛋白表达高于小剂量组。两者相比，差异有显著性（$p<0.01$）。此结果与体外细胞实验结果一致。

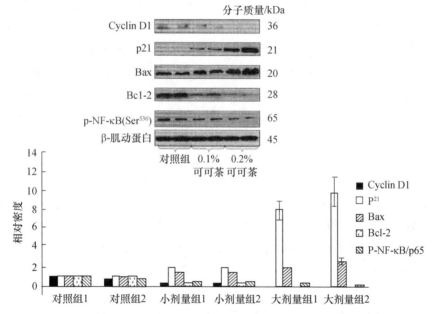

图 8-98　可可茶对 PC-3 细胞 Cylin D1、p21、Bax、Bcl-2 和 p-NF-κB 蛋白表达的影响

Fig. 8-98　Protein levels of Bax, Bcl-2, cyclin D1, p21 and p-NF-κB/p65 as determined by western blotting analysis in pooled tumors excised from mice treated with cocoa tea

四、讨论

（一）裸鼠皮下种植瘤模型的建立

裸鼠因其免疫缺陷特性成为建立人类肿瘤动物模型的最佳载体。自 1969 年学者首次将人结肠癌成功地在裸鼠体内传代种植开始（Sun *et al.*, 1996），裸鼠便广泛地用于人类肿瘤的基础理论和临床治疗

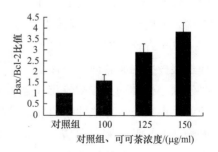

图 8-99　Bax/Bcl-2 比值

Fig. 8-99　Bax to Bcl-2 ratio

的实验性研究。迄今几乎所有的人恶性肿瘤均能在裸鼠上种植。种植物一般分为三种：①人类肿瘤外科标本直接种植；②已在其他宿主系统建立的人类肿瘤可种植株；③体外培养人类肿瘤细胞系的种植。裸鼠用作肿瘤种植实验，方法简单，无需对动物作特殊前处理，而且异种肿瘤种植成功率相当高。种植传代后的肿瘤组织仍保留其原有的生物学特性，种植瘤可以一直在裸鼠体内或体表生长。其所产生的瘤体生长类型基本相同，而且皮下种植瘤体不与皮肤及皮下组织粘连，极易分离便于观察、测量和活体检查。种植瘤原有的形态与生物学特性基本保持不变；肿瘤细胞染色体核型分析表明，传代肿瘤仍保留原肿瘤的核型；用其他同工酶及免疫方法分析，发现人类恶性肿瘤种植传代后的瘤体仍保持人类恶性肿瘤的特点。

裸鼠皮下种植瘤模型在前列腺癌方面的研究也很广泛。郑彦博等（2007）成功建立了裸鼠皮下 LNCaP 前列腺癌模型：以每只 1×10^6 LNCaP 细胞数与基底膜基质混合注射入 5 只 BALB/c 裸鼠前肢腋窝皮下，于第 2 周至第 12 周分别检测裸鼠血浆 TPSA 含量，12 周后处死裸鼠，取皮下肿瘤及相关器官做病理检查，监测肿瘤生长及转移情况。结果发现：80%（4/5）裸鼠于第 8 周后在前肢腋窝皮下长出肿瘤，肿瘤包膜完整，病理切片可见典型肿瘤细胞，但 5 只裸鼠均未发现肿瘤转移；5 只裸鼠均可测得血浆 TPSA，且血浆 TPSA 含量随肿瘤生长而升高，其中未长出实体瘤的裸鼠血浆 TPSA 含量亦随时间推移而升高。因此认为该肿瘤模型能分泌 PSA 和表达 DD3 mRNA，能更有效地模拟人前列腺癌的生物学特性。

崔林等（2006）使用化学致癌剂 3,2- 二甲基 -4- 氨基联苯（DMAB）和丙酸睾酮（TP）诱发大鼠激素非依赖性前列腺癌，再将该大鼠激素非依赖性前列腺癌组织种植于裸鼠（ICR2 nu/nu）皮下，建立种植性激素非依赖性前列腺癌动物模型。结果显示：种植在裸鼠皮下的肿瘤组织生长快，瘤体倍增时间约为 10 天，种植成活率为 100%。种植性肿瘤的组织学形态与原发肿瘤相同，传 8 代后无肿瘤组织结构改变。种植肿瘤雄激素受体检测均为阴性。

章宜芬等（2009）建立了 PC-3 细胞裸鼠移植瘤模型，并观察了肿瘤组织形态并检测肿瘤细胞中 Her-2/neu 蛋白的表达。结果显示，裸鼠接种 PC-3 细胞后成瘤率达 100%，免疫组化染色发现移植瘤细胞与培养的 PC-3 细胞一样，Her-2/neu 蛋白呈阳性表达。移植瘤模型保留了肿瘤的生物学特性及表达 Her-2/neu 蛋白免疫表型，因此是研究 Her-2/neu 蛋白在前列腺癌中的作用的较好的动物模型。

李志玲等（2006）比较了人前列腺癌细胞 DU145 和 CWR22Rv1 分别在皮下和前列腺原位接种后的成瘤性和转移率。采用原位接种及皮下接种两种方法将前列腺癌细胞分别接种于裸小鼠体内，以裸鼠出现恶液质、处于濒死状态作为观察终点，用颈椎脱臼法处死。尸解并观察荷瘤部位肿瘤的生长情况及局部淋巴结自发性转移情况，并取皮下肿瘤、原位肿瘤、肝、肺、肾、膀胱、盆腔淋巴结标本，甲醛固定、石蜡包埋和染色后显微镜下观察。结果表明原位接种 22 Rv1 组的裸小鼠成瘤率达到 10/10，淋巴结转移率为 9/10；原位接种 DU145 组的裸小鼠成瘤率达到 10/10，而淋巴结转移率为 1/10。两种细胞皮下接种法的裸小鼠成瘤率均达 10/10，但未检测到任何淋巴结转移。用 22 Rv1 细胞建立的原位模型淋巴结转移率高于 DU145 组，为前列腺癌转移机制的研究及筛药提供了模型。

虽然原位模型能较好地模拟人类前列腺癌生长及转移方式，但考虑到皮下移植肿瘤模型具有接种方便，易于在实验过程中观察肿瘤生长情况等优点，本研究中我们建立了 PC-3 细胞裸鼠皮下种植瘤模型，成瘤率为 100%。

（二）茶多酚对体内肿瘤生长的抑制作用

大量动物模型研究表明，茶多酚在体内亦具有较好的抗肿瘤活性。张燕明等（2006）对茶多酚抗小鼠移植性乳腺癌细胞 EMT_6 作用进行研究，发现茶多酚经小鼠灌胃和局部注射对 EMT_6 的抑瘤率分别为 37.43%、40.94%，即茶多酚对小鼠移植性乳腺癌 EMT_6 生长有明显的抑制效果。

谢冰芬等（1998）研究茶多酚在体内抗肿瘤作用时发现，体内灌胃给予茶多酚 1125，510 mg/kg 和 20 mg/（kg·d）×10 d 剂量下对小鼠肿瘤 L_2 的抑瘤率依次为 31.06%～30.99%，42.05%～49.75% 和 45.12%～46.79%。茶多酚在 1.25、5.0 mg/kg 和 20 mg/（kg·d）×18 d 剂量下，对人肺癌裸鼠移植瘤的抑瘤率依次为 29.77%、37.41% 和 48.34%，后两者差异有统计学意义。

梁钢等（2000）用小鼠肉瘤 180（S-180）、小鼠肝癌（Hep）为瘤株，对 EGCG 进行体内外抗肿瘤药效试验和观察其对荷瘤小鼠免疫器官重量的影响。结果发现，EGCG 灌胃 80 mg/（kg·d），连续 7 天，对小鼠移植性 S-180 实体瘤有明显抑制作用；80 mg/（kg·d）可延长 Hep 腹水癌小鼠生命；160、80、40、20 mg/L 的 EGCG 对 S-180 和 Hep 瘤细胞的体外存活有明显抑制；160、80、40、20、10 mg/L 的 EGCG 可完全或部分灭活 Hep 瘤苗；除 10 mg/L 浓度组外，其余各浓度组亦可部分灭活 S-180 瘤苗；80、40 mg/kg 可增加荷瘤小鼠胸腺重量。说明 EGCG 在实验条件下有一定抗肿瘤作用，能延缓免疫器官衰退。

Rajesh 等（2007）研究了茶多酚和 EGCG 对乳腺癌的作用。体外实验表明茶多酚和 EGCG 能抑制乳腺癌细胞 MDA-MB-231 的生长，诱导细胞凋亡，将细胞周期阻滞于 G_1 期，并能下调 Cyclin D、Cyclin E、cdk4、cdk1 和 PCNA 蛋白水平。裸鼠皮下肿瘤实验表明，茶多酚和 EGCG 均能抑制肿瘤的生长，诱导肿瘤细胞的凋亡。从而说明茶多酚和 EGCG 具有抑制乳腺癌细胞生长的作用。

有关茶多酚在体内抑制前列腺癌肿瘤生长的研究也很多。Gupta 等（2001）以 TRAMP 小鼠为动物模型，研究了茶多酚对前列腺癌的作用。实验将小鼠分为两组，一组饮用水为对照组，另一组让小鼠自由饮用 0.1% 茶多酚水溶液。结果发现，与对照组相比，饮用茶多酚的小鼠前列腺肿瘤的生长速度明显降低，肿瘤体积小于对照组。进一步检测血清中的 IGF 和 IGFBP-3 的水平发现，茶多酚喂养组小鼠血清的 IGF 水平明显低于对照组，而 IGFBP-3 在茶多酚喂养小鼠中积累较多。

Adhami 等（2004）对 IGF-1 信号通路的作用机理做了研究，发现在 TRAMP 小鼠中，前列腺癌发生期的 IGF-Ⅰ、PI3K 和 p-Akt（Thr-308）等蛋白均呈高表达，而 IGFBP-3 呈低表达。当给小鼠饮用茶多酚 24 周后，IGF-Ⅰ的表达降低，而 IGFBP-3 的表达增加。认为茶多酚对 IGF/IGFBP-3 的调节是通过抑制 PI3K、p-Akt（Thr-308）和 ERK1/2 蛋白的表达进行的。而且茶多酚对 VEGF、uPA、MMP2 和 MMP9 也有显著的抑制作用，因此认为 IGF-Ⅰ/IGFBP-3 信号通路是茶多酚抑制前列腺癌的一条主要通路。

Saleem 等（2005）以 TRAMP 小鼠为模型，研究了茶多酚对 S100A4（p9Ka 和 mts1）和 E-cadherin 的影响。发现对小鼠喂养 0.1% 茶多酚水溶液 24 周后，小鼠前列腺中 S100A4 在 mRNA 和蛋白表达水平均有减少，而 E-cadherin 的表达增加。

Imtiaz 等（2008）以 TRAMP 小鼠为模型，研究了茶多酚对 NF-κB 信号通路的影响。发现对小鼠喂养 0.1% 茶多酚水溶液 24 周后，小鼠前列腺中 NFκB、IKKα、IKKβ、RANK、NIK 和 STAT-3 蛋白表达水平均有减少，并且 Bcl-2 的表达亦减少，而 Bax 的表达增加。

本实验发现可可茶对人雄激素非依赖性前列腺癌细胞 PC-3 肿瘤的生长具有明显的抑制作用，并呈剂量依赖性。对肿瘤组织中几个重要蛋白的检测发现，Cyclin D1、Bcl-2 和 p-NF-κB 表达减少，p21 和 Bax 表达增加，与体外细胞实验结果一致，说明可可茶对 PC-3 细胞的抑制与上述因子有关，但其作用的具体机制还有待进一步研究。

五、小结

（1）通过构建人雄激素非依赖性前列腺癌细胞系 PC-3 裸鼠皮下种植瘤模型，初步探讨了可可茶体内抗肿瘤的作用。

（2）结果表明：可可茶小剂量组（0.1%）及大剂量组（0.2%）肿瘤质量及体积显著低于对照组（$p < 0.01$），抑瘤率分别为 37.14%、60.95%。由此可见，可可茶具有较好的抗裸鼠皮下肿瘤生长作用。

（3）其作用机制可能与其下调 Bcl-2 蛋白表达，阻断 NF-κB 信号通路有关。是否存在其他作用机制还有待于进一步研究。

（4）在整个实验过程中未发现可可茶对裸鼠的生长有明显的毒副作用，这表明可可茶具有良好的应用前景，相信随着对可可茶抗肿瘤作用机制认识的不断深入，可可茶有望尽早应用于人类的抗肿瘤治疗。

第 15 节   可可茶其他抑瘤作用研究[1]

一、实验材料

茶叶水提物干品是由沸水浸提经过滤，滤液在水浴上蒸发浓缩后烘干得到的晶状物，

---

[1] 许实波，张润梅，叶创兴，等. 可可茶提取物的药理作用［J］. 中山大学学报（自然科学版）1990, 29（增刊）：185-189.

每 100 g 可可茶可得水提物干品 43 g。每 100 g 龙井茶可得水提物干品 33 g。

茶叶丙酮提取物（TTM），是用 80% 的丙酮浸泡 72 h，每隔 12 h 更换一次新鲜丙酮，收集各次浸泡液后减压浓缩，把收集的浓缩液用氯仿萃取，收集氯仿层后，再用乙酸乙酯萃取，收集乙酸乙酯层，减压浓缩后冷冻干燥即得到 TTM 晶体。每 100 g 可可茶可得 TTM 晶体 33 g，每 100 g 龙井茶可得 TTM 晶体 48 g。

实验时取小鼠灌胃给药 LD_{50} 的 1/7.5、1/10、1/15 为高、中、低剂量。

可可茶与龙井茶的水提物和 TTM 在实验用蒸馏水配制成所需浓度。

实验动物 NIH 小鼠由中山大学生物学系药理室实验动物养殖场提供。所用药品均购自广州市医药批发中心，所用仪器全为国产。

二、对艾氏腹水瘤的抑制作用

试药来源，样品的制备，实验动物等同可可茶生物活性作用；艾氏腹水瘤（EAC）小鼠作瘤株，用染色法鉴别癌细胞存活与否。在无菌条件上进行操作。急性处死瘤鼠，用 75% 乙醇消毒腹部，切开皮肤，保留肌层，用注射器抽取腹水置于培养皿内，加入生理盐水，配比为 1:6，将此肿瘤悬浮液置于离心管中，1 000 r/min 离心 10 min，用玻棒搅拌后重离心，弃去上清液，加入小牛血清培养液，混匀，静置 30 min，小心吸取上层液得到无血细胞的纯肿瘤细胞液。取 0.1 ml 于试管中，加入 0.9 ml RPMI-1640 培养液，再加入 0.2 ml 试药或生理盐水，37℃恒温 48 h，用 0.5% 甲烯蓝 2 滴染色 1 min，用计数板按白细胞计数法计数。结果如表 8-73 所示。

表 8-73 可可茶提取物对艾氏腹水瘤细胞的抑制作用（$n=10$）
Tab. 8-73 Inhibiting effect of extracts from cocoa tea on EAC cell（$\bar{x} \pm SD$）

组别	浓度/（mg/ml）	48 h 后瘤细胞存活数	起始细胞均数	死亡细胞数	抑瘤率/%	半数抑瘤浓度
生理盐水	0.9%	38.87±9.26	60	21.12±9.26	/	/
可可茶高剂量	18.46	11.5±5.04***	60	48.5±5.04***	45.6	
可可茶中剂量	13.86	20.25±6.01***	60	39.75±6.01***	31.05	10.36
可可茶低剂量	9.23	29.87±8.13···	60	30.12±8.13···	15.0	
龙井茶 TTM	18.46	13.87±4.70***	60	44.87±4.22***	39.5	12.34

与生理盐水相比较，***$p<0.001$；···$p>0.05$

结果表明，可可茶提取物经体外 48 h 细胞培养后染色测定，高中剂量组的癌细胞存活数与生理盐水相比显著减少，$p<0.001$，低剂量组效果不明显，这提示可可茶水提物可能有一定的抗肿瘤作用，其抑瘤作用有明显的量效关系。

三、对人宫颈癌 HeLa 细胞的抑制作用 [①]

取新鲜野生可可茶嫩芽叶，经蒸青、烘干、磨碎处理后，用 80% 丙酮浸泡 72 h，浸出液减压浓缩，用氯仿萃取，再用乙酸乙酯萃取，收集乙酸乙酯层减压浓缩，冷冻干燥后得浅褐色粉末供实验用。龙井茶提取工艺同可可茶，用时用注射用水配制。

1640 粉由日本制药株式会社出品，噻唑蓝（MTT）由瑞士 Flura 公司出品，琼脂糖由日本进口分装，溴乙锭由 Sigma 公司出品。

宫颈癌细胞 HeLa 由中山医肿瘤研究所传代保种。

实验动物为昆明小鼠，体重 19~23 g，雌雄兼有。方法采用体外细胞毒试验：应用 Carmichret J. 等提出噻唑蓝还原法，制取 HeLa 细胞 2×10^5/ml 供实验用，用 ELISA 检测仪，波长 570 nm，测出其光密度（OD），按公式计算细胞生长抑制率，然后用 Bliss 方法计算半数抑制浓度（IC_{50}）

$$生长抑制率（\%）= \left(1 - \frac{实验孔平均 OD 值}{对照孔平均 OD 值} \right) \times 100\% \tag{8-11}$$

实验结果如表 8-74 所示。

表 8-74 可可茶和龙井茶提取物对人宫颈癌 Hela 细胞生长的影响 [#]
Tab. 8-74 Cytotoxic effect of extracts of cocoa tea and longjing on HeLa

细胞株	使用浓度/（µg/ml）	可可茶		龙井茶	
		平均抑制率（$\bar{x} \pm s$）	半数抑制浓度（IC_{50} µg/ml）	平均抑制率（$\bar{x} \pm s$）	半数抑制浓度（IC_{50} µg/ml）
HeLa	125	6.2±5.2		13±2.6	
	250	27.9±11.3	495.6	38.3±12.6	421.1
	500	57.0±4.3		61.5±8.6	
	1000	71.3±4.1		69.7±6.8	

表示三批实验结果

可可茶和龙井茶对人宫颈癌 HeLa 细胞的半数抑制浓度（IC_{50}）分别为 495.6 µg/ml 和 421.1 µg/ml，显示其具有一定程度的细胞毒作用。

四、对人鼻咽低分化鳞癌 CNE2 细胞的抑制作用

试样、试样制备、试剂、试验动物、仪器及结果计算公式与对人宫颈癌 HeLa 细胞的抑制作用实验相同。人鼻咽低分化鳞癌细胞 CNE2 由中山医肿瘤研究所传代保种。体外细胞毒试验结果如表 8-75 所示。

---

① 谢冰芬，刘宗潮，王理开，等. 毛叶茶和龙井茶提取物的抗瘤作用以及对 DNA 拓扑异构酶 Ⅱ 的抑制作用［J］. 癌症，1992，11（6）：424-442.

表 8-75　可可茶和龙井茶提取物对人鼻咽低分化鳞癌 CNE$_2$ 细胞生长的影响 [#]
Tab. 8-75　Cytotoxic effect of extracts of cocoa tea and longjing on CNE$_2$

细胞株	使用浓度 / （µg/ml）	可可茶		龙井茶	
		平均抑制率 （$\bar{x} \pm s$）	半数抑制浓度 / （IC_{50} µg/ml）	平均抑制率 （$\bar{x} \pm s$）	半数抑制浓度 / （IC_{50} µg/ml）
CNE$_2$	125	18.1±13.7		6.4±3.8	
	250	62.2±10.9	243.4[*]	60.6±6.8	311.4
	500	80.9±0.21		73.9±8.9	
	1000	82.6±0.78		76.5±7.1	

表示三批实验结果；与 HeLa 相比较，*$P<0.001$

结果表明可可茶和龙井茶对人鼻咽低分化鳞癌 CNE$_2$ 细胞半数抑制浓度（IC_{50}）分别为 243.4 µg/ml 和 311.4 µg/ml，显示其具有一定的细胞毒作用。

五、对人胃低分化黏液腺癌 MGC-803 细胞的抑制作用

试样，试样制备，试剂，试验动物，应用仪器及结果计算公式同对人宫颈癌 HeLa 细胞的抑制作用。人胃低分化黏液腺癌 MGC-803 细胞由中山医肿瘤研究所传代保种。体外细胞毒试验结果如表 8-76 所示。

表 8-76　可可茶和龙井茶提取物对人胃低分化黏液腺癌 MGC-803 细胞生长的影响 [#]
Tab. 8-76　Cytotoxic effect of extracts of cocoa tea and longjing on MGC-803

细胞株	使用浓度 / （µg/ml）	可可茶		龙井茶	
		平均抑制率 （$\bar{x} \pm s$）	半数抑制浓度 / （IC_{50} µg/ml）	平均抑制率 （$\bar{x} \pm s$）	半数抑制浓度 / （IC_{50} µg/ml）
MGC-803	125	27.2±10.8		30.4±1.3	
	250	45.6±11.2	268.6[*]	37.2±1.0	274.6*
	500	73.4±1.9		73.3±0.56	
	1000	78.6±0.92		86.9±0.84	

表示三批实验结果；与 HeLa 相比较，*$P<0.001$

结果表明可可茶和龙井茶对人胃低分化黏液腺癌 MGC-803 细胞半数抑制浓度（IC_{50}）分别为 268.6 µg/ml 和 274.6 µg/ml，显示对其具有一定的细胞毒作用。

六、对艾氏腹水癌实体型 ESC 抗瘤实验

试样，试样制备，试剂，试验动物，应用仪器及结果计算公式同对人宫颈癌 HeLa 细胞的抑制作用。体内抗肿瘤试验程序按 1989 年 11 月南宁第三届全国肿瘤药理和化疗学术

会议《抗癌药物体内药效试验规程》进行。

　　结果见表 8-77。用可可茶灌胃给药，每天 2 次，连用 9 天，在 2.5 mg/kg 组的抑瘤率为 48.3% 和 17.8%；5 mg/kg 组为 36.1%，21% 和 30.2%；10 mg/kg 组为 32.2%，32% 和 33.6%（$P<0.05$ 或 $P<0.01$）。表明可可茶具有抗瘤作用。但作腹腔注射给药 2.5 mg/kg 和 10 mg/kg 时抑瘤率分别为 14.3% 和 20%。龙井茶灌胃给药，每天 2 次，连用 9 天，在 2.5 mg/kg 的抑瘤率分别为 34.4% 和 34.3%；5 mg/kg 组的抑瘤率为 49.4% 和 31.5%；10 mg/kg 组为 43.3%；20 mg/kg 组为 47%；40 mg/kg 组为 35%，表明龙井茶在 2.5～40 mg/kg 范围内均有明显的抗瘤作用。而腹腔注射给予 2.5～10 mg/kg 的 4 批实验，抑瘤率为 19.5%～23%（结果未列入表 8-77）。

表 8-77　不同剂量可可茶和龙井茶提取物对小鼠肿瘤 ESC 生长的影响（灌胃给药）

Tab. 8-77　Antitumor effect of extracts of cocoa tea and longjing on mice with ESC

组别	剂量与方案 /（mg/kg, Bid×9）	动物数（前 / 后）	体重变化 /g	平均瘤重 /g（$\bar{x}\pm s$）	抑瘤率 /%	P 值
对照组 *		11/11	+6.8	1.8±0.54	/	/
ADM♣	05（ip）	10/9	+6.1	1.2±0.44	33.0	<0.05
可可茶	5.0	10/10	+3.4	1.15±0.40	36.1	<0.01
可可茶	10.0	10/10	+6.9	1.22±0.44	32.2	<0.05
对照组 *		9/9	+1.87	1.43±0.44	/	/
ADM♣	0.8（ip）	11/11	+0.60	0.77±0.31	46.2	<0.01
可可茶	2.5	10/10	+4.4	0.74±0.36	48.3	<0.01
可可茶	5.0	9/7	+6.2	1.13±0.53	21.0	>0.05
可可茶	10.0	9/9	+9.0	0.97±0.84	32.0	<0.05
对照组 *		13/13	+6.3	2.35±0.69	/	/
可可茶	2.5	10/10	+8.1	1.93±0.55	17.2	>0.05
可可茶	5.0	9/9	+8.8	1.64±0.47	30.2	<0.05
可可茶	10.0	9/9	+6.8	1.56±0.35	33.6	<0.01
对照组 *		12/12	+6.04	1.83±0.69	/	/
ADM♣	0.8（ip）	12/11	+2.7	0.77±0.31	57.9	<0.001
龙井茶	2.5	12/12	+3.4	1.20±0.51	34.4	<0.05
龙井茶	20.0	12/12	+4.2	0.97±0.37	47.0	<0.01
龙井茶	40.0	10/10	+4.3	1.19±0.44	35.0	<0.05
对照组 *		11/11	+6.8	1.8±0.54	/	/
ADM♣	05（ip）	10/9	+6.1	1.2±0.44	33.3	<0.05
龙井茶	5.0	10/10	+5.8	0.9±0.29	49.4	<0.001
龙井茶	10.0	11/10	+4.4	1.02±0.38	43.3	<0.01
对照组 *		9/9	+1.9	1.43±0.44	/	/
龙井茶	2.5	11/11	+3.8	0.94±0.60	34.3	0.05<P<0.1
龙井茶	5.0	9/9	+4.4	0.98±0.40	31.5	<0.05

＊表示对照组给予注射用水 0.4 ml/ 只；♣表示 ADM 阿霉素

七、对小鼠网织细胞肉瘤 L_2 抗瘤实验

对小鼠 L_2 生长的影响的实验，结果如表 8-78，可可茶灌胃给药，每天 2 次，连用 9 天，在 2.5 mg/kg 组的抑瘤率分别为 37% 和 28.3%；在 10 mg/kg 组的抑瘤率分别为 54.5% 和 42.5%；龙井茶 2.5 mg 组的抑瘤率分别为 50% 和 35.8%，在 10 mg/kg 组为 50% 和 35.8%（$p<0.05$ 或 $p<0.01$），显示可可茶和龙井茶提取物灌胃给药对 L_2 肿瘤生长有明显的抑制作用，但两种茶提取物腹腔注射给药未见明显的抗瘤作用（结果未列入表 8-78）。

表 8-78　不同剂量可可茶和龙井茶对小鼠 L_2 生长的影响
Tab. 8-78　Anticancer effect extracts of cocoa tea and longjing on L_2 in mice

组别	剂量与方案（mg/kg, Bid×9）P.O	动物数（前/后）	体重变化 /g	平均瘤重 /g（$\bar{x}\pm s$）	抑瘤率 /%	P 值
对照组		12/12	+4.6	2.86±0.68	/	/
ADM	0.8（ip）	11/11	+3.1	1.35±0.58	52.8	<0.001
可可茶	2.5	11/11	+2.4	1.80±0.9	37.0	<0.01
可可茶 3	10.0	11/11	+4.5	1.30±0.38	54.5	<0.001
龙井茶 1	2.5	12/11	+3.6	1.65±0.86	42.3	<0.001
龙井茶 3	10.0	12/12	+3.1	1.43±0.50	50.0	<0.001
对照组		11/11	+6.0	2.40±1.07	/	/
ADM	0.8（ip）	10/10	+7.4	1.08±0.64	55.0	<0.01
可可茶 1	2.5	10/10	+6.0	1.72±0.81	28.3	>0.05
可可茶 3	10.0	9/8	+3.2	1.38±0.36	42.5	<0.05
龙井茶 1	2.5	9/9	+4.8	1.38±0.63	42.5	<0.05
龙井茶 3	10.0	10/10	+6.2	1.50±0.49	35.8	<0.05

八、可可茶和龙井茶对 DNA 拓扑异构酶 II 的抑制作用

试样、试样制备与人宫颈癌 HeLa 细胞的抑制作用试验相同。DNA 拓扑异构酶 II 的纯化按 Thurston L. S. 的程序，从小鼠艾氏腹水瘤细胞中提取；P_4 结状 DNA 的制备：P_4DNA 从感染 P_4 噬菌体 *E. coli* C117 大肠埃希菌中提取；药物对拓扑异构酶 II 解结活性的抑制试验，按刘宗潮等改良的 Liu 等的方法进行（刘宗潮等，1991）。

实验结果表明，可可茶提取物对 DNA 拓扑异构酶 II 解结活性的抑制率按药物的浓度依次为 75%、87.5% 和 100%，龙井茶的抑酶率依次为 75%、90% 和 100%。结果显示两种茶的提取物对 DNA 拓扑异构酶 II 均有强烈的抑制作用，且有明显的量效关系。在 50 μg/ml 浓度下酶活性受到完全的抑制，从而也表明 DNA 拓扑异构酶可能是两种茶叶提取物的靶酶。

九、可可茶提取物对艾氏腹水癌细胞 DNA 多聚酶的抑制作用①

（一）实验材料和方法

实验动物昆明小鼠购自南方医科大学实验动物中心（广东省实验动物质量检测合格证书号 94004）；小鼠艾氏腹水癌瘤株（EAC）为中山大学肿瘤研究所提供。试药可可茶和龙井茶提取物制备同人宫颈癌 HeLa 细胞的抑制作用试验。

主要化学试剂：活化型小牛胸腺 DNA（Type XV，Act DNA）为 Sigma 公司出品，脱氧三磷酸腺苷（dATP）、脱氧三磷酸胞苷（dCTP）、脱氧三磷酸鸟苷（dGTP）均为 Promega 公司产品，每支 100 mmol。使用时均以三蒸水稀释。

氚标记的三磷酸胸苷（^{3}H-TTP），为 50% 乙醇水溶液，放射性总强度为 0.5 mCi，比活性 814 gBq/mM。中国科学院上海核技术开发公司产品。阿斐迪霉素（Aphidicolin）为 Sigma 公司出品，以 DMSO 溶解后于 -20℃ 下储存，临用前以三蒸水稀释（DMSO 终浓度 $<0.1\%$）。

Polα、Polβ、Polγ 的提取参照 Ono 的方法加以修改。5～10 只昆明小鼠接种艾氏腹水瘤细胞，于实验第 7～9 天抽取腹水癌细胞，生理盐水洗涤 2～3 次。以下步骤在 0～4℃下进行。加 50 ml 缓冲液 A（含 50 mmol/L Tris-HCl，pH7.5，1 mol/L DTT，0.1 mmol/L EDTA，100 mol/L KCl，10% 甘油），混匀后超声波破碎细胞，经离心（27 000×g，30 min，上清液含 Pol 的粗酶液。Pol 粗酶液经磷酸纤维素柱层析获得分离纯化。柱容量 10 ml（φ2.2 cm×2.3 cm，用缓冲液 A 预平衡 24，缓慢上样（0.25 ml/min），用缓冲液洗涤层析柱除去杂蛋白，用 30 ml 的缓冲液 A（含 100 mmol/L KCl）对缓冲液 B（1000 mmol/L KCl）作线性梯度洗脱，分部收集洗脱液 1 ml/管，共 30 管，测酶活性，绘制酶活性曲线。将酶活性曲线峰出现的顺序及相应的洗脱离子强度，并观察 Polα 的特异性抑制剂阿斐迪霉素（20 μg/ml）对各峰活性的影响，从而鉴定各峰所含 Pol 的种类。

酶活性的测定：测定 Pol 粗酶、Polα、Polβ、Polγ 的反应混合液总量为 50 μl，共同组分为 80 μg/ml Act DNA，各 10 μmol/L dATP、dCTP、dGTP，10 mmol/L MgCl$_2$，5 mmol/LDTT，0.25 mg/ml BSA，0.227 μmol［^{3}H］-dTTP，测 定 Pol 粗 酶 和 Pol 的 反 应 混 合 液 含 有 25 mmol/L Tris-HCl，pH 8.5，测定 Polβ 的反应混合液含有 50 mmol/L Tris-HCl，pH 9.0，100 mmol/L KCl，测定 Polγ 的反应混合液含有 50 mmol/L Tris-HCl，pH7.5，100 mmol/L KCl，在 37℃水浴中孵育 1 h 后，逐管加入 20 μl 0.2 mol/L EDTA 终止反应。30 min 后将 50 μl 反应混合液转移到乙酸纤维素薄膜片上，阴干。薄膜纸片用 5% 三氯醋酸漂洗 3 次，95% 乙醇漂洗 2 次。其中测标准管（即转移到薄膜片上的 50 μl 反应混合液总的放射性计

数）的薄膜片不漂洗。漂洗后的薄膜片经自然风干（或烤干）后放入含 5 ml 闪烁液的液闪杯中（闪烁液的组成是 0.5 g POPOP，7.0 g PPO 溶于 100 ml 二甲苯），在 LKB 液闪仪上测放射性计数（CPM）。

每一批实验均设标准管，由标准管的 cpm 和 pmol 数（已知）计算出标准管的单位 pmol 的放射性计数（cpm/pmol），由实验组的 cpm 结合标准的单位 pmol 的放射性计数计算出反应结合到活化 DNA 上的 [^{3}H]-dTTP 的 pmol 数。计算方法为：（实验组 cpm- 对照组 cpm）/ 标准管的单位 pmol 放射性计数，酶活性用 37℃ 1 h 内结合到活化 DNA 的 [^{3}H] dTTP 的 pmol 数来表示。

可可茶和龙井茶提取物对 Polα、Polβ、Polγ 活性的影响：基本方法同酶活性测定，不同之处为反应液中加入待测药物。每个药物高 5 个浓度，即 3.1、9.3、27.3、83.3、250 μg/ml。每个浓度及对照组均设 2 个平行管，药物均对 Polα、Polβ、Polγ 进行实验，各步骤至少重复 2 次。

IC_{50} 的测定：根据测定所得结果，采用中效原理的方法（Mushika M.，1988）计算各个药物对 Polα、Polβ、Polγ 的 IC_{50}。

抑制方式的分析判断：对可可茶提取物进行了抑制方式的分析实验。根据双倒数（Act DNA^{-1} 对 V^{-1}）作图的要求，实验分为 3 个实验组：可可茶提取物的浓度分别为 0、2.5、3.7 μg/ml，每组均测定在不同浓度 DNA（10、20、40、80、160 μg/mg）时的反应速度，每个浓度设 3 个平行管。依实验结果进行双倒数作图，依作图结果进行了判断。

计算 K_i 值：参照文献（陈惠藜等，1983）在不加入或加入单一固定浓度的抑制剂后，测定一系列底物浓度的初速度，用双倒数作图法，求出有抑制剂和无抑制剂时的直线斜率。当可可茶提取物浓度分别为 0 、2.5、3.7 μg/ml 时经双倒数作图得 a、b、c 三条直线，经回归计算获得各自斜率。依米氏方程，在竞争性、非竞争性和混合性抑制中分别比较 a、b 与 a、c 的斜率，所得两数之均数即为 K_i 值。

（二）实验结果

首先对 Polα、Polβ、Polγ 的层析分离峰进行了鉴别。如图 8-100 所示，酶活性曲线中有三个峰，它们都能催化以 DNA 为模板合成新的 DNA，根据出现的顺序及相应的离子强度判断 F1、F2、F3 分别为 Polα、Polβ、Polγ，其中 F1 被 Polα、Polβ、Polγ 特异性抑制剂阿菲迪霉素抑制达 54.9%，而 F2、F3 均未受影响，与文献（Mushika M.，1988）的结论一致。

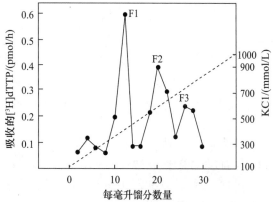

图 8-100　EAC 细胞提取物经柱层析分离得到的 Pol 活性峰

Fig. 8-100　Pol act peak from extracts on EAC in mice separated by column chromatography

可可茶提取物和龙井茶提取物对 DNA 多聚酶 Polα、Polβ、Polγ 的抑制作用见表 8-79 和图 8-101。

表 8-79　可可茶和龙井茶对 DNA 多聚酶（Pol）的抑制结果
Tab. 8-79　Inhibited result of extract of cocoa tea and longjing on Pol

试药与编号	剂量 /（μg/ml）	对 Pol 抑制率 /%		
		Polα	Polβ	Polγ
可可茶 1	3.1	28.8±3.7	15.5±13	22.5±5.5
可可茶 2	9.3	63.9±4.4	53.4±5.6	70.1±7.8
可可茶 3	27.8	85.5±0.8	69.3±9.3	70.9±2.0
可可茶 4	83.3	93.1±0.1	81.1±1.4	80.5±3.2
可可茶 5	250.0	93.9±2.6	80.4±0.8	76.4±2.1
龙井茶 1	3.1	133.7±1.3	39.6±2.9	10.8±2.0
龙井茶 2	9.3	54.8±10.1	34.2±16.3	14.7±16.3
龙井茶 3	27.8	81.8±1.1	73.5±2.7	68.4±5.3
龙井茶 4	83.3	94.2±1.8	76.5±8.5	77.8±6.9
龙井茶 5	250.0	94.0±1.7	88.7±2.6	85.9±0.9

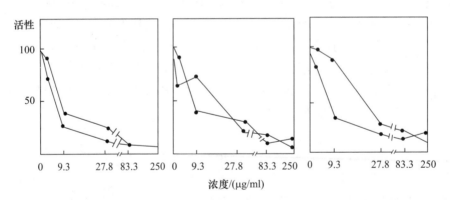

图 8-101　龙井茶和可可茶提取物对 Polα、Polβ、Polγ 活性的影响
Fig. 8-101　Effect of extract of cocoa tea and longjing tea on activity of Polα，Polβ，Polγ

其次，经过测定，可可茶提取物对 Polα、Polβ、Polγ 的 IC_{50} 分别为 5.6、15.0、14.7 μg/ml，而龙井茶提取物对 Polα、Polβ、Polγ 的 IC_{50} 分别为 10.2、9.2、28.9 μg/ml。

再次，关于抑制作用方式的判断，可可茶提取物对 Polα、Polβ、Polγ 均为同模板 DNA 发生非竞争性抑制。

依据酶的抑制作用原理分析判断，图中三条直线交于横轴上一点，为非竞争性抑制，因而可可茶提取物对 Polα、Polβ、Polγ 的方式，均为同模板 DNA 非竞争性抵制（图 8-102）。

最后，可可茶提取物对 Polα、Polβ、Polγ 的 K_i 值 分 别 为（2.68±0.12）、（2.24±0.12）、（2.56±0.18）μg/ml。

以 IC_{50} 作标准来比较可可茶和龙井茶提取物的抑制作用，强度与阿霉素相当，而可可茶对 Pol 的抑制作用又稍强于龙井茶。可可茶对 Pol 的抑制作用方式，显示可可茶提取物对 Polα、Polβ、Polγ 与模板 DNA 产生非竞争性抑制，也就是说可可茶既与反应中的酶分子结合，也与中间产物酶分子模板（E.S.）相结合。

十、可可茶提取物对不同细胞生长的影响及体内协同抗癌作用①

研究了可可茶提取物对人肝癌细胞（BEL-7402）、人红白血病细胞（K562）、人胎儿肺纤维细胞（HFLF）和人胎儿肾细胞（HFK）生长的影响；和可可茶提取物分别与鬼臼乙叉苷（VP-16）、阿糖胞苷（Ara-C）、环磷酰胺（CTX）和阿霉素（ADM）合用对小鼠网织细胞肉瘤（L_2）的抑制作用，以及可可茶提取物对鼻咽癌（CNE_2）DNA 的损伤作用。

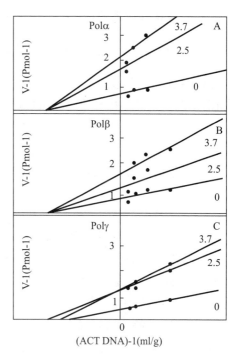

图 8-102　可可茶提取物对 EAC 细胞 Polα、Polβ、Polγ 的抑制方式

Fig. 8-102　Inhibited model of extract of cocoa tea on Polα，Polβ，Polγ of EAC cells

试样，试样制备，试验动物同对人宫颈癌 HeLa 细胞的抑制作用试验。ADM Ara-C、CTX、VP-16 向中山大学肿瘤医院购买（临床用药）。BEL-7402、K562、CNE_2、L_2 细胞由中山大学肿瘤研究所传代保株；HFLP 和 HFK 分别从人胎儿肺和肾组织分离培养。

体外实验：MTT 法按 Carmichael 等描述的方法。BEL-7402 和 K562 细胞密度为 $2\sim2.6\times10^5$ 个 /ml；HFLF 和 HFK 细胞密度为 1.8×10^5 个 /ml，分装 96 孔板的小孔中，对照组和药物组的每一个浓度设 4 个平行孔。用 DG 3022 型酶联检仪，波长 570 nm 测出各组的光密度，按下式算出抑制率（IR）或生长促进率（GR）。

$$IR=\left(1-\frac{用药组平均OD值}{对照组平均OD值}\right)\times100\%\qquad（8-12）$$

$$GR=\left(\frac{用药组的活细胞数}{对照组的活细胞数}-1\right)\times100\%\qquad（8-13）$$

按 LitChfield & Wilcoxon 的方法计算出 IC_{50}。

① 刘宗潮，谢冰芬，潘启超，等. 可可茶提取物对不同细胞生长的影响及体内协同抗癌作用［J］. 癌症，1996，15（3）：164-166.

TBE 法按作者先前描述的方法进行。按下式计算抑制率：

$$IR = \left(1 - \frac{用药组的活细胞数}{对照组的活细胞数}\right) \times 100\% \qquad (8-14)$$

体内抗瘤试验按国家卫生部药政局组织编写的《新药临床前研究指导原则汇编》中"抗肿瘤药物药效学指导原则"所规定的程序进行。按下式计算。

$$抑瘤率 = \left[1 - \frac{实验组平均瘤重}{对照组平均瘤重}\right] \times 100\% \qquad (8-15)$$

两个单药合用后是否增效，按下式算出 q 值：

$$q = \frac{E(A+B)}{EA + (1-EA) \cdot EB} \qquad (8-16)$$

$E(A+B)$ 为两药合用的抑瘤率；EA 和 EB 为各药单用的抑瘤率；q 为 0.85～1.15，表示两药作用相加；$q > 1.15$ 表示两药作用增强；$q < 0.85$ 表示两药作用互相拮抗。

细胞 DNA 断裂检测按作者先前描述的方法进行，将受药物处理的细胞 DNA 纯化，在 1% 琼脂糖凝胶中电泳。经溴乙锭染色后在波长 2756 nmÅ 的紫外灯线灯下，观察 DNA 电泳区带的改变和摄影保存。

可可茶对人癌的抑制作用：多批实验结果表明可可茶提取物对 BEL-7402 细胞有显著的抑制作用，如表 8-80 所示。用 MTT 法测定，药物浓度为 62.5、125、250、500 和 1000 μg/ml 的平均抑制率依次为 12.3%、20.8%、44.7%、64.7% 和 72.2%，计算得 IC_{50} 为 115.2 μg/ml。用 MTT 法测定可可茶提取物对 K562 细胞的平均抑制率依次为 10.3%、28.7%、37.3%、26.4% 和 33.8%，$IC_{50} > 1000$ μg/ml。TBE 法测定，药物浓度降为 31.1、62.5、125、250、500 μg/ml 的平均抑制率依次为 43.2%、46.9%、50.6%、59.0% 和 70.7%，IC_{50} 为 81.4 μg/ml。上述各批次的实验数据显示，随着药物浓度的增加，抑制作用增强。在相同的浓度下，用 TBE 法所得的抑制率稍高于 MTT 法的抑制率；BEL-7402 细胞对可可茶提取物的敏感性大于 K562 细胞的敏感性。

表 8-80　可可茶水提物对人癌细胞生长的抑制作用

Tab. 8-80　Inhibiting effect of cocoa tea extract on the growth of various cell of human cancer

细胞株	药物浓度 /（μg/ml）	MTT 法抑制率 /%）	IC_{50}/（μg/ml）	TBE 法抑制率 /%	IC_{50}/（μg/ml）
	31.1			13.2	
	62.5	12.3		46.5	
	125.0	20.8		63.9	
BEL-7402	250.0	44.7	351.1	73.9	115.2
	500.0	64.7		73.5	
	1000.0	72.2		82.0	
	31.1	—		42.4	
K562	62.5	10.3		46.9	
	125.0	28.7		50.6	

续表

细胞株	药物浓度 / (μg/ml)	MTT 法抑制率 /%)	IC_{50}/ (μg/ml)	TBE 法抑制率 /%	IC_{50}/(μg/ml)
	250.0	37.3	>1000	59.0	81.4
K562	500.0	26.4		70.7	
	1000.0	33.8			

可可茶提取物对 HFLF 细胞和 HKF 细胞的促生长作用：3 次实验结果显示，可可茶提取物对正常组织的 HFLF 细胞和 HFK 细胞有促进生长的作用见表 8-81。在 62.5、125、250、500、1000 μg/ml 的药物浓度下，以对照组的细胞生长作 100% 计，HFLF 细胞各浓度的平均生长率分别增加－10.47%、＋15.48%、＋31.91%、＋53.02% 和＋83.37%；JFK 细胞各浓度的平均生长率增加＋14.18%、＋26.61%、＋52.62%、＋88.13% 和 103.71%。阳性对照药阿霉素实验组的药物浓度为 3.12、12.5、50 μg/ml 情况下，对 HFLF 细胞的抑制率依次为 15.0%、49.0% 和 54.3%，对 HFK 细胞的抑制率依次为 15.0%、49.0% 和 54.3%，对 HFK 细胞抑制率依次为 36.1%、43.6% 和 49.2%，显示出抑制率随 ADM 浓度的增加而增加。

表 8-81 可可茶提取物对人胎儿细胞的促进生长率
Tab. 8-81 Growth promotion rate of cocoa tea extract on cells of human fetus %

细胞株	药物浓度 / (μg/ml)				
	62.5	125	250	500	1000
HFLF	－10.47	＋15.48	＋31.91	＋53.02	＋83.37
HFK	＋14.18	＋26.61	＋52.62	88.13	＋103.71

可可茶提取物与抗癌药合用的体内增效作用：结果如表 8-82 所示。实验测定了可可茶提取物分别与 Ara-C、CTX 和 ADM 合用对 L_2 的抗癌作用。单用可可茶提取物 20 mg/kg 的两批抑瘤率分别为 24.2% 和 40.0%，平均为 32.1%，只有边缘的抗癌活性。单用 Ara-C 15 mg/kg 的两批抑瘤率分别为 35.7% 和 40.7%，平均为 38.2%，可可茶提取物与 Arc-C 两药合用可将抑瘤率分别提高到 62.3% 和 65.7%，平均 64.0%，q＞1。单用可可茶提取物 20 mg/kg 的两批抑瘤率分别为 40.2% 和 22.4%，平均为 31.3%。可可茶提取物与 CTX 两药合用将抑制率提高至 59.8% 和 37.9%，平均为 48.9%，q＞1。单用可可茶提取物 20 mg/kg 的两批抑瘤率分别为 31.1% 和 19.5%，平均 25.3%；单用 CTX 12 mg/kg 的两批抑瘤率分别为 40.2% 和 22.4%，平均 31.3%。可可茶提取物与 CTX 两药合用可将抑瘤率分别提高到 59.8% 和 37.9%，平均 48.9%，q＞1。单用可可茶提取物 20 mg/kg 的两批抑瘤率分别为 32.6% 和 31.1%，平均 31.9%，单用 ADM 的 2 批抑瘤率分别为 16.1% 和 14.2%，平均 15.2%；可可茶提取物与 ADM 两药合用可将抑瘤率分别提高到 46.5% 和 44.5%，平均为 45.54%，q＞1。q＞1 均表示两药合用有增效作用。两药合用组小鼠的毒性表现未见增加。

表 8-82　可可茶提取物与抗癌药合用对 L_2 的增效作用

Tab. 8-82　Enhancement effect of combined cocoa tea extract and anticancer drugs

瘤株	单用可可茶 20 mg/kgIR/%	单用 Ara-C 15 mg/kgIR/%	单用 CTX 12 mg/kgIR/%	单用 ADM 5 mg/kgIR/%	两药合用 IR/%	q 值
L_2	24.2	35.7			62.3	1.22
	40.0	40.7			65.7	1.02
平均	32.1	38.2			64.0	1.10
L_2	31.1		40.2		59.8	1.02
	19.5*		22.4*		37.9	1.01
平均	25.3		31.3		48.9	1.01
L_2	32.6			16.1*	46.5	1.07
	31.1			14.2*	44.5	1.09
平均	31.9			15.2	45.5	1.08

各组数据均与阴性对照组数值对比计算 P 值；* 表示 $p>0.05$，其余各组 $p<0.05$ 或 $p<0.01$

可可茶提取物对人鼻咽癌 CNE_2 的 DNA 的损伤作用：纯化的细胞 DNA 经琼脂糖凝胶电泳，无药作用的阴性对照，其 DNA 移动较慢，高度集中在同一条区带内，表现 DNA 的分子量大，未发生断裂。以 VP-16 200 μg/ml 处理的阳性对照，其 DNA 呈涂片状分布，显示 DNA 已断裂成大小不等的碎片，说明经 VP-16 处理的细胞已发生严重的损伤。经可可茶提取物浓度分别为 125、250、375、500 μg/ml 处理细胞 DNA，125、250 μg/ml 剂量处理的大部分 DNA 移动速度仍与阴性对照相同，但在主区带的两端已出现毛刷样的改变，其中 250 μg/ml 剂量毛刷样改变要多于 125 μg/ml 处理的改变，说明已有部分 DNA 发生断裂；375 μg/ml 处理的 DNA 分布与 VP-16 200 μg/ml 处理的结果基本相同，说明它们对 DNA 的损伤作用相似。可可茶提取物 500 μg/ml 处理的 DNA，几乎看不见如阴性对照的大分子 DNA，说明全部 DNA 均发生断裂。上述结果表明可可茶提取物可导致细胞 DNA 的断裂损伤，DNA 断裂程度随可可茶提取物的浓度增加而增加。

第 16 节　可可茶相关发明专利概述

可可茶是野生的天然无咖啡碱茶，它含可可碱，几乎不含咖啡碱，并且可可茶含 GCG（没食子酸儿茶素没食子酸酯）、1,2,4,6-GA-glc（1,2,4,6- 四没食子酰葡萄糖）、GC-3,5-diGA（儿茶素 -3,5-diGA 二没食子酸酯），在传统茶叶中，这些儿茶素和多糖含量很低。可可茶作为新型不含咖啡碱饮料，它是无毒级的安全食品，是常规饮料。其最主要的优点是饮可可茶不影响睡眠，这给神经衰弱患者带来了福音，想饮茶而又担心喝茶睡不了觉的人，正好可以喝无咖啡碱的可可茶，它适用于老年人、孕妇、儿童、胃肠功能低下、心脏不健康等人群饮用。

人类饮茶已有数千年的历史，茶叶对健康的调节功能早已为人熟知，茶叶的抗氧化作用、抗菌作用、对血液中胆固醇的调节作用也已被证实。传统茶叶的提取物及其所含的主要活性成分多酚类对糖吸收的抑制作用等已有报道。尽管可可茶是传统茶叶的近缘种，但可可茶的生物活性及其主要活性成分对人体生理和药理作用需要更深入的研究和探讨。

中山大学与暨南大学可可茶研究团队深入合作，用可可茶提取物及其活性成分制备药物及食品，应用于预防和改善糖尿病，改善疲劳，抗过敏及炎症，预防和改善肥胖及其临床症状等领域，获得了四个可可茶发明专利。

在可可茶提取物的活性成分中，可可碱含量至少为 200 mg/g，GCG 含量至少为 40 mg/g，1,2,4,6-GA-glc 含量至少为 25 mg/g，GC-3,5-diGA 含量至少为 100 mg/g。可可茶中的生物碱及儿茶素类都属于小分子化合物，一般用水或低级醇类提取即可。可可茶提取物固形剂使用量在 0.1%～40% 范围内使用较为适宜。可可茶提取物加入赋形剂后可制作成溶剂、颗粒剂、胶囊等剂型。低浓度的可可茶提取物溶剂可作为日常饮料提供消费者。

一、可可茶提取物用于制备预防及改善糖尿病及其临床症状的药物及食品的应用[①]

葡萄糖苷酶抑制活性的测定实验结果表明，可可茶活性成分 GCG、1,2,4,6-GA-glc 和 GC-3,5-diGA 显示出非常强的葡萄糖苷酶抑制活性，并证实可可茶上述三种成分是抑制糖的吸收、降血糖及抗糖尿病的活性成分。

1. 小鼠耐糖实验

实验动物为 7 周龄雄性 ICR 小鼠，由日本 CLEA 公司购入，饲养温度 23±（1～2）℃，湿度（55±5）%，换气次数 12～15 次 /h，照明 12 h/ 天（上午 7：00 开灯，下午 7：00 关灯）。每个饲养笼养 5 只小鼠（235 mm×325 mm×170 mm）。饲养条件：固形饲料 CE-2（CLEA 公司），小鼠自由饮水，饲养 1 周后进行试验。每组含小鼠 10 只。禁食一夜后，按 250 mg/kg 或 125 mg/kg 剂量，经口给药后给予可可茶提取物水溶液（10 ml/10 g）。对照组给予等体积蒸馏水。30 min 后再经口给药给予 2 g/kg 葡萄糖及 4 g/kg 蔗糖水溶液。随后，每隔 30 min 从尾静脉采一次血，测定血糖浓度。实验结果以 t- 检验作统计学处理。给予葡萄糖的小鼠未能显示吸收抑制作用；但对于给予蔗糖的小鼠来说，与蒸馏水对照组相比，可可茶提取物给药组对高血糖值显示出有统计意义的抑制效果，并呈剂量依赖关系。

2. 葡萄糖苷酶（glucosidase）抑制活性的测定

将从酵母得到的葡萄糖苷酶（14 mg /ml，Sigma）溶于含有 0.2% 牛白蛋白血清（bovine serum albumin）及 0.2%NaN$_3$ 的 0.1 mol/L 磷酸盐缓冲溶液（pH 7.0）中作为酶液。另将 5 mmol/L 对硝基苯基 -α-D- 吡喃葡萄糖苷溶于 0.1 mol/L 的磷酸盐缓冲液（pH 7.0）中作

① 栗原博，姚新生，叶创兴. 可可茶提取物用制备预防及改善糖尿病及临床症状的药物及食的应用：200410026724. X［P］. 2007-01-31.

表 8-83　可可茶提取物中的活性成分对葡萄糖
苷酶的抑制活性

Tab. 8-83　Inhibitory activity of active
ingredients to glucosidase of cocoa tea extract

序号	样品	对葡萄糖苷酶抑制活性 $[IC_{50}/(\mu g/ml)]$
1	GCG	0.57
2	1,2,4,6-GA-glc	0.81
3	GC-3，5-diGA	1.39

为底物溶液。将可可茶提取物用 20% 乙醇水溶液稀释成不同浓度后，分别吸取 10 μl 加入 50 μl 酶液中，在 405 nm 处再次测定。将测得的结果与 2% 乙醇水溶液在 405 nm 测得的数据作比较，其上升差值即为可可茶提取液对葡萄糖苷酶的抑制活性。

结果见表 8-83 所示。

实验结果表明可可茶及其活性成分 1,2,4,6-GA-glc 和 GC-3,5-diGA 通过抑制葡萄糖苷酶的活性以减少糖的分解，通过抑制摄食后引起的高血糖预防、改善及治疗 1 型糖尿病、2 型糖尿病、糖代谢异常以及因上述疾病引起的各种不良症状。

二、可可茶提取物用于制备预防及改善疲劳及其临床症状的药物及食品的应用①

可可茶提取物中的有效成分可用于精神疲劳及疲劳引起的抑郁症（suppression）、不安症、自主神经异常亢进及高血压等各种临床症状的预防、改善和治疗。

本研究以小鼠的自发运动实验（ambulatory activity test）、悬垂实验（traction test）为动物实验模型，评价可可茶提取物对小鼠不安的减轻效果及抗疲劳作用，其结果证明，可可茶对小鼠不安的减轻效果及抗疲劳行为表现出有意义的生理活性。

1. 小鼠自发运动实验

ICR 小鼠基本情况参见耐糖实验相关描述。用实验动物运动量测定装置测定小鼠自发运动量。检体给药 30 min 前将小鼠放置在实验装置内适应实验环境，并记录每 10 min 的合计自发运动量。小鼠经 30 min 的适应后，不同浓度的检样以 0.1 ml/10 g 量经口给药，给药后以 10 min 为 1 个记录单位计算小鼠自发运动量，连续测定 120 min。对照组小鼠经口给予同容量水。每实验组使用小鼠 10 只。

与对照组小鼠相比，实验结果表明给予咖啡碱的小鼠的自发运动显著增加，而给予可可碱的小鼠自发运动无显著变化，给予可可茶提取物的小鼠的自发运动有一定程度的减少。

2. 小鼠悬垂实验

ICR 小鼠基本情况参见耐糖实验相关描述。检体经口给药 30 min 后开始试验。悬垂实验是将小鼠前肢悬挂在直径 2 mm、长 60 cm、平行高度 50 cm 的金属丝上，测定小鼠的悬垂时间。结果如表 8-84 所示。

①　栗原博，姚新生，叶创兴. 可可茶提取物用于制备预防及改善疲劳及其临床症状的药物及食品的应用：200410026726. 9［P］. 2007-01-31.

表 8-84　咖啡碱、可可碱及可可茶提取物对小鼠悬垂时间的影响

Tab. 8-84　The influence of caffeine, theobromine and cocoa tea extract to traction time of mice

序号	给药量	给药量	小鼠悬垂时间 /s
1	对照组	—	23.1 ± 10.7
2	实验组 1	咖啡碱 30 mg/kg	18.9 ± 8.6
3	实验组 2	可可碱 30 mg/kg	22.9 ± 5.7
4	实验组 3	可可茶提取物 150 mg/kg	26.1 ± 7.5

结果证明，与咖啡碱给药后引起的小鼠不安相比，可可碱对悬垂时间无明显的效果。可可茶提取物给药小鼠的悬垂时间有一定的延长倾向。

3. 可可茶对戊巴比妥钠诱发小鼠睡眠时间的影响

ICR 小鼠基本情况参见耐糖实验相关描述。各检体在 50 mg/kg 戊巴比妥静脉注射30 min 前经口给药。以小鼠的正向反射作为睡眠时间，分析咖啡碱、可可碱及可可茶提取物对苯巴比妥诱发小鼠睡眠时间的影响。

结果证明对照组小鼠睡眠时间为 36.57 ± 0.5 min，30 mg/kg 咖啡碱给药的小鼠的睡眠时间为 30.19 ± 0.23 min，咖啡碱缩短小鼠的睡眠时间，对戊巴比妥诱发小鼠睡眠时间有一定的唤醒促进作用。与咖啡碱相比，可可碱也显示出一定的中枢唤醒作用，但可可茶提取物则明显地延长了戊巴比妥诱发的小鼠睡眠时间（*；$p > 0.05$，通过 t- 检验）。可可茶的这一作用可能来自于可可碱以外的成分，很可能是来自新分离的上述三种活性成分。

三、可可茶提取物用于制备预防及改善疲劳及其临床症状的药物与食品的应用[①]

以可可茶提取物及其活性成分为原料，制备一种安全性高，无副作用的抗过敏、抗炎症及抗接触性皮炎，对炎症及过 敏反应的药物，用于对Ⅳ型过敏反应引起的临床症状的预防、治疗，例如对接触性过敏性皮炎及由它引起的临床症状有抑制或减轻作用。

1. 耳接触性皮炎实验

ICR 小鼠基本情况参见耐糖实验相关描述。经由背部皮下注射 1.5% 的 2,4- 二硝基氟苯（2,4-dinittrofluorobenzene，2,4-DNFB）乙醇溶液 100 μl 作为抗原使之增敏（sensitization）。注射 2,4-DNFB 5 天后增敏成功，第 6 天在小鼠右耳上涂 1% 2,4-DNFB- 橄榄油溶液人为抗原攻击，使小鼠产生耳缘接触性皮炎。24 h 后，用直径 8 mm 打孔器取下左右两耳，测定左右耳缘 /8 mm 重量差并比较浮肿程度。可可茶提取物增敏前一天到 2,4-DNFB 攻击当天，连续 7 天经口给药。对照组喂以同体积蒸馏水。结果以 t- 检验做显著差异性检定，实验结果如表 8-85 所示。与蒸馏水对照组 2,4-DNFB 诱发耳缘浮肿重量

---

① 栗原博，姚新生，叶创兴. 可可茶提取物用于制备抗过敏及炎症的药物、食品及化妆品的应用：200410026723. 5［P］. 2007-01-31.

表8-85　可可茶提取物对2,4-DNFB诱发小鼠耳缘接触性皮炎的影响

Tab. 8-85　The influence of cocoa tea extract on contact dermatitis of auricular margin of mice induced by 2,4-DNFB

组别	小鼠数	重量（mg/8mm 耳缘）
H₂O 对照组	10	29.4±5.0
可可茶提取物 50mg/kg	10	25.3±3.0（$p=0.0405$）
可可茶提取物 150mg/kg	10	23.6±4.0（$p=0.0108$）
可可茶提取物 450mg/kg	10	19.7±4.1（$p=0.0027$）

相比，可可茶提取物连续7天经口给药，对小鼠耳缘浮肿有一定的抑制效果，并呈剂量依赖关系。

2. 可可茶对巴豆油诱发的小鼠耳缘炎症的改善效果

ICR 小鼠基本情况参见耐糖实验相关描述。首先将0.3%巴豆油（Sigma）按照25 μl/ 耳剂量涂抹在小鼠右耳缘中央部，3 h后按0.1 ml/10 g（体重）剂量向小鼠尾静脉内注射1%埃文斯兰生理盐水溶液。注射埃文斯兰生理盐水1 h后，用直径8 mm打孔器取下两耳，参照Katayama方法。将耳缘放入1 ml的1 mol/L KOH 水溶液中，37℃下浸泡24 h后，添加9 ml 0.6 mol/L磷酸-丙酮（5：13）溶液，充分搅拌后离心分离（以3000 r/min 转速离心15 min）。取出上清液于620 nm 波长处测定吸光度，计算埃文斯兰作为血管通透性指标，分析、判断浮肿情况。可可茶提取物于实验前日及巴豆油抹1 h前两次口服给药。对照组给予同体积蒸馏水，药物对照组用抗炎药物地塞美松（dexamethasone）于巴豆涂抹1 h前1 mg/kg 一次口服给药。实验结果以t-检验做显著性差异检定。实验结果如表8-86所示，与蒸馏水对照组巴豆诱发小鼠耳缘炎症相比，可可茶提取物经口给药，也有一定的剂量依赖性抑制效果。

表8-86　可可茶提取物对巴豆油诱发小鼠耳缘炎症的抑制效果

Tab. 8-86　The inhibitory effect of cocoa tea extract on inflammation of auricular margin of mice induced by croton oil

组别	动物数	埃文斯兰渗漏（leakage）（μg/8mm 耳缘）
正常小鼠	10	—
H₂O	10	4.6±0.8
地塞美松	10	0.8±0.3（$p<0.0001$）
可可茶提取物 1	10	4.3±0.7（$p=0.1592$）
可可茶提取物 2	10	4.0±0.4（$p=0.0471$）
可可茶提取物 3	10	3.7±0.2（$p<0.0001$）

3. 迟发型足浮肿实验

ICR 小鼠基本情况参见耐糖实验相关描述。小鼠右后肢足掌皮下注射绵羊红细胞（SRBC）10^7个细胞/25 μl 作为抗原增敏。4天后，小鼠左后肢足掌皮下以10^8个细胞/25 μl SRBC 作为抗原注射再次攻击。抗原攻击24 h后，使用专门的标准尺（gauge）测定和比较左、右足掌厚度，通过左、右足掌之间的差值计算浮肿率。从增敏前1天到用SRBC 攻击当天，连续5天经口给药可可茶提取物。对照组给予同体积蒸馏水。实验结果以t-检测做显著性差异检定。如表8-87所示，与蒸馏水对照组 SRBC 诱发小鼠迟发型足掌浮肿相比，连续5天经口给予可可茶提取物，显示出一定的剂量依赖性抑制效果。

4. 对肥大浮肿释放组胺的抑制作用

组胺是肥大细胞及嗜碱细胞等在过敏反应时释放的化学递质。抑制组胺释放无疑可以改善过敏症状。我们从可可茶中分离得到在传统茶叶含量极少或很难检测到的三种化合物——GCG、1,2,4,6-GA-glc 及 GC-3,5-diGA。尽管它们均为已知化合物，但有关 1,2,4,6-GA-glc 和 GC-3,5-diGA 的抗过敏、抗炎症作用尚无报道。为此本发明对 1,2,4,6-GA-glc 和 GC-3,5-diGA 对肥大细胞释放组胺的抑制作用进行了研究。

大鼠腹腔内肥大细胞的采集及配制：将 7 周龄 Wistar 雌性大鼠麻醉放血致死后，立即向腹腔内注射 50 ml 冷的无 Ca^{2+} 肥大

表 8-87 可可茶对 DRBC 诱发小鼠迟发型足掌浮肿的抑制效果
Tab. 8-87 Inhibitory effect of cocoa tea extract in delayed palmar edema in rats induced by DRBC

组别	小鼠数	组掌浮肿 /mm
H_2O 对照组	10	0.58±0.13
可可茶提取物 50mg/kg	10	0.46±0.11（$p=0.0389$）
可可茶提取物 15mg/kg	10	0.36±0.10（$p=0.0006$）
可可茶提取物 450mg/kg	10	0.30±0.19（$p=0.001$）

细胞介质（Ca^{2+} free mast cell medium，＋MCM）液。MCM 液组成：150 mmol/L NaCl，3.7 mmol/L KCl，3 mmol/L Na_2HPO_4，5.6 mmol/L 葡萄糖，0.1%BSA，0.1% 明胶，pH 6.8），揉动 3 min 后，收集腹腔内含有肥大细胞的 MCM 液。然后在 580 rpm，4℃条件下离心 7 min。回收肥大细胞。再添加 35 ml MCM，在 4℃条件下以 580 r/min 转速离心 7 min。继用 MCM 液稀释配成 $1×10^5$ 细胞悬浮液。

测定组胺释放抑制活性的方法是：每管取 500 μl 上述肥大细胞悬浊液，在 37℃条件下孵化培养 5 min，加入 4 μl 250 mmol/L 钙。在 37℃孵育 5 min 后加入 5 μl 供试样品，继而在 37℃孵育 10 min 后加入 5 μl 0.05 mg/ml 的化合物 48/80 溶液刺激细胞，孵育 10 min 后冷却，中止反应，以在 4℃条件下以 6000 r/min 转速离心 3 min，回收细胞上清液，将 400 μl 中添加 20 μl 60% PCA 除蛋白。室温放置 20 min 后，添加 400 μl 生理盐水，然后在 4℃条件下以 13 000 r/min 离心 3 min，用 HPLC 方法测定上清液组胺含量。

表 8-88 可可茶中不同化学成分对肥大细胞释放组胺的抑制作用
Tab. 8-88 Inhibitory effect on histamine release from mast cell of different components of cocoa tea extract

组别	组胺释放抑制率 [IC_{50}/（μg/ml）]
GCG	>50
1, 2, 4, 6-GA-gic	<6.25
GC-3, 5-diGA	8.24

实验结果如表 8-88 所示，1,2,4,6-GA-gic 和 GC-3,5-diGA 对肥大细胞释放组胺有非常强的抑制活性。因此，本发明专利确认 1,2,4,6-GA-gic 和 GC-3,5-diGA 是可可茶抗过敏、抗炎症的活性成分。

四、可可茶提取物用于制备预防及改善肥胖及其临床症状的药物及食品的应用[①]

以可可茶提取物及其有效成分为原料，制备一种安全性高、无副作用的脂肪酶抑制药物以及通过抑制脂肪酶活性，用于减少、改善或抑制肥胖、高血脂症、血脂代谢异常及上

---

① 栗原博，姚新生，叶创兴. 可可茶提取物用于制备预防及改善肥胖及其临床症状的药物及食品的应用：ZL 200410026725.4［P］. 2007-01-31.

述疾患引起的各种临床不适症状的药物，以及预防因肥胖引起的多种疾病的食品、食品添加剂。

1. 脂肪负荷实验

ICR 小鼠基本情况参见耐糖实验中相关描述。小鼠禁食一夜后，按 250 mg/kg 或 125 mg/kg 剂量以口服给药方式给予可可茶提取物水溶液（10 ml/10 g）。对照组给予等体积蒸馏水。小鼠在给药前后 1.5 h、3 h 及 4.5 h 分别在乙醚麻醉下由心脏采血，测定血浆中中性脂肪（triacylgycerol，TG）及游离脂肪酸（free fatty acid，FFA）的浓度。实验结果以 t 检验做统计学处理。与蒸馏水对照组相比，给予可可茶提取物的小鼠的血浆游离脂肪酸含量未能显示有统计意义的上升趋势，但血浆中性脂肪含量则明显减少，并有统计学意义（$*p < 0.05$）。结果证明可可茶提取物可以抑制脂肪吸收，并有一定的量效相关性。

2. 胸淋巴管脂肪吸收抑制作用的测定

实验动物为 7 周龄雄性 SD（IGS）大鼠，由日本 CLEA 公司购入。饲养条件：室温 23±（1～2）℃，湿度（55±5）%，换气次数 12～15 次 /h，照明时间 12 h/ 天（上午 7：00 开灯，下午 7：00 关灯）。饲养条件：固形饲料 CE-2（CLEA 公司），小鼠自由饮水，饲养 1 周后进行试验。将大鼠固定在专用的固定容器中，用戊巴比妥钠麻醉后，经胸淋巴管及胃做导管插入手术。随后，经胃导管以 3 ml/h 速度连续灌流 139 mmol/L 葡萄糖 -85 mmol/L NaCl 等渗溶液，同时将 139 mmol/L 葡萄糖 -85 mmol/L NaCl 作为饮料水由大鼠自由摄取。经过一夜灌注，待淋巴管流量稳定后，首先收集 2 h 的淋巴液。然后将可可茶提取物与天然的甘油三油酸酯（triolein，200 mg/ 只）经胃导管同时灌注，在 24 h 内定时采淋巴液，用 7070 血液自动分析装置（日立公司）测定不同时间淋巴液中的中性脂肪（TG）含量。结果证明可可茶提取物对脂肪吸收有明显的抑制作用，并呈剂量依赖关系（$***p < 0.0001$，$**p < 0.001$，$*p < 0.005$，t 检验）。

3. 抑制脂肪酶活性的测定

脂肪酶活性测定原理：以 4- 甲基伞形烯丙基油酸醋（4-MU oleate，Sigma M2639）作为基质，经脂肪酶作用切断上面的油酸盐（oleate）部分，生成的荧光性物质 4- 甲基伞形烯丙基的含量可用以表示脂肪酶的活性。

试验用的缓冲溶液为含有 150 mmol/L NaCl 及 1.36 mmol/L $CaCl_2 \cdot 2H_2O$ 的 13 mmol/L Tris-HCl 溶液，基质溶液是用 DMSO 将 4-MU 油酸盐调整为 0.1 mol/L 浓度后，再用上述缓冲溶液稀释 1000 倍至最终浓度为 50 μmol/L 即可。

脂肪酶溶液是将脂肪酶（lipase，Sigma L0382，100,000 units）用 1 ml PBS 溶解，再用上述缓冲溶液稀释至终浓度为 100 U/ml。

反应终止液为 pH 4.2 的 0.1 mol/L 柠檬酸钠溶液。

实验前先将上述溶液预热至室温后，再将 50 μl 4-MU 油酸盐溶液、25 μl 检体水溶液及 25 μl 脂肪酶溶液加入到 96 孔板的穴中，室温下反应 30 min 后，加入 100 μl 0.1 mol/L 柠檬酸钠溶液使反应终止。用荧光光度计（激发波长 355 nm、发射波长 460 nm）测定反应生成的 4-methylumbelliferyl 荧光强度。以加入脂肪酶及不加入脂肪酶两组的吸光度分别作为 100% 及 0，计算加入检体溶液使抑制率达到 50% 时的浓度（IC_{50}）。

实验结果如表 8-89 所示。

表 8-89　可可茶不同化学成分对脂肪酶的抑制活性
Tab. 8-89　Digging activity of lipase different component from cocoa tea

序号	化合物名称	脂肪酶抑制活性 IC_{50}/（μg/ml）	序号	化合物名称	脂肪酶抑制活性 IC_{50}/（μg/ml）
1	EGCG	0.16	4	GC-3,5-diGA	0.13
2	GCG	0.24	5	山奈酚 3- 鼠李糖苷 - 芸香糖苷（kaempferol 3-rhamnosyl-rutinoside）	0.23
3	1,2,4,6GA-glc	0.16	6	山奈酚 3- 芸香糖苷（kaempferol 3-rutinoside）	＞6.25

从表 8-89 可以看出，可可茶活性成分 1,3,4,6-GA-glc 及 C-3,5-diGA 对脂肪酶显示出很强的抑制活性。GCG 及山奈酚 3- 鼠李糖苷 - 芸香糖苷也具有较强的脂肪酶抑制活性，山奈酚 3- 芸香糖苷的作用不显著，但加大用量也能产生相当于山奈酚 3- 鼠李糖苷 - 芸香糖苷的抑制效果。因此，本发明确认 GCG、1,2,4,6-GA-glc、GC-3,5-diGA、山奈酚 3- 鼠李糖苷 - 芸香糖苷及山奈酚 3- 芸香糖苷是可可茶中抑制脂肪吸收，降高脂血症及抗肥胖的活性成分。

本发明专利提供和证明可可茶中含有的下列成分 GCG、1,2,4,6-GA-glc、GC-3,5-diGA、山奈酚 3- 鼠李糖苷 - 芸香糖苷及山奈酚 3- 芸香糖苷具有显著的抑制脂肪酶活性的作用。胰脏脂肪酶是体内消化系统中主要的消化酶。抑制脂肪酶的活性无疑可以减少摄取的脂肪在小肠内的消化、分解和吸收，从而可以改善高脂血症，降低血中胆固醇的含量，并达到减肥效果。对因上述疾患引起的动脉硬化症、血栓症等各种临床症状也有预防及改善作用。另外，可可茶中的有效成分 1,2,4,6-GA-glc 及 GC-3,5-diGA 对脂肪酶活性的抑制作用等于或者强于绿茶的有效成分 EGEG。

根据上述实验可以证明本发明专利提供可可茶及其活性成分 GCG、1,2,4,6-GA-glc、GC-3,5-diGA、山奈酚 3- 鼠李糖苷 - 芸香糖苷及山奈酚 3- 芸香糖苷是一种安全性高、天然的通过抑制胰脏脂肪酶活性，从而达到抑制脂肪分解、减少脂肪从肠管吸收的抗肥胖剂。特别是摄食前后服用效果更好。可可茶及其所含活性成分 GCG、1,2,4,6-GA-glc、GC-3,5-diGA、山奈酚 3- 鼠李糖苷 - 芸香糖苷及山奈酚 3- 芸香糖苷可以有效地改善和抑制中性脂肪肝、脂肪蓄积症、高脂血症、血栓症、动脉硬化症，并可降低血中胆固醇的含量。当然，也可用于预防、改善及治疗由上述疾患引起的各种临床症状。可可茶及其所含活性成分 GCG、1,2,4,6-GA-glc、GC-3,5-diGA、山奈酚 3- 鼠李糖苷 - 芸香糖苷及山奈酚 3- 芸香糖苷单独使用可以改善肥胖、中性脂肪肝、脂肪蓄积症、高脂血症、血栓症、动脉硬化，降低血中胆固醇含量及其引发的并发症，也可配合其他治疗药物使用。由于本发明提供的脂肪吸收抑制物质——可可茶是天然来源的物质，民间有长期饮用的习俗，且不含咖啡因，它不仅适用于一般成年人，作为一种作用缓和的健康茶，也适用于老年人、儿童及体力低下者。因此，可可茶及其所含活性成分 GCG 、1,2,4,6-GA-glc、GC-3,5-diGA、山奈酚 3- 鼠李糖苷 - 芸香糖苷及山奈酚 3- 芸香糖苷可以作为健康食品、食品添加剂、健康茶，供消费者减肥、抗高血脂质症用。尽管 GCG、1,3,4,6-GA-glc、C-3,5diGA、山奈酚 3- 鼠李糖苷 - 芸香糖苷及山奈酚 3- 芸香糖苷是已知化合物，但是这些化合物对脂肪酶的抑制活性是通过本发明专利第一次证实的。

英文相关名词术语缩略语词表

AA	amino acid	氨基酸
ABTS	2,2′-azino-bis（3-ethylbenzthiazoline-6-sulphonic acid）	2,2′-联氮-双（3-乙基苯并噻唑啉-6-磺酸）
AEDA	aroma extract dilution analysis	芳香萃取物稀释分析
AFLP	amplified fragment length polymorphism	扩增片段长度多态性
AP	acetone powder	丙酮粉
C	（＋）-catechin	儿茶素
CAF	caffeine	咖啡碱
Caspase	cysteinyl aspartate specific proteinase	半胱氨酸基天冬氨酸特异性蛋白酶
CG	（-）-catechin-3-gallate	儿茶素没食子酸酯
Ct	cocoa tea	可可茶
CTAB	hexadecyl trimethylammonium bromide	十六烷基三甲基溴化胺
DMSO	dimethyl sulfoxid	二甲基亚砜
DPPH	1,1-diphenyl-2-picrylhydrazyl	1,1-二苯基-2-苦基肼
EC	（-）-epicatechin	表儿茶素
ECG	（-）-epicatechin gallate	表儿茶素没食子酸酯
EGC	（-）-epigallocatechin	表没食子儿茶素
EGCG	（-）-epigallocatechin gallate	表没食子儿茶素没食子酸酯
EI	electron bombardment ionization	电子轰击离子源
FCM	flow cytometry	流式细胞仪
FID	flame ionization detector	离子检测器
FITC	fluoresceine isothiocyanate	异硫氰酸荧光素
FTC	ferric thiocyanate	硫氰酸铁

GA	gallic acid	没食子酸
GC	(-)-gallocatechin	没食子儿茶素
GCG	(-)-gallocatechin gallate	没食子儿茶素没食子酸酯
GOT	aspartate aminotransferase	天冬氨酸氨基转移酶
GPT	alanine aminotransferase	丙氨酸氨基转移酶
HCT	hematocrit	血细胞比容
HGB	hemoglobin	血红蛋白
HMBC	heteronuclear multiple quantum correlation	多键碳氢关系
HMEC	human microvascular endothelial cells	人微血管内皮细胞
HPLC	high-performance liquid chromatography	高效液相色谱法
HSQC	heteronuclear singular quantum correlation	异核单量子关系
IL	interleukin	白细胞介素
IP	intra-peritoneal	腹腔注射
IP3	inositol triphosphate	三磷酸肌醇
I.S.	internal standard	内标
ISSR	inter-simple sequence repeat	简单序列重复
KI	Kovats index	保留指数
Los	linalool oxides	芳樟醇氧化物
LO I	linalool oxide I (*trans*-furanoid)	芳樟醇氧化物 I
LO II	linalool oxide II (*cis*-furanoid)	芳樟醇氧化物 II
LO III	linalool oxide III (*trans*-pyranoid)	芳樟醇氧化物 III
LO IV	linalool oxide IV (*cis*-pyranoid)	芳樟醇氧化物 IV
LTS	leukotrienes	白三烯
LYM	lymphocyte	淋巴细胞
MBTFA	N-methyl bis trifluoroacetamide	N-甲基双三氟乙酰胺
MS	mass spectrometry	质谱法
MTT	3-(4,5-dimethylthiazol)-2,5-diphenyl-tetrazolium bromide	四甲基偶氮唑盐

MONO	monocyte	单核细胞
NAcc	nucleus accumbens	伏核区
NEU	neutrophile granulocyte	中性粒细胞
NF-κB	nuclear factor-κB	核因子
MR	magnetic resonance	磁共振
PAF	platelet activating factor	血小板活化因子
PAGE	polyacrylamide gel electrophoresis	聚丙烯酰胺凝胶
PBS	phosphate buffer saline	磷酸缓冲液
PGS	prostaglandin	前列腺素
PI	propidium iodide	碘化丙啶
PL	phospholipase	磷脂酶
PLT	platelet	血小板
Prim	β-primeveroside（6-O-β-D-xylopyranosyl-β-D- glucopyranodide）	樱草糖苷
QDA	quantitive descriptive analysis	定量描述分析
RAPD	random amplified polymorphic DNA	随机扩增多态性 DNA
RBC	red blood cell	红细胞
RFLP	restriction fragment length polymorphism	限制片段长度多态性
R. time	retention time	保留时间
SABC	streptavidin biotin peroxidase complex	过氧化物酶复合物
SDS	sodium dodecyl sulfate	十二烷基磺酸钠
TB	theobromine	可可碱
Tb	theabrownins	茶褐素
TFs	theaflavins	茶黄素
TC	theacrine；1,3,7,9-tetramethyluric acid	苦茶碱；1,3,7,9- 四甲基尿酸
TF-3'-G	theaflavin-3'-gallate	茶黄素 -3'- 没食子酸酯
TFDG	theaflavin-3,3'-digallate	茶黄素 -3,3'- 双没食子酸酯
TG	triglycerides	三酰甘油

TNF	tumor necrosis factor	肿瘤坏死因子
TP	theophylline	茶叶碱
TRs	thearubigin	茶红素
Tris	*tris*（hydroxymethyl）aminomethane	三羟甲基氨基甲烷
T&T	olfactometer standard odors for measuring olfactory sense	标准嗅觉检查法
TUNEL	terminal deoxynucleotidyl transferase-mediated dUTP nick end labeling	末端脱氧核苷酸转移酶介导的 dUTP 缺口标记技术
UREA	blood urea nitrogen	血液尿素
var.	variety	变种
UV	ultraviolet spectrophotometry	紫外分光光度法

参 考 文 献

[1] 阿有梅,吕双喜,贾陆,等. 从茶叶中同时提取茶多酚和咖啡因工艺探讨 [J]. 河南医科大学学报, 2001, 36 (1): 80-82.

[2] 安徽农学院. 制茶学 [M]. 北京: 农业出版社, 1988.

[3] 安徽农业大学. 茶叶生物化学 [M]. 2 版. 北京: 农业出版社, 1988.

[4] 敖成齐. 毛叶茶大小孢子的发生和雌雄配子体的发育 [J]. 茶叶科学, 2004, 24 (1): 37-40.

[5] 陈椽. 买茶、泡茶、饮茶 [J]. 茶业通报, 1983, 5: 34-38.

[6] 陈海军,赵东,刘祖生. 浙江部分茶树良种的 RAPD 分子鉴定 [J]. 茶叶, 2002, 28 (3): 119-121.

[7] 陈金娥,丰慧君,张海容. 红茶、绿茶、乌龙茶活性成分抗氧化性研究 [J]. 食品科学, 2009, (3): 62-66.

[8] 陈亮,杨亚军,虞富莲. 应用 RAPD 标记进行茶树优异种质遗传多态性、亲缘关系分析与分子鉴别 [J]. 分子植物育种, 2004, 2 (3): 385-390.

[9] 陈亮,杨亚军,虞富莲,等. 15 个茶树品种遗传多样性的 RAPD 分析 [J]. 茶叶科学, 1998, 18 (1): 21-27.

[10] 陈亮,虞富莲,童启庆. 关于茶组植物分类与演化的讨论 [J]. 茶叶科学, 2000, 20 (2): 89-94.

[11] 陈亮. 茶组植物系统分类学研究现状 [J]. 茶叶, 1996, 22 (2): 16-19.

[12] 陈文怀. 茶树的扦插原理与实践 [M]. 北京: 农业出版社, 1980: 87-94.

[13] 陈兴琰,张芳赐,陈国本,等. 茶树原产地——云南 [M]. 昆明: 云南人民出版社, 1986.

[14] 陈悦娇,马应丹. HPLC 法测定南昆山白毛茶中可可碱的含量 [J]. 仲恺农业技术学院学报, 1996, 9 (2): 70-75.

[15] 陈杖洲. 茶树改换无性系良种新途径——短穗嫁接 [J]. 贵州茶叶, 1998, 1: 8-11.

[16] 陈宗懋. 中国茶经 [M]. 上海: 上海文化出版社, 1992.

[17] 陈宗懋. 中国茶叶大辞典 [M]. 北京: 中国轻工业出版社, 2002.

[18] 程启坤. 茶化浅析 [M]. 北京: 中国农业科学院茶叶研究所, 1982: 184-187.

[19] 川上美智子. 茶叶香气研究笔记 [M]. 东京: 光生馆, 2000.

[20] 崔峰,骆耀平,陈一心. 茶叶贮藏过程中品质变化及其影响因素研究进展 [J]. 茶叶, 2008, 34 (1): 2-5.

[21] 崔林,关志忱. 种植性雄激素非依赖型前列腺癌动物模型的建立 [J]. 中华泌尿外科杂志, 2006, 1127 (S2): 39-41.

[22] 段红星,邵宛芳,王平盛,等. 云南特有茶树种质资源遗传多样性的 RAPD 研究 [J]. 云南农业大学学报, 2004, 19 (3): 246-254.

[23] 傅冬和,黄建安,刘仲华. 大小叶种茶儿茶素抗氧化作用比较 [J]. 湖南农业大学学报(自然科学版), 2002, 28 (1): 29-31.

[24] 傅志民. 茶叶感官审评存在的不足和改进建议 [J]. 中国茶叶加工, 2005, 1: 16-17.

[25] 高昆, 王冬梅, 赵艳萍, 等. 可可茶经栽培后化学成分的变化及其与传统茶的比较分析 [J]. 天然产物研究与开发, 2004, 16 (6): 552-556.

[26] 顾谦, 陆锦时, 叶宝存. 茶叶化学 [M]. 合肥: 中国科学技术大学出版社, 2002.

[27] 郭炳莹, 阮宇成, 程启坤. 没食子酸与绿茶品质的关系 [J]. 茶叶科学, 1990, 10 (1): 41-43.

[28] 郭雯飞. 茶叶香气生成机理的研究 [J]. 中国茶叶加工, 1996, 4: 34-37.

[29] 侯冬岩, 回瑞华, 刘晓媛, 等. 绿茶、红茶和乌龙茶抗氧化性能的比较 [J]. 食品科学, 2006, 27 (3): 90-93.

[30] 侯渝嘉, 何桥, 梁国鲁, 等. 茶树杂交后代的 ISSR 分析. 西南农业大学学报 (自然科学版), 2006, 8 (2): 267-270.

[31] 胡海涛, 苗爱清. 乌龙茶香气成分研究进展 [J]. 广东茶业, 2002, (5): 10-14.

[32] 胡海涛, 苗爱清. 乌龙茶香气组分及加工中变化研究进展 [J]. 广东农业科学, 2002, 6: 38-41.

[33] 胡秀芳, 杨贤强. 茶儿茶素对癌细胞凋亡作用的研究 [J]. 茶叶科学, 2001, 21 (1): 26-29.

[34] 胡秀芳, 毛建妹, 蒋丽萍, 等. 茶多酚与其他抗氧化剂的协同作用 [J]. 茶叶, 2000, 26 (2): 66-69.

[35] 黄福平, 梁月荣, 陆建良, 等. 乌龙茶种质资源种群遗传多样性 AFLP 评价 [J]. 茶叶科学, 2004, 24 (3): 183-189.

[36] 黄仲立, 李晓燕, 周海云, 等. 可可茶种质稳定性研究 [J]. 中国学术期刊文摘 (科技快报), 1999, (2): 209-212.

[37] 季鹏章, 汪云刚, 张俊, 等. 茶组植物亲缘关系的 ISSR 分析 [J]. 西南农业学报, 2009, 22 (3): 584-588.

[38] 江和源, 程启坤, 杜琪珍, 等. 红茶中的茶黄素 [J]. 中国茶叶, 1998, 3: 18-20.

[39] 金惠淑, 梁月荣, 陆建良. 中、韩两国主要茶树品种基因组 DNA 多态性比较研究 [J]. 茶叶科学, 2001, 21 (2): 103-107.

[40] 黎丹戎, 唐东平, 张丽生, 等. 茶多酚对肝癌细胞生长及端粒酶活性抑制的研究 [J]. 肿瘤防治研究, 2001, 28 (5): 367-368.

[41] 李斌, 尹逸, 周英, 邓佩卿, 等. 南昆山毛叶茶和云南大叶种的 RAPD 分子标记研究 [J]. 茶叶科学, 2003, 23 (2): 146-150.

[42] 李斌, 陈国本, 陈娟, 等. 茶树天然无咖啡碱珍稀种质资源的研究 [J]. 广东茶叶, 2000, 4: 6-10.

[43] 李成仁. 可可茶加工工艺研究 [D]. 广州: 中山大学, 2009.

[44] 李家贤, 黄华林, 何玉媚, 等. 高茶多酚茶树品种的生化成分与品质性状研究 [J]. 广东农业科学, 2009, (10): 16-18, 25.

[45] 李玉萍, 徐瑞鑫, 李廷利. 四逆散冻干粉对睡眠剥夺果蝇头部 5-HT 含量和 5-HT1A 受体表达的影响 [J]. 中国中药杂志, 2010, 35 (20): 2749-2751.

[46] 梁月荣, 刘祖生. 茶树核型的分类学意义初探 [J]. 浙江农业大学学报, 1990, 16 (1): 88-93.

[47] 梁月荣, 陆建良, 龚淑英, 等. 嫁接对茶树新梢化学成分的影响 [J]. 茶叶, 2001, 27 (1): 39-40.

[48] 刘本英, 王丽鸳, 李友勇, 等. ISSR 标记鉴别云南茶树种质资源的研究 [J]. 茶叶科学, 2009, 29 (5): 355-364.

[49] 刘宗潮, 谢冰芬, 潘启超, 等. 毛叶茶提取物对不同细胞生长的影响及体内协同抗瘤作用 [J]. 癌症, 1996, 15 (3): 164-167.

［50］ 罗世榕，薛佳. 茶叶中多酚类物质的高效液相色谱分离测试［J］. 福建分析测试，2005，14（4）：2302-2303.

［51］ 罗晓明，蒋雪薇. 高效液相色谱快速测定茶叶中儿茶素的含量［J］. 湖北化工，2003，（1）：46-48.

［52］ 骆耀平，童启庆，庄晚芳. 茶树形态分类的聚类分析方法研究［J］. 茶叶，1992，18（1）：18-23.

［53］ 吕海鹏，谭俊峰，郭丽，等. 绿茶中的GCG研究［J］. 茶叶科学，2008，（2）：79-82，100.

［54］ 马小俞. 贮藏时间对可可茶品质影响［D］. 广州：中山大学，2008.

［55］ 马应丹，陈悦娇，张润梅. 茶叶植物中儿茶素和嘌呤碱的高效液相色谱法分析［J］. 仲恺农业技术学院学报，2004，17（3）：35-41.

［56］ 马应丹，张润梅. 毛叶茶中嘌呤碱的初步研究（摘要）［J］. 中山大学学报（自然科学版），1984，2：122.

［57］ 马应丹，张润梅. 反相高效液相色谱法在茶叶咖啡碱含量测定中的应用（摘要）［J］. 中山大学学报（自然科学版），1984，（3）：108.

［58］ 马应丹，张润梅. 中国野生茶树的化学研究Ⅱ. 可可茶可可豆碱含量的化学生态学的研究［J］. 生态科学，1984，1：91-93.

［59］ 毛小强，那万里，赵丹，等. 茶多酚对前列腺癌PC-3M细胞增殖与凋亡的影响［J］. 中国实验诊断学，2010，卷14（2）：170-173.

［60］ 潘根生. 茶叶大全［M］. 北京：中国农业出版社，1995.

［61］ 山西贞. 茶的科学［M］. 东京：裳衣房，1992.

［62］ 商业部茶叶畜产局. 茶叶品质理化分析［M］. 上海：上海科学技术出版社，1989.

［63］ 沈程文，罗军武，施兆鹏，等. 安化云台山茶树品种种群内遗传多样性的RAPD分析［J］. 湖南农业大学学报（自然科学版），2002，28（4）：320-325

［64］ 唐和平，陈兴琰. 茶树种质资源性状变异与亲缘关系的研究［J］. 湖南农学院学报，1995，21（1）：30-34.

［65］ 畑中显和. 绿色的香气. 植物伟大的智慧［M］. 东京：丸善，2005.

［66］ 王锦，叶创兴，韩德聪. 毛叶茶生理生态学特性的研究［J］. 生态科学，1993，2：60-67.

［67］ 王锦，韩德聪，叶创兴. 野生与栽培毛叶茶形态解剖特征的比较［J］. 中山大学学报（自然科学版），1993，32（4）：134-138.

［68］ 王坤英，梁清清，李卫国，等. 绿茶多酚表没食子儿茶素没食子酸酯对肝癌HepG2细胞的增殖抑制作用和凋亡诱导效应［J］. 河南师范大学学报（自然科学版），2009，37（1）：126-130.

［69］ 王文建. 不同砧木嫁接铁观音与茶叶品质关系研究初报［J］. 茶叶科学技术，2007，4：6-8.

［70］ 王泽农，王镇恒，尹在继，等. 中国农业百科全书：茶叶卷［M］. 北京：农业出版社，1988.

［71］ 王泽农. 茶叶生化原理［M］. 北京：农业出版社，1981.

［72］ 王泽农. 茶叶生物化学［M］. 北京：农业出版社，1980.

［73］ 韦锦坚，蓝庆江，曾志云. 云大茶群体种嫁接不同乌龙茶品种研究［J］. 广西热带农业，2003，3：4-6.

［74］ 吴姗，骆耀平. 嫁接茶树氨基酸含量变化及分析［J］. 茶叶，2000，6（2）：75-77.

［75］ 吴姗，骆耀平. 嫁接两年生茶树新梢主要生化成分的变化［J］. 茶叶，2001，27（3）：22-26.

［76］ 伍锡岳，苗爱清，崔堂兵. 茶叶沏泡技艺［J］. 广东农业，1988，3：47-49.

［77］ 夏涛，童启庆. 茶叶香气前驱体研究进展［J］. 茶叶，1996，22（1）：14-17.

［78］ 冼励坚，刘宗潮，潘启超，等. 龙井茶和毛叶茶提取物对艾氏腹水癌细胞DNA多聚酶的抑制作

用［J］. 癌症, 1997, 16（5）: 334-337.

［79］谢冰芬, 刘宗潮, 王理开, 等. 毛叶茶和龙井茶提取物的抗癌作用以及对 DNA 拓扑异构酶Ⅱ的抑制作用［J］. 癌症, 1992, 11（6）: 424-428.

［80］谢冰芬, 冯公侃, 朱孝峰, 等. 茶多酚对人癌细胞和人体细胞增殖及凋亡的实验研究［J］. 中草药, 2003, 34（6）: 540-543.

［81］谢冰芬, 刘宗潮, 郝东磊, 等. 茶多酚细胞毒作用和抗瘤作用的研究［J］. 癌症, 1998, 17（6）: 420-427.

［82］谢珏, 陈清勇, 周建英, 等. 茶多酚体外诱导人肺癌细胞凋亡的机理研究［J］. 中国中西医结合杂志, 2005, 25（3）: 244-247.

［83］徐田俊. 毛叶茶的生物学特征及其制茶品质特点［J］. 中国茶叶, 2007, 1: 28.

［84］许实波, 陈丽宾, 张润梅, 等. 毛叶茶提取物急性毒性、降血脂、降胆固醇和减肥作用的研究［J］. 中山大学学报（自然科学版）, 1990, 29（增刊）: 190-194.

［85］许实波, 河北兴, 冯建林, 等. 毛叶茶水提物的急性毒性、降血压和心脏生理效应的研究［J］. 中山大学学报（自然科学版）, 1990, 29（增刊）: 178-184.

［86］许实波, 王向谊, 郭文成, 等. 毛叶茶提取物的药理作用［J］. 中山大学学报（自然科学版）, 1990, 29（增刊）: 185-189.

［87］杨晓绒. 野生五柱茶和厚轴茶主要生化成分的研究［D］. 广州: 中山大学, 2005.

［88］姚宁涛, 祝建波, 邓福军. 改良 Trizol 法快速提取棉叶片总 RNA［J］. 生物技术通报, 2010（7）: 125-127.

［89］仰晓莉. 可可茶中间嫁接于可可茶花香和成茶香气的研究［D］. 广州: 中山大学, 2010.

［90］仰晓莉, 李凯凯, 叶创兴, 等. 可可茶花香与可可乌龙茶挥发油成分比较研究［J］. 中山大学学报（自然科学版）, 2010, 49（4）: 81-85.

［91］姚明哲, 陈亮, 王新超, 等. 我国茶树无性系品种遗传多样性和亲缘关系的 ISSR 分析［J］. 作物学报, 2007, 33（4）: 598-604.

［92］叶创兴, TAYLOR I E P. 含可可碱野生茶树的不成熟胚诱导胚状体的研究［J］. 中山大学学报（自然科学版）（增刊）, 1997, 36: 143-146.

［93］叶创兴, 黄伟结. 两种生长素对毛叶茶插穗生根影响的研究［J］. 生态科学, 1991, 1: 56-61.

［94］叶创兴, 林永成, 周海云, 等. 可可茶嘌呤生物碱的分离和分析［J］. 中山大学学报（自然科学版）, 1997, 36（6）: 30-33.

［95］叶创兴, 刘称心, 张润梅. 可可茶易地移植后可可碱的变化［J］. 中山大学学报（自然科学版）, 1996, 35（增刊2）: 58-60.

［96］叶创兴, 郑新强, 袁长春, 等. 无咖啡因茶树新资源可可茶研究综述［J］. 广东农业科学, 2001, 2: 12-15.

［97］叶创兴, 朱念德, 黄伟结. 不同浓度及组合生长素对于可可茶插穗愈伤组织及根产生的促进作用［J］. 生态科学, 1992, 1: 93-103.

［98］叶创兴. 山茶属的分群及它们亲缘关系的探讨［J］. 云南植物研究, 1988, 1（1）: 61-67.

［99］叶创兴. 茶树植物及其分布区域［J］. 生态科学, 1989,（2）: 113-117.

［100］易石坚, 李兰兰, 钟德珲, 等. 裸鼠皮下人肝癌种植瘤模型的建立［J］. 中国医药导报, 2008, 5（21）: 27-28.

［101］袁长春, 施苏华, 叶创兴. 可可茶种群分化及其与近缘种的亲缘关系［J］. 中山大学学报（自然科学版）, 1999, 38（4）: 72-76.

［102］张宏达, 任善相. 中国植物志: 第49卷第三分册［M］. 北京: 科学出版社, 1998.

［103］ 张宏达，叶创兴，张润梅，等．中国发现新的茶叶资源——可可茶．中山大学学报（自然科学版），1988，3：131-133.

［104］ 张宏达，张润梅，叶创兴．山茶科系统发育诠析——Ⅳ．关于山茶属茶组的订正［J］．中山大学学报（自然科学版），1996，35（3）：11-17

［105］ 张宏达．山茶属植物的系统分类［M］．中山大学学报（自然科学版），1981，29（增刊）：1-12.

［106］ 张宏达．张宏达文集［M］．广州：中山大学出版社，1995：284-296.

［107］ 张宏达．茶树的系统分类［J］．中山大学学报（自然科学版），1981，（1）：87-99.

［108］ 张宏达．茶叶植物资源的订正［J］．中山大学学报（自然科学版），1984，（1）：1-12.

［109］ 张宏达．中国山茶科植物新种［J］．中山大学学报（自然科学版），1990，29（2）：85-93.

［110］ 张亚莲．谈谈茶树嫁接［J］．茶叶通讯，2000，7（3）：22-23.

［111］ 章宜芬，柏涛，吴鸿雁，等．裸鼠前列腺癌 PC-3M 细胞移植瘤模型的建立及其 Her-2/neu 蛋白免疫组化检测［J］．徐州医学院学报，2009，29（8）：512-515.

［112］ 赵丽萍，邵宛芳．茶叶中 EGCG 功效研究进展［J］．中国农学通报，2007，23（7）：143-147.

［113］ 赵芹，童启庆．茶叶香气水解酶研究动态［J］．福建茶叶，1999（1）：5-8.

［114］ 赵文红，邓泽元，范亚苇，等．儿茶素体外抗氧化作用的研究［J］．食品科技，2009，34（12）：278-282.

［115］ 赵艳萍．茶树植物和可可茶的遗传多样性研究［D］．广州：中山大学，2004.

［116］ 赵玉香，杨秀芳，邹新武，等．《茶叶感官审评术语》国家标准修订概述［J］．中国茶叶加工，2008，3：42-45.

［117］ 中国农业科学院茶叶研究所．中国茶树栽培学［M］．上海：上海科学技术出版社，1986.

［118］ 钟萝，王月根，施兆鹏，等．茶叶品质理化分析［M］．上海：上海科学技术出版社，1989.

［119］ 朱念德，李静．毛叶茶的微型繁殖及激素对器官发生的影响［J］．生态科学，1992，1：110-115.

［120］ 朱念德，陈爱玉．毛叶茶组织培养的初步研究［J］．北京林业大学学报，1990，2：140-141.

［121］ 朱念德，刘蔚秋，叶创兴．可可茶子叶培养中体细胞胚状体形成及植株再生［J］．中山大学学报（自然科学版），1998，37（2）：65-68.

［122］ 朱念德，叶创兴，杨曼玲．毛叶茶茎插穗生根的解剖研究［J］．生态科学，1992，1：104-109.

［123］ 朱自振．茶史初探［M］．北京：中国农业出版社，1995.

［124］ 庄晚芳，刘祖生，陈文怀．论茶树变种分类［J］．浙江农业大学学报，1981，7（1）：41-47.

［125］ 庄晚芳．中国茶叶史话［M］．北京：科学技术出版社，1989.

［126］ BASU A, SANCHEZ K, LEYVA M J, et al. Green tea supplementation affects body weight, lipids, and lipid peroxidation in obese subjects with metabolic syndrome [J]. Journal of the American college of nutrition, 2010, 29 (1): 31-40.

［127］ BELZA A, TOUBRO S, ASTRUP A. The effect of caffeine, green tea and tyrosine on thermogenesis and energy intake [J]. European journal of clinical nutrition, 2009, 63 (1): 57-64.

［128］ DULLOO A G, SEYDOUX J, GIRARDIER L, et al. Green tea and thermogenesis: interactions between catechin-polyphenols, caffeine and sympathetic activity [J]. International journal of obesity, 2000, 24 (2): 252-258.

［129］ SMITH A. Effects of caffeine on human behavior [J]. Food and chemical toxicology, 2002, 40 (9): 1243-1255.

［130］ VIDAL-PUIG A, JIMENEZ-LINAN M, LOWELL B B, et al. Regulation of PPAR γ gene expression by nutrition and obesity in rodents [J]. Journal of clinical investigation, 1996, 97 (11): 2553-2561.

［131］ ASHIHARA H, GILLIES F M, CROZIER A. Metabolism of caffeine and related purine alkaloids in leaves (*Camellia sinensis* L) [J]. Plant and cell physiology, 1997, 38 (4): 413-419.

[132] ASHIHARA H, MONTEIRO A M, GILLIES F M, *et al*. Biosynthesis of caffeine in leaves of coffee [J]. Plant physiology, 1996, 111 (3): 747-753.

[133] ASHIHARA H, MONTEIRO A M, MORTIZE T, *et al*. Catabolism of caffeine and related purine alkaloids in leaves of *Coffea arabica* L [J]. Planta, 1996, 198 (3): 334-339.

[134] ASHIHARA H, SHIMIZU H, TAKEDA Y, *et al*. Caffeine metabolism in high and low of caffeine containing cultivar of *Camellia sinensis* [J]. Journal of biosciences, 1995, 50 (9-10): 602-607.

[135] ABE I, SEKI T, UMEHARA K, *et al*. Green tea polyphenols: Novel and potent inhibitors of squalene epoxidase [J]. Biochemical and biophysical research communications, 2000, 268 (3): 767-771.

[136] ADAMS R P, DEMEKE T. Systematic relationships in Juniperus based on random amplified polymorphic DNAs (RAPDs) [J]. Taxon, 1993, 42 (3): 553-571.

[137] ADENEYE A A, AJAGBONNA O P, ADELEKE T I, *et al*. Preliminary toxicity and phytochemical studies of the stem bark aqueous extract of *Musanga cecropioides* in rats [J]. Journal of ethnopharmacology, 2006, 105 (3): 374-379.

[138] ADHAMI V M, SIDDIQUI I A, AHMAD N, *et al*. Oral consumption of green tea polyphenols inhibits insulin-like growth factor-I-induced signaling in an autochthonous mouse model of prostate cancer [J]. Cancer research, 2004, 64 (23): 8715-8722.

[139] AHMAD N, CHENG PY, MUKHTAR H. Cell cycle dysregulation by green tea polyphenol epigallocatechin-3-gallate [J]. Biochemical and biophysical research communications, 2000, 275 (2): 328-334.

[140] JEMAL A, SIEGEL R, ELIZABETH W, *et al*. Cancer statistics, 2009 [J]. CA: A Cancer Journal for Clinicians, 2009, 59 (4): 225-249.

[141] AJIBADE S R, WEEDEN N F, CHITE S M. Inter-simple sequence repeat analysis of genetic relationships in the genus *Vigna* [J]. Euphytica, 2000, 111 (1): 47-55.

[142] ALBINI A, Noonan D M, FERRARI N. Molecular pathways for cancer angioprevention [J]. Clinical cancer research, 2007, 13 (15): 4320-4325.

[143] AMAROWICZ R, SHAHIDI F. A rapid chromatographic method for separation of individual catechins from green tea [J]. Food research international, 1996, 29 (1): 71-76.

[144] AMEL SH, MOKHTAR T, SALWA Z, *et al*. Inter-simple sequence repeat fingerprints to assess genetic diversity in Tunisian fig (*Ficus carica* L.) germplasm [J]. Genetic resources and crop evolution, 2004, 51 (3): 269-275.

[145] ANEJA R, HAKE P W, BURROUGHS T J, *et al*. Epigallocatechin, a green tea polyphenol, attenuates myocardial ischemia reperfusion injury in rats [J]. Molecular medicine, 2004, 10 (1-6): 55-62.

[146] ANMAD N, FEYES D K, NIEMINEN A L, *et al*. Green tea constituent epigallocatechin-3-gallate and induction of apoptosis and cell cycle arrest in human carcinoma cells [J]. Journal of the National Cancer Institute, 1997, 89 (24): 1881-1886.

[147] APPELLA E, ANDERSON C W. Post-translational modifications and activation of p53 by genotoxic stresses [J]. European journal of biochemistry, 2001, 268 (10): 2764-2772.

[148] ARNAU G, LALLEMAND J, BOURGOIN M. Fast and reliable strawberry cultivar identification using inter-simple sequence repeat (ISSR) amplification [J]. Euphytica, 2002, 129 (1): 69-79.

[149] ASAUMI H, WATANABE S, TAGUCHI M, *et al*. Green tea polyphenol (-)-epigallocatechin-3-gallate inhibits ethanol-induced activation of pancreatic stellate cells [J]. European journal of clinical

investigation, 2006, 36 (2): 113-122.

[150] ASHIHARA H, KATO M, YE C Y. Biosynthesis and metabolism of purine alkaloids in leaves of cocoa tea (*Camellia ptilophylla*) [J]. Journal of plant research, 1998, 111 (1104): 509-604.

[151] BALASARAVANAN T, PIUS P K, KUMAR R RAJ, *et al*. Genetic diversity among south Indian tea germplasm (*Camellia sinensis*, *C. assamica* and *C. assamica* spp. *lasiocalyx*) using AFLP markers [J]. Plant science, 2003, 165: 365-372.

[152] BAPTISTA J A B, TAVARES J F D, CSRVALHO R C B. Comparison of catechins and aromas among different green teas using HPLC/SPME-GC [J]. Food research international, 1998, 31 (10): 729-736.

[153] BENZIE I F F, SZETO Y T. Total antioxidant capacity of teas by the ferric reducing/antioxidant power assay [J]. Journal of agricultural and food chemistry, 1999, 47 (2): 633-636.

[154] BENZIE I F F, STRAIN J J. The ferric reducing ability of plasma (FRAP) as a measure of "antioxidant power": The FRAP Assay [J]. Analytical biochemistry, 1996, 239 (1): 70-76.

[155] BHASKARA S, DEAN E D, LAM V, *et al*. Induction of two cytochrome P450 genes, Cyp6a2 and Cyp6a8, of Drosophila melanogaster by caffeine in adult flies and in cell culture [J]. Gene, 2006, 377: 56-64.

[156] BORSE B B, KUMAR H V, RAO L J M. Radical scavenging conserves from unused fresh green tea leaves [J]. Journal of agricultural and food chemistry, 2007, 55 (5): 1750-1754.

[157] BRAMATI L, AQUILANO F, PIETTA P. Unfermented rooibos tea: Quantitative characterization of flavonoids by HPLC-UV and determination of the total antioxidant activity [J]. Journal of agricultural and food chemistry, 2003, 51 (25): 7472-7474.

[158] BRONNER W E, BEECHER G R. Method for determining the content of catechins in tea infusions by high-performance liquid chromatography [J]. Journal of chromatography A, 1998, 805 (1-2): 137-142.

[159] BUSHEY D, HUBER R, TONONI G, *et al*. Drosophila hyperkinetic mutants have reduced sleep and impaired memory [J]. Journal of neuroscience, 2007, 27 (20): 5384-5393.

[160] BUSHMAN J L. Green tea and cancer in humans: A review of the literature[J]. Nutrition and cancer-an international journal, 1998, 31 (3): 151-159

[161] CABRERA C, ARTACHO R, GIMENEZ R. Beneficial effects of green tea-a review [J]. Journal of the American college of nutrition, 2006, 25 (2): 79-99.

[162] PITSAVOS C, PANAGIOTAKOS D, WEINEM M, *et al*. Diet, exercise and the metabolic syndrome [J]. The review of diabetic studies, 2006, 3 (3): 118-126.

[163] YANG C S, LANDAU J M. Effects of tea consumption nutrition health [J]. Journal of nutrition, 2000, 130 (10): 2409-2412.

[164] YANG C S, MALIAKAL P, MENG X. Inhibition of carcinogenesis by tea [J]. Annual review of pharmacology and toxicology, 2002, 42: 25-54.

[165] CABRERA C, GIMENEZ R, LOPEZ C. Determination of tea components with antioxidant activity [J]. Journal of agricultural and food chemistry, 2003, 51 (15): 4427-4435.

[166] CANNELIET P. Mechanisms of angiogenesis and arteriogenesis [J]. Nature medicine, 2000, 6 (4): 389-395.

[167] CAO G H, SOFIC E, PRIOR R L. Antioxidant capacity of tea and common vegetables [J]. Journal of agricultural and food chemistry, 1996, 44 (11): 3426-3431

[168] CAO X, TIAN Y, ZHANG T, *et al*. Separation and purification of three individual catechins from tea polyphenol mixture by CCC [J]. Journal of liquid chromatography & related technologies, 2001, 24

(11/12): 1723-1732.

[169] CAO Y. Tumor angiogenesis and molecular targets for therapy [J]. Frontiers in bioscience-Landmark, 2009, 14: 3962-3973.

[170] CEKIC C, BATTEY N H, WILKINSON M J. The potential of ISSR-PCR primer-pair combinations for genetic linkage analysis using the seasonal flowering locus in Fragaria as a mode [J]. Theoretical and applied genetics, 2001, 103 (4): 540-546.

[171] CHAN E W C, L I M YY, CHEW Y L. Antioxidant activity of Camellia sinensis leaves and tea from a lowland plantation in Malaysia [J]. Food chemistry, 2007, 102 (4): 1214-1222.

[172] CIMPOIU C, CRISTEA V M, HOSU A, et al. Antioxidant activity prediction and classification of some teas using artificial neural networks [J]. Food chemistry, 2011, 127 (3): 1323-1328.

[173] CIRELLI C, BUSHEY D, HILL S, et al. Reduced sleep in Drosophila shaker mutants [J]. Nature, 2005, 434 (7037): 1087-1092.

[174] COSTA L M, GOUVEIA S T, NOBREGA J A. Comparison of heating extraction procedures for Al, Ca, Mg and Mn in tea samples [J]. Analytical science, 2002, 18 (3): 313-318.

[175] DALLUGE J J, NELSON B C, THOMAS J B, et al. Selection of column and gradient elution system for the separation of catechins in green tea using high-performance liquid chromatography [J]. Journal of chromatography A, 1998, 793 (2): 265-274.

[176] DAUER A, HENSEL A, LHOSTE E, et al. Genotoxic and antigenotoxic effects of catechin and tannins from the bark of Hamamelis virginiana L. in metabolically competent, human hepatoma cells (Hep G2) using single cell gel electrophoresis [J]. Phytochemistry, 2003, 63 (2): 199-207.

[177] DE MIGLIO M R, MURONI M R, SIMILE M M, et al. Implication of Bcl-2 family genes in basal and D-amphetamine-induced apoptosis in preneoplastic and neoplastic rat liver lesions [J]. Hepatology, 2000, 31 (4): 956-965.

[178] DEMEKE T, ADAMS R P. The use of PCR-RAPD analysis in plant taxonomy and evolution [J]. PCR technology: current innovations, 1994, 179-191.

[179] PAVIA D L. Coffee, Tea, or Cocoa-Trio of experiments including the isolation of theobromine from Cocoa [J]. Journal of chemical education, 1973, 50 (11): 791-792.

[180] DONG J J, YE J H, LU J L, et al. Isolation of antioxidant catechins from green tea and its decaffeination [J]. Food and bioproducts processing, 2011, 89 (1): 62-66.

[181] BLIGH E G, DYER W J. A rapid method of total lipid extraction and purification [J]. Canadian journal of biochemistry and physiology, 1959, 37 (8): 911-917.

[182] FANG D Q, KRUEGER R R, ROOSE M L. Phylogenetic relationships among selected Citrus germplasm accessions revealed by inter-simple sequence repeat (ISSR) markers [J]. Journal of the American Society for Horticultural Science, 1998, 123 (4): 612-617.

[183] FASSINA G, BUFFA A, BENELLI R, et al. Polyphenolic antioxidant (-)-epigallocatechin-3-gallate from green tea as a candidate anti-HIV agent [J]. Aids, 2002, 16 (6): 939-941.

[184] FAVRE M, LANDOLT D. The influence of gallic acid on the reduction of rust on painted steel surfaces [J]. Corrosion science, 1993, 34 (9): 1481-1494.

[185] FEDUCCIA A A, WANG Y Y, SIMMS J A, et al. Locomotor activation by theacrine, a purine alkaloid structurally similar to caffeine: Involvement of adenosine and dopamine receptors [J]. Pharmacology, biochemistry and behavior, 2012, 102 (2): 241-248.

[186] FUJIKI H, SUGANUMA M, IMAI K, et al. Green tea: Cancer preventive beverage and/or drug [J].

Cancer letter, 2002, 188 (1-2): 9-13.

［187］FUJIKI H, SUGANUMA M, OKABE S, *et al*. Mechanistic findings of green tea as cancer preventive for humans [J]. Proceedings of the Society for Experimental Biology and Medicine, 1999, 220 (4): 225-228.

［188］FUJIMORI N, AASHIHARA H. Adenine metabolism and the synthesis of purine alkaloids in flowers of *Camellia* [J]. Phytochemistry, 1990, 29 (11): 3513-3516.

［189］FUJIMORI N, SUZUKI T, AASHIHARA H. Seasonal variations in biosynthetic capacity for the synthesis of caffeine in tea leaves [J]. Phytochemistry, 1990, 30 (7): 2245-2248.

［190］FUKUHARA K, LI X X, OKAMURA M, *et al*. Evaluation of odorants contributing to 'Toyonoka' strawberry aroma in extracts using an adsorptive column and aroma dilution analysis [J]. Journal of the Japanese Society for Horticultural Science, 2005, 74 (4): 300-305.

［191］ZHENG G, SAYAMA K, OKUBO T, *et al*. Anti-obesity effects of three major components of green tea, catechins, caffeine and theanine, in mice [J]. In vivo, 2004, 18 (1): 55-62.

［192］GANGULY-FITZGERALD I, DONLEA J, Shaw PJ. Waking experience affects sleep need in Drosophila [J]. Science，2006, 313 (5794): 1775-1781.

［193］GARBISA S, SARTOR L, BIGGIN S, *et al*. Tumor gelatinases and invasion inhibited by the green tea flavanol epigallocatechin-3-gallate [J]. Cancer, 2001, 91 (4): 822-832.

［194］GAVRIELI Y, SHERMAN Y, BENSASSON S A. Identification of programmed cell death in situ via specific labeling of nuclear DNA fragmentation [J]. Journal of cell biology, 1992, 119 (3): 493-501.

［195］GEBÄCK T, SCHULZ M M, KOUMOUTSAKOS P, *et al*. TScratch: a novel and simple software tool for automated analysis of monolayer wound healing assays [J]. Biotechniques, 2009, 46 (4): 265-274.

［196］GOTO T, YOSHIDA Y, KISO M, *et al*. Simultaneous analysis of individual catechins and caffeine in green tea [J]. Journal of chromatography A, 1996, 749 (1-2): 295-299.

［197］GREENSPAN R J. Opinion - The flexible genome [J]. Nature reviews genetics, 2001, 2 (5): 383-387.

［198］GRUTTER M G. Caspases: key players in programmed cell death [J]. current opinion in structural biology, 2000, 10 (6): 649-655.

［199］NEUMAYR G, HANNES G, WOLFGANG S, *et al*. Physiological effects of an ultra-cycle ride in an amateur - a case report [J]. Journal of sports science and medicine, 2002, 1 (1): 20-26.

［200］GUO Q, ZHAO B L, SHEN S R, *et al*. ESR study on the structure antioxiant activity relationship of tea catechins and their epimers [J]. Biochimica et biophysica acta-general subjects, 1999, 1427 (1): 13-23.

［201］GUO W F, SAKATA K, WATANABE N, *et al*. Geranyl 6-O- β -D-xylopyranosyl- β -D-glucopyranoside isolated as an aroma precursor from tea leaves for oolong tea [J]. Phytochemistry, 1993, 33 (6): 1373-1375.

［202］GUO W F, HOSOI R, SAKATA K, *et al*. (S)-linalyl, 2-phenylethyl, and benzyl disaccharide glycodides isolated as aroma precursors from oolong tea leaves [J]. Bioscience biotechnology and biochemistry, 1994, 58 (8): 1532-1534.

［203］GUO W F, SASAKI N, FUKUDA M, *et al*. Isolation of an aroma precursor of benzaldehyde from tea leaves (*Camellia sinensis* var. *sinensis* cv. Yabukita) [J]. Bioscience biotechnology and biochemistry, 1998, 62 (10): 2052-2054.

［204］GUO W F, YAMAUCHI K, WATANABE N, *et al*. A Primeverosidase as a main glycosidase concerned with the alcoholic aroma formation in tea leaves [J]. Bioscience biotechnology and biochemistry, 1995, 59 (5): 962-964.

［205］GUPTA S, AHMAD N, NIEMINEN A L, *et al*. Growth inhibition, cell-cycle dysregulation, and induction of apoptosis by green tea constituent (-)-epigallocatechin-3-gallate in androgen-sensitive and androgen-insensitive human prostate carcinoma cells [J]. Toxicology and applied pharmacology, 2000, 164 (1): 82-90.

[206] GUPTA S, HASTAK K, AHMAD N, *et al*. Inhibition of prostate carcinogenesis in TRAMP mice by oral infusion of green tea polyphenols [J]. Proceedings of the National Academy of Sciences of the United States of America, 2001, 98 (18): 10350-10355.

[207] GUPTA S, HUSSAIN T, MUKHTAR H. Molecular pathway for epigallocatechin-3-gallate induced cell cycle arrest and apoptosis of human prostate carcinoma cells [J]. Archives of biochemistry and biophysics, 2003, 410 (1): 177-185.

[208] KURIBARA H, TADOKORO S. Behavioral effects of cocoa and its main active compound theobromine: evaluation by ambulatory activity and discrete avoidance in mice [J]. Japanese journal of alcohol studies & drug dependence, 1992, 27 (2): 168-179.

[209] KURIHARA H, SHIBATA H, FUKUI Y, *et al*. Evaluation of the hypolipemic property of Camellia sinensis var. ptilophylla on postprandial hypertriglyceridemia [J]. Journal of agricultural and food chemistry, 2006, 54 (14): 4977-4981.

[210] LAKKA H M, LAAKSONEN D E, LAKKA T A, *et al*. The metabolic syndrome and total and cardiovascular disease mortality in middle-age dmen [J]. Journal of the American Medical Association, 2002, 288 (21): 2709-2716.

[211] HACKETT C A, WACHIRA F N, PAUL S, *et al*. Construction of a genetic linkage map for *Camellia sinensis* [J]. Heredity, 2000, 85 (4): 346-355.

[212] HAMRICK J L, BLANTON H M, HAMRICK K J. Genetic structure of geographically marginal populations of ponderosa pine [J]. American journal of botany, 1989, 76 (11): 1559-1568.

[213] HAN B Y, CHEN Z M. Composition of the volatiles from intact and mechanically pierced and tea aphid-tea shoot complexes and their attraction to natural enemies of the tea aphid [J]. Journal of agricultural and food chemistry, 2002, 50 (9): 2571-2575.

[214] HARA T, KUBOTA E. Aroma property and its preservation of early spring green tea (Shin-cha) [J]. Journal of the Japanese Society for Food Science and Technology, 1979, 26 (9): 391-395.

[215] HAYATA Y, SAKAMOTO T, KOZUKA H, *et al*. Analysis of aromatic volatile compounds in 'Miyabi' melon (*Cucumis melo* L.) using the porapark Q column [J]. Journal of the Japanese Society for Horticultural Science, 2002, 71 (4): 517-525.

[216] HE R R, XIE G, YAO X S, *et al*. Effect of cocoa tea (*Camellia ptilophylla*) co-administrated with green tea on ambulatory behaviors [J]. Bioscience, biotechnology, and biochemistry, 2009, 73 (4): 957-960.

[217] HE S M, LIU J L. Study on the determination method of flavone content in tea [J]. Chinese journal of analytical chemistry, 2007, 35 (9): 1365-1368.

[218] HOR S Y, AHMAD M, FARSI E, *et al*. Acute and subchronic oral toxicity of Coriolus versicolor standardized water extract in Sprague-Dawley rats [J]. Journal of ethnopharmacology, 2011, 137 (3): 1067-1076.

[219] HSIEH M M, CHEN S M. Determination of amino acids in tea leaves and beverages using capillary electrophoresis with light-emitting diode-induced fluorescence detection [J]. Talanta, 2007, 73 (2): 326-331.

[220] HUANG K J, WU J J, CHIU Y H, *et al*. Designed polar co solvent modified supercritical CO_2 removing caffeine from and retaining catechins in green tea powder using response surface methodology [J].

Journal of agricultural and food chemistry, 2007, 55 (22): 9014-9020.

[221] HUO C, WAN S B, LAM W H, et al. The challenge of developing green tea polyphenols as therapeutic agents [J]. Inflammopharmacology, 2008, 16 (5): 248-252.

[222] HINDMARCH I, RIGNEY U, STANLEY N, et al. A naturalistic investigation of the effects of day-long consumption of tea, coffee and water on alertness, sleep onset and sleep quality [J]. Psychopharmacology, 2000, 149 (3): 203-216.

[223] IKEDA I, KOBAYASHI M, HAMADA T, et al. Heat-epimerized tea catechins rich in gallocatechin gallate and catechin gallate are more effective to inhibit cholesterol absorption than tea catechins rich in epigallocatechin gallate and epicatechin gallate [J]. Journal of agricultural and food chemistry, 2003, 51 (25): 7303-7307.

[224] SIDDIQUI I A, SHUKLA Y, ADHAMI V M, et al. Suppression of NFκB and its regulated gene products by oral administration of green tea polyphenols in an autochthonous mouse prostate cancer model [J]. Pharmaceutical research, 2008, 25 (9): 2135-2142.

[225] IOANNIDES C, YOXALL V. Antimutagenic activity of tea: role of polyphenols [J]. Current opinion in clinical nutrition and metabolic care, 2003, 6 (6): 649-656.

[226] ITO Y, SUGIMOTO A, KAKUDA T, et al. Identification of potent odorants in Chinese jasmine green tea scented with flower of Jasminum sambac [J]. Journal of agricultural and food chemistry, 2002, 50 (17): 4878-4884.

[227] IWAI Y, NAGANo H, LEE G S, et al. Measurement of entrainer effects of water and ethanol on solubility of caffeine in supercritical carbon dioxide by FT-IR spectroscopy [J]. Journal of supercritical fluids, 2006, 38 (3): 312-318

[228] CARRILLO J A, BENITEZ J. CLINICALLY significant pharmacokinetic interactions between dietary caffeine and medications [J]. Clinical pharmacokinetics, 2000, 39 (2): 127-153.

[229] FRIEDRICH J P, PRYDE E H. Supercritical CO_2 extraction of lipid-bearing materials and characterization of the products [J]. Journal of the American Oil Chemists Society, 1984, 61 (2): 223-228.

[230] LIN J K, LIN-SHIAU S Y. Mechanisms of hypolipidemic and anti-obesity effects of tea and tea polyphenols [J]. Molecular nutrition & food research, 2006, 50 (2): 211-217.

[231] JENG K C, CHEN C S, FANG Y P, et al. Effect of microbial fermentation on content of statin, GABA, and polyphenols in Pu-Erh tea [J]. Journal of agricultural and food chemistry, 2007, 55 (21): 8787-8792.

[232] JEON S Y, BAE K H, SEONG Y H, et al. Green tea catechins as a BACE1 (β-secretase) inhibitor [J]. Bioorganic & medicinal chemistry letters, 2003, 13 (22): 3905-3908.

[233] JIANG B H, LIU L Z. AKT signaling in regulating angiogenesis [J]. Curr cancer drug targets, 2008, 8 (1): 19-26.

[234] JIANG H Y, ZHENG G L. Studies of tea polysaccharides on lowering blood sugar of mice [J]. Food science, 2004, 25 (6): 166-169.

[235] JOVANOVIC S V, HARA Y, STEENKEN S, et al. Antioxidant potential of gallocatechins: A pulse radiolysis and laser photolysis study [J]. Journal of the American Chemical Society, 1995, 117 (39): 9881-9888.

[236] GROVE K A, LAMBERT J D. Laboratory, epidemiological, and human intervention studies show that tea (Camellia sinensis) may be useful in the prevention of obesity [J]. Journal of nutrition, 2010, 140 (3): 446-453.

[237] LI K K, SHI X G, YANG X R, et al. Antioxidative activities and the chemical constituents of two

Chinese teas, *Camellia kucha* and *C. ptilophylla* [J]. International journal of food science and technology, 2012, 47 (5): 1063-1071.

[238] KAWAKAMI M, YAMANISHI T. Flavor constituents of longjing tea [J]. Agricultural and biological chemistry, 1983, 47 (9): 2077-2083.

[239] KASHKET S, Paolino VJ. Inhibition of salivary amylase by water-soluble extracts of tea [J]. Archives oral biology, 1988, 33 (11): 845-846.

[240] KATIYAR S K, AFAQ F, PEREZ A, *et al*. Green tea polyphenol (-)-epigallocatechin-3-gallate treatment of human skin inhibits ultraviolet radiation-induced oxidative stress [J]. Carcinogenesis, 2001, 22 (2): 287-294.

[241] KATO M, KANEHARA T, SHIMIZU H, *et al*. Caffeine biosynthesis in young leaves of *Camellia sinensis*: in vitro studies on N-methyltransferase activity involved in the conversion of xanthosine to caffeine [J]. Physiologia plantarum, 1996, 98 (3): 629-636.

[242] KAUFMAN K R, SACHDEO R C. Caffeinated beverages and decreased seizure control [J]. Seizure-European journal of epilepsy, 2003, 12 (7): 519-521.

[243] KAUNDUN S S, ZHYVOLOUP A, Park YG. Evaluation of the genetic diversity among elite tea (*Camellia sinensis* var. *sinensis*) accessions using RAPD markers [J]. Euphytica, 2000, 115 (1): 7-16.

[244] REZAI-ZADEH K, ARENDASH G W, HOU H Y, *et al*. Green tea epigallocatechin-3-gallate (EGCG) reduces β-amyloid mediated cognitive impairment and modulates tau pathology in Alzheimer transgenic mice [J]. Brain research, 2008, 1214: 177-187.

[245] KAWAKAMI M, YAMANISHi T. Aroma characteristics of kabusecha (shaded green tea) [J]. Journal of the Agricultural Chemical Society of Japan, 1981, 55 (2): 117-123.

[246] KAZAN K, MANNERS J M, CAMERON D F. Genetic variation in agronomically important species of Stylosanthes determined using random amplified polymorphic DNA markers [J]. Theoretical and applied genetics, 1993, 85 (6-7): 882-888.

[247] KERRIGAN S, LINDSEY T. Fatal caffeine overdose: two case reports [J]. Forensic science international, 2005, 153 (1): 67-69.

[248] KHOKHAR S, MAGNUSDOTTIR S G M. Total phenol, catechin, and caffeine contents of teas commonly consumed in the United kingdom [J]. Journal of agricultural and food chemistry, 2002, 50 (3): 565-570.

[249] KILMARTIN P A, HSU C F. Characterisation of polyphenols in green, oolong, and black teas, and in coffee, using cyclic voltammetry [J]. Food chemistry, 2003, 82 (4): 501-512.

[250] KIM S H, LEE Y, AKITAKE B, *et al*. Drosophila TRPA1 channel mediates chemical avoidance in gustatory receptor neurons [J]. Proceedings of the National Academy of Sciences of USA, 2010, 107 (18): 8440-8445.

[251] KIRIBUCHI T, YAMANISHI T. Studies on the flavor of green tea. Part IV. Dimethyl sulfide and its precursor [J]. Agricultural and biological chemistry, 1963, 27 (1): 56-59.

[252] KOBAYASHI A, KUBOTA K, WANG D. Qualitative and quantitative analyses of glycosides as aroma precursors during the tea manufacturing process [J]. Frontiers of flavour science, 2000, 452-456.

[253] KOBAYASHI M, UNNO T, SUZUKI Y, *et al*. Heat-epimerized tea catechins have the same cholesterol-lowering activity as green tea catechins in cholesterol-fed rats [J]. Bioscience biotechnology and biochemistry, 2005, 69 (12): 2455-2458.

[254] KOBAYASHI Y, SUZUKI M, SATSU H, *et al*. Green tea polyphenols inhibit the sodium-dependent

glucose transporter of intestinal epithelial cells by a competitive mechanism [J]. Journal of agricultural food and chemistry, 2000, 48 (11): 5618-5623.

［255］ KOH K, JOINER WJ, WU M N, *et al*. Identification of sleepless, a sleep-promoting factor [J]. Science, 2008, 321 (5887): 372-376.

［256］ KOH K, ZHENG X Z, SEHGAL A. JETLAG resets the Drosophila circadian clock by promoting light-induced degradation of TIMELESS [J]. Science, 2006, 312 (5781): 1809-1812.

［257］ KOJIMA T, NAGAOKA T, NODA K, *et al*. Genetic linkage map of ISSR and RAPD markers in Einkorn wheat in relation to that of RFLP markers [J]. Theoretical and applied genetics, 1998, 96 (1): 37-45.

［258］ KUIDA K, BOUCHER D M. Functions of MAP kinases: insights from gene-targeting studies [J]. Journal of biochemical, 2004, 135 (6): 653-656.

［259］ KUMAZAWA K, KUBOTA K, MASUDA H. Influence of manufacturing conditions and crop season on the formation of 4-mercapto-4-methyl-2-pentanone in Japanese green tea (Sen-cha) [J]. Journal of agricultural food and chemistry, 2005, 53 (13): 5390-5396.

［260］ KURODA Y, HARA Y. Antimutagenic and anticarcinogenic activity of tea polyphenols [J]. Mutation research-reviews in mutation research, 1999, 436 (1): 69-97.

［261］ HOOPER L, KROON P A, RIMM E B, *et al*. Flavonoids, flavonoid-rich foods, and cardiovascular risk: a meta-analysis of randomized controlled trials [J]. American journal of clinical nutrition, 2008, 88 (1): 38-50.

［262］ PENG L, KHAN N, AFAQ F, *et al*. In vitro and in vivo effects of water extract of white cocoa tea (*Camellia ptilophylla*) against human prostate cancer [J]. Pharmaceutical research, 2010, 27 (6): 1128-1137.

［263］ LAKENBRINK C, LAPCZYNSKI S, MAIWALD B, *et al*. Flavonoids and other polyphenols in consumer brews of tea and other caffeinated beverages [J]. Journal of agriculture food chemistry, 2000, 48 (7): 2848-2852.

［264］ LAMORAL-THEYS D, POTTIER L, DUFRASNE F, *et al*. Natural polyphenols that display anticancer properties through inhibition of kinase activity [J]. Current medical chemistry, 2010, 17 (9): 812-825.

［265］ LEE B L, ONG C N. Comparative analysis of tea catechins and theaflavins by highperformance liquid chromatography and capillary electrophoresis [J]. Journal of chromatography A, 2000, 881 (1-2): 439-447.

［266］ LEE S J, NAMKOONG S, KIM Y M, *et al*. Fractalkine stimulates angiogenesis by activating the Raf-1/MEK/ERK- and PI3K/Akt/eNOS-dependent signal pathways [J]. American journal of physiology-heart and circulatory physiology, 2006, 291 (6): H2836-H2846.

［267］ PENG L, KHAN N, AFAQ F, *et al*. Cocoa tea (*Camellia ptilophylla*): another beverage for chemotherapy of prostate cancer [J]. Proceedings of the American Association for Cancer Research Annual Meeting, 2010, 51: 459.

［268］ PENG L, SONG X H, SHI X G, *et al*. An improved HPLC method for simultaneous determination of phenolic compounds, purine alkaloids and theanine in *Camellia* species [J]. Journal of food composition and analysis, 2008, 21 (7): 559-563.

［269］ LI W G, LI Q H, TAN Z. Epigallocatechin gallate induces telomere fragmentation in HeLa and 293 but not in MRC-5 cells [J]. Life sciences, 2005, 76 (15): 1735-1746.

［270］ LIANG H L, LIANG Y R, Dong JJ, *et al*. Decaffeination of fresh green tea leaf (*Camellia sinensis*) by hot water treatment [J]. Food chemistry, 2007, 101 (4): 1451-1456.

［271］LIN J K, LIANG Y C. Cancer chemoprevention by tea polyphenols [J]. Proceedings of the National Science Council Republic of China part B life sciences, 2000, 24 (1): 1-13.

［272］LIN Y L, JUAN I M, CHENY L, et al. Composition of polyphenols in fresh tea leaves and association of their oxygen-radical-absorbing capacity with anti-proliferative actions in fibroblast cell [J]. Journal of agricultural and food chemistry, 1996, 44 (6): 1387-1394.

［273］刘勤晋，陈文品，白文祥，等. 普洱茶急性毒性安全性评价研究报告. 茶叶科学，2003，23（2）：141-145.

［274］LU J L, WU M Y, YANG X L, et al. Decaffeination of tea extracts by using poly (acrylamide-co-ethylene glycol dimethylacrylate) as adsorbent [J]. Journal of food engineering, 2010, 97 (4): 555-562.

［275］IOANNIDOU M D, ZACHARIADS G A, ANTHEMIDIS A N, et al. Direct determination of toxic trace metals in honey and sugars using inductively coupled plasma atomic emission spectrometry [J]. Talanta, 2005, 65 (1): 92-97.

［276］HECKMA M A, WEIL J, DE MEJIA E G. CAFFEINE (1, 3, 7-trimethylxanthine) in foods: a comprehensive review on consumption, functionality, safety, and regulatory matters [J]. Journal of food science, 2010, 75 (3): R77-R87.

［277］BOSE M, LAMBERT J D, JU J, et al. The major green tea polyphenol, (-)-epigallocatechin-3-gallate, inhibits obesity, metabolic syndrome, and fatty liver disease in high-fat-fed mice [J]. Journal of nutrition, 2008, 138 (9): 1677-1683.

［278］CORNELIS M C, EL-SOHEMY A. Coffee, caffeine, and coronary heart disease [J]. Current opinion in clinical nutrition and metabolic care, 2007, 10 (6): 745-751.

［279］CAVE M, DEACIUC I, MENDEZ C, et al. Nonalcoholic fatty liver disease: predisposing factors and the role of nutrition [J]. Journal of nutritional biochemistry, 2007, 18 (3): 184-195.

［280］ETENG M U, ETTARH R R. Comparative effects of theobromine and cocoa extract on lipid profile in rats [J] Nutrition research, 2000, 20 (10): 1513-1517.

［281］MAGOMA G N, WACHIRA F N, IMBUGA M O, et al. Biochemical differentiation in Camellia sinensis and its wild relatives as revealed by isozyme and catechin patterns [J]. Biochemical systematics and ecology, 2003, 31 (9): 995-1010.

［282］MAITRA S, PRICE C, GANGULY R. Cyp6a8 of Drosophila melanogaster: gene structure, and sequence and functional analysis of the upstream DNA [J]. Insect biochemistry and molecular biology, 2002, 32 (8): 859-870.

［283］MANIAN R, ANUSUYA N, SIDDHURAJU P, et al. The antioxidant activity and free radical scavenging potential of two different solvent extracts of Camellia sinensis (L.) Kuntz, Ficus bengalensis L. and Ficus racemosa L [J]. Food chemistry, 2008, 107 (3): 1000-1007.

［284］MAZZAFERA P, WINGSLE G, OLSSON O, et al. S-Adenosyl-L-methionine: theobromine 1-N-methyltransferase, an enzyme catalysing the synthesis of caffeine in coffee [J]. Phytochemisty, 1994, 47: 1577-1584.

［285］MISHRA R K, SEN-MANDI S. Genetic diversity estimates for Darjeeling tea clones based on amplified fragment length polymorphism markers [J]. Journal of tea science, 2004, 24 (2): 86-92.

［286］MITCHELL E S, SLETTENAAR M, VAN DER MEER N, et al. Differential contributions of theobromine and caffeine on mood, psychomotor performance and blood pressure [J]. Physiology & behavior, 2011, 104 (5): 816-822.

［287］MIZUKAMI Y, SAWAI Y, YAMAGUCHI Y. Simultaneous analysis of catechins, gallic acid, strictinin, and purine alkaloids in green tea by using catechol as an internal standard [J]. Journal of agricultural and food chemistry, 2007, 55 (13): 4957-4964.

［288］ MONDEL T K. Assessment of genetic diversity of tea (*Camellia sinensis* (L.) O. Kuntze) by inter-simple sequence repeat polymerase chain reaction [J]. Euphytica, 2002, 128 (3): 307-315.

［289］ MOON J H, WATANABE N, SAKATA K, *et al*. Trans- and cis-linalool 3, 6-oxides 6-O- β -D-xylopyranosyl- β -D-glucopyranoside isolated as aroma precursors from leaves for oolong tea [J]. Bioscience, biotechology, biochemistry, 1994, 58 (9): 1742-1744.

［290］ MOON J H, WATANABE N, IJIMA Y, *et al*. Studies on aroma formation mechanism in oolong tea. 6. cis- and trans-linalool 3, 7-oxides and methyl salicylate glycosides and (Z)-3-hexenyl - β -D-glucopyranoside as aroma precursors from leaves for oolong tea [J]. Bioscience, Biotechnology and Biochemistry, 1996, 60 (11): 1815-1819.

［291］ WALDHAUSER S S M, KRETSCHNAR J A, BAUMANN T W. N-methyltransferase activity in caffeine biosynthesis: Biochemical characterization and time course during leaf development of *Coffea arabica* [J]. Phytochemisty, 1997, 44 (5): 853-859

［292］ MURASE T, NAGASAWA A, SUZUKI J, *et al*. Beneficial effects of tea catechins on diet-induced obesity: stimulation of lipid catabolism in the liver [J]. International journal of obesity, 2002, 26 (11): 1459-1464.

［293］ YONEYAMA N, MORIMOTO H, YE C X, *et al*. Substrate specificity of N-methyltransferase involved in purine alkaloids synthesis is dependent upon one amino acid residue of the enzyme [J]. Molecular genetics and genomics, 2006, 275 (2): 125-135.

［294］ NEHLIG A, DAVAL J L, DEBRY G. Caffeine and the central nervous system: mechanism of action, biochemical, metabolic and psychostimulant effects [J]. Brain research reviews, 1992, 17 (2): 139-169.

［295］ NISHIKAWA T, NAKAJIMA T, MORIGUEHI M, *et al*. A green tea polyphenol，epigallocatechin-3-gallate，induces apoptosis of human hepatocellular carcinoma, possibly through inhibition of Bcl-2 family proteins [J]. Journal of hepatology, 2006, 44 (6): 1074-1082.

［296］ NISHIKITANI M, KUBOTA K, KOBAYASHI A, *et al*. Geranyl 6-O- α -L-arabinopyranosyl- β -D-glucopyranoside isolated as aroma precursors from leaves of a green tea cultivar [J]. Bioscience, biotechnology and biochemistry, 1996, 60 (5): 929-931.

［297］ NISHIKITANI M, WANG D M, KUBOTA K, *et al*. (Z)-3-Hexenyl and trans-linalool 3, 7-oxide β -D-primeverosides isolated as aroma precursors from leaves of a green tea cultivar [J]. Bioscience, biotechnology and biochemistry, 1999, 63 (9): 1631-1633.

［298］ NISHITANI E, SAGESAKA Y M. Simultaneous determination of catechins, caffeine and other phenolic compounds in tea using new HPLC method [J]. Journal of food composition and analysis, 2004, 17 (5): 675-685.

［299］ NO J K, SOUNG D Y, KIM Y J, *et al*. Inhibition of tyrosinase by green tea components [J]. Life sciences, 1999, 65 (21): PL241-PL246.

［300］ OHMORI Y, ITO M, KISHI M, *et al*. Antiallergic constituents from oolong tea stem [J]. Biological & pharmaceutical bulletin, 1995, 18 (5): 683-686.

［301］ OLSON H, BETTON G, ROBINSON D, *et al*. Concordance of the toxicity of pharmaceuticals in humans and in animals [J]. Regulatory toxicology and pharmacology, 2000, 32 (1): 56-67.

［302］ OSADA K, TAKAHASHI M, HOSHINA S, *et al*. Tea catechins inhibit cholesterol oxidation accompanying oxidation of low density lipoprotein in vitro [J]. Comparative biochemistry and physiology C-toxicology & pharmacology, 2001, 128 (2): 153-164.

［303］ PORTINCASA P, GRATTAGLIANO I, PALMIERI V O, *et al*. Current pharmacological treatment of nonalcoholic fatty liver [J]. Current medicinal chemistry, 2006, 13 (24): 2889-2900.

[304] PARK H S, LEE H J, SHIN M H, et al. Effects of cosolvents on the decaffeination of green tea by supercritical carbon dioxide [J]. Food chemistry, 2007, 105 (3): 1011-1017.

[305] PAUL S, WACHIRA F N, POWELL W, et al. Diversity and genetic differentiation among populations of Indian and Kenyan tea (Camellia sinensis (L) O Kuntze) revealed by AFLP markers [J]. Theoretical and applied genetics, 1997, 94 (2): 255-263.

[306] PFITZENMAIER J, ALTWEIN J E. Hormonal therapy in the elderly prostate cancer patient [J]. Deutsches Arzteblatt international, 2009, 106 (14): 242.

[307] PIANETTI S, GUO S Q, KAVANAGH K T, et al. Green tea polyphenol epigallocatechin-3 gallate inhibits Her-2/neu signaling, proliferation, and transformed phenotype of breast cancer cells [J]. Cancer research, 2002, 62 (3): 652-655.

[308] THANGAPAZHAM R L, SINGH A K, SHARMA A, et al. Green tea polyphenols and its constituent epigallocatechin gallate inhibits proliferation of human breast cancer cells in vitro and in vivo [J]. Cancer letters, 2007, 245 (1-2): 232-241.

[309] RICE-EVANS CA, MILLER J, PAGANGA G. Antioxidant properties of phenolic compounds [J]. Trends in plant science, 1997, 2 (4): 152-159.

[310] LEE S, PARK M K, KIM K H, et al. Effect of supercritical carbon dioxide decaffeination on volatile components of green teas [J]. Journal of food science, 2007, 72 (7): S497-S502.

[311] CHACKO S M, THAMBI P T, KUTTAN R, et al. Beneficial effects of green tea: a literature review [J]. Chinese medicine, 2010, 5: 13.

[312] LEE S M, KIM C W, KIM J K, et al. GCG-rich tea catechins are effective in lowering cholesterol and triglyceride concentrations in hyperlipidemic rats [J]. Lipids, 2008, 43 (5): 419-429.

[313] LEE S M, LEE H S, KIM K H, et al. Sensory characteristics and consumer acceptability of decaffeinated green teas [J]. Journal of food science, 2009, 74 (3): S135-S141.

[314] SAE-TAN S, GROVE K A, LAMBERT J D. Weight control and prevention of metabolic syndrome by green tea [J] Pharmacological research, 2011, 64 (2): 146-154.

[315] WOLFRAM S. Effects of green tea and EGCG on cardiovascular and metabolic health [J]. Journal of the American College of Nutrition, 2007, 26 (4): 373S-388S.

[316] WOLFRAM S, WANG Y, THIELECKE F. Anti-obesity effects of green tea: From bedside to bench [J]. Molecular nutrition & food research, 2006, 50 (2): 176-187.

[317] SAIRRO S T, GOSMANN G, SAFFI J, et al. Characterization of the constituents and antioxidant activity of Brazilian green tea (Camellia sinensis var. assamica IAC-259 cultivar) extracts [J]. Journal of agricultural and food chemistry, 2007, 55 (23): 9409-9414.

[318] SAKANAKA S. A novel convenient process to obtain a raw decaffeinated tea polyphenol fraction using a lignocellulose column [J]. Journal of agricultural and food chemistry, 2003, 51 (10): 3140-3143.

[319] SAKATA I, IKEUCHI M, MARUYAMA I, et al. Quantitative analysis of (-)-epigallocatechin gallate in tea leaves by high-performance liquid chromatography [J]. Journal of the Pharmaceutical Society of Japan, 1991, 111 (12): 790-793.

[320] SAKATA R, UENO T, NAKAMURA T, et al. Green tea polyphenol epigallocatechin-3-gallate inhibits platelet-derived growth factor-induced proliferation of human hepatic stellate cell line LI90 [J]. Journal of hepatology, 2004, 40 (1): 52-59.

[321] SAMANIEGO-SANCHEZ C, INURRETA-SALINAS Y, QUESADA-GRANADOS J J, et al. The

influence of domestic culinary processes on the Trolox Equivalent Antioxidant Capacity of green tea infusions [J]. Journal of food composition and analysis, 2011, 24 (1): 79-86.

[322] SANG S M, CHENG X F, STARK R E, et al. Chemical studies on antioxidant mechanism of tea catechins: analysis of radical reaction products of catechin and epicatechin with 2, 2-diphenyl-1-picrylhydrazyl [J]. Bioorganic & medicinal chemistry, 2002, 10 (7): 2233-2237.

[323] SEALY J R. A revision of the Genus Camellia [M]. London: the Royal Horticultural Society, 1958.

[324] SENGUPTA A, GHOSH S, DAS S. Inhibition of cell proliferation and Induction of apoptosis during azoxymethane induced colon carcinogenesis by black tea [J]. Asian pacific journal of cancer prevention, 2002, 3 (1): 41-46.

[325] SHAHIDI F, JANITHA P K, WANASUNDARA P D. Phenolic antioxidants. Critical reviews [J]. Food science and nutrition, 1992, 32: 67-103.

[326] SHAO W F, POWELL C, CLIFFORD M N. The analysis by HPLC of green tea, black tea and Pu'er teas produced in Yunan [J]. Journal of the science food and agriculture, 1995, 69 (4): 535-540.

[327] SHI J, NAWAZ H, POHORLY J, et al. Extraction of polyphenolics from plant material for functional foods-engineering and technology [J]. Food reviews international, 2005, 21 (1): 139-166.

[328] SHIGEMATSU H, SHIMODA M, OSAJINA Y. Comparison of the odor concentrates of black tea [J]. Journal of the Japanese Society for Food Science and Technology, 1994, 41 (11): 768-777.

[329] SHILO L, SABBAH H, HADARI R, et al. The effects of coffee consumption on sleep and melatonin secretion [J]. Sleep medicine, 2002, 3 (3): 271-273.

[330] SHIMIZU M, KOBAYASHI Y, SUZUKI M, et al. Regulation of intestinal glucose transport by tea catechins [J]. Biofactors, 2000, 13 (1-4): 61-65.

[331] SHIMODA M, SHIGEMATSU H, SHIRATSUCHI H, et al. Comparison of volatile compounds among different grades of green tea and their relations to odor attributes [J]. Journal of agricultural and food chemistry, 1995, 43 (6): 1621-1625.

[332] SHIMODA M, SIGEMATSU H, SHIRATSUCHI H, et al. Comparison of the odor concentrates by SDE and adsorptive column method from green tea infusion [J]. Journal of agricultural and food chemistry, 1995, 43 (6): 1616-1620.

[333] SUN F X, TANG Z Y, LUI KD, et al. Establishment of a metastatic model of human hepatocellular carcinoma in nude mice via orthotopic implantation of histologically intact tissues [J]. International journal of cancer, 1996, 66 (2): 239-243.

[334] SUZUKI T, TAKAHASHI E. Caffeine biosynthesis in Camellia sinensis [J]. Phytochemisty, 1976, 15 (8): 1235-1239.

[335] YOKOZAWA T, CHO F J, HARA Y, et al. Antioxidative activity of green tea treated with radicalinitiator 2, 2¢-azobis (2-amidinopropane) dihydrochloride [J]. Journal of agricultural and food chemistry, 2000, 48 (10): 5068-5073.

[336] TAKEI Y, ISHIKAWA K, YAMANISHI T. Aroma components characteristic of spring green tea [J]. Agricultural and biological chemistry, 1976, 40 (11): 2151-2157.

[337] TAKEO T. Withering effect on the aroma formation found during oolong tea manufacturing [J]. Agricultural and biological chemistry, 1984, 48 (4): 1083-1085.

[338] TAKEO T, TSUSHIDA T, MAHANTA P K, et al. Food chemical investigation on the aromas of oolong tea and black tea [J]. Bulletin of the National Research Institute of Tea, 1985, 20: 91-108.

[339] THOMAS J, VIJAYAN D, JOSHI S D, et al. Genetic integrity of somaclonal variants in tea (Camellia

sinensis (L.) O Kuntze) as revealed by inter simple sequence repeats [J]. Journal of biotechnology, 2006, 123 (2): 149-154.

[340] UI A, KURIYAMA S, KAKIZAKI M, *et al*. Green tea consumption and the risk of liver cancer in Japan: the Ohsaki Cohort study [J]. Cancer causes & control, 2009, 20 (10): 1939-1945.

[341] USMANI O S, BELVISI M G, PATEL H J, *et al*. Theobromine inhibits sensory nerve activation and cough [J]. FASEB journal, 2004, 18 (14): 231-233.

[342] SHARMA V, GULATI A, RAVINDRANATH S D, *et al*. A simple and convenient method for analysis of tea biochemicals by reverse phase HPLC [J]. Journal of food composition and analysis, 2005, 18 (6): 583-594.

[343] WACHIRA F N. Genetic diversity in tea revealed by randomly amplified polymorphic DNA markers [J]. Tea, 1996, 17 (2): 60-68.

[344] WACHIRA F N, WAUGH R, HACKETT C A, *et al*. Detection of genetic diversity in tea (*Camellia sinensis*) using RAPD markers [J]. Genome, 1995, 38 (2): 201-210.

[345] WACHIRA F N. Characterization and estimation of genetic relatedness among heterogeneous population of commercial tea clones by random amplification of genomic DNA samples [J]. Tea, 1997, 18 (1): 11-20.

[346] WACHIRA F N, TANAKA J, TAKEDA Y. Genetic variation and differentiation in tea (*Camellia sinensis*) germplasm revealed by RAPD and AFLP variation [J]. Journal of horticultural science & biotechnology, 2001, 76 (5): 557-563.

[347] WANG D M, KUBOTA K, KORAYASHI A, *et al*. Analysis of Glycosidically bound aroma precursors in tea leaves. 3. Change in the glycoside content of tea leaves during the oolong tea manufacturing process [J]. Journal of agricultural and food chemistry, 2001, 49 (11): 5391-5396.

[348] WANG D M, KURASAWA E, Yamaguchi Y, *et al*. Analysis of glycosidically bound aroma precursors in tea leaves. 2. Changes in glycoside contents and glycosidase activities in tea leaves during the black tea manufacturing process [J]. Journal of agricultural and food chemistry, 2001, 49 (4): 1900-1903.

[349] WANG D M, LU J L, MIAO A Q, *et al*. HPLC-DAD-ESI-MS/MS analysis of polyphenols and purine alkaloids in leaves of 22 tea cultivars in China [J]. Journal of food composition and analysis, 2008, 21 (5): 361-369.

[350] WANG D M, YOSHIMURA T, KUBOTA K, *et al*. Analysis of glycosidically bound aroma precursors in tea leaves. 1. Qualitative and quantitative analyses of glycosides with aglycons as aroma compounds [J]. Journal of agricultural and food chemistry, 2000, 48 (11): 5411-5418.

[351] WANG H F, HELLIWELL K, YOU X Q. Isocratic elution system for the determination of catechins, caffeine and gallic acid in green tea using HPLC [J]. Food chemistry, 2000, 68 (1): 115-121.

[352] WANG H F, PROVAN G J, HELLIWELL K. HPLC determination of catechins in tea leaves and tea extracts using relative response factors [J]. Food chemistry, 2003, 81 (2): 307-312.

[353] WANG J, LENARDO M J. Roles of caspases in apoptosis, development, and cytokine maturation revealed by homozygous gene deficiencies [J]. Journal of cell science, 2000, 113 (5): 753-757.

[354] WANG N, ZHENG Y J, JIANG Q W, *et al*. Tea and reduced liver cancer mortality [J]. Epidemiology, 2008, 19 (5): 761.

[355] WANG Y C, BACHRACH U. The specific anti-cancer activity of green tea (-)-epigallocatechin-3-gallate (EGCG) [J]. Amino acids, 2002, 22 (2): 131-143.

[356] WANG Z Y, CHENG S J, ZHOU Z C, *et al*. Antimutagenic activity of green tea polyphenols [J]. Mutation research, 1989, 223 (3): 273-285.

[357] WANG Z Y, HUANG M T, FERRARO T, *et al*. Inhibitory effect of green tea in the drinking water on

tumorigenesis by ultraviolet light and 12-o-tetradecanoylphorbol-13-acetate in the skin of SKH-1 mice [J]. Cancer research, 1992, 52 (5): 1162-1170.

[358] WANG H F, PROVAN C J, HELLIWELL K. Tea flavonoids: their functions, utilisation and analysis [J]. Trends in food science & technology, 2000, 11 (4-5): 152-160.

[359] WANG Y Y, YANG X R, ZHENG X Q, et al. Theacrine, a purine alkaloid with anti-inflammatory and analgesic activities [J]. Fitoterapia, 2010, 81 (6): 627-631.

[360] WANG Y Y, YANG X R, LI KK, et al. Simultaneous determination of theanine, gallic acid, purine alkaloids, catechins, and theaflavins in black tea using HPLC [J]. International journal of food science and technology, 2010, 45 (6): 1263-1269.

[361] WELSH J, MCCLELLAND M. Fingerprinting genomes using PCR with arbitrary primers [J]. Nucleic acids research, 1990, 18 (24): 7213-7218.

[362] WENDEL J F, PARKS C R. Genetic diversity and population structure in *Camellia Japonica* [J]. American journal of botany, 1985, 72 (1): 52-65.

[363] XIE B F, LIU Z C, PAN Q C, et al. The anticancer effect and anti-DNA topoisomerase II effect of extracts of *Camellia ptilophylla* Chang and *Camellia sinensis* [J]. Chinese journal of cancer research, 1994, 6 (3): 184-190.

[364] YANG X R, WANG Y Y, LA K K, et al. Inhibitory effects of cocoa tea (*Camellia ptilophylla*) in human hepatocellular carcinoma HepG2 in vitro and in vivo through apoptosis [J]. Journal of nutritional biochemistry, 2012, 23 (9): 1051-1057.

[365] WANG X J, WANG D M, LI J X, et al. Aroma characteristics of Cocoa tea (*Camellia ptilophylla* Chang) [J]. Bioscience, biotechnology and biochemistry, 2010, 74 (5): 946-953.

[366] XIAN L J, LIU Z C, PAN Q C, et al. The inhibitory effect of extract of Camellia sinensis and extract of *Camellia ptilophylla* Chang of DNA poly merase of ehrlich ascite carcinoma cells [J]. Chinese journal of cancer research, 1998, 10 (4): 251-255.

[367] YANG X R, YE C X, XU J K, et al. Simultaneous analysis of purine alkaloids and catechins in *Camellia sinensis*, *Camellia ptilophylla* and *Camellia assamica* var. *kucha* by HPLC [J]. Food chemistry, 2007, 100 (3): 1132-1136.

[368] SONG X H, SHI X G, LI Y Q, et al. Studies of cocoa tea, a wild tea tree containing theobromine [J]. Frontiers of biology in China, 2009, 4 (4): 460-468.

[369] YANG X R, WANG Y Y, LI K K, et al. Cocoa tea (*Camellia ptilophylla* Chang), a natural decaffeinated species of tea – Recommendations on the proper way of preparation for consumption [J]. Journal of functional foods, 2011, 3 (4): 305-312.

[370] XU J, YANG F M, CHEN L C, et al. Effect of selenium on increasing the antioxidant activity of tea leaves harvested during the early spring tea producing season [J]. Journal of agricultural and food chemistry, 2003, 51 (4): 1081-1084.

[371] XU J K, KURIHARA H, ZHAO L, et al. Theacrine, a special purine alkaloid with sedative and hypnotic properties from *Camellia assamica* var. *kucha* in mice [J]. Journal of Asian natural products research, 2007, 9 (7): 665-672.

[372] XU J K, KURIHARA H, MENG J J, et al. Protective effect of tanshinones against liver injury in mice loaded with restraint stress [J]. Acta pharmaceutica sinica, 2006, 41 (7): 631-635.

[373] YAMAGUCHI H, SHIBAMOTO T. Volatile constituents of green Tea, Gyokuro (*Camellia sinensis* L. var Yabukita) [J]. Journal of agricultural and food chemistry, 1981, 29 (2): 366-370.

[374] NOSE M, NAKATANI Y, YAMANICHI T. Studies on the flavor of green tea. Part IX. Identification and composition of intermediate and high boiling constituents in green tea flavor [J]. Agricultural and biological chemistry, 1971, 35 (2): 261-271.

[375] YAMANICHI T, NOSE M, NAKATANI Y. Studies on the flavor of green tea. Part VIII. Further investigation of flavor constituents in manufactured green tea [J]. Agricultural and biological chemistry, 1970, 34 (4): 599-608.

[376] YAMANISHI T, TAKAGAKI J, KURITA H, et al. Studies on the flavor of green tea. Part III. Fatty acids in essential oils of fresh tea leaves and green tea [J]. Bulletin of the Agricultural Chemical Society of Japan, 1957, 21 (1): 55-57.

[377] YAMANISHI T, TAKAGAKI J, TSUJIMURA M. Studies on the flavor of green tea. Part II. Changes in components of essential oil of tea-leaves [J]. Bulletin of the Agricultural Chemical Society of Japan, 1956, 20 (3): 127-130.

[378] YAMANISHI T, SASA K, FUJITA N, et al. Studies on the flavor of green tea. Part V. Examination of the essential oil of the tea-leaves by gas liquid chromatography [J]. Agricultural and biological chemistry, 1963, 27 (3): 193-198.

[379] YANG C S, WANG H, LI G X, et al. Cancer prevention by tea: Evidence from laboratory studies [J]. Pharmacological research, 2011, 64 (2): 113-122.

[380] YANO M, JOKI Y, MUTOH H, et al. Benzyl glucoside from tea leaves [J]. Agricultural and biological chemistry, 1991, 55 (4): 1205-1206.

[381] YAO L H, JIANG Y M, DATTA N, et al. HPLC analyses of flavanols and phenolic acids in the fresh young shoots of tea (Camellia sinensis) grown in Australia [J]. Food chemistry, 2004, 84 (2): 253-263.

[382] YAO L H, CAFFIN N, D'ARCY B, et al. Seasonal variations of phenolic compounds in Australia-grown tea (Camellia sinensis) [J]. Journal of agricultural and food chemistry, 2005, 53 (16): 6477-6483.

[383] YE C X, ASHIHARA H, ZHENG XQ, et al. New discovery of pattern of purine alkaloids in wild tea trees [J]. Acta scientiarum naturalium Universitatis Sunyatseni, 2003, 42 (1): 62-65.

[384] YE J H, LIANG Y R, JIN J, et al. Preparation of partially decaffeinated instant green tea [J]. Journal of agricultural and food chemistry, 2007, 55 (9): 3498-3502.

[385] YOSHINO K, OGAWA K, MIYASE T, et al. Inhibitory effects of the C-2 epimeric isomers of tea catechins on mouse type IV allergy [J]. Journal of agricultural and food chemistry, 2004, 52 (15): 4660-4663.

[386] YOUNES M, SIEGERS C P. Inhibitory action of some flavonoids on enhanced spontaneous lipid peroxidation following glutathione depletion [J]. Planta medica, 1981, 43 (3): 240-244.

[387] YU F, SHENG J C, XU J, et al. Antioxidant activities of crude tea polyphenols, polysaccharides and proteins of selenium-enriched tea and regular green tea [J]. European food research technology, 2007, 225 (5-6): 843-848.

[388] ZHAO B L. Antioxidant effects of green tea polyphenols [J]. Chinese science bulletin, 2003, 48 (4): 315-319.

[389] ZHAO R Y, YAN Y, LI M X, et al. Selective adsorption of tea polyphenols from aqueous solution of the mixture with caffeine on macroporous crosslinked poly (N-vinyl-2-pyrrolidinone) [J]. Reactive & functional polymers, 2007, 68 (3): 768-774.

[390] ZUO Y G, CHEN H, DENG Y W. Simultaneous determination of catechins, caffeine and gallic acids in green, Oolong, black and pu-erh teas using HPLC with a photodiode array detector [J]. Talanta, 2002, 57 (2): 307-316.

编　后　语

经过一年多的时间，终于在键盘上敲下最后一个字，书稿终于完成了。本书的写作计划早在 10 年前就开始筹划，但因种种原因，准备好的资料一直沉睡在书架的一个角落里。等到再想起来时，已是沉疴初愈，坐下来顿觉体力不支。虽如此，引种驯化可可茶的全过程仍在我脑海里像过电影一样，刺激着我的神经，不肯须臾离去。2017 年年末，我重新动笔，拟好了编写提纲，分好了章节，就这样紧张的工作开始了。当重新写时，我这才发现我的脑子僵化了，下笔写下一行字，就再也继续不下去了，总进入不了状态。我怨恨自己，反复与自己较劲，日思夜想，终于又上路了。原来预计在 2018 年 10 月完稿，由于要写的内容比较多，又推迟了 3 个月，这才结束了文案。编写书稿也得到了门下弟子郑新强、彭力、杨晓绒、李凯凯的帮助，使我减少了不少的工作量。苗爱清研究员是我邀请来写可可茶茶叶加工这一章的，他长期从事茶叶加工研究，有许多成果，同时参考我的研究生李成仁的学位论文，他删繁就简，改造充实，写成了茶叶加工这一章。我前后指导了 10 名本科生做可可茶的毕业论文，又指导了 15 名研究生和博士生，他们大都研究可可茶和苦茶，成绩斐然。如 2005 级李晶，本科就读中山大学护理学院，后选修了生物技术应用专业，她的毕业论文《可可茶与传统茶在冲泡过程中生化成分溶出率的比较研究》是一篇优秀的毕业论文，她研究得出的结论对可可茶的饮用有长久的指导意义。我希望把他们的研究成果在这本专著里都体现出来，可惜由于篇幅太大，不得已把有关苦茶这一部分内容删除了。

本书是集体创作的成果，不是我一个人的成果，我要感谢在可可茶引种驯化的实践中做出杰出贡献的每一个人，包括不在编委会名单中的广东省农业科学院茶叶研究所所长赵超艺、可可茶管护工人黄晓玲等。

书稿已成，但可可茶引种驯化事业并没有结束。

叶创兴

2019 年 6 月 6 日于中山大学

跋

——《天然无咖啡因可可茶引种与驯化 ——开发野生茶树资源的研究》读后记

　　初识可可茶，是在 2014 年。当时，我接受了陈维靖董事长的邀请，与时任广东省茶业行业协会秘书长张黎明女士同往广东德高信种植有限公司参观交流。在那里，我算是第一次从真正意义上接触到可可茶。在与陈先生等的交谈中，我了解到可可茶从发现到引种驯化的艰难历程，以及其背后令人称赞的奇闻轶事。

　　事实上，一个茶叶新品种的诞生，不但其发现不易，培育亦不易，更何况是天然不含咖啡因的可可茶，在茶叶市场与商业化道路上，无疑更是任重道远。作为一个在茶行业摸爬滚打了多年的媒体人，我深知这其中的艰辛，我发现"迎难而上"是德高信人的坚定信念，老一辈研发人员对可可茶的呕心沥血让人感佩，新一代茶企掌舵人对可可茶的衷心拥抱更让人动容。"大象无形，大音希声"，2011 年深秋，陈维靖董事长毅然决然投入重金收购两个可可茶新品种，将之进行产业化的行为，注定要永留茶叶史册。

　　再见可可茶，已是 2018 年 9 月。当德高信集团营销当家人向我表示，要在 2018 年广州秋季茶博会上隆重推出可可茶的时候，我欣然应诺推介。天道酬勤，红日喷薄，天然无咖啡因可可茶来了！可可茶新品全球首发，发布的何止是一个茶叶新品种！更是助推中国茶叶上升到一个新的高度，再一次证明茶起源于中国。可可茶出现在新时代茶叶市场上，标志着茶叶发展史上重要时刻的诞生，与 T 三有机茶结成战略合作伙伴，吾有与荣焉。

　　三见可可茶，已到 2019 年阳春 3 月，我再次来到 T 三有机茶园，看到层层山峦上青翠欲滴的可可茶，那满怀欣喜指向蓝天的可可茶芽叶时，我顿时热血沸腾，脑海中浮现出老一代专家学者的高大形象，那向阳而生的片片鲜叶，代表了老一代专家学者的坚守与严谨、新一代茶人的自信与梦想。从这片茶园中，我看到了中国茶叶产业的复兴与骄傲，这是一个新的茶叶品种？是的，它是！但它还是一个高科技新茶种，还是一个划时代的新茶种！

　　在返程的路上，有幸与本书作者叶创兴教授同行。叶教授毕业中山大学，师从著名的山茶植物权威专家——张宏达教授，成绩斐然。他向我介绍研究可可茶的缘起，对可可茶研究的传承与发展。因念及凡三十年的可可茶研发历程不至湮没无闻，奋而动笔，写成此书，我尤为感动。叶教授已届古稀之年，但依旧为可可茶的培育与推广奔走，因此当场答应将诚邀中国工程院院士陈宗懋、中国茶叶流通协会会长王庆、湖南农业大学刘仲华教授作序，为此书增光添彩。值此，格外感谢三位茶界泰斗，他们现均已作序。

翻阅可可茶专著，叶创兴教授以科学严谨的态度，把可可茶的发现、研究、实验等内容，通过文字、图片、数据等形式，用中英文进行详细的阐述，完整地反映了可可茶研发历程，他所做的工作对中国茶界大有裨益。

"中国人民是具有伟大创造精神的人民。"在十三届全国人大一次会议上，习近平总书记深刻阐述中国人民的伟大民族精神，第一个提到的就是创造精神。中华文明之所以在人类文明史上享有举世景仰的崇高地位，新中国之所以能在半个多世纪中创造从"站起来、富起来到强起来"的奇迹，与中国人民的伟大创造精神紧密相关。创造精神是国家活力的源泉，创新能力是国家实力的基石。可可茶是茶界通过农业高新技术手段创造出来的新产品，很好地呼应了习近平主席的讲话精神。

最后，很感谢叶创兴教授给我这个机会，让我把我与可可茶的渊源，与可可茶专著出版的一些故事，以及这段茶界的重要事件写出来。

"天将降大任于斯人也，必先苦其心志，劳其筋骨，饿其体肤，空乏其身，行拂乱其所为，所以动心忍性，增益其所不能"。可可茶的引种驯化、可可茶的市场化，以及现在可可茶专著的撰写、出版问世，都是可喜可贺的好事！

亚太茶业全媒体　黄继平

2019 年 5 月 25 日写于广州